Teilchenastrophysik

Von Prof. Dr. rer. nat. Hans Volker Klapdor-Kleingrothaus
Max-Planck-Institut für Kernphysik, Heidelberg
und Dr. rer. nat. Kai Zuber
Universität Dortmund

Mit zahlreichen Abbildungen und Tabellen

B. G. Teubner Stuttgart 1997

Prof. Dr. rer. nat. Hans Volker Klapdor-Kleingrothaus

Geboren 1942 in Reinbek. Studium der Physik in Hamburg. Promotion 1969, Habilitation 1971. Seit 1969 am Max-Planck-Institut für Kernphysik in Heidelberg. Seit 1980 Professor an der Universität Heidelberg. Physikpreis der DPG 1982.

Dr. rer. nat. Kai Zuber

Geboren 1963 in Schlitz (Hessen). Studium der Physik in Würzburg und Heidelberg. Promotion 1992 am MPI für Kernphysik in Heidelberg; Aufenthalte am Gran-Sasso-Labor, DESY und CERN. Von 1992 bis 1996 wiss. Angestellter am MPI für Kernphysik bzw. am Institut für Hochenergiephysik in Heidelberg. Seit 1996 wiss. Mitarbeiter an der Universität Dortmund innerhalb der NOMAD-Kollaboration am CERN Genf.

Die Deutsche Bibliothek – CIP-Einheitsaufnahme

Klapdor-Kleingrothaus, Hans Volker:
Teilchenastrophysik : mit Tabellen / von Hans Volker Klapdor-Kleingrothaus und Kai Zuber. – Stuttgart : Teubner, 1997
(Teubner-Studienbucher : Physik)
ISBN 978-3-519-03094-2 ISBN 978-3-322-90548-2 (eBook)
DOI 10.1007/ 978-3-322-90548-2

Satz: Schreibdienst Henning Heinze, Nürnberg

Vorwort

Die letzten beiden Jahrzehnte haben eine explosive Entwicklung der Teilchenphysik, Astrophysik und Kosmologie erlebt. Die Teilchenphysik erwies sich als ein entscheidendes Mittel zum tieferen Verständnis des Universums. Das Aufkommen der Theorien der Großen Vereinigung der Kräfte in der Teilchenphysik erlaubte, das frühe Universum bis zu den frühesten Zeitpunkten zurückzuverfolgen. Umgekehrt treten in astrophysikalischen und kosmologischen Prozessen Energien auf, die man in Beschleunigern auf absehbare oder besser unabsehbare Zeit nicht erreichen kann, und die die Realisierung eines Teils der Fülle der exotischen teilchentheoretischen Vorhersagen erlaubt haben könnten: Baryogenese, Inflation, die Produktion exotischer Teilchen – Monopole, kosmische Strings, Axionen und viele andere. Supersymmetrische Teilchen (Neutralinos) sind Kandidaten für kalte dunkle Materie, die die soeben der Beobachtung zugänglich gewordene großräumige Struktur des Universums und ihre Entstehung verständlich machen könnten. Neutrinos sind Kandidaten für heiße dunkle Materie. Eigenschaften von Neutrinos beeinflussen die Explosion der Supernovae. Astrophysikalische Neutrinoquellen helfen bei der Bestimmung von Neutrino-Eigenschaften, die eine Schlüsselfunktion für die Struktur der Elementarteilchen-Theorien einnehmen. Astrophysikalisch erzeugte Axionen sondieren das starke CP-Problem der QCD. Es entstand ein neues Forschungsgebiet, die Teilchenastrophysik, in der man von zwei Seiten versucht, einigen der fundamentalen Probleme der modernen Physik näherzukommen.

Das enorme Wachstum in diesem Bereich macht es – insbesondere für den Anfänger auf diesem Gebiet – zunehmend schwieriger, der Entwicklung auf dem Wege über die Fachliteratur zu folgen. Ziel dieses Buches ist es, die wesentlichen Ideen und die Grundlinien in diesem Forschungsgebiet sichtbar zu machen. Dazu gehört die Herausstellung der engen Verflechtung zwischen Fragen des Makro- und Mikrokosmos. Das Buch gibt Einblick in die Vielfalt der noch offenen oder in Bewegung befindlichen theoretischen und experimentellen Fragen und macht sichtbar, daß in der Teilchenastrophysik praktisch täglich mit unerwarteten Beobachtungen gerechnet werden kann. Gegenüber bereits existierenden ausgezeichneten Monographien, insbesondere etwa derer von G. Börner, sowie E.W. Kolb und M.S. Turner, „The

Early Universe", wurde bewußt versucht, einen breiteren Interessentenkreis anzusprechen und zu erreichen.

Das Buch kann nicht den Anspruch erheben, alle angesprochenen Themen jeweils vollständig und in sich abgeschlossen zu behandeln. Auch bezüglich der Referenzen wurde keine Vollständigkeit angestrebt. Vielmehr haben wir uns bemüht, neben den grundlegenden Arbeiten vor allem auch Übersichtsartikel aufzunehmen. Um größtmögliche Aktualität zu erreichen, wurden auch zahlreiche, inzwischen ja leicht zugängliche Vorabdrucke in die Referenzen aufgenommen.

Wir danken Herrn Prof. Ch. Wetterich (Institut für Theoretische Physik der Universität Heidelberg) und Herrn Prof. I. Appenzeller (Landessternwarte Heidelberg) für wertvolle Vorschläge und Diskussionen. Ferner danken wir Herrn Prof. B. Sadoulet und dem Center for Particle Astrophysics in Berkeley (USA) für die Überlassung des Umschlagbildes. Frau Dr. I. Krivosheina (Radiophysik. Inst., Nishnij Novgorod, Rußland) sind wir für hilfreiche Diskussionen und die Hilfe bei der Erstellung der Abbildungen zu Dank verpflichtet. Zu danken haben wir ferner dem Fotolabor des Max-Planck-Instituts für Kernphysik in Heidelberg, insbesondere Frau C. Klehr und Frau V. Träumer für ihre unermüdliche Unterstützung. K. Z. dankt Frau S. Helbich für ihre Geduld und Unterstützung.

Besonderer Dank gebührt Herrn Dr. P. Spuhler vom Teubner Verlag für die vertrauensvolle Zusammenarbeit.

Heidelberg/Dortmund H.V. Klapdor-Kleingrothaus, K. Zuber
März 1997

Inhalt

1	**Das Standardmodell der Teilchenphysik**	**11**
1.1	Die Bausteine der Materie – Phänomenologie	11
1.2	Die fundamentalen Wechselwirkungen	13
1.3	Quantenzahlen und Symmetrien	17
1.3.1	Die elektrische Ladung Q	18
1.3.2	Parität P und Ladungskonjugation C	19
1.3.3	CP-Konjugation	23
1.3.4	Zeitumkehr T und das CPT-Theorem	27
1.3.5	Baryonenzahl B	29
1.3.6	Leptonenzahl L	29
1.4	Eichtheorien	30
1.4.1	Das Eichprinzip	31
1.4.2	Globale innere Symmetrien	32
1.4.3	Lokale (= Eich-)Symmetrien	33
1.4.4	Nicht-abelsche Eichtheorien (= Yang-Mills-Theorien)	34
1.5	Das Standardmodell der Elementarteilchenphysik	35
1.5.1	Quantenchromodynamik QCD	36
1.5.2	Elektroschwache Wechselwirkung	43
2	**Große Vereinheitlichende Theorien (GUTs)**	**55**
2.1	Kopplungskonstanten	55
2.2	Das minimale $SU(5)$-Modell	60
2.2.1	Der Protonzerfall	63
2.2.2	Erfolge und Mißerfolge der $SU(5)$	70
2.3	Das $SO(10)$-Modell	71
2.3.1	Neutron-Antineutron-Oszillationen	72
2.4	Massive Neutrinos	75
2.4.1	Der β-Zerfall: Masse des Elektron-Neutrinos	77
2.4.2	Der $\beta\beta$-Zerfall: Effektive Masse des Elektron-Neutrinos	80
2.4.3	Das Myon-Neutrino	85
2.4.4	Das Tau-Neutrino	85

2.4.5 Neutrinooszillationen 86
2.4.6 Neutrinozerfall 96
2.5 Supersymmetrie 97
2.5.1 Suche nach Supersymmetrie mit Beschleunigern 101
2.5.2 Suche nach Supersymmetrie in Nicht-Beschleuniger-experimenten 103
2.6 Compositeness 106
2.7 Superstring-Theorien 107

3 Kosmologie **111**
3.1 Weltmodelle 111
3.1.1 Bestimmung der Hubble-Konstante H_0 116
3.1.2 Die Dichte im Universum 122
3.1.3 Das Alter des Universums 125
3.2 Evolution des Universums 126
3.2.1 Das Standardmodell der Kosmologie 126
3.2.2 Baryonasymmetrie im Universum 132
3.3 Probleme des Standardmodells 135
3.3.1 Das Flachheitsproblem 135
3.3.2 Das Horizontproblem 137
3.3.3 Das Monopolproblem 137
3.4 Die inflationäre Phase 138

4 Primordiale Nukleosynthese **143**
4.1 Beobachtete Elementhäufigkeiten 143
4.1.1 Die ^{4}He-Häufigkeit 143
4.1.2 Deuterium und ^{3}He 145
4.1.3 ^{7}Li, ^{9}Be, ^{11}B 147
4.2 Ablauf der Nukleosynthese 148
4.2.1 Abhängigkeiten der ^{4}He-Häufigkeit 152
4.3 Beschleuniger und die Anzahl der Neutrinoflavours 155
4.4 Inhomogene Nukleosynthese 158

5 Die kosmologische Konstante **160**
5.1 Kosmologische Modelle mit $\Lambda \neq 0$ 161
5.2 Direkte Bestimmung von Λ 165
5.2.1 Bestimmung von q_0 165
5.2.2 Zukünftige Alternativen zur Bestimmung von Λ 169
5.3 Das Λ-Problem 169
5.3.1 Lösungsvorschläge für das Λ-Problem 172

6 Großräumige Strukturen im Universum 176

6.1 Galaxien 176
6.2 Haufen, Superhaufen und Leerräume 181
6.3 Rotverschiebungs-Durchmusterungen 183
6.4 Pekuliargeschwindigkeiten 187
6.5 Quasare 189
6.6 Beschreibung von Strukturen 192
6.7 Die Entwicklung von Fluktuationen 194
6.8 Die Entstehung von Strukturen 200
6.8.1 Dunkle Materie und Strukturentstehung 201
6.9 Das Anfangsspektrum der Dichtefluktuationen 203
6.10 Kosmische Strings 206

7 Die kosmische Hintergrundstrahlung 210

7.1 Die 3K-Hintergrundstrahlung 210
7.1.1 Spektrum und Temperatur 210
7.1.2 Messung von Form und Temperatur der 3K-Strahlung 215
7.1.3 Anisotropien in der 3K-Strahlung 217
7.2 Der kosmische Röntgenhintergrund 224
7.3 Der kosmische Neutrinohintergrund 227

8 Kosmische Strahlungen 229

8.1 Die klassische kosmische Strahlung 231
8.1.1 Das primäre Spektrum 231
8.1.2 Direkte Messungen der Primärstrahlung 233
8.1.3 Sekundärprodukte und Schauer 235
8.1.4 Myonen in der kosmischen Strahlung 243
8.1.5 Atmosphärische Neutrinos 246
8.2 Quellen kosmischer Strahlung 248
8.2.1 Beschleunigung kosmischer Strahlung 250
8.2.2 Propagation der kosmischen Strahlung 253
8.3 Röntgen- und γ-Astronomie 255
8.3.1 ^{26}Al in der Milchstraße 256
8.3.2 Die 511-keV-Linie in der Milchstraße 258
8.3.3 Geminga 259
8.3.4 Der Krebs- und Velapulsar 260
8.3.5 Gamma-Ray-Burster 260
8.3.6 Ultrahochenergetische γ-Strahlung 261
8.4 Hochenergetische Neutrinos 266

9 Dunkle Materie 273
9.1 Evidenz für dunkle Materie . . . 273
9.1.1 Dunkle Materie in Galaxien . . . 273
9.1.2 Dunkle Materie in Galaxienhaufen . . . 276
9.1.3 Dunkle Materie und großräumige Struktur . . . 278
9.1.4 Dunkle Materie und Kosmologie . . . 278
9.2 Kandidaten für dunkle Materie . . . 279
9.2.1 „Uneigentliche“ Kandidaten . . . 279
9.2.2 Baryonische dunkle Materie . . . 281
9.2.3 Nichtbaryonische dunkle Materie . . . 286
9.3 Nachweis der dunklen Materie . . . 290
9.3.1 Reaktionsraten für WIMP-Kern-Streuung . . . 291
9.3.2 Direkte Experimente . . . 293
9.3.3 Indirekte Experimente . . . 303

10 Magnetische Monopole 306
10.1 Der Dirac-Monopol . . . 306
10.2 Der t'Hooft-Polyakov-Monopol . . . 310
10.3 Astrophysik der Monopole . . . 311
10.4 Experimentelle Suche nach Monopolen . . . 317
10.4.1 Induktionsexperimente . . . 318
10.4.2 Ionisationsexperimente . . . 321
10.4.3 Katalyse des Nukleonenzerfalls . . . 324
10.4.4 Andere Methoden . . . 328

11 Axionen 329
11.1 Theoretische Motivation . . . 329
11.2 Eigenschaften des Axions . . . 331
11.3 Axionen und Sternentwicklung . . . 333
11.3.1 Allgemeines . . . 333
11.3.2 Solare Axionen . . . 333
11.3.3 Axionen und Rote Riesen . . . 335
11.3.4 Axionen und SN1987a . . . 336
11.4 Axionen in der Kosmologie . . . 337
11.5 Experimentelle Axionsuche . . . 339
11.5.1 Kosmische Axionen . . . 339
11.5.2 Axionen aus dem Halo unserer Milchstraße . . . 340
11.5.3 Solare Axionen . . . 344

12 Solare Neutrinos 348
12.1 Das Standardsonnenmodell . . . 348
12.1.1 Reaktionsraten . . . 348
12.1.2 Energie- und Neutrino-Erzeugungsprozesse in der Sonne . . . 350
12.1.3 Das Sonnenneutrinospektrum . . . 353
12.2 Solare Neutrinoexperimente . . . 356
12.2.1 Das Chlor-Experiment . . . 357
12.2.2 Der Kamiokande-Detektor . . . 360
12.2.3 Die Gallium-Experimente . . . 363
12.3 Theoretische Erklärungsversuche . . . 368
12.3.1 Nichtstandard-Sonnenmodelle, das ^{7}Be-Problem, Kosmionen, Helioseismologie . . . 369
12.3.2 Neutrinooszillationen in Materie, der MSW-Effekt . . . 375
12.3.3 Das magnetische Moment des Neutrinos . . . 380
12.4 Zukünftige Experimente . . . 382
12.4.1 Radiochemische Experimente . . . 382
12.4.2 Echtzeit-Cerenkov-Experimente . . . 383
12.4.3 Echtzeit-Szintillator-Experimente . . . 385
12.4.4 Das HELLAZ-Experiment . . . 387
12.4.5 Das ICARUS-Experiment . . . 389

13 Neutrinos von Supernovae 391
13.1 Supernovae . . . 391
13.1.1 Entwicklung massiver Sterne . . . 394
13.1.2 Die eigentliche Kollapsphase . . . 398
13.2 Neutrinoemission bei Supernova-Explosionen . . . 405
13.3 Nachweismethoden für Supernovaneutrinos . . . 407
13.4 Die Supernova 1987a . . . 408
13.4.1 Eigenschaften der Supernova 1987a . . . 408
13.4.2 Neutrinos von der SN 1987a . . . 414
13.4.3 Neutrinoeigenschaften aus der Supernova 1987a . . . 417
13.5 Supernovaehäufigkeit und zukünftige Experimente . . . 420

14 Die Entstehung schwerer Elemente 425
14.1 Allgemeines . . . 425
14.1.1 Neutroneneinfang . . . 425
14.1.2 β-Zerfall . . . 427
14.2 Explosive Szenarien und Elementsynthese bis zum Eisen . . . 428
14.3 Elementsynthese oberhalb von Eisen . . . 429

14.3.1 Der s-Prozeß 430
14.3.2 Der p-Prozeß 432
14.3.3 Der r-Prozeß 433
14.3.4 Kosmochronometer und das Alter des Universums 438

Literaturverzeichnis **442**

Sachverzeichnis **481**

Quellennachweis **488**

1 Das Standardmodell der Teilchenphysik

1.1 Die Bausteine der Materie – Phänomenologie

Dem lange bestehenden Bild des Atoms als kleinstem Baustein der Materie wurde bereits Ende des letzten Jahrhunderts mit der Entdeckung des Elektrons ein Ende bereitet. Auf der Grundlage von Streuversuchen, wie jene mit Elektronen von Lenard und mit α-Teilchen von Geiger, Marsden und Rutherford entwickelte Niels Bohr sein Atommodell. Es besteht aus einem Atomkern, der nur ein Zehntausendstel des Atomradius besitzt und, wie sich später herausstellte, aus Neutronen und Protonen besteht. Um ihn herum bilden die Elektronen die Atomhülle und sorgen für elektrische Neutralität. Bezüglich der Kernkraft, die auch starke Wechselwirkung genannt wird, fand man keinen Unterschied zwischen Neutronen und Protonen, und man nennt sie deshalb gemeinsam *Nukleonen.* Durch Erforschung der kosmi-

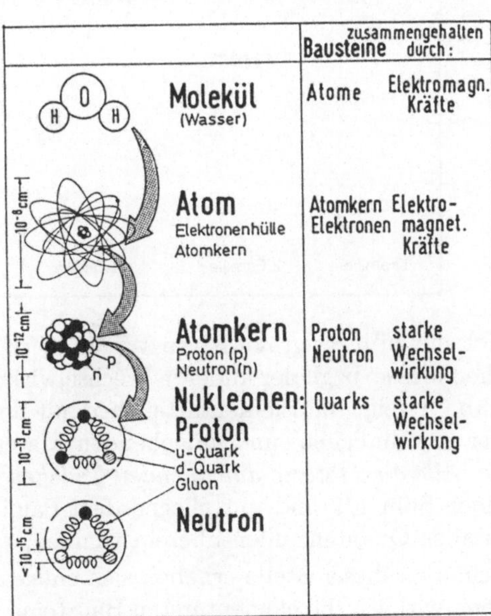

Abb. 1.1
Der Aufbau der Materie. Im Laufe der letzten Jahrzehnte wurden die Atome und Kerne in immer kleinere Einheiten zerlegt. Mit eingezeichnet sind die typischen Größenordnungen und die dominanten Kräfte (aus [Loh 81]).

schen Strahlung und durch Experimente an Beschleunigern kam man in den fünfziger Jahren dieses Jahrhunderts aufgrund der Unmenge neuer, anscheinend elementarer Teilchen zu dem Schluß, daß vielleicht auch Proton und Neutron aus noch kleineren Teilchen aufgebaut sind (Abb. 1.1). Man nennt sie *Quarks* und kennt heute sechs verschiedene Arten (Flavours) von ihnen, nämlich up(u)-, down(d)-, strange(s)-, charm(c)-, bottom(b)- und top(t)-Quark. In der Tat lassen sich alle der Kernkraft unterliegenden Teilchen, die *Hadronen*, entweder aus drei Quarks (*Baryonen*) oder aus einem Quark-Antiquark-Paar (*Mesonen*) aufbauen. So besteht beispielsweise das Proton aus einer Kombination von uud-Quarks und das Neutron aus udd-Quarks. Auch von den nicht an der starken Wechselwirkung teilnehmenden Teilchen, den *Leptonen*, kennt man mittlerweile sechs. Neben dem Elektron sind dies das Myon und Tauon und die zugehörigen elektrisch neutralen, masselosen Elektron-, Myon- und Tau-Neutrinos. Man ordnet diese Teilchen in *Familien* oder *Generationen* gemäß ihrer steigenden Masse an. Einander entsprechende Mitglieder verschiedener Familien (Abb. 1.2) unterscheiden

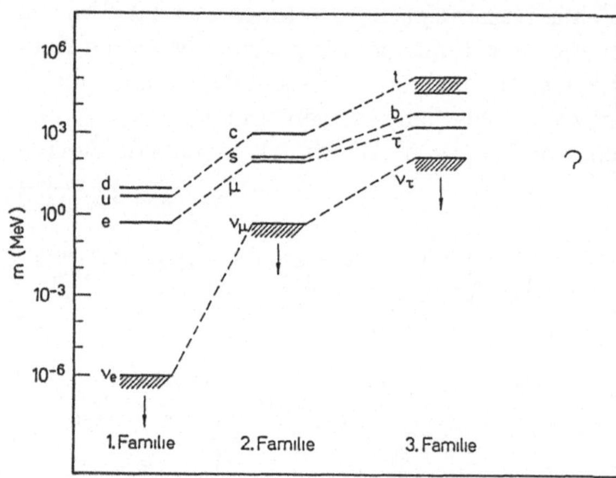

Abb. 1.2
Das Massenspektrum der bekannten elementaren Fermionen. Die gestrichelten Linien verbinden die einander entsprechenden Teilchen in den verschiedenen Familien. Für die Aufspaltungen und Absolutwerte gibt es bisher keine theoretische Erklärung (aus [Gro 89,90]).

sich nur in ihrer gravitativen Wechselwirkung aufgrund ihrer unterschiedlichen Masse; bzgl. der anderen Wechselwirkungen verhalten sie sich identisch. Tab.1.1 zeigt die Elementarteilchen mit ihren Quantenzahlen. Zum Aufbau der gewöhnlichen, uns umgebenden Materie genügt allein die erste Familie. *Alle die Materie aufbauenden Teilchen sind Fermionen*, d.h. sie besitzen einen Spin 1/2 und unterliegen dem Pauli-Prinzip und dürfen damit nicht in allen Quantenzahlen übereinstimmen.

Schon an dieser Stelle erheben sich einige Fragen: Sind die genannten Teilchen wirklich die elementarsten Bausteine, oder gibt es vielleicht noch Sub-

Tab. 1.1.a Eigenschaften der Quarks

Flavour	Spin	B	I	I_3	S	C	B^*	T	$Q[e]$
u	1/2	1/3	1/2	1/2	0	0	0	0	2/3
d	1/2	1/3	1/2	−1/2	0	0	0	0	−1/3
c	1/2	1/3	0	0	0	1	0	0	2/3
s	1/2	1/3	0	0	−1	0	0	0	−1/3
b	1/2	1/3	0	0	0	0	−1	0	−1/3
t	1/2	1/3	0	0	0	0	0	+1	2/3

I = Isospin, S = Strangeness, C = Charm, Q = Ladung, B = Baryonenzahl, B^* = Bottom, T = Top

Tab. 1.1.b Eigenschaften der Leptonen
($L_\imath$ = Flavourbezogene Leptonenzahl, $L = \sum_{\imath=e,\mu,\tau} L_\imath$)

Lepton	$Q[e]$	L_e	L_μ	L_τ	L
e^-	−1	1	0	0	1
ν_e	0	1	0	0	1
μ^-	−1	0	1	0	1
ν_μ	0	0	1	0	1
τ^-	−1	0	0	1	1
ν_τ	0	0	0	1	1

strukturen (z.B. Präonen)? Gibt es mehr als drei Generationen? Sind die Neutrinos wirklich, wie zunächst angenommen, masselos? Auf diese Punkte werden wir in Kap. 2 näher eingehen.

1.2 Die fundamentalen Wechselwirkungen

In der modernen Physik kennt man heutzutage vier phänomenologisch fundamentale Kräfte, nämlich starke Wechselwirkung (Farbkraft), Elektromagnetismus, schwache Wechselwirkung und die Gravitation. Als stärkste Kraft fungiert die Farbkraft zwischen den Quarks, deren ‚Ausläufer' die altbekannte Kernkraft ergeben. Letztere ist in Analogie zur van-der-Waals-Kraft zwischen Molekülen als eine Art Restwechselwirkung zu sehen. Die Kopplungsstärke ist von der Größenordnung Eins (siehe hierzu aber Kap. 2). Als nächstes folgt der Elektromagnetismus, dessen Stärke durch die Sommerfeldsche Feinstrukturkonstante $\alpha = \frac{e^2}{4\pi} \approx \frac{1}{137}$ ausgedrückt werden kann. Die schwache Wechselwirkung wird bei niedrigen Energien durch die Fermi-Konstante G_F charakterisiert, die in Einheiten der Protonenmasse ($G_F \sim m_P^{-2}$) angegeben wird. Sie ist unter anderem für den β-Zerfall verantwortlich. Bei weitem die schwächste Kraft ist die Gravitation, charakterisiert durch die Newtonsche Gravitationskonstante G. Tab.1.2 zeigt eine Gegenüberstellung der einzelnen Wechselwirkungen. Die Tatsache, daß diese Kopplungskonstanten nicht energieunabhängig sind, wird uns später die Möglichkeit der Vereinheitlichung der Kräfte eröffnen (Abb. 1.3).

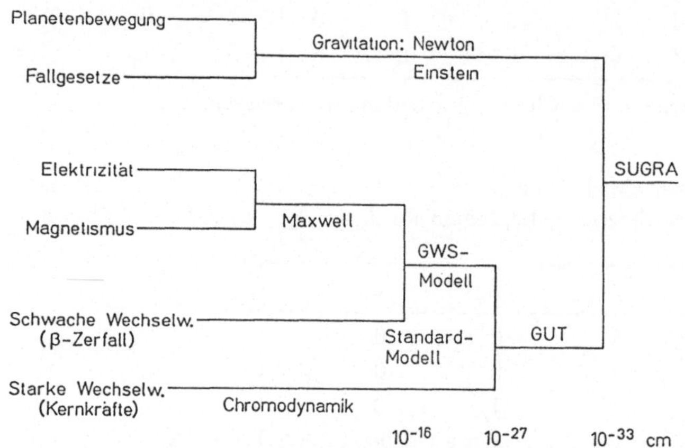

Abb. 1.3 Die phänomenologisch elementaren Wechselwirkungen und Versuche ihrer Vereinigung. Das Glashow-Weinberg-Salam-(GWS-)Modell als Vereinigung der elektromagnetischen und schwachen Wechselwirkung zusammen mit der Quantenchromodynamik (QCD) bezeichnet man als Standardmodell der Teilchenphysik. Vereinheitlichende Theorien (GUTs = engl. Grand Unified Theories), welche auch die Gravitation mit einschließen, nennt man Supergravitations-Theorien (SUGRA) (nach [Wes 87], [Gro 89,90]).

Ebenso unterschiedlich wie die Stärke ist auch die Reichweite der verschiedenen Wechselwirkungen. Während Gravitation und Elektromagnetismus ein $1/r$-Potential besitzen und damit eine unendliche Reichweite, ist die Wirkung der starken Wechselwirkung auf nukleare Dimensionen beschränkt. Die Reichweite der schwachen Wechselwirkung ist noch geringer und Abweichungen von einer Punktwechselwirkung zeigen sich erst bei hohen Energien. Die GUT-Kraft, die ‚Urkraft' der Großen Vereinigungstheorien, schließlich ist in ihrer Reichweite nochmals um Größenordnungen geringer. Die unterschiedlichen Reichweiten der Kräfte kann man im Rahmen der feldtheoretischen Beschreibung aufgrund der unterschiedlichen Massen der Austauschteilchen verstehen (Tab.1.3). Im Bild der Quantenfeldtheorien wird jede dieser Wechselwirkungen nämlich durch Austauschteilchen vermittelt (Abb. 1.4). Gemäß der Heisenbergschen Unschärferelation können massivere Teil-

Tab. 1.2 Phänomenologie der vier Grundkräfte und der hypothetischen GUT-Wechselwirkung

Wechselwirkung	Stärke	Reichweite R	Austauschteilchen	Beispiel
Gravitation	$G_{\mathrm{N}} \simeq 5.9 \cdot 10^{-39}$	∞	Graviton ?	Massenanziehung
schwach	$G_{\mathrm{F}} \simeq 1.02 \cdot 10^{-5} m_p^{-2}$	$\approx m_W^{-1} \simeq 10^{-3}$ fm	$W^{\pm}$, Z^0	β-Zerfall
elektromagnet.	$\alpha \simeq 1/137$	∞	γ	Kräfte zwischen elektr. Ladungen
stark (Kern-)	$g_\pi^2/4\pi \approx 14$	$\approx m_\pi^{-1} \approx 1.5$ fm	Gluonen	Kernkräfte
stark (Farb-)	$\alpha_{\mathrm{s}} \simeq 1$	confinement	Gluonen	Kräfte zwischen den Quarks
GUT	$M_X^{-2} \approx 10^{-30} m_p^{-2}$ $M_X \approx 10^{15}$ GeV	$\approx M_X^{-1} \approx 10^{-16}$ fm	X, Y	p-Zerfall

Tab. 1.3 Eigenschaften der Austauschbosonen

Boson	Wechsel-wirkung	Spin	Masse [GeV/c^2]	Farb-ladung	elektr. Ladung	schwache Ladung
Gluonen	stark	1	0	ja	0	nein
γ	elektromagn.	1	0	nein	0	nein
$W^{\pm}$; Z^0	schwach	1	80.4; 91.2	nein	±1; 0	ja
Graviton	Gravitation	2	0	nein	0	nein
X; Y	GUT	1	$\sim 10^{15}$	ja	±4/3; ±1/3	ja

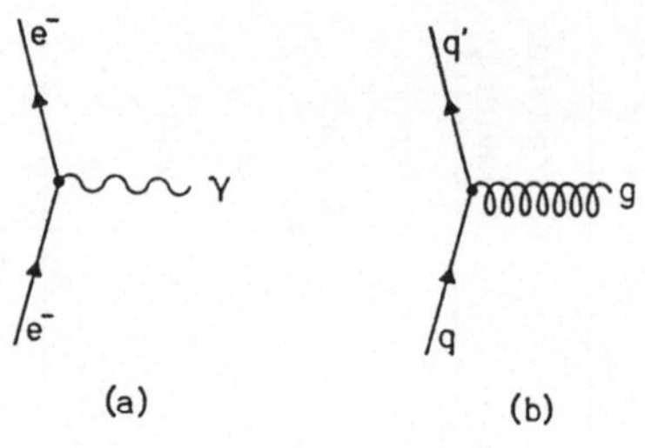

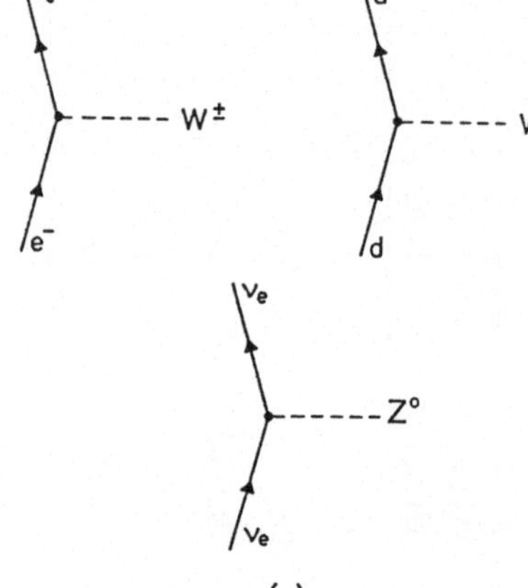

Abb. 1.4
Elementare Fermion-Feldquant-Vertizes für a) elektromagnetische, b) starke (Farb-), c) schwache Wechselwirkung.

chen nur für kürzere Zeiten erzeugt werden und demgemäß auch nur eine geringere Strecke zurücklegen. Da Elektromagnetismus und Gravitation unendliche Reichweite besitzen, sind Photon und Graviton, das bisher hypothetische Austauschteilchen der Gravitation, masselos. Hinzu kommen die masselosen Gluonen als Träger der starken Wechselwirkung und die massiven W- und Z-Bosonen als Austauschteilchen der schwachen Wechselwirkung. Daß trotz masseloser Gluonen die starke Wechselwirkung nur eine endliche Reichweite hat, liegt daran, daß die Gluonen selbst Farbladung tragen (siehe Kap. 1.5.1).

Eine kritische Längenskala erreicht man bei etwa 10^{-33} cm, der sogenannten Planck-Länge, da hier auch eine quantentheoretische Beschreibung der Gravitation nötig wird. Dies wird erforderlich, wenn zwei charakteristische Längenskalen eines Teilchens, Comptonwellenlänge und Schwarzschildradius (siehe Kap. 2), in die gleiche Größenordnung kommen.

Alle kräfteübertragenden Teilchen sind Bosonen, d.h. sie besitzen einen Spin 1, mit Ausnahme des Gravitons, das einen Spin 2 trägt. Sie unterliegen damit nicht dem Pauli-Prinzip. Eine Wechselwirkung kann beschrieben werden durch Vertizes in einem Raum-Zeit-Diagramm, welches man Feynman-Diagramm nennt. Jeweils zwei solcher Vertizes sind nötig, um eine Wechselwirkung zu beschreiben (Abb. 1.5). Da die Austauschbosonen hierbei nicht direkt in Erscheinung treten, bezeichnet man sie als virtuell.

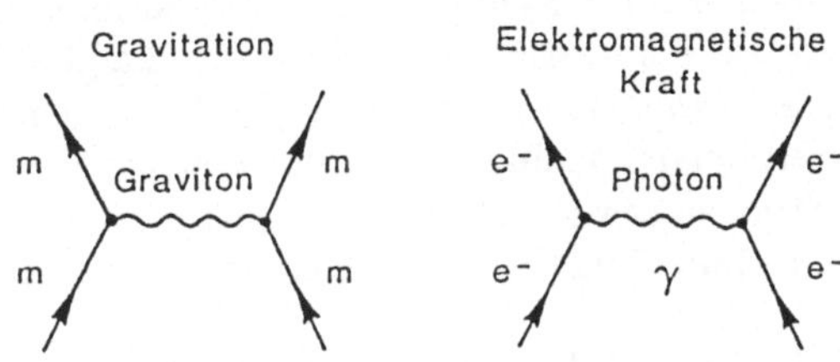

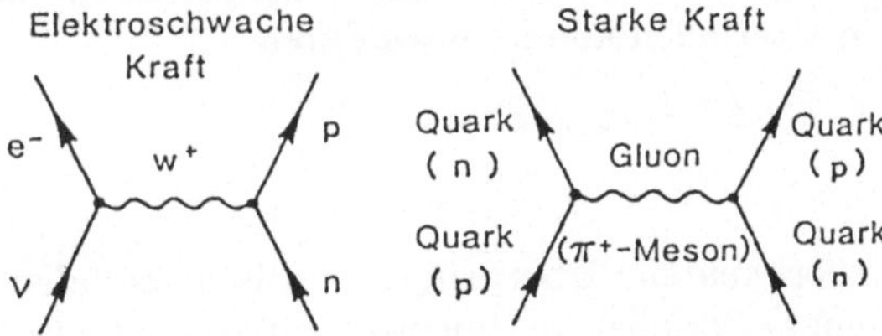

Abb. 1.5
Feynman-Graphen für die vier fundamentalen Wechselwirkungen. Die Wechselwirkung geschieht durch Austausch eines für die Wechselwirkung charakteristischen Feldquants.

1.3 Quantenzahlen und Symmetrien

In der Quantenmechanik entsprechen Erhaltungsgrößen Operatoren $\boldsymbol{O}$, die mit dem Hamiltonoperator $\boldsymbol{H}$ vertauschbar sind, d.h. der Kommutator verschwindet

$$[\boldsymbol{H}, \boldsymbol{O}] = \boldsymbol{HO} - \boldsymbol{OH} = 0 \tag{1.1}$$

Aus dieser Relation folgt, daß Eigenzustände ψ zu $\boldsymbol{H}$ existieren, die gleichzeitig auch Eigenzustände von $\boldsymbol{O}$ sind.

$$\boldsymbol{O} \mid \psi\rangle = q \mid \psi\rangle \tag{1.2}$$

Dabei ist q ein Eigenwert zum Eigenzustand ψ von $\boldsymbol{H}$ und $\boldsymbol{O}$. Erhaltungsgrößen entsprechen der Invarianz der Bewegungsgleichungen unter einer bestimmten Symmetrietransformation (siehe Kap. 1.4). Es gibt zwei unterschiedliche Arten von Symmetrien. Da sind zuerst einmal solche, die mit Symmetrien der Raum-Zeit zusammenhängen, wie Translations- und Rotationsinvarianz. Solche Symmetrien nennt man *äußere* Symmetrien. So führt beispielsweise die Translationsinvarianz zur Impulserhaltung. Daneben gibt es noch solche, die die inneren Parameter der Wellenfunktionen betreffen, wie etwa Phasentransformationen (z.B. Multiplikation von ψ mit $e^{\imath\alpha}$). Solche Symmetrien nennt man *innere* Symmetrien, und wir kommen später auf diese nochmals ausführlich zu sprechen (siehe Kap. 1.4). Auch unterscheiden sich die Symmetrien nach kontinuierlichen (z.B. Translation) und diskreten Transformationen (z.B. Punktspiegelung). *Kontinuierliche* Symmetrien kann man durch reelle Zahlen beschreiben, und sie führen zu *additiven* Quantenzahlen, während *diskrete* Symmetrien durch ganze Zahlen beschrieben werden und zu *multiplikativen* Quantenzahlen führen. Wir wollen uns nun einige Erhaltungsgrößen etwas näher anschauen.

1.3.1 Die elektrische Ladung Q

Aus der Quantenelektrodynamik folgt die Erhaltung der elektrischen Ladung $q = e$. Ihre Erhaltung sorgt für die Stabilität des Elektrons, welches sonst zerfallen könnte etwa durch

$$e^- \to \nu_e + \gamma \tag{1.3}$$

$$e^- \to \nu_e + \nu_e + \bar{\nu}_e \tag{1.4}$$

Experimentelle Überprüfungen dieser Zerfallsmodi kommen z.B. aus Doppelbeta-Zerfallsexperimenten mit Ge-Detektoren (siehe Kap. 2.4.2). Diese würden im ersteren Fall das monoenergetische 255-keV-Photon nachweisen, während der zweite Zerfallskanal im Falle des Germaniums ein Signal bei 11 keV erzeugt. Dieses resultiert aus dem Zerfall eines Elektrons aus der K-Schale, und der Nachweis geschieht durch die Röntgenquanten, die beim Auffüllen des entstandenen Loches emittiert werden. Die gegenwärtigen experimentellen Laborwerte für die Lebensdauer des Elektrons bzgl. des Prozesses (1.3) liegen bei [Bal 93]

$$\tau_e > 2.35 \cdot 10^{25}\,\mathrm{a} \qquad (68\,\%\ \text{Vertrauensgehalt}) \tag{1.5}$$

und für den reinen Neutrinozerfall (1.4) bei [Reu 91]

$$\tau_e > 2.7 \cdot 10^{23}\,\mathrm{a} \qquad (68\,\%\ \text{Vertrauensgehalt}) \tag{1.6}$$

Anders verhält es sich mit der Ladungsnichterhaltung in Kernen. Für zwei Kerne, deren Massendifferenz geringer als die Elektronenmasse ist, ist der normale β-Zerfall verboten, und es könnten somit ladungsnichterhaltende Übergänge stattfinden [Kuz 66]. Ein solches System ist das ^{71}Ga-^{71}Ge-System. Zerfälle dieser Art wären

$$^{71}\mathrm{Ga} \to {}^{71}\mathrm{Ge} + X \quad \text{mit} \quad X = \gamma, \nu\bar{\nu} + \text{exotische Zerfälle} \tag{1.7}$$

Interpretiert man in diesem Zusammenhang die Ergebnisse der solaren Gallium-Neutrinodetektoren (siehe Kap. 12) als ladungsnichterhaltende Prozesse, so ergibt sich für dieses Isotopenpaar eine Halbwertszeit von [Bar 80], [Bal 93]

$$T_{1/2}(^{71}\mathrm{Ga} \to {}^{71}\mathrm{Ge}) > 2.4 \cdot 10^{26}\,\mathrm{a} \tag{1.8}$$

Sollte die elektrische Ladung wirklich nicht erhalten sein, so müßte dies prinzipiell auch in einer elektrostatischen Aufladung makroskopischer Körper zu messen sein. Um beispielsweise eine elektrostatische Aufladung der Erde aufgrund des Elektronzerfalls (positive Aufladung aufgrund der zurückbleibenden Protonen) zu vermeiden, folgt eine Grenze von

$$\tau_e > 3 \cdot 10^{21}\,\mathrm{a} \tag{1.9}$$

unabhängig vom Zerfallskanal [Dol 81]. Auch astrophysikalische Überlegungen geben Grenzen für die Lebensdauer des Elektrons, die teilweise um viele Größenordnungen höher liegen (Lebensdauer größer als 10^{35} a) als die Laborwerte, aber auch mit einigen Unsicherheiten verbunden sind [Ori 85]. Schwerwiegende theoretische Argumente existieren jedoch gegen eine Nichterhaltung der elektrischen Ladung [Oku 78]. Der radiative Zerfall sollte danach mit einer katastrophischen Bremsstrahlung in Form einer Emission von 10^{14} bis 10^{21} Photonen verbunden sein.

1.3.2 Parität P und Ladungskonjugation C

Als eine der inneren, diskreten Symmetrietransformationen erwähnen wir die Parität P. Die Paritätstransformation P ist die Punktspiegelung eines physikalischen Zustandes am Koordinatenursprung. Für eine skalare Wellenfunktion (z.B. Schrödinger-Wellenfunktion) gilt:

$$\boldsymbol{P}\psi(\vec{x},t) = \psi(-\vec{x},t) \tag{1.10}$$

Da ferner $P^2\psi = \psi$ gilt, folgt für die Eigenwerte entweder $\pi = +1$ (gerade Parität) oder $\pi = -1$ (ungerade Parität). Da die Parität auch mit dem Drehimpuls vertauschbar ist, gilt $\pi = (-1)^l$, wobei l die Eigenwerte des Drehimpulsoperators sind. Experimentell beobachtet man eine Erhaltung der Parität in der starken und elektromagnetischen Wechselwirkung, wenn man den Teilchen auch eine intrinsische Parität (Eigenparität) zuordnet (siehe z.B. [Qui 83], [Per 87]).

Die schwache Wechselwirkung erhält als einzige der Wechselwirkungen die Parität nicht, was sich 1956 bei Untersuchungen des β-Zerfalls von Kobalt herausstellte. Hierzu wurde eine Probe ^{60}Co bei Temperaturen von etwa 0.01 K in ein Magnetfeld gesteckt, um die Kernspins auszurichten. Es wurde dann die Winkelverteilung der emittierten Elektronen untersucht [Wu 57]. Die beobachtete Intensität hat eine Winkelverteilung der Form

$$I(\Theta) = 1 + \delta\left(\frac{\vec{\sigma}\cdot\vec{p}}{E}\right) = 1 + \delta\frac{v}{c}\cos\theta \quad , \tag{1.11}$$

wobei θ den Winkel zwischen Kernspin und Emissionsrichtung des Elektrons charakterisiert. Untersucht man die Verteilung für die beiden Ausrichtungsmöglichkeiten des ^{60}Co relativ zum Magnetfeld, so sieht man, daß die Elektronen bevorzugt entgegengesetzt zum Kernspin ausgesandt werden, d.h. es folgt $\delta = -1$ für Elektronen. Dies ist ein klares Anzeichen für eine Nichterhaltung der Parität, da dies Ergebnis bedeutet, daß der Erwartungswert einer pseudoskalaren Größe von Null verschieden ist. In diesem Fall ist es die Größe

$$\Delta(\theta) = \lambda(\theta) - \lambda(180^\circ - \theta), \tag{1.12}$$

wobei $\lambda(\theta)$ die Wahrscheinlichkeit angibt, daß der Impuls des emittierten Elektrons mit dem Spin des Mutterkerns den Winkel θ bildet. Die Anwendung einer Paritätstransformation ändert die Richtung des Impulses um 180°, läßt den Kernspin jedoch unverändert. Sie führt deshalb den Winkel θ über in

$$\theta \rightarrow 180^\circ - \theta \tag{1.13}$$

und damit

$$\Delta(\theta) \rightarrow \lambda(180^\circ - \theta) - \lambda(180^\circ - (180^\circ - \theta)) = -\Delta(\theta) \tag{1.14}$$

Durch die bevorzugte Emission der Elektronen entgegengesetzt zur Spinrichtung wurde bewiesen, daß der Erwartungswert des Pseudoskalars $\Delta(\theta)$ von Null verschieden ist.

Da sich der Impuls unter der Paritätsoperation ändert, der Spin hingegen nicht, werden dadurch linkshändige in rechtshändige Teilchen verwandelt und umgekehrt.

$$\boldsymbol{P} \mid e_L\rangle = \mid e_R\rangle \tag{1.15}$$

$$\boldsymbol{P} \mid e_R\rangle = \mid e_L\rangle \tag{1.16}$$

Hierbei ist links- und rechtshändig definiert als Spinausrichtung in bezug auf den Impuls. Den Erwartungswert des Spins in Impulsrichtung bezeichnet man als Helizität h

$$\boldsymbol{h} = \frac{\vec{\boldsymbol{\sigma}}\cdot\vec{\boldsymbol{p}}}{\mid\vec{\boldsymbol{p}}\mid} \tag{1.17}$$

Bei Elektronen ist die Helizität identisch zur Longitudinalpolarisation, d.h. $h = -v/c$. Der Helizitätsoperator $\boldsymbol{h}$ ist für massive Teilchen nicht relativistisch invariant. Für die masselosen Neutrinos (bzw. Antineutrinos) dagegen ist die Helizität eine Erhaltungsgröße. Der Helizitätsoperator $\boldsymbol{h}$ besitzt dann die Eigenwerte $h = -1$ bzw. $h = +1$.

Es besteht also aufgrund der schwachen Wechselwirkung eine fundamentale Asymmetrie zwischen Rechts und Links in der Natur. Die Parität ist sogar maximal verletzt, da es nur linkshändige, aber keine rechtshändigen Neutrinos gibt.

Die Operation der Ladungskonjugation C angewandt auf eine Wellenfunktion ψ ändert alle deren Ladungen, d.h. alle additiven Quantenzahlen, läßt aber Größen wie Impuls und Spin unberührt. Daher bedeutet die Ladungskonjugation eine Umwandlung in das entsprechende *Antiteilchen*:

$$\boldsymbol{C} \mid e_L^-\rangle = \mid e_L^-\rangle^C = \mid e_L^+\rangle \tag{1.18}$$

Auch die Ladungskonjugation wird von der schwachen Wechselwirkung nicht erhalten. So ergibt sich beim β-Zerfall eine Bevorzugung von linkshändigen Elektronen und rechtshändigen Positronen. Eine besondere Rolle kommt hierbei dem Neutrino zu. Experimentell nachgewiesen sind ausschließlich linkshändige Neutrinos, d.h. Neutrinos mit Spin entgegen der Flugrichtung. Diese werden mit ν_L bezeichnet. Rechtshändige Neutrinos (Spin in Flugrichtung) konnten bisher nicht nachgewiesen werden. Gerade umgekehrt verhält es sich mit den Antineutrinos. Man kennt dort nur das rechtshändige Antineutrino $\bar{\nu}_R$. Genaugenommen ist jedoch das rechtshändige Antineutrino $\bar{\nu}_R$ nicht das ladungskonjugierte Teilchen zum linkshändigen Neutrino. Da sich bei der Ladungskonjugation Spin und Impuls ja nicht ändern, gilt nach oben Gesagtem

$$(\nu_L)^C \neq \bar{\nu}_R \tag{1.19}$$

Das ladungskonjugierte Teilchen müßte nämlich auch linkshändig sein. Vielmehr sind beide durch die CP-Operation miteinander verknüpft

$$(\nu_L)^{CP} = \bar{\nu}_R \tag{1.20}$$

Dies läßt sich auf prinzipiell zwei verschiedene Arten interpretieren:

1. Das Neutrino ist sein eigenes ladungskonjugiertes Teilchen, also

$$(\nu_L)^C = \nu_L \tag{1.21}$$

Demzufolge gilt dann ebenfalls

$$(\bar{\nu}_R)^C = \bar{\nu}_R \tag{1.22}$$

Die beiden Zustände ν_L und $\bar{\nu}_R$ bilden dann ein *Majorana-Neutrino*. Andere Teilchen, die mit ihrem ladungskonjugierten Zustand identisch sind, sind z.B. das Photon und π^0.

2. Alle vier Zustände sind in der Tat unabhängig voneinander, und es handelt sich bei $(\nu_L)^C$ und $(\bar{\nu}_R)^C$ um neue, bisher nicht nachgewiesene Teilchen, also

$$(\nu_L)^C \neq \nu_L \tag{1.23}$$

und

$$(\bar{\nu}_R)^C \neq \bar{\nu}_R \tag{1.24}$$

Dann würde es sich bei dem Neutrino um ein *Dirac-Neutrino* handeln.

Die Majorana-Beschreibung ist nur für Neutrinos möglich, da für alle anderen fundamentalen Fermionen aufgrund ihrer elektrischen Ladung deutlich zwischen Teilchen und Antiteilchen unterschieden werden kann (Abb. 1.6) (siehe z.B. [Gro 89,90], [Kay 89], [Boe 92]).

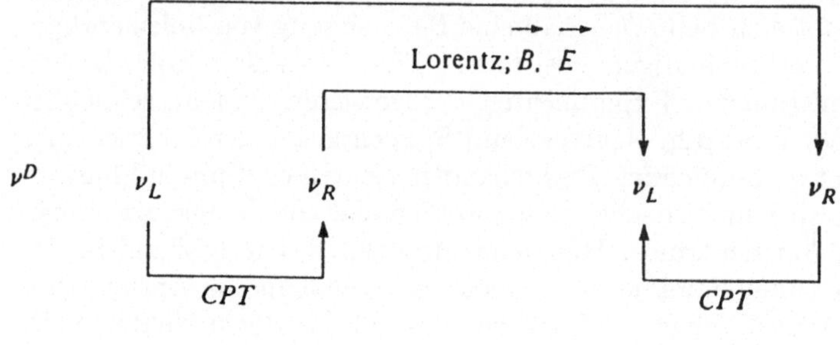

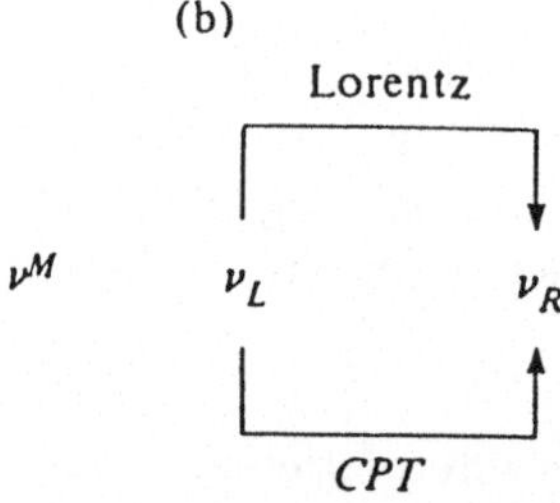

Abb. 1.6 Die Unterscheidung zwischen Dirac- und Majorana-Neutrino. Während Präzession von linkshändigen Neutrinos in E- und B-Feldern im Zusammenhang mit dem CPT-Theorem auf vier verschiedene Zustände führen kann, sind es im Majorana-Fall nur zwei. Im Grenzfall masseloser Neutrinos und ohne rechtshändige schwache Ströme wird diese Unterscheidung bedeutungslos (aus [Boe 92]).

Die Frage, welche von beiden Möglichkeiten für das Neutrino zutrifft, könnte durch den experimentellen Nachweis des neutrinolosen doppelten Betazerfalls geschehen, der nur für Majorana-Neutrinos möglich ist (siehe z.B. [Gro 89,90], [Kla 95]).

1.3.3 *CP*-Konjugation

1.3.3.1 *CP*-Invarianz

Sind die Operationen P und C nicht einzeln erhalten, so scheint jedoch wenigstens ihre Kombination gut erhalten zu sein. Betrachten wir hierzu die Reaktion

$$\pi^+ \rightarrow e^+ \nu_{e_L} \tag{1.25}$$

Anwendung der Ladungskonjugation ergibt hierfür

$$\pi^- \rightarrow e^- (\nu_{e_L})^C \tag{1.26}$$

Dieses entspricht einem linkshändigen Antineutrino. Solch ein Zerfall (Gl. (1.26)) ist bisher nicht beobachtet worden. Erst unter weiterer Anwendung der Paritätsoperation geht Gl. (1.26) über in

$$\pi^- \rightarrow e^- \bar{\nu}_{e_R}, \tag{1.27}$$

welches nun wieder einen beobachteten Zerfall darstellt. Alle Wechselwirkungen erhalten die CP-Invarianz exakt, außer der schwachen Wechselwirkung, in der man eine Verletzung der CP-Invarianz beobachtet hat, und zwar bisher nur im System der neutralen K-Mesonen.

1.3.3.2 *CP*-Verletzung

Das System der neutralen K-Mesonen besteht aus einem K^0 (Quarkgehalt $d\bar{s}$) und seinem Antiteilchen, einem $\bar{K}^0$ $(s\bar{d})$. Mittels der starken Wechselwirkung kann man K^0 und $\bar{K}^0$ als unterscheidbare Zustände erzeugen. Dies liegt daran, daß in der starken Wechselwirkung die Strangeness S (Flavourquantenzahl verknüpft mit dem s-Quark, siehe Kap. 1.3.5) erhalten wird. Hierbei wird das K^0 erzeugt etwa durch

$$\begin{aligned} \pi^- + p &\rightarrow \Lambda + K^0 \\ S = 0 + 0 &\rightarrow -1 + 1, \end{aligned} \tag{1.28}$$

dagegen $\bar{K}^0$ durch

$$\begin{aligned} \pi^- + p &\rightarrow \bar{\Lambda} + \bar{K}^0 + 2n \\ S = 0 + 0 &\rightarrow 1 + -1 + 0 \end{aligned} \tag{1.29}$$

Es gibt also 2 wohlunterscheidbare neutrale Kaonen mit der Strangeness +1 und −1. Frei im Raum propagierende Kaonen können über schwache Zerfälle mit $\Delta S = 1$ in 2 oder 3 Pionen zerfallen. Damit können sie aber auch durch virtuelle Pionen-Zustände ineinander übergehen, gemäß

$$\begin{array}{ccc} & 2\pi & \\ \nearrow & & \searrow \\ K^0 & & \bar{K}^0 \\ \searrow & & \nearrow \\ & 3\pi & \end{array} \tag{1.30}$$

Hierbei ändert sich die Strangeness um zwei Einheiten. Solche Strangeness-Oszillationen sind als Prozeß zweiter Ordnung der schwachen Wechselwirkung erlaubt. Weder K^0 noch $\bar{K}^0$ sind indessen Eigenzustände unter CP-Transformationen, sondern werden ineinander überführt

$$\boldsymbol{CP}|K^0\rangle \rightarrow \eta|\bar{K}^0\rangle \tag{1.31}$$

$$\boldsymbol{CP}|\bar{K}^0\rangle \rightarrow \eta'|K^0\rangle \tag{1.32}$$

mit einem Phasenfaktor η, η'. Durch Linearkombination dieser Zustände ist es aber möglich, hieraus zwei CP-Eigenzustände (K_1 und K_2) mit definierten CP-Eigenwerten zu erzeugen, und zwar

$$|K_1\rangle = \frac{1}{\sqrt{2}}(|K^0\rangle + |\bar{K}^0\rangle), \qquad CP = +1 \tag{1.33}$$

$$|K_2\rangle = \frac{1}{\sqrt{2}}(|K^0\rangle - |\bar{K}^0\rangle), \qquad CP = -1 \tag{1.34}$$

Assoziiert mit dem $CP = +1$-Zustand ist der Zerfall in 2 Pionen, da diese ebenfalls $CP = +1$ haben, während der 3-Pionen-Zustand meist $CP = -1$ besitzt (Der 3-Pionen-Zustand mit $CP = -1$ ist kinematisch sehr stark bevorzugt). Aufgrund des größeren Phasenraums für den 2π-Zerfall hat K_1 eine Lebensdauer von $0.9 \cdot 10^{-10}$ s und K_2 ca. $0.5 \cdot 10^{-7}$ s. Im Jahre 1964 konnte in einem Experiment gezeigt werden, daß auch K_2 in 2 Pionen zerfallen kann, was nur bei einer CP-Verletzung möglich ist [Chr 64]. Also sind die experimentell beobachteten Teilchen nur annähernd identisch mit den CP-Eigenzuständen, weshalb man für sie noch ein K_L (L = long; $\simeq K_2$) und ein K_S (S = short; $\simeq K_1$) definiert, gegeben durch [Loh 81]

$$|K_S\rangle = (1+ \mid \epsilon \mid^2)^{-1/2}(|K_1\rangle - \epsilon|K_2\rangle) \tag{1.35}$$

$$|K_L\rangle = (1+ \mid \epsilon \mid^2)^{-1/2}(|K_2\rangle + \epsilon|K_1\rangle) \tag{1.36}$$

Die CP-Verletzung aufgrund der Mischung kann durch einen Parameter ϵ charakterisiert werden. Als ein Maß für die CP-Verletzung läßt sich das Amplitudenverhältnis für den Zerfall in geladene Pionen verwenden [Per 87]:

$$|\eta_{+-}| = \frac{A(K_L \to \pi^+\pi^-)}{A(K_S \to \pi^+\pi^-)} = (2.26 \pm 0.02) \cdot 10^{-3} \tag{1.37}$$

Für eine neuere Messung siehe [Adl 95].

Ähnliches gilt auch für den K^0-Zerfall in zwei neutrale Pionen, in Analogie charakterisiert durch η_{00}. Man schreibt die komplexen Amplituden günstiger als $\eta_{+-} =| \eta_{+-} | e^{i\Phi_{+-}}$ bzw. $\eta_{00} =| \eta_{00} | e^{i\Phi_{00}}$. Experimentell ergibt sich aus dem E731-Experiment am Fermilab [Woo 88] und dem NA31-Experiment am CERN [Car 90], [Bar 93b]

$$\left|\frac{\eta_{00}}{\eta_{+-}}\right| = (0.9931 \pm 0.0020) \cdot 10^{-3}; \qquad \Phi_{+-} = 46.0^\circ \pm 2.2^\circ \quad \text{(NA31)} \tag{1.38}$$

$$\left|\frac{\eta_{00}}{\eta_{+-}}\right| = (0.9904 \pm 0.0120) \cdot 10^{-3}; \qquad \Phi_{+-} = 42.8^\circ \pm 1.2^\circ \quad \text{(E731)} \tag{1.39}$$

Informationen über die beiden Experimente findet man in [Woo 88], [Bur 88]. Das in Gl. (1.35) und (1.36) auftretende ϵ und ein weiter unten erklärtes ϵ' können mit der Größe η verknüpft werden über die Beziehung

$$\eta_{+-} = \epsilon + \epsilon' \tag{1.40}$$

$$\eta_{00} = \epsilon - 2\epsilon', \tag{1.41}$$

woraus man ableiten kann (siehe z.B. [Com 83])

$$\left|\frac{\eta_{00}}{\eta_{+-}}\right| \approx 1 - 3\Re\left(\frac{\epsilon}{\epsilon'}\right) \tag{1.42}$$

Alle Messungen sind konsistent mit einem $| \epsilon |= (2.26 \pm 0.02) \cdot 10^{-3}$, während die Werte für ϵ' etwas unsicherer sind [Bar 93b], [Win 91]

$$\epsilon'/\epsilon = (2.3 \pm 0.7) \cdot 10^{-3} \qquad \text{im Experiment NA31} \tag{1.43}$$

$$\epsilon'/\epsilon = (0.74 \pm 0.81) \cdot 10^{-3} \qquad \text{im Experiment E731} \tag{1.44}$$

Der Nachweis eines von Null verschiedenen ϵ' würde den Beweis erbringen, daß *CP direkt* im Zerfall verletzt wäre, d.h. bei Prozessen mit $\Delta S = 1$, und nicht nur auf einer Mischung der Zustände beruht [Com 83]. Zukünftige Experimente, wie KLOE an einer Φ-Fabrik, als auch NA48 (CERN) oder E832 (Fermilab), sollen die Empfindlichkeit der Messung nochmal um eine Größenordnung steigern [For 95].

Wie sieht es bei anderen Mesonensystemen mit schweren Quarks aus, etwa D^0-$\bar{D}^0$-Oszillationen? Man kann zeigen (siehe z.B. [Nac 86], [For 95]), daß in diesem System der erwartete Effekt sehr viel kleiner ist als im K^0-System. Jedoch sind im B^0-$\bar{B}^0$-System (B-Mesonen enthalten ein b-Quark) analoge Oszillationseffekte gefunden worden [Alb 87], d.h. Oszillationen der Bottom-Quantenzahl um 2 Einheiten. Hier gibt es 2 unterscheidbare neutrale Mesonen B_d^0 ($b\bar{d}$) und B_s^0 ($b\bar{s}$). Betrachtet man zuerst einmal B_d^0 und das Verhältnis χ_d der Amplituden

$$\chi_d = \frac{\Gamma(B^0 \to l^- X)(\text{über}\, \bar{B}^0)}{\Gamma(B^0 \to l^\pm X)} = \frac{\Gamma(\bar{B}^0 \to l^+ X)(\text{über}\, B^0)}{\Gamma(\bar{B}^0 \to l^\pm X)} \quad , \tag{1.45}$$

wobei l ein Lepton und X den hadronischen Endzustand bedeutet, so ergibt sich aus dem Experiment das Verhältnis r zu [Bar 93c], [Alb 94]

$$\begin{aligned} r = \frac{\chi_d}{1-\chi_d} &= 0.16 \pm 0.08 \qquad \text{ARGUS} \\ &= 0.149 \pm 0.045 \qquad \text{CLEO} \end{aligned} \tag{1.46}$$

Die Werte wurden bei der Energie der Υ $(4S)$-Resonanz (ein Zustand des gebundenen $b\bar{b}$-Systems bei etwa 10.6 GeV) gewonnen. Das Verhältnis ist sogar relativ hoch [Sch 88]. Abb. 1.7 zeigt ein völlig rekonstruiertes Ereignis, in dem $2B^0$-Mesonen anstelle eines B^0-$\bar{B}^0$-Paares nachgewiesen wurden. Neue Resultate, die die Summe der beiden neutralen B-Mesonen, B_d^0 und B_s^0 messen, die Aussagen über das Standardmodell und die CKM-Matrixelemente (siehe Kap. 1.5.2) ermöglicht, gibt es zudem von LEP [For 95].

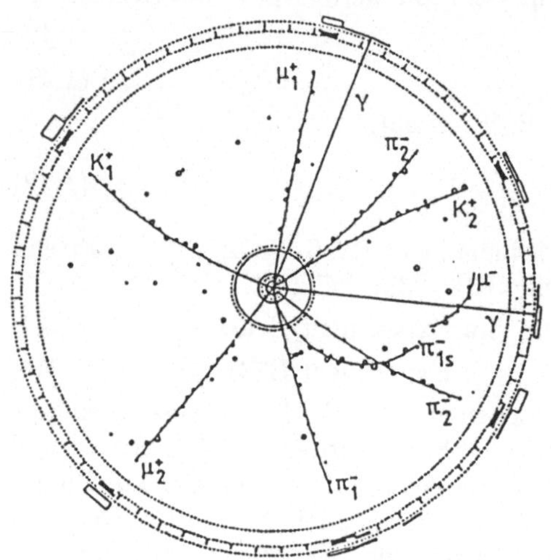

Abb. 1.7
Graphische Darstellung eines vollständig rekonstruierten Ereignisses des Zerfalls des $b\bar{b}$-Systems $\Upsilon(4S) \to B^0 B^0$, aufgenommen mit dem ARGUS-Detektor bei DESY. Dies ist auf eine Oszillation zurückzuführen, da man eigentlich $B^0 \bar{B}^0$ im Endzustand erwartet hätte (aus [Alb 87]).

Theoretisch bereitet das Verständnis der CP-Verletzung jedoch größere Schwierigkeiten. Eine mögliche Quelle für CP-Verletzung im Standardmodell ist die komplexe Phase der Cabibbo-Kobayashi-Maskawa-Matrix (CKM-Matrix) (siehe Kap. 1.5.2 und [Jar 89]). Die Unitarität dieser Matrix führt zu Relationen zwischen ihren Matrixelementen, beispielsweise

$$V_{ub}^* V_{ud} + V_{cb}^* V_{cd} + V_{tb}^* V_{td} = 0 \tag{1.47}$$

Das Unitaritätsdreieck von Gl. (1.47) (Abb. 1.8) ist eine geometrische Dar-

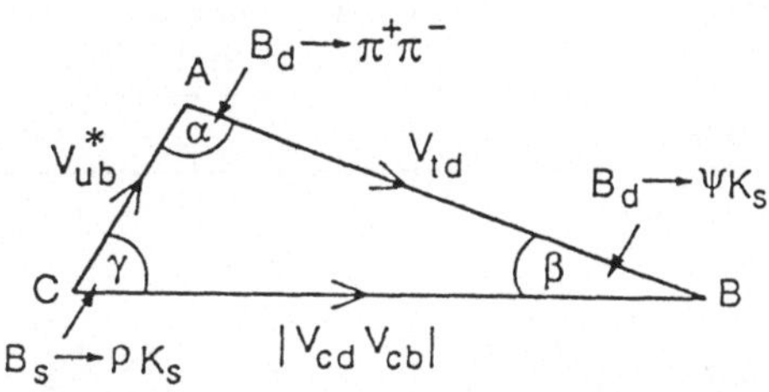

Abb. 1.8
Das Unitaritätsdreieck ist eine Darstellung in der komplexen Ebene, welche von CKM-Matrixelementen aufgespannt wird. Hierzu gehören auch die beiden nur schlecht bekannten Elemente V_{ub} und V_{td}. Der erste experimentell bestimmbare Winkel scheint β zu sein (aus [Nir 92]).

stellung dieser Relation in der komplexen Ebene. Die Untersuchung verschiedener B-Zerfälle erlaubt Rückschlüsse auf einzelne Matrixelemente als auch auf eventuelle Physik über das Standardmodell hinaus (siehe Kap. 1.5.2 und Kap. 2). So sind im Standardmodell die Vorhersagen für CP-Asymmetrien im neutralen B-Zerfall eindeutig durch die drei Winkel α, β und γ vorhergesagt. Konkrete Vorschläge zur Untersuchung des geeigneten Kanals $B \to J/\Psi + K_S$ und damit zur Bestimmung von β bestehen in Form des HERA-B-Experimentes [Her 94] am ep-Speicherring HERA in Hamburg; in naher Zukunft hofft man, durch den Bau einer B-Fabrik am SLAC (Stanford/USA) als auch bei KEK (Japan), die B-Mesonen in sehr großer Anzahl herstellen können, diesem System noch weitere wertvolle Informationen sowohl bezüglich Flavouroszillationen als auch auf eine mögliche CP-Verletzung hin abgewinnen zu können (siehe z.B. [Nir 92]).

1.3.4 Zeitumkehr T und das CPT-Theorem

Eine weitere Symmetrieoperation ist die Zeitumkehr T. Diese beruht auf einer Operation

$$\boldsymbol{T}\psi(\vec{x}, t) = \psi(\vec{x}, -t) \tag{1.48}$$

Sie entspricht dem Rückwärtslaufen eines Filmes, was die Umkehrung z.B. aller Impulse zur Folge hat. Eine Folgerung daraus ist das *Prinzip des detaillierten Gleichgewichts*, das besagt, daß, unter gewissen sehr allgemeinen Bedingungen, die Beträge der Matrixelemente für eine Reaktion und ihre Umkehrreaktion gleich sind (siehe auch z.B [Mui 65], [Heu 76]).

Als eines der wichtigsten und allgemeingültigsten Theoreme der modernen Quantenfeldtheorien gilt die Erhaltung der drei kombinierten Symmetrieoperationen C, P und T in beliebiger Reihenfolge (CPT-Theorem) (siehe z.B. [Lüd 54], [Lüd 57], [Str 64], [Fon 70], [Lan 75], [Itz 85]). Die Voraussetzungen für die Gültigkeit der CPT-Invarianz sind so universal, daß zur Zeit keine Theorie denkbar wäre, welche sie nicht erhält. Die CPT-Erhaltung hat unter anderem die Gleichheit von Masse und Lebensdauer für Teilchen und Antiteilchen zur Folge, ebenso wie gleiche, aber entgegengesetzte magnetische Momente (siehe Tab. 1.4).

Tab. 1.4 Das Verhalten von einigen wichtigen physikalischen Größen unter C-, P- und T-Transformationen

Größe	P	C	T
Ortsvektor $\vec{r}$	$-\vec{r}$	$\vec{r}$	$\vec{r}$
Zeit t	t	t	$-t$
Impuls $\vec{p}$	$-\vec{p}$	$\vec{p}$	$-\vec{p}$
Spin $\vec{\sigma}$	$\vec{\sigma}$	$\vec{\sigma}$	$-\vec{\sigma}$
elektr. Feld $\vec{E}$	$-\vec{E}$	$-\vec{E}$	$\vec{E}$
magnet. Feld $\vec{B}$	$\vec{B}$	$-\vec{B}$	$-\vec{B}$

Einen direkten Beweis für die T-Verletzung gibt es bisher nicht, sondern er folgt nur aus der CP-Verletzung im K-Zerfall. Ein direktes Zeichen einer T-Verletzung als auch einer P-Verletzung wäre der experimentelle Nachweis eines elektrischen Dipolmomentes des Neutrons. Dieses käme durch eine asymmetrische Verteilung von positiver und negativer Ladung innerhalb des Neutrons zustande. Ein in Ruhe befindliches, isoliertes Neutron hat als einzige Vorzugsrichtung seinen Spin $\vec{s}$ und damit auch eine Vorzugsrichtung für ein elektrisches Dipolmoment $\vec{d_N}$. Eine Dipolwechselwirkung mit einem externen Feld ergibt für die Wechselwirkungsenergie H_{int}

$$H_{\text{int}} = \vec{d_N} \cdot \vec{E} \sim \vec{s} \cdot \vec{E} \tag{1.49}$$

Eine P-Transformation würde eine Überführung von $s, E \to s, -E$ und eine T-Transformation $s, E \to -s, E$ bedeuten und damit die Wechselwirkungsenergie verändern. Ein solches Dipolmoment hat man jedoch bislang nicht beobachtet, und seine experimentelle Obergrenze liegt bei (siehe auch Kap. 11)

$$d_N < 1.2 \cdot 10^{-25} \quad \text{ecm} \tag{1.50}$$

Die im K^0-System festgestellte CP-Verletzung und deren Einbau in das noch zu besprechende Standardmodell erlaubt auch ein Dipolmoment, allerdings von der Größenordnung [Wol 86], [He 89]

$$d_N \approx 10^{-31} - 10^{-33} \quad \text{ecm} \tag{1.51}$$

Welche Quantenzahlen in den einzelnen Wechselwirkungen erhalten werden, zeigt Tab.1.5.

Tab. 1.5 Übersicht über die Erhaltungssätze

Erhaltungssatz	starke WW	elektromagnet. WW	schwache WW
Energie	ja	ja	ja
Impuls	ja	ja	ja
Drehimpuls	ja	ja	ja
B, L	ja	ja	ja
P	ja	ja	nein
C	ja	ja	nein
CP	ja	ja	nein*
T	ja	ja	nein**
CPT	ja	ja	ja

* bislang nur im K^0-System

** folgt indirekt aus der CP-Verletzung und der CPT-Invarianz

1.3.5 Baryonenzahl B

Diese additive Quantenzahl konnte bisher nicht auf eine fundamentale Symmetrie zurückgeführt werden, und es ist deshalb durchaus wahrscheinlich, daß sie nicht erhalten ist. Jedes Baryon bekommt die Baryonenzahl $+1$, jedes Antibaryon -1 und Mesonen und Leptonen die Baryonenzahl 0 zugeschrieben. Dies bedingt zwangsläufig drittelzahlige Baryonenzahlen für Quarks.

Für die einzelnen Quarkflavours gibt es separate Flavourquantenzahlen, z.B. die Strangeness S (für s-Quark: $S = -1$, für $\bar{s}$: $S = 1$, für alle anderen Quarks: $S = 0$), Charm C (für c-Quark: $C = 1$, für $\bar{c}$: $C = -1$), Bottom B (für b-Quark: $B = -1$, für $\bar{b}$: $B = 1$), Top T (für t-Quark: $T = 1$, für $\bar{t}$: $T = -1$).

Experimente, die direkt nach Baryonenzahlverletzung suchen, sind Neutron-Antineutron-Oszillationsexperimente ($\Delta B = 2$) und die Suche nach dem Protonzerfall ($\Delta B = 1$). Weder die Oszillationsexperimente mit ihrer gegenwärtigen Grenze für die Oszillationsperiode von $\tau_{n\bar{n}} > 10^8$ s [Bal 94a], noch die Protonzerfallsexperimente mit ihrer Grenze von $\tau_p > 9 \cdot 10^{32}$ Jahren [PDG 94] geben indessen bislang Hinweise auf eine Baryonenzahlverletzung (siehe auch Kap. 2).

1.3.6 Leptonenzahl L

Auch die Leptonenzahl ist eine additive Quantenzahl und kann bisher auf keine fundamentale Symmetrie zurückgeführt werden. Es gibt auch hier für jeden Flavour eine eigene Leptonenzahl L_e, L_μ, L_τ, als auch eine totale Leptonenzahl $L = L_e + L_\mu + L_\tau$. Jedes Lepton bekommt hierbei die Quantenzahl

+1 zugeordnet, die Antiteilchen entsprechend −1. Weder für die einzelnen Flavours, noch für die totale Leptonenzahl konnte bisher eine Verletzung beobachtet werden. Ein klassischer Test für die Erhaltung der einzelnen Leptonenzahlen ist die Einfangreaktion

$$\begin{array}{llllll} & \mu^- & + {}^A_Z X & \rightarrow & {}^A_Z X & + e^- \\ L_e & 0 & +0 & \rightarrow & 0 & +1 \\ L_\mu & 1 & +0 & \rightarrow & 0 & +0 \end{array}$$

Diese verletzt die L_e- als auch L_μ-Erhaltung, läßt aber die gesamte Leptonenzahl unverändert. Ein weiterer Test dafür wären Neutrinooszillationen, d.h. Umwandlungen eines Neutrinoflavours in einen anderen. Diese Experimente spielen heutzutage eine wichtige Rolle in der Neutrinophysik, dient dieser Effekt doch unter anderem auch als Lösungsmöglichkeit für das sogenannte solare Neutrinoproblem (siehe Kap. 12). Weitere Prozesse, welche die Leptonenzahl L verletzen, wären der bereits erwähnte Protonzerfall

$$p \rightarrow \pi^0 + e^+ \Rightarrow \Delta L = -1 \tag{1.52}$$

und der neutrinolose doppelte Betazerfall

$${}^A_Z X \rightarrow {}^A_{Z+2} X + 2e^- \Rightarrow \Delta L = 2 \tag{1.53}$$

Auch diese Prozesse konnten bisher nicht nachgewiesen werden (siehe Kap. 2). In einigen vereinigten Theorien (Kap. 2) sollten zwar nicht L und B erhalten sein, aber dafür $B - L$ [Moh 88]. Damit wäre der Protonenzerfall möglich, jedoch würde der neutrinolose doppelte Betazerfall auch diese Erhaltung verletzen. Andere sagen weniger die Erhaltung der einzelnen Flavourleptonenzahlen voraus, als vielmehr die Erhaltung von Kombinationen, z.B. $L_e - L_\tau$ [Lan 88]. Auch solche Vorhersagen können mit Oszillationsexperimenten getestet werden.

1.4 Eichtheorien

Alle modernen Elementarteilchentheorien sind Eichtheorien. Es soll deshalb versucht werden, die Grundzüge dieser Theorien zu durchleuchten, ohne die Details einer vollständigen Darstellung anzugeben. Es können auch keine theoretischen Aspekte wie Renormierung, Aufstellung von Feynman-Graphen oder Dreiecksanomalien besprochen werden, wir verweisen auf die entsprechenden Lehrbücher [Qui 83], [Hal 84], [Ait 89], [Don 92]. Trotzdem gehören diese Punkte zu den wesentlichen Zügen einer jeden Theorie. Eine unabdingbare Forderung an eine solche Theorie ist ihre *Renormierbarkeit.* Eine Renormierung der fundamentalen Parameter ist notwendig, um eine Beziehung zwischen berechneten und meßbaren Größen herstellen zu können. Nichtrenormierbare Theorien, welche nach jedem Renormierungsversuch weiterhin divergente Ausdrücke enthalten, scheinen deswegen in Frage gestellt. Es ist nun von fundamentaler Bedeutung, daß gezeigt werden konnte, daß Eichtheorien *immer* renormierbar sind, sofern die Eichbosonen masselos sind [t'Ho 72], [Lee 72]. Erst hiermit hielten die Eichtheorien Einzug als Modelle für die Wechselwirkungen. Ein berühmtes Beispiel für eine nichtrenormierbare Theorie ist die Allgemeine Relativitätstheorie. Dieses Verhalten macht eine Quantentheorie der Gravitation so schwierig, und erst innerhalb von Superstring-Theorien scheint sich hier eine Lösung abzuzeichnen (siehe Kap. 2). Ein weiterer Aspekt der Theorie ist ihre *Anomaliefreiheit.* Unter einer Anomalie versteht man, daß eine Invarianz der Bewegungsgleichungen, oder äquivalent der Lagrangedichte, nach der quantenfeldtheoretischen Störungsrechnung nicht mehr vorhanden ist. Die Ursache liegt darin begründet, daß man in diesem Falle kein konsistentes Renormierungsverfahren findet.

1.4.1 Das Eichprinzip

Das Prinzip der Eichung sei am Beispiel der klassischen Elektrodynamik erläutert. Als Grundlage gelten hier die Maxwell-Gleichungen, und als meßbare Größen existieren das elektrische und magnetische Feld, welche sich als Komponenten des Feldstärketensors $F_{\mu\nu} = \partial_\mu A_\nu - \partial_\nu A_\mu$ darstellen lassen. Hierbei ist das Viererpotential A gegeben durch $A = (\phi, \vec{A})$, und die Feldstärken lassen sich daraus ableiten zu $E = -\nabla\phi - \partial_t \vec{A}$ und $B = \nabla \times \vec{A}$. Sei nun $\rho(t, \vec{x})$ eine beliebige, reelle, differenzierbare Funktion, so erkennt man, daß unter einer Transformation der Potentiale gemäß

$$\phi'(t, \vec{x}) = \phi(t, \vec{x}) + \partial_t \rho(t, \vec{x}) \tag{1.54}$$

$$\vec{A}'(t, \vec{x}) = \vec{A}(t, \vec{x}) + \nabla\rho(t, \vec{x}) \tag{1.55}$$

alle beobachtbaren Größen invariant bleiben. Das Festlegen von ϕ und $\vec{A}$ auf definierte Werte, um beispielsweise die Bewegungsgleichungen zu vereinfachen, nennt man *Eichung.*

In den Eichtheorien wird nun diese Eichfreiheit bestimmter Größen zum fundamentalen Prinzip erhoben. Aus der Forderung nach solchen eichbaren, physikalisch nicht festgelegten Größen wird die Existenz und Struktur der Wechselwirkung festgelegt. Die innere Struktur der Eichtransformationen wird dabei durch eine Symmetrie-Gruppe bestimmt.

Der Erfolg ist bislang die größte Rechtfertigung von Eichtheorien, was natürlich eventuell noch fundamentalere Prinzipien nicht ausschließt. So versuchen Kaluza-Klein-Theorien, die Wechselwirkungen auf differentialgeometrische Prinzipien zurückzuführen [Kal 21], [Kra 96], [App 87], auf denen auch die Allgemeine Relativitätstheorie beruht. Hierzu sind aber höherdimensionale geometrische Räume erforderlich (siehe auch [Col 89], [Kla 95]).

1.4.2 Globale innere Symmetrien

Bei den inneren Symmetrien kann man nach diskreten und kontinuierlichen Symmetrien unterscheiden. Wir wollen uns jetzt auf die kontinuierlichen Symmetrien konzentrieren. In der Quantenmechanik wird ein physikalischer Zustand durch eine Wellenfunktion $\psi(x,t)$ beschrieben, als Meßgröße tritt jedoch nur das Betragsquadrat in Erscheinung. Dies bedeutet, daß mit $\psi(x,t)$ z.B. auch die Funktionen

$$\psi'(x,t) = e^{-\imath\alpha}\psi(x,t) \tag{1.56}$$

Lösungen der Schrödinger-Gleichung darstellen, wobei α eine reelle, konstante (orts- und zeitunabhängige) Zahl darstellt. Dies nennt man eine *globale Symmetrie* und bezieht sich dabei auf die Orts- und Zeitunabhängigkeit von α. Betrachten wir hierzu noch einmal die Wellenfunktion eines geladenen Teilchens, z.B. des Elektrons. Die relativistische Bewegungsgleichung ist die Dirac-Gleichung

$$i\gamma^\mu\partial_\mu\psi_e(x,t) - m\psi_e(x,t) = 0 \tag{1.57}$$

Die Invarianz unter der globalen Transformation

$$\psi'_e(x,t) = e^{+\imath e\alpha}\psi_e(x,t) \tag{1.58}$$

ist leicht zu erkennen:

$$e^{\imath e\alpha}i\gamma^\mu\partial_\mu\psi_e(x,t) = e^{\imath e\alpha}m\psi_e(x,t) \tag{1.59}$$

$$\Rightarrow i\gamma^\mu\partial_\mu e^{\imath e\alpha}\psi_e(x,t) = me^{\imath e\alpha}\psi_e(x,t) \tag{1.60}$$

$$i\gamma^\mu\partial_\mu\psi'_e(x,t) = m\psi'_e(x,t) \tag{1.61}$$

Anstatt Symmetrien an den Bewegungsgleichungen zu diskutieren, verwendet man häufig die Lagrangedichte $\mathcal{L}$. Die Bewegungsgleichungen der Theorie lassen sich aus der Lagrangedichte $\mathcal{L}(\phi,\partial_\mu\phi)$ mit Hilfe des Prinzips der kleinsten Wirkung herleiten (siehe z.B. [Gol 85]). Nehmen wir als Beispiel ein reelles Skalarfeld $\phi(x)$. Seine freie Lagrangedichte lautet

$$\mathcal{L}(\phi,\partial_\mu\phi) = \frac{1}{2}(\partial_\mu\phi\partial^\mu\phi - m^2\phi^2) \tag{1.62}$$

Aus der Bedingung eines stationären Wirkungsintegrals S

$$\delta S[x] = 0 \quad \text{mit} \quad S[x] = \int \mathcal{L}(\phi,\partial_\mu\phi)dx \tag{1.63}$$

erhält man dann die Bewegungsgleichungen:

$$\partial_\alpha \frac{\partial \mathcal{L}}{\partial(\partial_\alpha \phi)} - \frac{\partial \mathcal{L}}{\partial \phi} = 0 \tag{1.64}$$

Die Lagrangedichte erlaubt es relativ einfach, bestimmte Symmetrien der Theorie abzulesen. Allgemein kann man zeigen, daß die Invarianz des Feldes $\phi(x)$ unter gewissen Symmetrietransformationen die Erhaltung eines Viererstroms zur Folge hat, gegeben durch

$$\partial_\alpha \left(\frac{\partial \mathcal{L}}{\partial(\partial_\alpha \phi)} \delta\phi \right) = 0 \tag{1.65}$$

Dies wird allgemein als *Noether-Theorem* bezeichnet [Noe 18]. So bedeutet die Invarianz gegenüber Zeit-, Translations- und Rotations-Transformationen die Erhaltung von Energie, Impuls und Drehimpuls. Was ändert sich nun bei lokalen Symmetrien, bei denen α in Gl. (1.56) keine Konstante mehr ist, sondern eine Funktion von Raum und Zeit?

1.4.3 Lokale (= Eich-)Symmetrien

Läßt man die Forderung nach Orts- und Zeitunabhängigkeit von α fallen, so spricht man von lokalen Symmetrien. Man erkennt sofort, daß unter solchen Transformationen

$$\psi'_e(x) = e^{ie\alpha(x)}\psi_e(x) \tag{1.66}$$

die Dirac-Gleichung (Gl. (1.57)) nicht invariant bleibt:

$$\begin{aligned}(i\gamma^\mu\partial_\mu - m)\psi'_e(x) &= e^{ie\alpha(x)}[(i\gamma^\mu\partial_\mu - m)\psi_e(x) + e(\partial_\mu\alpha(x))\gamma^\mu\psi_e(x)] \\ &= e(\partial_\mu\alpha(x))\gamma^\mu\psi'_e(x) \neq 0 \end{aligned} \tag{1.67}$$

Das Feld $\psi'_e(x)$ ist also keine Lösung der freien Dirac-Gleichung. Gelänge es, diesen zusätzlichen Term zu kompensieren, so hätte man die ursprüngliche Invarianz wiederhergestellt. Dies gelingt durch das Einführen eines Eichfeldes A_μ, welches sich gerade so transformiert, daß es den Zusatzterm kompensiert. Hierzu ist die Einführung einer kovarianten Ableitung D_μ

$$D_\mu = \partial_\mu - ieA_\mu \tag{1.68}$$

nötig, und man kann die Invarianz wiederherstellen, wenn alle partiellen Ableitungen ∂_μ durch die kovariante Ableitung D_μ ersetzt werden. Die Dirac-Gleichung lautet dann:

$$i\gamma^\mu D_\mu\psi_e(x) = i\gamma^\mu(\partial_\mu - ieA_\mu)\psi_e(x) = m\psi_e(x) \tag{1.69}$$

Benutzt man nun das transformierte Feld $\psi'_e(x)$, so erkennt man leicht, daß man die ursprüngliche Invarianz der Dirac-Gleichung wiederherstellen kann, falls sich das Eichfeld transformiert gemäß

$$A_\mu \rightarrow A_\mu + \partial_\mu\alpha(x) \tag{1.70}$$

Die Gl. (1.66) und (1.70) beschreiben die Transformation der Wellenfunktion und des Eichfeldes. Sie werden deshalb *Eichtransformationen* genannt. Es läßt sich so die ganze Elektrodynamik als Folge der Invarianz der Lagrangedichte $\mathcal{L}$ bzw. der Bewegungsgleichungen unter Phasentransformationen beschreiben. Die daraus folgende Erhaltungsgröße ist die elektrische Ladung e. Die entsprechende Theorie nennt man Quantenelektrodynamik (QED), und sie gilt aufgrund ihres enormen Erfolges als Paradebeispiel für eine Eichtheorie. Beim Übergang zur klassischen Physik erhält man für A_μ das klassische Vektorpotential der Elektrodynamik. Das Eichfeld kann mit dem Photon assoziiert werden, und dieses übernimmt die Rolle des Austauschteilchens. Es zeigt sich ferner, daß generell in *allen* Eichtheorien die Eichfelder *masselos* sein müssen. Auftretende Massen müssen nachträglich eingebaut werden, und wir werden hierfür noch den Mechanismus der spontanen Symmetriebrechung kennenlernen. Der hier diskutierte Fall entspricht der eichtheoretischen Behandlung der Elektrodynamik. Gruppentheoretisch läßt sich die Multiplikation mit einem Phasenfaktor durch unitäre Transformationen beschreiben, in diesem Falle der $U(1)$-Gruppe. Diese besitzt als Generator den Einheitsoperator. Das Eichprinzip kann für abelsche Eichgruppen, d.h. Gruppen, deren Generatoren miteinander kommutieren, leicht verallgemeinert werden. Etwas komplexer wird der Fall bei nicht-abelschen Gruppen und den daraus resultierenden *nicht-abelschen* Eichtheorien (Yang-Mills-Theorien) [Yan 54].

1.4.4 Nicht-abelsche Eichtheorien (= Yang-Mills-Theorien)

Nicht-abelsch bedeutet, daß die Generatoren der Gruppe nicht mehr miteinander vertauschbar sind, sondern gewissen Kommutatorrelationen unterworfen sind. Ein Beispiel sind die Vertauschungsrelationen der Paulischen Spinmatrizen σ_i,

$$[\sigma_i, \sigma_j] = i\hbar\sigma_k, \tag{1.71}$$

die als Generatoren für die $SU(2)$-Gruppe wirken. Allgemein besitzen $SU(N)$-Gruppen $N^2 - 1$ Generatoren. Eine Darstellung der $SU(2)$-Gruppe sind alle unitären 2×2-Matrizen mit Determinante $+1$. Betrachten wir als Beispiel Elektron und Neutrino. Abgesehen von ihrer elektrischen Ladung und ihrer Masse sind diese beiden Teilchen bezüglich ihrer schwachen Wechselwirkung identisch, und man kann sich Transformationen vorstellen gemäß

$$\begin{pmatrix} \psi_e(x) \\ \psi_\nu(x) \end{pmatrix}' = U(x) \begin{pmatrix} \psi_e(x) \\ \psi_\nu(x) \end{pmatrix}, \tag{1.72}$$

wobei sich die Transformation schreiben läßt als

$$U(a_1, a_2, a_3) = e^{i\frac{1}{2}(a_1\sigma_1 + a_2\sigma_2 + a_3\sigma_3)} = e^{i\frac{1}{2}\vec{a}\vec{\sigma}}. \tag{1.73}$$

Die Teilchen werden also allgemein in Multipletts angeordnet, in diesem Fall spricht man von einem Dublett. Nehmen wir nun wieder die Dirac-Gleichung an und ersetzen die Ableitung durch eine kovariante Ableitung, indem wir ein Eichfeld $\vec{W}_\mu(x)$ und eine Quantenzahl g einführen

$$D_\mu = \partial_\mu + \frac{ig}{2}\vec{W}_\mu(x) \cdot \vec{\sigma}, \tag{1.74}$$

so finden wir *keine* Eichinvarianz! Vielmehr ergibt sich als Folge der Nichtvertauschbarkeit der Generatoren ein Zusatzterm, ein Effekt, der bei der elektromagnetischen Wechselwirkung nicht aufgetaucht war. Erst Transformationen der Eichfelder gemäß

$$\vec{W}_\mu{}' = \vec{W}_\mu + \frac{1}{g}\partial_\mu \vec{a}(x) - \vec{W}_\mu \times \vec{a}(x) \tag{1.75}$$

bringen die gewünschte Invarianz (man beachte den Unterschied zu Gl. (1.70)). Die Nichtvertauschbarkeit der Generatoren verursacht, durch diesen Zusatzterm bedingt, daß die Austauschteilchen selbst „Ladung“ tragen (im Gegensatz dazu trägt das Photon ja keine elektrische Ladung). Dies hat unter anderem auch eine Selbstkopplung der Austauschfelder zur Folge. Wir wollen nun die nicht-abelschen Eichtheorien der elektroschwachen und starken Wechselwirkung genauer besprechen, welche man dann im *Standardmodell der Elementarteilchenphysik* zusammenfaßt.

1.5 Das Standardmodell der Elementarteilchenphysik

Wir kommen zu einer Beschreibung der Wechselwirkungen im Rahmen von Eichtheorien. Die Gravitation bleibt hiervon ausgeschlossen, da es bisher keine Eichtheorie zu ihrer Beschreibung gibt. Die Abhandlung muß sich ferner auf eine Skizzierung beschränken, für eine ausführlichere Darstellung verweisen wir auf die einschlägigen Lehrbücher, siehe z.B. [Bec 83], [Hal 84], [Nac 86], [Ait 89], [Gre 89], [Don 92], [Mar 92]. Gruppentheoretisch entspricht das Standardmodell einer $SU(3) \otimes SU(2) \otimes U(1)$-Gruppe. Wir wollen nun schauen, was sich dahinter verbirgt.

1.5.1 Quantenchromodynamik QCD

1.5.1.1 Phänomene der starken Wechselwirkung

Betrachten wir zunächst die starke Wechselwirkung. In früheren Zeiten beschrieb man die Kernkraft durch den Austausch von Mesonen zwischen Proton und Neutron. Heute beschreibt man im allgemeinen die starke Kraft durch den Austausch von Gluonen zwischen Quarks und die internuklearen Kräfte ergeben sich hieraus als eine Art van-der-Waals-Kraft. Als in den fünfziger Jahren die Anzahl entdeckter, angeblicher Elementarteilchen immer schneller anwuchs, waren es Gell-Mann und Zweig, die ein neues Bild aufbauten [Gel 64], [Zwe 64]. Sie führten alle an der starken Wechselwirkung teilnehmenden Teilchen auf Quarks als elementare Bausteine zurück. Baryonen bestehen in diesem Modell aus 3 Quarks und Mesonen aus einem Quark-Antiquark-Paar. Dieses Modell hat sich sehr gut bewährt. Da nun das Proton aus drei sogenannten Valenzquarks zusammengesetzt ist, hat dies eine drittelzahlige Ladung der Quarks zur Konsequenz. Dabei besitzen u-, c- und t-Quark die Ladung $q = 2/3e$ und d-, s- und b-Quark die Ladung $q = -1/3e$. Daß trotzdem noch eine neue Quantenzahl zur vollständigen Beschreibung vonnöten war, folgte aus zwei Resultaten. Zuerst einmal die Entdeckung des Ω^--Teilchens [Bar 64]. Nach den Vorstellungen des Quarkmodells besteht dies aus drei s-Quarks mit gleichorientiertem Spin. Diese stimmen aber nun in allen Quantenzahlen überein, und da Quarks ebenfalls Fermionen sind, führen sie so zu einer Verletzung des Pauli-Prinzips. Dies wurde dadurch umgangen, daß man eine neue Quantenzahl zur Unterscheidung der Quarks einführte, die *Farbe*. Einen weiteren Hinweis auf Farbe geben die Untersuchungen an e^+e^--Beschleunigern. Hiermit kann auch die Zahl der verschiedenen Farben festgelegt werden. Unter der Annahme, daß nach einer Vernichtung von e^+ und e^- das virtuelle Photon wieder in ein Fermion-Antifermion-Paar übergeht, gilt für das Verhältnis R der Wirkungsquerschnitte von $e^+e^- \to \mu^+\mu^-$ und $e^+e^- \to \bar{q}q$ (siehe z.B. [Per 87], [Pic 95]):

$$R = \frac{\sigma(e^+e^- \to q\bar{q} \to \text{Hadronen})}{\sigma(e^+e^- \to \mu^+\mu^-)} = \sum_q Q_q^2 \tag{1.76}$$

Q_q bezeichnet die Quarkladung als Bruchteil der Elementarladung e. Tragen u-, d-, s-, c- und b-Quark zu R bei (was oberhalb etwa 10 GeV der Fall ist), so erwartet man für farblose Quarks ein Verhältnis von

$$R = \left(\frac{1}{3}\right)^2 + \left(\frac{1}{3}\right)^2 + \left(\frac{1}{3}\right)^2 + \left(\frac{2}{3}\right)^2 + \left(\frac{2}{3}\right)^2 = \frac{11}{9} \tag{1.77}$$

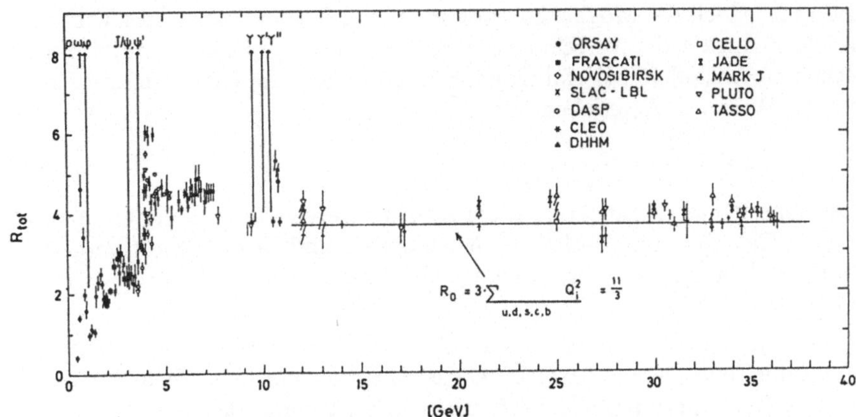

Abb. 1.9 Das Verhältnis der Wirkungsquerschnitte $R = \sigma(e^+e^- \to \text{Hadronen})/\sigma(e^+e^- \to \mu^+\mu^-)$ als Funktion der Schwerpunktsenergie W. Aus der Höhe des flachen Verlaufs kann auf die Anzahl der verschiedenen Quarkladungen geschlossen werden. Der erwartete Wert für drei Farben ist eingezeichnet. Das stufenartige Ansteigen von R bei $W = 4$ GeV entspricht dem Überschreiten der Schwelle für c-Quark Erzeugung. An den mit $\rho, \omega, \phi, J/\psi, \psi', \Upsilon, \Upsilon'$ und Υ'' bezeichneten Stellen werden diese Vektormesonen erzeugt. In der Legende sind zudem die verwendeten Experimente angegeben (nach [Loh 83]).

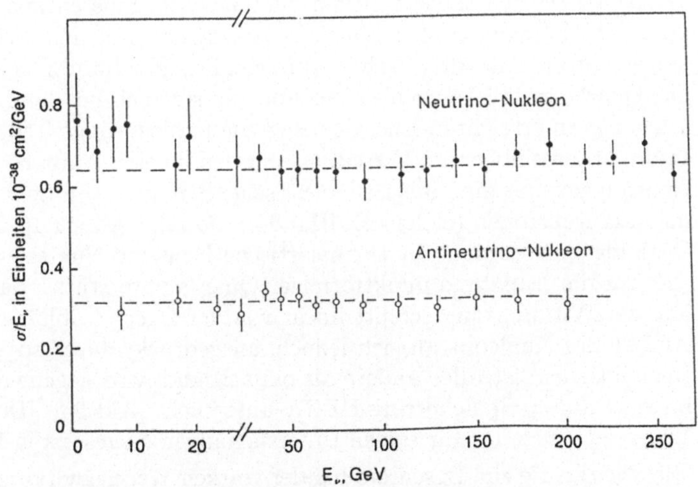

Abb. 1.10 Totaler Wirkungsquerschnitt für Neutrino- und Antineutrino-Streuung an Nukleonen als Funktion der Energie. Die Konstanz des Verhältnisses σ/E über nahezu zwei Größenordnungen ist eine direkte Demonstration von punktförmigen Konstituenten innerhalb des Nukleons (aus [Per 87]).

Besteht jedoch die Möglichkeit von mehreren Farben, so ist dies Verhältnis mit der Anzahl der verschiedenen Farben zu multiplizieren (aufgrund der erhöhten Anzahl von Zerfallskanälen in $q\bar{q}$-Paare). Im Falle von drei Farben ist der Wert von R gegeben durch

$$R = 3 \cdot \frac{11}{9} = \frac{11}{3} \tag{1.78}$$

Die experimentelle Situation ist in Abb. 1.9 gezeigt. Für Energien oberhalb von 10 GeV liegt das Verhältnis R bei etwa 4 und ist damit gut verträglich mit der Annahme von drei Farben. Man nennt diese Farben rot, grün und blau.

Nun ist in der Natur noch niemals eine „freie" Farbladung beobachtet worden (alle Teilchen sind farblos), ebenso noch nie ein freies Quark (Confinement). Die experimentelle Suche nach freien Quarks richtet sich vor allem auf drittelzahlige elektrische Ladungen. Die Untersuchungen von Meteoriten, Ozeansedimenten und vielen weiteren Proben geben eine Grenze für die Anzahl freier Quarks von weniger als $5 \cdot 10^{-27}$ pro Nukleon [Smi 89], [Hom 92]. Des weiteren gilt: Alle Baryonen bestehen aus drei Quarks unterschiedlicher Farbe. Die Summe aller drei Farben ergibt ein ‚farbloses' Teilchen (in Analogie zu den Spektralfarben, die in der Summe weiß ergeben). Mesonen bestehen aus Quark-Antiquark-Paaren (Farbe + Antifarbe ergeben ‚farblose' Teilchen). Die Austauschteilchen, die Gluonen, müssen aus diesem Grund zwei Farbladungen tragen (Farbe + Antifarbe). Mit den sechs Quarks und den entsprechenden drei Farben ist es möglich, alle Hadronen zu beschreiben. Die Quarks gelten heute als elementar, da sie auch bei den höchsten in Beschleunigern erreichten Energien sich wie punktförmige Teilchen verhalten. Informationen über ihre Verteilung und den inneren Aufbau von Proton und Neutron gewinnt man aus tiefinelastischer Streuung von Leptonen an Protonen und Neutronen (siehe z.B. [Hal 84]). So zeigt Abb. 1.10 den Verlauf des Wirkungsquerschnitts für tiefinelastische Neutrino-Nukleon-Streuung, welche klar die Annahme punktförmiger Quarks unterstützt, da nur in diesem Fall der Wirkungsquerschnitt linear von der Energie abhängt [Per 87]. Der Aufbau des Nukleons an sich jedoch, ausgedrückt durch sogenannte Strukturfunktionen, ist alles andere als einfach und wird gegenwärtig besonders intensiv am ep-Speicherring HERA untersucht [Aid 96], [Der 95,96]. Abb. 1.11 zeigt einen der für solche Untersuchungen eingesetzten Detektoren.

Die Eichtheorie zur Beschreibung der starken Wechselwirkung ist die Quantenchromodynamik (QCD) (chromos, gr. = Farbe). Ihr zugrunde liegt die Invarianz unter Rotationen im Farbraum, welche durch eine $SU(3)$-Gruppe beschrieben werden kann. Die Quarks werden hierzu in Tripletts angeordnet und transformieren sich gemäß

Abb. 1.11 Ansicht des H1-Detektors am *ep*-Speicherring HERA bei DESY (Hamburg). Der Detektor dient zum Nachweis der gestreuten Elektronen und Quarks. Letztere äußern sich in Form von Jets. Zu sehen ist der Kryostat des Flüssig-Argon-Kalorimeters. Es dient zur Energiemessung der gestreuten Teilchen und umgibt die inneren Spurkammern, die für eine Impulsmessung notwendig sind (mit freundl. Genehmigung des DESY Hamburg).

$$\begin{pmatrix} \psi_1(x) \\ \psi_2(x) \\ \psi_3(x) \end{pmatrix}' = U(x) \begin{pmatrix} \psi_1(x) \\ \psi_2(x) \\ \psi_3(x) \end{pmatrix} \tag{1.79}$$

Die Matrix $U(x)$ ergibt sich als

$$U(x) = e^{-\imath \sum_l \alpha_l \lambda_l / 2}, \tag{1.80}$$

wobei eine geeignete Wahl der Generatoren λ_l in der Matrixdarstellung durch die sogenannten *Gell-Mann-Matrizen* gegeben ist:

$$\begin{pmatrix} 0 & 1 & 0 \\ 1 & 0 & 0 \\ 0 & 0 & 0 \end{pmatrix}, \quad \begin{pmatrix} 0 & -i & 0 \\ i & 0 & 0 \\ 0 & 0 & 0 \end{pmatrix}, \quad \begin{pmatrix} 1 & 0 & 0 \\ 0 & -1 & 0 \\ 0 & 0 & 0 \end{pmatrix}$$

$$\begin{pmatrix} 0&0&1\\ 0&0&0\\ 1&0&0 \end{pmatrix}, \quad \begin{pmatrix} 0&0&-i\\ 0&0&0\\ i&0&0 \end{pmatrix}, \quad \begin{pmatrix} 0&0&0\\ 0&0&1\\ 0&1&0 \end{pmatrix} \tag{1.81}$$

$$\begin{pmatrix} 0&0&0\\ 0&0&-i\\ 0&i&0 \end{pmatrix}, \quad \frac{1}{\sqrt{3}}\begin{pmatrix} 1&0&0\\ 0&1&0\\ 0&0&-2 \end{pmatrix}$$

Zwei Besonderheiten der QCD sind die *asymptotische Freiheit* und das *Confinement*. Im Gegensatz zu allen anderen Wechselwirkungen wird die Kraft zwischen zwei Quarks immer stärker, je weiter sie voneinander entfernt sind, oder umgekehrt, sie verhalten sich praktisch frei, wenn sie sehr nahe beieinander sind. Dies liegt daran, daß die Gluonen selbst Träger von Farbe sind (siehe Kap. 2). Es ist also nicht möglich, zwei Quarks voneinander zu trennen. Es bilden sich bei Energiezufuhr dann weitere Quark-Antiquark-Paare (Abb. 1.14). Das Verhalten der Quarks beschreibt man phänomenologisch durch ein Potential der Form (siehe z.B. [Per 87])

$$V(r) = -\frac{4}{3}\frac{\alpha_s}{r} + kr \tag{1.82}$$

Testen kann man dieses Potential durch Spektroskopie von gebundenen Quark-Antiquark-Systemen (Quarkonium), beispielsweise dem J/Ψ ($c\bar{c}$) oder den Υ-Resonanzen ($b\bar{b}$). Hier gibt es gleichfalls angeregte Zustände, wie beim Positronium (dem e^+e^--System), welches durch die QED exakt beschrieben wird. Beim Quarkonium kann das Spektrum durch obiges Potential (Gl. (1.82)) angepaßt werden. Damit ergibt sich für die sogenannte *Stringkonstante* k ein Wert von etwa 1 GeV fm^{-1} und für die *starke Kopplungskonstante* α_s bei wenigen GeV ein Wert von $\alpha_s \approx 0.3$. Diese Kopplungskonstante besitzt eine starke Energieabhängigkeit (siehe Kap. 2). Da die Theorie normalerweise nach Potenzen der Kopplungskonstanten entwikkelt und Glieder höherer Ordnung vernachlässigt werden, scheitert dieses störungstheoretische Verfahren beim Niederenergieverhalten der QCD, da α_s bei niedrigen Energien in der Größenordnung von Eins liegt und damit Glieder höherer Ordnung einen erheblichen Einfluß haben. Man versucht, die Schwierigkeiten einer nichtstörungstheoretischen Behandlung der QCD und damit verbundene Divergenzen zu meistern, indem man das Raum-Zeit-Kontinuum diskretisiert und dann in einer mathematischen Grenzwertbetrachtung diese Diskretisierung wieder in ein Kontinuum übergehen läßt (Gittertheorien) (siehe z.B. [Cre 83], [Hua 92]). Bei hohen Energien (beispielsweise 90 GeV) liefert die störungstheoretische QCD allerdings eine gute Beschreibung, da hier die Kopplungskonstante relativ klein ist (etwa 0.1 bei 90 GeV).

Ein weiterer interessanter Aspekt sollte auftreten, falls man Nukleonen weit über die normale Kerndichte zusammenpreßt. Erhöht man die Energiedichte innerhalb des Kerns, so sollte einmal ein Zustand erreicht werden, bei dem die Quarks nicht mehr in den Nukleonen gebunden sind. Dieser von den Gitterrechnungen vorhergesagte Zustand, bei dem der Kern praktisch aus einer Ansammlung von freien Quarks und Gluonen besteht, nennt man *Quark-Gluon-Plasma* (siehe z.B. [Mül 85], [Hwa 90]). Aus diesem theoretisch vorhergesagten Übergang folgt eine drastische Erhöhung der Freiheitsgrade, was auf einen Phasenübergang zwischen Confinement und Deconfinement hindeutet (Abb. 1.12), charakterisiert durch die Größe Λ_{QCD} (siehe

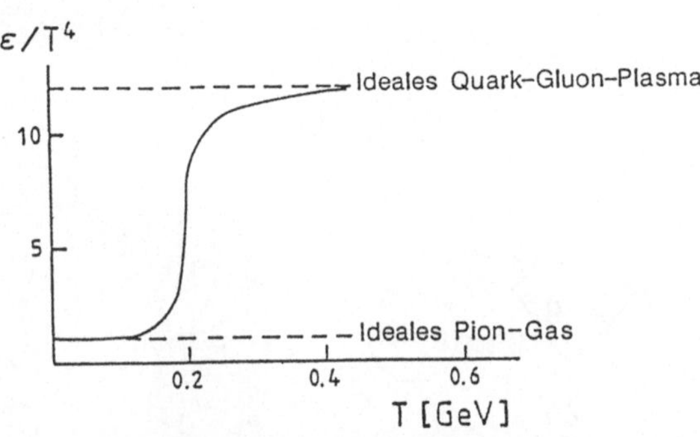

Abb. 1.12
Prinzipieller Verlauf der Energiedichte ϵ als Funktion der Temperatur beim Phasenübergang zum Quark-Gluon-Plasma, wie er von Gitterrechnungen vorhergesagt wird. Der Sprung kommt zustande aufgrund der vielen neuen Freiheitsgrade des Quark-Gluon-Plasmas. Anstelle der 3 Freiheitsgrade eines Piongases hat man im Quark-Gluon-Plasma 27 Freiheitsgrade (aus [Sat 90]).

Kap. 2). Die kritische Temperatur für diesen Phasenübergang liegt etwa in der Größenordnung von 200 MeV. Es zeigt sich, daß dieser Zustand typischerweise bei Energiedichten von etwa 2.5 GeV fm^{-3} auftreten sollte. In normalen $p\bar{p}$-Stößen an Beschleunigern erreicht man etwa 0.3 GeV fm^{-3}. Da aber für die erreichbaren Energiedichten eine Abhängigkeit proportional $A^{\frac{1}{3}}$ gilt, erhofft man sich, in ultrarelativistischen Schwerionenstößen (S, Au, Pb als Materialien) diesen Zustand erzeugen zu können [Sin 93], [Won 94]. Aufgrund der Komplexität der Reaktionen ist es heutzutage jedoch noch schwierig, experimentelle Signaturen konkret vorherzusagen [Sin 93]. Zum Nachweis des Quark-Gluon-Plasmas könnten jedoch direkte Photonen, Erzeugung von direkten Leptonen-Paaren, Erhöhung des Drell-Yan-Untergrundes oder eine Unterdrückung der J/Ψ-Produktion dienen (siehe z.B. [Sat 90], [Sat 90], [Sin 93], [Won 94], [Mül 95a], [Har 96a]).

Untersucht man die Reaktion $e^+e^- \to q\bar{q}$ an Beschleunigern, so bekommt man Reaktionsprodukte in Form von hadronischen Jets (siehe Abb. 1.13). Diese werden so interpretiert, daß das bei der Vernichtung entstehende

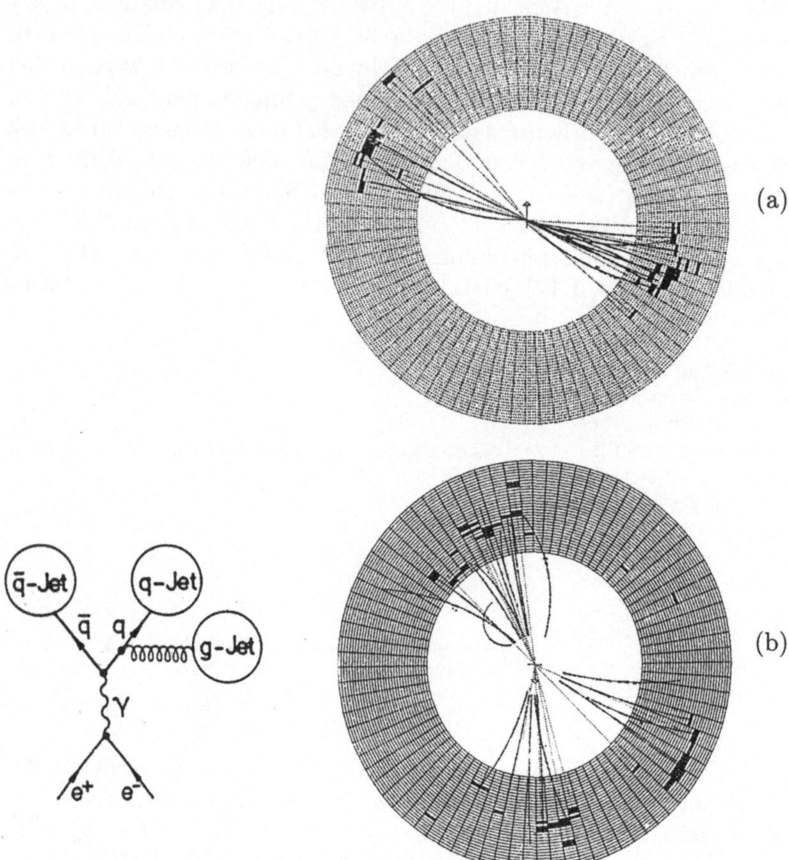

Abb. 1.13 Ein 2- (a) und 3-Jet-Ereignis (b), aufgenommen mit dem JADE-Detektor am e^+e^--Speicherring PETRA bei DESY bei $E_{\rm SPS} \approx 30\,\text{GeV}$. Die beiden erzeugten Quarks fliegen diametral auseinander, und innerhalb des Feldes werden weitere Quark-Antiquark-Paare erzeugt. Die hieraus entstehenden Hadronen fliegen gebündelt in Richtung des primären Quarks weiter. Durch Abstrahlung eines Gluons und dessen Hadronisierung kommt es gemäß $e^+e^- \to q\bar{q}g$ zur Ausbildung von 3-Jet-Ereignissen (nach [Qui 83], [Gro 89,90]).

Quark-Antiquark-Paar hadronisiert. Der genaue Hergang dieser Fragmentierung ist jedoch noch unklar (Abb. 1.14). Da ursprünglich aber nur zwei Teilchen erzeugt wurden, fliegen diese diametral, und entsprechend sind dann auch die Hadronen gebündelt. Durch Emission von Gluonen ist es möglich, Multijetereignisse zu erzeugen, da diese in der Lage sind, ihren eigenen Jet

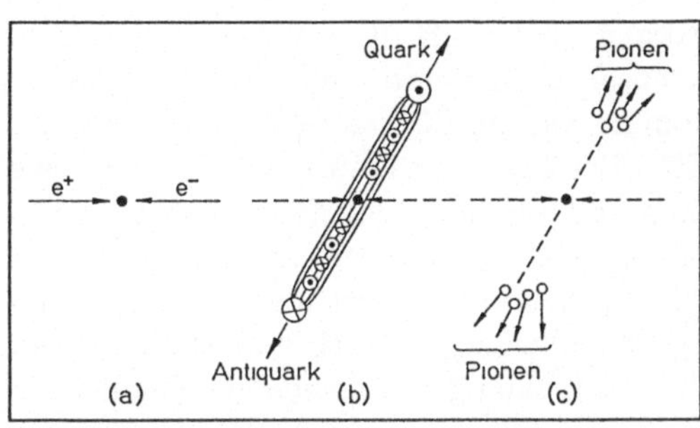

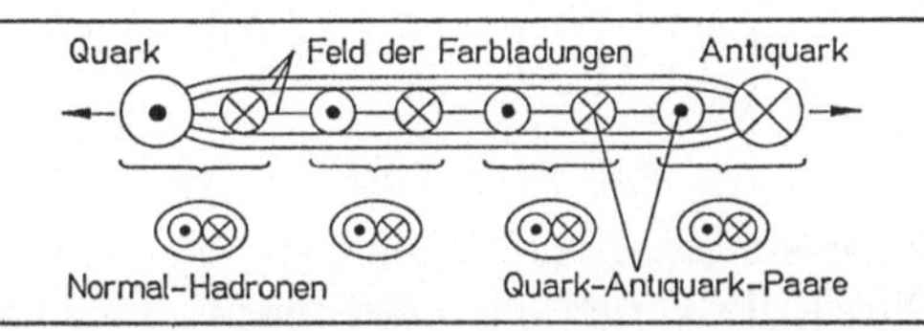

Abb. 1.14
Schematisch dargestellter Verlauf der Hadronisierung bei e^+e^--Vernichtung in ein Quark-Antiquark-Paar. In dem QCD-Farbfeld zwischen dem primären Quark und Antiquark enstehen weitere Quark-Antiquark-Paare. Sie kombinieren zu Hadronen (meist Pionen). Durch Abstrahlung von Gluonen kann es zur Erzeugung von Mehrfachjet-Ereignissen kommen (siehe Abb. 1.13), was gut durch störungstheoretische QCD beschrieben werden kann (aus [Loh 83]).

zu produzieren. Erstmals an LEP wurde in jüngster Zeit der Trigluon-Vertex experimentell verifiziert [Ade 90], [Akr 91], [Dec 92a]. Dies geschah mit Hilfe der Winkelkorrelationen von 4-Jet-Ereignissen. Dieser Nachweis ist die erste direkte experimentelle Bestätigung, daß die Gluonen wirklich Farbe tragen, da hier direkt die Kopplung der Eichbosonen mit sich selbst beobachtet werden konnte.

1.5.2 Elektroschwache Wechselwirkung

Die schwache Wechselwirkung entspricht bei niedrigen Energien der klassischen Vier-Fermion-Punktwechselwirkung von E. Fermi [Fer 34]. So kann man etwa den Betazerfall des Neutrons $n \to p + e + \bar{\nu}_e$ darstellen als Strom-Strom-Wechselwirkung zwischen einem hadronischen (j_B^μ) und einem leptonischen Strom $j_{\mu L}$:

$$H = \frac{G_F}{\sqrt{2}} j_B^\mu j_{\mu L} \tag{1.83}$$

Hierbei ist gemäß der angenommenen (V-A)-Wechselwirkungsstruktur

$$j_B^\mu = p\gamma^\mu(1 - \gamma_5)n \tag{1.84}$$

und

$$j_{\mu L} = \nu_e \gamma_\mu (1 - \gamma_5) e \tag{1.85}$$

Mit Hilfe solcher Strom-Strom-Kopplungen können alle Effekte der schwachen Wechselwirkung bei niedrigen Energien erklärt werden. In der schwachen Wechselwirkung gibt es nur linkshändige Ströme. (Dies gilt eingeschränkt nur für Prozesse, die durch Kopplungen geladener Ströme bewirkt werden (siehe z.B. [Gro 89,90]).) Die Näherung der Vier-Fermion-Punktwechselwirkung wird ungültig, wenn man in die Nähe der W- und Z-Massen kommt, wo die Effekte des Austausches dieser Bosonen wesentlich werden. Eine Beschreibung bei diesen Energien, wie sie zuerst von Glashow, Weinberg und Salam durchgeführt wurde, vereinigt die schwache und elektromagnetische Kraft zu einer elektroschwachen Kraft [Gla 61], [Wei 67], [Sal 68]. Als Eichgruppe fungiert hier die $SU(2) \otimes U(1)$-Gruppe[1)]. Die linkshändigen Quarks und Leptonen sind diesbezüglich in Dubletts angeordnet, während die rechtshändigen Teilchen als Singulett fungieren:

$$\begin{pmatrix} u \\ d' \end{pmatrix}_L, \begin{pmatrix} c \\ s' \end{pmatrix}_L, \begin{pmatrix} t \\ b' \end{pmatrix}_L, \begin{pmatrix} e \\ \nu_e \end{pmatrix}_L, \begin{pmatrix} \mu \\ \nu_\mu \end{pmatrix}_L, \begin{pmatrix} \tau \\ \nu_\tau \end{pmatrix}_L,$$
$$u_R, d_R, s_R, c_R, b_R, t_R, e_R, \mu_R, \tau_R \tag{1.86}$$

Dabei sind d', s' und b' die Cabibbo-gemischten Zustände (siehe Gl. (1.94)). Durch die Forderung nach lokaler Eichinvarianz bekommt man nun vier Eichbosonen. Die Lagrangedichte enthält Ausdrücke der Form (siehe z.B. [Per 87])

$$\begin{aligned} \mathcal{L} = {} & \frac{g}{\sqrt{2}}(j^{-\mu}W^+_\mu + j^{+\mu}W^-_\mu) \\ & + \frac{g}{\cos\theta_W}(j^3_\mu - \sin^2\theta_W j^{em}_\mu)Z^\mu + g\sin\theta_W j^{em}_\mu A_\mu \end{aligned} \tag{1.87}$$

Der erste Ausdruck beschreibt geladene schwache Ströme unter Austausch der $W^\pm$-Bosonen. Ein Beispiel für einen solchen Prozeß wäre der Neutronenzerfall. Der zweite Term beschreibt neutrale schwache Ströme unter Austausch eines Z^0-Bosons. Der dritte Term schließlich beinhaltet die elektromagnetische Wechselwirkung. Das Feld A_μ entspricht hierbei dem Photon. Die Kopplung an die schwachen Eichbosonen wird beschrieben durch zwei Kopplungskonstanten g und g', wobei wir oben schon die Beziehung

$$\tan\theta_W = \frac{g'}{g} \tag{1.88}$$

ausgenutzt haben. Die Größe θ_W bezeichnet man als *Weinbergwinkel.* Da ferner gilt (der dritte Term in Gl. (1.87) beschreibt die klassische Elektrodynamik):

$$\sin\theta_W = \frac{e}{g}, \tag{1.89}$$

[1)]Genauer ist die Theorie so ausgelegt, daß man bei der spontanen Symmetriebrechung der $SU(2)_L \otimes U(1)_Y$-Gruppe den Elektromagnetismus als ungebrochene $U(1)_{\mathrm{EM}}$-Gruppe erhält.

kann man durch genaue Messung des Weinbergwinkels die Kopplungskonstanten und damit zwei der fundamentalen Parameter der Theorie fixieren. In die Annahmen der Theorie gehen zunächst alle Teilchen als masselos ein. Eine Masse erhalten die Teilchen nachträglich mittels des sogenannten *Higgs-Mechanismus*, [Hig 64], [Kib 67], beruhend auf dem Effekt der spontanen Symmetriebrechung.

1.5.2.1 Spontane Symmetriebrechung und Higgs-Mechanismus

Unter spontaner Symmetriebrechung versteht man, daß der Grundzustand eines Systems nicht mehr die volle Symmetrie besitzt, die der zugrundeliegenden Lagrangedichte entspricht. Nehmen wir als Beispiel einen Ferromagneten. Oberhalb einer bestimmten Temperatur (Curie-Temperatur) sind alle seine Spins ungeordnet. Unterhalb jedoch tritt eine Ordnung der Spins ein, die zum Ferromagnetismus führt. Obwohl die grundlegende Beschreibung des Problems völlig symmetrisch ist, ordnen sich die Spins in einer bestimmten Richtung an, die Symmetrie ist gebrochen. Analog funktioniert der Higgs-Mechanismus. Betrachten wir dazu das Potential eines skalaren, komplexen Feldes Φ der Form (Abb. 1.15)

$$V(\Phi) = -\mu^2\Phi^\dagger\Phi + \lambda(\Phi^\dagger\Phi)^2 \tag{1.90}$$

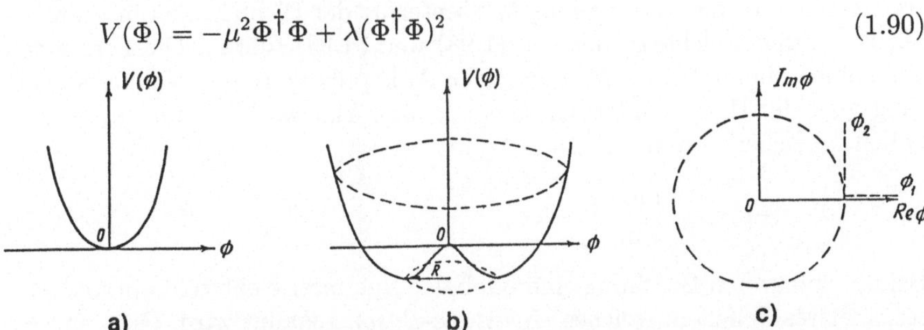

Abb. 1.15 Das Higgs-Potential zur Beschreibung der spontanen Symmetriebrechung. Während im Fall a) die Symmetrie erhalten ist und keine Entartung des Vakuums vorliegt, ist im Falle b) das Vakuum unendlich oft entartet, durch Festlegung eines bestimmten Grundzustandes bricht man die Symmetrie des Systems. Der Fall c) zeigt die Aufsicht innerhalb der komplexen Ebene.

Dieses Potential ist sicherlich symmetrisch unter der Vertauschung von $\Phi \leftrightarrow -\Phi$. Sind $\mu^2 > 0$ und $\lambda > 0$, so ergeben sich die Minima oder Gleichgewichtslagen bei $v = \sqrt{\mu^2/\lambda}$. Die stabilen Gleichgewichtslagen befinden sich also entweder bei $\Phi = -v$ oder $\Phi = v$. Jeder einzelne der beiden Grundzustände zeigt jedoch nicht mehr die volle Symmetrie des Potentials. Die Symmetrie ist spontan gebrochen. Man kann allgemein zeigen, daß eine spontane Symmetriebrechung mit der Entartung des Grundzustandes verbunden ist. Im einfachsten Fall wird eine spontane Symmetriebrechung im elektroschwachen Modell mit Hilfe zweier komplexer, skalarer Felder ϕ_1, ϕ_2 bewirkt, die in einem Dublett angeordnet sind

$$\phi(x) = \begin{pmatrix} \phi_1(x) \\ \phi_2(x) \end{pmatrix}, \tag{1.91}$$

und einem entsprechenden Ausdruck zur Lagrangedichte

$$\mathcal{L} = (\partial_\mu \phi^\dagger)(\partial^\mu \phi) - (-\mu^2 \phi^\dagger \phi + \lambda(\phi^\dagger \phi)^2) \tag{1.92}$$

Auch hier liegen nun die Minima, entsprechend den Vakuumerwartungswerten von ϕ, bei $\langle \Phi \rangle = v = \frac{1}{\sqrt{2}}\sqrt{\mu^2/\lambda}$. Die Orientierung dieses Grundzustandes im zweidimensionalen Isospinraum ist aber nicht definiert. Von den unendlich vielen Werten entscheidet sich das Higgs-Feld für einen bestimmten Wert, die Symmetrie ist dann gebrochen, obwohl das Problem völlig symmetrisch ist. Man entwickelt dann eine Störungstheorie um diesen neuen Vakuumerwartungswert. Durch Substitution der Ableitung durch ihre kovariante Ableitung bekommen wir direkt die Kopplung des Higgs-Feldes an die Eichfelder. Aus der kovarianten Ableitung des Higgs-Feldes ergeben sich Terme, die man als Massenterme der Eichbosonen interpretieren kann, und welche zu den Gl. (1.98) und (1.99) führen. Die Fermionen bekommen ebenfalls ihre Massen durch Ankopplung an den Vakuumerwartungswert des Higgs-Feldes. Diese nennt man Yukawa-Kopplungen, und sie haben typischerweise die Form

$$\mathcal{L} = -c_e \bar{e}_R \phi^\dagger \begin{pmatrix} \nu_{e_L} \\ e_L \end{pmatrix} + h.c. \tag{1.93}$$

Bei der spontanen Brechung einer globalen Symmetrie entsteht ein masseloses, skalares Teilchen, welches *Goldstone-Boson* genannt wird. Diese masselosen Freiheitsgrade treten bei einer lokalen Brechung nicht in Erscheinung, da sie von den Eichbosonen „gefressen“ werden und ihnen dadurch gerade ihre Masse verleihen (siehe z.B. [Nac 86]).

1.5.2.2 Die CKM-Massenmatrix

Experimentell stellte sich außerdem heraus, daß die Masseneigenzustände nicht mit den Flavoureigenzuständen übereinzustimmen brauchen. So zeugen die Strangeness-ändernden schwachen Ströme davon, daß die Masseneigenzustände von d- und s-Quark nicht mit den Flavoureigenzuständen identisch sind. Die Masseneigenzustände s, d und die Flavoureigenzustände s', d', welche an der schwachen Wechselwirkung teilnehmen, sind verknüpft gemäß

$$\begin{pmatrix} d \\ s \end{pmatrix} = \begin{pmatrix} \cos\theta_C & \sin\theta_C \\ -\sin\theta_C & \cos\theta_C \end{pmatrix} \begin{pmatrix} d' \\ s' \end{pmatrix} \tag{1.94}$$

Der sogenannte *Cabibbo-Winkel* θ_C beträgt etwa 13°. Bei Betrachtung des allgemeinen Falles von drei Generationen wird man so auf die sogenannte *Cabibbo-Kobayashi-Maskawa-Matrix* (CKM-Matrix) [Kob 73] geführt. Sie läßt sich parametrisieren durch:

$$\begin{pmatrix} V_{ud} & V_{us} & V_{ub} \\ V_{cd} & V_{cs} & V_{cb} \\ V_{td} & V_{ts} & V_{tb} \end{pmatrix} = \begin{pmatrix} c_1 & s_1c_3 & s_1s_3 \\ -s_1c_2 & c_1c_2c_3 - s_2s_3e^{i\delta} & c_1c_2s_3 + s_2c_3e^{i\delta} \\ -s_1s_2 & c_1s_2c_3 + c_2s_3e^{i\delta} & c_1s_2s_3 - c_2c_3e^{i\delta} \end{pmatrix}, \tag{1.95}$$

wobei $s_i = \sin\theta_i, c_i = \cos\theta_i$ $(i = 1,2,3)$. Die einzelnen Matrixelemente beschreiben Übergänge zwischen den Quarks und sind experimentell zu bestimmen. Die momentanen experimentellen Untersuchungen und die Bedingung der Unitarität ergeben die Absolutwerte [PDG 94]:

$$\begin{pmatrix} 0.9747 - 0.9759 & 0.218 - 0.224 & 0.002 - 0.005 \\ 0.218 - 0.224 & 0.9738 - 0.9752 & 0.032 - 0.048 \\ 0.004 - 0.015 & 0.030 - 0.048 & 0.9988 - 0.9995 \end{pmatrix} \tag{1.96}$$

Die Phase $e^{i\delta}$ kann mit der CP-Verletzung verknüpft werden. Die notwendige Bedingung für CP-Invarianz der Lagrangedichte lautet, daß die Cabibbo-Kobayashi-Maskawa-Matrix und ihr komplex Konjugiertes dieselbe Normalgestalt haben, sprich in Normalform reell sind. Für nur zwei Familien ist dieser Fall stets erfüllt, für drei Familien in obiger Parametrisierung jedoch nur, wenn $\delta = 0$ oder $\delta = \pi$ ist. Somit bedeutet ein δ ungleich diesen beiden Werten eine Quelle für die CP-Verletzung (siehe z.B. [Nac 86]). Eine weitere Quelle der CP-Verletzung werden wir in Kap. 11 kennenlernen. Im leptonischen Sektor sieht die Angelegenheit einfacher aus: solange Neutrinos als masselos angenommen werden, kommt es zu keiner Mischung. Sollten sie aber doch massiv sein, so führt dies zu einer Menge neuer Prozesse, beispielsweise dem Effekt der Neutrinooszillationen (siehe Kap. 2). Mehr noch, sind Neutrinos Majorana-Teilchen, so gäbe es schon bei zwei Familien die Möglichkeit der CP-Verletzung [Wol 81].

1.5.2.3 Experimentelle Prüfung der Theorie

Welche experimentell prüfbaren Vorhersagen macht nun die Theorie? Aufgrund des neutralen Eichbosons Z^0 sagte die Theorie die Existenz neutraler schwacher Ströme voraus. Diese konnten 1973, sechs Jahre nach Entwicklung der Theorie, am CERN in Reaktionen $\nu_\mu N \to \nu_\mu X$ nachgewiesen werden [Has 73]. Im Grenzfall niedriger Energien (Viererimpulsübertrag $Q^2 \ll m^2_{W,Z}$) schrumpft das elektroschwache Modell auf die Fermische

Punktwechselwirkung zusammen, und man kann Größen beider Theorien miteinander verknüpfen, etwa (siehe z.B. [Nac 86])

$$\frac{G_F}{\sqrt{2}} = \frac{g^2}{8m_W^2}. \tag{1.97}$$

Aus Gl. (1.97) und (1.89) lassen sich die Existenz und Massen der Vektorbosonen $W^{\pm}$ und Z^0 vorhersagen:

$$m_W^2 = \frac{g^2}{4\sqrt{2}G_F} \rightarrow m_W = \frac{37.4}{\sin\theta_W}\,\text{GeV} \tag{1.98}$$

$$m_Z = \frac{m_W}{\cos\theta_W} = \frac{75}{\sin 2\theta_W}\,\text{GeV} \tag{1.99}$$

Die Entdeckung der Z^0-Bosonen am CERN im Jahre 1983 bedeutete den endgültigen Durchbruch des Standardmodells [Arn 83]. Mit den im Jahre 1989 in Betrieb gegangenen Beschleunigern LEP (Genf) und SLC (Stanford) hat man mittlerweile mehrere Millionen dieser Z^0-Teilchen mit Hilfe von e^+e^--Vernichtung erzeugen können. Damit war es möglich, die Masse sehr genau zu $m_Z = 91.187 \pm 0.007\,\text{GeV}$ zu bestimmen [PDG 94]. Aufgrund der Zerfallsmöglichkeiten des Z^0, und damit auch der Breite dieser Resonanz, kann man wichtige Aussagen über die Anzahl der Neutrinos oder

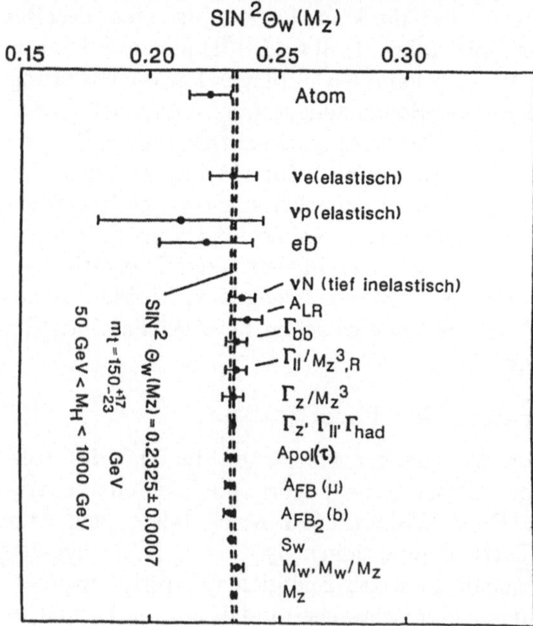

Abb. 1.16
Die Messungen des Weinbergwinkels bei verschiedenen Energieskalen, umgerechnet auf den Wert bei der Z^0-Masse. Die Messungen sind konsistent über den Energiebereich von der Paritätsverletzung in Atomen bis hin zur Z^0-Masse (aus [Lan 93a]).

Tab. 1.6 Vergleich gemessener elektroschwacher Größen mit Vorhersagen des Standardmodells (aus [Lan 93a], [Lan 95])

Größe	Messung	Standardmodell
M_Z (GeV)	91.187 ± 0.007	Input
Γ_Z (GeV)	2.492 ± 0.007	$2.493 \pm 0.001 \pm 0.005$
$\Gamma_{l\bar{l}}$ (MeV)	83.33 ± 0.007	$83.74 \pm 0.03 \pm 0.13$
Γ_{had} (MeV)	1737.1 ± 6.7	$1741 \pm 1 \pm 4$
$\Gamma_{b\bar{b}}$ (MeV)	373 ± 9	$376.4 \pm 0.2 \pm 0.3$
Γ_{inv} (MeV)	504.6 ± 5.8	$500.8 \pm 0.1 \pm 0.9$
N_ν	3.04 ± 0.04	3
M_W	80.41 ± 0.18	$80.23 \pm 0.02 \pm 0.13$
M_W/M_Z	0.8813 ± 0.0041	$0.8798 \pm 0.0002 \pm 0.0014$
$g_A^e(\nu e \to \nu e)$	-0.503 ± 0.017	$-0.506 \pm 0.0 \pm 0.0014$
$g_V^e(\nu e \to \nu e)$	-0.025 ± 0.02	$-0.037 \pm 0.001 \pm 0.001$
$\sin^2 \theta_W$	0.2242 ± 0.0042	$0.2259 \pm 0.0003 \pm 0.0025$

exotischer Teilchen machen (siehe Kap. 4). Man hat hierdurch ebenfalls die Möglichkeit, den Weinbergwinkel zu bestimmen, eine zentrale Größe der Theorie. Dieser läßt sich aber unter anderem ebenso aus Neutrino-Elektron- oder Neutrino-Nukleon-Streuexperimenten extrahieren. Aus all den Experimenten folgt ein Wert von [PDG 96] (Abb. 1.16)

$$\sin^2 \theta_W(m_Z) = 0.2315 \pm 0.0002 \pm 0.0003 \tag{1.100}$$

Ergänzende Messungen der W-Massen am Fermilab (Chicago) und der UA2-Kollaboration (CERN) ergeben Werte von $m_W = 80.41 \pm 0.18$ GeV [Abe 95b] bzw. $m_W/m_Z = 0.8813 \pm 0.0041$ [Ali 92] und stehen damit in perfekter Übereinstimmung mit den erwarteten Werten. Insoweit sind alle Vorhersagen des Standardmodells in nahezu unglaublicher Weise bestätigt worden (siehe Tab.1.6).

1.5.2.4 Präzisionstest bei LEP und offene Fragen

Durch die Messungen am e^+e^--Beschleuniger LEP sind eine Vielzahl von Parametern der elektroschwachen Theorie genau bestimmt worden. Abb. 1.17 zeigt als Beispiel einen der hierfür eingesetzten Detektoren. Hierzu gehören insbesondere alle Parameter der Z^0-Resonanz (siehe Kap. 4). Nebenbei liefert LEP eine präzise Bestimmung der starken Kopplungskonstanten (siehe Kap. 2) und auch wichtige Beiträge zur Physik der B-Mesonen (siehe z.B.

Abb. 1.17 Frontalansicht des ALEPH-Detektors als Beispiel für einen der vier Detektoren (zusammen mit OPAL, DELPHI und L3) am e^+e^--Speicherring LEP beim CERN (Genf). Von innen nach außen erkennt man die beiden Zeitprojektionskammern (TPC), gefolgt von dem elektromagnetischen Kalorimeter, der Magnetspule und dem hadronischen Kalorimeter (mit freundl. Genehmigung der ALEPH-Kollaboration, CERN).

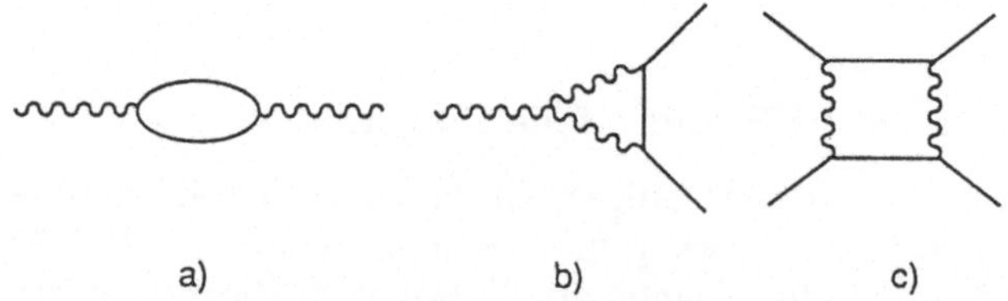

Abb. 1.18 Typische Beispiele für Korrekturen höherer Ordnung, welche bei Präzisionsexperimenten genauer berücksichtigt werden müssen. a) Vakuumpolarisation, b) Vertexkorrekturen, c) Box-Diagramme.

[Ste 91]). Aus all den Daten kann man zusätzlich noch Aussagen über ‚fehlende Teile' des Standardmodells gewinnen, da diese in Form von Ausdrücken höherer Ordnung eingehen. Typische solche Loop-Diagramme zeigt Abb. 1.18. So wird beispielsweise die Beziehung

$$\sin^2\theta_W = 1 - \frac{m_W^2}{m_Z^2} \tag{1.101}$$

durch Beiträge höherer Ordnung (sogenannte Strahlungskorrekturen) korrigiert zu [Ell 91b]

$$m_W^2 \sin^2\theta_W = m_Z^2 \cos^2\theta_W \sin^2\theta_W = \frac{(37.28\,\text{GeV})^2}{1-\Delta r}\,. \tag{1.102}$$

In den Korrekturfaktor Δr gehen beispielsweise die Massen des top-Quarks und des Higgs-Bosons ein. Das mit der spontanen Symmetriebrechung verbundene, skalare Higgs-Boson sollte eine Masse von $m_H = \sqrt{2\mu^2}$ haben. Leider sind die theoretischen Vorhersagen so, daß man einen Bereich zwischen 7 GeV und 1.4 TeV erlauben muß (siehe z.B. [Nac 86]). Die bisherigen Resultate aller LEP-Experimente können direkt bisher immerhin ein Higgs-Boson leichter als 60 GeV ausschließen [Mor 93a], und zwar durch Untersuchung der Reaktion

$$e^+e^- \to Z^0 \to He^+e^- \qquad \text{mit} \qquad H \to e^+e^-\,. \tag{1.103}$$

Aufgrund von Energie- und Impulserhaltung müßte sich die Topologie dieses Zerfallsmodus vom normalen e^+e^--Modus unterscheiden lassen. Der Suche nach dem Higgs-Teilchen gilt ein Großteil der Anstrengungen in der Teilchenphysik [Gun 90]. Ein weiteres wichtiges Ergebnis der LEP-Experimente ist die Messung der starken Kopplungskonstanten bei der Z^0-Masse (siehe Kap. 2).

Das lange vermißte top-Quark ist nun endlich mit dem $p\bar{p}$-Beschleuniger am Fermilab (Chicago) gefunden worden [Abe 95a], [Aba 95]. Da es schwerer als die schwachen Eichbosonen ist, besteht sein dominanter Zerfallskanal in

$$t \to b + W \tag{1.104}$$

Durch Untersuchung der W-Zerfälle bei gleichzeitigem Nachweis eines b-Quarks konnten so mehrere Ereignisse extrahiert werden, welche mit der Signatur eines top-Zerfalls verträglich sind (Abb. 1.19). Seine gemessene Masse von $176 \pm 8\,(\text{stat.}) \pm 10\,(\text{sys.})$ GeV (CDF-Experiment [Abe 95a], siehe Abb. 1.20) bzw. $199^{+19}_{-21}\,(\text{stat.}) \pm 22\,(\text{sys.})$ GeV (D0-Experiment [Aba 95]) ist sehr viel größer als die der anderen Quarks. Die direkten Messungen stehen in Übereinstimmung mit den LEP-Daten, welche eine Masse von etwa $m_t = 150^{+17}_{-23} \pm 17$ (letzteres als Folge der Unsicherheit von m_H) GeV aufgrund der

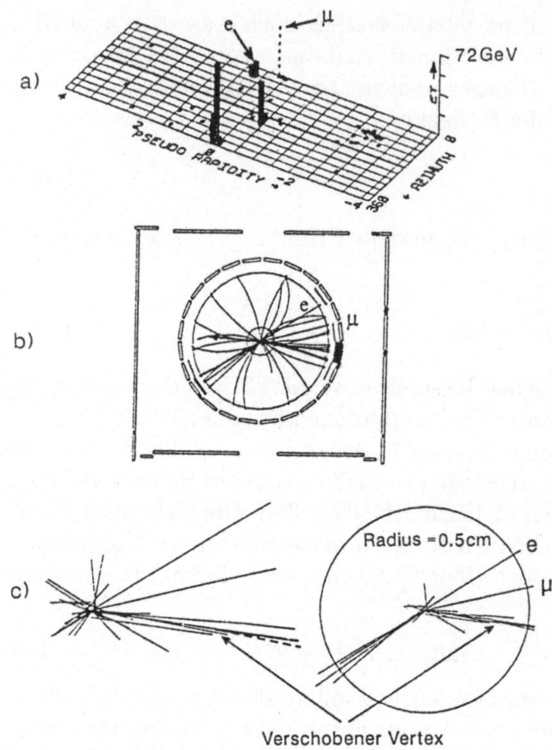

Abb. 1.19 Eines der möglichen Ereignisse eines top-Zerfalls. Das top-Quark wurde in der Reaktion $p\bar{p} \rightarrow t\bar{t}$ bei $E_{\rm SPS} = 1.8\,{\rm TeV}$ erzeugt. Es zerfällt in ein b-Quark und ein W-Boson. In diesem Fall findet man sowohl ein Elektron als auch ein Myon aus dem Zerfall der beiden W-Bosonen. Teil a) zeigt das Ereignis in einer Winkeldarstellung, deutlich sind das isolierte hochenergetische Elektron, als auch die hochenergetischen Jets der b-Quarks zu erkennen. Teil b) zeigt im Querschnitt das Ansprechen des Myon-Detektors als auch den Nachweis des Elektrons im Kalorimeter. Der b-Zerfall kann durch die Verschiebung vom eigentlichen Vertex gut erkannt werden (Teil c). Solche hohen Ortsauflösungen sind erst mit der Technik der Silizium-Vertexdetektoren möglich geworden (aus [Abe 94]).

oben diskutierten Beiträge der Strahlungskorrekturen hat erwarten lassen (Abb. 1.21) [Ell 91b].

Mit LEPII wird es auch möglich sein, die W^+W^--Paarbildung und damit die direkte Kopplung der Eichbosonen aneinander zu untersuchen. Auf jeden Fall sollte das Higgs-Teilchen an dem geplanten LHC-Beschleuniger (CERN) nachgewiesen werden können, da er bis in den Energiebereich von 10 TeV

Abb. 1.20 Der zentrale Teil des CDF-Detektors am $p\bar{p}$-Beschleuniger Tevatron beim Fermilab (Chicago). Die beiden Halbschalen am linken und rechten Rand sind das hadronische Kalorimeter. In der Mitte ist die Magnetspule zu erkennen, innerhalb der sich die Spurkammern befinden. Mit diesem Detektor wurde die erste Evidenz für das top-Quark gefunden (mit freundl. Genehmigung der CDF-Kollaboration, Fermilab).

reichen wird. Sollte dies nicht geschehen, würde eine Revision des Standardmodells nötig sein.

Ein anderes wichtiges Gebiet wird in einer weiteren Untersuchung der CP-Verletzung liegen. Die Suche nach einer direkten CP-Verletzung (ϵ' ungleich 0) und einer möglichen CP-Verletzung im B-System werden hierbei besondere Aufmerksamkeit genießen. Letztere ist interessant, da eine kosmische Baryonenasymmetrie während des GUT-Phasenüberganges durch die Größe der CP-Verletzung im K-System allein nicht erklärt werden kann, und damit zusätzliche Mechanismen am Werk sein müssen (Kap. 3). Zudem erhebt sich die Frage nach der Masse der Neutrinos als ein zentraler Bestandteil der gegenwärtigen Forschung. Dies ist nur ein kleiner Ausschnitt der noch offenen Fragen.

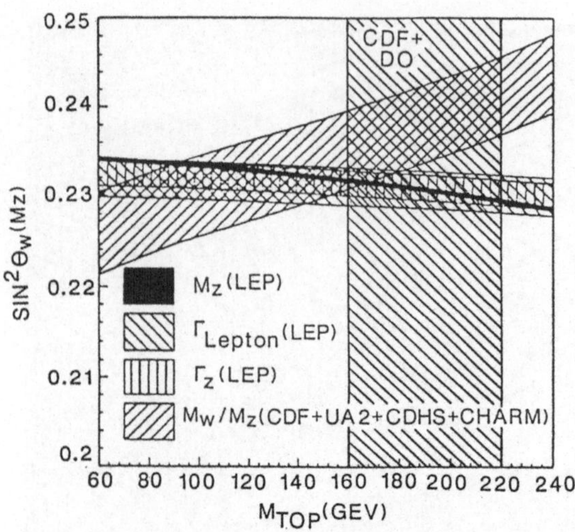

Abb. 1.21 Abhängigkeit des Weinbergwinkels von der top-Quark-Masse. Durch die LEP-Präzisionsmessungen der Z^0-Resonanz zusammen mit der durch Messung des Verhältnisses der W- und Z-Masse ist es indirekt möglich, die Masse des top-Quarks einzuschränken (siehe z.B. [PDG 96]). Die resultierende Grenze steht in Übereinstimmung mit dem von den beiden Kollaborationen CDF ([Abe 95a]) und D0 ([Aba 95]) am Fermilab direkt gefundenen Wert für das top-Quark (Bereich zwischen den senkrechten Linien).

Trotz aller Erfolge des Standardmodells glaubt man allgemein, daß dieses nicht das Ende aller Weisheit ist. So besitzt das Standardmodell 18 freie Parameter, die man nur experimentell bestimmen kann. Es sind dies beispielsweise drei Kopplungskonstanten, sechs Quarkmassen, drei Leptonenmassen, vier freie Parameter der CKM-Matrix und die W- und Higgs-Masse. Außerdem bietet es keine Erklärung für die Massenhierarchien, die Quantelung der elektrischen Ladung ... Was dagegen gelang, war eine gewisse Vereinigung zweier Kräfte bei höheren Energien. Es erhebt sich nun die Frage, ob sich eine weitere Vereinheitlichung der Kräfte bei noch höheren Energien bewerkstelligen, und sich alles schließlich auf eine einzige „Urkraft“ reduzieren läßt. Diesem Thema wollen wir uns im nächsten Kapitel zuwenden.

2 Große Vereinheitlichende Theorien (GUTs)

Nachdem wir im letzten Kapitel die erfolgreiche Vereinigung von elektromagnetischer und schwacher Wechselwirkung besprochen haben, wollen wir uns nun Gedanken um eine noch weitergehende Vereinigung machen. Hierbei ist es das Ziel, *alle* Wechselwirkungen aus den Eichtransformationen *einer* Gruppe G herzuleiten. Man nennt solche Theorien Vereinheitlichende Theorien (Grand Unified Theories = GUTs). Diese Gruppe muß zwangsläufig die $SU(3) \otimes SU(2) \otimes U(1)$ als Untergruppe enthalten, d.h.

$$G \supset SU(3) \otimes SU(2) \otimes U(1) \tag{2.1}$$

Außerdem soll die Eichgruppe *einfach* sein, damit sich die vereinigte Wechselwirkung durch eine einzige Kopplungskonstante beschreiben läßt (von sehr speziellen anderen Lösungen wollen wir hier absehen). Aus den Eichtransformationen einer einfachen Gruppe, welche auf für diese Gruppe charakteristische Teilchenmultipletts wirken, folgt eine durch eine ebenfalls charaktistische Anzahl von Eichbosonen vermittelte Wechselwirkung jeweils zwischen den Elementen der jeweiligen Multipletts. Aus *einer* einfachen Gruppe läßt sich dabei nur *eine* einheitliche Wechselwirkung mit nur *einer* typischen Kopplungskonstanten ableiten. Wie kommt es, daß die drei bekannten und völlig verschiedenen Kopplungskonstanten sich schließlich aus einer einzigen herleiten lassen? Dies ist nur möglich, wenn die der Gruppe G entsprechende Symmetrie in der Natur gebrochen ist.

2.1 Kopplungskonstanten

Vergleicht man die beiden Kopplungskonstanten α_{em} und G_{F} miteinander, so sieht man, daß ihre relativen Stärken energieabhängig sind. Für niedrige Energien spielen die als Effekt der spontanen Symmetriebrechung auftretenden Massen der W- und Z-Bosonen eine wichtige Rolle und bewirken, daß die Punktwechselwirkung eine brauchbare Beschreibung der schwachen Wechselwirkung ist, während für höhere Energien ($E \gtrsim m_{W,Z}$) eine Beschreibung durch die Austauschwechselwirkung nötig ist, sich widerspiegelnd darin, daß man nun von einer elektroschwachen Theorie spricht. Dies bedeutet, daß für solche Energien beide Kräfte ähnlich stark sind. Quantenfeldtheoretisch erklärt sich bereits bei ungebrochener Symmetrie ein Effekt energieabhängiger Kopplungskonstanten aufgrund der Selbstwechselwirkung der Felder. Eine Äußerung dieses Effektes ist die Vakuumpolarisation, die sich z.B. in der Lamb-Shift der Atomspektren zeigt. Es ist die Wechselwirkung der Photonen mit virtuellen e^+e^--Paaren. Elektrische Ladungen polarisieren die im Vakuum vorhandenen virtuellen e^+e^--Paare und sorgen somit für eine Abschirmung der wahren Ladung (Abb. 2.1). Das Vakuum reagiert auf

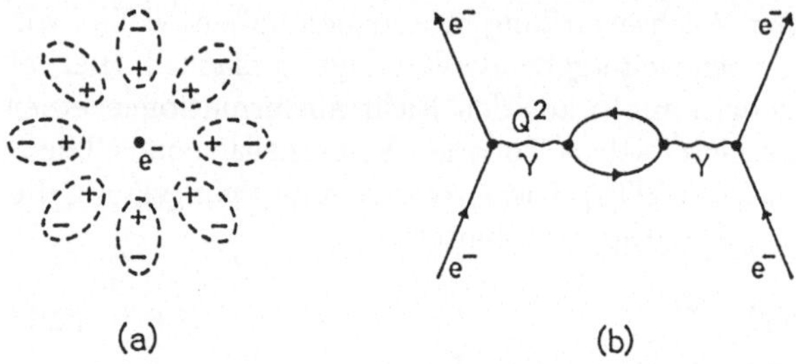

Abb. 2.1 a) Eine in einem Dielektrikum angebrachte elektrische Ladung erzeugt in ihrer Umgebung Polarisationsladungen, welche das ursprüngliche Feld abschwächen. In der QED kann das Vakuum als Dielektrikum aufgefaßt werden, wobei die virtuellen Elektron-Positron-Paare die Polarisationsladungen darstellen. Dies nennt man Vakuumpolarisation. b) Der Graph zeigt die Modifikation der e^+e^--Wechselwirkung in niedrigster Ordnung aufgrund der Vakuumpolarisation.

die Ladung ähnlich wie ein Dielektrikum. Für große Abstände, entsprechend kleinen Energien, sieht man die völlig abgeschirmte Ladung, während man für kleine Abstände – entsprechend hohen Energien – immer mehr von der eigentlichen Ladung sieht. Da jedoch die Effekte der Vakuumpolarisation und andere Effekte höherer Ordnung nicht ausgeschaltet werden können, ist die nackte Ladung e_0 nicht beobachtbar. Im Gegensatz dazu sorgen die Gluonen für einen Antiabschirmeffekt, da sie selbst Farbladung tragen und somit zu einer „Verschmierung“ der Farbladung der Quarks beitragen. Hieraus leitet sich das Verhalten des Confinement und der asymptotischen Freiheit ab (Abb. 2.2). Da die wahre vorhandene Ladung prinzipiell nicht gemessen werden kann, berücksichtigt man dies in einer energieabhängigen sogenannten *gleitenden* oder *effektiven* Kopplungskonstanten (running coupling constant).

Theoretisch ist eine konsistente Beschreibung nur in *renormierbaren* Theorien möglich. Man geht hierbei davon aus, daß die beobachteten Ladungen nicht mit den Eingabeparametern der Theorie, sondern mit dem Resultat

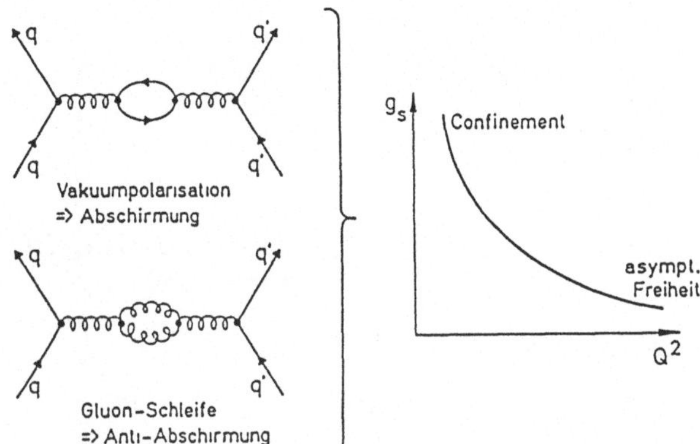

Abb. 2.2 Q^2-Abhängigkeit der starken Kopplungskonstanten. Neben dem zu Abb. 2.1 analogen Abschirmeffekt (links oben) kommt es hier durch die Gluonen-Selbstwechselwirkung zu einer Antiabschirmung (links unten), welche dominiert und zu den Effekten der asymptotischen Freiheit und des Confinements führt.

einer entsprechenden Störungstheorie übereinstimmen (siehe z.B. [Ait 89]). Die Störungstheorie ist dabei eine Entwicklung nach Potenzen der Kopplungskonstanten. Treten bei jeder Ordnung neue Typen von Divergenzen auf, deren Behebung eine unendliche Anzahl von Parametern in der Theorie erforderlich macht, so spricht man von einer nicht-renormierbaren Theorie. Treten dagegen nur endlich viele Divergenzen auf, die man mit endlich vielen experimentell bestimmbaren Parametern in allen Ordnungen beheben kann, so ist die Theorie renormierbar. Von fundamentaler Bedeutung war daher der theoretische Beweis, daß alle spontan-gebrochenen oder nicht gebrochenen Eichtheorien renormierbar sind [t'Ho 71], [t'Ho 72]. Ein großer Teil solcher Renormierungseffekte durch höhere Ordnungen wird bereits in der energieabhängigen Kopplungskonstanten berücksichtigt. Ein Teil dieser Renormierungseffekte geht auch in die Vakuumpolarisation ein. Da diese Renormierungseffekte vom Quadrat des Viererimpulsübertrages q^2 abhängig sind, wird auch die elektrische Ladung als Kopplungskonstante des Elektromagnetismus davon abhängig, d.h. $e_{\text{eff}} = e_{\text{eff}}(q^2)$ bzw. $\alpha_{em} = \alpha_{em}(q^2)$ ($\alpha_{em} = \frac{e^2}{4\pi}$). Wegen Energie- und Impulserhaltung besitzt das ausgetauschte virtuelle Photon immer negatives q^2, weswegen man üblicherweise die positive Größe $Q^2 = -q^2$ einführt.

Für größere Viererimpulsüberträge Q^2 erreicht man gemäß der Heisenbergschen Unschärferelation einen kleineren Abstand zwischen den wechselwirkenden Ladungen und damit auch eine geringere Abschirmung. Dies bedeutet einen Unterschied der beobachteten Ladung e_{eff} in hochenergetischen Streuexperimenten ($Q^2 \gg 0$) im Vergleich zum elektrostatischen Fall ($Q^2 = 0$). Im Fall der QED wächst damit die effektive Ladung mit abnehmendem Abstand (Abb. 2.3), und es folgt ein Verhalten für die Kopplungs-

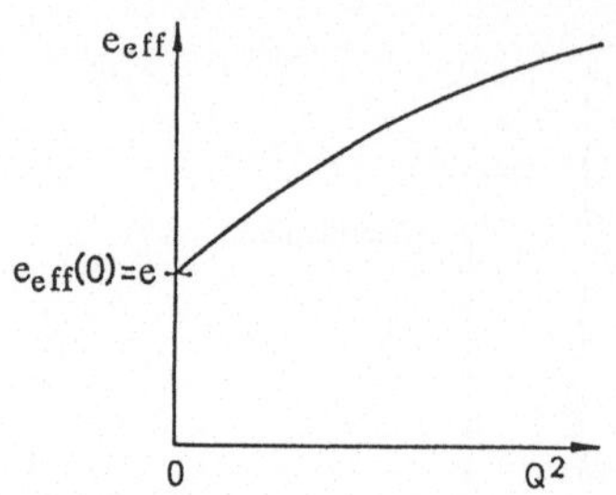

Abb. 2.3
Modifikation von $e_{\text{eff}}(Q^2)$ durch Vakuumpolarisation (schematisch).

konstante (siehe [Ait 89], [Ber 94a]):

$$\alpha(Q^2) = \frac{\alpha(m_e^2)}{1 - \frac{\alpha(m_e^2)}{3\pi} \ln \frac{Q^2}{4m_e^2}} \tag{2.2}$$

Im Gegensatz dazu wird in der QCD ein zusätzlicher Antiabschirmeffekt durch die farbtragenden Gluonen erzeugt. Der Verlauf der starken Kopplungskonstanten läßt sich beschreiben durch [Gro 73], [Pol 73]

$$\alpha_s(Q^2) = \frac{12\pi}{33 - 2n_f} \frac{1}{\ln(Q^2/\Lambda^2_{\text{QCD}})} \tag{2.3}$$

Solange die Anzahl der Quarkflavours $n_f < 17$ bleibt, bedeutet dies ein Abfallen der Kopplungskonstanten mit wachsender Energie. Der Parameter Λ_{QCD} (auf den wir schon beim Quark-Gluon-Plasma trafen, siehe Kap. 1) beschreibt einen Skalenfaktor, unterhalb dessen das Confinement wesentlich wird. Sein Wert liegt bei etwa 200 MeV. Am drastischsten zeigt sich die Energieabhängigkeit im Verlauf der starken Kopplungskonstanten bei niedrigen Energien. Die Präzisionsmessungen an der Z^0-Resonanz haben es erlaubt, α_s $(Q^2 = m^2_{Z^0})$ auf verschiedene Art zu messen. So tragen zum einen in erster Ordnung Störungstheorie die Korrekturen zur hadronischen Zerfallsbreite des $Z^0 s$ mit α_s bei, zudem lassen sich auch 3-Jet-Ereignisse, welche die Emission eines Gluons bedeuten, dazu verwenden. Es ergibt sich ein Wert von (siehe z.B. [PDG 96])

$$\alpha_s(Q^2 = m^2_{Z^0}) = 0.123 \pm 0.004 \pm 0.002 \tag{2.4}$$

Allgemein gibt es in den Eichtheorien Gleichungen, welche das Verhalten der Kopplungskonstanten α_i als Funktion von Q^2 beschreiben. Diese sogenannten *Renormierungsgruppengleichungen* haben bis in 2. Ordnung-Störungstheorie die Form (siehe z.B. [Lan 93b], [Lop 94], [deB 94]):

$$\frac{d\alpha_i^{-1}}{d \ln \mu} = -\frac{b_i}{2\pi} - \sum_{j=1}^{3} \frac{b_{ij}\alpha_j}{8\pi^2} \tag{2.5}$$

Hierbei ist $\alpha_i(Q^2) = g_i^2(Q^2)/4\pi$, und g_i ist die Eichkopplung der i-ten Gruppe. μ beschreibt hier die Q^2-Skala, bei der man die Startwerte der Extrapolation fixiert hat. Dies ist meist die Masse des Z-Bosons. Die b_i, b_{ij} sind von der Gruppe und dem Teilcheninhalt der Theorie abhängige Koeffizienten. Vernachlässigt man einmal die Korrekturen 2. Ordnung (entspricht der Summe in Gl. (2.5)), so besitzt die Gleichung folgende Lösung:

$$\frac{1}{[\alpha(\mu)]} = \frac{1}{[\alpha(M_X)]} + \frac{b_i}{2\pi} \ln\left(\frac{\mu}{M_X}\right) \tag{2.6}$$

Hierbei ist M_X ein typischer Wert für die Vereinigungsskala. Mit dieser Gleichung ist es also möglich, in Energiebereiche zu extrapolieren, welche in Beschleunigern nicht mehr zugänglich sind. Die Koeffizienten b_i bestimmen den Verlauf der Kopplungskonstanten. Nimmt man auch oberhalb der Z-Masse nur Teilchen aus dem Standardmodell an, so ergeben sich die Koeffizienten zu [Lan 93b]

$$b_i = \begin{pmatrix} b_1 \\ b_2 \\ b_3 \end{pmatrix} = \begin{pmatrix} 0 \\ -22/3 \\ -11 \end{pmatrix} + N_{\text{Fam}} \begin{pmatrix} 4/3 \\ 4/3 \\ 4/3 \end{pmatrix} + N_{\text{Higgs}} \begin{pmatrix} 1/10 \\ 1/6 \\ 0 \end{pmatrix}, \tag{2.7}$$

wobei N_{Fam} die Anzahl der Fermionenfamilien und N_{Higgs} die Anzahl der Higgs-Dubletts bedeutet. Abb. 2.4 verdeutlicht schematisch diesen Sachverhalt. Aufgrund der Präzisionsmessungen bei LEP wählt man als Referenz-

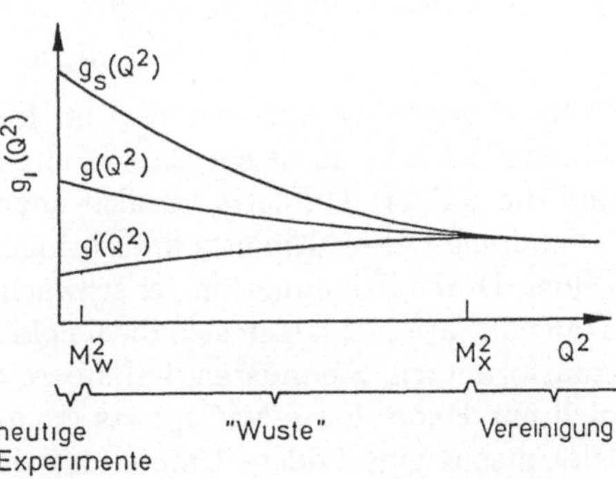

Abb. 2.4
Schematische Darstellung der Q^2-Abhängigkeit der elektroschwachen Kopplungskonstanten g und g', sowie der starken Kopplungskonstanten g_s. Oberhalb von $Q^2 = M_X^2$ gehen alle in eine einzige Kopplungskonstante über (aus [Gro 89,90]).

punkt für die Extrapolation die Werte der Kopplungskonstanten bei der Z-Masse (siehe z.B. [Lan 93b]). Die elektromagnetische Kopplung ist gegeben durch

$$\alpha_{em}^{-1}(Q^2 = m_{Z^0}^2) = 127.9 \pm 0.1 \tag{2.8}$$

Hinzu kommen noch die Gl. (2.4) und (1.100). Führt man eine entsprechende Extrapolation durch, so folgt, daß alle drei Kopplungskonstanten sich an einem Punkt bei etwa 10^{15} bis 10^{16} GeV schneiden sollten, und von da an die ungebrochene Symmetrie mit einer einzigen Kopplungskonstanten existieren sollte (siehe hierzu aber Kap. 2.5). Dies würde bedeuten, daß in diesem einfachen Modell auf einer Skala von 12 Zehnerpotenzen keine neue Physik zu erwarten ist.

Welche Gruppen kommen nun als Vereinigungsgruppe in Frage? Die einfachste Gruppe für unsere Bemühungen ist die $SU(5)$. Wir beschreiben deshalb zuerst einmal das minimale $SU(5)$-Modell (Georgi-Glashow-Modell) [Geo 97].

2.2 Das minimale $SU(5)$-Modell

Für masselose Fermionen zerfallen die Eichtransformationen in zwei unabhängige Klassen, jeweils für links- und rechtshändige Felder. Nehmen wir die linkshändigen Felder einmal als die elementaren Felder an (die rechtshändigen Transformationen sind äquivalent und wirken auf die entsprechenden ladungskonjugierten Felder). Betrachten wir der Einfachheit halber nur die erste Familie bestehend aus u, d, e und ν_e, so haben wir 15 elementare Felder:

$$
\begin{array}{lcc}
 & u_r, u_g, u_b, \nu_e & \\
u_r^c, u_g^c, u_b^c, d_r^c, d_g^c, d_b^c & & e^+ \\
 & d_r, d_g, d_b, e^- &
\end{array}
\tag{2.9}
$$

Unter d verstehen wir hier und im folgenden den Mischzustand d' (siehe Abschn. 1.5.2.2). In dieser Darstellung sind die $SU(3)_C$-Tripletts horizontal und die $SU(2)_L$-Dubletts vertikal angeordnet. Wollte man diese Felder in 3 Fundamental-Multipletts unterbringen, so entfielen auf jedes Multiplett 5 Felder. Durch Kombination der schwachen $SU(2)_L$- und der starken $SU(3)_C$-Transformationen lassen sich die 6 Felder $u_r, u_g, u_b, d_r, d_g, d_b$ aber ineinander transformieren. Sie müssen deshalb zu einem Multiplett gehören, da prinzipiell nur Felder eines Multipletts ineinander transformiert werden können. Dies macht eine höhere Darstellung erforderlich, wobei die nächst höhere Darstellung nach der 5-dimensionalen ein Dekuplett (10-dimensional) ist. Damit kann man die Felder in eine 10- und eine $\bar{5}$-dimensionale (komplementäre Darstellung zur Fundamentaldarstellung 5, für das Verständnis hier aber ohne Bedeutung) Darstellung einordnen. Aus der Bedingung, daß die Summe der Ladungen in jedem Multiplett Null sein muß, ergibt sich folgende Anordnung der Felder:

$$\bar{5} = \begin{pmatrix} d_g^C \\ d_r^C \\ d_b^C \\ e^- \\ -\nu_e \end{pmatrix} \qquad 10 = \frac{1}{\sqrt{2}} \begin{pmatrix} 0 & -u_b^C & +u_r^C & +u_g & +d_g \\ +u_b^C & 0 & -u_g^C & +u_r & +d_r \\ -u_r^C & +u_g^C & 0 & +u_b & +d_b \\ -u_g & -u_r & -u_b & 0 & +e^+ \\ -d_g & -d_r & -d_b & -e^+ & 0 \end{pmatrix} \tag{2.10}$$

Die Minuszeichen in diesen Darstellungen sind Konvention. Die $SU(5)$-Eichtransformationen dieser Multipletts lassen sich schreiben zu

$$\bar{5}' = e^{\imath\left(\sum_{\jmath=1}^{24} \alpha_\jmath(x)\widetilde{\mathcal{T}}_\jmath\right)} \bar{5} \tag{2.11}$$

und

$$10' = e^{\imath\left(\sum_{\jmath=1}^{24} \alpha_\jmath(x)\widetilde{\mathcal{T}}_\jmath\right)} 10 e^{-\imath\left(\sum_{k=1}^{24} \alpha_k(x)\widetilde{\mathcal{T}}_k\right)} \tag{2.12}$$

Die $SU(5)$ hat 24 Generatoren $\mathcal{T}_\jmath$ (allgemein gilt, daß jede $SU(N)$-Gruppe N^2-1 Generatoren hat), entsprechend gibt es 24 Eichfelder $\mathcal{B}_\jmath$, die man in Matrixform schreiben kann als:

$$24 = \sqrt{2}\sum_\jmath \mathcal{T}_\jmath \mathcal{B}_\jmath$$

$$= \begin{pmatrix} G_{11} - \frac{2B}{\sqrt{30}} & G_{12} & G_{13} & X_1^C & Y_1^C \\ G_{21} & G_{22} - \frac{2B}{\sqrt{30}} & G_{23} & X_2^C & Y_2^C \\ G_{31} & G_{32} & G_{33} - \frac{2B}{\sqrt{30}} & X_3^C & Y_3^C \\ X_1 & X_2 & X_3 & \frac{W^3}{\sqrt{2}} + \frac{3B}{\sqrt{30}} & W^+ \\ Y_1 & Y_2 & Y_3 & W^- & -\frac{W^3}{\sqrt{2}} + \frac{3B}{\sqrt{30}} \end{pmatrix} \tag{2.13}$$

Hierbei bezeichnet die 3×3-Untermatrix G die Gluonfelder der QCD, und die 2×2-Untermatrix W enthält die Eichfelder der elektroschwachen Theorie. Neben den uns bekannten Eichbosonen gibt es nun aber noch zwölf weitere Eichbosonen X, Y, welche Übergänge zwischen Baryonen und Leptonen ermöglichen.

Die $SU(5)$-Symmetrie muß aber gebrochen sein, um unser Standardmodell zu ergeben. Auch hier erfolgt die Brechung spontan durch Ankopplung an Higgs-Felder. Die Brechungsskala liegt bei etwa 10^{15} GeV. Durch ein 24-dimensionales Higgs-Feld mit einem Vakuumerwartungswert von etwa 10^{15} bis 10^{16} GeV kann diese Brechung erzeugt werden. Dies bedeutet, daß alle Teilchen, die bei dieser Brechung eine Masse bekommen (z.B. die X, Y-Bosonen) eine Masse in der Größenordnung der Vereinigungsenergie besitzen. Durch geeignete $SU(5)$-Transformationen kann erreicht werden, daß nur die X- und Y-Bosonen an den endlichen Vakuumerwartungswert koppeln, während die anderen Eichbosonen masselos bleiben. Auch eine $SU(5)$-invariante Wechselwirkung der Higgs-Felder mit den Fermionen ist nicht möglich, so daß auch letztere masselos bleiben. Zur Brechung der $SU(2)$ bei etwa 100 GeV ist dann ein weiteres, unabhängiges 5-dimensionales Higgs-Feld nötig, welches den W, Z-Bosonen und den Fermionen ihre Masse verleiht. Soviel zu dieser einfachsten vereinheitlichenden Theorie. Für eine ausführliche Darstellung siehe z.B. [Lan 81]. Welche Voraussagen macht diese Theorie? Zwei Voraussagen lassen sich sofort aus Gl. (2.10) ablesen:

1. Da die Summe der Ladungen in einem Multiplett verschwinden muß, sieht man, daß die Quarks drittelzahlige Vielfache der elektrischen Ladung besitzen müssen. Es wird hiermit erstmals das Auftreten nicht ganzzahliger Ladungen gefordert.
2. Hieraus folgt auch sofort die Gleichheit des Absolutwertes von Elektron- und Protonladung.

Weiter ergibt sich:
3. Das Verhältnis der Kopplungen des $\mathcal{B}$-Feldes an ein $SU(2)$-Dublett (Gl. (1.86)) zu der des W_3-Feldes ist nach Gl. (2.13) gegeben durch $(3/\sqrt{15}) : 1$. Dies bedeutet eine Vorhersage des Weinbergwinkels θ_W [Lan 81]:

$$\sin^2 \theta_W = \frac{g'^2}{g'^2 + g^2} = \frac{3}{8} \tag{2.14}$$

Dieser Wert gilt nur für Energien oberhalb der Symmetriebrechung. Berücksichtigt man die Renormierungseffekte, so ergibt sich ein niedrigerer Wert von

$$\sin^2 \theta_W = (0.218 \pm 0.006) \cdot \ln \left(\frac{100\,\text{MeV}}{\Lambda_{\text{QCD}}} \right) \tag{2.15}$$

Dieser Wert stimmt gut mit dem experimentell bestimmten Wert überein (siehe Kap. 1).
4. Die Theorie macht ebenfalls eine Vorhersage für das Verhältnis von b-Quark zu Tau-Lepton-Masse, die im gleichen Multiplett angeordnet sind. Es sollte gelten $m_b/m_\tau \approx 3$ in guter Übereinstimmung mit dem experimentellen Wert 2.4 [PDG 94].
5. Die wohl dramatischste Vorhersage ist die Umwandlung von Baryonen in Leptonen aufgrund von X, Y-Austausch. Dies erlaubt unter anderem den Zerfall des Protons und damit letztendlich die Instabilität aller Materie.

Wegen der Wichtigkeit dieses letzten Prozesses wollen wir etwas näher auf ihn eingehen.

2.2.1 Der Protonzerfall

Da Baryonen und Leptonen in dem gleichen Multiplett untergebracht sind, ist es möglich, daß Protonen und gebundene Neutronen zerfallen können. Die Hauptzerfallskanäle im $SU(5)$-Modell sind [Lan 81]:

$$p \to e^+ + \pi^0 \tag{2.16}$$

und

$$n \to \nu + \omega \tag{2.17}$$

Hierbei wird die Baryonenzahl um eine Einheit verletzt. Wir wollen uns nun speziell dem Protonzerfall widmen. Der Prozeß (Gl. (2.16)) sollte etwa 30 bis 50 % aller Zerfälle ausmachen (Tab. 2.1). Aufgrund der großen Masse der Austauschbosonen sollte die Kraft extrem kurzreichweitig sein. Nehmen wir eine effektive Kopplungskonstante g_X von

$$g_X = \frac{\alpha_5}{M_X^2} \tag{2.18}$$

an, mit der $SU(5)$-Kopplungskonstanten α_5

$$\alpha_5 = \frac{g_5^2}{4\pi} \tag{2.19}$$

(dies ist in formaler Analogie zu sehen mit dem Zusammenhang zwischen Fermi-Konstante und W-Bosonenmasse

$$\frac{G_\mathrm{F}}{\sqrt{2}} = \frac{g^2}{8m_W^2}), \tag{2.20}$$

Tab. 2.1 Im $SU(5)$-Modell erwartete Verzweigungsverhältnisse für den Protonzerfall (nach [Luc86])

Zerfallsmodus	Verzweigungsverhältnis [%]
$p \to e^+\pi^0$	31 bis 46
$p \to e^+\eta$	0 bis 8
$p \to e^+\rho^0$	2 bis 18
$p \to e^+\omega$	15 bis 29
$p \to \bar{\nu}_e\pi^+$	11 bis 17
$p \to \bar{\nu}_e\rho^+$	1 bis 7
$p \to \mu^+K^0$	1 bis 20
$p \to \bar{\nu}_\mu K^+$	0 bis 1

so läßt sich der Protonzerfall analog dem Myonzerfall berechnen, und es ergibt sich für die Lebensdauer:

$$\tau_p \approx \frac{M_X^4}{\alpha_5^2 m_p^5} \tag{2.21}$$

Mit Hilfe der Renormierungsgruppengleichungen lassen sich die beiden Größen M_X und α_5 abschätzen zu [Lan 81], [Lan 86]

$$\begin{aligned} M_X &\approx 1.3 \cdot 10^{14}\,\mathrm{GeV} \cdot \tfrac{\Lambda_{\mathrm{QCD}}}{100\,\mathrm{MeV}} \pm (50\,\%); \\ \alpha_5(M_X^2) &= 0.0244 \pm 0.0002 \end{aligned} \tag{2.22}$$

Im minimalen $SU(5)$-Modell ergibt sich so folgende Voraussage für den obigen, dominanten Zerfallskanal [Lan 86]:

$$\tau_p(p \to e^+\pi^0) = 6.6 \cdot 10^{28 \pm 0.7} \left[\frac{M_X}{1.3 \cdot 10^{14}\,\mathrm{GeV}}\right]^4 \text{Jahre} \tag{2.23}$$

bzw.

$$\tau_p(p \to e^+\pi^0) = 6.6 \cdot 10^{28 \pm 1.4} \left[\frac{\Lambda_{\mathrm{QCD}}}{100\,\mathrm{MeV}}\right]^4 \text{Jahre} \tag{2.24}$$

Mit einem Λ_{QCD} von 200 MeV ergibt sich eine Lebensdauer von $\tau_p = 1.0 \cdot 10^{30 \pm 1.4}$ Jahren. Für vernünftige Annahmen von Λ_{QCD} sollte die Lebensdauer also kleiner als 10^{32} Jahre sein. Neben der Unsicherheit in Λ_{QCD} kommen

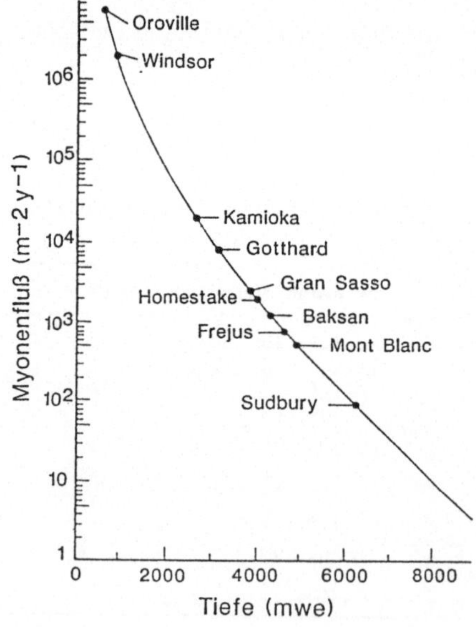

Abb. 2.5
Myonenintensitäten als Funktion der Tiefe einiger Untergrundlabors. Die Tiefe wird meist in mwe (Meter-Wasser-Äquivalent) angegeben und entspricht der Höhe einer Wassersäule, die die gleiche Abschirmwirkung zeigt wie das Gestein (aus [Lon 92]).

Tab. 2.2 μ- und n-Fluß (ohne Abschirmung) in einigen Untergrundlaboratorien (aus [Kla95])

Labor	Tiefe [m.w.e.]	μ-Fluß $m^{-2} \cdot d^{-1}$	n-Fluß $cm^{-2} \cdot s^{-1}$
Mont Blanc	5000	0.7	$2.2 \cdot 10^{-5}$
Gran Sasso	3500	16	$5.3 \cdot 10^{-6}$
Frejus	4000	8	$< 3 \cdot 10^{-5}$
Broken-Hill-Silbermine	3300	(20)	/
Solotvina-Salzmine	1000	$1.5 \cdot 10^3$	$< 2.7 \cdot 10^{-6}$
Baksan	660	$7 \cdot 10^3$	$3 \cdot 10^{-5}$
Windsor-Salzmine	650 (350m)	$(7 \cdot 10^3)$	/

Tab. 2.3a Eigenschaften der Protonzerfallsexperimente (Eisenkalorimeter) (aus [Kla95])

	KGF	NUSEX	Fréjus	Soudan II
M_{tot} [t]	140	150	912	1000
M_{eff} [t]	60	113	550	600
Tiefe [m]	2300	1850	1780	760
Wasseräquivalent [m]	7600	5000	4850	1800
Vertexauflösung [cm]	10	1	0.5	~ 0.5
Ort	Kolar-Goldmine	Mont-Blanc-Tunnel	Fréjus-Tunnel	Soudan-Erzmine

Tab. 2.3b Eigenschaften der Protonzerfallsexperimente (Wasser-Cerenkov-Zähler) (aus [Kla95])

	Kam I (II)	IMB I, III	HPW	Superkam
M_{tot} [t]	3000	8000	680	50000
M_{eff} [t]	880 (1040)	3300	420	22000
Tiefe [m]	825	600	525	825
Wasseräquivalent [m]	2400	1600	1500	2400
Vertexauflösung [cm]	100 (20)	100		10
Ort	Kamioka-Erzmine	Thiokol-Salzbergwerk	King-Silbermine	Kamioka-Erzmine

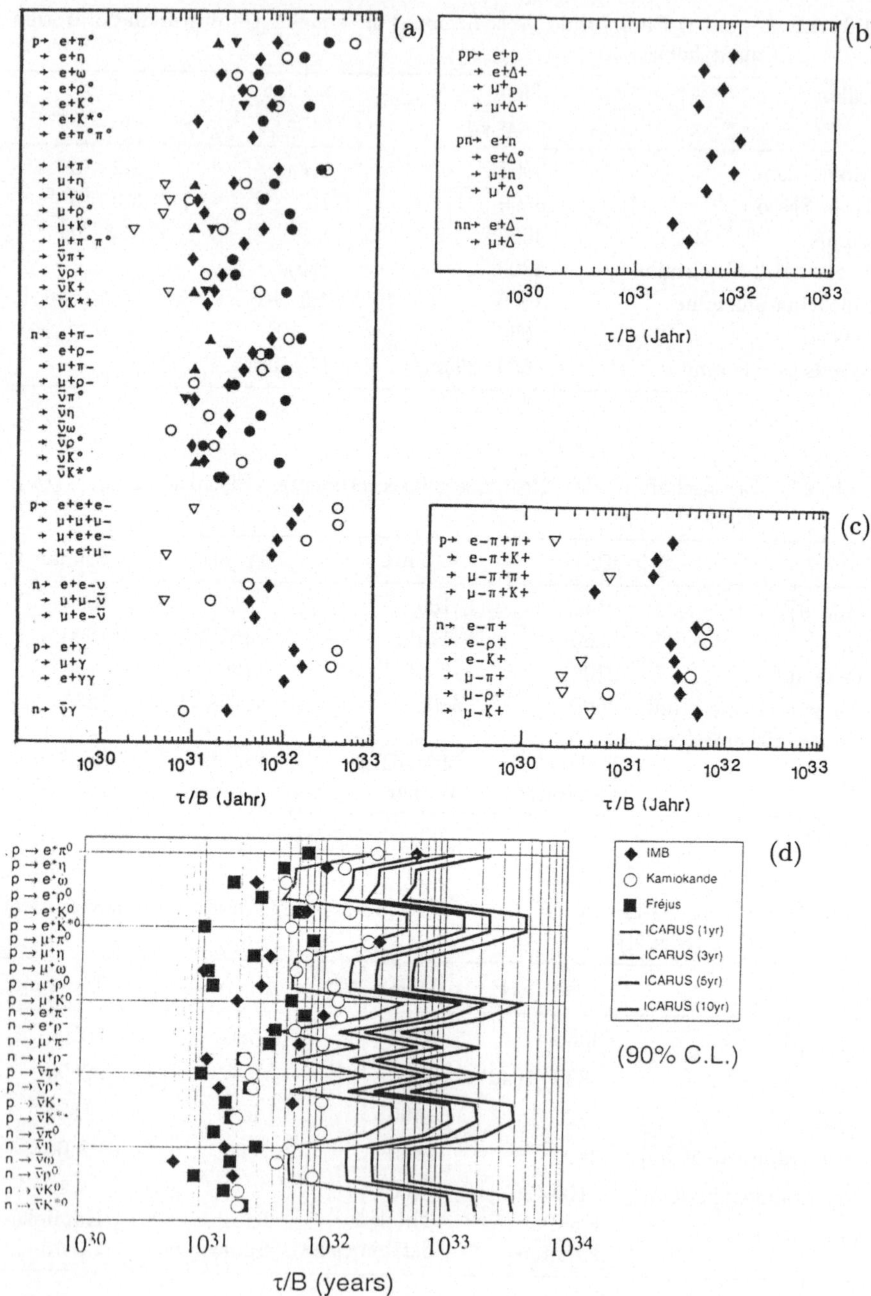
(a)
p→ e+π°
→ e+η
→ e+ω
→ e+ρ°
→ e+K°
→ e+K*°
→ e+π°π°
→ μ+π°
→ μ+η
→ μ+ω
→ μ+ρ°
→ μ+K°
→ μ+π°π°
→ ν̄π+
→ ν̄ρ+
→ ν̄K+
→ ν̄K*+
n→ e+π-
→ e+ρ-
→ μ+π-
→ μ+ρ-
→ ν̄π°
→ ν̄η
→ ν̄ω
→ ν̄ρ°
→ ν̄K°
→ ν̄K*°
p→ e+e+e-
→ μ+μ+μ-
→ μ+e+e-
→ μ+e+μ-
n→ e+e-ν
→ μ+μ-ν̄
→ μ+e-ν̄
p→ e+γ
→ μ+γ
→ e+γγ
n→ ν̄γ
10^30 10^31 10^32 10^33
τ/B (Jahr)
(b)
pp→ e+p
→ e+Δ+
→ μ+p
→ μ+Δ+
pn→ e+n
→ e+Δ°
→ μ+n
→ μ+Δ°
nn→ e+Δ-
→ μ+Δ-
10^30 10^31 10^32 10^33
τ/B (Jahr)
(c)
p→ e-π+π+
→ e-π+K+
→ μ-π+π+
→ μ-π+K+
n→ e-π+
→ e-ρ+
→ e-K+
→ μ-π+
→ μ-ρ+
→ μ-K+
10^30 10^31 10^32 10^33
τ/B (Jahr)
(d)
IMB
Kamiokande
Fréjus
ICARUS (1yr)
ICARUS (3yr)
ICARUS (5yr)
ICARUS (10yr)
(90% C.L.)
10^30 10^31 10^32 10^33 10^34
τ/B (years)

noch zusätzliche Fehlerquellen in Form der Quarkwellenfunktionen im Proton ins Spiel. All dies soll im Fehler des Exponenten enthalten sein.

Wie sieht nun die experimentelle Situation aus? Beim Protonzerfall handelt es sich nach obigen Abschätzungen um einen extrem seltenen Prozeß. Selbst bei einer Tonne Material (ca. $6 \cdot 10^{29}$ Nukleonen), kann man nur mit etwa einem Zerfall pro 10 Jahre rechnen. (Korrekterweise sollte man vom Nukleonenzerfall reden, da auch gebundene Neutronen nun zerfallen können. Es hat sich jedoch allgemein der Begriff Protonzerfall eingebürgert). Es ist also notwendig, Detektoren in der Größenordnung von 100 t und mehr zu entwickeln und außerdem einen sehr niedrigen Untergrund zu erreichen. Dazu geht man in Minen bzw. Tunnel, um sich gegen die kosmische Strahlung abzuschirmen (Abb. 2.5 und Tab. 2.2).

Die verbleibende Hauptuntergrundkomponente sind neutrinoinduzierte (!) Reaktionen. Im Prinzip gibt es hierbei zwei verschiedene Nachweisstrategien, zum einen mit Hilfe des Cerenkov-Effektes und andererseits die kalorimetrische Methode (siehe z.B. [Per 84], [Gro 89,90], [Kla 95], Tab. 2.3).

Abb. 2.6 zeigt den gegenwärtigen Stand der Protonzerfallsexperimente sowie einige zukünftige Möglichkeiten. Einige auf dieser Methode beruhende Detektoren werden wir später im Zusammenhang mit Neutrinos noch näher besprechen. Der Frejus-Detektor (Abb. 2.7) (Betriebszeit von 1984 bis 1988) bestand aus 900 t Eisen und funktionierte als Kalorimeter. Die sehr dünnen (3 mm) Eisenplatten sind unterbrochen von orthogonal angeordneten Funkenkammern und Geigerzählern, was eine dreidimensionale Spurerkennung zuläßt. Die Hauptsignatur für den Zerfall $p \rightarrow e^+ + \pi^0$ wären zwei diametral gerichtete elektromagnetische Schauer. Diese kommen von der Vernichtung des Positrons und dem Zerfall des Pions ($\pi^0 \rightarrow 2\gamma$). In den Cerenkov-Zählern wären es zwei entgegengesetzt gerichtete Cerenkov-Kegel. Es wurde bisher jedoch keine signifikante Anzahl von Ereignissen über dem erwarteten Untergrund beobachtet. Aus dem IMB-Experiment (Abb. 2.8, ebenfalls inzwischen abgeschaltet) folgt für diesen Zerfallskanal gegenwärtig eine Untergrenze von $\tau_p > 5.5 \cdot 10^{32}$ Jahren [Gaj 92], welche sich mit den Grenzen von Kamiokande ($\tau_p > 1.3 \cdot 10^{32}$ Jahre) [Hir 89] und Frejus ($\tau_p > 0.7 \cdot 10^{32}$

Abb. 2.6 a) Gegenwärtige experimentelle Halbwertszeitgrenzen (90 % Vertrauensgehalt) für die verschiedenen Zerfallskanäle des Nukleons der Form: a) $\Delta B = 0, \Delta(B-L) = 0$, wobei $N \rightarrow \bar{l} +$ Meson(en), $N \rightarrow \bar{l}l\bar{l}$ und $N \rightarrow \bar{l}\gamma$; b) $\Delta B = 1, \Delta(B-L) = 0$, wobei $NN \rightarrow \bar{l}N$ und $NN \rightarrow \bar{l} + \Delta$; c) $\Delta B = 1, \Delta(B-L) = 2$, wobei $N \rightarrow l^-$ und Meson(en). Die Symbole entsprechen: $\triangledown$ =HPW, •=Kamioka, ○=IMB, ∇= Kolar, $\triangle$ = NUSEX und ⋄=Frejus (aus [Bar 92a]). d) Zukünftige Möglichkeiten mit dem ICARUS-Detektor (mit freundl. Genehmigung von C. Rubbia). Die Möglichkeiten von Superkamiokande übertreffen ICARUS zum Teil noch.

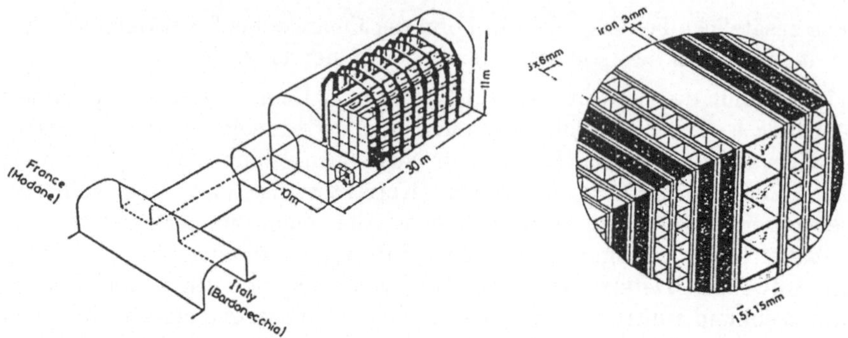

Abb. 2.7 Darstellung des Frejus-Detektors zum Nachweis des Protonzerfalls. Er bestand aus einer sandwichartigen Anordnung von Funkenkammern, Geigerzählern und Eisenplatten (aus [Mey 86a]).

Abb. 2.8 Innenansicht des IMB-Detektors. Der IMB-Wasser-Cerenkov-Zähler war mit seinen 8000 t Wasser und 2048 Photomultipliern in der Morton-Thiokol-Salzmine bei Cleveland in ca. 700 m Tiefe (1580 m Wasseräquivalent) aufgebaut (Foto Joe Stancampiano und Karl Luttrell, © National Geographic Society).

Jahre) [Ber 91] zu einer Weltgrenze von $\tau_p > 9 \cdot 10^{32}$ Jahren kombinieren läßt [PDG 94] (häufig wird auch die Lebensdauer in bezug auf das unbekannte Verzweigungsverhältnis B als τ_p/B angegeben). Für einen Überblick siehe [Bar 92a]. Die experimentelle Untergrenze liegt also deutlich über dem theoretisch vorhergesagten Wert, was viele an der Richtigkeit der minimalen $SU(5)$ als Vereinigungsgruppe zweifeln läßt.

Eine abgewandelte Version der $SU(5)$-Vereinigungstheorie ist die sogenannte ‚flipped $SU(5)$', basierend auf einer $SU(5) \times U(1)$-Gruppe [Ell 92]. Dieses ist im engen Sinne keine einfache Eichgruppe, es sei denn, sie wird in eine höhere Gruppe eingebunden. In dieser Gruppe findet eine Vertauschung der Felder $u^c \leftrightarrow d^c$ und $e \leftrightarrow \nu$ statt. Ihr großer Vorteil ist, daß alle spontanen Symmetriebrechungen von niedrigdimensionalen Higgs-Darstellungen verursacht werden (im Gegensatz zur $SU(5)$, die eine 24-dimensionale Darstellung erfordert). Dies erfährt seine Motivation aus Superstring-Theorien, die keine hochdimensionalen Higgs-Darstellungen beinhalten. Die existierenden Superstring-GUTs führen so auf die flipped $SU(5)$-Theorie [Ant 88], [Ant 89]. In dieser liegt die Lebensdauer des Protons in der Ordnung von $\tau_p \approx 10^{33}$ bis 10^{35} Jahren und ist damit auch wieder mit den experimentellen Beobachtungen verträglich. Auch supersymmetrische $SU(5)$-Modelle führen zu größeren Lebensdauern von etwa 10^{35} Jahren (siehe [Lan 86]), die also keinen Widerspruch zu gegenwärtigen experimentellen Grenzen bedeuten (siehe Kap. 2.5.2).

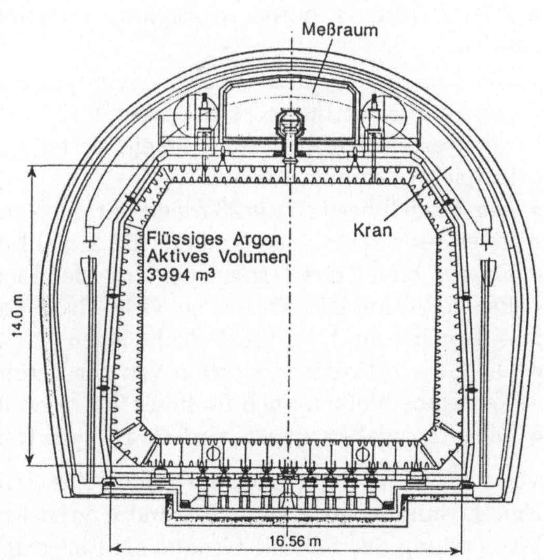

Abb. 2.9
Querschnitt durch den geplanten ICARUS-Detektor im Gran-Sasso-Labor, eine riesige Driftkammer (Zeitprojektionskammer, TPC), die mit 4000 t Argon gefüllt werden soll (siehe Kap. 12.4.5) (mit freundl. Genehmigung von C. Rubbia).

Mit einer neuen Generation von Experimenten (Superkamiokande [Suz 94], ICARUS [Ben 94a], Abb. 2.9, siehe hierzu Kap. 12) wird man auch diesen Bereich teilweise erforschen können. Die mit diesen Detektoren erreichbaren Grenzen schätzt man auf 10^{34} Jahre [Bar 92a] (siehe Abb. 2.6d).

2.2.2 Erfolge und Mißerfolge der $SU(5)$

Bei der Betrachtung der ersten Großen Vereinigungstheorie haben wir die Grundideen dieser Theorien besprochen. Es waren einige Erfolge zu verzeichnen:

- Es gelang eine Vereinheitlichung dreier Kräfte, gleichbedeutend mit der Beschreibung durch nur eine Kopplungskonstante
- Die Notwendigkeit nicht ganzzahliger Ladung ergibt sich aus der Anordnung in Multipletts
- Hieraus folgt ebenso die Gleichheit des Absolutwertes von Proton- und Elektronladung
- Der Weinbergwinkel, sowie auch das Verhältnis der Massen von b-Quark zu Tau-Lepton kann über zwölf Größenordnungen hinweg vorhergesagt werden

Neben den genannten Erfolgen gibt es aber auch einige unbefriedigende Punkte, deren Lösung man von einer Vereinheitlichenden Theorie erwartet hätte:

- Die Anordnung in zwei Multipletts erscheint willkürlich und nicht vereinheitlicht
- Die eingebaute Links-Rechts-Asymmetrie ist unbefriedigend. Die Eichgruppe enthält keine rechtshändige $SU(2)_R$ als Gegenstück zur $SU(2)_L$. Es ist aber eigentlich nicht einzusehen, weshalb die Natur die Linkshändigkeit prinzipiell bevorzugen sollte
- Das Modell besitzt mit 23 freien Parametern mehr als das Standardmodell
- Es erlaubt keine Aussage über die Anzahl der Teilchengenerationen
- Ebenso bleibt das Massenspektrum der Elementarteilchen ungeklärt
- Es bleibt unklar, warum so viele Größenordnungen zwischen der elektroschwachen und der GUT-Skala liegen
- Die Gravitation ist weiterhin von der Vereinigung ausgeschlossen
- Neutrinos bleiben auch in dieser Theorie masselos
- Die Protonlebensdauer wird als zu kurz vorhergesagt

Viele dieser Kritikpunkte sind jedoch eine Eigenschaft aller GUT-Theorien. Eine Lösung der beiden ersten und letzten Kritikpunkte ergibt sich bei der Verwendung der $SO(10)$-Gruppe als Eichgruppe.

2.3 Das $SO(10)$-Modell

Da das minimale $SU(5)$-Modell Schwierigkeiten hat, die Lebensdauer des Protons richtig vorherzusagen, sucht man nach Alternativen. Eine solche ist das $SO(10)$-Modell [Fri 75], [Geo 75], das die $SU(5)$-Gruppe als Untergruppe enthält. Das $SO(10)$-Modell stellt zugleich die einfachste links-rechtssymmetrische Theorie dar. Die Spinordarstellung ist in diesem Falle 16-dimensional (Abb. 2.10) und es gilt:

$$16_{SO(10)} = 10_{SU(5)} \oplus \bar{5}_{SU(5)} \oplus 1_{SU(5)} \tag{2.25}$$

Das $SU(5)$-Singulett kann an keiner bekannten $SU(5)$-Wechselwirkung teilnehmen. Es könnte prinzipiell noch an einer $U(1)$-Wechselwirkung teilnehmen. Da jedoch die Hyperladung innerhalb eines Multipletts verschwinden muß, scheidet auch diese Möglichkeit aus. Dieses neue Teilchen wird deswegen als rechtshändiger Partner ν_R des normalen Neutrinos interpretiert (genauer: geht in das Multiplett das Feld ν_L^C ein, siehe z.B. [Gro 89,90]). Wir wollen folgenden Punkt in diesem Zusammenhang hervorheben: ν_R nimmt an keiner $SU(5)$-Wechselwirkung teil, also insbesondere auch nicht an der normalen schwachen Wechselwirkung des GWS-Modells. ν_R nimmt indessen an einer durch die neuen $SO(10)$-Eichbosonen vermittelten superschwachen Wechselwirkung teil, welche das rechtshändige Gegenstück zur normalen schwachen Wechselwirkung darstellt.

Da die $SO(10)$-Symmetrie die $SU(5)$-Symmetrie enthält, existiert nun die Möglichkeit, daß oberhalb von M_X irgendwo die $SO(10)$-Symmetrie zur $SU(5)$ heruntergebrochen wird und diese dann wie bereits besprochen weiter zerfällt.

$$SO(10) \rightarrow SU(5) \rightarrow SU(3) \otimes SU(2)_L \otimes U(1) \tag{2.26}$$

Es existieren aber auch noch andere Brechungsschemata der $SO(10)$. So kann sie auch ohne jede $SU(5)$-Phase heruntergebrochen werden, und es bleibt auch unterhalb der Brechung eine Rechts-Links-Symmetrie bestehen. In diesem Pati-Salam-Modell [Pat 74] geschieht die Symmetriebrechung gemäß

$$SO(10) \rightarrow SU(4)_{EC} \otimes SU(2)_L \otimes SU(2)_R, \tag{2.27}$$

der Index EC bedeutet hier *Extended Colour*, eine Erweiterung der starken Wechselwirkung mit den Leptonen als vierter Farbladung. Der $SU(2)_R$-Faktor kann als rechtshändiger Gegenpol zu der linkshändigen $SU(2)_L$ angesehen werden. Es existierte dann also eine völlig analoge rechtshändige schwache Wechselwirkung, die von rechtshändigen W-Bosonen vermittelt

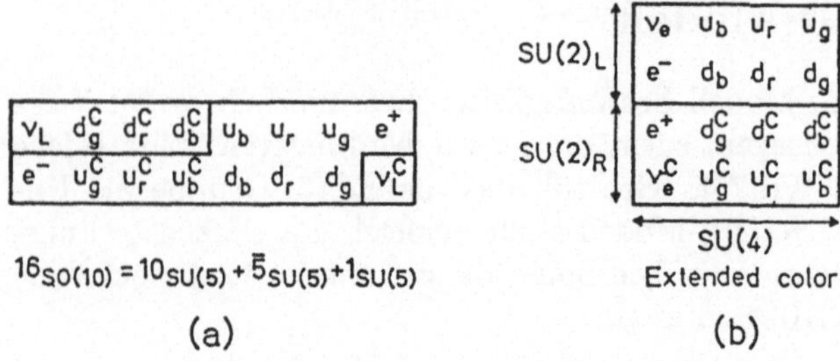

Abb. 2.10 a) Alle Fermionen einer Familie können in *einem* $SO(10)$-Multiplett untergebracht werden. Das 16. Element ist das bisher nicht nachgewiesene rechtshändige Neutrino. Beide Darstellungen entsprechen unterschiedlichen Brechungsschemata der $SO(10)$. Teil b) zeigt die Aufteilung des $SO(10)$-Multipletts nach der $SU(4)_{EC} \otimes SU(2)_L \otimes SU(2)_R$-Struktur (aus [Gro 89,90]).

wird. Abb. 2.10 zeigt die Aufspaltung des Multipletts gemäß den beiden Symmetriebrechungen.

Im Gegensatz zum $SU(5)$-Modell, in dem B und L zwar nicht erhalten sind, wohl aber $(B-L)$, ist innerhalb des $SO(10)$-Modells $(B-L)$ nicht notwendig erhalten. Es ist eine Baryonenzahl- als auch Leptonenzahlverletzung um zwei Einheiten möglich und damit die Möglichkeit sowohl von neutrinolosem doppelten Betazerfall als auch von Neutron-Antineutron-Oszillationen eröffnet. Im ersten Falle ist

$$\Delta L = 2\,, \qquad \Delta B = 0\,, \tag{2.28}$$

im letzteren

$$\Delta B = 2\,, \qquad \Delta L = 0\,. \tag{2.29}$$

Nicht-supersymmetrische $SO(10)$-Modelle können auch das Problem der $SU(5)$ bzgl. der Vorhersage der Lebensdauer des Protons lösen. Ihre Vorhersagen liegen im Bereich von 10^{32} bis 10^{38} Jahren [Lee 95]. Vorhersagen supersymmetrischer $SO(10)$-Modelle mit automatischer Erhaltung der R-Parität liefern weit weniger klare Vorhersagen [Lee 95a].

2.3.1 Neutron-Antineutron-Oszillationen

Theoretisch kann das Neutron-Antineutron-System ebenso als ein Zweizustandssystem beschrieben werden wie etwa das $K^0\bar{K}^0$-System oder die noch zu besprechenden Neutrinooszillationen. Seien $\mid n_1\rangle$ und $\mid n_2\rangle$ die Eigenzustände der Massenmatrix M, welche gegeben ist durch

$$M = \begin{pmatrix} m & \delta m \\ \delta m & m \end{pmatrix}, \tag{2.30}$$

so ergeben sich die Masseneigenwerte zu

$$m_{1\,2} = m \pm \delta m\,. \tag{2.31}$$

Die Außerdiagonalelemente von M bezeichnen die Übergangsenergie zwischen Neutronen und Antineutronen. Die Diagonalelemente sind wegen des CPT-Theorems gleich: $m_n = m_{\bar{n}}$. Das zeitliche Verhalten der Eigenzustände folgt aus der Schrödingergleichung und läßt sich schreiben zu

$$n_\imath(t) = n_\imath(0)e^{-\imath m_\imath t}e^{-\Gamma t} \quad \text{mit} \quad \Gamma = \frac{\hbar}{\tau_n} \tag{2.32}$$

Der zweite Exponentialterm berücksichtigt den β-Zerfall der freien Neutronen, τ_n ist die Lebensdauer des Neutrons. Die physikalischen Eigenzustände zur Baryonenzahl B $\mid n\rangle$ und $\mid \bar{n}\rangle$ lassen sich hieraus mittels Linearkombination erzeugen zu

$$\mid n\rangle = \frac{1}{\sqrt{2}}(\mid n_1\rangle + \mid n_2\rangle) \tag{2.33}$$

$$\mid \bar{n}\rangle = \frac{1}{\sqrt{2}}(\mid n_1\rangle - \mid n_2\rangle) \tag{2.34}$$

Die Beschreibung eines Neutronenstrahls $n(t)$ erhält mit obigen Gleichungen die Form

$$n(t) = \frac{1}{\sqrt{2}}e^{-\Gamma t}(n_1(0)e^{-\imath m_1 t} + n_2(0)e^{-\imath m_2 t}) \tag{2.35}$$

Es kommt also auch hier zu einer Überlagerung zweier Zustände und damit zu einem Oszillationsphänomen. Die Wahrscheinlichkeit $P_{n\bar{n}}(t)$, in einem reinen Neutronenstrahl nach einer Zeit t Antineutronen vorzufinden, ist gegeben durch

$$P_{n\bar{n}}(t) = e^{-\Gamma t}\sin^2 \delta m t, \tag{2.36}$$

oder unter Vernachlässigung des Neutronzerfalls gerade durch

$$P_{n\bar{n}}(t) = \sin^2 \delta m t \tag{2.37}$$

Zur Charakterisierung definiert man die sogenannte Oszillationsperiode $\tau_{n\bar{n}}$, gegeben durch

$$\tau_{n\bar{n}} = \frac{\hbar}{\delta m} \tag{2.38}$$

Damit gilt

$$P_{n\bar{n}}(t) = \left(\frac{t}{\tau_{n\bar{n}}}\right)^2 \quad \text{für} \quad t \ll \tau_{n\bar{n}} \tag{2.39}$$

Diese Bedingung ist praktisch immer erfüllt, da die Oszillationsperiode sehr viel größer ist als die Lebensdauer der Neutronen (etwa 10 min.). Vorhersagen für die Periode zeigt Tab. 2.4. Die Anzahl von Antineutronen $\bar{n}$ in einem anfangs reinen Strahl aus n Neutronen läßt sich damit leicht bestimmen zu

Tab. 2.4 GUT-Vorhersagen für die Periode $\tau_{n\bar{n}}$ der $n\bar{n}$-Oszillationen (aus [Moh89, 96a])

GUT-Modell	$\tau_{n\bar{n}} = 10^6 - 10^{10}\,\mathrm{s}$
Standardmodell	nein
$SU(5)$	nein
$SU(2)_L \otimes SU(2)_R \otimes SU(4)_{ec}$	ja
$SO(10)$	nein
E_6	nein
SUSY-$SU(3)_c \otimes SU(2)_L \otimes U(1)_Y$	ja*)
SUSY-rechts-links-symm. mit E_6-Typ-Spektrum	ja

*) aber zu schnell ohne Feinabstimmung der Parameter

$$\bar{n}(t) = n\left(\frac{t}{\tau_{n\bar{n}}}\right)^2 \tag{2.40}$$

Es ist noch zu erwähnen, daß alle Gleichungen, welche die Wahrscheinlichkeit $P_{n\bar{n}}(t)$ und die daraus resultierenden Schlußfolgerungen beinhalten, nur für freie Neutronen gelten. Im Kern gebundene Neutronen, oder Neutronen in Magnetfeldern erhalten zusätzliche Terme z.B. aufgrund von Wechselwirkungen mit dem magnetischen Moment (siehe z.B. [Kla 95]).

Ein Neutron-Antineutron-Oszillationsexperiment wird am Reaktor in Grenoble betrieben (ILL). Ein Neutronenstrahl wird über einen 35 m langen Neutronenleiter auf ein Target (C-Folie) gelenkt. Um die Bedingung von freien Neutronen bestmöglich zu realisieren, ist die gesamte Strecke gegen das Erdmagnetfeld abgeschirmt. Die während der 0.1 s Flugzeit entstehenden Antineutronen annihilieren mit sehr hoher Wahrscheinlichkeit innerhalb der Folie, während diese für Neutronen praktisch transparent ist. Bei jeder Annihilation entstehen etwa 5 Pionen, deren Nachweis als experimentelle Signatur gilt. Aus solchen und ähnlichen Experimenten folgt eine untere Grenze für die Oszillationszeit von [Bal 94a]

$$\tau_{n\bar{n}} > 0.86 \cdot 10^8\mathrm{s} \qquad (90\,\%\ \text{Vertrauensgehalt}) \tag{2.41}$$

Für eine detaillierte Darstellung des Phänomens der $n\bar{n}$-Oszillationen sei auf [Kla 95], [Moh 96a] verwiesen.

Noch höhere Symmetriegruppen als die $SO(10)$, wie etwa $SU(15)$ [Fra 90] oder die Ausnahmegruppe E_6 [Gur 76], [Ach 77], werden ebenfalls als Vereinigungsgruppen diskutiert. Diese wiederum enthalten die $SO(10)$ als Untergruppe, und alle Fermionen sind in 27-dimensionalen Multipletts untergebracht. Die E_6-Gruppe erfährt ein besonderes Interesse aus den Superstring-Theorien ([Can 85] und siehe Kap. 2.7). Leider steigen mit größer werdenden

Gruppen die Anzahl der Generatoren und freien Parameter sehr schnell an, was klare experimentelle Voraussagen extrem schwierig macht. Deswegen wollen wir dieses Gebiet jetzt verlassen und uns einer weiteren experimentellen Möglichkeit zum Testen von GUTs zuwenden.

2.4 Massive Neutrinos

Der vielleicht vielversprechendste Kandidat, weitere Informationen über Vereinigungstheorien zu bekommen, ist das Neutrino. Im Standardmodell ist dieses Teilchen masselos und nimmt ausschließlich an der schwachen Wechselwirkung teil, was seinen Nachweis so ungeheuer schwierig macht. Für viele Aspekte jedoch, die wir in diesem Buch besprechen wollen, spielt dieses Teilchen eine zentrale Rolle, mehr noch, viele Erklärungsversuche moderner Experimente bzw. Beobachtungen benötigen sogar massive Neutrinos (siehe z.B. [Gro 89,90], [Kay 89], [Moh 91], [Win 91a], [Boe 92], [Kla 95]). Selbst der Teilchen-Charakter des Neutrinos, ob Dirac- oder Majorana-Teilchen, ist heute noch unbekannt. Während für Dirac-Teilchen vier unterschiedliche Zustände existieren, sind es für Majorana-Teilchen nur zwei. Letzteres bedeutet, daß Teilchen und Antiteilchen nicht zu unterscheiden sind. Gibt es keine rechtshändige Wechselwirkung und besitzt das Neutrino keine Masse, so läßt sich experimentell nicht nachprüfen, ob die Majorana- oder die Dirac-Beschreibung richtig ist (für eine ausführliche Diskussion siehe z.B. [Gro 89,90], [Kay 89], [Kla 95]). Wir wollen kurz auf Modelle zur Erzeugung von Neutrinomassen eingehen, und einige Experimente dazu vorstellen (siehe auch Kap. 12, 13).

Beginnen wir mit dem minimalen $SU(5)$-Modell. Da in diesem Modell nur ein ν_L vorkommt, sind Dirac-Massenterme ausgeschlossen, da diese typischerweise die Form $m\nu_{L,R}\bar{\nu}_{R,L}$ besitzen. Es muß sich also um ein Majorana-Teilchen handeln. Da die $SU(5)$-Symmetrie erhalten bleiben soll, muß der durch Kopplung an ein Higgs-Feld ϕ erzeugte Massenterm ebenfalls $SU(5)$-invariant sein. Ein Majorana-Massenterm hätte die allgemeine Form (eine ausführliche Diskussion findet sich bei [Lan 81])

$$-m \sum_{\alpha} (\bar{\chi}_L \otimes (\Psi_L)^{CP})_\alpha \phi^\alpha + h.k. \tag{2.42}$$

χ und Ψ bezeichnen hierbei zwei Fermionen aus den Multipletts. Da die $SU(5)$-Symmetrie ja erhalten bleiben soll, muß die Dimension der so entstandenen Fermion-Kombination identisch zu der des Higgs-Feldes sein. Für eine Majorana-Neutrinomasse wäre $\chi_L = \Psi_L = \bar{5}$. Eine Kombination zweier Fermionen ergibt

$$\bar{5} \otimes \bar{5} = 10 \oplus 15\,. \tag{2.43}$$

Somit müßte das Higgs-Feld entweder ein 10- oder 15-dimensionales Multiplett bilden. Die Higgs-Felder sind jedoch 5- oder 24-dimensional. Es ist also auch nicht möglich, Majoranamassen zu generieren, so daß im minimalen $SU(5)$-Modell die Neutrinos masselos bleiben.

Wie ist die Situation für das $SO(10)$-Modell? Wir haben gesehen, daß das freie Singulett mit einem rechtshändigen Neutrino identifiziert werden kann (Abb. 2.10). Es ist damit also möglich, Dirac-Massenterme zu erzeugen. Da die Neutrinos aber dem gleichen Multiplett angehören wie die restlichen Fermionen, ist die Erzeugung ihrer Masse nicht unabhängig von jener der anderen Fermionen. Es zeigt sich, daß

$$m_{\nu_e} \simeq m_u \approx 5\,\mathrm{MeV} \tag{2.44}$$

sein sollte, in krassem Widerspruch zum Experiment, wo man Grenzen in der Größenordnung von eV angibt. Mit einer 126-dimensionalen Darstellung des Higgs-Feldes ρ_{126} ist es möglich, allen Fermionen Dirac-Massen zu geben, und Neutrinos eine Majoranamasse. Die Komponente $\rho_{126}(1)$, welche den Massenterm $\langle\rho_{126}(1)\rangle\bar{\nu}_R(\nu_R)^{CP}$ liefert, ist ein Singulett unter $SU(5)$-Transformationen und für die Brechung der $SO(10)$ zur $SU(5)$ verantwortlich. Deshalb könnte $\langle\rho_{126}(1)\rangle$ sehr große Werte bis zu M_X annehmen. Das 126(1)-Singulett koppelt nur an rechtshändige Neutrinos. Somit ist es möglich, unter gewissen Annahmen über ρ keinen Majorana-Term für ν_L und einen sehr großen für ν_R zu erhalten. Die Massenmatrix hat in diesem Falle folgende Form

$$M = \begin{pmatrix} 0 & m^D \\ m^D & m^M \end{pmatrix} \tag{2.45}$$

Hierbei ist m_D von der Größenordnung MeV...GeV, während $m_M \gg m_D$ ist. Diagonalisiert man diese Matrix, so bekommt man zwei Massenzustände mit

$$m_1 \approx \frac{(m^D)^2}{m^M} \tag{2.46}$$

und

$$m_2 \approx m^M \tag{2.47}$$

Das heißt, für einen entsprechend großen Majorana-Massenterm m^M in Gl. (2.45) ist es möglich, die beobachtbaren Massen soweit zu reduzieren, daß sie mit den Experimenten verträglich sind. Dies ist der *see-saw*-Mechanismus zur Erzeugung kleiner Neutrinomassen [Gel 78], [Yan 78]. Nimmt man diesen ernst, so folgt ein quadratisches Skalierungsverhalten der Neutrinomassen mit den Quarkmassen oder geladenen Leptonmassen, d.h.

$$m_{\nu_e} : m_{\nu_\mu} : m_{\nu_\tau} \sim m_u^2 : m_c^2 : m_t^2 \quad \text{bzw.} \quad \sim m_e^2 : m_\mu^2 : m_\tau^2 \tag{2.48}$$

Der Vakuumerwartungswert des Higgs-Singuletts bricht die $SO(10)$-Symmetrie und sorgt damit auch für die Nichterhaltung der $(B-L)$-Symmetrie. In der $SU(5)$-Gruppe sind B und L einzeln zwar nicht erhalten, jedoch die Differenz $B - L$. Dies ist interessant, da $B - L$ die einzige anomaliefreie Kombination dieser Quantenzahlen ist. Das bei einer spontanen Brechung dieser globalen $(B-L)$-Symmetrie entstehende Goldstone-Boson nennt man Majoron. Das Majoron kann sowohl als Triplett-, Dublett- als auch als Singulettzustand auftreten [Chi 80], [Gel 81], [San 88]. Das Triplett-Majoron trägt jedoch 2 Neutrinoflavours zur Breite der Z^0-Resonanz bei [Nus 81] und ist damit durch die LEP-Resultate ausgeschlossen. Gleiches gilt für das Dublett, welches eine halbe Neutrinobreite beiträgt [San 88]. Eine signifikante Mischung aus Dublett- und Singulett, oder ein reines Singulett-Majoron wären dem Nachweis über die Z^0-Breite jedoch entgangen, da diese eine verschwindend kleine Eichkopplung besitzen [Moh 91]. Eine weitere Möglichkeit zu seinem experimentellen Nachweis besteht im $\beta\beta$-Zerfall (siehe Kap. 2.4.2). Neuere Majoron-Modelle und deren Prüfung im Doppelbetazerfall werden in [Bur 93], [Car 93], [Bur 94], [Bam 95], [Hir 96a] besprochen.

Neben der im see-saw-Mechanismus vorhergesagten Hierarchie der Neutrinomassen für verschiedene Flavours sagen neuere GUT-Modelle – etwa $SO(10)$-Modelle mit horizontaler S_4-Symmetrie – nahezu *entartete* Massen für die verschiedenen Neutrinoflavours, und zwar im Bereich um 1 eV, vorher [Lee 94], [Pet 94], [Moh 94], [Ion 94], [Moh 96c]. Dies könnte von besonderer Bedeutung für die Analyse solarer Neutrinoexperimente und das Problem der dunklen Materie sein.

Welche experimentellen Auswirkungen besitzen massive Neutrinos, und wo liegen die experimentellen Grenzen?

2.4.1 Der β-Zerfall: Masse des Elektron-Neutrinos

Es war der Betazerfall, d.h. letztlich der Prozeß

$$n \to p + e^- + \bar{\nu}_e\,, \tag{2.49}$$

der W. Pauli 1930 dazu führte, das Neutrino zu postulieren, da man sonst ohne Verletzung der Energieerhaltung die kontinuierliche Energieverteilung der emittierten Elektronen nicht verstehen konnte. Beschrieben werden kann die Verteilung der emittierten Elektronen unter Annahme masseloser Neutrinos durch

$$N(E)dE \sim p_e^2 F(Z,E)(E_0 - E)^2 dE \tag{2.50}$$

Hierbei ist p_e der Elektronenimpuls, $F(Z,E)$ eine für jeden Kern charakteristische Funktion (Fermi-Funktion), und E_0 entspricht dem Q-Wert des Kernübergangs. Diese Energie ist gleichzeitig die maximale Energie der emittierten Elektronen. Eine nichtverschwindende Ruhemasse des Neutrinos beeinflußt das Spektrum der Elektronen:

$$N(E)dE \sim p_e^2 F(Z,E)(E_0 - E)((E_0 - E)^2 - m_\nu^2)^{\frac{1}{2}} dE \tag{2.51}$$

Ein massives Neutrino äußert sich also in einer Reduktion der Endpunktsenergie, da diese Energie den Elektronen immer fehlen muß. In einer geeigneten Darstellung (Kurie-Plot) äußert sich dieser Effekt in einem senkrecht endenden Spektrum bei $E_0 - m_\nu c^2$. Als besonders geeignetes Isotop zur Suche nach einer Neutrinomasse erweist sich Tritium, da seine Endpunktsenergie mit 18.59 keV relativ niedrig liegt und andererseits sich die Wellenfunktionen noch relativ gut berechnen lassen. Somit kann man hiermit relativ kleine Neutrinomassen nachweisen. Verschiedene Experimente hierzu wurden und werden durchgeführt [Hol 92a], [Kün 92], und man erhält gegenwärtig eine experimentelle obere Grenze von [Bel 95]

$$m_{\bar{\nu}_e} < 4.35\,\text{eV} \qquad (95\,\%\ \text{Vertrauensgehalt}) \tag{2.52}$$

Tab. 2.5 Ergebnisse aus Experimenten zum Tritiumzerfall

m_ν [eV/c^2]	Vertrauensniveau [%]	Referenz
< 250	/	[Lan52]
< 86	90	[Röd72]
< 60	90	[Ber72]
14 bis 46	99	[Lub80]
< 65	95	[Sim81]
< 50	90	[Der83]
20 bis 45	/	[Bor85]
< 18	95	[Fri86]
17 bis 40	/	[Bor87]
< 32	95	[Kaw87]
< 27	95	[Wil87]
< 29	95	[Kaw88]
< 15.4	95	[Fri91]
< 13	95	[Kaw91]
< 11.6	95	[Hol92b]
< 9.3	95	[Rob91]
< 7.2	95	[Bac93]
< 4.35	95	[Bel95]

Eine Darstellung der verschiedenen experimentellen Grenzwerte aus dem Tritiumzerfall zeigt Tab. 2.5. Die Tatsache, daß die meisten Experimente einen negativen Wert für das Quadrat der Neutrinomasse ergeben, hat zu exotischen Erklärungsversuchen geführt. Es wurden langreichweitige anomale Neutrinowechselwirkungen diskutiert [Moh 96b], die zu einer Neutrinowolke mit Dichten von 10^{15} bis $10^{16}\,\text{cm}^{-3}$ auf Bereichen der baryonischen Protowolke des Sonnensystems führten. Absorption aus diesem Untergrund von Elektron-Neutrinos gemäß

$$\nu_e + {}^3\text{H} \rightarrow e^- + {}^3\text{He} \tag{2.53}$$

könnte zu Elektronen im anomalen Endpunktbereich des Tritiumzerfallsspektrums führen (für Details siehe [Rob 91], [Moh 96b], [Ste 96]).

Aber man kann noch mehr Informationen aus dem spektralen Verlauf gewinnen, die in jüngster Zeit für Aufregung gesorgt haben. Eventuell existierende schwere Neutrinos würden für einen Knick im Spektrum sorgen, da sich das gesamte Spektrum ja als Überlagerung aller Zerfallskanäle ergibt

$$N(E) = \sum_i \mid U_{ei} \mid^2 dN_i \quad , \tag{2.54}$$

wobei U_{ei} die Beimischung des schweren Neutrinos zum Elektron-Neutrino (siehe auch Kap. 2.4.5) und dN_i das Spektrum für die Emission des Masseneigenzustandes mit Masse m_i beschreibt. Es gibt nun mehrere Gruppen, die auf diese Weise Evidenz für ein 17-keV-Neutrino gefunden haben wollen, welches zu etwa 1 % dem Elektronneutrino beigemischt sei. Dieses würde aufregende neue Physik bedeuten.

2.4.1.1 Das 17-keV-Neutrino

Schon 1985 wurde die Evidenz eines 17.1-keV-Neutrinos, welches mit etwa 3 % zum normalen Zerfall des Tritiums beigemischt ist, publiziert [Sim 85]. In den nachfolgenden Jahren häuften sich jedoch die Negativresultate bezüglich dieses 17-keV-Neutrinos. So wurde etwa am CERN das interne Bremsstrahlungsspektrum von ^{125}I untersucht und eine Mischung eines solchen Neutrinos mit mehr als 2 % mit 98 % Sicherheit ausgeschlossen [Bor 86]. Andere Betazerfallsexperimente mit Magnetspektrometern z.B. an ^{63}Ni schlossen sogar eine Beimischung mit 0.25 % mit 90 % Vertrauensgehalt aus [Het 87]. Mit verbesserten Versionen wurde andererseits in jüngster Zeit der Nachweis eines 17-keV-Neutrinos im β-Zerfall von ^{3}H und ^{35}S mit einem Mischungsgrad von etwas weniger als 1 % veröffentlicht [Him 89]. Betrachtet man aber alle daraufhin gemessenen Ergebnisse, so scheint es weit mehr Gruppen mit negativer Evidenz zu geben (für einen Überblick siehe z.B. [Mor 91b], [Him 93]).

Wir wollen trotzdem kurz überlegen, welche Auswirkungen ein solches Neutrino hätte. Klarerweise würde es eine Erweiterung des Standardmodells zur Folge haben, da hier ja alle Neutrinos masselos sind. Aber auch astrophysikalische Beobachtungen machen gewisse Annahmen über ein solches Neutrino notwendig. So muß ein solches Neutrino instabil sein, weil sonst seine Häufigkeit aufgrund des Urknallmodells (siehe Kap. 3) einen viel zu großen Beitrag zur Materiedichte ergeben würde. Verschiedene Zerfallsmoden etwa in Axionen, Majoronen oder 3 leichte Neutrinos werden diskutiert, alle sind jedoch mit großen Unsicherheiten behaftet. Auch die Supernova-Neutrinoresultate (siehe Kap. 13) und die Erklärung des solaren Neutrinodefizits (siehe Kap. 12) bekommen mit der Existenz eines 17-keV-Neutrinos Schwierigkeiten. Sollte es sich um ein Majorana-Teilchen handeln, so würde die Existenz eines weiteren schweren Neutrinos nötig sein oder ebenfalls eine CP-Verletzung im leptonischen Sektor. Für weitergehende Diskussionen über die Auswirkungen eines 17-keV-Neutrinos siehe [Kol 93], [Kra 91], [Gel 91]. Mittlerweile haben sich die experimentellen Gegenargumente derart gehäuft (siehe z.B. [Him 93], [Abe 93]), daß kaum noch jemand an die Existenz des 17-keV-Neutrinos glaubt (siehe z.B. [Zub 93]).

2.4.2 Der $\beta\beta$-Zerfall: Effektive Masse des Elektron-Neutrinos

Neben dem besprochenen einfachen β-Zerfall untersucht man auch den sogenannten Doppelbetazerfall

$$2n \rightarrow 2p + 2e^- + 2\bar{\nu}_e \tag{2.55}$$

bzw.

$$2n \rightarrow 2p + 2e^- \tag{2.56}$$

Es gibt 35 potentielle Doppelbeta-Emitter [Gro 86b]. Sie sind sämtlich gg-Kerne. Die spektrale Form der Summenenergie der Elektronen für die beiden Zerfallsmoden zeigt Abb. 2.11. Der erste der beiden Zerfallsmoden (Gl. (2.55)) ist noch als Prozeß in zweiter Ordnung Störungstheorie der Fermi-Theorie (vierter Ordnung des elektroschwachen Standardmodells) zu verstehen. Es handelt sich hierbei um einen sehr seltenen Prozeß mit Halbwertszeiten in der Größenordnung von 10^{20} Jahren und mehr. Er ist in geochemischen Experimenten als Isotopenanomalie nachgewiesen [Kir 68] und konnte 1987 an ^{82}Se auch erstmals im Laborversuch nachgewiesen werden [Ell 87a], später auch für ^{100}Mo [Lal 94], ^{76}Ge [Bal 94c] und einige andere Isotope (siehe z.B. [Kla 95]). Weitaus größere Konsequenzen hätte der Nachweis des neutrinolosen $\beta\beta$-Zerfalls (Gl. (2.56)). Dieser Prozeß ist im Standardmodell nicht erlaubt, er verletzt die Leptonenzahl um 2 Einheiten und ist

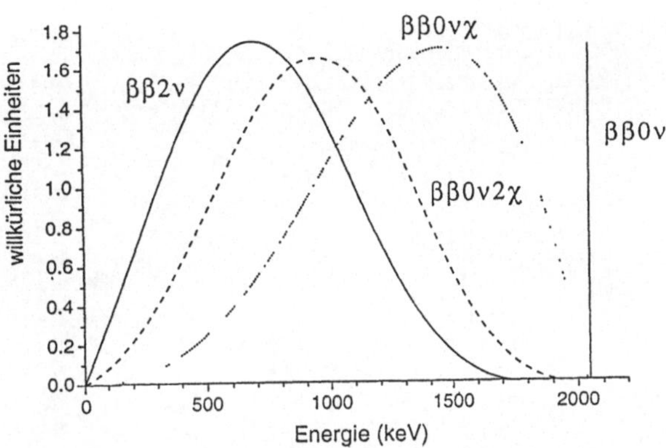

Abb. 2.11 Spektrum der Summenenergien der beiden im Doppelbeta-Zerfall emittierten Elektronen. Der neutrinolose Zerfall äußert sich in einer scharfen Linie, während der neutrinobegleitete oder majoron-begleitete Zerfall ein kontinuierliches Spektrum ergeben. Die Endpunktenergie entspricht der des ^{76}Ge.

damit auch $(B - L)$ verletzend. Er ist nur möglich, wenn das Neutrino ein Majorana-Teilchen ist, da ein am ersten Vertex emittiertes Antineutrino am zweiten Vertex als Neutrino absorbiert werden muß. Man gewinnt hier Aussagen über den fundamentalen Charakter des Neutrinos. Weiterhin bedingt der Prozeß, daß es sich um massive Neutrinos handelt, oder rechtshändige Ströme zur schwachen Wechselwirkung beitragen müssen. Das Antineutrino am ersten Vertex ist rechtshändig und muß als linkshändiges Neutrino absorbiert werden. Diese Helizitätsänderung ist nur bei massiven Neutrinos möglich. Es konnte gezeigt werden (siehe z.B. [Kay 89]), daß in *Eichtheorien* beides miteinander verbunden ist, so daß man bei positivem Nachweis *auf jeden Fall* auf massive Majorana-Neutrinos schließen kann. Da man in diesem Fall auch Neutrinomischungen nicht ausschließen kann, entspricht der eigentlichen Meßgröße die sogenannte *effektive* Majorana-Neutrinomasse $\langle m_\nu \rangle$. Die Zerfallsrate ergibt sich (bei Vernachlässigung rechtshändiger Ströme) zu

$$\omega^{0\nu} = F^{0\nu} \mid M^{0\nu} \mid^2 \frac{\langle m_\nu \rangle^2}{m_e^2} \tag{2.57}$$

Hierbei ist $F^{0\nu}$ ein Phasenraumfaktor und $M^{0\nu}$ das den Übergang beschreibende Kernmatrixelement. Um aus dem gemessenen Spektrum auf die Neutrinomasse zu schließen, ist eine gute Kenntnis der Matrixelemente nötig [Mut 88], [Sta 90a], [Kla 94], [Kla 95] (für eine Übersicht siehe auch [Gro 89,90]). Die effektive Neutrinomasse ist gegeben durch

$$\langle m_\nu \rangle = \sum_i \mid U_{ei}^2 m_i \mid, \tag{2.58}$$

wobei m_i die Masseneigenzustände bezeichnet. Für den Fall einer Mischung von nur 2 Neutrinoflavours ist $\langle m_\nu \rangle$ gegeben durch

$$\langle m_\nu \rangle = \mid \cos^2 \theta m_1 + e^{2i\beta} \sin^2 \theta m_2 \mid \tag{2.59}$$

Abb. 2.12
a) Das Labor des Heidelberg-Moskau-Experimentes im Gran-Sasso-Untergrundlabor (Italien). Oben links einer der Autoren (Prof. H.V. Klapdor-Kleingrothaus, Sprecher der Heidelberg-Moskau-Kollaboration) mit Prof. M. Morita, Japan. b) Der erste der fünf weltweit ersten angereicherten „High-Purity"-^{76}Ge-Detektoren dieses Experimentes in seiner Abschirmung (Extrem-low-level-Blei und Elektrolytkupfer). Um die Kontamination gering zu halten, sind besondere Maßnahmen beim Einbau erforderlich.

Man erkennt eine CP-verletzende Phase bereits bei zwei Familien, und damit die Möglichkeit der destruktiven Interferenz. Exakt gilt obige Formel nur für Neutrinos leichter als 10 MeV (für eine ausführliche Diskussion siehe [Gro 86b]). In nahezu allen GUTs, die Neutrinomassen über den see-saw-Mechanismus erzeugen, entspricht diese effektive Majorana-Neutrinomasse jedoch der eigentlichen Elektron-Neutrinomasse [Lan 88], d.h. ist identisch mit dem Masseneigenzustand.

Unter den gegenwärtigen $\beta\beta$-Experimenten liefern solche mit ^{76}Ge die bisher schärfsten Grenzen. Besonders interessant ist hierzu das Heidelberg-Moskau-Experiment [Kla 87], [Bal 93], [Bec 93a], [Kla 94], [Bal 94c], [Kla 95a], [Bal 95b], [Kla 96], [Kla 96a], [Gün 97], welches 11.5 kg auf 86 % an ^{76}Ge angereicherte HP-Ge-Detektoren benutzt (natürliche Häufigkeit etwa 7.8 %) (Abb. 2.12). Aus dem bisherigen Meßbetrieb folgt (Abb. 2.13) für den neutrinolosen Zerfallsmodus eine untere Grenze für die Halbwertszeit von [Kla 96a]

$$T_{1/2} > 1.1 \cdot 10^{25}\,\mathrm{a} \qquad (90\,\%\ \text{Vertrauensgehalt}), \tag{2.60}$$

was mit den Matrixelementen von [Sta 90a] einer Massengrenze von

$$\langle m_\nu \rangle < 0.5\,\mathrm{eV} \qquad (90\,\%\ \text{Vertrauensgehalt}) \tag{2.61}$$

entspricht (Tab. 2.6). Diese Grenze ist bereits um eine Größenordnung

Tab. 2.6 $\beta\beta$-Halbwertszeiten aus den gegenwärtig empfindlichsten Experimenten und die daraus berechneten oberen Grenzen für $\langle m_\nu \rangle$ (zur Berechnung wurden die Matrixelemente aus [Sta 90a] ohne Berücksichtigung einer rechtshändigen schwachen Wechselwirkung benutzt).

Zerfall	$T^{0\nu}_{1/2}$ [a]	$\langle m_\nu \rangle$ [eV]	Ref.
$^{48}_{20}$Ca → $^{48}_{22}$Ti	$> 9.5 \cdot 10^{21}$ (76%)	$< 12.8^{\ddagger}$ (76%)	[Key91]
$^{76}_{32}$Ge → $^{76}_{34}$Se	$> 1.1 \cdot 10^{25}$ (90%)	< 0.5 (90%)	[Kla96a]
$^{82}_{34}$Se → $^{82}_{36}$Kr	$> 1.1 \cdot 10^{22}$ (68%)	< 7.4 (68%)	[Ell87a]
$^{100}_{42}$Mo → $^{100}_{44}$Ru	$> 4.4 \cdot 10^{22}$ (68%)	< 5.4 (68%)	[Als93]
$^{116}_{48}$Cd → $^{116}_{50}$Sn	$> 2.9 \cdot 10^{22}$ (90%)	< 4.1 (90%)	[Dan95]
$^{128}_{52}$Te → $^{128}_{54}$Xe	$> 7.7 \cdot 10^{24}$ (68%)	< 1.1 (68%)	[Ber92,93]
$^{130}_{52}$Te → $^{130}_{54}$Xe	$> 1.8 \cdot 10^{22}$ (90%)	< 5.2 (90%)	[Ale94]
$^{136}_{54}$Xe → $^{136}_{56}$Ba	$> 4.2 \cdot 10^{23}$ (90%)	< 2.3 (90%)	[Ger96]
$^{150}_{60}$Nd → $^{150}_{62}$Sm	$> 2.1 \cdot 10^{21}$ (90%)	< 4.1 (90%)	[Moe95,Art95]

‡ berechnet unter Benutzung von [Mut91]

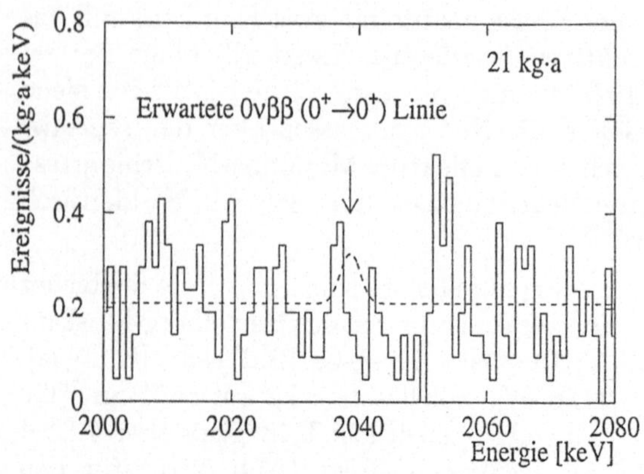

Abb. 2.13
Bereich des Spektrums um die erwartete $0\nu\beta\beta$-Linie für ^{76}Ge im Heidelberg-Moskau-Experiment. Neben dem in 21.0 kg·a Meßzeit beobachteten Spektrum ist auch der mit 90 % Vertrauensgehalt ausgeschlossene Peak eingezeichnet. Er entspricht einer unteren Grenze für die $0\nu\beta\beta$-Halbwertszeit von $T_{1/2}^{0\nu} > 1.1 \cdot 10^{25}$ Jahren mit 90 % Vertrauensgehalt (aus [Kla 96a]).

schärfer als jene aus dem einfachen β-Zerfall und damit die schärfste Grenze für die Masse des Elektron-Neutrinos überhaupt. Alternative Interpretationen erlauben *zusätzliche* Informationen über supersymmetrische Teilchen oder die Masse rechtshändiger W-Bosonen (siehe z.B. [Moh 91], [Hir 95, 96b,c,d], [Kla 96], [Kla 96a] und Kap. 2.5), Leptoquarks [Hir 96e,f], u.a. Außerdem könnte der neutrinolose Zerfall auch unter Emission von 2 Elektronen und einem Majoron stattfinden. Hieraus läßt sich eine modellunabhängige Majoron-Neutrinokopplung gewinnen, welche gegeben ist durch

$$\langle g_{\nu\chi} \rangle = \sum_{ij} g_{\nu\chi} U_{ei} U_{ej} \qquad (2.62)$$

Die gegenwärtige Grenze für $\langle g_{\nu\chi} \rangle$ liegt in der Größenordnung von 10^{-4} [Bec 93a]. Experimentelle Halbwertszeitgrenzen für verschiedene neuere Majoron-Modelle werden in [Päs 96], [Hir 96a] angegeben. Sie liegen im Bereich von $7 \cdot 10^{21}$ Jahren.

Für eine ausführliche Diskussion bestehender experimenteller Ergebnisse und theoretischer Überlegungen zum Doppelbetazerfall siehe [Doi 85], [Mut 88], [Moh 91], [Moh 86,92], [Lee 95], [Hir 95,96] , [Kla 95], [Kla 95a,96]. Der Doppelbetazerfall könnte gegenwärtig eine Schlüsselrolle bei der Lösung des solaren Neutrinoproblems und des Problems der dunklen Materie spielen. Neuere GUT-Modelle sagen nämlich nahezu entartete Neutrinomassen im Massenbereich um 1 eV voraus und behaupten, damit sowohl das Problem solarer Neutrinos (siehe Kap. 12), des atmosphärischen Neutrinodefizits (siehe Kap. 8) und das Problem der dunklen Materie (siehe Kap. 9) lösen zu können (siehe hierzu [Pet 94], [Lee 94], [Moh 94], [Ion 94], [Raf 95], [Cal 95]). Dieser Massenbereich wird in der neuen Generation von $\beta\beta$-Experimenten zugänglich [Kla 96, 96a].

2.4.3 Das Myon-Neutrino

Die Masse des Myon-Neutrinos bestimmt man mit Hilfe des Pionzerfalls. Der Zweikörperzerfall

$$\pi^+ \rightarrow \mu^+ + \nu_\mu \tag{2.63}$$

erlaubt aufgrund einfacher kinematischer Überlegungen die Messung der Masse von ν_μ:

$$m_{\nu_\mu}^2 = m_{\pi^+}^2 + m_{\mu^+}^2 - 2m_{\pi^+}(p_{\mu^+}^2 + m_{\mu^+}^2)^{1/2} \tag{2.64}$$

Unter Kenntnis der Myon- und Pionmasse benötigt man jetzt nur eine genaue Messung des Myonimpulses [Abe 84], und es ergibt sich hiermit eine Massengrenze von [Ass 96]

$$m_{\nu_\mu} < 170\,\text{keV} \qquad (90\,\%\ \text{Vertrauensgehalt}) \tag{2.65}$$

2.4.4 Das Tau-Neutrino

Noch unsicherer ist die Masse des Tau-Neutrinos. Eine Massengrenze hierfür gewinnt man aus dem Zerfall des τ-Leptons, welches in e^+e^--Beschleunigern erzeugt werden kann. Der beste Wert wurde bisher am LEP-Beschleuniger bei CERN erreicht. Besonders eignet sich der Zerfallskanal

$$\tau \rightarrow \pi^\pm + \pi^+ + \pi^+ + \pi^- + \pi^- + \nu_\tau \tag{2.66}$$

Durch Betrachtung der Energie- und Impulsbilanz aller entstehenden Pionen ist es, so ähnlich wie beim β-Zerfall, möglich, eine Massengrenze für das Tau-Neutrino von [Bus 95], [Pas 96]

$$m_{\nu_\tau} < 18.2\,\text{MeV} \qquad (95\,\%\ \text{Vertrauensgehalt}) \tag{2.67}$$

herzuleiten. Diese Grenze ist um etwa 15 MeV schärfer als jene von ARGUS [Alb 92] und CLEO [Cin 93], welche eine Obergrenze von 31 MeV bzw. 32.6 MeV (90 % Vertrauensgehalt) angeben.

Grenzen für eventuelle Neutrinomassen aufgrund kosmologischer Überlegungen besprechen wir in Kap. 3.

2.4.5 Neutrinooszillationen

2.4.5.1 Allgemeines

Unter der Annahme von massiven Neutrinos ist es nicht zwangsläufig, daß die Masseneigenzustände $\nu_\imath$ identisch mit den Flavoureigenzuständen ν_α der schwachen Wechselwirkung sind (s. z.B. [Bil 87]). Dies ist ja z.B. auch im Quark-Sektor nicht der Fall (Cabibbo-Mischung, Kobayashi-Maskawa-Matrix). Wir wollen hier zuerst den Fall zweier Neutrinos im Vakuum diskutieren. Die quantenmechanische Beschreibung ist identisch mit jener der bereits beschriebenen $(n\bar{n})$- und $(K^0\bar{K}^0)$-Systeme. Die Flavour- und Masseneigenzustände sind verknüpft durch

$$\begin{pmatrix} \nu_e \\ \nu_\mu \end{pmatrix} = \begin{pmatrix} \cos\theta_V & \sin\theta_V \\ -\sin\theta_V & \cos\theta_V \end{pmatrix} \begin{pmatrix} \nu_1 \\ \nu_2 \end{pmatrix} \tag{2.68}$$

Hierbei ist θ_V der Vakuummischungswinkel. Die zeitliche Entwicklung eines Elektronneutrinos wäre dann bestimmt durch

$$|\nu_e(t)\rangle = \cos\theta_V \exp(-iE_1 t)|\nu_1\rangle + \sin\theta_V \exp(-iE_2 t)|\nu_2\rangle \tag{2.69}$$

Die Wahrscheinlichkeit, ein ursprüngliches ν_e auch nach einer Zeit t noch in dem gleichen Zustand vorzufinden, ist gegeben durch

$$|\langle\nu_e(t)|\nu_e(0)\rangle|^2 = 1 - \sin^2 2\theta_V \sin^2\left[\frac{1}{2}(E_1 - E_2)t\right] \tag{2.70}$$

Macht man nun noch die vereinfachende Annahme, daß beide Masseneigenzustände den gleichen Impuls haben, so folgt für die Energiedifferenz relativistischer Neutrinos

$$E_2 - E_1 = \frac{m_2^2 - m_1^2}{2E} = \frac{\Delta m^2}{2E} \tag{2.71}$$

Hierbei wurde angenommen, daß $m_2 > m_1$, ansonsten ändert sich das Vorzeichen. Damit ist es möglich, die Wahrscheinlichkeit (Gl. (2.70)) umzuschreiben in

$$|\langle\nu_e|\nu_e\rangle|^2 = 1 - \sin^2 2\theta_V \sin^2\left(\frac{\pi R}{L_V}\right) \tag{2.72}$$

Hierbei ist R die zurückgelegte Distanz und L_V bezeichnet die *Oszillationslänge.* Sie kennzeichnet einen vollen Umwandlungszyklus $\nu_e \to \nu_x \to \nu_e$ und ist gegeben durch

$$L_V = \frac{4\pi E\hbar}{\Delta m^2 c^3} = 2.48 \left(\frac{E}{\text{MeV}}\right)\left(\frac{\text{eV}^2}{\Delta m^2}\right) m \tag{2.73}$$

Man sieht, daß die Oszillationslänge von der Differenz der Quadrate der beiden Masseneigenzustände abhängt, und die Oszillationsamplitude abhängig vom Mischungswinkel ist. Bei gleichen Massen gibt es demzufolge keine Oszillationen. Außerdem erkennt man, daß zum Nachweis sehr kleiner Massendifferenzen sehr große Abstände zwischen Quelle und Detektor benötigt werden. In dieser Beziehung sind Sonnenneutrinoexperimente herausragend (siehe Tab. 2.7).

Tab. 2.7 Neutrinoquellen und typische Energien sowie die bei vorgegebenen Massenparametern resultierenden Oszillationslängen

Quelle	Energie	$\Delta m^2 = 1\mathrm{eV}^2$	$\Delta m^2 = 10^{-6}\mathrm{eV}^2$	$\Delta m^2 = 10^{-11}\mathrm{eV}^2$
		L	L	L
CERN SPS	100 GeV	250 km	$2.5 \cdot 10^8$ km	$2.5 \cdot 10^{13}$ km
CERN PS, BNL AGS	5 GeV	12.5 km	$1.25 \cdot 10^7$ km	$1.25 \cdot 10^{12}$ km
LAMPF	30 MeV	75 m	75000 km	$7.5 \cdot 10^9$ km
Reaktor	4 MeV	10 m	10000 km	10^9 km
Sonne	$0.2 \sim 10$ MeV			$1.5 \cdot 10^8$ km

Wollen wir den allgemeinen Fall von N verschiedenen Neutrinos betrachten, so kann ein Flavoureigenzustand geschrieben werden als

$$| \nu_\alpha \rangle = \sum_{i=1}^{N} U_{\alpha i} \mid \nu_i \rangle \tag{2.74}$$

Hierbei bezeichnet die unitäre Matrix U die Mischung zwischen den einzelnen Zuständen, ähnlich wie die Cabibbo-Kobayashi-Maskawa-Matrix im Quark-Sektor. Für zwei Flavours reduziert sie sich auf obige 2×2-Matrix (2.68). Mit einer analogen Betrachtung erhält man für die Wahrscheinlichkeit, in einem ursprünglich reinen Strahl ν_α einen anderen Flavour ν_β zu finden:

$$P(\nu_\alpha \to \nu_\beta) = \left| \sum U_{\alpha i} e^{-i \frac{m_i^2}{2E} t} U^*_{\beta i} \right|^2 \tag{2.75}$$

Für eine genaue Herleitung siehe [Bil 87], [Kay 89], [Gro 89,90], [Kla 95a].

2.4.5.2 Experimente

Experimentell sucht man nach Neutrinooszillationen in „Appearance"- oder „Disappearance"-Experimenten. Appearance-Experimente beruhen auf dem

Auftauchen von Flavours, die im ursprünglichen Strahl nicht vorhanden waren, während Disappearance-Experimente nachzuweisen versuchen, daß weniger Neutrinos des gleichen Flavours am Detektor ankommen, als von der Quelle zu erwarten wären. Für die erste Art von Experimenten eignen sich insbesondere Beschleuniger und für die zweite Kernreaktoren. Beide Methoden haben ihre Vor- und Nachteile. Appearance-Experimente haben eine hohe Empfindlichkeit auf kleine Mischungswinkel, da man im Idealfall einen reinen Neutrinostrahl ohne Untergrund besitzt und schon das Auftreten *eines* Neutrinos eines anderen Flavours als Signal gelten darf. In Beschleunigern dient hierzu meist die Konversion $\nu_\mu \rightarrow \nu_e$. Disappearance-Experimente haben den Nachteil, daß eine genaue Kenntnis des Neutrinoflusses vorliegen muß. Ihr Vorteil liegt darin, daß sie gleichzeitig alle möglichen Kanäle z.B. $\nu_e \rightarrow \nu_\mu, \nu_\tau \ldots$ messen. Hierzu benutzt man meist Reaktorexperimente (Tab. 2.8).

Tab. 2.8 Liste bislang durchgeführter Reaktorexperimente zu Neutrinooszillationen

Reaktor	therm. Leistung [MW]	Abstand [m]	Referenz
ILL-Grenoble (F)	57	8.75	[Kwo81]
Bugey (F)	2800	13.6, 18.3	[Cav84]
Rovno (UdSSR)	1400	18.0, 25.0	[Afo85]
Savannah River (USA)	2300	18.5, 23.8	[Bau86]
Gösgen (Ch)	2800	37.9, 45.9, 64.7	[Zac86]
Krasnojarsk (UdSSR)	?	57.0, 57.6, 231.4	[Vid94]
Bugey III (F)	2800	15, 40, 95	[Ach95]

2.4.5.2.1 *Reaktoren.* Im Detektor wird wegen der hohen Energieschwellen der Reaktionen der anderen Flavours nur der $\bar{\nu}_e$-Fluß nachgewiesen (Tab. 2.9). So ergänzen sich beide Methoden, mit Beschleunigerexperimenten ist man auf kleinere Mischungswinkel sensitiv und mit Reaktoren auf kleinere Massendifferenzen. Betrachten wir als repräsentatives Beispiel eines Reaktorexperimentes das Gösgen-Experiment [Zac 86]. Herkömmliche Reakto-

Tab. 2.9 Energieschwellen für die Reaktionen des Typs $\overline{\nu}_l + p \rightarrow n + l^+$

Reaktion	Schwellenenergie [MeV]
$\overline{\nu}_e + p \rightarrow n + e^+$	1.804
$\overline{\nu}_\mu + p \rightarrow n + \mu^+$	100
$\overline{\nu}_\tau + p \rightarrow n + \tau^+$	3600

ren im GW-Bereich erzeugen etwa $6\bar{\nu}_e$ pro Spaltung und damit einen Neutrinofluß von etwa

$$N_{\bar{\nu}} \simeq 1.6 \cdot 10^{20} \bar{\nu}/(\mathrm{s\ GW}) \tag{2.76}$$

Das resultierende Neutrinospektrum stammt aus dem β-Zerfall der Spaltprodukte vor allem von ^{235}U,^{238} U,^{239} Pu,^{241} Pu und reicht bis etwa 8 MeV. Das erwartete Neutrinospektrum ist jedoch aufgrund der komplizierten Prozesse innerhalb des Reaktors mit einiger Unsicherheit behaftet [Kla 82a], [Sch 85a]. Ferner muß hierbei der Abbrand der Brennstäbe berücksichtigt werden, da es sich um ein Langzeitexperiment handelt. In diesem Experiment wurde das Spektrum bei drei verschiedenen Abständen von dem Reaktor gemessen und eine spektrale Veränderung gesucht. Als Hauptuntergrundkomponente erwies sich die kosmische Strahlung, welche mit Hilfe von aktiven Vetozählern und Koinzidenzen weitgehend unterdrückt werden konnte. Ferner wurden Untergrundspektren während des Brennstoffaustauschs der Reaktoren aufgenommen. Die Nachweisreaktion der Neutrinos ist

$$\bar{\nu}_e + p \rightarrow n + e^+ \tag{2.77}$$

Beim Gösgen-Experiment geschah der Nachweis der Positronen in einem Szintillationszähler auf Mineralölbasis, der gleichzeitig als Target dient. Die Neutronen werden in einer mit ^{3}He gefüllten, ortssensitiven Vieldrahtproportionalkammer nachgewiesen (Abb. 2.14). Durch Variation des Detektorabstandes von dem Reaktor ist es so möglich, verschiedene Parameterbereiche

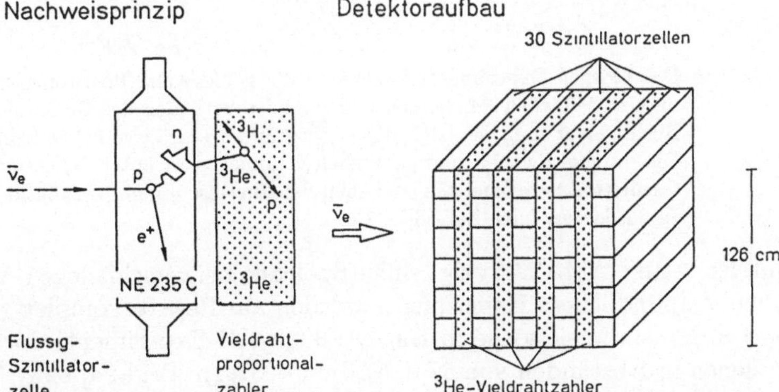

Abb. 2.14 Aufbau des Gösgen-Detektors. In diesem sandwichartigen Aufbau aus Flüssigszintillator und Vieldrahtproportionalkammer werden die Positronen aus der Reaktion $\bar{\nu}_e + p \rightarrow n + e^+$ über ihre Vernichtungsstrahlung im Szintillator und koinzident dazu die entstehenden Neutronen in der Proportionalkammer nachgewiesen (aus [Zac 86]).

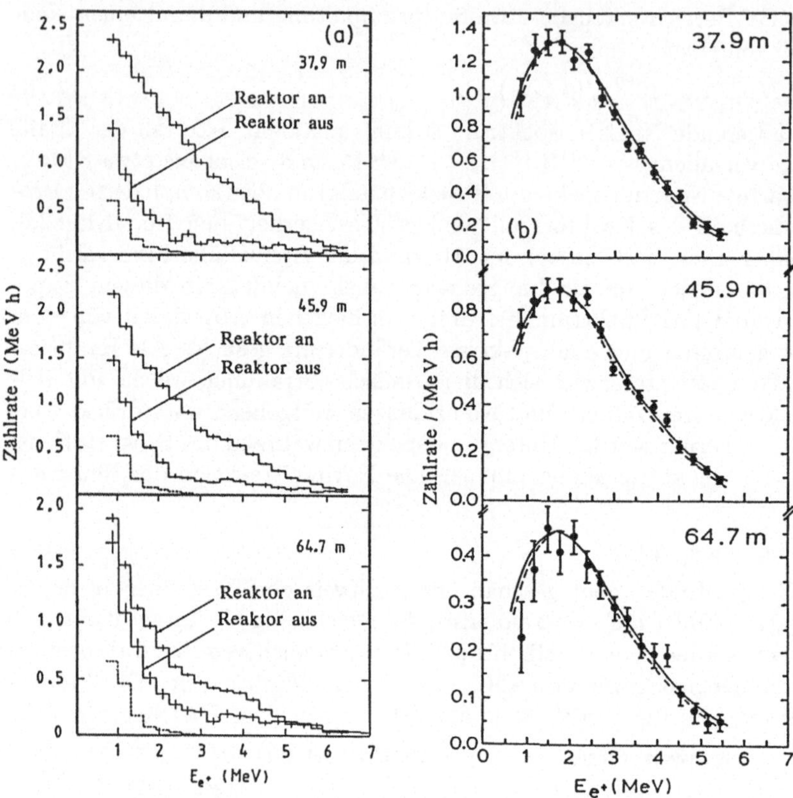

Abb. 2.15 Das Gösgen-Experiment: Links sind die gemessenen Positronen-Spektren bei unterschiedlichen Abständen und Betriebszuständen des Reaktors dargestellt. Rechts sieht man die bzgl. des Untergrundes korrigierten Positronenspektren. Die durchgezogenen und gestrichelten Linien sind unter der Annahme *keiner* Oszillation berechnet. Es sind keinerlei Hinweise auf ein Oszillationsphänomen zu entdecken (aus [Zac 86]).

durchzutesten. Abb. 2.15 zeigt einige Spektren bei verschiedenen Abständen. Neue, empfindlichere Experimente wurden am Reaktorkomplex (3 Reaktoren) in Krasnojarsk sowie in Bugey (Bugey-III-Experiment) durchgeführt, in denen in Abständen von 57.0, 57.6 und 231.4 m [Vid 94] bzw. 15, 40 und 95 m gemessen wurde [Ach 95].

2.4.5.2.2 *Beschleuniger.* Analog kann man in Beschleunigerexperimenten vorgehen, wo man sich einen nahezu reinen Neutrinostrahl (meist ν_μ aus dem Kaon- und Pionzerfall) herstellen kann (Tab. 2.10). Das Prinzip ist in

Tab. 2.10 Ergebnisse der Neutrino-Oszillationsexperimente an Beschleunigern

Kanal	Experiment	$(\Delta m^2)^*$ [eV^2]	$(\sin^2 2\theta)^{**}$
$\nu_\mu \to \nu_e$	COL-BNL [Bak84]	< 0.6	$< 6 \cdot 10^{-3}$
	BNL-E734 [Ahr85]	< 0.43	$< 3.4 \cdot 10^{-3}$
	BEBC [Ang86]	< 0.09	$< 1.3 \cdot 10^{-2}$
	LAMPF-E764 [Dom87]	< 0.67	$< 8 \cdot 10^{-3}$
	BNL-E776 [Bor92]	< 0.075	$< 3 \cdot 10^{-3}$
$\overline{\nu}_\mu \to \overline{\nu}_e$	FNAL [Tay83]	< 2.4	$< 1.3 \cdot 10^{-2}$
	LAMPF-E645 [Fre93]	< 0.14	$< 2.4 \cdot 10^{-2}$
$\nu_\mu \to \nu_\tau$	FNAL [Ush81]	< 3	$< 1.33 \cdot 10^{-2}$
	FNAL-E531 [Gau86]	< 0.9	$< 4 \cdot 10^{-3}$
	CERN SPS [Gru93]	< 1.5	$< 8 \cdot 10^{-3}$
$\overline{\nu}_\mu \to \overline{\nu}_\tau$	FNAL [Asr81]	< 2.2	$< 4.4 \cdot 10^{-2}$
$\nu_e \to \nu_\tau$	COL-BNL [Bak84]	< 8	< 0.6
	FNAL-E531 [Gau86]	< 9	< 0.12

* für maximale Mischung ($\sin^2 2\theta = 1$), ** für große Δm^2.

Abb. 2.16 dargestellt. Man sucht dann nach Reaktionen, die nur von anderen Neutrinoflavours ausgelöst werden können, es handelt sich also um typische Appearance-Experimente. Der Nachweis beruht auf den Reaktionen

$$\nu_i + N \to l_i^- + X \qquad i = e, \mu, \tau \tag{2.78}$$

Die Detektoren bestehen beispielsweise aus einer Sandwich-Anordnung von Funkenkammern und Bleiplatten. Im Fall des Myonneutrinos ergeben sich so zwei Spuren in dem Detektor, während das mit dem Elektronneutrino assoziierte Elektron aufgrund seiner kleinen Masse Bremsstrahlung aussendet

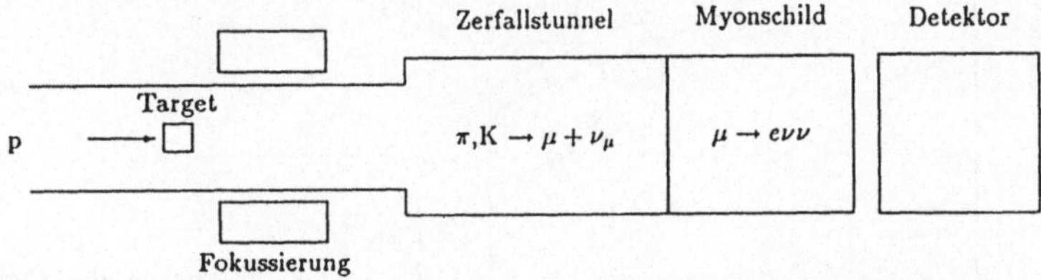

Abb. 2.16 Prinzip eines Oszillationsexperimentes mit Neutrinostrahlen an einem Beschleuniger. In einer Fixed-Target-Reaktion wird ein gebündelter Strahl aus Pionen und Kaonen erzeugt. Diese zerfallen weiter in Myonen und ν_μ. Gesucht wird nach Signaturen von ν_e und ν_τ.

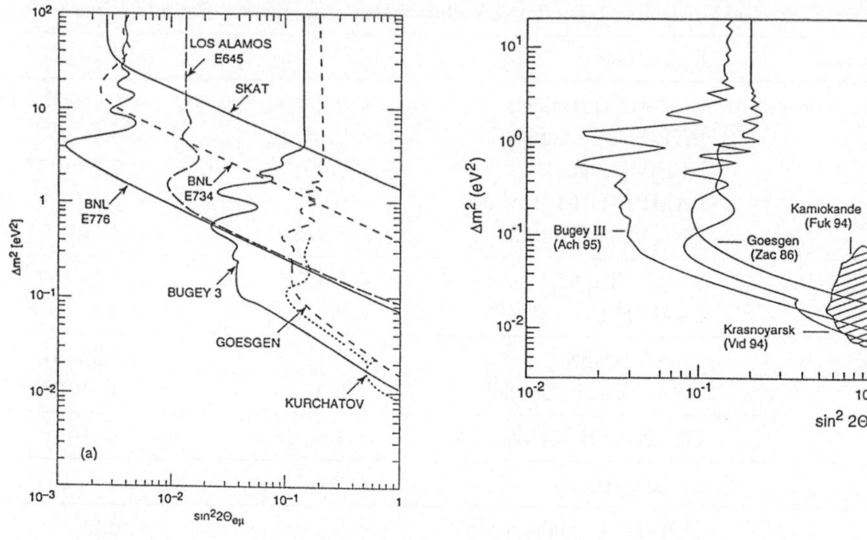

Abb. 2.17 Ausschließungskurven der Oszillationsparameter für $\nu_e - \nu_\mu$-Oszillationen aus Beschleuniger- und Reaktor-Experimenten. Die Bereiche rechts der Kurven sind nicht mit den Experimenten verträglich (aus [Gel 95]) (a) bzw. (aus [Ach 95]) (b). Schraffiert gezeigt ist der nach dem Kamiokande-Experiment [Fuk 94] *erlaubte* Bereich für $\nu_e - \nu_\mu$-Oszillationen aus atmosphärischen Neutrinos.

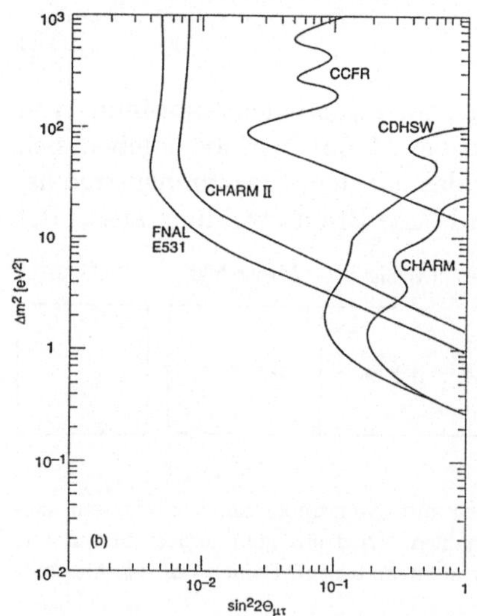

Abb. 2.18
Ausschließungskurven der Oszillationsparameter für $\nu_\mu - \nu_\tau$-Oszillationen aus Beschleuniger-Experimenten. Die Bereiche rechts der Kurven sind nicht mit den Experimenten verträglich (aus [Gel 95]).

und einen elektromagnetischen Schauer bildet. Der Unterschied von 2 Spuren und einer Spur plus elektromagnetischem Schauer ist jedoch eine gute Signatur.

Gegenwärtige Grenzen aus Reaktor- und Beschleuniger-Experimenten für die beiden freien Parameter θ_V und Δm^2 für die drei uns bekannten Flavours zeigen Abb. 2.17 und 2.18. Ein neues Experiment in Los Alamos (LSND) hat kürzlich Evidenz für Neutrinooszillationen angegeben [Lou 95], [Ath 95], [Ath 96] (siehe aber auch [Hil 95]). Für eine Interpretation dieser statistisch noch nicht stark untermauerten Ergebnisse und für eine Darstellung des Zusammenhangs zum solaren Neutrinoproblem und zum Doppelbetazerfall verweisen wir auf [Raf 95], [Cal 96]. Das Los Alamos-Experiment ist nur marginal verträglich mit den Ergebnissen der deutsch-englischen KARMEN-Kollaboration [Arm 95].

Neue Reaktor- und Beschleuniger-Experimente befinden sich im Aufbau bzw. bereits im Gange, teilweise angeregt durch das atmosphärische Neutrinodefizit (siehe Kap. 8) und die Diskussion der solaren Neutrino-Ergebnisse (siehe Kap. 12), auch im Hinblick auf das ν_τ als Kandidat für dunkle Materie (siehe Kap. 9).

Als Beschleunigerexperimente sind dies vor allem CHORUS und NOMAD (beide am CERN) [Pan 91a], [Win 95], [Rub 96a]. Mit diesen soll vor allem der ν_μ-ν_τ-Kanal untersucht werden, und eine Verbesserung der Grenze für den Mischungswinkel um eine Größenordnung ist möglich. CHORUS (Abb. 2.19) benutzt hierzu Emulsionsplatten, um die Spur eines τ-Leptons samt Zerfall rekonstruieren zu können, während NOMAD das τ-Lepton über die Kinematik des Zerfalls bestimmt. Neue Reaktorexperimente sind CHOOZ [Der 93a] und San Onofre bzw. Palo Verde [Boe 92a], [Gra 96]. Auch die Ausrichtung von an Beschleunigern erzeugten Neutrinostrahlen hin zu Untergrunddetektoren in großer Entfernung (sogenannte long-baseline-Experimente) werden diskutiert. So wird der zu Beginn des nächsten Jahrtausends am Fermilab zur Verfügung stehende Neutrinostrahl auf die Soudan-Mine gerichtet werden (etwa 720 km Entfernung), und es sind Überlegungen im Gange, beispielsweise den CERN-Neutrinostrahl auf das Gran-Sasso-Untergrundlabor zu richten (siehe z.B. [Bal 94b], [Egg 95], [Rub 96]) (Abb. 2.20). Ein Experiment, das einen Neutrinostrahl von KEK in Japan zu Super-Kamiokande (siehe Kap. 12.4.2.2) lenkt, soll im Jahre 1999 bereits erste Ergebnisse liefern [Suz 96]. In solchen Experimenten könnten Oszillationslängen von intermediären Skalen (ca. 1000 km) getestet werden. Abb. 2.21 zeigt die möglichen Grenzen für Neutrinooszillationen, die mit zukünftigen Experimenten gemessen werden können.

Aufgrund des großen Abstandes zwischen Quelle und Detektor eignen sich *solare* Neutrinos besonders zur Untersuchung kleiner Δm^2. Hierauf und auf die Möglichkeit, *atmosphärische* Neutrinos nach diesem Phänomen zu untersuchen, gehen wir in späteren Kapiteln (Kap. 8 und 12) ein.

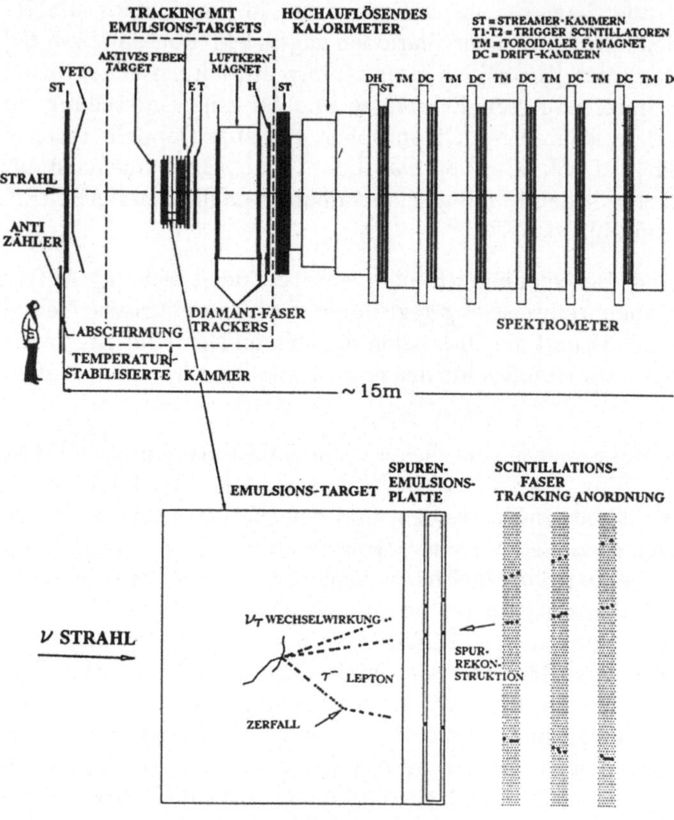

Abb. 2.19 Schematische Darstellung des CHORUS-Detektors am CERN zur Suche nach Neutrinooszillationen (oben). Der hauptsächlich aus ν_μ bestehende Neutrinostrahl kommt von links. Ein möglicherweise durch Oszillation entstandenes ν_τ kann über die Erzeugung eines Tau-Leptons nachgewiesen werden. Der mögliche Zerfall eines erzeugten Tau-Leptons wird mit Hilfe von Emulsionsplatten untersucht (unten), die weiteren Detektoren dienen zur Impuls- und Energiemessung der Sekundärteilchen (mit freundl. Genehmigung von K. Winter).

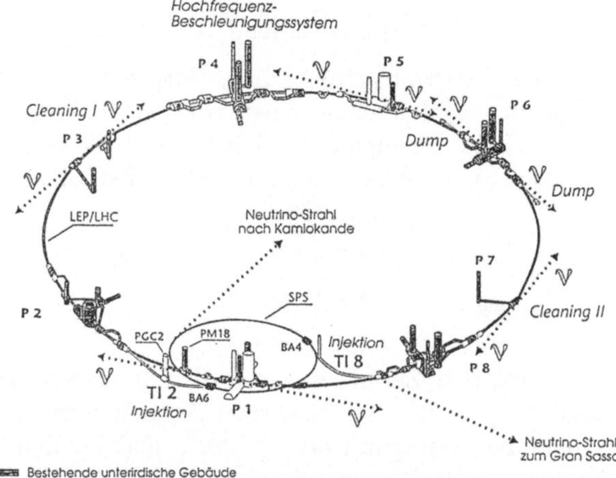

Abb. 2.20 Die mögliche Erzeugung von Neutrinostrahlen am geplanten Large-Hadron-Collider (LHC) am CERN und die Ausrichtung auf verschiedene Untergrundlaboratorien wie Gran Sasso und Kamioka (nach [Egg 95]).

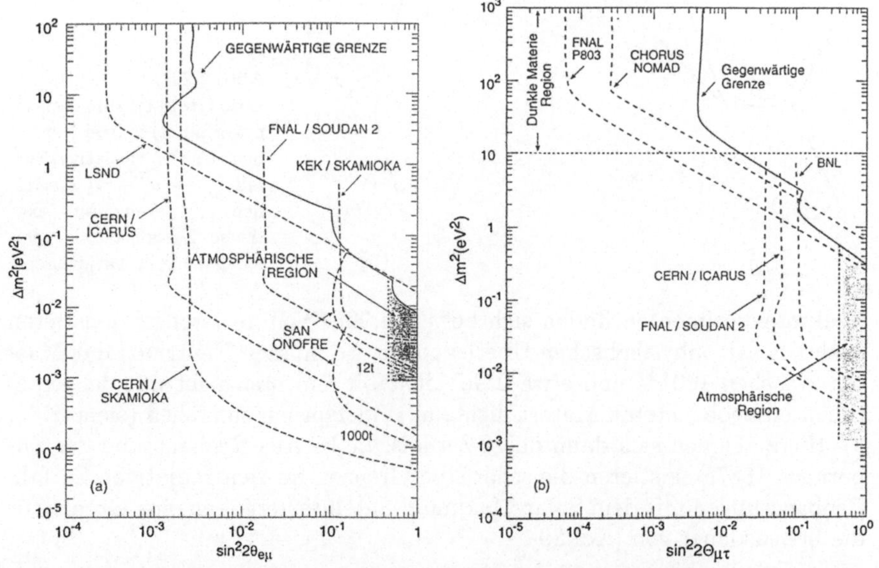

Abb. 2.21 Erwartete Ausschließungskurven der Oszillationsparameter für $\nu_e - \nu_\mu$- (a) und $\nu_\mu - \nu_\tau$-Oszillationen (b) aufgrund der nächsten Generation von Beschleuniger-Experimenten (aus [Gel 95]). Die schattierte Region entspricht einem nach Kamiokande-Ergebnissen für atmosphärische Neutrinos [Fuk 94] *erlaubten* Bereich.

2.4.6 Neutrinozerfall

Besitzen Neutrinos eine endliche Masse, und sind die Flavoureigenzustände ungleich den Masseneigenzuständen, so ergibt sich neben den bisher besprochenen Effekten auch die Möglichkeit des Neutrinozerfalls. Je nach Differenz der Massen ergeben sich verschiedene Zerfallsmöglichkeiten, beispielsweise

$$\nu_H \rightarrow \nu_L + \gamma \tag{2.79}$$

$$\nu_H \rightarrow \nu_L + l_i^+ + l_j^- \qquad l_{i,j} = e, \mu \ldots \tag{2.80}$$

$$\nu_H \rightarrow \nu_L + \bar{\nu}_L + \nu_L \tag{2.81}$$

$$\nu_H \rightarrow \nu_L + \chi \tag{2.82}$$

Der radiative Zerfall und der Zerfall in Majoronen χ sind möglich, sobald $m_{\nu_H} > m_{\nu_L}$ ist, während für den unsichtbaren Zerfall in drei Neutrinos die Bedingung $m_{\nu_H} > 3m_{\nu_L}$ und für den Zerfall in geladene Leptonen $m_{\nu_H} - m_{\nu_L} > m_{l_i} + m_{l_j}$ gelten muß. Verschiedene Graphen für diese Zerfallskanäle sind in Abb. 2.22 dargestellt. Experimentelle Grenzen aus

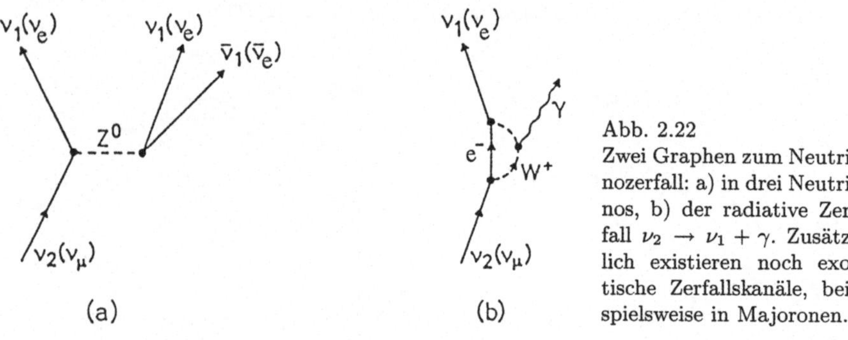

Abb. 2.22
Zwei Graphen zum Neutrinozerfall: a) in drei Neutrinos, b) der radiative Zerfall $\nu_2 \rightarrow \nu_1 + \gamma$. Zusätzlich existieren noch exotische Zerfallskanäle, beispielsweise in Majoronen.

Reaktorexperimenten finden sich bei [Obe 92]. Weitere Grenzen existieren auch aus astrophysikalischen Überlegungen. So müssen Neutrinos mit Massen zwischen 100 eV und etwa 2 GeV instabil sein, um nicht mit der experimentell beobachteten Materiedichte in Widerspruch zu stehen (siehe Kap. 3). Hierzu eignen sich dann obige Zerfallskanäle. Aus Beobachtung der Supernova 1987a existieren die schärfsten Grenzen für den radiativen Zerfall. Beobachtungen mit dem Solar-Maximum-Satelliten ergaben eine Grenze für die Lebensdauer von [Kol 89]

$$\frac{\tau_{\nu_i}}{m_{\nu_i}} > 3.3 \cdot 10^{14} \ \frac{\mathrm{s}}{\mathrm{eV}} \tag{2.83}$$

Auch das diskutierte 17-keV-Neutrino hätte einen Neutrinozerfall erforderlich gemacht, wobei hier aufgrund der Randbedingungen aller Beobachtungen der Kanal unter Emission von Majoronen der wahrscheinlichste gewesen wäre (siehe z.B. [Kla 92]). Neutrinozerfall wurde auch als Erklärung des solaren Neutrinoproblems herangezogen [Fri 88], scheint jedoch aufgrund der neuesten Ergebnisse (siehe Kap. 12) eher unwahrscheinlich.

2.5 Supersymmetrie

Wir kommen nun zu einer Erweiterung der bisherigen Modelle um eine völlig neue Art der Symmetrie. Hauptmotivation für diese Erweiterung des Standardmodells ist die Lösung des Massen- oder *Hierarchie-Problems*. Das Problem liegt darin begründet, daß einige der Unendlichkeiten innerhalb der feldtheoretischen Behandlung schwerer in den Griff zu bekommen sind als andere. Innerhalb der Störungsrechnung höherer Ordnung und der Renormierung ergeben sich nur schwache Korrekturen der Eichkopplungen und Fermionenmassen. Anders verhält es sich bei skalaren Teilchen, etwa den Higgs-Bosonen. Nur skalare Felder können einen nichtverschwindenden Vakuumerwartungswert besitzen, ohne die Lorentzinvarianz der Theorie zu zerstören. In der Beschreibung unserer bisherigen GUT-Theorien waren alle Teilchen zunächst masselos, und erst durch die spontane Symmetriebrechung (Higgs-Mechanismus) änderte sich dies. Wir haben gesehen, daß Higgs-Teilchen bei ganz unterschiedlichen Massenskalen nötig waren. Einmal mußten sie einen Vakuumerwartungswert von der Ordnung M_X besitzen, andererseits aber auch im Niederenergiebereich von der Ordnung M_W. Das Problem ist jedoch, daß beide Skalen nur auf dem Baumniveau unabhängig bleiben, in höherer Ordnung Störungsrechnung durch Schleifendiagramme jedoch ineinander mischen. Der Beitrag der Korrekturen hängt davon ab, welche Impulse k man in den Schleifen berücksichtigt. So ist bei einer kleinen Änderung in der Abschneideskala Λ auch nur eine kleine Änderung in der betrachteten Fermionmasse festzustellen, da sie nur logarithmisch von dem Abschneideparameter abhängt. Anders verhält sich dies bei skalaren Teilchen. So erhält die Higgs-Masse eine Korrektur δm_H der Größenordnung [Ell 91b], [Nil 95]

$$\delta m_H^2 \sim g^2 \int^{\Lambda} \frac{d^4k}{(2\pi)^4 k^2} \sim g^2 \Lambda^2 \tag{2.84}$$

Liegt Λ bei der GUT-Skala, bedeutet dies konkret, daß das leichtere Higgs-Teilchen Korrekturen von der Ordnung M_X erführe. Um die Theorie sinnvoll zu gestalten, wäre damit eine Feinabstimmung aller Parameter in allen Ordnungen Störungsrechnung notwendig. Um dieses Problem zu vermeiden, werden zwei Lösungen vorgeschlagen, nämlich *Technicolor* und *Supersymmetrie*. Durch Einführung der Supersymmetrie kann man erreichen, daß sich die Schleifenbeiträge in allen Ordnungen kompensieren, da Beiträge der Fermionen und Bosonen gerade das entgegengesetzte Vorzeichen haben. Dies ist der Ausdruck eines allgemeineren Prinzips dieser Modelle, nämlich, daß die sogenannten *Nichtrenormierungstheoreme* gewährleisten, daß bei Renormierung vieler Größen die Beiträge höherer Ordnung verschwinden. Es genügt dann, sie auf dem Baumniveau (‚tree-level'), d.h. mittels Diagrammen ohne geschlossene innere Linien, zu berechnen. Um nun akzeptable Korrekturen zur Higgs-Masse von bis zu 100 GeV zuzulassen, muß der Unterschied der Boson- und Fermionmassen auf Skalen von kleiner etwa 1 TeV liegen. Wird man in Beschleunigern diese Energie erreichen, müßten danach supersymmetrische Teilchen produziert werden.

Unter Supersymmetrie versteht man die vollständige Symmetrie zwischen Fermionen und Bosonen [Wes 74]. Es ist dies eine neuartige Symmetrie, ähnlich fundamental wie die Symmetrie zwischen Teilchen und Antiteilchen. Wir wollen uns zunächst der *globalen* Supersymmetrie zuwenden. Es handelt sich hierbei um eine Erweiterung der normalen Poincaré-Algebra zur Beschreibung der Raum-Zeit um einen Generator, der Fermionen in Bosonen und umgekehrt verwandelt.

Sei $\boldsymbol{Q}$ der Generator der Supersymmetrie, so muß gelten:

$$\boldsymbol{Q} \mid (\text{Fermion})\rangle = \mid \text{Boson}\rangle$$

$$\boldsymbol{Q} \mid (\text{Boson})\rangle = \mid \text{Fermion}\rangle$$

Um dieses zu bewerkstelligen, muß $\boldsymbol{Q}$ selbst halbzahligen Spin besitzen. Die Algebra der Supersymmetrie ist durch folgende Relationen festgelegt:

$$\{\boldsymbol{Q}_\alpha, \boldsymbol{Q}_\beta\} = 2\gamma^\mu_{\alpha\beta} p_\mu \tag{2.85}$$

$$\left[\boldsymbol{Q}_\alpha, \boldsymbol{p}_\mu\right] = 0 \tag{2.86}$$

$$\left[\boldsymbol{p}_\mu, \boldsymbol{p}_\nu\right] = 0 \tag{2.87}$$

Hierbei ist $\boldsymbol{p}_\mu$ der Viererimpulsoperator. Man beachte, *daß durch die Antikommutatorrelation Gl.* (2.85) *interne Teilchenfreiheitsgrade mit äußeren Raum-Zeit-Freiheitsgraden verknüpft werden.* Hieraus resultiert die Konsequenz, daß eine *lokale* Supersymmetrie ebenfalls die Gravitation enthalten muß. Einige allgemeine Eigenschaften im Zusammenhang mit Eichtheorien lassen sich sofort herleiten. Eine globale Supersymmetrie ist immer mit den Eichsymmetrien vertauschbar, andernfalls wäre es eine lokale Supersymmetrie. Dies hat zur Folge, daß alle internen Quantenzahlen von Teilchen eines Supermultipletts identisch sind.

Dadurch, daß nun jedem Fermion ein supersymmetrisches Boson zugeordnet wird und umgekehrt, besitzt die Theorie doppelt so viele Teilchen wie vorher. Man faßt Teilchen und ihre Superpartner in Superfelder zusammen, die in einem Superraum beschrieben werden. So wie der Viererimpuls mit einer Translation in unserer vierdimensionalen Raum-Zeit (x^μ) verknüpft ist, so steht $\boldsymbol{Q}_\alpha$ in Verbindung mit Translationen in einem Raum, dessen Koordinaten (θ^α) antikommutieren. Beide Räume zusammen bilden den *Superraum*, gekennzeichnet durch einen Satz von Koordinaten (x^μ, θ^α).

Die Nomenklatur der supersymmetrischen Teilchen ist dabei folgendermaßen: Die skalaren Partner der normalen Fermionen bekommen ein S an den Anfang, so wird z.B. der supersymmetrische Partner des Quarks das Squark $\tilde{q}$. Die Partner der normalen Bosonen bekommen die Endung -ino. Somit ist z.B. der Partner des Photons das Photino $\tilde{\gamma}$. Die supersymmetrischen Partner der Eichbosonen werden auch allgemein als *Eichinos* (Gauginos) bezeichnet. Der Partner des Gravitons ist ein Teilchen mit Spin 3/2 und trägt den Namen Gravitino. Tab. 2.11 zeigt einige der entstandenen Teilchenpaare. Bisher konnte noch keines der bekannten Teilchen als supersymmetrischer Partner eines anderen identifiziert werden, so daß auch die Supersymmetrie gebrochen sein muß. Wird die Supersymmetrie zu einer *lokalen* (= Eich-)Theorie gemacht, so wird, wie bereits erwähnt, die Gravitation mit in die Theorie einbezogen und man spricht von *Supergravitations*-Theorien (SUGRAs).

In den meisten supersymmetrischen Modellen nimmt man die Erhaltung der sogenannten R-Parität an. (Für Grenzen R-paritätsverletzender Wechselwirkungen siehe Kap. 2.5.2.) Sie ist gegeben durch

$$\begin{aligned} R_P &= 1 && \text{für normale Teilchen} \\ R_P &= -1 && \text{für supersymmetrische Teilchen} \end{aligned}$$

R_P ist eine multiplikative Quantenzahl und ist verknüpft mit der Baryonenzahl B, der Leptonenzahl L und dem Spin S durch

$$R_P = (-1)^{3B+L+2S} \tag{2.88}$$

Tab. 2.11 Die SUSY-Partner einiger Teilchen

normale Teilchen	SUSY-Partner	Kurzbezeichnung	Spin
Quark	Squark	($\tilde{q}$)	0
Lepton	Slepton	($\tilde{l}$)	0
Gluon	Gluino	($\tilde{g}$)	1/2
W-Boson	Wino	($\tilde{w}$)	1/2
Photon	Photino	($\tilde{\gamma}$)	1/2
Higgs	Higgsino	($\tilde{h}$)	1/2
Graviton	Gravitino	($\tilde{G}$)	3/2

Die Erhaltung der R-Parität hat drei Konsequenzen:

1. Supersymmetrische Teilchen können in Reaktionen nur paarweise erzeugt werden, etwa durch $e^+e^- \to \tilde{e}^+\tilde{e}^-$.
2. Desweiteren können schwere supersymmetrische Teilchen in leichtere zerfallen, etwa gemäß $\tilde{e} \to e\tilde{\gamma}$.
3. Das leichteste supersymmetrische Teilchen (LSP = lightest supersymmetric particle) muß jedoch aufgrund der R_P-Erhaltung stabil sein.

Wir wollen dieses Teilchen nun etwas genauer betrachten. Das LSP nimmt wahrscheinlich nicht an der starken und elektromagnetischen Wechselwirkung teil, da es sonst mit normaler Materie gebundene Zustände eingehen könnte und in Sternen, Planeten etc. kondensiert wäre. Experimentelle Grenzen über Häufigkeiten sehr schwerer Isotope schließen diese Möglichkeit aus [Nor 87]. Es bleiben als Kandidaten für das LSP also nur Sneutrino, Gravitino und die neutralen Eichteilchen. Die im nächsten Abschnitt zu besprechenden Experimente schließen das Sneutrino jedoch aus. Auch das Gravitino verlangt eine spezielle Parameterwahl, so daß wir uns auf die dritte Möglichkeit konzentrieren wollen. Der Zustand setzt sich dann zusammen aus vier neutralen Teilchen, entsprechend dem Photino, Zino (genauer dem neutralen Wino $\widetilde{W}^3$ und dem Bino $\widetilde{B}^0$) und zwei neutralen Higgsino-Teilchen. Man bezeichnet diese Zustände auch allgemein als *Neutralinos*. Das leichteste von ihnen ist von besonderem Interesse als Kandidat für dunkle Materie (siehe Kap. 9). Die Mischungsmatrix der Neutralinos lautet [Moh 86,92]

$$\begin{pmatrix} \tilde{W}^3 & \tilde{B}^0 & \tilde{H}_1^0 & \tilde{H}_2^0 \end{pmatrix} \begin{pmatrix} M_2 & 0 & -\sqrt{\frac{1}{2}}g_2 v_1 & \sqrt{\frac{1}{2}}g_2 v_2 \\ 0 & \frac{5}{3}\frac{\alpha_1}{\alpha_2}M_2 & \sqrt{\frac{1}{2}}g_1 v_1 & -\sqrt{\frac{1}{2}}g_1 v_2 \\ -\sqrt{\frac{1}{2}}g_2 v_1 & \sqrt{\frac{1}{2}}g_1 v_1 & 0 & \mu \\ \sqrt{\frac{1}{2}}g_2 v_2 & -\sqrt{\frac{1}{2}}g_1 v_2 & \mu & 0 \end{pmatrix} \begin{pmatrix} \tilde{W}^3 \\ \tilde{B}^0 \\ \tilde{H}_1^0 \\ \tilde{H}_2^0 \end{pmatrix} \qquad (2.89)$$

Hierbei sind g_1, g_2 die Eichkopplungen der $SU(2)$- und $U(1)$-Gruppen, v_1, v_2 sind die Vakuumerwartungswerte der beiden Higgsinofelder und M_2, μ sind Massenparameter. Im Fall kleiner μ und für $M_2 \to 0$ ist das Photino der leichteste Zustand mit

$$m_{\tilde{\gamma}} = \frac{g_1 \tilde{W}^3 + g_2 \tilde{B}^0}{\sqrt{g_1^2 + g_2^2}} \tag{2.90}$$

Aufgrund der freien Parameter ist es aber auch möglich, daß z.B. der Higgsinozustand als LSP fungiert. Die bisherigen experimentellen Ergebnisse lassen noch keinen eindeutigen Schluß zu (siehe z.B. [Bed 94a,b]).

Die minimalste Erweiterung des Standardmodells wird als *minimales supersymmetrisches Standardmodell* (MSSM) bezeichnet. Man kommt hier mit 5 zusätzlichen Parametern aus. Für ausführliche Darstellungen der Supersymmetrie verweisen wir auf [Dra 87], [Wes 86,90], [Moh 86,92], [Hab 93], [Kan 93], [Mur 94], [Tat 95], [Nil 95], [Lop 96].

2.5.1 Suche nach Supersymmetrie mit Beschleunigern

Zur Suche nach supersymmetrischen Teilchen erweisen sich natürlich vor allem die Beschleuniger als wirkungsvolle Instrumente. Unter Erhaltung der R-Parität werden hier supersymmetrische Teilchen paarweise erzeugt und zerfallen dann jeweils weiter bis zum stabilen LSP. Die Nachweisstrategien richten sich vor allem nach zwei Kriterien. Eines ist dabei der Nachweis des LSPs, was der Messung eines fehlenden Transversalimpulses entspricht, da das leichteste supersymmetrische Teilchen entkommen ist. Beispielsweise wäre die Signatur für den Zerfall eines Squarks $\tilde{q} \rightarrow q + \tilde{\gamma}$ ein Quark-Jet mit fehlendem Transversalimpuls aufgrund des entkommenden Photinos. Dieser Fall von entkommenden Teilchen kann von Neutrinos unterschieden werden, da mit Neutrinos der Nachweis eines geladenen Leptons verbunden ist. Das zweite Kriterium besteht in der unterschiedlichen Ereignistopologie (z.B. der Winkelverteilung) gegenüber Standardmodell-Prozessen. Für eine ausführliche Diskussion der beobachtbaren Signaturen siehe [Hab 85], [Bae 95]. Die schärfsten Grenzen für verschiedene supersymmetrische Kandidaten kommen aus den LEP-Resultaten, die keinerlei Hinweise auf supersymmetrische Teilchen enthalten. Für das LSP wird gewöhnlich eine untere Grenze von $m_{LSP} > 18.4\,\mathrm{GeV}$ angegeben [PDG 94]. Diese Zahl basiert auf der Annahme universaler Eichino-Massen bei der GUT-Skala; läßt man diese Annahme fallen, so kann die Grenze bei $m_{LSP} > 3$ bis $5\,\mathrm{GeV}$ liegen [Bed 97b]. Für Sleptonen ergeben sich Grenzen von mehr als $40\,\mathrm{GeV}$ [PDG 94], da Zerfallsketten der Art

$$e^+e^- \rightarrow Z^0 \rightarrow \tilde{l}\,\bar{\tilde{l}} \quad \text{und} \quad \tilde{l} \rightarrow l\tilde{\chi} \quad (l = \text{Lepton}, \tilde{\chi} = \text{LSP}) \tag{2.91}$$

nicht beobachtet wurden. Eine untere Grenze für Sneutrinos von $41.8\,\mathrm{GeV}$ folgt aus der Breite des Z^0 (siehe Kap. 4). Sneutrinos würden im übrigen wie Neutrinos zum unsichtbaren Materieanteil im Universum beitragen

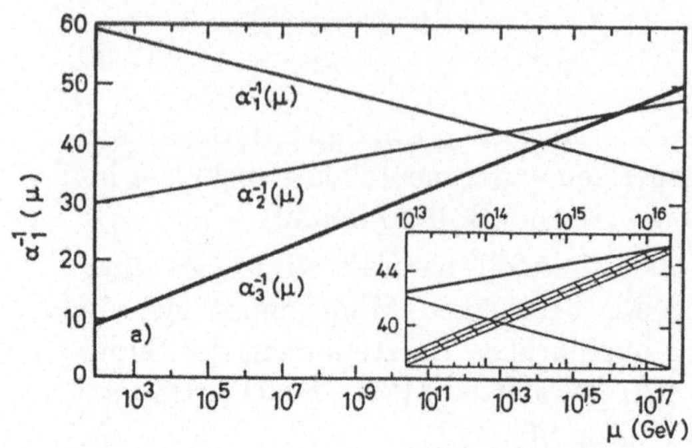

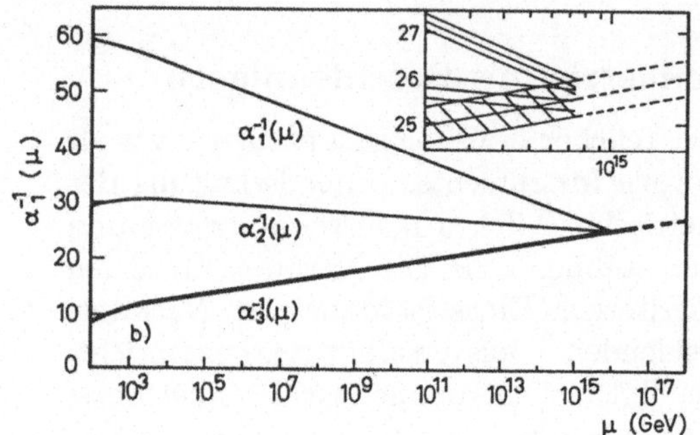

Abb. 2.23
Verlauf der Kopplungskonstanten nach den Präzisionsmessungen an LEP bei Extrapolation im Standardmodell (oben) bzw. im minimalen supersymmetrischen Standardmodell (unten). Eine supersymmetrische Erweiterung des Standardmodells erlaubt, die Kopplungskonstanten wirklich in einem Punkt zu vereinigen (aus [Ama 91]).

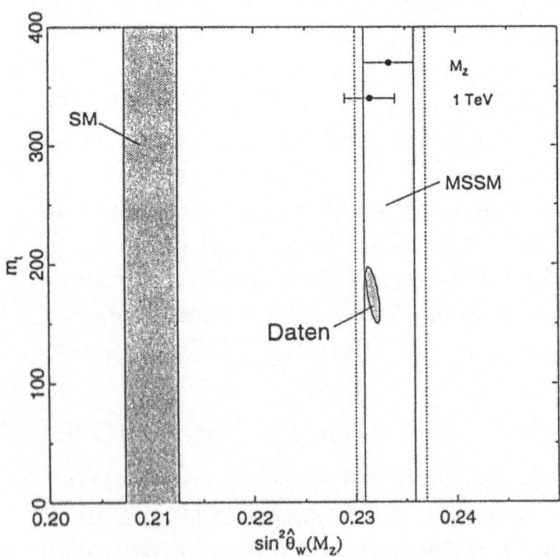

Abb. 2.24
Vorhersage von $\sin^2\theta_W$ sowohl des Standardmodells (SM) als auch des minimalen supersymmetrischen Standardmodells (MSSM). α und α_S wurden als Eingabeparameter verwendet. Ferner wurden alle neuen Teilchen als energetisch entartet angenommen, einmal bei der Z-Masse und einmal bei 1 TeV (aus [Lan 93b]).

(siehe Kap. 9). Untere Grenzen für das Squark von mehr als 224 GeV folgen hingegen aus Untersuchungen am Fermilab [Abe 96]. Weitere Grenzen für SUSY-Teilchen finden sich in [Dec 92b], [Aid 96a], [Bus 95], [Aba 95a]. Eine weitere Alternative besteht noch in der Untersuchung des Zerfalls von Quarkoniumzuständen ($q\bar{q}$) in supersymmetrische Teilchen.

Andererseits scheinen die Präzisionsmessungen der Kopplungskonstanten bei der Z-Masse bei LEP darauf hinzudeuten, daß sich im Normalfall die Kopplungskonstanten nicht in einem Punkt schneiden. Unter Annahme von Supersymmetrie gelingt es, die Kopplungskonstanten in einem Punkt zu vereinigen (Abb. 2.23) [Ama 91] (siehe aber auch [Sha 92]). Dies liegt daran, daß die in Kap. 2.1 besprochenen Koeffizienten b_i sich beim Übergang zur Supersymmetrie ändern und für das MSSM die Form

$$b_i = \begin{pmatrix} b_1 \\ b_2 \\ b_3 \end{pmatrix} = \begin{pmatrix} 0 \\ -6 \\ -9 \end{pmatrix} + N_{\text{Fam}} \begin{pmatrix} 2 \\ 2 \\ 2 \end{pmatrix} + N_{\text{Higgs}} \begin{pmatrix} 3/10 \\ 1/2 \\ 0 \end{pmatrix}, \tag{2.92}$$

besitzen. Dies verändert den Verlauf der Kopplungskonstanten als Funktion der Energie. Die Möglichkeit der Vereinigung der Kopplungskonstanten mit Hilfe der Supersymmetrie kann als Hinweis auf die Existenz von Supersymmetrie gewertet werden. Auch die Vorhersage des Weinbergwinkels stimmt in supersymmetrischen Modellen besser mit dem experimentell beobachteten Wert überein als derjenige der GUT-Theorien ohne Supersymmetrie (Abb. 2.24). So sind die Vorhersagen der beiden Theorien [Lan 93a,b]

$$\sin^2\theta_W(m_Z) = 0.2334 \pm 0.0050 \qquad \text{(MSSM)} \tag{2.93}$$

$$\sin^2\theta_W(m_Z) = 0.2100 \pm 0.0032 \qquad \text{(SM)} \tag{2.94}$$

Der experimentelle Wert beträgt (Gl. (1.100))

$$\sin^2\theta_W(m_Z) = 0.2315 \pm 0.0002 \pm 0.0003\,. \tag{2.95}$$

2.5.2 Suche nach Supersymmetrie in Nicht-Beschleunigerexperimenten

Wir wollen hier zwei in diesem Zusammenhang interessante experimentelle Möglichkeiten skizzieren. Eine weitere besteht in der Suche nach dunkler Materie (siehe Kap. 9).

2.5.2.1 Supersymmetrie und Protonzerfall

Durch Einführung der Supersymmetrie haben wir die Anzahl der Teilchen stark vergrößert. Dies hat Auswirkungen auf die Vereinigungsskala, denn nach Gl. (2.92) geht die Teilchenzahl in unsere Renormierungsgruppenglei-

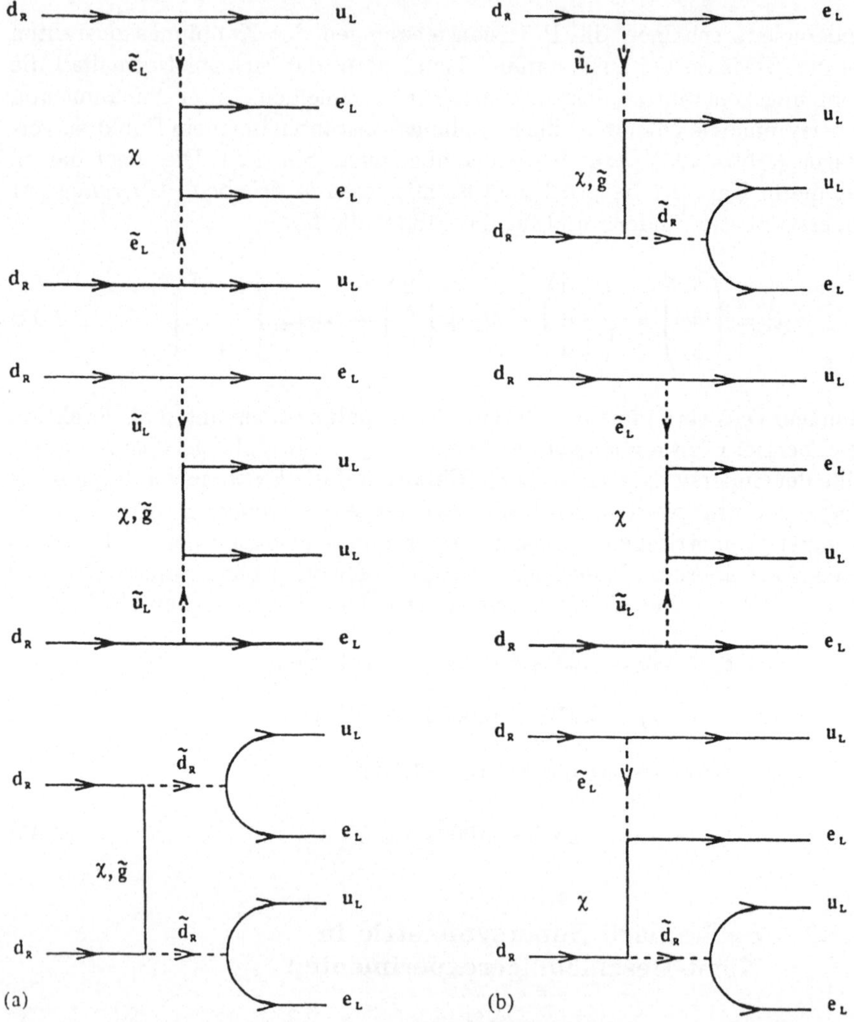

Abb. 2.25 Feynman-Graphen supersymmetrischer Beiträge zum neutrinolosen doppelter Betazerfall. Für diese Beiträge ist es notwendig, daß die R-Parität gebrochen ist (aus [Hir 95,96b]).

chungen ein. Dies sorgt für eine Verschiebung des Vereinigungspunktes nach etwa 10^{16} GeV. Die nach oben geschobene Vereinigungsenergie äußert sich in einer entsprechend größeren M_X-Masse, für die im minimalen $SU(5)$-SUSY-GUT-Modell gilt [Lan 86]

$$M_X \approx 4.8 \cdot 10^{15}\,\mathrm{GeV}\left[\frac{\Lambda_{QCD}}{100\,\mathrm{MeV}}\right] \tag{2.96}$$

Dies hat eine wesentlich längere Lebensdauer des Protons von etwa 10^{35} Jahren zur Folge und steht dann im Einklang mit den Experimenten. Allerdings ändert sich in solchen Modellen der dominante Zerfallskanal (siehe z.B. [Moh 86,92]). Nun sollte der Zerfall $p \rightarrow K^+ + \bar{\nu}_\mu$ bzw. $n \rightarrow K^0 + \bar{\nu}_\mu$ dominieren. Die experimentell bestimmte Untergrenze [Hir 89] der Protonlebensdauer für diesen Kanal ist mit $1 \cdot 10^{32}$ Jahren allerdings noch weniger restriktiv. Für supersymmetrische $SO(10)$-Modelle ergeben sich weniger klare Vorhersagen [Lee 95a].

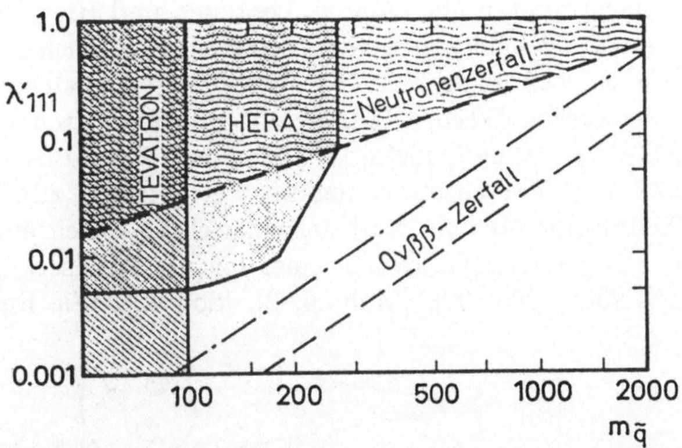

Abb. 2.26 Die Yukawa-Kopplung λ'_{111} als Funktion der Squarkmasse in R-paritätsverletzenden, supersymmetrischen Theorien. λ'_{111} beschreibt zusätzliche R-paritätsverletzende Terme in der Lagrangedichte. Gezeigt sind die experimentell ausgeschlossenen Bereiche aus Niederenergie-Experimenten, Hochenergie-Kollidern und aus dem Doppelbetazerfall. Die vertikale Linie bezeichnet die untere Grenze für Squarkmassen vom Tevatron [Roy 92], die dicke Linie entspricht der bei HERA erreichbaren Grenze [But 93], [Dre 94]. Die gestrichelte Linie ist das beste gegenwärtige Limit aus Niederenergie-Experimenten [Bar 89]. Die strichpunktierten Linien bezeichnen die Grenzen aus dem Doppelbetazerfall (dem Heidelberg-Moskau-Experiment), die obere (untere) Linie entspricht einer Masse des Gluinos von 1 TeV (100 GeV) (aus [Hir 95,96b], [Kla 95,96a]).

2.5.2.2 Supersymmetrie und neutrinoloser doppelter Betazerfall

Auch der in Kap. 2.4.2 bereits besprochene doppelte Betazerfall eröffnet eine Möglichkeit, Aussagen im supersymmetrischen Bereich zu machen. $0\nu\beta\beta$-Zerfall ist auch bei Erhaltung der R-Parität prinzipiell möglich [Hir 95a]. Läßt man die Annahme der R-Paritätserhaltung fallen, so liefern die in Abb. 2.25 gezeigten Feynman-Graphen einen Beitrag zur Zerfallsamplitude [Moh 86], [Hir 95,96b]. Der Doppelbetazerfall liefert damit Grenzen für die Stärke einer R-paritätsverletzenden Wechselwirkung λ'_{111}, die schärfer sind als die besten Grenzen der Hochenergiebeschleuniger Tevatron [Roy 92] und HERA [Aid 96b] (Abb. 2.26). Für Grenzen zur R-Paritätserhaltung aus Studien der B-Mesonen Zerfälle siehe [Car 95].

2.6 Compositeness

Es erhebt sich generell die Frage, ob wir mit dem Nachweis von Quarks und Leptonen wirklich die elementarsten Bausteine der Natur gefunden haben. Bisher wurde bei jeder genaueren Beobachtung neue Substruktur gefunden. Danach müßten alle Quarks, Leptonen und Higgs-Bosonen (evtl. sogar die W- und Z-Eichbosonen) aus noch kleineren Teilchen aufgebaut sein, die man Präonen nennt (Abb. 2.27). Diese müßten mittels einer neuen Form einer superstarken Wechselwirkung zusammengehalten werden, die dafür sorgt, daß die Präonen Quarks, Leptonen und Higgs-Bosonen aufbauen. Diese hypothetische Wechselwirkung hat viele Namen, z.B. Hypercolor, Metacolor, Technicolor etc. Sie wird gekennzeichnet durch eine Compositeness-Skala Λ. Für theoretische Details einer solchen Wechselwirkung verweisen wir auf [Sch 85b], [Mar 92], [Moh 86,92], [Sou 92]. Wie findet man experimentell

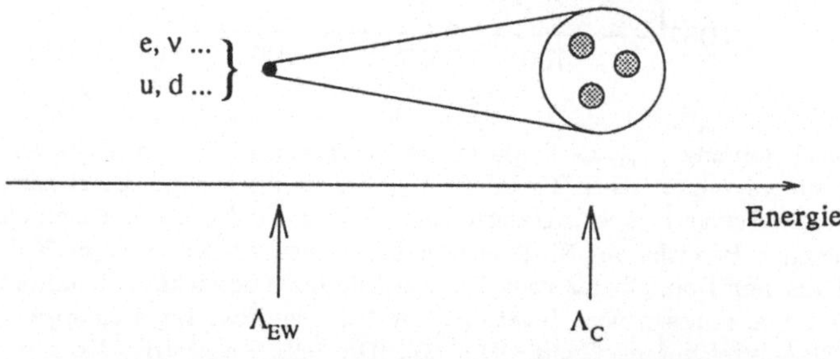

Abb. 2.27 Die Idee von Compositeness: Bei einer Energieskala Λ_C (der bisher unbekannten Compositeness-Skala) zeigen die normalen Quarks und Leptonen eine Substruktur (aus [Pan 96]).

Hinweise auf Compositeness? Eine Möglichkeit besteht in der Suche nach angeregten Leptonen und Quarks. Bestehende Grenzen hierfür finden sich z.B. in [Der 95a], [Aid 96c]. Eine Wechselwirkung bei hohen Energien kann sich bei niedrigen Energien wie eine Punktwechselwirkung äußern (ähnlich wie die Fermi-Punktwechselwirkung ein niederenergetischer Ausdruck des Austausches der schweren W- und Z-Bosonen ist). Solch eine Kontaktwechselwirkung würde den erwarteten Wirkungsquerschnitt für alle möglichen Beschleunigerreaktionen modifizieren können. Aus dem Grad der Nichtbeobachtbarkeit folgen dann Einschränkungen für die Skala Λ von der Größenordnung 1 bis 2 TeV. Konvertiert man beispielsweise die an HERA gewonnenen Ergebnisse in einen Quarkradius, so ist dieser kleiner als $2.7 \cdot 10^{-18}$ m [Aid 95]. In ähnlicher Weise kann man aus den LEP-Daten und den $(g-2)$-Experimenten einen Elektronradius kleiner als 10^{-19} m herleiten [Kin 90]. Bis zu diesen Längenskalen sind also noch keine Hinweise auf irgendwelche Substrukturen gefunden worden. Auch der $\beta\beta$-Zerfall liefert scharfe Grenzen für Compositeness [Pan 94], [Pan 96], [Tak 96]. Unter gewissen Annahmen gibt er eine untere Grenze für die Masse eines angeregten Elektron-Neutrinos von $m_{\nu^*} > 5.9 \cdot 10^4$ TeV [Tak 96].

2.7 Superstring-Theorien

Bei der Vereinigung der Gravitation mit den restlichen Wechselwirkungen gibt es trotz aller Erfolge der bisher besprochenen Theorien erhebliche Schwierigkeiten. Dies liegt daran, daß für Energien oberhalb der Planck-Skala jede Theorie mit punktförmigen Objekten divergent wird. Die Planck-Skala bzw. Planck-Masse ist jene Energie, bei der man eine Quantentheorie der Gravitation benötigt, d.h. hier kommen Schwarzschildradius

$$R = \frac{2Gm}{c^2} \tag{2.97}$$

und Comptonwellenlänge

$$\lambda = \frac{\hbar}{mc} \tag{2.98}$$

eines Objektes in die gleiche Größenordnung. Es sind dies die charakteristischen Skalen, auf denen die Allgemeine Relativitätstheorie bzw. die Quantentheorie für eine sinnvolle Beschreibung angewendet werden muß. Die Planck-Masse liegt bei

$$M_{\mathrm{Pl}} = \left(\frac{\hbar c}{G}\right)^{\frac{1}{2}} \simeq 1.2 \cdot 10^{19}\,\mathrm{GeV}, \tag{2.99}$$

entsprechend einer Planck-Länge und Planck-Zeit von

$$L_{\mathrm{Pl}} = \left(\frac{\hbar G}{c^3}\right)^{\frac{1}{2}} \simeq 1.6 \cdot 10^{-33}\,\mathrm{cm} \tag{2.100}$$

$$t_{\mathrm{Pl}} = \left(\frac{\hbar G}{c^5}\right)^{\frac{1}{2}} \simeq 5.4 \cdot 10^{-44}\,\mathrm{s} \tag{2.101}$$

Bei der Beschreibung des frühen Universums mit Hilfe des Urknallmodells braucht man ab hier (d.h. oberhalb von M_{Pl} und unterhalb von $L_{\mathrm{Pl}}, t_{\mathrm{Pl}}$) eine quantentheoretische Beschreibung der Gravitation. Man versucht die oben beschriebenen Schwierigkeiten dadurch zu umgehen, daß man die elementaren Objekte als fadenförmig (Strings) annimmt, wobei dieser Charakter erst oberhalb von M_{Pl} zutage tritt. Die typische Ausdehnung von Strings ist durch die Planck-Skala charakterisiert. Stringtheorien wurden bereits in den 60er Jahren als Erklärung für die Hadronenphysik herangezogen, mit dem fortschreitenden Erfolg des Standardmodells gerieten sie jedoch in Vergessenheit. Die Verwendung von Strings erfuhr eine Renaissance, als Green und Schwarz zeigen konnten, daß man eine Stringtheorie mit Raum-Zeit-Supersymmetrie, die sowohl eich- als auch gravitationsanomaliefrei ist, nur in zehn Dimensionen und mit Hilfe der internen Symmetriegruppen $SO(32)$ bzw. $E_8 \otimes E_8$ beschreiben kann [Gre 86a]. Es war bereits aus den alten String-Theorien bekannt, daß man sowohl Unitarität als auch Lorentzinvarianz für String-Theorien nur in höherdimensionalen Räumen erreichen kann. Auch die Idee, höherdimensionale Räume zur Beschreibung der Kräfte zu benutzen, ist schon in den 20er Jahren durch Kaluza und Klein benutzt worden, um Elektromagnetismus und Gravitation auf rein geometrischer Basis zu beschreiben (Kaluza-Klein-Theorien). Aufgrund der eingebauten Supersymmetrie nennt man diese neuen Theorien *Superstring*-Theorien. Im Rahmen dieser Theorien wird ein Teil der verschiedenen quantenmechanischen Anregungen des Strings (Normalmoden) als die experimentell beobachteten Elementarteilchen interpretiert. Als Anregungen gelten auch Rotationen, Vibrationen oder Anregung der internen Freiheitsgrade. Damit ergibt sich das ganze Spektrum aller Elementarteilchen aus einem einzigen fundamentalen String. Die Anzahl der Zustände mit Massen kleiner als die Planck-Masse ist endlich und entspricht den beobachtbaren Teilchen. Es gibt jedoch auch eine unendliche Anzahl von Anregungen mit Massen größer als die Planck-Masse. Im allgemeinen sind diese Moden instabil und zerfallen in die leichteren Moden, es können jedoch auch stabile Lösungen existieren, welche exotische Eigenschaften besitzen können (z.B. magnetische Ladung, gebrochene elektrische Ladung). Es ist außerdem bemerkenswert, daß in allen

Teilchenspektren, die klassischen Lösungen der Stringtheorien entsprechen, genau *ein* masseloses Spin-2-Graviton auftaucht.

Superstring-Theorien mit Fermionen werden in 10-dimensionalen Räumen beschrieben. Es ist deshalb für unsere Welt notwendig, daß 6 Dimensionen unbeobachtbar geworden sind (*Kompaktifizierung*). Dieses Verhältnis von 4 Raum-Zeit- und 6 kompaktifizierten Dimensionen scheint nicht zwingend zu sein, nur die Summe aus kompaktifizierten und nicht-kompaktifizierten Dimensionen muß 10 ergeben. Es erscheinen somit auch Universen mit einer anderen Anzahl von Dimensionen möglich. Strings treten in zwei verschiedenen Topologien auf. Sie existieren in Form offener Ketten mit freien Enden oder geschlossen in Form einer Schleife. Außerdem können sie eine intrinsische Orientierung besitzen. Bei den offenen Strings sitzen die Quantenzahlen an deren Ende, wogegen bei den Schleifen die Quantenzahlen über den String verschmiert sind. Gegenwärtig gibt es drei konsistente Superstring-Theorien. Die Superstring-Theorien vom Typ I beruhen auf unorientierten Strings beiderlei Topologie. Die beiden anderen Theorien, Superstring-Theorien vom Typ II und heterotische Stringtheorien, basieren auf orientierten, geschlossenen Strings, mit verschiedenen internen Symmetrien. Für ihre Beschreibung existiert neben der $SO(32)$ auch die Möglichkeit der $E_8 \otimes E_8$ -Symmetriegruppe. Die Gruppe E_8 ist die größte endliche Ausnahmegruppe, und das Produkt der beiden Gruppen besitzt ebenso wie die $SO(32)$ 496 Generatoren. Diese Symmetriegruppen müssen nun heruntergebrochen werden, um unterhalb von 10^{15} GeV mit den vorher besprochenen Vereinheitlichenden Theorien in Einklang zu stehen. Es zeigt sich, daß diese ganze Physik in *einer* E_8-Gruppe enthalten ist. Die andere E_8-Gruppe macht sich nur über die Gravitationswechselwirkung in unserer Welt bemerkbar, führt also eine Art Schattendasein (*Schattenmaterie = shadow world, shadow matter*). Die damit verbundenen Teilchen eignen sich deshalb gut als Kandidaten für das Problem der dunklen Materie (Kap. 9).

Wechselwirkungen werden innerhalb der Superstring-Theorien beschrieben durch das Auseinanderreißen eines Strings oder das Verbinden zweier Strings (Abb. 2.28). Die Wechselwirkungen werden anstatt durch Feynmangraphen nun durch zweidimensionale „world sheets“ beschrieben, wobei bei Typ II und heterotischen Strings der Genus, die Anzahl der einlaufenden Strings, die Ordnung festlegt (Abb. 2.29). Da, wie aus Abb. 2.28 ersichtlich, die Wechselwirkung an keinem genau definierten Raum-Zeit-Punkt mehr stattfindet, werden viele der Probleme mit punktförmigen Teilchen hinfällig. Für weiterführende Literatur verweisen wir auf [Gre 87], [Kak 88], [Din 90], [Wit 96]. Die Vorhersage experimentell überprüfbarer Resultate erweist sich

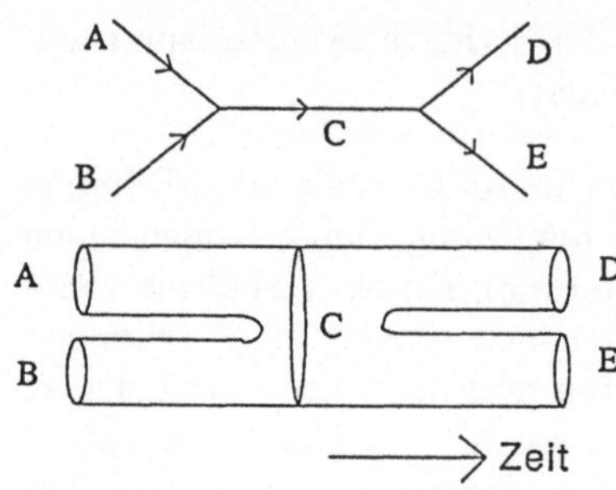

Abb. 2.28
Raum-Zeit-Darstellung einer Stringwechselwirkung mit 2 Strings (A und B) (b) im Vergleich zu einer Teilchenwechselwirkung (a). Der Raum-Zeit-Punkt der String-Wechselwirkung (C) ist nicht eindeutig und hängt vom Lorentz-System ab, die Endprodukte sind D und E (aus [Gro 93]).

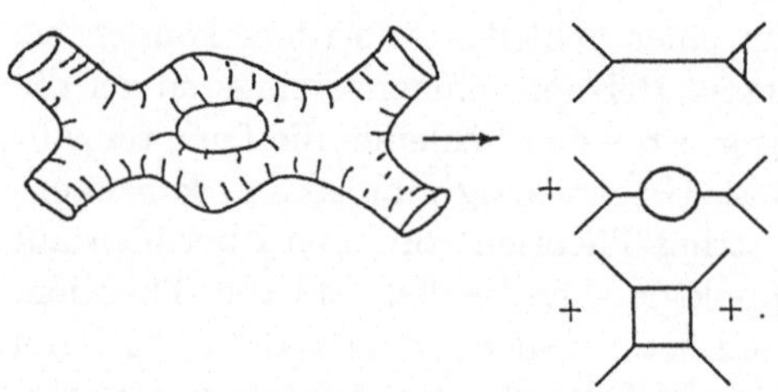

Abb. 2.29
Korrekturen erster Ordnung in Feynman-Graphen zeichnen sich in Stringtheorien durch Löcher in den world sheets aus. Die Anzahl der Löcher (auch Genus genannt) beschreibt die Ordnung der Störungsrechnung (siehe z.B. [Wit 96]).

aufgrund der vielen Unbekannten als äußerst schwierig. Ein Einblick in die Superstring-Phänomenologie ergibt sich bei [Ell 93a].

Damit sind wir in den spekulativsten Bereich der vereinheitlichten Theorien vorgedrungen. Auch wenn ein quantitatives Verständnis noch in weiter Ferne liegt, so scheint sich im Rahmen der Superstring-Theorien doch möglicherweise erstmals eine wirklich einheitliche Beschreibung aller Teilchen und Wechselwirkungen erreichen zu lassen.

Wir haben uns nun den notwendigen Einblick in die Elementarteilchenphysik verschafft und wollen uns jetzt dem anderen wichtigen Standardmodell zuwenden, nämlich dem der Kosmologie – der Urknalltheorie.

3 Kosmologie

Auf den Skalen, die für eine Beschreibung des Entwicklung des heutigen Universums relevant sind, geht man davon aus, daß von allen Wechselwirkungen nur noch die Gravitation eine Rolle spielt. Alle anderen Wechselwirkungen kompensieren sich aufgrund des Auftretens entgegengesetzter Ladung. Sie besitzen nur einen Einfluß auf den detaillierten Verlauf in der Anfangsphase der Entwicklung. Die heute gängige Theorie der Gravitation ist Einsteins *Allgemeine Relativitätstheorie.* Es handelt sich hierbei um *keine* Eichtheorie, die Gravitation wird hier rein geometrisch als Krümmung der vierdimensionalen Raum-Zeit gedeutet. Sie hat damit ihre endgültige Form noch nicht gefunden (siehe auch Kap. 2). Für eine ausführliche Einführung in die Allgemeine Relativitätstheorie siehe [Wei 72], [Mis 73], [Sex 87]. Zur Zeit der Entstehung der Allgemeinen Relativitätstheorie (1917) war die gängige Vorstellung die eines stationären Universums. Im Jahre 1922 war es Friedmann, der auch *nichtstationäre* Lösungen der Einsteinschen Feldgleichungen untersuchte. Alle diese Modelle mit Expansion beinhalten eine anfängliche Singularität unendlich hoher Dichte. Aus dieser entwickelte sich das Universum in Form einer Explosion (Urknall oder Big Bang). Experimentelle Bestätigung erfuhren diese Weltmodelle, als Hubble 1929 die Rotverschiebung der Galaxien entdeckte [Hub 29] und ihre Fluchtgeschwindigkeit als Folge dieser Explosion interpretierte. Mit der Entdeckung der kosmischen Hintergrundstrahlung im Jahre 1964 [Pen 65], welche als Nachrauschen dieses Urknalls interpretiert wird, setzte sich das Urknallmodell endgültig gegen konkurrierende Modelle (z.B. das steady-state-Modell) durch. Auch die Häufigkeiten der leichten Elemente können innerhalb dieses Modells über 10 Größenordnungen richtig vorhergesagt werden (siehe Kap. 4). All dies hat bewirkt, daß man das Urknallmodell heute als *Standardmodell der Kosmologie* bezeichnet. Für zusätzliche und weiterführende Literatur verweisen wir auf [Boe 88], [Kol 90,93], [Pee 93,95], [Goe 94].

3.1 Weltmodelle

Unsere heutige Vorstellung vom Weltall beruht auf einem homogenen, isotropen, in der Expansion befindlichen Universum. Wenn auch die beobachtbare räumliche Verteilung der Galaxien ausgesprochen klumpig erscheint

(Kap. 6), so geht man doch allgemein davon aus, daß bei genügend großen Distanzen sich diese Inhomogenitäten herausmitteln und eine gleichmäßige Verteilung vorliegt (Abb. 3.1). Zumindest erscheint dies heutzutage als

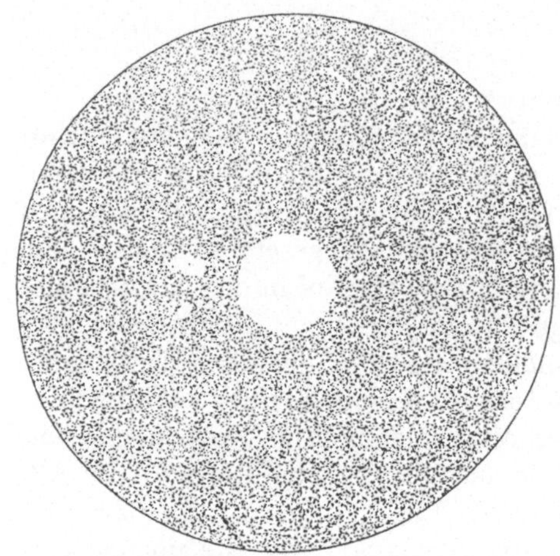

Abb. 3.1
Die Verteilung von Radioquellen in der Green-Bank-Durchmusterung bei 6 cm. Das Bild beinhaltet 33000 Radioquellen. Der galaktische Nordpol befindet sich in der Bildmitte (umgeben von einem Gebiet, das nicht beobachtet wurde), und der galaktische Äquator stellt die äußere Begrenzung dar. Die homogene Verteilung der Radioquellen mit einem signifikanten Anteil von fernen Radiogalaxien deutet auf eine Homogenität auf großen Skalen hin (aus [Lon 94]).

zweckmäßige Näherung. Die Isotropie der Hintergrundstrahlung (Kap. 7) zeugt ebenfalls von einer sehr hohen Isotropie des Universums. Aus der Isotropie folgt zwangsläufig die Homogenität, die umgekehrte Schlußfolgerung ist jedoch nicht möglich. All dies spiegelt sich in dem sogenannten *kosmologischen Prinzip* wieder, welches besagt, daß es keinen bevorzugten Beobachter gibt, d.h. von jedem beliebigen Punkt im All sieht das Universum gleich aus. Beschrieben wird die Raum-Zeit-Struktur mit Hilfe der zugrundeliegenden Metrik. Ist im dreidimensionalen Raum die Entfernung gegeben durch das Linienelement ds mit

$$ds^2 = dx_1^2 + dx_2^2 + dx_3^2, \tag{3.1}$$

so ist in der vierdimensionalen Raumzeit der *speziellen Relativitätstheorie* ein Linienelement gegeben durch

$$ds^2 = dt^2 - (dx_1^2 + dx_2^2 + dx_3^2), \tag{3.2}$$

welches im allgemeinen Fall auch von Nichtinertialsystemen geschrieben werden kann als

$$ds^2 = \sum_{\mu\nu=1}^{4} g_{\mu\nu} dx^\mu dx^\nu \,. \tag{3.3}$$

$g_{\mu\nu}$ ist hierbei der metrische Tensor, welcher im Fall der speziellen Relativitätstheorie die einfache Diagonalgestalt

$$g_{\mu\nu} = (1, -1, -1, -1) \tag{3.4}$$

annimmt. Die einfachste Metrik, mit der man ein homogenes, isotropes Universum in Form von Räumen konstanter Krümmung beschreiben kann, ist die *Robertson-Walker-Metrik*, [Wei 72], in der ein Linienelement beschrieben werden kann durch

$$ds^2 = dt^2 - R^2(t)\left[\frac{dr^2}{1-kr^2} + r^2 d\theta^2 + r^2 \sin^2\theta d\phi^2\right] \tag{3.5}$$

Hierbei bezeichnen r, θ und ϕ die drei mitbewegten Raumkoordinaten, $R(t)$ ist der Skalenfaktor und k charakterisiert die Krümmung. Ein geschlossenes Universum besitzt $k = +1$, ein flaches, euklidisches Universum hat $k = 0$ und ein offenes, hyperbolisches besitzt $k = -1$ (Abb. 3.2). Im Falle des geschlossenen Universums kann man R interpretieren als „Radius" des Universums. Die ganze Dynamik steckt nur in diesem zeitabhängigen Skalenfaktor $R(t)$,[1] der beschrieben wird durch die Einsteinschen Feldgleichungen:

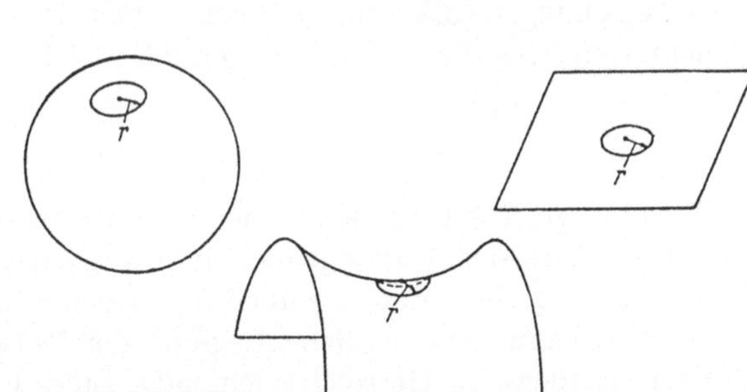

Abb. 3.2
Flächen, gleichbedeutend mit zweidimensionalen Räumen, mit konstanter Krümmung $k > 0$ (Fall a), $= 0$ (Fall b), < 0 (Fall c), als Modelle für gekrümmte Räume.

$$R_{\mu\nu} - \frac{1}{2}Rg_{\mu\nu} - \Lambda g_{\mu\nu} = 8\pi G T_{\mu\nu} \tag{3.6}$$

In dieser Gleichung sind $R_{\mu\nu}$ der Ricci-Tensor, $T_{\mu\nu}$ entspricht dem Energie-Impuls-Tensor und Λ ist die kosmologische Konstante [Wei 72], [Mis 73], [Sex 87], [Ber 90e]. Wir wollen die kosmologische Konstante hier erst einmal gleich Null setzen und uns ihre Auswirkungen in einem eigenen Kapitel anschauen (Kap. 5). Betrachten wir den Raum nur lokal, so können wir in erster Näherung einen ebenen Raum annehmen, d.h. die Metrik ist gegeben durch die Minkowski-Metrik der Speziellen Relativitätstheorie. Da hier $g_{\mu\nu}$ diagonal ist, muß auch der Energie-Impuls-Tensor diagonal sein. Zudem

[1] Sein Name rührt daher, daß der räumliche Abstand zweier nahe benachbarter „fester" Raumpunkte (konstante Koordinaten r, ϕ, θ) zeitlich mit $R(t)$ skaliert.

stimmen aufgrund der Isotropie seine räumlichen Komponenten überein. Die Dynamik läßt sich beschreiben in Analogie zum Modell einer perfekten Flüssigkeit mit Dichte $\rho(\mathrm{t})$ und Druck $p(t)$, wobei über Galaxien und Superhaufen gemittelt wird. Der Energie-Impuls-Tensor hat damit die Form

$$T_{\mu\nu} = \mathrm{diag}(\rho, -p, -p, -p) \tag{3.7}$$

Aus der 0-Komponente der Einstein-Gleichungen ergibt sich dann

$$\frac{\dot{R}^2}{R^2} + \frac{k}{R^2} = \frac{8\pi G}{3}\rho, \tag{3.8}$$

während sich aus den räumlichen Komponenten ergibt:

$$2\frac{\ddot{R}}{R} + \frac{\dot{R}^2}{R^2} + \frac{k}{R^2} = -8\pi G p \tag{3.9}$$

Diese Gleichungen (3.8) und (3.9) nennt man *Einstein-Friedmann-Lemaitre-Gleichungen*. Aus diesen Gleichungen folgt leicht

$$\frac{\ddot{R}}{R} = -\frac{4\pi G}{3}(\rho + 3p) \tag{3.10}$$

Da heutzutage $\dot{R} \geq 0$ ist (expandierendes Universum), und falls der Klammerausdruck in der Vergangenheit immer positiv war und damit $\ddot{R} \leq 0$, folgt so unweigerlich, daß R einmal 0 gewesen sein muß. Diese Singularität bei $R = 0$ kann man als den „Beginn" der Entwicklung des Universums ansehen. Evidenz für ein solches expandierendes Universum kam durch den Nachweis der Rotverschiebung entfernter Galaxien [Hub 29]. Je weiter Galaxien von uns entfernt sind, desto rotverschobener, interpretiert als Fluchtgeschwindigkeit v, sind die Spektrallinien. Die Messungen ergaben die Hubble-Beziehung:

$$v = H_0 r \tag{3.11}$$

Die Proportionalitätskonstante H_0 heißt *Hubble-Konstante* (Abb. 3.3). Der Index 0 kennzeichnet hierbei und im folgenden den heutigen Wert.

Wie steht Gl. (3.11) in Verbindung mit dem expandierenden Universum? Nehmen wir einmal an, eine Lichtquelle emittiere Wellen an einem Punkt r_1 zur Zeit t_1, welche von uns zur Zeit t_0 am Ort $r = 0$ nachgewiesen werden. Da Licht entlang der Geodäten ($ds^2 = 0$) läuft, ergibt sich aus der Robertson-Walker-Metrik (ohne Beschränkung der Allgemeinheit wird $d\phi = d\theta = 0$ gesetzt)

$$\int_{t_1}^{t_0} \frac{dt}{R(t)} = \int_0^{r_1} \frac{dr}{(1 - kr^2)^{1/2}} \tag{3.12}$$

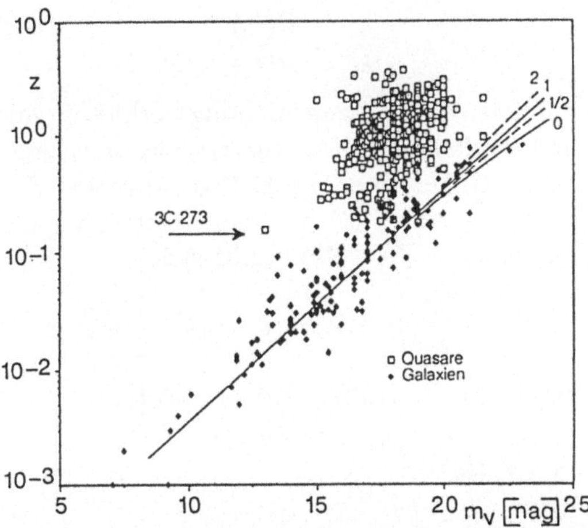

Abb. 3.3 Hubble-Diagramm für Radiogalaxien und Quasare. Aufgetragen ist die Rotverschiebung gegen die scheinbare visuelle Helligkeit. Die Hubble-Beziehung ist für kleine z angepaßt, ebenso ist der unterschiedliche Verlauf für verschiedene Verzögerungsparameter q_0 dargestellt. Im Gegensatz zu den Radiogalaxien zeigen Quasare aufgrund der Variabilität und weitgefächerten Verschiedenheit in ihrer Aktivität eine große Streuung in der scheinbaren Helligkeit. Dies führt dazu, daß sie alle oberhalb der Hubble-Linie liegen, die kosmologische Interpretation wird dadurch unterstützt, daß es keinen Quasar gibt, der *unter* der Geraden für die Radiogalaxien liegt (aus [Uns 92]).

Der zweite Wellenberg, eine kurze Zeit δt später entsandt, ergibt, da die Quelle im mitbewegten Bezugssystem fest ist:

$$\int_{t_1}^{t_0} \frac{dt}{R(t)} = \int_{t_1+\delta t_1}^{t_0+\delta t_0} \frac{dt}{R(t)} \tag{3.13}$$

Ist δt genügend klein, so kann R über die Integrationszeit als konstant angenommen werden, und es folgt:

$$\frac{\delta t_1}{R(t_1)} = \frac{\delta t_0}{R(t_0)} \tag{3.14}$$

Da δt aber der Abstand zweier aufeinanderfolgender Wellenberge ist, und damit der Wellenlänge bei der Emission bzw. Absorption entspricht, bedeutet dies:

$$\frac{\lambda_1}{\lambda_0} = \frac{R(t_1)}{R(t_0)} \tag{3.15}$$

Man definiert nun hierdurch die Rotverschiebung z als

$$1 + z = \frac{\lambda_0}{\lambda_1} = \frac{R(t_0)}{R(t_1)} \tag{3.16}$$

Damit ist die Rotverschiebung verknüpft mit der „Größe" des Universums zur betreffenden Zeit. Aus der Beobachtung von z kann man damit direkt Informationen über die Entwicklung von $R(t)$ erhalten. Um dies zu sehen, entwickelt man $R(t)$ für kleine Rotverschiebungen in eine Taylor-Reihe um den heutigen Wert. So ergibt sich

$$\frac{R(t)}{R(t_0)} = 1 + H_0(t - t_0) - \frac{1}{2} q_0 H_0^2 (t - t_0)^2 + \ldots \tag{3.17}$$

Hierbei ist die Hubble-Konstante H_0

$$H_0 = \frac{\dot{R}(t_0)}{R(t_0)}, \tag{3.18}$$

und der Verzögerungsparameter q_0 ist gegeben durch

$$q_0 = \frac{-\ddot{R}(t_0)}{\dot{R}^2(t_0)} R(t_0). \tag{3.19}$$

Berücksichtigen wir nur den ersten Term der Taylorentwicklung, so läßt sich mit Hilfe von $r = c(t - t_0)$ Gl. (3.16) umschreiben in

$$cz = H_0 \cdot r \tag{3.20}$$

Dies entspricht gerade der Beziehung Gl. (3.11). Interpretiert man cz als Geschwindigkeit, entspricht dies der empirisch gefundenen Hubble-Beziehung. Sie äußert sich in einer Wellenlängenverschiebung ähnlich wie der klassische Dopplereffekt. Bei der kosmologischen Rotverschiebung handelt es sich jedoch nicht um einen Dopplereffekt im klassischen Sinne aufgrund einer Relativbewegung zueinander, sondern um eine Dehnung der Wellenlänge aufgrund einer Expansion des Raumes. Aufgrund der besonderen Bedeutung der Hubble-Konstante für alle kosmologischen Größen wollen wir einige Methoden zu ihrer Bestimmung besprechen.

3.1.1 Bestimmung der Hubble-Konstante H_0

Anstatt durch die abstrakten Werte k und R kann man die Weltmodelle auch beschreiben durch H_0 und q_0, welche experimentell zugänglicher sind. Wir wollen uns zunächst auf H_0 beschränken. Messungen zu q_0 besprechen wir in Kap. 5. Die Bestimmung von H_0 ist von außerordentlicher Wichtigkeit für die Kosmologie. Die erste Methode besteht natürlich darin, unter Verwendung von Gl. (3.11) bzw. (3.20) durch Messung von z und r die Steigung zu ermitteln und somit H_0. Man benötigt jetzt jedoch eine unabhängige Messung der Entfernung r, um H_0 bestimmen zu können. In diesen Punkt geht die ganze Problematik der kosmischen Entfernungsskala ein.

3.1.1.1 Entfernungsbestimmung im Weltall

Die ganze Entfernungsskala im Universum ist pyramidenartig aufgebaut. Für eine ausführliche Diskussion der Entfernungsleiter siehe [Row 85b], [Ber 89a]. Während trigonometrische Methoden („Parallaxen", d.h. Verschiebung von Sternpositionen aufgrund der jährlichen Erdbewegung) zur Erforschung unserer nächsten Umgebung ausreichend sind, benötigt man für größere Entfernungen spektroskopische Methoden. Als Entfernungseinheit hat sich das *Parsec* (pc = Abk. für Parallaxensekunde) eingebürgert. Es ist dies die Entfernung, aus der der Erdbahnradius unter einem Winkel von 1 Bogensekunde erscheint. Es entspricht damit einer Entfernung von etwa 3.2 Lichtjahren. Ein entscheidendes Bindeglied zwischen geometrischen und spektroskopischen Methoden ist der Hyaden-Sternhaufen in etwa 50 pc Entfernung, da seine Entfernung auf beide Arten ermittelt werden kann.

Alle spektroskopischen Methoden beruhen letztendlich auf der Bestimmung einer *absoluten Helligkeit* M, mit der man mittels der beobachteten scheinbaren Helligkeit m durch das *Entfernungsmodul*

$$M = m - 5\log\left(\frac{r}{10\,\mathrm{pc}}\right) \tag{3.21}$$

die Entfernung bestimmen kann (interstellare Absorptionseffekte sind hier nicht berücksichtigt). Definiert sind die Größen über den Strahlungsfluß S (siehe z.B. [Uns 92]). Nach der historischen Einteilung der Sternhelligkeiten in sechs Größenklassen ist die *scheinbare Helligkeit* heute definiert über

$$m = C - 2.5\log S\,, \tag{3.22}$$

wobei C von der beobachteten Wellenlänge abhängt. Diese wird meist durch ein Subskript bezeichnet (z.B. m_V ist die scheinbare Helligkeit im V-Band bei etwa 550 nm). Die scheinbare Helligkeit des hellsten Sterns Sirius ist beispielsweise $m_V = -1\overset{m}{.}5$. Je kleiner die Zahl, desto heller der Stern. Eine Differenz von 5 Magnituden entspricht einem Faktor 100 in der Helligkeit. Die *bolometrische Helligkeit* erhält man dann durch eine Integration über alle Wellenlängen. Wie man aus dem Entfernungmodul weiterhin erkennt, ist die absolute Helligkeit eines Sterns durch die scheinbare Helligkeit gegeben, die ein Stern in einer Entfernung von 10 pc besitzt. Brächte man alle Sterne in diese Entfernung, so würden sie sich noch durch ihre intrinsische Helligkeit unterscheiden, die man *Leuchtkraft* nennt. Sie ist gegeben durch

$$L = 4\pi r^2 \sigma T^4, \tag{3.23}$$

wobei r der Radius des Sterns und T seine Oberflächentemperatur bedeuten. σ ist die Stefan-Boltzmann-Konstante.

Man benötigt nun brauchbare Kenntnisse von M, um die Entfernung zu bestimmen. Glücklicherweise ergeben sich Verbindungen von M mit anderen Eigenschaften von Sternen oder Galaxien. Eine Möglichkeit sind veränderliche Sterne. Der Entwicklungsweg von Sternen wird zweckmäßig in einem Leuchtkraft-Temperatur-Diagramm dargestellt, welches man auch *Hertzsprung-Russel-Diagramm* nennt (Abb. 3.4). Trägt man die beobachteten Sterne in dieses Diagramm ein, erkennt man eine nicht zufällige Verteilung der Sterne. Normale wasserstoffbrennende Sterne ordnen sich hier entlang der sogenannten *Hauptreihe* an. Hat der Stern etwa 10 % seines Wasserstoffs verbrannt, beginnt er sich weiter zu entwickeln und entfernt sich von der Hauptreihe. Massive Sterne erreichen dabei eine Zone, in der sie pulsationsinstabil werden. Eine Klasse dieser Pulsationsveränderlichen sind die Cepheiden, benannt nach dem ersten bekannten Vertreter dieser Art δ Cephei. Da sie massive Sterne und damit relativ kurzlebig sind, findet man sie bevorzugt in Ansammlungen junger Sterne, wie offenen Haufen oder OB-Assoziationen. Typische Pulsationsperioden liegen zwischen 2 und 150 Tagen. Schon 1907 stellte H. Leavitt für Cepheiden eine Korrelation zwischen der Pulsationsdauer P und der absoluten Helligkeit im V-Band (550 nm) fest, und heute gilt:

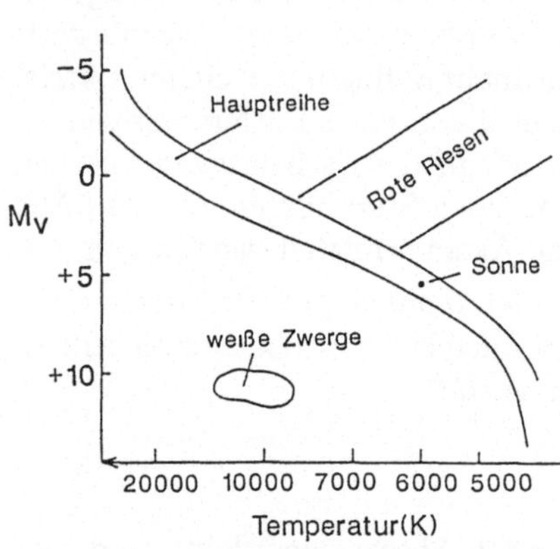

Abb. 3.4
Schema eines Hertzsprung-Russell-Diagramms, d.h. die absolute visuelle Helligkeit M_V (entspricht etwa der Leuchtkraft) als Funktion der Temperatur. Je kleiner M_V, desto heller ist der Stern. Man erkennt, daß Sterne nicht gleichförmig in dieser Darstellung verteilt sind, vielmehr gibt es bestimmte Häufungsbereiche, die die Sternentwicklungsphasen widerspiegeln. Neben der Hauptreihe, auf der die wasserstoffbrennenden Sterne liegen, gibt es etwa die Gebiete der Riesensterne (rechts der Hauptreihe) und jenes der weißen Zwerge, ein Endstadium der Sternentwicklung (links unten) (aus [Boe 88]).

$$M_V = a - b \log P + c(B - V) \tag{3.24}$$

Hierbei sind a, b, c zu bestimmende Konstanten, und $(B - V)$ kennzeichnet den sogenannten Farbexzeß (B entspricht einer Beobachtung bei 440 nm).

Typische Werte sind etwa $a = -3$, $b = 3.8$ und $c = 2.7$ [Row 85b]. Diese Beziehung kann man leicht verstehen. Betrachtet man Pulsationen als stehende Schallwellen in einem Stern, so läßt sich ein Beziehung zwischen der Pulsationsperiode P und der mittleren Dichte $\bar{\rho}$ herstellen:

$$P \simeq \frac{1}{\sqrt{G\bar{\rho}}} \tag{3.25}$$

Helle Sterne, d.h. M_V ist stark negativ, bedeuten nach Gl. (3.23) auch einen großen Radius. Solche Sterne haben eine geringe Dichte an der Oberfläche und damit auch eine große Pulsationsperiode. Aus Untersuchungen in unserer Milchstraße kennt man die Abhängigkeit der absoluten Helligkeit von der Pulsationsdauer der veränderlichen Cepheiden relativ genau und kann so durch Beobachtung dieser Veränderlichen in anderen Galaxien auf deren Entfernung schließen.

Eine weitere Gruppe von Veränderlichen sind die RR-Lyrae-Sterne. Sie besitzen typische Perioden von etwa 0.4 bis 1 Tag. Bei ihrer Untersuchung zeigt es sich, daß sie alle die gleiche absolute Helligkeit $M_V \simeq 0\overset{m}{.}6$ besitzen, der Wert jedoch etwas vom ,Metall'gehalt Z (alle Elemente schwerer als He) abhängig ist. Obiger Wert gilt für recht metallarme RR-Lyrae-Sterne. Mit diesen Pulsationsveränderlichen sind Entfernungsbestimmungen bis zu 100 kpc (RR-Lyrae) bzw. wenigen Mpc (Cepheiden) möglich. Eine alternative *Standardkerze* zu den erwähnten Veränderlichen sind Supernovae (siehe Kap. 13). Wegen ihrer sehr großen Leuchtkraft sind sie auch in entfernteren Galaxien noch zu beobachten. Aufgrund ihres gleichen Entstehungsmechanismus scheinen Supernovae des Typs Ia besonders geeignet zu sein. Ihre absolute Helligkeit im B-Band zur Zeit der maximalen Emission $t_{\rm max}$ scheint annähernd konstant zu sein

$$M_B(t_{\rm max}) = -19\overset{m}{.}12 \pm 0\overset{m}{.}3 \tag{3.26}$$

Mit diesen primären Entfernungsindikatoren – auch Standardkerzen genannt – ist es möglich, den Abstand der nächsten Objekte, wie etwa der Magellanschen Wolken und Andromeda zu bestimmen. Jüngst wurden sie sogar bis zur Galaxie M87 ausgedehnt [Pie 94]. Die Methode der Supernovae reicht für Entfernungen bis etwa 100 Mpc. Eine Untersuchung von 13 Supernovae-Typ-Ia-Lichtkurven in Galaxien, in denen auch die Entfernung über Cepheiden bestimmt werden konnte, ergab so einen Wert für die Hubble-Konstante von $H_0 = 67 \pm 7$ [Rie 95]. Ein Beobachtungsprogramm zum Nachweis von Supernovae in Galaxien mit großen Rotverschiebungen hat mittlerweile 7 Supernovae bei etwa $z \approx 0.4$ entdeckt und wird in Zukunft die Methode der Entfernungsbestimmung mittels Supernovae noch weiter ausdehnen [Per 95]. Wegen der geringen Häufigkeit von Supernovae benutzt man für große Entfernungen aber noch andere sekundäre Entfernungsindikatoren, welche meist mit den primären Standardkerzen geeicht werden. Hieran erkennt man deutlich, wie sich die Fehler für immer größere Entfernungen aufsummieren. Ein Beispiel für solch einen sekundären Indikator scheint die Korrelation zwischen der Anzahl von Kugelsternhaufen und der Leuchtkraft einer Galaxie zu sein, d.h. je heller eine Galaxie, desto mehr Kugelsternhaufen enthält sie. Die Anzahl n_H der Haufen ist dabei [Row 85b]

$$n_H \sim L^{1.0\pm0.3}, \tag{3.27}$$

so daß man auch hier mit gewissen Annahmen eine Korrelation zu M_B herstellen kann [Row 85b]

$$\log n_H \simeq -0.3[M_B(\text{Galaxie}) + 11.0] \tag{3.28}$$

Jedoch gibt es von dieser Regel auch drastische Ausnahmen, z.B. die Galaxie M87. Andere Methoden ziehen etwa die hellsten blauen oder roten Sterne einer Galaxie, die hellsten Galaxien eines Haufens etc. zur Entfernungsbestimmung heran, um sich damit zu immer größeren Entfernungen zu begeben. Zwei Methoden sollen noch erwähnt werden. Für Spiralgalaxien benutzt man häufig die Tully-Fisher-Relation [Tul 77], eine Abhängigkeit der Leuchtkraft von der Geschwindigkeitsdispersion σ (gegeben in $\mathrm{km\,s^{-1}}$), gemessen mit Hilfe der 21-cm-Linie des neutralen Wasserstoffs. Es handelt sich hierbei um den Hyperfeinübergang des Wasserstoffgrundzustandes, verursacht durch die Ausrichtung von Elektron- und Protonspin. Die Bewegung des Wasserstoffgases in einer Galaxie innerhalb der Sichtlinie führt zu einer Dopplerverbreiterung der Linie, welche in eine Geschwindigkeitsdispersion umgerechnet werden kann. Hieraus ergibt sich

$$M_{pg} = -a \log\left(\frac{\sigma}{\sin i}\right) - b \tag{3.29}$$

Hierbei ist M_{pg} die photographische Helligkeit und die Konstanten a und b sind von der Kalibration und den Beobachtern abhängig, besitzen jedoch etwa Werte von $a = 6.5$ und $b = 3.5$. Zudem scheint eine Abhängigkeit vom Galaxientyp (siehe Kap. 6) zu existieren. Die Inklination i beschreibt die Neigung der Galaxie zur Sichtlinie. Für $i = 0$ Grad hat man im Gegensatz zu einer Galaxie mit 90 Grad Inklination keinen Beitrag von der Rotation der Galaxie, und die Dispersion ist bestimmt durch die Zufallsbewegung des Gases. Die Inklination ist eines der Hauptprobleme, da man nun auf die interne Extinktion der emittierenden Galaxie korrigieren muß. Deswegen beobachtet man die Geschwindigkeitsdispersion bei der 21-cm-Linie, während man die Leuchtkraft im Infrarotbereich, z.B. bei etwa 2 μm, beobachtet, wo dieser Effekt sehr gering ist.

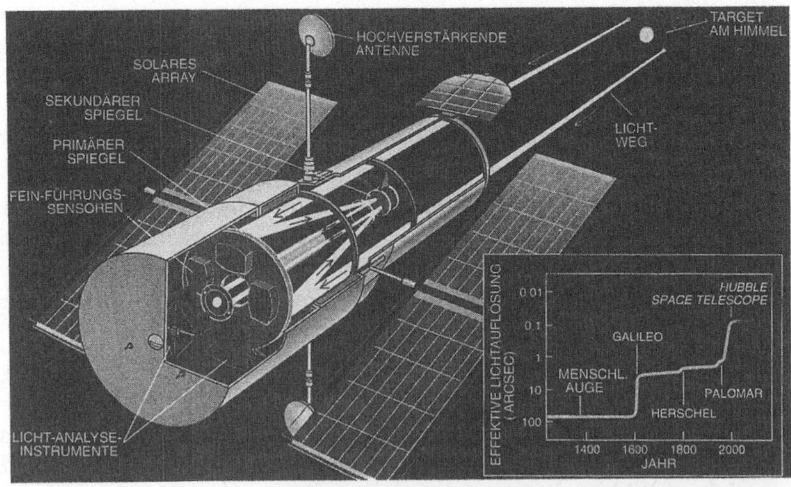

Abb. 3.5 Das Hubble-Space-Teleskop HST. Durch seine präzisen Beobachtungen erhofft man sich unter anderem auch eine genauere Bestimmung der Hubble-Konstante. a) Prinzipiell ist das HST aufgebaut wie ein erdgebundenes Teleskop. Ein Primärspiegel mit einem Durchmesser von 2,4 m sammelt Licht und verteilt es auf fünf Instrumente. Das HST verbessert die Auflösung im Vergleich zu erdgebundenen Teleskopen in gleichem Maße, wie Galileis Fernrohr die Auflösung des menschlichen Auges (aus [Cha 92]). b) Das HST kurz nach der Bergung zur Reparatur auf der Wartungsplattform im Orbit (aus [Alt 94]).

Für elliptische Galaxien eignet sich die Faber-Jackson-Methode [Fab 76]. Auch hier besteht eine Korrelation zwischen der Geschwindigkeitsdispersion σ und der Leuchtkraft:

$$L \sim \sigma^4 \tag{3.30}$$

Eine andere Methode besteht in einer Korrelation zwischen der Geschwindigkeitsdispersion σ und dem Durchmesser der Galaxie für eine bestimmte Flächenhelligkeit ($D_n - \sigma$-Relation). All diese Multiparameter-Korrelationen für elliptische Galaxien sind verschiedene Projektionen einer *fundamentalen Ebene* im Parameterraum [Kor 89]. Ein tieferes Verständnis der letzteren wird die bestehenden Relationen weiter verbessern.

Das Problem ist bei sehr großen Entfernungen weniger in der relativen Entfernungsmessung begründet (der Fehler liegt hier typischerweise bei 10 %), als vielmehr in der Eichung, d.h. das Anbinden dieser Größen an absolut bestimmten Entfernungen. Dies macht auch die Messung der Hubble-Konstante unsicher. Während man anfangs noch Werte um $500\,\mathrm{km\,s^{-1}\,Mpc^{-1}}$ angab, ist man heute bei Werten zwischen 40 und $100\,\mathrm{km\,s^{-1}\,Mpc^{-1}}$ [Ton 93], [Nug 95]. Leider besitzt H_0 also immer noch einen Faktor 2 an Unsicherheit, weswegen man zur formalen Beschreibung ein h_0 einführt

$$h_0 = \frac{H_0}{100\,\mathrm{km\,s^{-1}\,Mpc^{-1}}} \quad \rightarrow \quad 0.4 \leq h_0 \leq 1 \tag{3.31}$$

Eines der Probleme ist z.B., wie weit das lokale Feld, d.h. unsere nähere Umgebung (bis um die 100 Mpc), durch die unregelmäßige Verteilung der Galaxien (siehe Kap. 6) beeinflußt wird, und wann man wirklich die eigentliche Hubble-Expansion mißt. Eine genauere Bestimmung der Entfernungsleiter erhofft man sich von den Beobachtungen mit dem Hubble-Space-Teleskop [San 92], [Kin 93] (Abb. 3.5). Für erste Resultate siehe [Tam 96].

In Zukunft ist es vielleicht auch möglich, unabhängig von dieser Entfernungsleiter Aufschlüsse über den Wert der Hubble-Konstante zu gewinnen. Hierzu scheinen vor allem die Untersuchungen von Gravitationslinsen (siehe Kap. 9), Supernovae (siehe Kap. 13) und der Sunyaev-Zeldovich-Effekt im Zusammenhang mit der Röntgenemission von Galaxien (siehe Kap. 7) besonders aussichtsreich [Gun 78], [Rep 95] zu sein. Für erste Resultate an Galaxienhaufen siehe [Bir 91], [Jon 93].

3.1.2 Die Dichte im Universum

Aus Gl. (3.8) sieht man, daß ein flaches Universum ($k = 0$) nur für eine ganz bestimmte Dichte erreicht wird, die sogenannte *kritische Dichte*. Sie ist heute gegeben durch [Kol 90]

$$\rho_{c0} = \frac{3H_0^2}{8\pi G} \approx 18.8h_0^2 \cdot 10^{-27}\,\mathrm{kgm}^{-3} \approx 11h_0^2\,\text{H-Atome m}^{-3} \tag{3.32}$$

Man normiert gern auf diese Dichte und führt deswegen einen *Dichteparameter* Ω ein, gegeben durch

$$\Omega = \frac{\rho}{\rho_c} \tag{3.33}$$

$\Omega = 1$ bedeutet also gerade ein euklidisches Universum. Dieses wird von später noch zu besprechenden inflationären Modellen vorhergesagt oder genauer gesagt favorisiert und ist eine der Hauptursachen für das Problem der dunklen Materie (Kap. 9). Ein $\Omega > 1$ bedeutet ein geschlossenes Universum, d.h., irgendwann wird die gravitative Anziehung die Expansion stoppen, und das Universum wird wieder kollabieren. Es existiert dann die Möglichkeit eines erneuten Urknalls, so daß man hier auch oszillatorische Lösungen bekommt. Dagegen bedeutet ein $\Omega < 1$ ein ewig expandierendes Universum. Im Falle einer verschwindenden kosmologischen Konstanten, besteht folgender Zusammenhang zwischen Ω und dem Verzögerungsparameter q_0:

$$\Omega = 2q_0 \tag{3.34}$$

Löst man die Friedmann-Gleichung (3.8) für die $\mu = 0$-Komponente, so ergibt sich der erste Hauptsatz der Thermodynamik

$$d(\rho R^3) = -pd(R^3) \tag{3.35}$$

Dies bedeutet gerade, daß die Energieänderung in einem mitbewegten Volumenelement gleich dem negativen Produkt aus Druck und Volumenänderung ist. Unter der Annahme einer einfachen Zustandsgleichung $p = k\rho$, wobei k eine zeitunabhängige Konstante sein soll, ergeben sich sofort die Zusammenhänge

$$\rho \sim R^{-3(1+k)} \tag{3.36}$$

$$R \sim t^{\frac{2}{3}(1+k)} \tag{3.37}$$

Für die verschiedenen Energiedichten ergeben sich dann unter Benutzung der aus der Thermodynamik bekannten Zustandsgleichungen für die zwei Grenzfälle relativistisches Gas (frühe strahlungsdominierte Phase des Kosmos, Teilchenmassen vernachlässigbar) und kalte, druckfreie Materie (spätere, materiedominierte Phase) die Abhängigkeiten der Dichte von R:

Strahlung	$\rightarrow p = 1/3\rho$	$\rightarrow \rho \sim R^{-4}$
Materie	$\rightarrow p = 0$	$\rightarrow \rho \sim R^{-3}$

Für die Vakuumenergie hat man

Vakuumenergie	$\rightarrow p = -\rho$	$\rightarrow \rho \sim$ konstant

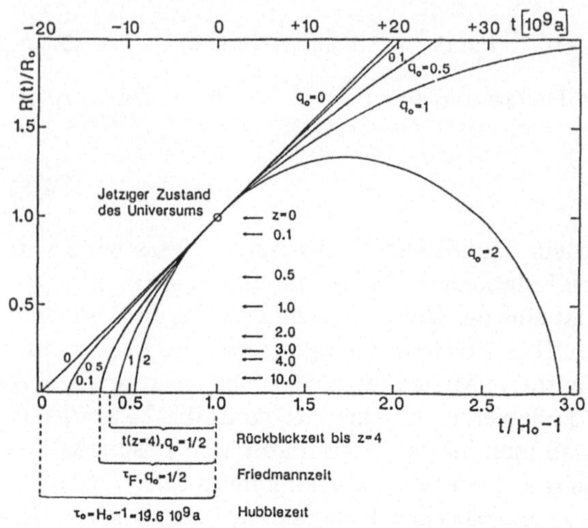

Abb. 3.6 Verlauf des Skalenfaktors $R(t)$ für verschiedene Weltmodelle. Für alle Modelle wurde $\Lambda = 0$ angenommen. Ebenfalls eingezeichnet sind die verschiedenen Rotverschiebungen als auch der Einfluß unterschiedlicher Verzögerungsparameter q_0. Wir befinden uns gegenwärtig in einem Zustand, der keinerlei Aussage über das Weltmodell zuläßt. Als Hubble-Konstante wurde 50 kms^{-1}Mpc^{-1} verwendet (aus [Uns 92]).

Im betrachteten euklidischen Fall ergibt sich somit auch eine einfache Zeitabhängigkeit für den Skalenparameter (Abb. 3.6), nämlich

$$R \sim t^{\frac{1}{2}} \quad \text{strahlungsdominiert} \tag{3.38}$$

$$R \sim t^{\frac{2}{3}} \quad \text{materiedominiert} \tag{3.39}$$

Aus dem unterschiedlichen zeitlichen Verhalten folgt ein Zeitpunkt im Universum, wo die Materiedichte und Strahlungsdichte gleich waren. Ausgehend von den heutigen Werten für die Materiedichte [Kol 90]

$$\rho_{m0} = 1.88 \cdot 10^{-29} \Omega_0 h^2 \quad \text{gcm}^{-3} \tag{3.40}$$

und der Strahlungsdichte der 3K-Strahlung (siehe Kap. 7)

$$\rho_{s0} = 4.8 \cdot 10^{-34} \quad \text{gcm}^{-3} \tag{3.41}$$

folgt mit Hilfe der Beziehung

$$\frac{\rho_s}{\rho_m} \sim \frac{R_0}{R} = 1 + z \tag{3.42}$$

schließlich

$$1 + z_{eq} = 2.32 \cdot 10^4 \Omega_0 h^2 \tag{3.43}$$

bzw. gemäß [Kol 90]

$$t_{eq} \simeq \frac{3}{2} H_0^{-1} \Omega_0^{-1/2} (1 + z_{eq})^{-3/2} \tag{3.44}$$

$$t_{eq} = 1.4 \cdot 10^3 (\Omega_0 h^2)^{-2} \,\text{Jahre} \tag{3.45}$$

Bei Rotverschiebungen um etwa $z = 1500$ fand also der Übergang vom strahlungs- zum materiedominierten Universum statt. Dies war etwa gerade zu dem Zeitpunkt der Fall, als die Strahlung von der Materie entkoppelte (siehe Kap. 7).

3.1.3 Das Alter des Universums

Interessant ist auch die Frage nach dem Alter des Universums. Für ein materieloses Universum mit $\Omega_0 = 0$ erhält man aus der Hubble-Konstante die *Hubble-Zeit*

$$\tau_0 = H_0^{-1} \Rightarrow 10 \cdot 10^9 < \tau_0 < 2.5 \cdot 10^{10} \,\text{a} \tag{3.46}$$

Für wachsende Ω_0 nimmt das Alter ab, so ist z.B. für ein materiedominiertes Universum mit $\Omega_0 = 1$

$$\tau_0 = \frac{2}{3} H_0^{-1} \tag{3.47}$$

All dies gilt für den Fall einer verschwindenden kosmologischen Konstanten. Für $\Lambda \neq 0$ ergeben sich Modelle, die ein wesentlich größeres Alter des Universums vorhersagen können (siehe Kap. 5).

Eine erste grobe experimentelle Abschätzung erhält man aus dem Alter unserer Sonne. Letzteres kann mit Hilfe von Meteoriten relativ genau auf 4.5 Milliarden Jahre datiert werden [Kir 78]. Viel höhere Grenzen kommen aber von der Untersuchung der Kugelsternhaufen. Diese Objekte umgeben unsere Milchstraße nahezu sphärisch und zählen zu den ältesten Objekten im Universum. Bei der Entstehung der Kugelsternhaufen sind Sterne der unterschiedlichsten Massen und damit auch Lebensdauer gleichzeitig entstanden. Massive Sterne entwickeln sich jedoch schneller von der Hauptreihe weg als Sterne mit geringer Masse. Trägt man nun die Sterne eines Kugelsternhaufens in ein Hertzsprung-Russel-Diagramm ein, so erkennt man ein Abknikken der Hauptreihe. Die Position des Abknickpunktes läßt auf das Alter des Sternhaufens zurückschließen. Aus solchen Untersuchungen kommt man auf Alter in der Ordnung von $(1.3\,\text{bis}\,1.9) \cdot 10^{10}$ Jahren [Ber 90a], [Ren 91], [Ber 89a]. Anstatt eine ganze Gruppe von Sternen zu untersuchen, kann man auch sehr metallarme Sterne analysieren. Diese sollten sehr alt sein, da sie nicht mit der Asche bereits gestorbener Sterne angereichert sind, sondern nur den primordialen Metallgehalt besitzen. Dieser sollte klein sein, da im Urknall keine schweren Elemente entstehen (siehe Kap. 4). Man nennt solche Sterne *Population-II-Sterne.* Man kommt hier zu Ergebnissen in der Größenordnung von $1.5 \cdot 10^{10}$ a [Ren 91]. Auch aus dem Auskühlen weißer Zwerge folgen Alter der gleichen Größenordnung [Win 87], so daß man im allgemeinen heutzutage ein Alter zwischen 15 und 20 Milliarden Jahren als wahrscheinlich annimmt. Eine weitere wichtige Methode zur Bestimmung des Alters des Universums sind die Nukleochronometer, radioaktive Isotope mit Halbwertszeiten von mehreren Milliarden Jahren. Ihre Behandlung erfolgt in Kap. 14 im Rahmen der Entstehung schwerer Elemente. Mit dieser Methode wurde erstmals ein Alter im Bereich um 20 Milliarden Jahren vorhergesagt [Kla 82b], [Kla 83], [Kla 89].

3.2 Evolution des Universums

3.2.1 Das Standardmodell der Kosmologie

Wie ist es vom Urknall zum heutigen Universum gekommen? Gehen wir hierzu von der guten Näherung einer Entwicklung des frühen Universums im thermodynamischen Gleichgewicht aus. Aus der Thermodynamik ergeben sich dann für ein Teilchengas mit g internen Freiheitsgraden die Anzahldichte n, die Energiedichte ρ und der Druck p zu [Kol 90]

$$n = \frac{g}{(2\pi)^3} \int f(\vec{p}) d^3p \tag{3.48}$$

$$\rho = \frac{g}{(2\pi)^3} \int E(\vec{p}) f(\vec{p}) d^3p \tag{3.49}$$

$$p = \frac{g}{(2\pi)^3} \int \frac{|\vec{p}\,|^2}{3E} f(\vec{p}) d^3p \tag{3.50}$$

mit $E^2 = |\vec{p}|^2 + m^2$. Die Phasenraumverteilungsfunktion $f(\vec{p})$ ist je nach Teilchen gegeben durch die Fermi-Dirac- (+-Zeichen in Gl. (3.51)) oder Bose-Einstein-(−-Zeichen in Gl. (3.51))Verteilung

$$f(\vec{p}) = [\exp((E - \mu)/kT \pm 1]^{-1} \tag{3.51}$$

Hierbei bedeutet μ das chemische Potential der entsprechenden Teilchensorte. Im Falle des chemischen Gleichgewichts entspricht die Summe der chemischen Potentiale der Ausgangsteilchen jener der Endprodukte. Betrachten wir nun ein Gas bei der Temperatur T. Da nicht-relativistische Teilchen ($m \gg T$) einen exponentiell geringeren Beitrag zur Energiedichte ergeben als relativistische Teilchen ($m \ll T$), kann man erstere vernachlässigen und erhält für die strahlungsdominierte Phase

$$\rho_R = \frac{\pi^2}{30} g_{\text{eff}} T^4 \tag{3.52}$$

$$p_R = \frac{\rho_R}{3} = \frac{\pi^2}{90} g_{\text{eff}} T^4 \tag{3.53}$$

Hierbei stellt g_{eff} die Summe aller effektiv beitragenden masselosen Freiheitsgrade dar und ist gegeben durch [Kol 90]

$$g_{\text{eff}} = \sum_{i=\text{Bosonen}} g_i \left(\frac{T_i}{T}\right)^4 + \frac{7}{8} \sum_{i=\text{Fermionen}} g_i \left(\frac{T_i}{T}\right)^4 \tag{3.54}$$

Bei dieser Betrachtung ist berücksichtigt, daß die Gleichgewichtstemperatur T_i der Teilchen i verschieden von der Photonentemperatur T sein kann. Bei sehr niedrigen Temperaturen ($T \ll$ MeV) sind beispielsweise die drei Neutrinoflavours die einzigen relativistischen Freiheitsgrade (sofern man bisher unbekannte Teilchen vernachlässigt). Mit der Beziehung (siehe Kap. 7, Gl. (7.46))

$$T_\nu = \left(\frac{4}{11}\right)^{\frac{1}{3}} T_\gamma \tag{3.55}$$

folgt ein $g_{\text{eff}} = 3.36$. Für Temperaturen oberhalb 300 GeV sollten alle Teilchen des Standardmodells der Teilchenphysik beitragen, woraus sich ein g_{eff} von 106.75 ergibt. Abb. 3.7 verdeutlicht den Verlauf von g_{eff}. Neben der Temperatur spielt auch die Entropie eine wichtige Rolle. Sie ist gegeben durch

$$S = \frac{R^3(\rho + p)}{T} \tag{3.56}$$

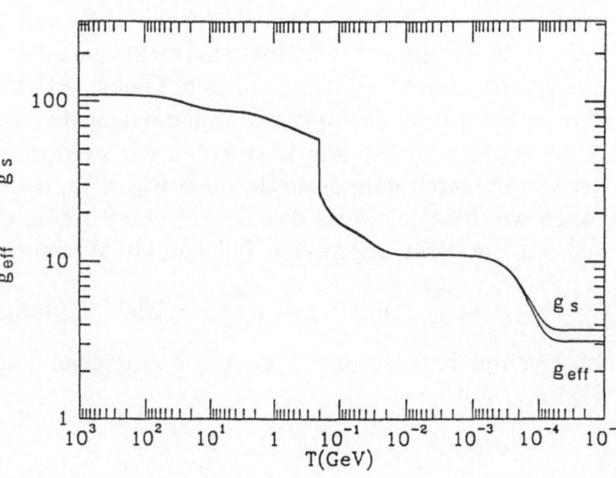

Abb. 3.7
Zum kosmologischen Standardmodell: Verlauf der aufsummierten effektiven Freiheitsgrade g_{eff} und g_S als Funktion abnehmender Temperatur. Hierbei sind nur die Teilchen des Standardmodells berücksichtigt. Man erkennt, daß beide über einen großen Bereich der Entwicklung identisch sind (aus [Kol 90]).

oder im speziellen Fall relativistischer Teilchen durch [Kol 90]

$$S = \frac{2\pi^2}{45} g_s T^3 R^3 \tag{3.57}$$

mit

$$g_s = \sum_{i=\text{Bosonen}} g_i \left(\frac{T_i}{T}\right)^3 + \frac{7}{8} \sum_{i=\text{Fermionen}} g_i \left(\frac{T_i}{T}\right)^3 \tag{3.58}$$

Für einen Großteil der Entwicklung des Universums sind die beiden Größen g_{eff} und g_s identisch [Kol 90]. Im thermodynamischen Gleichgewicht ist die Entropie pro mitbewegtem Raumelement eine Erhaltungsgröße, was mit konstantem g_s zu der Bedingung

$$T^3 R^3 = \text{konstant} \Rightarrow R \sim T^{-1} \tag{3.59}$$

führt. Die adiabatische Expansion des Universums ist also klarerweise verbunden mit einer Abkühlung. Für die strahlungsdominierte Phase führt dies somit zu einer Abhängigkeit von (Gl. (3.38) und (3.59))

$$t \sim T^{-2} \tag{3.60}$$

Mit Hilfe von Gl. (3.60) kann man die Entwicklung nun in Zeiten oder Energien diskutieren. Im Laufe der Entwicklung kam es dazu, daß bei bestimmten Temperaturen bislang sich im thermodynamischen Gleichgewicht befindliche Teilchen dieses Gleichgewicht verließen. Zum Verständnis hierfür ist es geschickt, sich das Verhältnis der Reaktionsrate pro Teilchen Γ zur Expansionsrate H anzusehen. Hierbei gilt

$$\Gamma = n\langle\sigma v\rangle \tag{3.61}$$

mit einer geeigneten Mittelung für Relativgeschwindigkeit v und Wirkungsquerschnitt σ [Kol 90]. Das Gleichgewicht kann aufrechterhalten werden, falls $\Gamma > H$ für die wichtigsten Reaktionen ist. Für $\Gamma < H$ entkoppelt das entsprechende Teilchen aus dem Gleichgewicht. Man sagt, *es friert aus.* Wir wollen für die Temperaturabhängigkeit der Reaktionsrate eine $\Gamma \sim T^n$-Abhängigkeit annehmen. Betrachten wir weiterhin zwei Wechselwirkungen, vermittelt durch masselose Bosonen wie etwa das Photon, oder massive Bosonen wie beispielsweise das Z^0 mit einer Masse m_M. Im ersten Fall ergibt sich für die Streuung zweier Teilchen ein Wirkungsquerschnitt von

$$\sigma \sim \frac{\alpha^2}{T^2} \quad \text{mit} \quad g = \sqrt{4\pi\alpha} = \text{Eichkopplungsstärke} \tag{3.62}$$

Im zweiten Fall ist für $T \gg m_M$ das gleiche Verhalten zu erwarten. Für $T \leq m_M$ gilt

$$\sigma \sim G_M^2 T^2 \quad \text{mit} \quad G_M = \frac{\alpha}{m_M^2} \tag{3.63}$$

Mit einer thermischen Anzahldichte, d.h. $n \sim T^3$, folgt im Falle masseloser Austauschteilchen

$$\Gamma \sim \alpha^2 T \tag{3.64}$$

Zwischen Hubble-Konstante und Temperatur besteht in der strahlungsdominierten Phase eine Beziehung gemäß [Kol 90]

$$H \sim g_{\text{eff}}^{\frac{1}{2}} \frac{T^2}{m_{\text{Pl}}}, \tag{3.65}$$

und daraus folgt

$$\frac{\Gamma}{H} \sim \frac{\alpha^2 m_{\text{Pl}}}{T} \tag{3.66}$$

Dies bedeutet, nur für $T < \alpha^2 m_{\text{Pl}} \approx 10^{16}\,\text{GeV}$ sind die Reaktionsraten genügend schnell, um annähernd ein thermisches Gleichgewicht zu erzeugen. Man kann also nicht unbedingt davon ausgehen, daß zwischen der Planck-Zeit und dem Zeitpunkt der GUT-Symmetriebrechung ein thermisches Gleichgewicht bestanden hat. Für Reaktionen mit Austausch massiver Teilchen gilt

$$\Gamma \sim G_m^2 T^5 \tag{3.67}$$

Dies bedeutet, solange

$$m_M \geq T \geq G_M^{-\frac{2}{3}} m_{\text{Pl}}^{-\frac{1}{3}} \approx \left(\frac{m_M}{100\,\text{GeV}}\right)^{\frac{4}{3}} \text{MeV} \tag{3.68}$$

ist, stehen solche Prozesse im Gleichgewicht. Wir werden hierauf in Kap. 9 zurückkommen.

Verfolgen wir nun schrittweise die Evolution des Universums (Abb. 3.8). Der früheste Augenblick, an dem unsere heutige Beschreibung einsetzen kann, ist die bereits erwähnte Planck-Skala (siehe Kap. 2). Bei dieser Skala kommen Schwarzschildradius und Compton-Wellenlänge in die gleiche Größenordnung. Davor ist eine quantenmechanische Beschreibung der Gravitation nötig, die heute aber noch nicht konsistent existiert. Dieser Zeitpunkt liegt etwa 10^{-43} s nach dem Urknall und bei einer Energie von etwa 10^{19} GeV. Alle Teilchen sind hochgradig relativistisch, und das Universum ist strahlungsdominiert. Zu einem Zeitpunkt bei Energien um 10^{15} GeV fand dann die im letzten Kapitel besprochene GUT-Symmetriebrechung statt, wobei die schweren Eichbosonen X und Y entkoppelten. Bei etwa 300 GeV fand eine zweite Symmetriebrechung statt zu jenen Wechselwirkungen, die wir in den heutigen Teilchenbeschleunigern beobachten können. Bei etwa 10^{-6} s vernichteten sich Quarks und Antiquarks und der Überschuß an Quarks stellt die gesamte heute beobachtbare baryonische Materie dar. Der geringe

Überschuß von Quarks spiegelt sich in einem Baryon-Photon-Verhältnis von etwa 10^{-9} wider. Nach etwa 10^{-5} s oder bei etwa 100 bis 300 MeV, charakterisiert durch Λ_{QCD}, fand ein weiterer Phasenübergang statt. Er ist verbunden mit der Brechung der chiralen Symmetrie in der starken Wechselwirkung und dem Übergang freier Quarks in Form eines Quark-Gluon-Plasmas in Baryonen und Mesonen (Confinement). Bei Temperaturen von etwa 1 MeV passieren mehrere Dinge gleichzeitig, die in Kap. 4 genauer besprochen werden. In dem Zeitraum von 10^{-2} bis 10^{2} s findet hier der Prozeß der primordialen Nukleosynthese statt. Damit bedeutet die Beobachtung der leichten Elemente den weitesten Blick zurück in die Geschichte des Universums. Nebenbei entkoppeln zu diesem Zeitpunkt, bzw. etwas vorher, die Neutrinos und entwickeln sich nun unabhängig weiter. Es entstand so ein kosmischer Neutrinohintergrund, der bislang jedoch unbeobachtet ist. Ebenso findet eine fast vollständige Vernichtung von Elektronen und Positronen statt. Die Annihilationsphotonen bilden heute einen Teil der kosmischen Hintergrundstrahlung. Ein weiterer entscheidender Schritt findet dann erst ca. 150 000 Jahre später statt. Nun sind die Temperaturen so weit gesunken, daß die Atomkerne mit den Elektronen rekombinieren können. Da nun die Thomson-Streuung (Streuung von Photonen an freien Elektronen) sehr stark nachläßt, wird das Universum auf einmal durchsichtig, die Strahlung entkoppelt von der Materie. Diese können wir heute noch als 3K-Hintergrundstrahlung nachweisen (Kap. 7). Es ist dies auch der Zeitpunkt, ab dem Dichtefluktuationen wachsen können und damit die Bildung großräumiger Strukturen, wie auch von Galaxien beginnen kann. Zu etwa der gleichen Zeit geht das Universum vom strahlungsdominierten in den materiedominierten Zustand

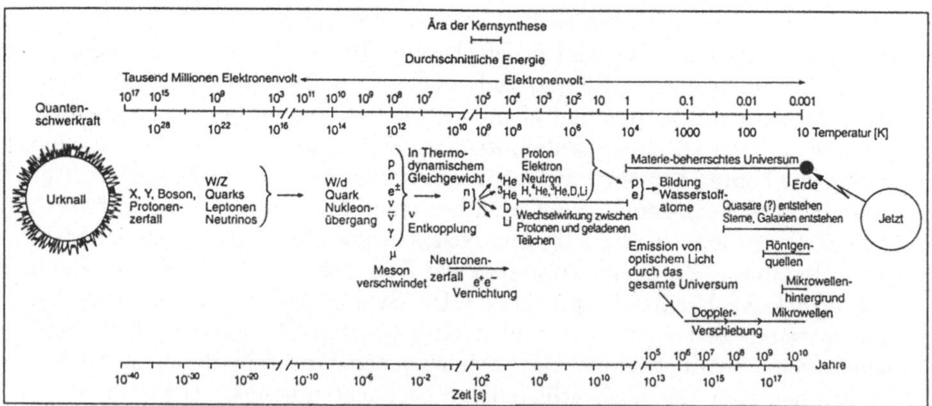

Abb. 3.8 Die zeitliche Entwicklung des Universums seit dem Urknall (aus [Wil 93] (a) und mit freundlicher Genehmigung von Microcosm CERN (b))

Entwicklung des Universums
Spiralgalaxie
WIR SIND HIER
Schweres Atom
Schwarzes Loch
Schwerer Stern
Protogalaxie
H-Atom
He-Atom
He-Kern
Wüste
Big Bang
GEGENWART
20 MILLIARDEN JAHRE
5 MILLIARDEN JAHRE
Erste Supernova
Galaxien-und Sternbildung
1 MILLIARDEN JAHRE
MATERIEDOMINIERTE ÄRA
UNIVERSUM WIRD TRANSPARENT
Entkopplung von Strahlung und Materie
Bildung von Atomen
10^{13} sec
PHOTON ÄRA
Nukleosynthese von Helium
10^2 sec
Verschwinden von Positronen
LEPTON ÄRA
Confinement von Quarks
Bildung von Protonen,Neutronen
Verschwinden von Antiquarks
10^{-10} sec
STRAHLUNGSDOMINIERTE ÄRA
ELEKTROSCHWACHE ÄRA
QUARK ÄRA
Asymmetrie Q-$\bar{Q}$,L-$\bar{L}$
Magnetische Monopole?
10^{-34} sec
Inflation ?
GUT-ÄRA
10^{-43} sec
ÄRA DER QUANTENGRAVITATION

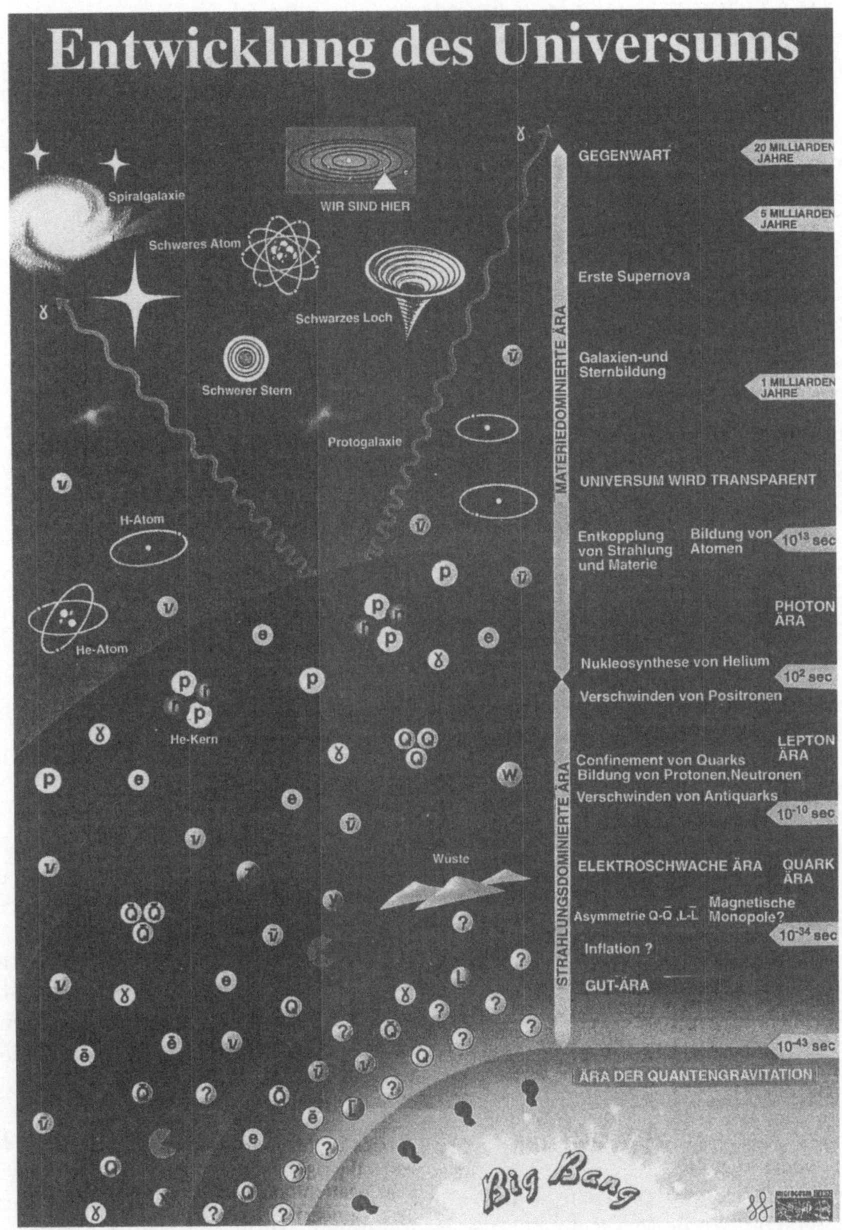

Abb. 3.8 (b)

Tab. 3.1 GUT-Kosmologie (aus [Gro89,90])

	Zeit t [s]	Energie $E = kT$ [GeV]	Temperatur T [K]	„Durchmesser“ des Universums R [cm]
Planck-Zeit t_{Pl}	10^{-44}	10^{19}	10^{32}	10^{-3}
GUT $SU(5)$-Brechung, M_X	10^{-36}	10^{15}	10^{28}	10
$SU(2)_L \otimes U(1)$-Brechung, M_W	10^{-10}	10^{2}	10^{15}	10^{14}
Quark-Confinement, $p\bar{p}$-Zerstrahlung	10^{-6}	1	10^{13}	10^{16}
ν entkoppeln, e^+e^--Vernichtung	1	10^{-3}	10^{10}	10^{19}
Bildung leichter Kerne	10^{2}	10^{-4}	10^{9}	10^{20}
γ entkoppeln, Übergang des Strahlungskosmos in Materiekosmos, Bildung von Atomen, Bildung von Sternen und Galaxien	10^{12} ($\approx 10^5$ a)	10^{-9}	10^{4}	10^{25}
heute, t_0	$\approx 5 \cdot 10^{17}$ ($\approx 2 \cdot 10^{10}$ a)	$3 \cdot 10^{-13}$	3	10^{28}

über. Diese Entwicklung mit den hier besprochenen Eigenschaften bezeichnet man als das Standardmodell der Kosmologie (siehe Tab.3.1).

3.2.2 Baryonasymmetrie im Universum

3.2.2.1 Allgemeine Bedingungen und der GUT-Phasenübergang

Unter der Annahme gleicher Häufigkeit von Materie und Antimaterie zum Zeitpunkt des Urknalls beobachtet man heute eine Überhäufigkeit von Materie gegenüber Antimaterie. Geht man einmal davon aus, daß Antimaterie nicht in Raumgebieten konzentriert ist, die für uns heutzutage unbeobachtbar sind, so muß die Asymmetrie aus der Frühzeit des Universums stammen. Hier vernichteten sich Materie und Antimaterie nahezu völlig, und aus einem vorhandenen Überschuß an Quarks *vor* der Vernichtung [Kol 90]

$$\frac{n_q - n_{\bar{q}}}{n_q} \approx 3 \cdot 10^{-8} \tag{3.69}$$

entstand alle baryonische Materie. Allgemein glaubt man, daß, um diesen Überschuß zu bewerkstelligen, drei Bedingungen erfüllt gewesen sein müssen [Sac 67b] (siehe auch [Wei 79]):

1. Sowohl eine C- als auch CP-Verletzung einer der elementaren Wechselwirkungen
2. Die Baryonenzahl kann keine Erhaltungsgröße sein
3. Thermodynamisches Nichtgleichgewicht

Man assoziiert die Erzeugung der Baryonasymmetrie oft mit dem GUT-Phasenübergang. Die Verletzung der Baryonenzahl ist in GUT-Theorien ja nicht ungewöhnlich, da hier Leptonen und Quarks in gleichen Multipletts untergebracht sind, wie in Kap. 2 diskutiert wurde. Daß eine CP-Verletzung notwendig ist, sieht man am beispielhaften Reaktionsschema

$$X \xrightarrow{r} u + u \qquad X \xrightarrow{1-r} \bar{d} + e^+ \tag{3.70}$$

$$\bar{X} \xrightarrow{\bar{r}} \bar{u} + \bar{u} \qquad \bar{X} \xrightarrow{1-\bar{r}} d + e^- \tag{3.71}$$

Bei CP-Verletzung wäre $r \neq \bar{r}$. Für $r > \bar{r}$ folgte damit ein Überschuß an u, d und e über $\bar{u}, \bar{d}, e^+$. Dies ist aber nur im thermodynamischen Nichtgleichgewicht möglich, da eine höhere Entstehungsrate an Baryonen ansonsten auch zu einer höheren Entstehungsrate von Antibaryonen führte. Im Gleichgewicht ist die Teilchenzahl unabhängig von der Reaktionsdynamik.

Ein Problem ist es, die CP-Verletzung in den Formalismus einzubauen. Läßt man eine spontan gebrochene CP-Invarianz zu, so läßt sich damit meist keine genügend große Baryonenasymmetrie erzeugen. Dies liegt daran, daß die kritische Temperatur zwischen CP-invarianter und CP-gebrochener Phase typischerweise in der Ordnung von 1 TeV liegt. Die relevanten Zerfälle der X, Y- und Higgs-Bosonen finden deshalb alle in der CP-invarianten Phase statt und erzeugen damit keine signifikante Baryonenasymmetrie. Hat man dagegen eine fest eingebaute CP-Verletzung, beispielsweise durch die QCD-Vakuumstruktur, so ergibt sich das sogenannte θ-Problem (siehe Kap. 11).

Für eine Zusammenfassung über Nicht-GUT-Baryonerzeugung, in der u.U. *keine* der drei oben genannten Bedingungen 1. bis 3. wirklich notwendig für die Baryogenese und die Ausbildung einer Materie-Antimaterie-Asymmetrie ist, siehe [Dol 92].

3.2.2.2 Der elektroschwache Phasenübergang

In jüngerer Zeit hat sich noch eine ganz andere Möglichkeit der Erzeugung von Baryonenzahlverletzung herauskristallisiert. Es handelt sich hierbei um den elektroschwachen Phasenübergang. Dessen Skala ist charakterisiert durch den Vakuumerwartungswert des Higgs-Bosons im elektroschwachen Standardmodell und liegt damit bei etwa 200 GeV. Wie sind hier die drei obigen Bedingungen für eine Baryon-Antibaryon-Asymmetrie zu erfüllen? Es wurde gezeigt, daß nicht-abelsche Eichtheorien nicht-triviale Vakuumstrukturen besitzen und mit unterschiedlichem Anteil von links-

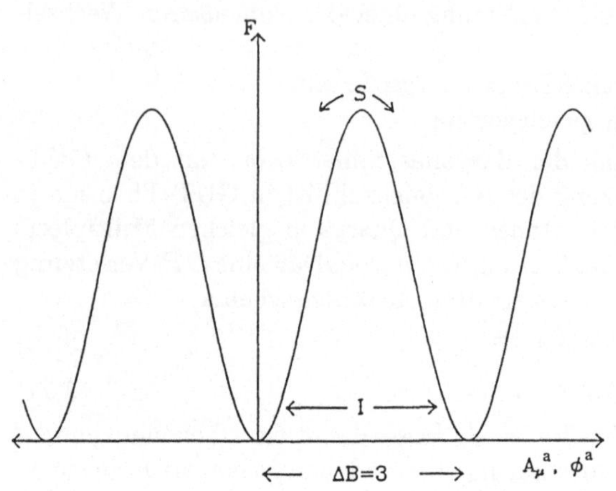

Abb. 3.9
Schematische Darstellung des Potentials mit verschiedenen Vakua, die als verschiedene mögliche Vakuumkonfigurationen der Felder A_μ, Φ nichtabelscher Eichtheorien auftreten. Die Möglichkeit des Instanton-Tunnelns (I) *durch* die Barriere der Höhe T_C als auch der Sphaleron-Weg (S) *über* die Barriere sind angedeutet. Beim Übergang ändert sich $B+L$ um 2 N_F, wobei N_F die Anzahl der Familien darstellt (in diesem Falle 3) (aus [Kol 90]).

und rechtshändigen Fermionen eine Baryonen- und Leptonenzahlverletzung besitzen [t'Ho 76], [Kli 84]. Abb. 3.9 zeigt solche Vakuumkonfigurationen, welche durch unterschiedliche topologische Windungszahlen charakterisiert werden und durch Energiebarrieren der Höhe T_C getrennt sind. Wir kommen hierauf in Kap. 11 bei der Besprechung der Axionen zurück. Für den Fall $T = 0$ kann ein Übergang von einem Vakuum zum nächsten nur durch quantenmechanisches Tunneln stattfinden (*Instanton*), und er ist deswegen mit $\exp(2\pi/\alpha_w) \approx 10^{-86}$ unterdrückt (α_w = schwache Kopplungskonstante). Dies ändert sich jedoch bei hohen Temperaturen [Kuz 85]. Es sind nun thermische Übergänge möglich und für $T \gg T_C$ ist der Übergang durch einen Boltzmann-Faktor $\exp(-E_{\text{sph}}(T)/T)$ charakterisiert. Hierbei bezeichnet E_{sph} die Sphaleronenergie. Bei dem *Sphaleron* handelt es sich um einen Sattelpunkt im Konfigurationsraum, der klassisch instabil ist. Dies bedeutet, daß die Übergänge hauptsächlich über diese Konfiguration stattfinden. Die Sphaleronenergie E_{sph} ist gleichbedeutend mit der Höhe der Barriere T_C und damit auch temperaturabhängig. Sie liegt bei etwa m_w/α_w und damit etwa zwischen 8 und 14 TeV. Damit sollten sich Effekte, die mit solchen Vakuumübergängen verbunden sind, in den nächsten Beschleunigergenerationen (z.B. LHC) nachweisen lassen. Gerade im Bereich des Phasenübergangs findet eine signifikante B-Verletzung statt. Es besteht damit die Gefahr, daß alle früher entstandenen Baryon-Antibaryon-Asymmetrien ausgewaschen werden, gleichzeitig können jedoch neue erzeugt werden. Dies geschieht, wenn der Phasenübergang zumindest schwach 1. Ordnung ist. Dies bedeutet (siehe z.B. [Goe 94]), daß es sich um keinen kontinuierlichen Übergang handelt, sondern sich Gebiete der neuen Phase bilden (Blasen), die sich ausdehnen. An den Wänden der entstehenden Blasen (siehe z.B. [Coh 93]) findet dann eine signifikante Baryonenzahlverletzung statt.

Geht man von einem Vakuum zum nächsten, so ändert sich die Kombination von $B+L$ um $2 \cdot N_F$, wobei N_F die Anzahl der Familien darstellt, gegenwärtig sind hiervon ja drei bekannt. Da zudem $B-L$ aber eichanomaliefrei ist, d.h. $B-L$ ändert sich hierbei nicht, führt der Vakuumübergang zu einem $\Delta B = 3$. Auch die Bedingung der CP-Verletzung ist zu erfüllen, aber man braucht hier zusätzliche Beiträge zur CP-Phase aus der CKM-Matrix. Informationen hierzu könnte man aus der Untersuchung der B-Mesonen gewinnen (siehe z.B. [Nir 92] und Kap. 1).

Damit nun auch die dritte Bedingung des Nichtgleichgewichts erfüllt ist, muß es sich um einen Phasenübergang mindestens schwach erster Ordnung handeln. Es erscheint somit möglich, die Baryonasymmetrie auch im Rahmen des elektroschwachen Standardmodells erklären zu können, auch wenn noch viele Fragen zu klären sind [Din 92]. Eine Baryonenzahlverletzung kann auch erzeugt werden durch eine Leptonenzahlverletzung (da ja $B - L = 0$ sein muß). Für letztere eignen sich Majorana-Wechselwirkungen, so daß umgekehrt auch Grenzen für beispielsweise Majorana-Neutrinomassen aus diesem Prozeß hergeleitet werden können. Je nach Modell reichen die Obergrenzen hierfür von 50 keV bis herab zu 1 eV, oder es läßt sich auch keinerlei Beschränkung auferlegen [Fuk 90a], [Cam 91], [Gel 92]. Für Details des elektroschwachen Phasenüberganges siehe [Coh 93], [Jan 95b].

3.3 Probleme des Standardmodells

So schön auch die Erfolge des bisher besprochenen kosmologischen Standardmodells sind, so gibt es doch einige Punkte, die eine weitere Überlegung erfordern. Da ist zunächst einmal die Flachheit des heutigen Universums. Weitere Probleme sind das Horizont- und das Monopolproblem. Es wird ferner als unbefriedigend empfunden, daß die Entwicklung des Universums bis zum heutigen Zeitpunkt sehr kritisch von den Anfangsparametern abhängt, die zur Planck-Zeit vorlagen. Wünschenswert wäre vielmehr ein Modell, in dem die spätere Entwicklung praktisch nicht mehr von den Anfangsbedingungen bei t_{Pl} abhängt. Eine mögliche Lösung dieser Probleme sind sogenannte inflationäre Modelle (siehe Kap. 3.4).

3.3.1 Das Flachheitsproblem

Die Metrik ist als Anfangsbedingung eine ein für allemal festgelegte Größe, d.h. ein sphärisches Universum bleibt für immer ein sphärisches Universum, gleiches gilt für die beiden anderen Möglichkeiten. Die Frage nach der Metrik ist deswegen fundamental für das zugrundeliegende Weltmodell. Die zukünftige Entwicklung wird maßgeblich davon bestimmt sein. Ein sphärisches Universum wird eines Tages kollabieren, während ein hyperbolisches Universum (unter der Bedingung einer verschwindenden kosmologischen Konstanten) ewig expandieren wird.

Um etwas über die Krümmung aussagen zu können, ist eine Skala notwendig. Der einzige Term in den Friedmann-Gleichungen (Gl. (3.8) und Gl. (3.9)), der nicht invariant gegen eine Änderung von R ist, ist der Krümmungsterm $-k/R^2$. Er verschwindet für $R \to \infty$. Bei einer nur schwachen Krümmung gilt

$$\left|\frac{k}{R^2(t)}\right| \ll \left|\frac{8\pi G}{3}\rho(t)\right|, \tag{3.72}$$

und der Krümmungsterm hat kaum einen Einfluß auf die Entwicklung von $R(t)$. Die entgegengesetzte Bedingung einer starken Krümmung

$$\left|\frac{k}{R^2(t)}\right| \gg \left|\frac{8\pi G}{3}\rho(t)\right| \tag{3.73}$$

läßt sich nur bei einem hyperbolischen Universum verwirklichen. Für ein sphärisches Universum gilt dagegen immer

$$\left|\frac{k}{R^2(t)}\right| \leq \left|\frac{8\pi G}{3}\rho(t)\right| \tag{3.74}$$

Deswegen ist es sinnvoller, die Stärke der Krümmung als Abweichung der Dichte $\rho(t)$ von der kritischen Dichte ρ_c zu definieren. Wir nehmen einmal als konservative Abschätzung an, daß heute

$$0.1\rho_c \leq \rho_0 \leq 10\rho_c \tag{3.75}$$

ist. Dies erlaubt Lösungen für $k = -1, 0, +1$. Nun wächst jede Abweichung von $\rho_c(t)$ im Laufe der Zeit an. Aus den Abhängigkeiten für ein strahlungsdominiertes ($\rho_s \sim R^{-4}$) und für ein materiedominiertes ($\rho_m \sim R^{-3}$) Universum erkennt man ein schnelleres Wachstum der rechten Seite in Gl. (3.74) als das des Krümmungsterms (linke Seite). Damit unser Universum heute überhaupt so nahe an der kritischen Dichte Gl. (3.75) liegt, muß die Abweichung beispielsweise 10^{-36} s nach dem Urknall kleiner als

$$\frac{|\rho(t) - \rho_c(t)|}{\rho_c(t)} \leq 10^{-50} \tag{3.76}$$

gewesen sein. Selbst für 1 s nach dem Urknall, entsprechend etwa 1 MeV, hätte die Abweichung kleiner als 10^{-14} sein müssen. Das frühe Universum muß also extrem flach gewesen sein. Diese Flachheit auf natürliche Weise zu erklären, ohne äußerst speziell gewählte Anfangsbedingungen, muß das Ziel der Modelle sein.

3.3.2 Das Horizontproblem

Die Distanz, bis zu der wir heute Informationen empfangen können, bezeichnen wir als *Ereignishorizont.* Sie ist gegeben durch

$$d_H(t) = R(t) \int_0^t \frac{dt'}{R(t')} \tag{3.77}$$

Zwei um $2d_H$ voneinander getrennte Beobachter sind also völlig unabhängig voneinander und waren dies auch zur Zeit der GUT-Symmetriebrechung. Nimmt man hierfür eine charakteristische Temperatur von etwa 10^{15} GeV an und eine umgekehrte Proportionalität zwischen R und T (Gl. (3.59)), so ergibt sich mit dem heutigen Wert T der Hintergrundstrahlung ein Wachstum für R bis heute um einen Faktor $4 \cdot 10^{26}$. Setzt man die GUT-Zeit, 10^{-35} s nach dem Urknall, in Gl. (3.77) ein, so ergibt sich eine Horizontgröße von $2d_H \simeq 6 \cdot 10^{-25}$ cm. Damit würde sich heutzutage ein Wert von 2.40 m für d_H ergeben. Die Hintergrundstrahlung ist aber andererseits auf einer Entfernungsskala von 10^{28} cm isotrop. Dies ist nur zu erreichen, wenn man von Anfang an eine Isotropie fordert, ansonsten ist es nicht erklärbar, da solch große Regionen früher nicht kausal verknüpft waren. Oder anders formuliert: Da bei allen expandierenden Weltmodellen $R(t) \sim t^n$, wobei $n < 1$ ist, so folgt mit Gl. (3.77)

$$d_H = \frac{ct}{1-n} \tag{3.78}$$

Für den Fall verschwindender Krümmung und mit $p = k\rho$ ergibt sich so für ein materiedominiertes Universum:

$$R \sim t^{\frac{2}{3}} \rightarrow d_H = 3ct \tag{3.79}$$

Unsere Sicht sollte sich demnach auf mehrere kausal unabhängige Gebiete erstrecken. Warum ist dann aber die empfangene 3K-Strahlung so hochgradig isotrop? Dafür gibt es keinen Grund.

3.3.3 Das Monopolproblem

Ein weiteres Problem ist die Häufigkeit von schweren Teilchen, welche aus dem GUT-Phasenübergang übriggeblieben sind. Ein Beispiel hierfür sind magnetische Monopole, welche wir in Kap. 10 genauer besprechen werden. Es handelt sich hierbei um topologische Defekte, welche an den Rändern von Raumgebieten mit verschiedenen GUT-Phasen entstehen. Die Vorhersage ihrer Häufigkeit ist unsicher, jedoch läßt sich eine einfache Abschätzung gewinnen [Kib 76]. Hierbei wird angenommen, daß mindestens ein Monopol pro Raumdomäne entsteht. Besitzt die Raumdomäne einen Durchmesser r, so resultiert eine Monopoldichte n_M von

$$n_M \geq r^{-3} \tag{3.80}$$

und ein Beitrag zur Materiedichte von

$$\rho_M = m_M n_M \geq m_M r^{-3} \tag{3.81}$$

Zwei Einschränkungen führen nun zu einem Problem. Die konservative Annahme für die gegenwärtige Materiedichte Gl. (3.75) gilt natürlich auch für Monopole. Andererseits kann r nicht größer sein als der Ereignishorizont zur Zeit der Symmetriebrechung, da jedes Raumgebiet kausal verknüpft sein muß. r ist dadurch korreliert mit einer Temperatur T_M, gegeben durch $kT_M = m_M$. Aus dieser Bedingung und den Gl. (3.75), (3.81) folgt:

$$kT_M \leq 10^{10}\,\mathrm{GeV} \tag{3.82}$$

Dies bedeutet, daß ein Phasenübergang für eine typische $SU(5)$-Brechung bei Temperaturen von $kT \approx 10^{15}\,\mathrm{GeV}$ (siehe Kap. 2) und damit ähnlicher Monopolmasse zu einem unakzeptabel hohen Beitrag zur Energiedichte durch Monopole von etwa $\Omega h^2 \approx 10^{10}$ geführt hätte.

3.4 Die inflationäre Phase

Als Lösung dieser Probleme bietet sich das Modell der Inflation an [Gut 81], [Alb 82], [Lin 82], [Lin 84]. Für jüngere Übersichten siehe [Oli 90a], [Kol 90], [Lin 90], [Nar 91], [Lid 95], [Lin 96a]. Bisher betrachteten wir nur den Fall $\Lambda = 0$. In Kap. 5 werden wir sehen, daß Λ in der modernen Quantenfeldtheorie die Bedeutung einer Vakuumenergiedichte ρ_V hat. Die Gleichungen (3.8) und (3.10) schreiben sich dann allgemeiner ($\rho \to \rho + \rho_V$ und $p \to p + p_V$) als

$$\frac{\dot{R}^2}{R^2} + \frac{k}{R^2} = \frac{8\pi G}{3}(\rho + \rho_V) \tag{3.83}$$

und

$$\frac{\ddot{R}}{R} = -\frac{4\pi G}{3}(\rho - 2\rho_V + 3p) \tag{3.84}$$

Wie in Kap. 5 gezeigt, entspricht eine positive Vakuumenergie einem negativen Druck $p_V = -\rho_V$. Sollte nun irgendwann einmal diese Vakuumenergie der dominante Beitrag sein, d.h. über alle Materie- und Krümmungsterme dominieren, so ergeben sich neue exponentielle Lösungen für das zeitliche Verhalten des Skalenfaktors R. So ergibt sich für den Fall mit $\rho_V > 0$

$$R(t) \approx R(0)\exp(Ht), \tag{3.85}$$

wobei

$$H^2 = \frac{8\pi G \rho_V}{3} \tag{3.86}$$

Solche exponentiell expandierenden Universen werden *de-Sitter*-Universen genannt. Im speziellen Fall, daß der negative Druck des Vakuums hierfür verantwortlich ist, spricht man auch von *inflationären* Universen. Bei der Inflation ist jedoch die exponentielle Phase auf den GUT-Phasenübergang beschränkt. Bleibt nun zu erklären, wie es zu einer Phase kommen kann, in der die Vakuumenergie dominiert. Als Grundvoraussetzung dient ein schwach wechselwirkendes, skalares Higgs-Feld Φ, welches sich nicht in seinem Grundzustand aufhält. Wie man dies erreicht, ist modellabhängig. Wie erzeugt man die anfängliche Verschiebung des Feldes Φ aus seinem Grundzustand? Eine Möglichkeit ist eine spontane Symmetriebrechung. Bei der Besprechung der spontanen Symmetriebrechung haben wir gesehen (siehe Kap. 1), daß in der gebrochenen Phase der Vakuumerwartungswert des Higgs-Feldes von Null verschieden ist. Bei Aufrechterhaltung der Symmetrie ist $\langle\Phi\rangle = 0$. Oberhalb der den Phasenübergang charakterisierenden kritischen Temperatur T_C befindet sich der Vakuumzustand bei $\langle\Phi\rangle = 0$. Für $T \simeq T_C$ bildet sich ein zweites Minimum bei $\langle\Phi\rangle = \sigma$ aus, welches für $T < T_C$ niedriger liegt als jenes bei $\langle\Phi\rangle = 0$. Das Minimum bei $\langle\Phi\rangle = 0$ nennt man *falsches Vakuum*, da der Zustand niedrigster Energie als Vakuum bezeichnet wird, und dieser ja nun bei $\langle\Phi\rangle = \sigma$ liegt (Abb. 3.10). Im ursprünglichen inflationären Modell von Guth [Gut 81] war es so, daß, solange sich das Feld im falschen Vakuum aufhielt, es zu einer exponentiellen Expansion kam. Lokal geschah dann der Übergang zum richtigen Vakuum entweder durch quantenmechanisches Tunneln oder durch thermische Fluktuationen. Es bildeten sich also Blasen im richtigen Zustand, welche miteinander verschmolzen und die Inflation stoppten. Solch einen „blasenartigen“ Phasenübergang bezeichnet man als Phasenübergang 1. Ordnung. Um nun aber eine genügend große

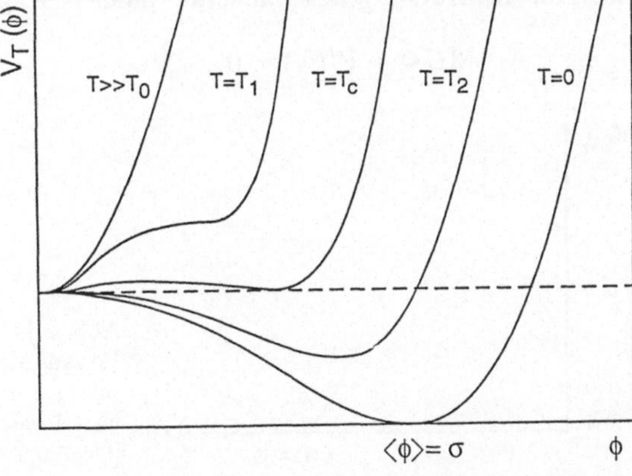

Abb. 3.10
Die Änderung des Potentials in der Nähe eines Phasenüberganges erster Ordnung. Aus dem parabelförmigen Potential mit Scheitelpunkt bei Null entwickelt sich ein komplexeres Potential mit einem Minimum bei $\langle\Phi\rangle = \sigma$. Dieser Zustand ist der neue eigentliche Vakuumzustand, und das System versucht nun, aus dem falschen Vakuum (bei $\langle\Phi\rangle = 0$) in das neue Vakuum zu gelangen (aus [Kol 90]).

Inflation zu bekommen, welche die angesprochenen Probleme löst, mußte das falsche Vakuum relativ stabil sein. Dies führte zu einer sehr geringen Rate an Blasen und auch die Verschmelzungsrate war ineffektiv. Das Problem dieser Modelle war deswegen meist eine nicht stoppende Inflation oder ein sehr inhomogenes Universum. Ein verbesserter Schritt zur Lösung dieser Probleme war ein temperaturabhängiges Higgs-Potential, auch Coleman-Weinberg-Potential $V_{\rm CW}(\Phi, T)$ genannt [Col 73], [Wei 74]. Für $T = 0$ ist dies gegeben durch

$$V_{\rm CW}(\Phi) = \frac{1}{2}B\sigma^4 + B\Phi^4\left(\ln\frac{\Phi^2}{\sigma^2} - \frac{1}{2}\right) \tag{3.87}$$

B ist hierbei etwa 10^{-3}, verknüpft mit der Kopplungskonstanten des betrachteten GUT-Modells (in diesem Falle $SU(5)$). Dieses Potential ist sehr flach für $\Phi \leq \sigma$ und fällt dann sehr steil bei $\Phi \approx \sigma$ ab (Abb. 3.11). Für Temperaturen ungleich Null existiert eine Barriere bei $\Phi \approx T$ mit einer Höhe von $\Phi \sim T^4$. Der Phasenübergang soll ja von der Brechung einer GUT-Symmetrie herrühren. Diese fand etwa bei 10^{15} GeV statt. Erst bei einer Temperatur von etwa 10^9 GeV wird obige Barriere instabil und die Tunnelwahrscheinlichkeit liegt nahe an 100 %. Das nun folgende Herabrollen auf dem flachen Teil des Potentials ist es, welches den Zeitpunkt der exponentiellen Expansion bedeutet. Ist diese Zeit Δt sehr viel größer als die Expansionsskala H^{-1}, z.B.

$$\Delta t = 100H^{-1}, \tag{3.88}$$

so folgt daraus eine Expansion um den Faktor $\exp(100) = 3 \cdot 10^{43}$! Beschrieben wird dieses Rollen mit den gleichen Bewegungsgleichungen wie das Herunterrollen eines Balles auf einer schrägen Ebene mit Reibung

$$\ddot{\Phi} + 3H\dot{\Phi} + V'(\Phi) = 0 \tag{3.89}$$

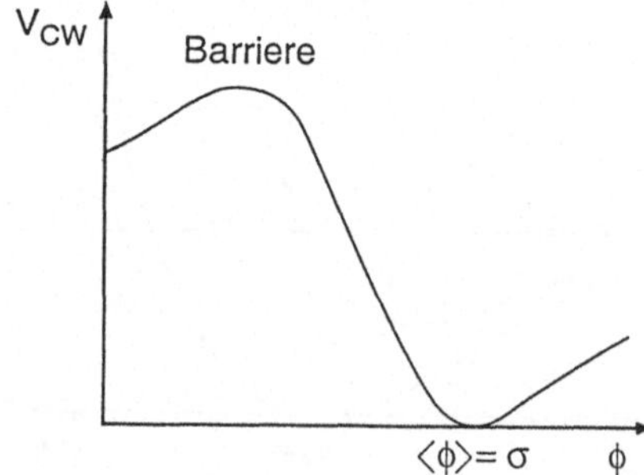

Abb. 3.11
Verlauf des Coleman-Weinberg-Potentials, mit dessen Hilfe es möglich ist, eine inflationäre Phase im Universum zu erzeugen (aus [Gro 89,90]).

Im dritten Schritt führt das Feld nun kohärente Oszillationen um den neuen Vakuumerwartungswert aus. Diese werden gedämpft durch die Expansion des Universums und die Erzeugung relativistischer Teilchen. Die anschließende Thermalisierung führt zu einer enormen Aufheizung des Universums auf Temperaturen, wie sie zu Beginn der Inflation geherrscht hatten. Gleichzeitig findet eine enorme Entropiezunahme statt (siehe z.B. [Kol 90]). Der ganze Vorgang der Inflation beschränkt sich dabei auf ein Zeitintervall von etwa 10^{-35} s bis 10^{-30} s nach dem Urknall. Der große Fortschritt des Coleman-Weinberg-Potentials war die Entkopplung der Inflation vom Durchdringen der Barriere. Die Dauer der Inflation ist nun bestimmt durch die Dauer des Rollens auf dem flachen Potential anstelle der Aufenthaltsdauer im falschen Vakuum.

Die spontane Symmetriebrechung und das hier aufgeführte Beispiel des Coleman-Weinberg-Potentials sind keine notwendigen Bedingungen für Inflation, es ist aber möglich, mit ihnen solche inflationären Modelle zu erzeugen. Andererseits geht z.B. Lindes Modell der chaotischen Inflation [Lin 82] von einem Potential

$$V(\Phi) = \lambda\Phi^4 \tag{3.90}$$

aus, wobei die Anfangswerte des Feldes Φ chaotisch über den Raum verteilt sind, und das Minimum des Potentials bei $\langle\Phi\rangle = 0$ liegt, d.h. keine spontane Symmetriebrechung. Dieses Potential ist einzig und allein zu dem Zweck eingeführt, eine Inflation herbeizuführen. Die entscheidende Bedingung scheint die Existenz eines flachen Teils des Potentials zu sein, auf dem das Feld genügend lange „rollen" kann, um eine effektive Inflation zu bewirken.

Wie können diese Modelle nun die angesprochenen Probleme lösen? Durch die exponentielle Expansion einzelner Raumgebiete wurden letztere gigantisch vergrößert. Unser sichtbares Universum ist nun nur noch ein winziger Teil einer Raumdomäne. Diese gigantische Expansion bewirkt, daß jede anfängliche Krümmung nun soweit geglättet ist, daß für uns immer ein nahezu flaches Universum zu existieren scheint. Daraus folgt die wichtige Voraussage, daß Ω_0 sehr nahe an 1 liegen muß. Da wir auch nur noch einen kleinen Teil unseres kausal zusammenhängenden Raumgebietes sehen, gibt es nun auch keine Schwierigkeiten mehr mit der Isotropie der Hintergrundstrahlung. Da pro Raumdomäne nur etwa ein Monopol erwartet wird, hat ihre Dichte nun drastisch abgenommen und steht nicht mehr im Widerspruch zu den experimentellen Ergebnissen.

Eine Stütze des inflationären Modells kommt aus der jüngst beobachteten geringen Anisotropie in der Hintergrundstrahlung, da deren Spektrum sich gut mit der Vorhersage der Inflation erklären läßt (siehe Kap. 7).

Die Erweiterung der Urknallhypothese durch eine inflationäre Phase 10^{-35} s nach dem Urknall erweist sich als sehr vielversprechend und erfolgreich. Dies ist der Grund, warum man häufig auch heute die Kombination des Urknallmodells mit Inflation als Standardmodell der Kosmologie bezeichnet.

Nachdem nun in den ersten drei Kapiteln die Grundlagen sowohl der Kosmologie als auch der Teilchenphysik abgehandelt wurden, wollen wir uns jetzt verschiedenen Einzelpunkten genauer zuwenden.

4 Primordiale Nukleosynthese

In diesem Kapitel wollen wir uns mit einer wesentlichen Stütze des Urknallmodells beschäftigen, der Entstehung der leichten Elemente im frühen Universum. Hierzu zählen H, D, ^{3}He, ^{4}He und ^{7}Li. Neben der Elementproduktion in Sternen und der Erzeugung schwerer Elemente in Supernovaexplosionen (siehe Kap. 14) ist dies der dritte entscheidende Prozeß zur Elemententstehung. Daß ihre Häufigkeiten über mehr als zehn Größenordnungen richtig vorhergesagt werden, darf als einer der herausragenden Erfolge des Standard-Urknallmodells gesehen werden. Das Studium der ^{4}He-Häufigkeit erlaubt es außerdem, Aussagen über die Anzahl möglicher Neutrinoflavours zu geben. Durch Messungen am LEP konnte diese Vorhersage in jüngster Zeit bestätigt bzw. noch genauer festgelegt werden. Wir wollen zuerst einmal auf die experimentell beobachtbaren primordialen Häufigkeiten der relevanten Isotope eingehen. Für eine ausführliche Diskussion verweisen wir auf [Yan 79], [Yan 84], [Boe 85], [Boe 88], [Mal 93], [Wil 94].

4.1 Beobachtete Elementhäufigkeiten

4.1.1 Die ^{4}He-Häufigkeit

Wenden wir uns zunächst der Bestimmung der ^{4}He-Häufigkeit zu. Man gibt sie als relativen Massenanteil Y des Heliums an der Gesamtmasse an. Da das primordiale He im Laufe der Zeit mit in Sternen erzeugtem Helium angereichert wird, dient die gemessene Häufigkeit meist als Obergrenze. Schon 1967 konnte Faulkner aus Untersuchungen an Unterzwergen zeigen, daß $Y > 0.20$ sein müßte, während andere durch Untersuchungen von Kugelsternhaufen auf Werte von etwa 0.30 kamen. Damit war die Größenordnung zumindest abgesteckt. Als nächstes Untersuchungsobjekt kommt unsere Sonne in Frage. Da die Leuchtkraft unter anderem auch von dem mittleren Molekulargewicht μ abhängt ($L \sim \mu^{7.5}$), konnte man, unter Annahme von Masse und Radius, Y auf Werte um 0.23 festlegen. 1978 gelang dann der interessante Nachweis, daß sich die Heliumhäufigkeit unseres Nachbarn, α Centauri, nur um ca. 0.01 von dem der Sonne unterscheidet. Diverse andere Untersuchungen deuten alle auf ähnliche Werte hin. Das Problem ist, daß die gut beobachtbaren galaktischen HII-Regionen (dies sind heiße Gebiete aus ionisiertem Wasserstoff, in denen auch He vorhanden ist; zur Beobachtung des He dienen die Rekombinationslinien, z.B. die He^+-Rekombinationslinie) mit nichtprimordialen Helium verschmutzt sind, während HII-Regionen in weit entfernten, metallarmen Galaxien schwer zu beobachten sind, aber relativ wenig nichtprimordiales Helium enthalten. Da nur die Rekombinationslinie beobachtbar ist, müssen für die Bestimmung des neutralen Heliums Modelle über die HII-Regionen hinzugezogen werden. Bezüglich der Beobachtungstechniken siehe z.B. [Dav 89]. Da Helium ebenso wie die schwereren Elemente auch in Sternen erzeugt wird, erwartet man eine Korrelation zwischen Y und dem Massenanteil der Metalle Z. Es gilt:

$$Y = Y_{\text{prim}} + \frac{dY}{dZ} Z \tag{4.1}$$

Der primordiale Anteil folgt dann aus einer Extrapolation für $Z = 0$. Da es schwierig ist, die Gesamthäufigkeit der schweren Elemente (und damit den Beitrag der stellaren Verunreinigung) zu messen, nimmt man zur Abschätzung meist stellvertretend das Verhältnis der Sauerstoffhäufigkeit zu der des Wasserstoffs O/H. Es besteht eine Korrelation zwischen Y und O/H in der Form, daß in Gebieten mit geringem Sauerstoff (O/H klein) auch geringere Heliumhäufigkeiten erwartet werden. Nun wird Sauerstoff meist in massiven Sternentwicklungen ($M > 8M_\odot$) erzeugt, während He und z.B. Stickstoff eher in intermediären Massenbereichen ($M > 2M_\odot$) erzeugt werden. Man geht deswegen dazu über, die Stickstoffhäufigkeit heranzuziehen (Abb. 4.1). Typische Werte für Y inklusive der beiden Korrelationen sind [Wal 91]:

$$Y = 0.226 \pm 0.005 \pm 160(\pm 40)\text{O/H} \tag{4.2}$$

$$Y = 0.231 \pm 0.003 \pm 2800(\pm 700)\text{N/H} \tag{4.3}$$

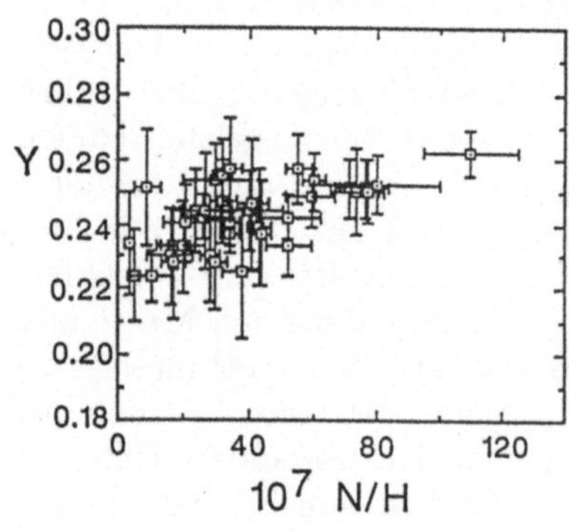

Abb. 4.1
Der in extragalaktischen HII-Regionen beobachtete ^{4}He-Massenbruchteil Y als Funktion der beobachteten Stickstoffhäufigkeit (aus [Wal 91]).

Sehr konservativ kann man also sagen, daß aus den Beobachtungen ein Wert von

$$Y = 0.23 \pm 0.02 \tag{4.4}$$

folgt. Jüngste Untersuchungen mit dem Hopkins-Ultraviolet-Telescope (HUT) während einer Space-Shuttle-Mission konnten erstmals zweifelsfrei intergalaktisches Helium nachweisen [Sky 95a]. Die Beobachtungen deuten darauf hin, daß mindestens die Hälfte des im Urknall erzeugten Heliums im intergalaktischen Medium enthalten ist.

Anders liegt der Fall bei den anderen Isotopen. Diese sind im Vergleich zu Helium relativ schwierig zu beobachten.

4.1.2 Deuterium und ^{3}He

Betrachten wir zunächst einmal das Deuterium. Es entsteht außer primordial praktisch nirgends im Weltall, außer im Sterninneren, wo es aber gleich zu ^{3}He weiterverarbeitet wird. Aus diesem Grunde sind seine höchsten beobachteten Häufigkeiten als eine untere Grenze zu sehen, da höchstens Deuterium verloren gegangen ist, aber keine neue Anreicherung der interstellaren Materie damit stattgefunden hat. Oberhalb von Temperaturen von $6 \cdot 10^5$ K wird es leicht gemäß $p+\mathrm{D} \to {}^3\mathrm{He}+\gamma$ zerstört, so daß seine Beobachtung am besten im interstellaren Medium geschieht. Untersuchungen von DHO- und CH_3D-Moleküllinien in den großen Planeten ergaben Werte für D/H von etwa 1 bis $3 \cdot 10^{-5}$ [Kun 82]. Beobachtungsmöglichkeiten im interstellaren Medium bestehen in der Lyman-Serie im UV-Bereich oder durch die Hyperfeinstrukturlinie bei 92 cm Wellenlänge. Man betrachtet hierzu die Absorptionslinien gegen heiße Sterne oder sogar ferne Quasare [Rog 73]. Eine Beobachtung der interstellaren Materie in Richtung des Sterns α Aurigae mit dem Hubble-Space-Teleskop ergab beispielsweise einen Wert von [Lin 92]

$$\frac{\mathrm{D}}{\mathrm{H}} = (1.65^{+0.07}_{-0.18}) \cdot 10^{-5} \tag{4.5}$$

Aus all den Beobachtungen schließt man auf [Kol 90] Grenzen für die Häufigkeit von

$$10^{-5} \leq \frac{\mathrm{D}}{\mathrm{H}} \leq 2 \cdot 10^{-4} \tag{4.6}$$

Aufgrund der großen Intensitätsunterschiede der D- und H-Linie handelt es sich hier um ausgesprochen schwierige Messungen.

^{3}He beobachtet man am besten in HI-Regionen über die Hyperfeinstrukturlinie des $^3\mathrm{He}^+$ bei 3.46 cm. Aufgrund seiner Produktion in Sternen ist hier die niedrigste beobachtete Häufigkeit als obere Grenze zu interpretieren. Die Grenzen liegen bei [Ban 87]

$$1.2 \cdot 10^{-5} \leq \frac{^3\mathrm{He}}{\mathrm{H}} \leq 1.5 \cdot 10^{-4} \tag{4.7}$$

Wegen der schnellen Weiterreaktion von D zu ^{3}He betrachtet man diese beiden häufig zusammen (siehe z.B. [Den 90]). Dazu folgende Überlegung: Das beobachtete D/H-Verhältnis stellt nur einen Bruchteil f des primordialen Wertes dar:

$$\frac{\mathrm{D}}{\mathrm{H}} = f\left(\frac{\mathrm{D}}{\mathrm{H}}\right)_{\mathrm{prim}} \tag{4.8}$$

Das zerstörte D wurde aber in ^{3}He umgewandelt, so daß gilt:

$$\frac{^3\mathrm{He}}{\mathrm{H}} = (1-f)g\left(\frac{\mathrm{D}}{\mathrm{H}}\right)_{\mathrm{prim}} + g\left(\frac{^3\mathrm{He}}{\mathrm{H}}\right)_{\mathrm{prim}} + \left(\frac{^3\mathrm{He}}{\mathrm{H}}\right)_{\mathrm{prod}}, \tag{4.9}$$

wobei g den Anteil des zerstörten ^{3}He darstellt, und der letzte Term die stellare Produktion angibt. Hieraus ergibt sich

$$g^{-1}\frac{^3\mathrm{He}}{\mathrm{H}} > (1-f)\left(\frac{\mathrm{D}}{\mathrm{H}}\right)_{\mathrm{prim}} + \left(\frac{^3\mathrm{He}}{\mathrm{H}}\right)_{\mathrm{prim}}, \tag{4.10}$$

welches somit geschrieben werden kann als

$$\left(\frac{D + {^3\mathrm{He}}}{\mathrm{H}}\right)_{\mathrm{prim}} < \frac{\mathrm{D}}{\mathrm{H}} + g^{-1}\frac{^3\mathrm{He}}{\mathrm{H}} \tag{4.11}$$

bzw.

$$\left(\frac{D + {^3\mathrm{He}}}{\mathrm{H}}\right)_{\mathrm{prim}} < \frac{D + {^3\mathrm{He}}}{\mathrm{H}} + (g^{-1}-1)\frac{^3\mathrm{He}}{\mathrm{H}} \tag{4.12}$$

Nimmt man die in einer speziellen Sorte von Meteoriten, den choligen Chondriten, gefundenen, als präsolar geltenden Werte [Jef 70]

$$\left(\frac{D + {^3\mathrm{He}}}{\mathrm{H}}\right)_{\mathrm{prim}} < [4.3 + 1.9(g^{-1}-1)] \cdot 10^{-5}, \tag{4.13}$$

und einen Wert von $g > 0.25$ [Dea 86], so ergeben sich Häufigkeiten von

$$\left(\frac{D + {^3\mathrm{He}}}{\mathrm{H}}\right)_{\mathrm{prim}} \leq 10^{-4}. \tag{4.14}$$

Eine Übersicht von Wasserstoffbeobachtungen im interstellaren Medium findet sich in [Boe 85], [Tur 96a].

4.1.3 ^{7}Li, ^{9}Be, ^{11}B

^{7}Li ist noch schwerer nachzuweisen, und man kann hierfür eigentlich nur Sternatmosphären mit all den daraus folgenden Nachteilen benutzen. Mehrere interessante Beobachtungsbefunde existieren: Trägt man die ^{7}Li-Häufigkeit gegen die Effektivtemperatur auf, so findet man eine konstante Häufigkeit ab etwa 5500 K (Abb. 4.2). Unterhalb sinkt die Häufigkeit, was auf eine

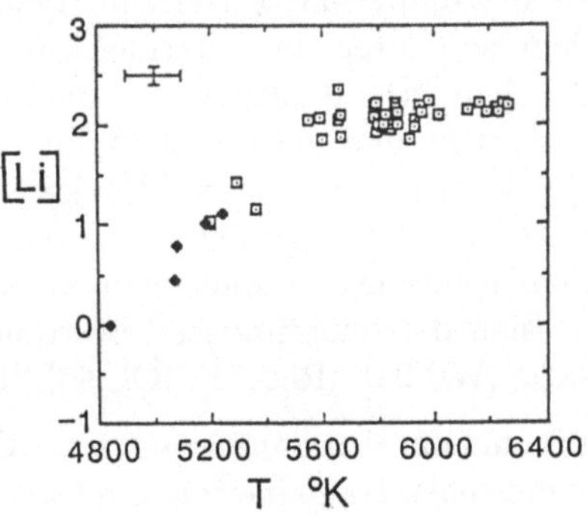

Abb. 4.2
Die ^{7}Li-Häufigkeit für die metallärmsten Population-II-Sterne als Funktion der Temperatur. Die Rauten entsprechen Obergrenzen, das Kreuz links oben zeigt typische Fehlerbalken. Deutlich zu sehen ist eine gewisse Konstanz oberhalb etwa 5500 K (aus [Wal 91]).

größere Konvektionszone im Stern zurückzuführen ist. Dadurch wird mehr ^{7}Li in heißere, innere Regionen gebracht und damit zerstört. Für Sterne mit an sich schon niedrigem Metallgehalt ist oberhalb von 5500 K die ^{7}Li-Häufigkeit unabhängig von selbigem. Ein weiterer experimenteller Befund ist die Tatsache, daß für drei metallarme Sterne eine Obergrenze für Beryllium von $^9\mathrm{Be/H} < 2.5 \cdot 10^{-12}$ gefunden wurde, welches eine Erzeugung des beobachteten ^{7}Li aufgrund von Spallationsprozessen in der kosmischen Strahlung in diesen Fällen ausschließt, da sonst auch signifikant ^{9}Be erzeugt worden wäre. Zur Beobachtung verwendet man sehr alte metallarme, sogenannte Population-II-Halosterne und findet dort Häufigkeiten von [Spi 82], [Mol 95]

$$\frac{^7\mathrm{Li}}{\mathrm{H}} = (1.4 \pm 0.2) \cdot 10^{-10} \tag{4.15}$$

Dies ist etwa ein Faktor zehn weniger als der Wert von Population-I-Sternen innerhalb der galaktischen Scheibe. Es gibt nun kontroverse Ansichten darüber, welche von beiden Häufigkeiten eher als primordial anzusehen ist. So könnte beispielsweise in den jüngeren Sternen ein durch Supernovaexplosionen in ^{7}Li angereichertes Material im Protostern vorgelegen haben, andererseits könnte es natürlich in den alten Population-II-Sternen im Laufe ihres Lebens aufgrund von $^7\mathrm{Li}(p,\alpha)^4\mathrm{He}$-Reaktionen zu einer signifikanten Abreicherung gekommen sein. Wir nehmen hier einmal erstere Möglichkeit als gegeben an, und gehen von einem ^{7}Li/H-Verhältnis von etwa 10^{-10} aus. Dies wird untermauert durch die jüngste Entdeckung von ^{6}Li in einem extrem metallarmen Population-II-Stern [Smi 93a], welches noch anfälliger gegen Zerstörung ist als ^{7}Li.

Die Häufigkeiten schwererer Elemente wie etwa ^{9}Be und ^{11}B sind noch um weitere Größenordnungen geringer. Es existieren auch Beobachtungen von Be in Population-II-Sternen [Rya 90], [Gil 91]. Jüngst fand eine Gruppe in dem sehr alten, metallarmen Stern HD 140283 eine Beryllium-Häufigkeit, die dem tausendfachen des nach dem Standardmodell erwarteten Wertes entspricht und zudem noch Linien des Bor [Dun 92]. Die Bedeutung der Beobachtung für die Nukleosynthese ist jedoch umstritten, da die Häufigkeiten mit der Metallizität korreliert sind, und damit eine Produktion über Spallation anstatt einer primordialen nahelegen. Für eine ausführliche Diskussion der experimentell bestimmten Häufigkeiten der leichten Elemente siehe [Wil 94], [Ree 94], [Oli 95], [Cop 95].

Wir haben also annähernd zehn Größenordnungen Differenz zwischen den gemessenen Häufigkeiten, die jetzt durch das Modell erklärt werden müssen.

4.2 Ablauf der Nukleosynthese

Es gilt als einer der großen Erfolge des Urknallmodells, die Häufigkeiten der leichten Elemente in der Tat über 10 Größenordnungen vorhersagen zu können. Wie wir schon in Kap. 3 erörterten, spielte sich die Synthese der leichten Elemente in den ersten drei Minuten nach dem Urknall ab, d.h. bei Temperaturen von etwa 0.1 bis 10 MeV. Betrachten wir zunächst einmal die Anfangsbedingungen ($T \gg 1\,\text{MeV}$, $t \ll 1\,\text{s}$). Alle Protonen und Neutronen befanden sich mit eventuell vorhandenen leichten Kernen sowohl im thermischen, als auch chemischen Gleichgewicht. Dies bedeutet, daß die Häufigkeit eines Kerns $A(Z)$ gegeben ist durch eine Boltzmann-Verteilung [Kol 90]

Tab. 4.1 Bindungsenergien und statistische Faktoren einiger leichter Kerne

^AZ	B_A(MeV)	g_A
^{2}H	2.22	3
^{3}H	6.92	2
^{3}He	7.72	2
^{4}He	28.3	1
^{12}C	92.2	1

$$n_A = g_A A^{3/2} 2^{-A} \left(\frac{2\pi}{m_N T}\right)^{\frac{3(A-1)}{2}} n_p^Z n_N^{A-Z} \exp(B_A/T) \tag{4.16}$$

Die Bindungsenergien B_A und statistischen Faktoren g_A (siehe Kap. 3) einiger leichter Kerne sind in Tab. 4.1 dargestellt. Zerlegen wir die Zeit der Nukleosynthese nun einmal in drei Schritte. Beginnen wir bei etwa 10 MeV, gleichbedeutend mit $t = 10^{-2}$ s. Protonen und Neutronen befinden sich durch die schwache Wechselwirkung im thermischen Gleichgewicht durch die Reaktionen

$$p + e^- \longleftrightarrow n + \nu_e \tag{4.17}$$

$$p + \bar{\nu}_e \longleftrightarrow n + e^+ \tag{4.18}$$

$$n \longleftrightarrow p + e^- + \bar{\nu}_e, \tag{4.19}$$

und ihr Verhältnis ist gegeben durch ihre Massendifferenz $\Delta m = m_n - m_p$ (unter der Vernachlässigung der chemischen Potentiale):

$$\frac{n}{p} = \exp\left(-\frac{\Delta mc^2}{kT}\right) \tag{4.20}$$

Betrachtet man beispielsweise die Reaktionsrate $\Gamma(pe \rightarrow \nu n)$, so ergibt sich

$$\Gamma(pe \rightarrow \nu n) \simeq G_F^2 T^5, \qquad T \gg Q, m_e \tag{4.21}$$

Vergleicht man dies mit der Expansionsrate

$$\frac{\Gamma}{\mathrm{H}} \approx \left(\frac{T}{0.8\,\mathrm{MeV}}\right)^3, \tag{4.22}$$

so sieht man, daß ab etwa 0.8 MeV die schwache Reaktionsrate geringer wird als die Expansionsrate. Das Neutron-Proton-Verhältnis beginnt entsprechend vom Gleichgewichtswert abzuweichen. Man würde hier nun schon eine signifikante Produktion der leichten Kerne erwarten, da die typischen Bindungsenergien pro Nukleon in der Größenordnung 1 bis 8 MeV liegen. Jedoch verhindert die große Entropie, welche sich in dem sehr kleinen Baryon-Photon-Verhältnis η äußert, eine solche Bildung bis herunter zu etwa 0.1 MeV.

Der zweite markante Punkt wäre bei einer Temperatur von etwa 1 MeV und damit bei 0.02 s. Die Neutrinos haben gerade von der Materie entkoppelt, und bei etwa 0.5 MeV vernichten sich die Elektronen und Positronen. Es ist dies auch der Temperaturbereich, bei dem die obigen Wechselwirkungsraten kleiner als die Expansion werden, d.h. die schwache Wechselwirkung friert aus, und sich somit ein Verhältnis von

$$\frac{n}{p} = \exp\left(-\frac{\Delta mc^2}{kT_f}\right) \simeq \frac{1}{6} \tag{4.23}$$

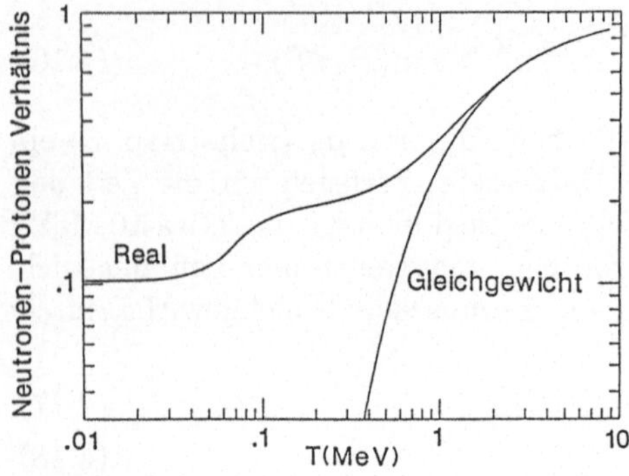

Abb. 4.3
Der wirkliche und der Gleichgewichtsverlauf des Neutron/Proton-Verhältnisses über den für die primordiale Nukleosynthese relevanten Temperaturbereich (aus [Kol 90]).

einstellt. Der dritte Schritt wäre bei 0.3 bis 0.1 MeV, analog etwa 1 bis 3 Minuten nach dem Urknall. Hier werden nun über die Reaktionen

$$n + p \leftrightarrow \mathrm{D} + \gamma \tag{4.24}$$

und z.B. (siehe Abb. 4.6)

$$\mathrm{D} + \mathrm{D} \leftrightarrow {}^3\mathrm{He} + n \tag{4.25}$$

$$\mathrm{D} + p \leftrightarrow {}^3\mathrm{He} + \gamma \tag{4.26}$$

$$\mathrm{D} + n \leftrightarrow {}^3\mathrm{H} + \gamma \tag{4.27}$$

$$\ldots$$

praktisch alle Neutronen in ^{4}He umgewandelt. Daraus folgt sofort für die Menge primordialen Heliums

$$Y = \frac{2n_n}{n_n + n_p} \tag{4.28}$$

Das anfängliche n/p-Verhältnis ist zwischenzeitlich durch den Zerfall der freien Neutronen auf etwa 1/7 abgesunken. Das Gleichgewichtsverhältnis, folgend aus einem weitergehenden Verlauf nach Gl. (4.20), wäre bei 0.3 MeV $n/p = 1/74$. Den Verlauf des Neutron-Proton-Verhältnisses zeigt Abb. 4.3. Das Nichtvorhandensein von stabilen Kernen der Masse 5 und 8, wie auch die nun wesentlichen Coulombbarrieren, reduzieren die Entstehung von ^{7}Li sehr stark und von noch schwereren Isotopen praktisch ganz (Abb. 4.4). Aufgrund der geringen Nukleonendichte ist es auch nicht möglich, durch 3α-Reaktionen diesen Flaschenhals zu überwinden, wie es etwa Sterne tun. Dies ist das prinzipielle Bild der primordialen Elemententstehung (Abb. 4.5) [Yan 84]. Das zugrundeliegende Reaktionsnetzwerk (Abb. 4.6) hat sich im Laufe der letzten 25 Jahre kaum verändert (die gängigen Programme richten sich meist nach [Wag 67], [Kaw 88b]), allein die experimentell zu bestimmenden Parameter wie Reaktionsraten haben sich verbessert und zu immer präziseren Vorhersagen geführt. Für detaillierte Diskussionen der Ergebnisse siehe [Kra 90b], [Wal 91], [Smi 93b].

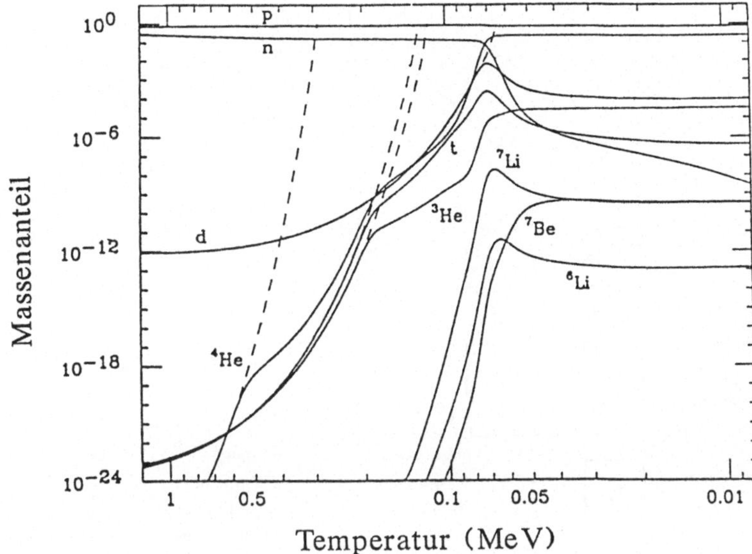

Abb. 4.4 Entwicklung der Häufigkeiten der leichten Elemente während der primordialen Nukleosynthese (aus [Ree 94]).

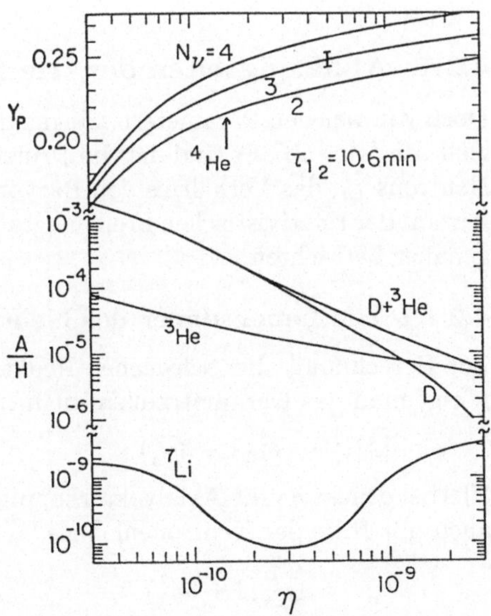

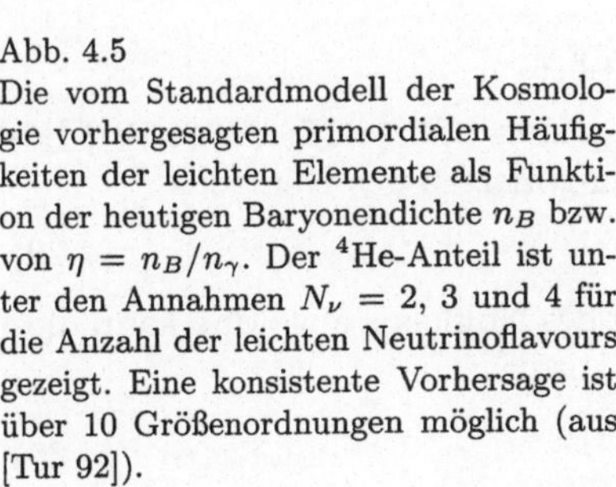

Abb. 4.5
Die vom Standardmodell der Kosmologie vorhergesagten primordialen Häufigkeiten der leichten Elemente als Funktion der heutigen Baryonendichte n_B bzw. von $\eta = n_B/n_\gamma$. Der ^{4}He-Anteil ist unter den Annahmen $N_\nu = 2$, 3 und 4 für die Anzahl der leichten Neutrinoflavours gezeigt. Eine konsistente Vorhersage ist über 10 Größenordnungen möglich (aus [Tur 92]).

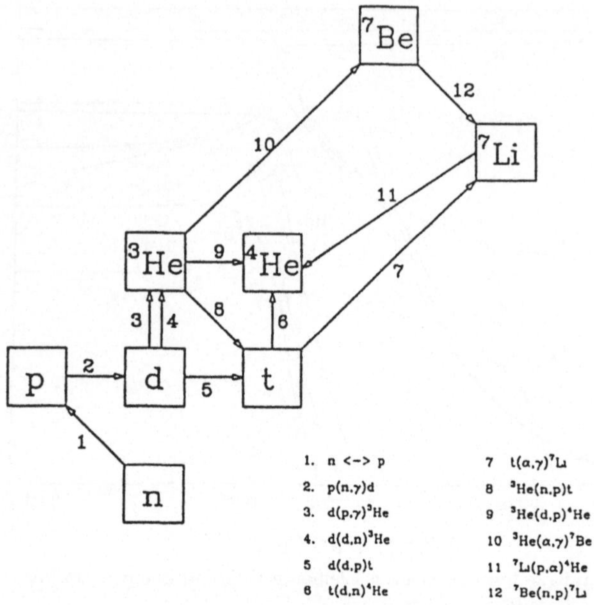

Abb. 4.6 Die fundamentalen 12 Reaktionen im Netzwerk der Erzeugung der leichten Elemente. Man erkennt, welche Elemente auf diese Art und Weise aufgebaut werden können (aus [Smi 93b]).

4.2.1 Abhängigkeiten der ^{4}He-Häufigkeit

Doch von welchen Parametern hängen die vorhergesagten Häufigkeiten (speziell von ^{4}He) ab? Es sind dies im Prinzip drei, nämlich die Lebensdauer des Neutrons τ_n, das Verhältnis von Baryonen zu Photonen $\eta = n_B/n_\gamma$ und die Anzahl der relativistischen Freiheitsgrade g_{eff}. Wir wollen dies am ^{4}He etwas genauer betrachten.

4.2.1.1 Die Lebensdauer des Neutrons τ_n

Zur Berechnung aller schwachen Reaktionsraten (Gl. (4.17) bis (4.19)) benötigt man das Kernmatrixelement für den β-Zerfall des Neutrons

$$|M|^2 \sim G_F^2(1 + 3g_A^2) \tag{4.29}$$

Hierbei drückt g_A die Axialvektorkopplung des Nukleons aus. Man kann dies auch mit Hilfe der Neutronenlebensdauer ausdrücken

$$\tau_n^{-1} = \frac{G_F^2}{2\pi^3}(1 + 3g_A^2)m_e^5\epsilon \tag{4.30}$$

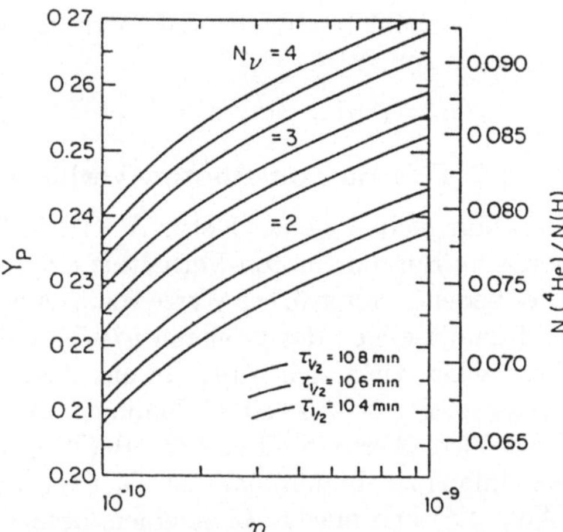

Abb. 4.7
Genauere Darstellung der ^{4}He-Häufigkeit in Abhängigkeit vom Baryon-Photon-Verhältnis $\eta = n_B/n_\gamma$. Der Einfluß der Anzahl der Neutrinoflavours und der Halbwertzeit des Neutrons auf die vorhergesagte ^{4}He-Häufigkeit ist deutlich zu erkennen (aus [Yan 84]).

$\epsilon \simeq 1.6$ ist ein numerischer Faktor. Eine längere Lebensdauer sorgt so für eine niedrigere Reaktionsrate Γ und damit für eine höhere Ausfriertemperatur T_F. Es gilt

$$\Gamma \sim \frac{T^5}{\tau_n} \quad \Rightarrow \quad T_F \sim \tau_n^{1/3} \tag{4.31}$$

Dies hat dann eine höhere ^{4}He-Produktion zur Folge. Auch zerfallen zwischen dem Ausfrieren und der Heliumsynthese weniger Neutronen, doch spielt dies eher eine untergeordnete Rolle, bewirkt jedoch auch eine höhere ^{4}He-Häufigkeit. In Abb. 4.7 erkennt man den Einfluß verschiedener Lebensdauern auf die ^{4}He-Häufigkeit. Tab. 4.2 gibt einen Überblick über Messungen

Tab. 4.2 Messungen der Neutronenlebensdauer

Lebensdauer [s]	Referenz
918 ± 14	[Chr 72]
903 ± 13	[Kos 86]
891 ± 9	[Spi 88]
876 ± 21	[Las 88]
877 ± 10	[Pau 89]
888 ± 3	[Mam 89]
878 ± 30	[Kos 89]
894 ± 5	[Byr 90]
888.4 ± 4.2	[Nes 92]
882.6 ± 2.7	[Mam 93]
887.0 ± 2.0	[PDG 94]

der Neutronenlebensdauer. Laborexperimente ergeben eine Lebensdauer des Neutrons von [PDG 94]

$$\tau_n = (887 \pm 2)\,\mathrm{s} \tag{4.32}$$

4.2.1.2 Das Baryon-Photon-Verhältnis η

Die Häufigkeit X_A eines Kerns $A(Z)$ zeigt im Gleichgewicht eine Abhängigkeit vom Baryon-Photon-Verhältnis $\eta = n_B/n_\gamma$ gemäß $X_A \sim \eta^{A-1}$ [Kol 90]. Dies bedeutet für größere Werte von η eine frühere Erzeugung von D, ^{3}H, ^{3}He und damit wegen des größeren n/p-Verhältnisses auch von mehr ^{4}He. Viel drastischer wirkt sich η bei ^{7}Li aus. Dies entsteht durch zwei verschiedene Prozesse. Für $\eta \leq 3 \cdot 10^{-10}$ dominiert die Reaktion ^{4}He(^{3}H,γ)^{7}Li, während für größere Werte die Reaktion ^{4}He(^{3}He,γ)^{7}Be mit anschließendem Elektroneneinfang zu ^{7}Li dominant ist. Dies verursacht das „Loch“ bei etwa $3 \cdot 10^{-10}$ (Abb. 4.5) und macht ^{7}Li zu einem besonders empfindlichen Test für η und damit die primordiale Nukleosynthese. Da auch die Reaktionsraten für D, ^{3}H zu ^{4}He von η abhängen, wird für kleine η deren Häufigkeit größer, da immer mehr Material unverbrannt bleibt. Aufgrund der Beobachtungen schließt man heute auf ein η von $2.8 \cdot 10^{-10} \leq \eta \leq 4 \cdot 10^{-10}$ [Wal 91]. Dies kann man unter Kenntnis der Photonendichte aus der kosmischen Hintergrundstrahlung (siehe Kap. 7) und der Beziehung

$$n_B = (1.13 \cdot 10^{-5})\Omega_B h^2\,\mathrm{cm}^{-3} \tag{4.33}$$

konvertieren in einen Anteil baryonischer Materie im Universum von

$$0.011 \leq \Omega_B h^2 \leq 0.037. \tag{4.34}$$

4.2.1.3 Die relativistischen Freiheitgrade g_{eff}, Anzahl der Neutrinoflavours

Die Expansionsrate H ist proportional zur Anzahl der relativistischen Freiheitsgrade der vorhandenen Teilchen (siehe Gl. (3.65)). Nach dem Standardmodell sind dies bei etwa 1 MeV Photonen, Elektronen und die 3 Neutrinoflavours. Die Abhängigkeit der Ausfriertemperatur von den Freiheitsgraden ergibt sich dann aus Gl. (3.65) und (4.22)

$$H \sim g_{\mathrm{eff}}^{1/2} T^2 \quad \Rightarrow \quad T_F \sim g_{\mathrm{eff}}^{1/6} \tag{4.35}$$

Jeder weitere relativistische Freiheitsgrad (weitere Neutrinoflavours, Axionen, Majoronen, rechtshändige Neutrinos. . .) bedeutet somit eine Erhöhung der Expansionsrate und damit ein Ausfrieren obiger Reaktionen bei höheren Temperaturen. Dies wiederum spiegelt sich dann in einer höheren ^{4}He-Häufigkeit wider. Damit war es möglich, schon lange vor den Beschleunigerexperimenten die Anzahl der Neutrinoflavours N_ν einzuschränken [Yan 79],

[Yan 84]. Die maximale Anzahl der Flavours konnte so auf höchstens vier festgelegt werden (Abb. 4.7) [Oli 90b]. Die Abhängigkeit des primordialen Heliums von den hier diskutierten Parametern kann wie folgt parametrisiert werden [Ber 89b]:

$$Y = 0.230 + 0.013(N_\nu - 3) + 0.014(\tau_n - 922) + 0.011 \ln(\eta \cdot 10^{10}) \quad (4.36)$$

Mit den neuesten Resultaten von LEP, nämlich dreier leichter Neutrinoflavours, und der Neutronenlebensdauer folgt dann die umgekehrte Aussage von

$$0.236 \leq Y \leq 0.243. \quad (4.37)$$

Rechnet man das nach allen Beobachtungen erlaubte Photon-Baryon-Verhältnis (siehe Abb. 4.5) um in den Anteil an baryonischer Dichte, so ergibt sich [Wal 91]

$$0.02 < \Omega_B < 0.11 \quad \text{für} \quad 0.4 < h_0 < 0.7 \quad (4.38)$$

Es ist also nach der primordialen Nukleosynthese nicht möglich, ein geschlossenes Universum allein aus Baryonen zu erzeugen! Allerdings kann, falls Ω_B einen Wert nahe der oberen Grenze besitzt, ein signifikanter Anteil in dunkler Form vorliegen, da der leuchtende Anteil wesentlich geringer ($\Omega_B^L < 0.02$) ist, als durch Gl. (4.38) gegeben. Es ist somit zumindest möglich, baryonische Materie zur Erklärung der Rotationskurven von Galaxien heranzuziehen (siehe Kap. 9).

4.3 Beschleuniger und die Anzahl der Neutrinoflavours

Von allen Beschleunigerergebnissen über die Anzahl der Familien liefern die Resultate des LEP-Beschleunigers in Genf die schärfsten Grenzen. Hier können die einzelnen Zerfallskanäle des Z^0 genau untersucht werden (Abb. 4.8). Tab. 4.3 und Abb. 4.9 zeigen die nach dem Standardmodell erwarteten und gemessenen Zerfallsbreiten des Z^0 in seine verschiedenen Kanäle. Die Zerfallsbreite in Neutrinos ergibt sich ohne Strahlungskorrekturen zu [Nac 86]:

$$\Gamma(Z^0 \to \nu\bar{\nu}) = \frac{G m_Z^3}{12\sqrt{2}\pi} = N_\nu (174 \pm 11)\,\text{MeV} \quad (4.39)$$

Aus der gemessenen Gesamtbreite Γ_Z, der Masse m_Z und den beobachteten partiellen Zerfallsbreiten $\Gamma_{l^+l^-}$ für die Zerfälle des Z^0 in Lepton-Paare

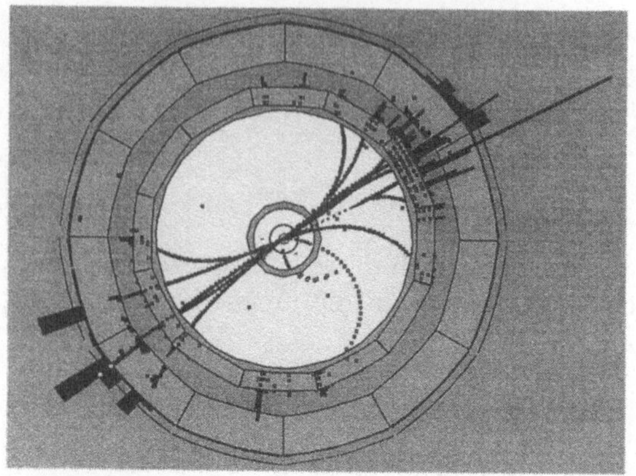

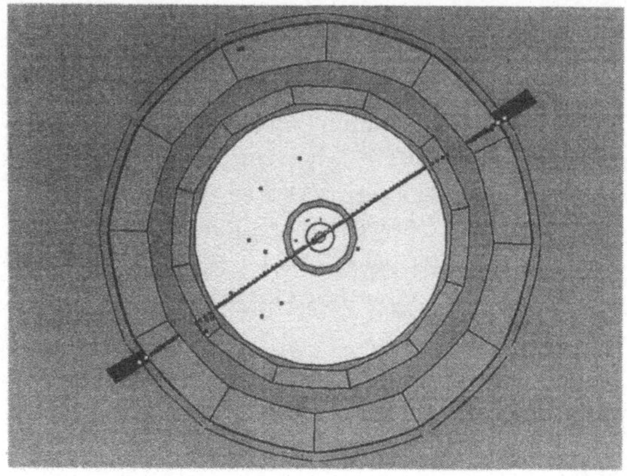

Abb. 4.8
Typische Zerfälle des Z^0-Bosons, aufgenommen mit dem ALEPH-Detektor bei LEP am CERN.
a) Der Zerfall $Z^0 \rightarrow q\bar{q}$ in Form von 2 Jets.
b) Der Zerfall $Z^0 \rightarrow e^+e^-$.
(Mit freundlicher Genehmigung der ALEPH-Kollaboration, CERN)

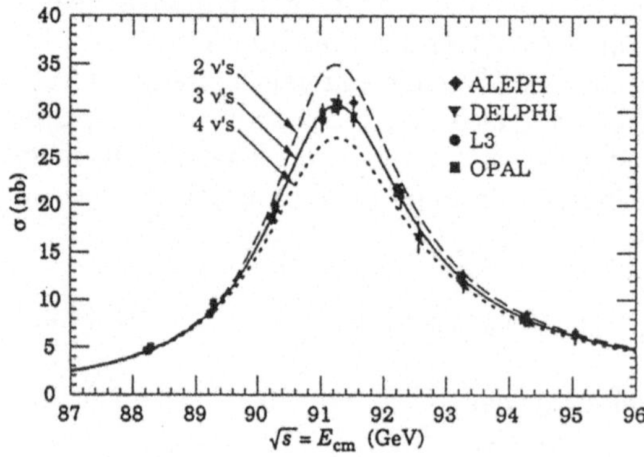

Abb. 4.9
LEP-Ergebnisse zur Breite der Z^0-Resonanz. Da jede Neutrinofamilie zur Breite der Resonanz beiträgt, kann so die Anzahl sehr genau auf drei festgelegt werden. Die durchgezogenen Linien entsprechen 2, 3 und 4 Neutrinofamilien, die Punkte den Meßwerten der vier LEP-Experimente (aus [PDG 94]).

Tab. 4.3 Daten des Z^0-Bosons, gewonnen aus vier verschiedenen LEP-Experimenten; M_Z in GeV/c^2, Zerfallsbreiten in MeV/c^2 (aus [PDG 96])

	ALEPH	DELPHI	L3	OPAL	Mittelwert
M_Z	91.187 ± 0.013	91.187 ± 0.013	91.195 ± 0.013	91.182 ± 0.013	91.187 ± 0.007 (LEP)
Γ	2501 ± 56	2483 ± 56	2494 ± 56	2483 ± 54	2490 ± 52
Γ_e	84.61 ± 0.49	83.31 ± 0.54	83.43 ± 0.52	83.63 ± 0.53	83.83 ± 0.3
Γ_μ	83.62 ± 0.75	84.15 ± 0.77	83.72 ± 0.79	83.83 ± 0.65	83.84 ± 0.39
Γ_τ	84.18 ± 0.79	83.55 ± 0.91	84.04 ± 0.94	82.90 ± 0.77	83.68 ± 0.44
Γ_{lepton}	84.40 ± 0.43	83.56 ± 0.45	83.49 ± 0.46	83.55 ± 0.44	83.84 ± 0.27
Γ_{hadron}	1746 ± 10	1723 ± 10	1748 ± 10	1741 ± 10	1740.7 ± 5.9
$\Gamma_{\text{invis.}}$	450 ± 68	509.4 ± 7	540 ± 120	539 ± 43	517 ± 22
N_ν	2.983 ± 0.034	3.057 ± 0.040	2.981 ± 0.050	2.946 ± 0.045	2.991 ± 0.016

$Z^0 \to l^+l^-$ und in Quark-Antiquark-Paare $Z^0 \to q\bar{q}$ (im folgenden als hadronische Zerfallsbreite Γ_{had} bezeichnet), kann man durch Subtraktion dieser beobachtbaren Zerfälle auf die unsichtbare Breite Γ_{inv} zurückschließen

$$\Gamma_{\text{inv}} = \Gamma_Z - \Gamma_{\text{had}} - 3 \cdot \Gamma_{l^+l^-} \tag{4.40}$$

Der Faktor 3 beruht auf den drei existierenden Leptonfamilien. Hieraus ergibt sich dann die Anzahl der Neutrinoflavours zu [Ste 91]

$$N_\nu = \frac{\Gamma_{\text{inv}}}{\Gamma_{\nu\bar{\nu}}} = \frac{\Gamma_{e^+e^-}}{\Gamma_{\nu\bar{\nu}}} \cdot \left[\sqrt{\frac{12\pi\Gamma_{\text{had}}}{m_Z^2\sigma_{\text{had}}\Gamma_{l^+l^-}}} - \frac{\Gamma_{\text{had}}}{\Gamma_{l^+l^-}} - 3\right] \tag{4.41}$$

Hierbei kennzeichnet σ_{had} den maximalen hadronischen Wirkungsquerschnitt, gegeben durch

$$\sigma_{\text{had}} = \frac{12\pi\Gamma_{l^+l^-}\Gamma_{\text{had}}}{m_Z^2\Gamma_Z^2}. \tag{4.42}$$

Aus dem auf diese Weise angepaßten Linienprofil ergibt sich ein aus allen 4 LEP-Experimenten gemittelter Wert von [PDG 96]

$$N_\nu = 2.991 \pm 0.016 \tag{4.43}$$

Dies bedeutet, daß es nur drei leichte Neutrinos mit Massen kleiner als 45 GeV gibt, und damit nur drei Lepton-Familien und entsprechend drei Quarkfamilien. Genauer gesagt, messen primordiale Nukleosynthese und LEP jedoch etwas Verschiedenes. Während man mit den LEP-Resultaten die Zahl der an das Z^0 koppelnden Teilchen bestimmt, hängt die Energiedichte während der Nukleosynthese von *allen* relativistischen Freiheitsgraden bei 1 MeV ab. Diese beiden Größen müssen nicht identisch sein. Beispielsweise hat das Singulett-Majoron (siehe Kap. 2) eine verschwindende Kopplung an das Z^0 und würde in seiner Zerfallsbreite nicht in Erscheinung treten. Da es jedoch sehr leicht ist, trägt es aber sehr wohl zu den relativistischen Freiheitsgraden g_{eff} bei. Sein Beitrag entspräche 4/7 des Beitrages eines Neutrinoflavours. Aus der guten Verträglichkeit der LEP-Daten mit 3 Neutrinos und der Einschränkung der primordialen Nukleosynthese lassen sich somit Grenzen für weitere leichte Teilchen ableiten [Ste 92].

4.4 Inhomogene Nukleosynthese

Aufgrund einer unerwartet hohen Beobachtung von ^{9}Be in sehr alten, metallarmen Sternen [Dun 92], erhebt sich die Frage, ob und wie man die Produktion solcher Isotope (^{9}Be und ^{11}B) im Rahmen der primordialen Nukleosynthese steigern kann. Eine Möglichkeit scheinen inhomogene Szenarien darzustellen. Die inhomogene Nukleosynthese könnte während des Quark-Hadron-Phasenüberganges stattfinden [Wit 84]. Hierbei gehen die freien Quarks des

Quark-Gluon-Plasmas (siehe Kap. 1) in Hadronen über. Falls es sich bei diesem Phasenübergang um einen Übergang 1. Ordnung handelt, d.h., daß beide Phasen nebeneinander existieren, so kann es zu signifikanten Inhomogenitäten in der Baryonendichte kommen [Alc 87], [Sch 87a]. Daß es einen solchen Phasenübergang 1. Ordnung gibt, ist aber theoretisch keineswegs bewiesen. Die Hadronisierung wirkt sich durch Freisetzung latenter Wärme aus, welche das Universum aufheizt. Dies bedeutet ein Wachsen der hadronisierten Bereiche auf Kosten des Quark-Gluon-Plasmas. Irgendwann reicht jedoch auch die Wärme zum Wachsen nicht mehr aus, und die hadronisierten Bereiche entkoppeln sich aus dem Gleichgewicht. Bei weiterer Abkühlung hadronisiert auch der Rest des Quark-Gluon-Plasmas, jedoch mit größerer Baryonendichte. Welches sind die Konsequenzen der Inhomogenitäten? Es existieren nun Bereiche im Universum mit hohen Dichten an Protonen, Neutronen und Elektronen, und solche mit niedrigen Dichten. Jedoch können im Laufe der Zeit die Neutronen aus den Gebieten hoher Dichte herausdiffundieren, was für Protonen und Elektronen aufgrund ihrer elektromagnetischen Anziehung nicht möglich ist. Kommt es dann zur Nukleosynthese, herrscht in den Gebieten niedrigerer Dichte eine relativ hohe Neutronenkonzentration vor, welches alternative Entstehungsprozesse ermöglicht. So besteht anstatt der Reaktion $^7\mathrm{Li}(p,\alpha)^4\mathrm{He}$ nun die Möglichkeit von

$$^7\mathrm{Li} + n \rightarrow {}^8\mathrm{Li} \tag{4.44}$$

Letzteres ist radioaktiv mit einer Halbwertszeit von 0.8 s. Trifft es jedoch vor dem Zerfall einen He-Kern, so reagiert es gemäß

$$^8\mathrm{Li} + {}^4\mathrm{He} \rightarrow {}^{11}\mathrm{B} + n \tag{4.45}$$

$^{11}\mathrm{B}$ kann aber auch über den Weg $^7\mathrm{Li}(^3\mathrm{H},n)^9\mathrm{Be}(^3\mathrm{H},n)^{11}\mathrm{B}$ aufgebaut werden. Man erkennt, daß auf diese Weise signifikante Beiträge von Beryllium und Bor aufgebaut werden können. Auf diesen aufbauend können nun auch Kohlenstoff und Stickstoff produziert werden. Es scheint sogar möglich zu sein, Elemente bis $^{22}\mathrm{Ne}$ auf diese Weise zu synthetisieren [App 88]. Zeitweise schien einigen Autoren sogar ein primordialer r-Prozeß (siehe Kap. 14) mit der Erzeugung sehr schwerer Isotope ($A > 60$) nicht abwegig [Cow 91], [Mal 93]. Hauptvorteil der inhomogenen Nukleosynthese ist, daß man u.U so die nichtverschwindende Häufigkeit von Beryllium und Bor auch in den ältesten Sternen erklären könnte. Einen Dämpfer erhielten diese Theorien, als man erkannte, daß die Rückdiffusion der Neutronen ebenfalls berücksichtigt werden muß, und man damit leicht eine Überproduktion von $^7\mathrm{Li}$ und $^4\mathrm{He}$ erreicht [Kur 91].

5 Die kosmologische Konstante

Die schon in Kap. 3 erläuterten Einsteinschen Feldgleichungen sind ohne den Λ-Term nicht in der Lage, ein *statisches* Universum zu beschreiben. Da man damals fest an ein statisches Universum glaubte, führte Einstein 1917 einen freien Parameter Λ in seine Gleichungen ein [Ein 17]. Die Bedeutung von Λ erkennt man sofort, wenn man die Feldgleichungen (Gl. (3.6)) in folgender Form schreibt [Zel 67]:

$$R_{\mu\nu} - \frac{1}{2} R g_{\mu\nu} = \frac{8\pi G}{c^4} T_{\mu\nu} + \Lambda g_{\mu\nu} \tag{5.1}$$

Man erkennt, daß $\Lambda c^4 / 8\pi G$ einem zum Energie-Impuls-Tensor identischen Beitrag entspricht. Als sich dann die Hinweise für ein expandierendes Universum zu häufen begannen, verlor die kosmologische Konstante an Bedeutung. Ein $\Lambda \neq 0$ wäre jedoch auch nötig, wenn die Hubble-Zeit H^{-1} (für $\Lambda = 0$) und astrophysikalisch bestimmte Weltalter zu verschiedenen Altern des Kosmos führen. Eine Wiederbelebung erfuhr sie erst wieder durch die modernen Quantenfeldtheorien. In diesen ist Vakuum nämlich nicht unbedingt ein Zustand der Energie Null, sondern letztere kann durchaus einen endlichen Erwartungswert besitzen. Das Vakuum ist nur noch definiert als Zustand niedrigster Energie. Aufgrund der Lorentzinvarianz des Grundzustandes folgt, daß der Energie-Impuls-Tensor in jedem lokalen Inertialsystem proportional zur Minkowski-Metrik $g_{\mu\nu}$ sein muß. Diese ist die einzige 4×4-Matrix, welche in der speziellen Relativitätstheorie invariant unter Lorentz-‚Boosts' (Transformationen entlang einer Raumrichtung) ist. Nach oben Gesagtem kann man die kosmologische Konstante mit der Energiedichte ϵ_V des Vakuums verbinden gemäß:

$$\epsilon_V = \frac{c^4}{8\pi G} \Lambda = \rho_V c^2 \tag{5.2}$$

Aus der Analogie des diagonalen Energie-Impuls-Tensors zu jenem einer perfekten Flüssigkeit folgt sofort die Zustandsgleichung für das Vakuum

$$p_V = -\rho_V \tag{5.3}$$

Alle Terme, die in irgendeiner Form zur Vakuumenergiedichte beitragen, liefern auch einen Beitrag zur kosmologischen Konstanten. Es existieren im Prinzip drei verschiedene Beiträge:

1. Die statische kosmologische Konstante Λ_{geo}. Sie ist identisch mit dem freien Parameter, der von Einstein eingeführt wurde.
2. Quantenfluktuationen Λ_{fluk}. Im Rahmen der Heisenbergschen Unschärferelation können auch im Vakuum ständig virtuelle Teilchen-Antiteilchen-Paare erzeugt werden.
3. Zusätzliche Beiträge wie 2. aufgrund möglicher, bisher unbekannter Teilchen und Wechselwirkungen Λ_{inv}.

Die Summe all dieser Terme ist es, die man experimentell beobachten könnte:

$$\Lambda_{\text{ges}} = \Lambda_{\text{geo}} + \Lambda_{\text{fluk}} + \Lambda_{\text{inv}} \tag{5.4}$$

Vernachlässigt man einmal Punkt 3, so wäre es *im Prinzip* mit der Beobachtung von Λ_{ges} und den Voraussagen des Punktes 2 durch die Quantenfeldtheorien möglich, den freien Parameter Λ_{geo} zu fixieren. Daß diese Quantenfluktuationen wirklich existieren, konnte eindrucksvoll mit dem Casimir-Effekt nachgewiesen werden [Cas 48]. Hierzu wurden zwei parallele Metallplatten sehr nahe zusammengestellt, und zwischen ihnen befand sich Vakuum. Durch den kleinen Abstand der Platten kann nicht jede beliebige Wellenlänge im Vakuum zwischen den Platten auftreten, im Gegensatz zum umgebenden Vakuum. Dieser Unterschied, d.h., daß sich nicht jede beliebige Quantenfluktuation zwischen den Platten ausbilden kann im Gegensatz zum Außenraum, äußert sich in einer kleinen anziehenden Kraft zwischen den Platten (siehe auch [Plu 86]). Bevor wir Beiträge der Quantenfluktuationen näher besprechen, wollen wir jedoch mögliche Auswirkungen von Λ besprechen.

5.1 Kosmologische Modelle mit $\Lambda \neq 0$

Unter der Annahme eines homogenen, isotropen Universums reduzieren sich – wie bereits in Kap. 3.1 erwähnt – die Einsteinschen Feldgleichungen auf die Einstein-Friedmann-Lemaitre-Gleichungen, diesmal mit einem zusätzlichen Beitrag aufgrund der Vakuumenergie (siehe Kap. 3.4):

$$\left(\frac{\dot{R}}{R}\right)^2 = \frac{8\pi G}{3}(\rho + \rho_V) - \frac{k}{R^2} \tag{5.5}$$

$$\frac{\ddot{R}}{R} = -\frac{4\pi G}{3}(\rho - 2\rho_V + 3p) \tag{5.6}$$

Betrachten wir zuerst die *statischen Lösungen* ($\dot{R} = \ddot{R} = 0$). Die Gleichungen schreiben sich dann (für $p = 0$)

$$8\pi G\rho = 2\rho_V \tag{5.7}$$

$$\frac{8\pi G\rho}{3R} + \frac{\rho_V R^2}{3} = k \tag{5.8}$$

Aus erster Gleichung folgt $\rho_V > 0$, und daher hat die zweite Gleichung nur für $k = 1$ eine Lösung:

$$R^2 = \frac{2}{8\pi G\rho} \tag{5.9}$$

In Gl. (5.8) erkennt man die Gleichgewichtsbedingung für das Universum. Die Anziehungskraft von ρ muß die abstoßende Wirkung einer positiven, kosmologischen Konstanten gerade kompensieren. Damit hat man ein statisches Universum. Dieses geschlossene, statische Universum ist jedoch instabil. Vergrößert man nämlich R um einen kleinen Betrag, so nimmt ρ ab, Λ hingegen bleibt konstant. Damit dominiert die Abstoßung und führt zu einer weiteren Vergrößerung von R. Die Lösung treibt vom statischen Fall weg.

Betrachten wir nun *nicht-statische* Lösungen. Wie man leicht erkennen kann, bedeutet ein positives Λ immer eine Beschleunigung der Expansion, während ein negatives Λ abbremsend wirkt. Wie wir aus Gl. (5.5) erkennen können, dominiert für große R stets Λ, da ρ_V konstant ist. Ein negatives Λ bedeutet deswegen stets ein kollabierendes Universum, der Krümmungsparameter k spielt keine wesentliche Rolle. Für positive Λ und $k = -1, 0$ sind die Lösungen immer positiv, und wir erhalten ein beständig expandierendes Universum. Für $k = 1$ gibt es einen kritischen Wert

$$\Lambda_c = 4\left(\frac{8\pi G}{c^2}M\right)^{-2}, \tag{5.10}$$

gerade den Wert des Einsteinschen statischen Universums, an dem sich das Verhalten spaltet. Für $\Lambda > \Lambda_c$ gibt es neben statischen auch expandierende und kontrahierende Lösungen. Lösungen auch ohne anfängliche Singularität erhält man, wenn $0 < \Lambda < \Lambda_c$ ist, wie in Abb. 5.1 dargestellt. Einen sehr interessanten Fall erhält man für $\Lambda = \Lambda_c(1 + \epsilon)$ mit $\epsilon \ll 1$ (Lemaitre-Universum). Man bekommt hier eine Phase, in der das Universum praktisch stillsteht, bevor es weiter expandiert. Damit ist es möglich, ein wesentlich größeres Alter des Universums zu bekommen [Sex 87].

Da wir uns heute in einem materiedominierten Universum befinden, können wir den Druckterm auch noch vernachlässigen und die Gleichungen lösen. Allerdings ist das Gleichungssystem überbestimmt. Es können nämlich folgende Größen zur Charakterisierung verwendet werden:

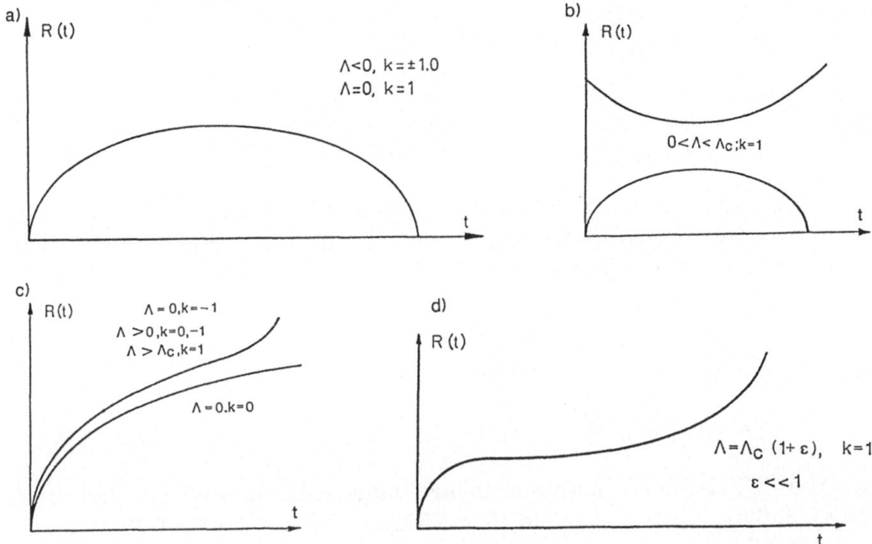

Abb. 5.1 Einige Verläufe des Skalenfaktors bei nichtverschwindender kosmologischer Konstante: a) Lösungstyp der Friedmann-Gleichung für $\Lambda < 0$ und $\Lambda = 0$, $k = 1$. b) Lösungen für $k = 1$, $0 < \Lambda < \Lambda_c$. Hierbei ist Λ_c der Wert für ein statisches Universum. Es gibt nun auch Modelle ohne anfängliche Singularität. c) Einige weitere Lösungen der Friedmann-Gleichung. d) Lemaitre-Universum: Ein Wert von Λ nur wenig größer als Λ_c erzeugt eine Phase, in der die Expansion des Universums nahezu stillsteht, bevor dann doch eine weitere Expansion eintritt (aus [Sex 87]).

- die heutige Hubble-Konstante H_0
- das Alter des Universums t_0
- die heutige Materiedichte ρ_0
- Λ bzw. die Vakuumenergiedichte ρ_V
- die Metrik k

Sind drei dieser Größen bekannt, so lassen sich die beiden fehlenden Größen daraus berechnen. Konkrete experimentelle Werte existieren für H_0 und t_0, eine Abschätzung für ρ_0 erhält man aus der primordialen Nukleosynthese (siehe Kap. 4), aus der sich die baryonische Dichte ρ_B im Universum bestimmen läßt. ρ_0 ist dann $> \rho_B$. Bei einer numerischen Analyse der Gleichungen findet man dann für fast alle Parameterbereiche ein positives Λ [Kla 86a]. Eine schnelle Abschätzung für den Wert von Λ folgt aus der Tatsache, daß die beobachtete Dichte ρ_0 nicht sehr verschieden von dem kritischen Wert ist. Dies bedeutet

$$|\rho - \rho_c| \le \frac{3H_0^2}{8\pi G} \Rightarrow |\Lambda| \le H_0^2 \tag{5.11}$$

Daraus folgt

$$|\rho_V| \le 10^{-29}\,\mathrm{gcm}^{-3} \simeq 10^{-47}\hbar^{-3}\,\mathrm{GeV}^4 \tag{5.12}$$

Aus der Annahme einer inflationären Phase (d.h. auch $k = 0$) und den experimentellen Grenzen für H_0, t_0 und ρ_0, folgt dann eine noch schärfere Abschätzung für Λ [Kla 86a], [Gro 89,90]:

$$3 \cdot 10^{-57}\,\mathrm{cm}^{-2} \le \Lambda \le 34 \cdot 10^{-57}\,\mathrm{cm}^{-2} \tag{5.13}$$

beziehungsweise

$$1.6 \cdot 10^{-30}\,\mathrm{gcm}^{-3} < \rho_V < 18 \cdot 10^{-30}\,\mathrm{gcm}^{-3} \tag{5.14}$$

In Abb. 5.2 sind diese Zusammenhänge dargestellt. Man erkennt beispielsweise, daß für $k = 0$, $\Lambda = 0$ und $H_0 = 75\,\mathrm{km\,s^{-1}\,Mpc^{-1}}$ ein Weltalter von nur $8.7 \cdot 10^9$ Jahren resultiert, im Widerspruch zu den Beobachtungsergebnissen. Für $k = 0$ müßte ρ_0 den Wert $\rho_0 = \rho_c \simeq 20\rho_B$ annehmen. Dies gelingt nur unter Einführung einer beträchtlichen Dichte von nichtbaryonischer dunkler Materie (siehe Kap. 9). Ein Modell mit $\Lambda > 0$ könnte andererseits Lösungen mit $k = 0$ liefern, die dem Alter des Universums von $(15$ bis $20) \cdot 10^9$ Jahren gerecht werden und nur eine geringe Dichte an dunkler Materie erfordern [Gro 89,90].

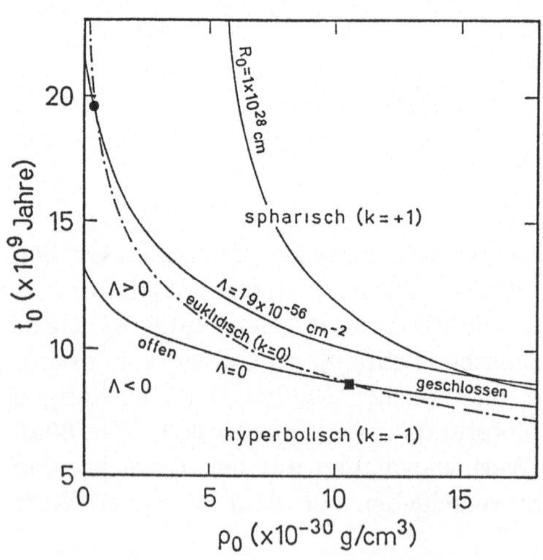

Abb. 5.2
Das heute erreichte Alter t_0 des Universums in Abhängigkeit von der heutigen Massendichte ρ_0 für verschiedene kosmologische Modelle (für $H_0 = 75\,\mathrm{km\,s^{-1}Mpc^{-1}}$). In den Standardmodellen mit $\Lambda = 0$ wird selbst für $\rho_0 = 0$ nur ein relativ kleines t_0 erreicht. Größere Werte können mit einem positiven Λ erreicht werden. Außerdem dargestellt ist die Kurve, auf der alle Euklidischen Weltmodelle liegen und eine beispielhafte Kurve für Modelle mit fest vorgegebener Raumkrümmung R_0. Der Wert 10^{28} cm für das angenommene R_0 entspricht ungefähr dem Durchmesser des gegenwärtig beobachtbaren Universums (aus [Gro 89,90]).

5.2 Direkte Bestimmung von Λ

Wie schon gesehen, besitzt Λ die Dimension [Länge^{-2}]. Die Größe $1/\sqrt{\Lambda}$ kennzeichnet deswegen eine charakteristische Skala, auf der man Effekte der kosmologischen Konstanten erwarten sollte. Die experimentelle Bestimmung von Λ geschieht indirekt über die Bestimmung des Verzögerungsparameters q_0 (siehe Gl. (3.19)), welcher im Falle einer nichtverschwindenden Vakuumenergie gegeben ist durch

$$q_0 = \frac{4\pi G}{3H_0^2}(\rho_0 - 2\rho_V) = \frac{1}{2}\Omega_0 - \Omega_V, \tag{5.15}$$

wobei $\Omega_V = (\rho_V/\rho_c)$ ist. Durch unabhängige Messung von q_0 und Ω_0 sollte es also möglich sein, Aussagen über Λ zu gewinnen. Deswegen wollen wir nun einige Methoden zur q_0-Bestimmung besprechen, die verschiedenen Bestimmungen von Ω_0 werden in anderen Kapiteln behandelt (siehe Kap. 3, 4 und 9).

5.2.1 Bestimmung von q_0

Wir wollen uns mit drei Verfahren zur Bestimmung von q_0 auseinandersetzen. All diesen Methoden ist jedoch eine Unsicherheit gemeinsam. Aufgrund der großen Rotverschiebungen spielen die zeitlichen Entwicklungen der als „Standardkerzen“ benutzten Objekte eine wesentliche Rolle. Diese sind jedoch nicht sehr genau bekannt. Dies begrenzt die Aussagekraft der Methoden.

5.2.1.1 Leuchtkraftentfernung-Rotverschiebungs-Relation

Besitze eine Galaxie die Leuchtkraft L (gegeben als Energie pro Zeit), so beruht eine Entfernungsdefinition allein auf der r^{-2}-Abhängigkeit des Flusses Φ (gegeben als Energie pro Zeit und Fläche F). Die Entfernung d_l, definiert durch:

$$d_l^2 = \frac{L}{4\pi F}, \tag{5.16}$$

nennt man *Leuchtkraftentfernung*. In einem statischen Universum entspricht sie gerade der physikalischen Distanz. Aufgrund der Expansion wird dies aber modifiziert, da der Beobachter zum Zeitpunkt der Emission einen anderen Raumwinkel einnimmt als zum Zeitpunkt der Beobachtung. d_l ist in diesem Fall gegeben durch

$$d_l^2 = R^2(t_0)r^2(1+z)^2 \tag{5.17}$$

Hierbei ist r die mitbewegte Raumkoordinate und z die Rotverschiebung. Der Faktor $(1+z)^2$ kommt zustande durch die mit der Rotverschiebung verbundene Energieabnahme einzelner Photonen, als auch durch eine Streckung des Zeitintervalls beim Nachweis im Vergleich zur Emission (Gl. (3.14)). Macht man eine Taylor-Entwicklung von $R(t)$ um R_0 (Gl. (3.17)), so ergibt sich für kleine $H_0\,(t-t_0)$, d.h. nicht allzu große Zeiten zurück in die Vergangenheit:

$$(t_0 - t) = H_0^{-1}\left[z - \left(1 + \frac{q_0}{2}\right) z^2 + \ldots\right] \tag{5.18}$$

Benutzt man andererseits

$$\int_{t_1}^{t_0} \frac{dt}{R(t)} = \int_0^{r_1} \frac{dr}{(1-kr^2)^{1/2}} \tag{5.19}$$

in der Taylorentwicklung, so ergibt sich

$$r_1 = R(t_0)^{-1}\left[(t_0 - t_1) + \frac{1}{2} H_0 (t_0 - t_1)^2 + \ldots\right] \tag{5.20}$$

Durch Einsetzen von Gl. (5.20) in Gl. (5.18) und mit Hilfe von Gl. (5.17) bekommt man schließlich die Relation

$$H_0 d_l = z + \frac{1}{2}(1 - q_0) z^2 + \ldots \tag{5.21}$$

Man erkennt, daß der erste Korrekturterm zur Hubble-Beziehung eine Bestimmung von q_0 erlaubt. Ein solches Hubble-Diagramm ist in Kap. 3 gezeigt (Abb. 3.3). Diese Messungen lassen gegenwärtig noch keine Entscheidung zu, ob q_0 gleich, größer oder kleiner als 0.5 ist.

Anstelle von Galaxien kann man auch die Standardkerzen-Eigenschaft von Supernovae des Typs Ia benutzen. Die Ausnutzung der gleichen absoluten Helligkeiten des Maximums solcher Supernovae (siehe Gl. (3.26)) in Galaxien mit hoher Rotverschiebung (typischerweise $0.3 < z < 0.6$) wurde von [Goo 95a] durchgeführt. Eine erste Analyse von 7 solcher Supernovae ergibt einen Wert von $q_0 = 0.8 \pm 0.35 \pm 0.3$ [Per 96].

5.2.1.2 Winkeldurchmesser-Rotverschiebungs-Relation

Ein Objekt mit dem Durchmesser D emittiere zur Zeit $t = t_1$ Licht, welches von einem Beobachter bei $r = 0$ zur Zeit $t = t_0$ beobachtet wird. Dann sieht der Beobachter ein Objekt mit dem Winkeldurchmesser Θ [Kol 90]:

$$\Theta = \frac{D}{R(t_1) r_1} \tag{5.22}$$

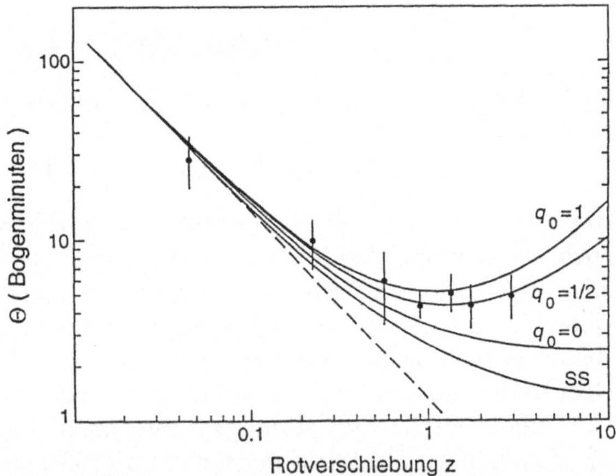

Abb. 5.3 Der mittlere Winkeldurchmesser Θ als Funktion der Rotverschiebung z für 82 kompakte Radioquellen. Trotz der großen Fehler könnte man einen Wert für den Verzögerungsparameter um $q_0 = 0.5$ herauslesen, gleichbedeutend mit einem euklidischen Universum (aus [Kel 93]).

Definiert man die Winkeldistanz zu

$$d_A = \frac{D}{\Theta} = R(t_1)r_1\,, \tag{5.23}$$

so gilt mit $d_A = d_l(1+z)^{-2}$ (folgt aus Gl. (3.16) und Gl. (5.17)) mit der Näherung aus Gl. (5.21)

$$H_0 d_A = z - \frac{1}{2}(3+q_0)z^2 + \ldots \tag{5.24}$$

Eine Untersuchung mit Hilfe kompakter Radioquellen am Himmel ergab eine gewisse Evidenz für ein q_0 nahe 0.5 entsprechend $\Omega_0 = 1$ [Kel 93]. Auch hier ist die zeitliche Evolution der Quelle der maßgebliche Faktor für die Unsicherheit (Abb. 5.3).

5.2.1.3 Galaxiendichte-Rotverschiebungs-Relation

Hierzu macht man eine Galaxienzählung als Funktion der Rotverschiebung. Nimmt man ein mitbewegtes Volumenelement dV mit dN Galaxien, so gilt für deren Anzahldichte $n(t)$ (siehe z.B. [Kol 90]):

$$dN = n(t)dV = n(t)\frac{r^2}{(1-kr^2)^{1/2}}drd\Omega \tag{5.25}$$

Da nun r nicht direkt beobachtbar ist, schreibt man Gl. (5.25) mit Hilfe von Gl. (5.18) und (5.20) um in

$$\frac{r^2}{(1-kr^2)^{1/2}}dr = (H_0R_0)^{-3}z^2dz(1-2(q_0+1)z+\ldots), \tag{5.26}$$

und so folgt durch Einsetzen von Gl. (5.26) in Gl. (5.25)

$$\frac{1}{z^2}\frac{dN}{dzd\Omega} = (H_0R_0)^{-3}n(z)(1-2(q_0+1)z+\ldots) \tag{5.27}$$

Unter der Annahme eines konstanten $n(z)$, d.h. weder Galaxienentstehung noch -vernichtung (bei kleinen z gut gerechtfertigt), kann man so q_0 bestimmen. Zwei Schwierigkeiten sind jedoch zu überwinden: Die Evolution von Galaxien mit der Rotverschiebung ist immer noch Gegenstand der aktuellsten Forschung. Gerade diese evolutionären Effekte muß man jedoch im Griff haben, um die Methode sinnvoll anwenden zu können. Ebenso benötigt man einen wirklich vollständigen Satz auch sehr leuchtschwacher Galaxien. Hier können Beobachtungsfehler zu großen Unsicherheiten führen. Loh und Spillar haben eine Untersuchung mit annähernd 1000 Infrarotgalaxien durchgeführt und kamen zu dem Ergebnis (Abb. 5.4) [Loh 86]:

$$\Omega_0 = 0.9^{+0.7}_{-0.5} \quad \rightarrow \quad q_0 = 0.45^{+0.35}_{-0,25} \tag{5.28}$$

Dieses Ergebnis ist jedoch nicht unumstritten. Das Problem bei der Datenauswertung ist, daß die Autoren von einer Helligkeitsverteilung ausgingen, die sich in der Vergangenheit nur durch eine Konstante von der heutigen unterschieden hat. Aufgrund der großen überdeckten Zeiträume müssen auch hier evolutionäre Effekte in der Galaxienentwicklung berücksichtigt werden, welche nicht unbedingt eine konstante Helligkeitsverteilung erwarten lassen. Eine Analyse unter Berücksichtigung der Evolution läßt die Fehlerbalken noch erheblich größer werden [Bah 88b].

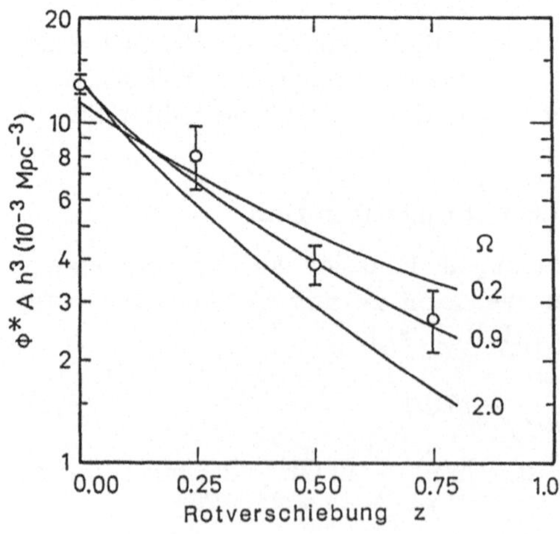

Abb. 5.4
Galaxienzählung als Funktion der Rotverschiebung. Die Anzahl der gezählten Galaxien in einem Volumen $dzd\Omega$ ist proportional zu $z^2dzd\Omega h^3A(z)\Phi^*$, wobei Φ^* proportional zur Galaxiendichte in einem mitbewegten Volumen ist und $A(z)$ vom kosmologischen Modell abhängt. Die Beobachtung wird relativ gut durch ein Ω von 0.9 approximiert, allerdings ist die Statistik relativ schlecht, und die Beobachtungsdaten lassen einen großen Spielraum zu (aus [Loh 86]).

5.2.2 Zukünftige Alternativen zur Bestimmung von Λ

Neben diesen dynamischen Methoden zur Bestimmung von q_0 entwickeln sich auch aufgrund des immer besser werdenden Beobachtungsmaterials neue Ideen zur Beobachtung von Effekten einer kosmologischen Konstanten. Eine Möglichkeit hierzu ist die Beobachtung von Quasarabsorptionslinien (siehe auch Kap. 6). Diese werden verursacht durch Wasserstoffwolken entlang der Sichtlinie. Theoretische Überlegungen zeigen, daß die Anzahldichte solcher Linien pro definiertem Rotverschiebungsintervall von dem Wert der kosmologischen Konstanten abhängt [Tur 92]. Ist eine statistisch signifikante Anzahl von Beobachtungen für solche Systeme bekannt, vor allem auch für Quasare mit kleiner Rotverschiebung, so könnten hieraus neue Erkenntnisse gewonnen werden.

Eine andere wichtige Rolle könnten Gravitationslinsen spielen. Eine nichtverschwindende kosmologische Konstante kann zu einer signifikanten Veränderung der Wahrscheinlichkeit für einen solchen Linseneffekt führen [Fuk 90b], [Tur 90a]. Aber auch hier sind sowohl die beobachteten Objekte als auch die theoretische Ausarbeitung klarer Signaturen noch nicht in der Lage, scharfe Grenzen zu geben [Car 92]. Eine kosmologische Konstante beeinflußt auch das Wachstum von Dichtefluktuationen (siehe Kap. 6), für diesbezügliche Untersuchungen sei auf [Kof 93] verwiesen.

Bislang konnte selbst auf den größten beobachteten Entfernungen im Universum ($R \approx 10^{28}$ cm) kein Effekt einer kosmologischen Konstante erkannt werden, was mit der Beziehung $R \simeq 1/\sqrt{\Lambda}$ zu einer experimentellen Grenze von $\Lambda < 10^{-56}\,\mathrm{cm}^{-2}$ führt [Abb 88].

5.3 Das Λ-Problem

Wir wollen noch einmal auf die Beiträge der Quantenfluktuationen zur Vakuumenergiedichte zurückkommen. Betrachten wir dazu zunächst einen quantenmechanischen harmonischen Oszillator. Seine Energieeigenwerte sind gegeben durch

$$E_n = \hbar\omega(n + \frac{1}{2}), \qquad n = 0, 1, \ldots \tag{5.29}$$

Der Vakuumzustand ($n = 0$) besitzt also eine endliche Energie (Nullpunktsenergie). Ein relativistisches Feld kann betrachtet werden als eine Ansammlung von harmonischen Oszillatoren aller möglichen Frequenzen ω. Für den einfachen Fall eines skalaren Feldes der Masse m ergibt sich die Vakuumenergie als Summe aller Beiträge

$$E_0 = \sum_j \frac{1}{2}\hbar\omega_j \tag{5.30}$$

Diese Summe kann ausgeführt werden, indem man das System in ein Volumen der Größe L^3 steckt und dann den Übergang für L gegen unendlich betrachtet (siehe z.B. [Car 92]). Unter der Annahme periodischer Randbedingungen geht Gl. (5.30) über in

$$E_0 = \frac{1}{2}\hbar L^3 \int \frac{d^3k}{(2\pi)^3}\omega_k \tag{5.31}$$

Hierbei entspricht $k = 2\pi/\lambda$ dem Wellenvektor. Benutzt man nun die Beziehung

$$\hbar^2\omega_k^2 = \hbar^2 k^2 + m^2 \tag{5.32}$$

und eine obere Abschneidefrequenz $k_{\max} \gg m$, so läßt sich die Integration ausführen, und es ergibt sich

$$\rho_V = \lim_{L\to\infty} \frac{E_0}{L^3} = \int\limits_0^{k_{\max}} \frac{4\pi k^2}{(2\pi)^3} dk \frac{1}{2}\sqrt{k^2+m^2} = \hbar \frac{k_{\max}^4}{16\pi^2} \tag{5.33}$$

Nimmt man die Gültigkeit der Allgemeinen Relativitätstheorie bis herauf zur Planck-Skala an ($l_{\mathrm{Pl}} \simeq (8\pi G)^{-1/2}$), so ergibt sich mit $l_{\mathrm{Pl}} = k_{\max}$ ein Wert, der 121 (!) Größenordnungen über dem experimentellen Wert liegt. Hiermit würde man eine Vakuumenergie von

$$\rho_V = 10^{74}\hbar^{-3}\,\mathrm{GeV}^4 \approx 10^{92}\,\mathrm{gcm}^{-3} \tag{5.34}$$

erwarten [Car 92]. Wohl selten lag bisher eine Abschätzung so falsch. Auch die elektroschwache Skala mit etwa 200 GeV und dem damit verbundenen Wert für $k_{\max}$ zeigt eine Diskrepanz von 54 Größenordnungen. Selbst mit einem $k_{\max}$, das dem Λ_{QCD} der QCD entspricht, liegt man noch 42 Größenordnungen neben der Beobachtung. Um den Beitrag einzelner Teilchen einmal abschätzen zu können, nehmen wir an, daß die virtuell entstehenden Teilchen kurzzeitig ihr Comptonvolumen L_c^3 (L_c bezeichnet die Comptonwellenlänge) ausfüllen

$$L_c = \frac{\hbar}{mc} \to \rho_V = \frac{m}{L_c^3} = \frac{c^3 m^4}{\hbar^3} \tag{5.35}$$

Benutzt man für m die Massen z.B. der u,d-Quarks, so sollte allein ihr Beitrag zur Vakuumenergiedichte Effekte auf einer Skala von etwa $1/1\,\mathrm{km}^2$ hervorrufen. Beiträge der W- oder Z-Bosonen würden sich schon auf Skalen von $1/20\,\mathrm{cm}^2$ bemerkbar machen. Dies bedeutet, daß Effekte der Raumkrümmung auf der Skala von Metern bis Kilometern auftreten müßten, im totalen Widerspruch zur Realität. Ein weiterer, signifikanter Beitrag zur Vakuumenergie kommt von dem komplexen Higgs-Feld Φ, welches wir in Kap. 1 herangezogen haben, um im Rahmen der elektroschwachen Theorie die Teilchenmassen zu erzeugen. Das Potential ist gegeben durch

$$V(\Phi^\dagger\Phi) = -\mu^2\Phi^\dagger\Phi + \lambda(\Phi^\dagger\Phi)^2 \qquad \text{mit} \qquad \mu^2 > 0, \lambda > 0 \tag{5.36}$$

und mit einem Minimum bei

$$\langle\Phi\rangle = \sqrt{\frac{\mu^2}{2\lambda}} \tag{5.37}$$

Den Beitrag des Higgs-Feldes zur kosmologischen Konstanten kann man schnell wie folgt abschätzen. Mit $M_{\text{Pl}} = \sqrt{G^{-1}}$ (Gl. (2.99)) und der Vakuumenergiedichte als Potentialminimum

$$\Lambda = 8\pi M_{\text{Pl}}^{-2} V_{\text{min}}, \tag{5.38}$$

folgt durch Einsetzen sofort, daß das Feld in der gebrochenen Phase einen Beitrag von

$$\Lambda_\Phi = -4\pi G\mu^2 |\langle\Phi\rangle|^2 \tag{5.39}$$

liefert. Aufgrund von Stabilitätsbedingungen gegen Korrekturen höherer Ordnung der Störungstheorie folgt für μ eine untere Grenze von etwa 7 GeV, [Lin 76] und damit

$$\Lambda_\Phi \leq -6 \cdot 10^{-32}\,\text{GeV}^2 = -1.55 \cdot 10^{-4}\,\text{cm}^{-2} \tag{5.40}$$

Dies entspricht dem Beitrag des Higgs-Feldes zum Zeitpunkt der Symmetriebrechung, es sollte aber auch heute noch einen Beitrag liefern. Heutzutage würde ein schon viel kleinerer Wert von Λ aufgrund der R-Abhängigkeit der Materie- und Strahlungsdichte das Universum dominieren (siehe Kap. 5.1). Auch dieser Wert steht in krassem Widerspruch zu dem beobachteten Wert. Er liefert das falsche Vorzeichen und liegt um etwa 53 Größenordnungen daneben. Man kann die Diskrepanz anstatt quantenfeldtheoretisch auch anhand der involvierten Längenskalen betrachten. Im gegenwärtig beobachtbaren Universum sind bis zu 10^{28} cm keinerlei Auswirkungen einer Raumkrümmung zu erkennen, was sich in eine Grenze von $\Lambda < 10^{-56}\,\text{cm}^{-2}$ konvertieren läßt. Nimmt man aber die Gültigkeit der Allgemeinen Relativitätstheorie bis herauf zur Planck-Skala an, so wäre gemäß Gl. (5.33) und (5.2) $\Lambda \approx (l_{\text{Pl}}^2)^{-1} \approx 10^{66}\,\text{cm}^{-2}$. Auch dies entspricht 122 Zehnerpotenzen Differenz.

Warum heben sich die einzelnen, völlig unabhängigen Beiträge in Gl. (5.4) beim Summieren nahezu vollständig auf? Sind sie vielleicht doch nicht so unabhängig, und gibt es vielleicht eine tiefere, bisher unbekannte Verknüpfung? Wir wissen es nicht.

5.3.1 Lösungsvorschläge für das Λ-Problem

Viele verschiedene Möglichkeiten wie Supersymmetrie, Fluktuationen in der Topologie der Raumzeitgeometrie, unimodulare Theorien u.a. werden zur Erklärung des Λ-Problems herangezogen, wir wollen einige davon etwas näher besprechen. Für eine ausführliche Diskussion der Lösungsvorschläge siehe [Wei 89], [Car 92].

Eine einfache Möglichkeit zur Lösung wäre eine Verschiebung des Energienullpunktes des Vakuums um den Betrag der Vakuumenergie. Dies scheint jedoch eine sehr unbefriedigende, da sehr willkürliche Lösung zu sein. Eine andere Möglichkeit besteht in supersymmetrischen Theorien. Für eine ungebrochene Supersymmetrie gilt mit den in Kap. 2 besprochenen Operatoren

$$Q_\alpha \mid 0\rangle = Q_\alpha^\dagger \mid 0\rangle = 0, \tag{5.41}$$

was bedeutet

$$\langle 0|p^\mu|0\rangle = 0 \tag{5.42}$$

Dies bedeutet einen Vakuumerwartungswert von Null, der auch durch Korrekturen höherer Ordnung keine Änderung erfährt, da es für jeden Fermionenbeitrag einen entsprechenden Bosonenbeitrag gibt, die sich gerade gegenseitig aufheben. Dies bedeutet keinen Beitrag zur Vakuumenergiedichte und damit eine verschwindende kosmologische Konstante. Das Problem ist hierbei, daß die Supersymmetrie in der Natur gebrochen ist und sich dann diese Argumente nicht mehr ohne weiteres anwenden lassen. Da jedoch der Ansatz als solcher erfolgreich erschien, wurde versucht, mit Hilfe von Supergravitations- und Superstring-Theorien auch mit einer gebrochenen Supersymmetrie eine verschwindende kosmologische Konstante zu erzeugen [Wit 85], [Din 85], [Wei 89] [Car 92]. Einen zusätzlichen Mechanismus, der automatisch für ein sehr kleines oder sogar verschwindendes Λ sorgt, erhofft man sich durch eine quantenfeldtheoretische Beschreibung des gesamten Universums [DeW 67], [Whe 68], [Kol 90]. In der Tat gibt es hier die hoffnungsvollsten Ansätze, dieses Ziel zu erreichen. Da man keine konsistente Theorie einer Quantengravitation besitzt, benutzt man im allgemeinen Näherungsmethoden, die auf der Feynmanschen Pfadintegralformulierung der Quantenmechanik beruhen [Fey 65]. Die Wellenfunktion eines Teilchens in einem Zustand ϕ mit einem Anfangszustand ϕ_0 wird hierbei beschrieben durch eine Integration über alle Pfade, welche diese beiden Punkte verbindet:

$$\Psi(\phi) \sim \int [d\rho] e^{\imath S[\rho]/\hbar} \tag{5.43}$$

Dabei kennzeichnet ρ den Pfad von ϕ_0 nach ϕ und $S[\rho]$ ist die zugehörige Wirkung. In Falle der Quantengravitation ist der Zustand als ein dreidimensionaler Schnitt Σ in der vierdimensionalen Raumzeit zu betrachten, und die Wellenfunktion wird ersetzt durch die Wellenfunktion des Universums $\Psi(\Sigma)$, interpretiert als Wahrscheinlichkeitsamplitude, daß das Universum Σ enthält. Da solch oszillatorische Integrale wie Gl. (5.43) i.a. nicht konvergieren, wird der Zeitparameter analytisch ins Imaginäre fortgesetzt, $t \to i\tau$. Dies hat zur Folge, daß die Komponente g_{00} der Metrik ihr Vorzeichen ändert und die zu betrachtenden Pfade in einem euklidischen Raum liegen. Gleichzeitig wird die Wirkung imaginär, $S \to iS_E$. Das Integral wird dann durch eine Exponentialfunktion gedämpft und konvergiert, falls es für die euklidsche Wirkung S_E eine untere Grenze gibt. Diese wird diskutiert in [Har 83], [Vil 88]. Die Wellenfunktion des Universums ergibt sich dann als Integration über alle Mannigfaltigkeiten M

$$\Psi(\Sigma) \sim \int [dM] e^{-S_E[M]/\hbar} \tag{5.44}$$

M beschreibt hier alle 4-dimensionalen euklidischen Räume mit 3-dimensionalen Schnitten Σ. Unter der Annahme eines auf großen Skalen homogenen Universums und der Gravitation als dominanter Kraft auf diesen Skalen, kann die Wirkung angenähert werden durch die Euklidische Wirkung der Allgemeinen Relativitätstheorie [Col 88]

$$S_E \approx \frac{1}{16\pi G} \int d^4x \sqrt{g}(2\Lambda - R). \tag{5.45}$$

Hierbei ist g die Determinante der Metrik und R der Ricci-Skalar $R = g_{\mu\nu} R^{\mu\nu}$. Hieraus folgen sofort die stationären Punkte als Lösung der Einsteinschen Gleichungen mit kosmologischer Konstante mit Hilfe des Prinzips der kleinsten Wirkung (siehe Kap. 1). Für einen euklidischen Raum ist dies eine 4-dimensionale Kugel. Mit dem daraus resultierenden $R = 4\Lambda$ und $\int d^4x \sqrt{g} = 24\pi^2/\Lambda^2$ folgt dann

$$\Psi \approx e^{3\pi/\hbar G\Lambda} \tag{5.46}$$

Betrachtet man Λ als freien Parameter, so sieht man, daß dieser Ausdruck ein ausgeprägtes Maximum für $\Lambda = 0$ besitzt. Damit wäre das Problem der kosmologischen Konstante gelöst. Anders ausgedrückt, Universen mit verschwindender kosmologischer Konstante bestimmen das Pfadintegral und machen es außerordentlich wahrscheinlich, daß die in unserem Universum vorliegende kosmologische Konstante verschwindet. Eine Möglichkeit, Λ zu einem solchen freien Parameter zu machen, besteht mit Hilfe von sogenannten *Wurmlöchern* (‚Wormholes'), Fluktuationen in der Topologie der Raumzeitgeometrie, die verschiedene Regionen des euklidischen Raumes in Form

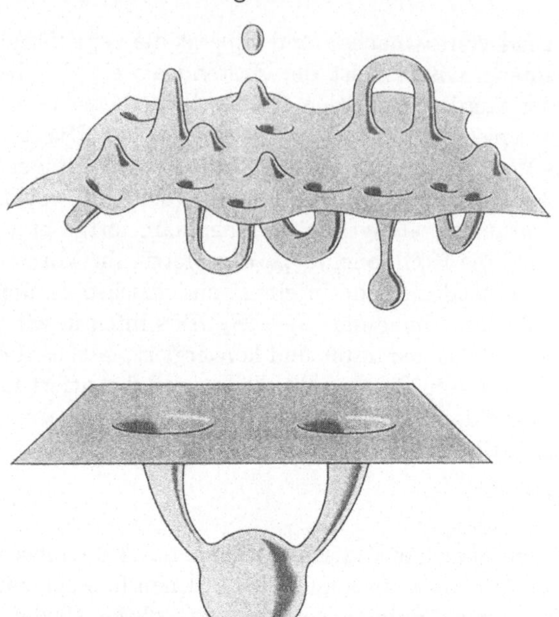

Abb. 5.5 a) Die Quantengravitation legt nahe, daß die wohlbekannte flache vierdimensionale Raumzeit-Kontinuität auf sehr kleinen Längenskalen verschwindet und stattdessen durch eine „schaumähnliche" Raumzeit mit Bergen, Tälern, Brücken und Wurmlöchern beschrieben wird. b) Es besteht zudem die Möglichkeit vieler verschiedener Paralleluniversen mit durchaus verschiedener Dimension. Diese wären häufig durch Wurmlöcher miteinander verbunden (aus [Dav 92c]).

von Schnüren verbinden [Col 88] (Abb. 5.5). Dadurch ist eine Wechselwirkung unseres Universums mit anderen Universen möglich. Eine Folge davon ist, daß alle uns bekannten Naturkonstanten nicht mehr absolut gelten, sondern der wahrscheinlichste Wert einer Verteilung sind, wobei speziell für Λ wieder der Wert Null favorisiert wird, da hier die Wirkung stationär wird. Mehr noch, bei diesen Rechnungen stellte sich heraus, daß nun $\Psi \approx \exp(e^{3\pi/\hbar G\Lambda})$ und damit das Maximum bei Null noch viel schärfer wird. Es ergibt sich somit eine elegante Lösung des Problems der kosmologischen Konstanten im Rahmen der Quantengravitation. Das Interessante an dieser Erweiterung durch [Col 88] ist, alles ohne neue physikalische Gesetzmäßigkeiten oder völlig neue Phänomene erreicht zu haben, sondern nur durch Einführung von Wurmlochkonfigurationen in die Pfadintegrale.

Aufgrund des gegenwärtigen Fehlens einer konsistenten Theorie sollen jedoch auch noch andere Möglichkeiten diskutiert werden. Die Einsteinschen

Feldgleichungen können aus der Wirkung Gl. (5.45) nach dem Prinzip der kleinsten Wirkung und Variation des metrischen Tensors hergeleitet werden. Sie ist bestimmt durch zwei Parameter R und Λ. Ist die Determinante der Metrik aber nur eine bestimmte Konstante, dann wird die kosmologische Konstante in der klassischen Wirkung irrelevant (sogenannte *unimodulare Theorien*) [Ng 92]. Auch aus einer solchen Wirkung lassen sich nun die Einsteinschen Feldgleichungen wieder herleiten, und man bekommt auch wieder eine kosmologische Konstante. Der fundamentale Unterschied jedoch ist, daß sie nun eine willkürliche Integrationskonstante ist, völlig unabhängig von den Parametern in der ursprünglichen Wirkung, im Gegensatz zur alten Einstein-Hilbert-Wirkung, wo sie ein festgelegter Parameter der Theorie ist. Rein klassisch ist nun keinerlei Wert von Λ ausgezeichnet. In einer entsprechenden Quantentheorie erwarten wir für den Zustandsvektor des Universums jedoch eine Superposition aller Zustände mit verschiedenen Werten für Λ [Ng 92]. In der Tat bekommt man wieder eine Abhängigkeit der Form von Gl. (5.46), d.h. die Konfigurationen mit $\Lambda = 0$ dominieren.

Andere Theorien bevorzugen eine zeitabhängige kosmologische Konstante, auch außerhalb von Phasenübergängen wie der Inflation [Pee 88], [Wet 94]. Jedoch scheinen konsistente Formulierungen einer solchen Theorie Schwierigkeiten mit der primordialen Nukleosynthese und der kosmischen Hintergrundstrahlung zu bekommen. Auch kann man Skalarfelder einführen, welche nur dadurch motiviert sind, den Beitrag der kosmologischen Konstante gerade zu kompensieren [Dol 82], ähnlich dem Peccei-Quinn-Mechanismus zur Lösung des starken CP-Problems (siehe Kap. 11).

Abschließend bleibt zu sagen, daß das Problem der kosmologischen Konstanten sowohl theoretisch als auch experimentell offensteht. Dieser Größe kommt eine fundamentale Bedeutung zu, da man sich ihr sowohl von der Elementarteilchenseite als auch der Kosmologie nähern kann, und gegenwärtig nahezu 120 Größenordnung Diskrepanz zu erklären hat. Die Lösung dieses Problems wird sicherlich einen großen Erkenntnissprung bewirken.

6 Großräumige Strukturen im Universum

Wie wir in Kap. 3 besprochen haben, geht die Friedmann-Robertson-Walker-Metrik von einem homogenen und isotropen Universum aus. Entspricht dieses der Realität? Zumindest auf der Ebene der Sterne zeigt schon der abendliche Blick an den Himmel, daß dies wohl nicht zutrifft. Vielmehr organisieren sich Sterne in Galaxien. Diese Inhomogenitäten setzen sich auch zu größeren Skalen fort. Galaxien ordnen sich in Haufen an, diese wiederum in Superhaufen, getrennt durch riesige Gebiete geringerer Galaxiendichte, den sogenannten Leerräumen. Diese Leerräume sind nicht wirklich leer, sondern besitzen eine relativ geringe Galaxiendichte. Jedoch zeigt die in Kap. 3 bereits erwähnte Verteilung von Radiogalaxien mit einer typischen Rotverschiebung von $z = 2$ als auch die kosmische Hintergrundstrahlung (Kap. 7) mit einem $z \approx 1000$, daß bei genügend großen Entfernungen sich diese Inhomogenitäten herausmitteln und man in der Tat ein isotropes, homogenes Universum vorzufinden scheint. Wir wollen uns nun mit den einzelnen Bausteinen der großräumigen Struktur etwas näher beschäftigen. Für weiterführende Literatur verweisen wir auf [Pee 80], [Pad 93], [Pee 93].

6.1 Galaxien

Galaxien treten in einer Vielzahl von Formen, Massen und Größen auf (Abb. 6.1). Eine einfache Einteilung ist das Hubble-Klassifikationsschema (auch Hubble-Sequenz genannt), welches zwischen 4 Haupttypen unterscheidet (Abb. 6.2). Für eine detaillierte Beschreibung der Hubble-Sequenz und ihren Zusammenhang mit physikalischen Größen und der Entwicklung von Galaxien verweisen wir auf [Sil 93].

Elliptische Galaxien besitzen kaum innere Struktur wie Balken oder Spiralen und bestehen hauptsächlich aus alten Sternen. Zudem enthalten sie sehr wenig oder gar keinen Staub und kaltes Gas. Das Auftreten heller elliptischer Galaxien ist eine Funktion der Umgebung – in Regionen niedriger Massendichte beträgt ihr Vorkommen etwa 10 %, während ihr Anteil für die Zentralregionen in dichten Galaxienhaufen auf etwa 40 % anwächst. Sie werden abgekürzt mit dem Symbol En, welches Aussagen über das Verhältnis

Abb. 6.1 Verschiedene Typen von Galaxien.
a) Die Spiralgalaxie M31 (Andromeda) ist die nächste große Spiralgalaxie mit einem ähnlichen Aussehen wie unsere Milchstraße. Sie befindet sich in einer Entfernung von etwa 700 kpc und gehört zur Hubble-Klasse Sb. M31 besitzt zwei elliptische Zwerggalaxien NGC 205 (Typ E5) und M32 (Typ E2) als Begleiter (aus [Bin 87] mit freundlicher Genehmigung von A.R. Sandage).
b) Die elliptische Galaxie M87 im Zentrum des Virgo-Haufens in einer Entfernung von etwa 15 Mpc. Nach dem Hubble-Schema ist sie vom Typ E1. Die meisten schwachen Objekte sind begleitende Kugelsternhaufen von M87 (aus [Bin 87] mit freundlicher Genehmigung von A.R. Sandage).

Abb. 6.1
c) Die Große Magellansche Wolke (LMC) als Beispiel einer irregulären Galaxie. Sie ist unser nächster Nachbar in einer Entfernung von etwa 50 kpc (aus [Bin 87] mit freundlicher Genehmigung von D. Malin, Royal Observatory, Edinburgh).
d) Die gigantische Spiralgalaxie NGC 309 im Sternbild Cetus (Walfisch). Im Größenvergleich dazu die Galaxie M81 im Sternbild Ursa Major (Großer Bär) (kleiner Kasten), ebenfalls bereits eine riesige Spiralgalaxie (aus [Arp 91]).

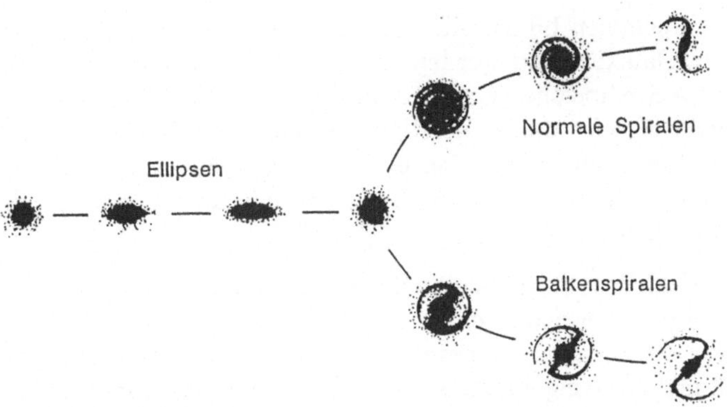

Abb. 6.2 Das klassische Einteilungsschema für Galaxien. Ausgehend von elliptischen Galaxien, welche nach ihrer Exzentrizität eingeteilt werden, teilt man die Spiralgalaxien in Balkenspiralen und normale Spiralgalaxien ein. Ein weiteres Kriterium entspricht der Offenheit der Spiralarme und des schwächer werdenden Kerns. Der Gehalt an Gas und jungen Sternen wächst dabei von links nach rechts. Rechts von den Spiralgalaxien sind die irregulären Galaxien anzuordnen (aus [Rol 88]).

der beiden Hauptachsen a und b erlaubt, da $b/a = 1 - n/10$. Die Elliptizität ϵ ist hierbei gegeben durch $\epsilon = 1 - b/a$. Die elliptischsten Systeme sind vom Typ E7. Ob es sich um axialsymmetrische oder triaxiale Gebilde handelt, kann man anhand des Isophotentwist (eine Drehung der Isophotenlinien als Funktion der Intensität) feststellen. Das Oberflächen-Helligkeitsprofil der meisten elliptischen Galaxien kann mit dem de Vaucouleurschen $R^{1/4}$-Gesetz beschrieben werden [Vau 48]

$$I(R) = I(0)\exp(-kR^{0.25}) = I_e \exp(-7.67((R/R_e)^{0.25} - 1)), \qquad (6.1)$$

wobei der effektive Radius R_e jene Isophote (Kontourlinie konstanter Oberflächenhelligkeit) kennzeichnet, innerhalb der die Hälfte der Leuchtkraft liegt. I_e ist die Oberflächenhelligkeit bei R_e. Die Leuchtkraft der verschiedenen elliptischen Galaxien erstreckt sich über etwa 7 Größenordnungen. Die Leuchtkraftfunktion $\Phi(L)$ ($\Phi(L)\,dL$ ist die Anzahl von Galaxien in einem Leuchtkraftintervall von L bis $L + dL$) kann gut approximiert werden durch Schechters Gesetz [Sch 87a]

$$\Phi(L)dL = n_0 \left(\frac{L}{L_0}\right)^{\alpha} \exp(-L/L_0)\frac{dL}{L_0}, \qquad (6.2)$$

wobei $n_0 = 1.2 \cdot 10^{-2} h^3\,\mathrm{Mpc}^{-3}, \alpha = -1.25$ und $L_0 = 1.0 \cdot 10^{10} h^{-2} L_\odot$ gute Näherungswerte sind. Hierbei ist $L_\odot$ die Sonnenleuchtkraft. Klarerweise gibt es Abweichungen von diesem Gesetz bei niedrigen Leuchtkräften, da es hier divergent wird.

Linsengalaxien bilden eine Art Zwischenstufe zwischen Spiral- und elliptischen Galaxien und werden mit S0 gekennzeichnet. Sie besitzen eine strukturlose Scheibe ohne Gas und Staub, ähnlich wie Ellipsen, zeigen aber ein exponentielles Verhalten der Oberflächenhelligkeit ähnlich wie Spiralen. Auch ihre Häufigkeit ändert sich mit der Umgebung von weniger als 10 % in Gebieten niedriger Dichte bis hin zu einem Anteil von 50 % in den Gebieten hoher Dichte.

Spiralgalaxien besitzen eine Scheibe aus jungen Sternen, zusammen mit Gas und Staub, sowie ausgedehnte Spiralarme aus jungen Sternen, in denen noch aktive Sternentstehung stattfindet (Abb. 6.3). Auch ihre Häufigkeit ändert sich mit der Umgebung. Sie sind der dominante Anteil (etwa 80 % der hellen Galaxien) in Gebieten niedriger Dichte, während man sie in Kerngebieten von Galaxienhaufen kaum (etwa 10 %) findet. Spiral- und S0-Galaxien werden allgemein auch als *Scheibengalaxien* bezeichnet. Die Oberflächenhelligkeit der Scheibengalaxien folgt einem Gesetz gemäß [Vau 78]

$$I(R) = I_0 \exp(-R/R_d), \tag{6.3}$$

wobei $R_d \simeq 3h^{-1}\,\mathrm{kpc}$, und $I_0 \simeq 140 L_\odot\,\mathrm{pc}^{-2}$ ist. Scheibengalaxien zeigen Newtonsche Rotationskurven, d.h., aus der Messung der Rotations-

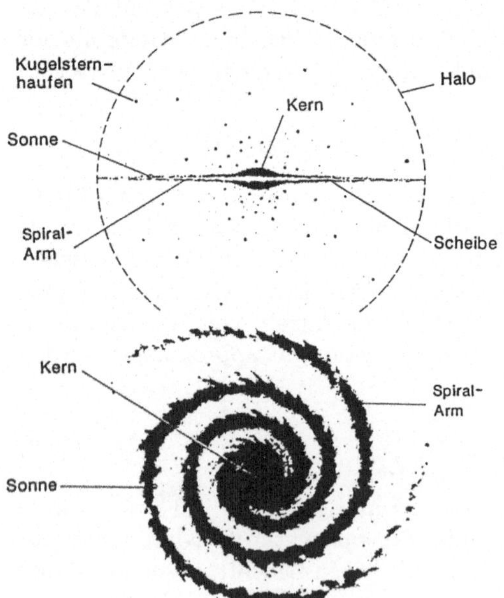

Abb. 6.3
Schematische Darstellung unserer Milchstraße als Beispiel für eine Spiralgalaxie. Die meisten Objekte befinden sich in einer diskusförmigen Scheibe mit einer zentralen Verdichtung in der Mitte. Umgeben ist dieses Gebilde von sphärisch verteilten Kugelsternhaufen in einem dunklen Halo. Der Abstand der Sonne vom galaktischen Zentrum beträgt etwa 8.5 kpc (aus [Rol 88]).

geschwindigkeit als Funktion des Abstandes kann man auf die beteiligte Masse zurückschließen. Bei elliptischen Galaxien ist die beobachtete Kurve eher durch ein anisotropes Geschwindigkeitsfeld verursacht. Spiralgalaxien besitzen im Zentrum ihrer Scheibe eine Verdichtung, einen Galaxienkern (bulge) und sind umgeben von einem sphärischen Halo aus alten Sternen. Das Verhältnis der Leuchtkräfte dieses Kerns und der Scheibe bestimmt weitgehend die Einteilung in der erwähnten Hubble-Sequenz.

Als letzte Art schließlich haben wir noch die *Irregulären Galaxien.* Diese lassen sich in keine der beschriebenen Kategorien einordnen. Sie sind meist sehr gasreich und leuchtschwach. Der Haupteil ihrer Leuchtkraft wird von massiven, jungen Sternen und HII-Regionen erzeugt.

Eine wichtige Rolle spielen auch die Zwerggalaxien. Es handelt sich hierbei um Systeme mit geringer Masse und kleiner Oberflächenhelligkeit. In Modellen mit kalter dunkler Materie (siehe Kap. 6.8.1) entkoppeln diese Objekte geringer Masse als erste von der allgemeinen Expansion und können dann durch Verschmelzung mit anderen Zwerggalaxien größere Systeme formen [Blu 84], [Sil 93]. Die Gruppe der „Zwerg-Sphäroiden“ stellt hierbei die Objekte mit der geringsten bekannten Masse dar. Sie spielen eine wichtige Rolle bei der Frage nach dunkler Materie (siehe Kap. 9).

6.2 Haufen, Superhaufen und Leerräume

Wir wollen uns nun die Verteilung der Galaxien am Himmel anschauen. Schon bei Beendigung der Rotverschiebungsmessungen aller Galaxien des in den 30er Jahren von Shapley und Ames erstellten Katalogs von Galaxien heller als 13^m erkannte man, daß die Galaxienverteilung keineswegs homogen ist [San 78]. Vielmehr gruppieren sie sich meistens in Haufen. Heutzutage gibt es drei große Kataloge von Galaxienhaufen. Es ist dies der Abell-Katalog [Abe 58], der Katalog von Zwicky [Zwi 68] und der Katalog von Shectman [She 85], basierend auf der Galaxienzählung von Shane und Wirtanen [Sha 67]. Abell konnte bei einer Durchmusterung der Aufnahmen des Mount Palomar Observatory Sky Survey (POSS I) 2712 reiche Galaxienhaufen klassifizieren. Eine Großzahl weiterer Galaxienhaufen wurden im ROSAT-All-Sky-Survey [Trü 93] entdeckt. Dieser Katalog enthält über 60000 Quellen (siehe Kap. 7). Galaxien gruppieren sich von Doppel- über Mehrfachsysteme bis hin zu reichen Haufen von einigen hundert bis tausend Mitgliedern und Radien von 5 bis 10 Mpc. Unsere Milchstraße stellt zusammen mit M31 (Andromeda) die größten Mitglieder der Lokalen Gruppe, einer Ansammlung von etwa 30 Galaxien, dar. Der Abstand zu M31 (benannt nach dem Nebelkatalog von Messier aus dem Jahre 1784) beträgt etwa 690 kpc. Typischerweise ergeben sich Abstände zwischen mittelgroßen Galaxien zu etwa 3 Mpc. Zur Lokalen Gruppe gehören auch die Magellanschen Wolken. Die Lokale Gruppe ist ein Beispiel eines Haufens.

Es gibt im Prinzip zwei Arten solcher Haufen, reguläre und irreguläre. In regulären Haufen sind die Galaxien meist sphärisch verteilt, mit einer deutlichen Konzentration im Zentrum. Im Zentrum solcher Haufen bilden elliptische Galaxien den dominanten Anteil, während in den äußeren Teilen Spiralgalaxien vorherrschen. Irreguläre Haufen sind dagegen eher asymmetrisch und lassen sich meist noch in mehrere kleine Unterhaufen aufteilen. Ein Beispiel für einen regulären Haufen stellt der Coma-Haufen dar, der eine Entfernung von etwa $65h^{-1}$ Mpc besitzt. Ein typischer Vertreter für einen irregulären Haufen ist der Virgo-Haufen. Er ist etwa $15h^{-1}$ Mpc entfernt. In seinem Zentrum befindet sich die riesige elliptische Galaxie M87 (Abb. 6.1b), mit einer geschätzten Masse von $10^{13} M_\odot$ ($1 M_\odot$ entspricht einer Sonnenmasse, siehe Kap. 12), eine der massereichsten, bekannten Galaxien. Weitere bekannte Haufen in der unmittelbaren Nachbarschaft unserer Milchstraße sind der Perseus-Haufen (etwa $50h^{-1}$ Mpc Entfernung), und der Centaurus-Haufen (etwa $35h^{-1}$ Mpc Entfernung). Neuere Beobachtungen haben es nun zur Sicherheit werden lassen, daß auch diese Strukturen nicht unabhängig sind, sondern sich auf noch größeren Skalen (über $100h^{-1}$ Mpc) zusammenschließen. Diese Gebilde nennt man *Superhaufen* [Oor 83]. Eine Galaxie innerhalb eines Superhaufens besitzt eine typische Eigengeschwindigkeit von $1000\,\mathrm{km\,s^{-1}}$ und benötigt somit zu einer Durchquerung etwa $3 \cdot 10^{11}$ Jahre, also eine Zeit, die viel größer als das Alter der Superhaufen ist. Es handelt sich hier also um unrelaxierte Gebilde, d.h. der Virialsatz (siehe Kap. 9) kann nicht zur Massenabschätzung herangezogen werden. Diese Strukturen enthalten etwa 10^{15} bis $10^{16} M_\odot$ und haben meist filamentartiges Aussehen. Die Lokale Gruppe, zusammen mit dem Virgo-Haufen und einigen anderen Haufen bilden den *Lokalen Superhaufen.* Dieser besitzt eine scheibenförmige Struktur. Auch von Superhaufen kennt man mittlerweile viele Exemplare, beispielsweise den Coma- und den Pisces-Perseus-Superhaufen. Die Hauptachsen solcher Superhaufen scheinen in Richtung ihrer Nachbarhaufen zu liegen, und zwar um so stärker, je näher die Nachbarn sind [Boe 88]. Dieses legt eine etwa gleichzeitige Entstehung der Superhaufen nahe. Zwischen diesen Superhaufen gibt es riesige Leerräume (Voids), wo praktisch kaum Galaxien vorhanden sind [Kir 81], [deL 86], siehe auch [Bah 88a], [Roo 88]. Auch diese haben Ausdehnungen von 40 bis $100h^{-1}$ Mpc. Die Superhaufen scheinen sich filamentartig um diese Voids anzuordnen, so daß sich eine großräumige Struktur ergibt, die ähnlich wie Bienenwaben aussieht.

Wie bekommt man diese Informationen über die Strukturen?

6.3 Rotverschiebungs-Durchmusterungen

Um ein realistisches Bild der dreidimensionalen Verteilung der Galaxien zu bekommen, ist es nötig, drei Koordinaten zu messen. Neben ihrer Position am Himmel, gegeben durch *Rektaszension* α (entspricht Längengraden, eingeteilt in 24 Stunden) und *Deklination* δ (entspricht Breitengraden), bestimmt die Rotverschiebung in Form der Meßgröße

$$cz = H_0 r + v_{\text{pec}}, \tag{6.4}$$

die Tiefe. Man mißt also die Summe aus Hubble-Fluß und einer Pekuliargeschwindigkeit (siehe Kap. 6.4) einzelner Galaxien aufgrund von Massenkonzentrationen. Es gibt nun zwei Arten, dieses Ziel zu verfolgen. Ein Weg besteht darin, möglichst alle Galaxien mit relativ geringer Rotverschiebung und ihre Position zu untersuchen, d.h. die nähere Umgebung. Eine andere Möglichkeit ist, relativ schmale Gebiete zu hohen Rotverschiebungen hin zu durchmessen (pencil-beams). Wir wollen uns zunächst mit der ersten Methode beschäftigen [Gio 91]. Im oben erwähnten Katalog von Zwicky waren die Positionen von etwa 30000 Galaxien mit einer Helligkeit bis zu $15\overset{m}{.}7$ gemessen. Auf diesem zweidimensionalen Bild konnte er bereits die Inhomogenitäten sehen. Eine erste große Durchmusterung unseres Lokalen Superhaufens fand in den 70er Jahren statt. Tully und Fisher beobachteten etwa 1800 Galaxien im Bereich der 21-cm-Linie [Fis 81]. Dies ist die Hyperfeinstrukturlinie des neutralen Wasserstoffs, eine bevorzugte Linie in der Radioastronomie. Diese Beobachtung ergab ein relativ genaues Bild des Lokalen Superhaufens, enthielt jedoch keine Information über elliptische Galaxien und solche mit cz größer als $1000\,\text{km}\,\text{s}^{-1}$. Es ergab sich hierbei die in Kap. 3 besprochene empirische Relation zwischen Leuchtkraft und Breite der 21-cm-Linie (deswegen auch Tully-Fisher-Relation genannt), die heute standardmäßig zur Entfernungsbestimmung weiter entfernt liegender Spiralgalaxien benutzt wird. Ein neueres Projekt, einen wirklich dreidimensionalen Katalog herzustellen, geht vom Harvard-Smithonian-Institut für Astrophysik (CfA) aus [Gel 89], [Huc 90]. Es mißt die Rotverschiebungen und Positionen von 14383 Galaxien bis herab zu $m_B = 15\overset{m}{.}5$ mit mehr als 30° Deklination. Einige der bereits fertiggestellten Gebiete zeigt Abb. 6.4. Deutlich zu sehen sind hier ‚Voids', als auch die filamentähnliche Anordnung der Superhaufen. Eine bisher in dieser Größe nicht gekannte Formation, welche man die Große Mauer („Great Wall") nennt, ist nur durch die Ausmaße des Beobachtungsfeldes begrenzt. Seine zweidimensionale Projektion ergibt eine Größe von mindestens $60h^{-1}\,\text{Mpc} \times 170h^{-1}\,\text{Mpc}$, und sie enthält etwa die Hälfte aller Galaxien in dieser Region. Zum Vergleich, das gegenwärtig beobachtbare Hubble-Volumen (Kugel mit dem Radius H_0^{-1}) besitzt einen

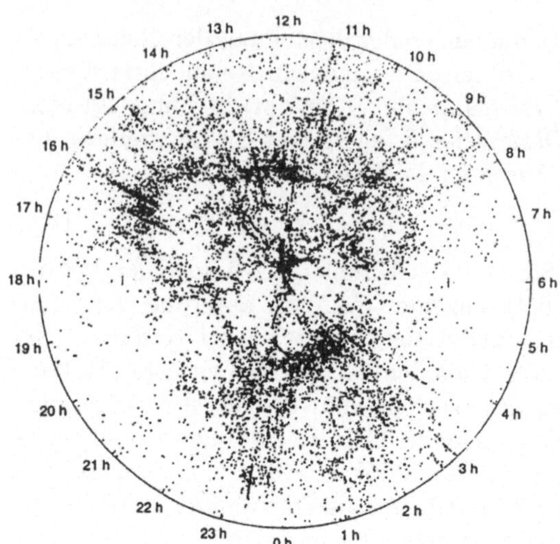

Abb. 6.4
Die Galaxienverteilung im nahen Universum, gewonnen aus dem Center for Astrophysics-(CfA-)Rotverschiebungs-Survey. Insgesamt sind über 14000 Galaxien dargestellt und formen einen kompletten Satz an Daten im Deklinationsbereich von 8.5° bis 44.5°. Alle Galaxien haben Fluchtgeschwindigkeiten von weniger als $15000\,\mathrm{km\,s^{-1}}$, die Milchstraße befindet sich im Zentrum. Deutlich zu sehen ist die filamentartige Struktur, d.h. Gebiete sehr hoher Dichte (Superhaufen) als auch große Leerräume (Voids) (aus [Lon 94]).

Radius von etwa $H_0^{-1} \simeq 3000h^{-1}$ Mpc. Massenabschätzungen für diesen Teil der Großen Mauer ergeben etwa $2 \cdot 10^{16} M_{\odot}$, dies ist zehnmal mehr als im Lokalen Superhaufen! Man beachte auch, daß diese Struktur nur durch die Ausdehnung der Beobachtung bestimmt ist und in diesem Sinne als untere Grenze zu verstehen ist. Über die Anordnung der Galaxien gewinnt man Informationen mit Hilfe der „counts in cells"-Methode [Pee 80]. Hierzu rastert man den dreidimensionalen Raum in Zellen. Man nimmt nun alle Zellen mit mindestens einer Galaxie pro Zelle und rechnet für diese Zellen eine mittlere Anzahl $\langle n \rangle$ von Galaxien pro Zelle aus. Vergrößert man nun die Zellen und wächst $\langle n \rangle$ dabei linear mit dem Durchmesser d der Zelle, so ist die großräumige Verteilung im Mittel eindimensional. Wächst dagegen $\langle n \rangle$ proportional d^2, so ist die Verteilung eher zweidimensional. Vergleicht man nun die simulierten Daten mit den gemessenen, so scheint sich in der Tat eher eine wandförmige als eine stabförmige Verteilung der Galaxien zu ergeben. Eine Beobachtung des Gebietes um den galaktischen Südpol, der Southern Sky Redshift Survey (SRSS 2), ergibt ein qualitativ ähnliches Bild der Galaxienverteilung [DaC 94]. Auch in einer neuen weiter ausgedehnten Rotverschiebungs-Durchmusterung, dem Las Campanas Redshift Survey [She 96], zeigt sich die inhomogene Struktur des Universums. Die fortschreitende Technik wird es in Zukunft erlauben, diesen Weg fortzusetzen und noch ausgedehntere Felder zu beobachten. Ein besonders ehrgeiziges Projekt hierzu ist der Sloan Digital Sky Survey (SDSS), der mehr als eine Million Rotverschiebungen messen will [Lov 96b]. Eine Durchmusterung von Infrarotgalaxien bei 60 μm wurde mit Hilfe des Infrarotsatelliten IRAS möglich. Diese Wellenlänge hat den Vorteil, daß die Absorption innerhalb unserer Galaxie geringer ist. Allerdings ist das Absorptionsverhalten weniger bekannt, und die Emission von Staub und kühlen Sternen beginnt einen störenden Einfluß auszuüben. Es wurden hierzu über 17000 Galaxien mit einem Fluß von mehr als 0.5 Jansky beobachtet [Str 88]. Auch hier zeigen sich deutlich Strukturen, sogar auf Skalen, die aufgrund einer größeren Tiefe über die der optischen Durchmusterungen herausgehen. Hieraus wurden zwei Surveys gemacht, einmal der IRAS 1.2 Jy Survey [Fis 95] und der QDOT-Survey [Sau 91]. Letzterer betrachtet hierzu alle Galaxien mit einem Fluß von mehr als 0.6 Jy und enthält damit 2184 Galaxien. Der QDOT-Survey enthält einen vollständigen Satz von Galaxien bis zu einer Entfernung von $140h^{-1}$ Mpc und ist damit geeignet, das Dichtefeld in unserer unmittelbaren Umgebung auszutesten.

Um aus obigen dreidimensionalen Strukturen auf die Massenverteilung im Universum zu schließen, muß man von der umstrittenen Annahme ausgehen, daß Licht wirklich ein guter Indikator für Materie ist. Eine von gegenwärtig mehreren Möglichkeiten (für eine Übersicht siehe [Dek 94]), aus den Beobachtungsdaten das Geschwindigkeitsfeld herauszulesen, bietet die POTENT-Methode von Bertschinger und Dekel [Dek 90], [Dek 92]. Das Problem bei all den Rotverschiebungsbeobachtungen ist, daß man nur die Geschwindigkeitskomponente in Beobachtungsrichtung messen kann. Die Grundannahme der POTENT-Methode ist, daß, falls Gravitation wirklich die Ursache für die Pekuliarbewegungen (siehe nächster Abschnitt) ist, die Bewegungsgleichung für jeden Körper gegeben ist durch

$$\frac{d\vec{v}}{dt} + H\vec{v} = g \tag{6.5}$$

Dies ist gleichbedeutend mit der Bedingung, daß die Rotation des Geschwindigkeitsfeldes $\vec{v}$ kleiner als der Gradient ist

$$\mid \nabla \times \vec{v} \mid \ll \mid \nabla \cdot \vec{v} \mid \tag{6.6}$$

Dann läßt sich das Geschwindigkeitsfeld mit Hilfe eines Geschwindigkeitspotentials ausdrücken

$$\vec{v} = -\nabla \phi \tag{6.7}$$

POTENT versucht nun beispielsweise, aus den beobachteten IRAS-Rotverschiebungen Geschwindigkeitsfeld und -potential zu rekonstruieren. Hieraus kann man dann das Gravitationspotential Φ und die Dichteverteilung δ be-

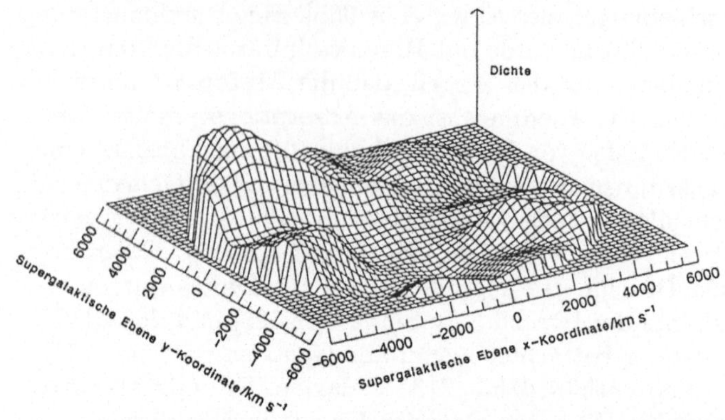

Abb. 6.5 Die Verteilung der Massendichte in der Ebene des lokalen Superhaufens, charakterisiert durch X und Y, wie sie aus den Daten durch Anwendung der POTENT-Methode gewonnen wird. Die Entfernungen sind in $\mathrm{km\,s^{-1}}$ angegeben, entsprechend einer Eigenbewegung bzgl. des allgemeinen Hubble-Flusses. Die Milchstraße und die Lokale Gruppe befinden sich im Zentrum, die starke Erhöhung am linken Rand entspricht dem Großen Attraktor (aus [Lon 94]).

stimmen und mit der Verteilung der leuchtenden Objekte am Himmel vergleichen (Abb. 6.5). Diese sind gegeben durch [Pee 80]

$$\Phi \approx \frac{3}{2}\Omega^{0\;4}\phi \tag{6.8}$$

$$\delta \approx -\Omega^{0\;6}\nabla \cdot v \tag{6.9}$$

In beide Größen geht zusätzlich der Dichteparameter Ω ein, d.h. man gewinnt somit auch Aussagen über die Struktur des Universums. Die POTENT-Resultate stimmen mit den Beobachtungsergebnissen überein für Werte von Ω zwischen 0.3 und 2.5 [Dek 93]! Dieses ist signifikant größer als die dynamischen Werte, welche man bei kleineren Skalen gewinnt. Außerdem ist es auch möglich, Aussagen über die Anfangsbedingungen zu machen. Die Nützlichkeit dieser Methode wird sich wohl in Zukunft weiter erweisen [Kol 95]. Während man auch hier Inhomogenitäten auf der Skala von $100h^{-1}$ Mpc sieht, scheint für die größten Skalen die Verteilung der Haufen relativ homogen zu sein, wie aus Beobachtungen an Radiogalaxien hervorgeht [Gre 91] (siehe Abb. 3.1).

Auch die IRAS-Galaxien scheinen eine großräumige Bewegung zu zeigen und damit einen Dipolanteil [Lah 88]. Dieser liegt in Richtung $l = 248° \pm 10°$ und $b = 46° \pm 10°$ und ist damit nur um $26° \pm 10°$ verschieden von dem aus der kosmischen Hintergrundstrahlung gewonnenen Wert (siehe Kap. 7). l und b bezeichnen hierbei galaktische Koordinaten, d.h. das Zentrum der Milchstraße liegt bei $l = 0°$ und $b = 0°$.

Die Alternative zu den betrachteten Durchmusterungen sind die erwähnten nadelförmigen Beobachtungen. So stellten Kirshner, Oemler, Schechter und Schechtman 1981 das Auftreten eines riesigen galaxienarmen Gebietes bei etwa 15000 km s^{-1} fest mit einer Ausdehnung von 6000 km s^{-1}, entsprechend 40 Mpc [Kir 81]. Dieses Gebiet nennt man heute, nach dem Sternbild Bootes, Bootes-Void. Seine Entdeckung war ein entscheidender Durchbruch für die Beschreibung der großräumigen Struktur durch Superhaufen und Voids.

6.4 Pekuliargeschwindigkeiten

Um das Gravitationsfeld direkt untersuchen zu können, muß man anstatt der Rotverschiebung die großräumige Bewegung vieler Galaxien direkt messen.

Nimmt man eine homogene Expansion des Universums als Grundlage, so bewirken Massenkonzentrationen eine Abweichung von der erwarteten Geschwindigkeit, die man *Pekuliargeschwindigkeit* nennt. Zu ihrer Bestimmung ist neben der Messung der Rotverschiebung eine z-unabhängige Entfernungsmessung, wie in Kap. 3 besprochen, notwendig [Bur 90]. Betrachtet man die Geschwindigkeit unserer Milchstraße in Bezug zur kosmischen Hintergrundstrahlung von etwa 600 km s^{-1} (siehe Kap. 7), so stellt sich die Frage, ob die Verdichtung des Lokalen Superhaufens für diese zusätzliche Gravitationswechselwirkung ausreichend ist. Eine neue Messung von Pekuliargeschwindigkeiten von etwa 400 elliptischen Galaxien zeigt eine gemeinsame Bewegung („bulk-motion“) über ein weitaus größeres Gebiet (Abb. 6.6) [Dre 91b]. Alle Haufen und Superhaufen der näheren Umgebung scheinen

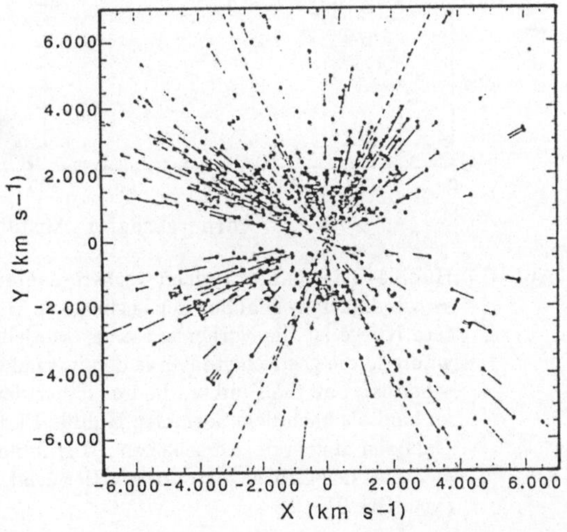

Abb. 6.6
Pekuliargeschwindigkeiten von Galaxien in Richtung der Bewegung der Lokalen Gruppe. Jeder Punkt repräsentiert eine Galaxie, wobei der Punkt den Ort im Raum markiert und der Strich den Betrag der Geschwindigkeit in Richtung des Striches darstellt. Alle Galaxien scheinen sich auf einen Punkt hin zu bewegen, den man Großen Attraktor nennt (aus [Dre 91b]).

eine gerichtete Bewegung in Richtung auf einen Punkt mit den Koordinaten $l = 312° \pm 11°$ und $b = 6° \pm 10°$ auszuführen. Die Massenkonzentration scheint in der Nähe von $cz = 5000\,\mathrm{km\,s^{-1}}$, entsprechend einer Entfernung von $45h^{-1}$ Mpc, zu liegen. Galaxien, die näher an diesem Punkt liegen, haben eine größere Pekuliargeschwindigkeit als die Lokale Gruppe, während Galaxien, die weiter entfernt sind als wir, sich langsamer bewegen. Dieses deutet auf eine noch größere Massenansammlung hin, die man deswegen den Großen Attraktor (*Great Attractor*) nennt [Dre 87]. Modelliert man die gravitativ anziehende Masse, so kommt man auf eine Abschätzung für den Großen Attraktor von etwa $5 \cdot 10^{16} M_{\odot}$. Um nun wirklich einen Beweis für eine solche Auswirkung einer Massenkonzentration darzulegen, müßte man für Galaxien weiter entfernt als das Zentrum der Konzentration eine geringere Rotverschiebung messen, als nach dem Hubble-Fluß zu erwarten ist, da die Konzentration jetzt abbremsend wirkt. In der Tat scheinen jüngste Messungen, sowohl mit elliptischen als auch Spiralgalaxien, dieses Verhalten zu bestätigen (Abb. 6.7) [Dre 91a]. Auch in dem erwähnten IRAS-Atlas [Str 88] sind zwei Massenkonzentrationen erkennbar, eine kann in Verbin-

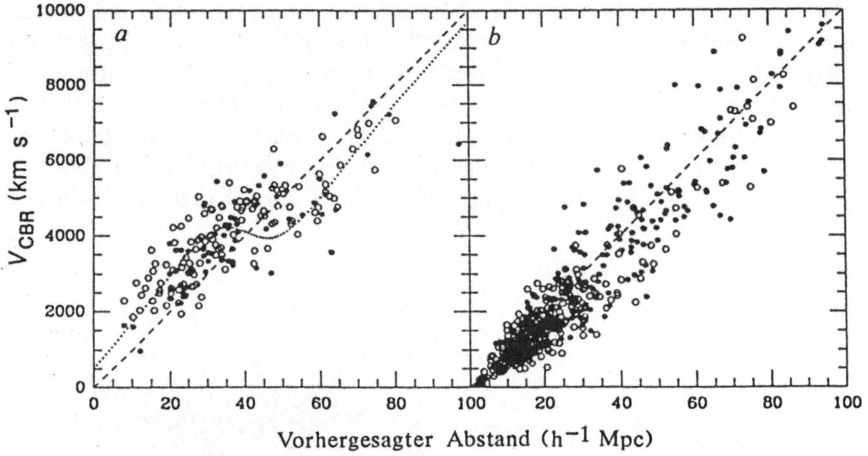

Abb. 6.7 Hubble-Diagramm zwischen vorhergesagter Entfernung und beobachteter Geschwindigkeit gegenüber der kosmischen Hintergrundstrahlung. a) Die gepunktete Kurve ist die Vorhersage einer Modellrechnung für den großen Attraktor, während die gestrichelte Kurve den normalen Hubble-Fluß darstellt. Deutlich zu sehen ist, daß die Punkte, die uns näher liegen als der Große Attraktor, schneller sind als nach dem normalen Hubble-Fluß erwartet, während weiter entfernte Galaxien abgebremst erscheinen. b) Hubble-Diagramm für Galaxien fernab des Gebietes des Großen Attraktors. Hier zeigt sich das erwartete lineare Verhalten (aus [Dre 91b]).

dung gebracht werden mit dem Großen Attraktor und eine mit dem Pisces-Perseus-Superhaufen. Erste Messungen der Pekuliargeschwindigkeiten im Pisces-Perseus-Haufen scheinen jedoch keine solch große Massenkonzentration anzudeuten [Wil 90]. Vielmehr zeigt Pisces-Perseus als Ganzes ebenfalls eine Bewegung in Richtung Großer Attraktor. Ob dessen Anziehung ausreicht, diesen Effekt zu erklären, oder ob noch größere, bisher unbekannte Konzentrationen dafür verantwortlich sind, wird erst die Zukunft erweisen können. Das Herzstück des Großen Attraktors könnte nach neueren Erkenntnissen mit dem Galaxienhaufen Abell 3627 assoziiert sein [Kra 96]. Eine neue Untersuchung von hellsten Galaxienhaufen zeigt ebenfalls eine großräumige Bewegung auf großen Skalen [Lau 94].

Die Methode der Pekuliargeschwindigkeiten unterscheidet sich von den vorher beschriebenen Surveys dadurch, daß hier wirklich das Gravitationsfeld ausgemessen wird, und man nicht auf die Annahme, daß Licht ein guter Indikator für Masse ist, angewiesen ist. Unser beschriebener Großer Attraktor ist die erste auf diese Weise ausgemessene Struktur (obwohl seine Existenz nicht unumstritten ist). Weitere werden wohl in der Zukunft folgen.

Wie wir gesehen haben, ist die Materie auf Skalen bis zu 100 Mpc keineswegs gleichmäßig verteilt, und wahrscheinlich existieren noch größere Strukturen. Heutzutage ist die Dichte in Galaxien um etwa einen Faktor 10^5 und in Galaxienhaufen etwa 10^3 mal größer als die mittlere Dichte. Man nimmt an, daß sich diese Materiekonzentrationen gebildet haben aus Dichteschwankungen zu der Zeit, als das Universum materiedominiert wurde. Da dies etwa zur Zeit der Entstehung der Hintergrundstrahlung der Fall war, sollten sich diese Störungen in Anisotropien der 3K-Strahlung zeigen (siehe Kap. 7). Eine der entscheidenden Fragen ist, wie sich das Wachstum solcher Strukturen mit der ungeheuren Isotropie der Hintergrundstrahlung konsistent vereinbaren läßt (siehe Kap. 7).

6.5 Quasare

Eine Aussage über die großräumige Struktur des Universums gewinnt man auch durch Untersuchung der am weitesten entfernten Objekte, die man kennt, der *Quasare* (engl. quasi stellar radio sources). Eng damit verbunden ist das Phänomen der aktiven Galaxien. Für eine ausführliche Behandlung dieser Thematik siehe [Wee 86], [Bla 91], [Dus 92].

Heutzutage zeigen nur etwa 1 % der bekannten Galaxien eine Aktivität, welche jedoch bei größeren Rotverschiebungen viel häufiger auftritt. Man erkannte, daß diese Aktivität Schwankungen auf sehr kurzen Zeitskalen wie Tagen oder Monaten zeigen kann. Daher sollte die verursachende Quelle

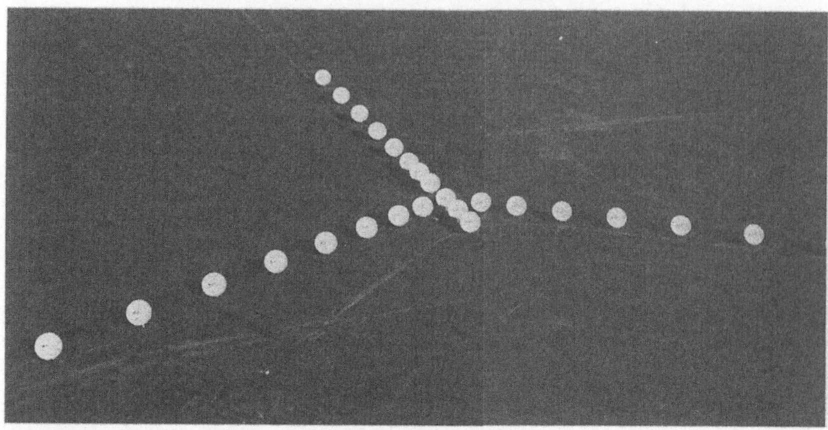

Abb. 6.8 a) Zentraler Teil des „Y" des Very Large Array (VLA) in New Mexiko und seine Teleskope. Diese sind fahrbar montiert und können elektronisch zusammengeschaltet werden. Damit erreichen sie eine sehr hohe Ortsauflösung (aus [Zei 91]). b) Mit 6 Teleskopen von je 22 m Durchmessern gilt das australische Gegenstück zum VLA als eines der besten Radiointerferometer der südlichen Hemisphäre. Um die Auflösung weiter zu erhöhen, können solche Arrays auch interkontinental zusammengeschaltet werden (aus [Sky 93]).

auch eine entsprechende Ausdehnung von Lichttagen bis -monaten besitzen. Als Ort der Aktivität gilt meist der Kern von Galaxien, möglicherweise angetrieben durch ein superschweres (mehrere Millionen Sonnenmassen schweres) Schwarzes Loch [Beg 84]. Diese Aktivität äußert sich häufig in Form von Jets, welche aus dem Kern herausschießen. Ihre Untersuchung geschieht hauptsächlich mit Hilfe der Radioastronomie, welche durch Zusammenschalten mehrerer Teleskope wie beispielsweise dem Very-Long-Baseline-Array (VLBA) oder dem Very-Long-Array (VLA) mit Hilfe der Interferometrie (VLBI) eine sehr hohe Ortsauflösung erreicht (Abb. 6.8). Die ganze Vielfalt der Beobachtungen von Quasaren und verwandten Phänomenen wie beispielsweise Radio-, Seyfertgalaxien und BL-Lac-Objekten kann hier nicht näher beschrieben werden (siehe z.B. [Uns 92]), dennoch hat sich ein relativ einheitliches Bild über diese Objekte entwickelt (Abb. 6.9).

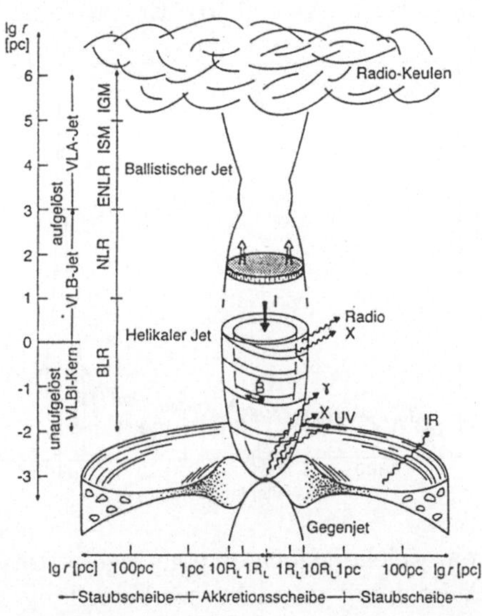

Abb. 6.9
Modell des Quasarphänomens und verwandter Erscheinungen. Je nach Beobachtungswinkel sind verschiedene Aspekte des Gebildes zu erkennen, und damit ist die Reichhaltigkeit der Ereignisse verständlich (aus [Qui 93]).

Aufgrund ihrer großen Leuchtkraft sind Quasare bis zu hohen Rotverschiebungen beobachtbar. Während Galaxien typischerweise nur bis zu Rotverschiebungen um $z \approx 0.5$ beobachtet werden, so hat der weitest entfernte, beobachtete Quasar eine Rotverschiebung von $z = 4.89$ [Sch 91b]. Bei solchen Rotverschiebungen hatte das Universum erst etwa 7 % des Alters von heute, d.h. Quasare ermöglichen einen Blick weit zurück in die Vergangenheit. Der Quasar mit der geringsten Rotverschiebung 3C 273 liegt bei $z = 0.158$, was immerhin einer Entfernung von etwa 450 Mpc entspricht. Aus der Verteilung der Radiogalaxien und Quasare kann man somit auch etwas über die großräumige Struktur lernen [Koo 87]. Die Entfernung macht Quasare für weitere Effekte interessant. Sie bieten eine praktische „Lampe" in weiter Entfernung und ermöglichen es uns somit, das Universum zwischen uns und dem Quasar zu erforschen; beispielsweise mit Hilfe des Gravitationslinseneffektes (siehe Kap. 9), wo das Licht eines Quasars durch die Masse eines intermediär gelegenen Galaxienhaufens in mehrere Bilder aufgespalten wird. Ein zweiter Effekt beruht auf der starken Rotverschiebung. Hierdurch wird die starke Lyman-α-Emissionslinie des Wasserstoffs (sie ist die erste Linie der Lyman-Serie im Wasserstoff und beschreibt den Übergang von der L-Schale zum Grundzustand, Laborwellenlänge: 121.6 nm) teilweise in den sichtbaren Bereich geschoben. In dem daran zu kurzen Wellenlängen anschließenden Kontinuum kann man eine Unzahl von dünnen Absorptionslinien erkennen (im Mittel etwa 50 pro Quasar). Dies nennt man den *Ly-α-Wald* (Abb. 6.10). Er hat seine Ursache in neutralen Wasserstoffwolken, welche jedoch eine geringere Rotverschiebung als der Quasar besitzen. Es ist damit möglich, ihre Verteilung entlang des Sehstrahls zum Quasar zu erforschen [Sar 80]. Eine Abschätzung der Masse dieser Ly-α-Wolken ergibt Werte von 10^7 bis $10^8 M_\odot$ und Temperaturen von etwa 30000 K. Die Untersuchung dieser Strukturen ist äußerst interessant für das Verständnis der Galaxienentwicklung [Wol 93].

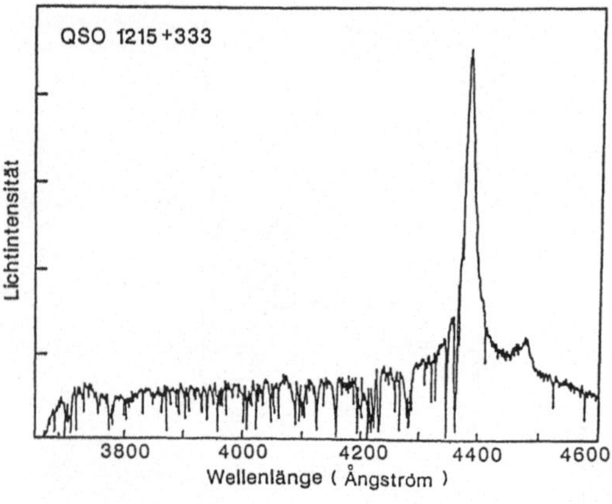

Abb. 6.10
Anhäufung von Absorptionslinien links der rotverschobenen Ly-α-Linie (Ly-α-Wald). Diese werden verursacht durch Wasserstoffanhäufungen bei geringerer Rotverschiebung, welche auf dem Sehstrahl liegen (aus [Sch 87b]).

6.6 Beschreibung von Strukturen

Das einfachste Mittel zur Beschreibung von Strukturbildung ist die sogenannte Massenkorrelationsfunktion $\xi(r)$ [Pee 80]. Diese beschreibt die Wahrscheinlichkeit, zwei Objekte in einem Abstand r zu beobachten. Sind diese

Objekte Galaxien, so spricht man von der Galaxien-Galaxien-Korrelationsfunktion ξ_{gg}, definiert als

$$\xi_{gg}(r) = \langle \delta n(x+r) \delta n(x) \rangle, \tag{6.10}$$

wobei $n(x)$ die Anzahldichte von Galaxien am Ort x angibt, oder anders formuliert, ist $\langle n \rangle \delta V[1+\xi(r)]$ die Wahrscheinlichkeit, eine Galaxie im Abstand r von einer anderen zu finden. Für eine Zufallsverteilung würde sich somit gerade ein $\xi = 0$ ergeben. Aus Beobachtungen ergibt sich ein Verlauf gemäß [Dav 83]

$$\xi_{gg}(r) \simeq \left(\frac{r}{5h^{-1}\,\mathrm{Mpc}} \right)^{-1.8} \tag{6.11}$$

auf Skalen von etwa 10 kpc bis $10h^{-1}$ Mpc. Unter der Annahme, daß die Anzahldichte proportional der Massendichte ist, gleichbedeutend mit der Behauptung, daß Licht ein guter Indikator für Masse ist, folgt sofort, daß $\xi(r) = \xi_{gg}(r)$. Da die zugrunde liegende Massenverteilung für Galaxien und Haufen die gleiche sein sollte, erwartet man für eine Haufen-Haufen-Korrelationsfunktion $\xi_{hh} = \xi_{gg}$. Aus Beobachtungen (Abb. 6.11) findet man [Bah 88a]

$$\xi_{hh}(r) \simeq \left(\frac{r}{25h^{-1}\,\mathrm{Mpc}} \right)^{-1.8} \simeq 20\xi_{gg}, \tag{6.12}$$

und außerdem eine Abhängigkeit vom Reichtum (Maß für die Anzahl von Galaxien) des Haufens. Da Materie auf Skalen der Galaxien also zur Haufenbildung neigt, sollte für größere Skalen aufgrund einer Massenerhaltung eine Art „Anti“-Haufenbildung stattfinden, die sich in einer negativen Korrelationsfunktion äußern würde. Für eine neuere Darstellung siehe [Sah 95].

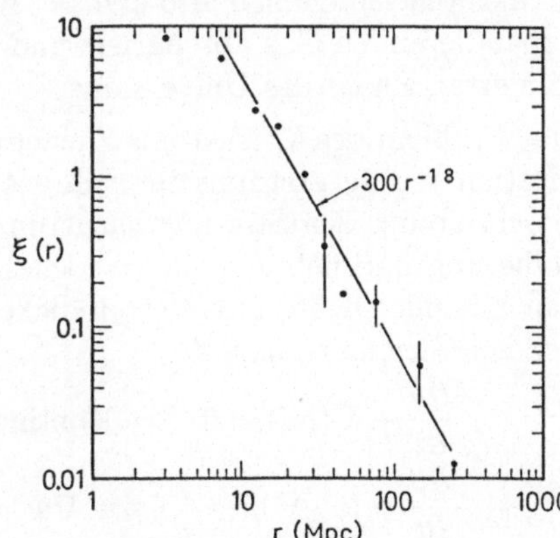

Abb. 6.11
Verlauf der räumlichen Korrelationsfunktion für Galaxienhaufen. Deutlich ist die $r^{-1,8}$-Abhängigkeit zu erkennen (aus [Bah 83,88a]).

6.7 Die Entwicklung von Fluktuationen

Es erhebt sich nun die Frage, wie es im expandierenden Universum zu der eben beschriebenen Strukturbildung kommen konnte. Definiert man einen Dichtekontrast gemäß [Pee 80]

$$\delta(\vec{x}) = \frac{\delta\rho(\vec{x})}{\langle\rho\rangle} = \frac{\rho(\vec{x}) - \langle\rho\rangle}{\langle\rho\rangle}, \tag{6.13}$$

so bedeutet dies, daß Regionen mit Überdichte $\delta > 1$ als Gravitationszentren wirken und kollabieren können. Wie bekommt man ein δ von der Größenordnung Eins, und zwar aus Anfangsbedingungen, die ausgesprochen isotrop und homogen waren? Hat man dies erst einmal erreicht, geschieht das Wachstum nichtlinear und die Entwicklung hin zu gebundenen Strukturen geschieht dann recht schnell. Die Fragen, welche sich stellen, sind hauptsächlich

1. Wie konnte sich ein Dichtekontrast von etwa Eins im expandierenden Universum entwickeln?
2. Wie waren die Anfangsbedingungen der Dichteinhomogenitäten, d.h. welches Spektrum hatten die Fluktuationen, aus denen sich Strukturen bildeten?

Betrachtet man den Dichtekontrast von Galaxien : Haufen : Superhaufen, so ergibt sich ein Verhältnis von etwa $10^6 : 10^3 : 1$ bis 10. Da sich die Materiedichte im Universum proportional zu $(1+z)^3$ ändert und Superhaufen noch nicht vollständig im dynamischen Gleichgewicht sind, folgt daraus, daß Galaxien als diskrete Objekte nicht bei Rotverschiebungen größer als 100 entstanden sein können, Haufen bei Rotverschiebungen von etwa 10 und Superhaufen im Bereich $z = 1$. Die eigentlichen heutzutage beobachtbaren Strukturen haben sich also erst bei Rotverschiebungen kleiner 100 aus dem expandierenden Gas absepariert und damit auf jeden Fall in der materiedominierten Phase des Universums.

Das Problem des Wachstums kleiner Störungen unter dem Einfluß der Gravitation wurde erstmals im Jahre 1902 von Jeans studiert [Kol 90]. Zur Beschreibung des Störungswachstums bedienen wir uns der Newtonschen Näherung und nehmen ein statisches Modell ($\dot{R} = 0$) einer idealen Flüssigkeit mit der Dichte ρ, Geschwindigkeit $\vec{v}$ und Druck $\vec{p}$ an. Die zugrundeliegenden Gleichungen sind:

$$\frac{\partial\rho}{\partial t} + \nabla(\rho\vec{v}) = 0, \qquad \text{Kontinuitätsgleichung} \tag{6.14}$$

$$\frac{\partial\vec{v}}{\partial t} + (\vec{v}\cdot\nabla)\vec{v} + \frac{1}{\rho}\nabla p + \nabla\Phi = 0, \qquad \text{Euler-Gleichung} \tag{6.15}$$

mit dem Gravitationspotential Φ gegeben durch die Poisson-Gleichung

$$\nabla^2\Phi = 4\pi G\rho \tag{6.16}$$

Unter Annahme kleiner Störungen all dieser Größen (etwa $\rho = \rho_0 + \rho_1$ mit $\rho_1 \ll \rho_0$), welche die Anwendung linearisierter Gleichungen erlaubt, folgt

$$\frac{\partial^2 \rho_1}{\partial t^2} - v_s^2\nabla^2\rho_1 = 4\pi G\rho_0\rho_1 \tag{6.17}$$

Hierbei sind adiabatische Störungen angenommen, d.h. die Schallgeschwindigkeit v_s entspricht

$$v_s = \sqrt{\frac{\partial p}{\partial \rho}} \tag{6.18}$$

Als Lösungen ergeben sich im statischen Falle ebene Wellen $\exp(i(\vec{k}\cdot\vec{r} - \omega t))$ mit einer Dispersionsrelation

$$\omega^2 = v_s^2 k^2 - 4\pi G\rho_0, \tag{6.19}$$

Gl. (6.17) kann umgeschrieben werden auf den nichtstatischen Fall, und es folgt für den Dichtekontrast

$$\frac{d^2\delta}{dt^2} + 2\left(\frac{\dot{R}}{R}\right)\frac{d\delta}{dt} = \delta(4\pi G\rho_0 - v_s^2 k^2) \tag{6.20}$$

Aus der Dispersionsrelation des statischen Falles läßt sich ein kritischer Wert ($\omega = 0$), den man *Jeans-Wellenzahl* k_J nennt, erkennen, gegeben durch

$$k_J = \left(\frac{4\pi G\rho_0}{v_s^2}\right)^{\frac{1}{2}}. \tag{6.21}$$

Lösungen mit $k > k_J$ beschreiben Schallwellen. Hier ist der interne Druckgradient groß genug, der Gravitation standzuhalten. Für $k < k_J$, gleichbedeutend mit imaginärem ω, beschreiben die Lösungen exponentiell wachsende oder zerfallende Moden. Man definiert hierdurch eine *Jeans-Masse*, als die Masse innerhalb einer Kugel mit dem Radius $\lambda_J/2 = \pi/k_J$:

$$M_J = \frac{4\pi}{3}\left(\frac{\pi}{k_J}\right)^3 \rho_0 = \frac{\pi^{\frac{5}{2}}}{6}\frac{v_s^3}{G^{\frac{3}{2}}\rho_0^{\frac{1}{2}}}. \tag{6.22}$$

Massen größer als die Jeans-Masse sind instabil gegen Gravitationskollaps. Die Instabilität aufgrund der Eigengravitation der überdichten Region wird hier größer als der interne Druckgradient. Anstatt der allgemeinen Lösung von Gl. (6.20) wollen wir den Fall großer Wellenlängen ($k < k_J$ und damit verbundener Vernachlässigung des Druckterms $v_s^2k^2$) für Universen mit $\Omega = 1$ und $\Omega = 0$ anschauen.

1. Fall $\Omega = 1$: In diesem Falle gilt

$$4\pi G\rho = \frac{2}{3t^2} \qquad \text{und} \qquad \frac{\dot{R}}{R} = \frac{2}{3t} \tag{6.23}$$

Damit läßt sich Gl. (6.20) umschreiben in

$$\frac{d^2\delta}{dt^2} + \left(\frac{4}{3t}\right)\frac{d\delta}{dt} - \frac{2}{3t^2}\delta = 0 \tag{6.24}$$

Aufgrund der Potenzabhängigkeit von t ergibt sich mit einem Potenzansatz als Lösung dieser Gleichung

$$\delta = At^{\frac{2}{3}} + Bt^{-1} \tag{6.25}$$

Da der zweite Term gedämpfte Moden beschreibt, können wir ihn heutzutage vernachlässigen. Der erste Ausdruck beschreibt dagegen die wachsende Mode mit einer Abhängigkeit von

$$\delta \sim t^{\frac{2}{3}} \sim R = (1+z)^{-1} \tag{6.26}$$

Der Effekt der Expansion verlangsamt also das Wachstum von Störungen von einem exponentiellen Verhalten zu einem Potenzgesetz! Auch eine relativistische Behandlung der Störungen resultiert in einem Potenzgesetz, jedoch gilt nun [Kol 90]

$$\delta \sim t \sim R^2 = (1+z)^{-2} \tag{6.27}$$

2. Fall $\Omega = 0$: In diesem Falle gilt

$$\rho = 0 \qquad \text{und} \qquad \frac{\dot{R}}{R} = \frac{1}{t}, \tag{6.28}$$

woraus folgt

$$\frac{d^2\delta}{dt^2} + \left(\frac{2}{t}\right)\frac{d\delta}{dt} = 0 \tag{6.29}$$

Hier ergibt sich als Lösung

$$\delta = At^0 + Bt^{-1}, \tag{6.30}$$

d.h. eine zerfallende Mode und eine mit konstanter Amplitude. Mit diesen Resultaten kann die Entwicklung kleiner Störungen nachvollzogen werden. Zu Beginn der materiedominierten Phase kann das Universum gut durch ein Einstein-de-Sitter-Universum beschrieben werden und die Amplitude des Dichtekontrastes wächst linear mit R. Für späte Phasen, wenn das Universum eher einem $\Omega = 0$-Modell gleicht, wächst die Amplitude nur noch sehr langsam, und im Grenzfall $\Omega = 0$ gar nicht mehr.

Wir wollen nun den Verlauf der Jeans-Masse als Funktion der Zeit betrachten. Eine ausführliche Diskussion befindet sich in [Kol 90]. Der Einfachheit halber nehmen wir ein Universum nur aus Baryonen und Photonen an, d.h.

$\rho = \rho_B + \rho_\gamma$. In der strahlungsdominierten Phase ist der Druck durch die Photonen gegeben und es gilt damit die Beziehung $v_s^2 = (1/3)c^2$. Damit kann man die Jeans-Masse in der strahlungsdominierten Phase schreiben als

$$M_J = 2.8 \cdot 10^{30} z^{-3} \Omega_B h^2 M_\odot \tag{6.31}$$

Die Jeans-Masse wächst also hier proportional zu R^3. Die Jeans-Masse entsprechend einer Sonnenmasse liegt bei einer Rotverschiebung von etwa 10^{10} und wächst auf typische Massen großer Galaxien von etwa $M = 10^{11} M_\odot$ bei einer Rotverschiebung von $3 \cdot 10^6$. Eine dramatische Änderung findet jedoch zur Zeit der Rekombination, bei einer Rotverschiebung von etwa 1200 (siehe Kap. 7), statt. Dies liegt an der abrupten Abnahme der Schallgeschwindigkeit, da der Druck nun nur noch durch nichtrelativistische Wasserstoffatome aufrecht erhalten wird, für die gilt

$$v_s^2 = \frac{5}{3} \frac{kT}{m_H} \tag{6.32}$$

Dies hat einen steilen Abfall der Jeans-Masse von zu der Zeit etwa $10^{16} M_\odot$ nach $10^6 M_\odot$ zur Folge. Interessanterweise entspricht dies typischen Massenskalen von Kugelsternhaufen, welche zu den ältesten Objekten im Universum gehören. Alle größeren Massen werden gravitationsinstabil und δ wächst proportional zu R, bis das Produkt $\Omega z \approx 1$ ist. Dies sagt uns, daß

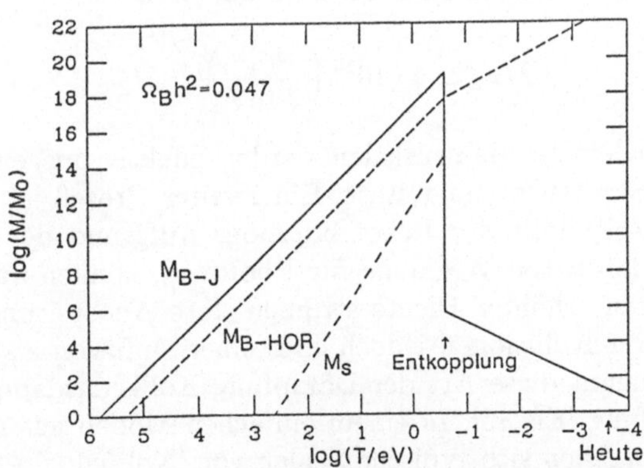

Abb. 6.12 Logarithmische Darstellung des Verlaufs der Jeans-Masse als Funktion der Temperatur für ein Gemisch aus Baryonen und Photonen in einem baryonendominierten Universum. Dargestellt sind die Jeans-Masse in Baryonen M_{B-J} (durchgezogene Linie), die baryonische Masse innerhalb des Horizonts M_{B-Hor} (gestrichelte Linie) und der Verlauf der Silk-Masse M_S (strichpunktierte Linie). Als baryonische Dichte wurde $\Omega h^2 = 0.047$ angenommen. Der steile Abfall zur Zeit der Entkopplung kommt durch die drastische Abnahme der Schallgeschwindigkeit zustande (aus [Kol 90]).

Dichtestörungen seit der Zeit der Rekombinationsepoche (siehe Kap. 3) um einen Faktor $(t_0/t_R)^{\frac{2}{3}} = 1 + z \simeq 10^3$ gewachsen sind. Abb. 6.12 zeigt den Verlauf der Jeans-Masse als Funktion des Alters des Universums bzw. der Temperatur in diesem einfachen Modell.

Das einfache, beschriebene Modell bedarf aber zumindest zweier wesentlicher Erweiterungen. Schwach wechselwirkende Teilchen, wie etwa Neutrinos, können ungehindert aus den Bereichen hoher Dichte in Bereiche niedriger Dichte gelangen und somit zu einer Ausschmierung der Inhomogenitäten führen. Dieser Prozeß des freien Strömens oder auch kollisionsfreien Dämpfens ist wichtig, bevor die Jeans-Instabilität wirksam wird. Die typische Skala λ_{FS} für das Ausschmieren ist gegeben durch [Kol 90]

$$\lambda_{FS} \simeq 30(\Omega_X h^2)^{-1} \left(\frac{T_X}{T}\right)^4 \text{Mpc} \tag{6.33}$$

Hierbei kennzeichnet X das entsprechende schwach wechselwirkende Teilchen. Nimmt man etwa Neutrinos, so gilt $T_\nu/T \approx 0.71$ und es folgt

$$\lambda_{FS} \simeq 20 \left(\frac{m_\nu}{30\,\text{eV}}\right)^{-1} \text{Mpc}, \tag{6.34}$$

entsprechend einer Massenskala von

$$M_{FS} \simeq 4 \cdot 10^{14} \left(\frac{m_\nu}{30\,\text{eV}}\right)^{-2} M_\odot \tag{6.35}$$

Kleinere Massenskalen werden effektiv ausgewaschen, und es findet keine Strukturbildung statt. Ein zweiter Prozeß ist hauptsächlich wirksam zum Zeitpunkt der Rekombination. Aufgrund der plötzlich sehr groß werdenden freien Weglänge für Photonen, können auch diese effektiv aus Gebieten erhöhter Dichte strömen. Ihre Ausbreitung entspricht aufgrund häufiger Kollisionen jedoch eher einer Diffusion als einer freien Strömung. Man nennt diese Art der Dämpfung Kollisionsdämpfung oder auch Silk-Dämpfung [Efs 83]. In einem einfachen Modell aus nur Baryonen und Photonen ergeben sich typische Skalen von [Kol 90]

$$\lambda_S \simeq 3.5 \left(\frac{\Omega_0}{\Omega_B}\right)^{\frac{1}{2}} (\Omega_0 h^2)^{-\frac{3}{4}}\, \text{Mpc} \tag{6.36}$$

bzw. die Silk-Masse

$$M_S \simeq 6.2 \cdot 10^{12} \left(\frac{\Omega_0}{\Omega_B}\right)^{\frac{3}{2}} (\Omega_0 h^2)^{-\frac{5}{4}} M_\odot \tag{6.37}$$

Auch hier werden kleinere Skalen effektiv verschmiert, da aufgrund der häufigen Wechselwirkung der Photonen Inhomogenitäten im Photon-Baryon-Plasma ausgewaschen werden.

Zur theoretischen Beschreibung der Entwicklung der Fluktuationen zerlegt man nun den Dichtekontrast in seine Fourierkoeffizienten

$$\delta(r) = \frac{V}{(2\pi)^3} \int \delta_k e^{-\imath k \cdot r} d^3k \tag{6.38}$$

Die reale Wellenzahl ist aufgrund der Expansion des Universums jedoch nicht k sondern k/R. Das Wachsen verschiedener Moden δ_k zu verschiedenen Zeiten der Expansion kann durch Vergleich zweier Skalen beschrieben werden. Die erste Skala kennzeichnet das Anwachsen einer Mode $\delta_k(t)$, charakterisiert durch k, und geschieht entweder aufgrund von Gravitationsinstabilitäten, oder einer Streckung der Wellenlänge

$$\lambda = \frac{2\pi}{k} R(t) \tag{6.39}$$

aufgrund der Expansion des Universums. Mit jeder Wellenlänge λ ist eine charakteristische Skala λ_0 verbunden, die sich gemäß

$$\lambda_0 \left[\frac{R(t)}{R_0}\right] \sim t^n \tag{6.40}$$

entwickelt, falls wie in allen Weltmodellen $R \sim t^n$ ist (siehe Kap. 3). Die zweite Skala für die Expansion des Universums hingegen ist gegeben durch den Hubble-Radius $cH^{-1}(t) = cn^{-1}$t. Da in realistischen Modellen $n < 1$, folgt ein größer werdendes Verhältnis $\lambda(t)/cH^{-1}(t)$ für die Frühzeit des Universums. Irgendwann wird $\lambda(t)$ größer als der Hubble-Radius. Welche Konsequenzen hat dies? Verbunden mit einer jeden charakteristischen Skala ist eine charakteristische Masse gemäß

$$M(\lambda) = \frac{4\pi}{3} \langle \rho(t) \rangle \left(\frac{\lambda(t)}{2}\right)^3 = 1.5 \cdot 10^{11} M_\odot \Omega_0 h^2 \left(\frac{\lambda(t)}{1\,\mathrm{Mpc}}\right)^3 \tag{6.41}$$

So sind etwa mit $\lambda = 2\,\mathrm{Mpc}$ Massen von ca. $10^{12} M_\odot$ verbunden, also typischerweise Galaxienmassen. Falls keine Nichtlinearitäten aufgrund von Gravitationsinstabilität eintreten würden, wäre dies das typische Raumgebiet für eine solche Masse. Unter Nichtlinearität versteht man hier eine Entwicklung der Dichteinhomogenitäten gemäß

$$\frac{\delta\rho}{\rho} \sim R^n \quad (n \geq 3), \qquad \frac{\delta\rho}{\rho} \geq 1, \tag{6.42}$$

während eine lineare Entwicklung gekennzeichnet ist durch

$$\frac{\delta\rho}{\rho} \sim R, \qquad \frac{\delta\rho}{\rho} \leq 1 \tag{6.43}$$

Galaxien besitzen heute aber typischerweise Ausdehnungen von etwa 50 kpc, d.h., diese Skalen sind bereits nichtlinear. Die Trennskala zwischen linear und nichtlinear liegt heutzutage etwa bei $10h^{-1}$ Mpc. Rechnet man dies zurück zum Zeitpunkt des Überganges vom strahlungs- ins materiedominierte Universum, so stellt man fest, daß diese Skala schon außerhalb des Hubble-Radius liegt. Da mit Haufen und Superhaufen noch größere Massen assoziiert sind, liegen auch ihre Skalen außerhalb. Da wir in Kap. 3 gesehen haben, daß physikalische Prozesse nur innerhalb eines Hubble-Volumens ablaufen können, so ist zu klären, wie es zur Strukturbildung überhaupt kommen konnte. Eine genaue Behandlung im Rahmen des Flüssigkeitsmodells schließt jedoch eine relativistische Betrachtung mit ein. Für eine detailliertere Beschreibung siehe auch [Lon 89], [Kol 90].

6.8 Die Entstehung von Strukturen

Bleiben wir vorerst bei einem Universum aus Baryonen und Photonen. Wie bereits diskutiert, sind zum Zeitpunkt der Rekombination alle kleinen Skalen ausgewaschen, und die Störungen haben Massen von der Ordnung $10^{15} M_\odot$. Dies bedeutet eine typische Massenskala von Superhaufen, und damit sind es diese Objekte, welche zuerst nach dem drastischen Abfall der Jeans-Masse nach der Rekombination entstehen. Da eine exakt sphärische Massenverteilung unwahrscheinlich ist, geht man beim Kollaps besser von einem Ellipsoid aus. Dieses hat zur Konsequenz, daß es bevorzugt entlang seiner kürzesten Halbachse schrumpft und damit eine pfannkuchenähnliche Struktur entsteht. Dies entspricht in etwa der ursprünglichen *Pancake-Theorie* von Zeldovich [Zel 70] und scheint in neuen Computersimulationen bestätigt zu werden [Sha 95]. Hieraus entstanden dann Haufen und einzelne Galaxien durch Fragmentation und Kollaps der einzelnen Unterbereiche. Aufgrund der Entwicklung von den größten Strukturen herab zu Galaxien und Sternen nennt man solche Theorien *top-down-Theorien.* Jedoch beginnen die Schwierigkeiten mit Gl. (6.50). Da man heutzutage ja Dichtestörungen der Ordnung 1 beobachtet, müssen zur Zeit der Rekombination Störungen von etwa 10^{-3} vorhanden gewesen sein. Diese müßten sich aber im adiabatischen Falle in entsprechenden Temperaturschwankungen der Hintergrundstrahlung äußern, welche aber im Gegensatz dazu hochgradig isotrop ist und keinerlei Hinweise auf derartig große Fluktuationen enthält (siehe Kap. 7). Eine Möglichkeit zur Lösung ist die Einbeziehung von dunkler Materie (Kap. 9).

6.8.1 Dunkle Materie und Strukturentstehung

Es gibt für die Kandidaten dunkler Materie zwei Extreme, heiße und kalte dunkle Materie. Heiße dunkle Materie sind relativistische Teilchen, etwa Neutrinos mit Massen von etwa 10 eV. Diese sorgen aufgrund ihrer großen Beweglichkeit relativ lange für ein Auswaschen aller Störungen. Strukturen bilden sich erst, wenn die Teilchen nichtrelativistisch werden. Anders dagegen die kalte dunkle Materie. Diese sehr schweren Teilchen, mit Massen mindestens im GeV-Bereich, sind früh nichtrelativistisch, und sorgen damit sehr früh für eine Massekonzentration. Eine Zwischenstufe bildet warme dunkle Materie, welche etwa keV-Neutrinos entsprechen würde. Der Vorteil bei der Verwendung von dunkler Materie liegt darin, daß ihre Fluktuationen bereits mit dem Zeitpunkt der Materiedominanz wachsen können, während die baryonischen Fluktuationen erst ab dem Zeitpunkt der Entkopplung wachsen. Die Baryonen sehen dann schon ein von der dunklen Materie erzeugtes Gravitationspotential. Da heiße dunkle Materie zu einer effektiven Ausschmierung kleiner Skalen führt, fördert sie die Entwicklung sehr massiver, großer Strukturen, wie die im besprochenen Pancake-Modell. Auf der anderen Seite erzeugt kalte dunkle Materie ein Gravitationspotential, in welches die Strukturen direkt nach der Rekombination hineinfallen können. Da hier die Jeans-Masse in der Größenordnung von Kugelsternhaufen und kleinen Galaxien ist, können nun auch solche Gebilde zuerst entstehen. Es entwickeln sich hieraus dann durch Gravitationswechselwirkung größere Strukturen. Solche Modelle nennt man *bottom-up-Modelle.* Es bietet sich hier auch die Möglichkeit einer ersten Generation von Sternen (sogenannte Population-III-Sterne), die für eine Anreicherung des gegenwärtigen Materials an schweren Elementen sorgen. Neueste experimentelle Hinweise für die Existenz solcher Objekte gibt es vom Keck-Teleskop auf Hawaii, welches Kohlenstoff in einer als primordial angenommenen Wolke nachgewiesen hat [Sky 95]. Kohlenstoff wird aber hauptsächlich im Sterninneren (siehe Kap. 14) und nicht in der primordialen Nukleosynthese (siehe Kap. 4) erzeugt. Das Anfangsspektrum der Fluktuationen in Gegenwart dunkler Materie zeigt Abb. 6.13. Mit Hilfe von Computern kann man nun durch N-Körper-Simulationen das Verhalten dieser Modelle überprüfen (siehe z.B. [Boe 88]). Beide Modelle haben ihre Vor- und Nachteile. In Computersimulationen scheint es nicht möglich zu sein, mit kalter dunkler Materie die großräumige Struktur des Universums wie Superhaufen genügend schnell zu erzeugen, um mit dem Weltalter nicht in Konflikt zu geraten. Andererseits findet im Modell der heißen dunklen Materie die Galaxienentstehung nicht schnell genug statt. Auch die mögliche Beantwortung *dieser* Frage muß die Zukunft ergeben. Experimentelle Einschränkungen für das Spektrum der Fluktuationen kommen vor allem durch die Anisotropiemessungen der kosmischen 3K-Hintergrundstrahlung mittels des COBE-Satelliten (siehe Kap. 7) und Galaxien-Surveys wie die 1.2-Jy-IRAS-Durchmusterung [Fis 92] (siehe Abb. 6.13). Die Beobachtungen lassen sich am besten erklären, indem man eine Mischung von 70 % kalter dunk-

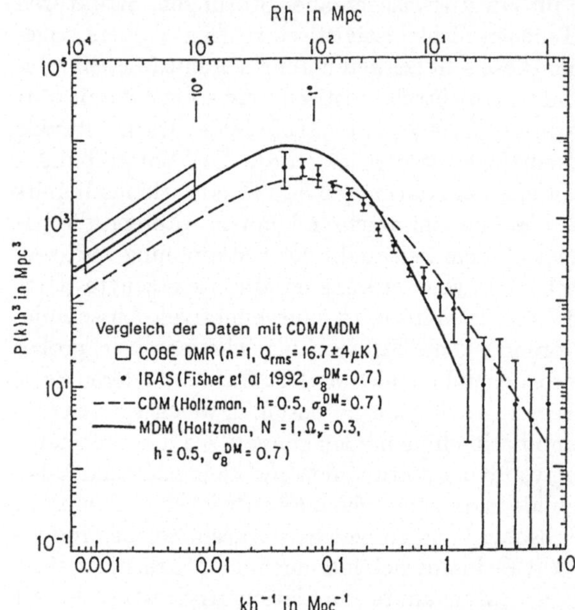

Abb. 6.13 Das Leistungsspektrum der Dichtefluktuationen als Funktion der Wellenzahl k bzw. R. Eingezeichnet sind die experimentellen Einschränkungen aufgrund der COBE-Resultate als auch die aus dem IRAS-Survey von Galaxien gewonnenen Meßpunkte. Beide Datensätze legen den Verlauf des Spektrums schon recht gut fest. Ebenfalls eingezeichnet sind zwei Modellvorhersagen, eines bestehend aus nur kalter dunkler Materie (gestrichelte Linie), das nicht mit den COBE-Daten in Übereinstimmung steht, und ein Modell mit gemischter dunkler Materie (70 % kalte und 30 % heiße dunkle Materie, durchgezogene Linie), das beide Datensätze befriedigend zu beschreiben scheint (aus [Pec 93]).

ler Materie und 30 % heißer dunkler Materie annimmt [Dav 92a], [Tay 92], allerdings sind alternative Erklärungen wie eine nichtverschwindende kosmologische Konstante oder ein Schwellenfaktor (Biasparameter) zwischen Fluktuationen in normaler und dunkler Materie durchaus möglich.

Auch aus anderen großräumigen Surveys wird versucht, das Leistungsspektrum zu bestimmen, etwa aus dem Las Campanas Redshift-Survey [Lin 96].

6.9 Das Anfangsspektrum der Dichtefluktuationen

Das generelle Bild der Strukturentstehung beruht auf der Tatsache von anfänglichen Dichteerhöhungen, denen es ab der Rekombinationsepoche möglich ist, sich gravitativ zu verstärken und damit Ausgangspunkte für Strukturentstehung zu sein. Zwei grobe Szenarien für den *Beginn* dieser Strukturentwicklung existieren, welche wir etwas genauer besprechen wollen. Es sind dies Dichtefluktuationen innerhalb der Baryonen, welche eine Gaußsche Verteilung besitzen, als auch kosmische Strings, mit isothermem Spektrum. Wie entstehen diese Störungen, und welches ist ihre Anfangsverteilung? Kehren wir kurz zurück zur 2-Punkt-Korrelationsfunktion. Wie man mit Gl. (6.38) leicht zeigen kann, gilt

$$\xi(r) = \frac{V}{(2\pi)^3} \int \mid \delta_k \mid^2 e^{-\imath k \cdot r} d^3k \tag{6.44}$$

Die Größe $\mid \delta_k \mid^2$ bezeichnet man als *Leistungsspektrum* (engl. power spectrum). Das Leistungsspektrum ist also die Fouriertransformierte der 2-Punkt-Korrelationsfunktion und umgekehrt. Nimmt man eine isotrope Korrelationsfunktion an, so ergibt sich nach Integration über die Winkelkoordinaten

$$\xi(r) = \frac{V}{(2\pi)^3} \int \mid \delta_k \mid^2 \frac{\sin kr}{kr} 4\pi k^2 dk \tag{6.45}$$

Dieses Leistungsspektrum hofft man theoretisch vorhersagen zu können, um damit die experimentell bestimmte Korrelationsfunktion beschreiben zu können. Die Beobachtung legt nahe, daß es sich um ein breites Spektrum ohne bevorzugte Skalen handelt, und man macht deshalb einen Potenzansatz

$$\mid \delta_k \mid^2 \sim k^n \tag{6.46}$$

Für $kr > 1$ läßt sich die Integration leicht ausführen, und man erhält

$$\xi(r) \sim r^{-(n+3)} \sim M^{-\frac{(n+3)}{3}} \tag{6.47}$$

Letzterer Zusammenhang folgt aus der Tatsache, daß die Masse einer Fluktuation proportional r^3 ist. Wie man leicht sieht, bedeutet jedes $n > -3$ eine Abnahme zu größeren Massenskalen, was ein homogenes und isotropes Universum für sehr große Skalen zur Folge hat. Ebenso gehorcht ein reines Rauschspektrum einer Poisson-Verteilung und besitzt ein $n = 0$. Daraus folgt ein $\xi(r) \sim M^{-1}$. Ein interessanter Fall ergibt sich für $n = 1$. Das Spektrum besitzt die Eigenschaft, daß der mittlere quadratische Dichtekontrast auf allen Skalen beim Überqueren des Horizontes gleich ist. Ein solches skaleninvariantes Spektrum ist jedoch genau eine Vorhersage des inflationären Modells. Die primordialen Störungen, angenommen als Quantenfluktuationen, entstanden entweder während der inflationären Phase oder sogar noch früher bei der Planck-Zeit. Zur Beschreibung dient Gl. (6.38). Für gaußförmige und damit unkorrelierte Störungen besteht ein Zusammenhang zwischen der mittleren quadratischen Massenfluktuation und dem Leistungsspektrum $\mid \delta_k \mid^2$, welches alle Informationen über die Störung enthält [Kol 90]

$$\langle \delta^2 \rangle_\lambda \simeq V^{-1}(k^3 \mid \delta_k \mid^2 /2\pi^2)_{k \approx 2\pi/\lambda} \tag{6.48}$$

Am günstigsten diskutiert man das Spektrum der Dichtefluktuationen zu dem Zeitpunkt, wenn die Störungen in den Horizont kommen, d.h. $\lambda \approx H^{-1}$. In der Standardkosmologie ohne Inflation starten alle Störungen auf Überhorizontskalen, d.h. $\lambda > H^{-1}$. Störungen mit Skalen von $\lambda \leq 13(\Omega_0 h^2)^{-1}$ Mpc treten während der strahlungsdominierten Ära in den Horizont ein, entsprechend größere Skalen in der materiedominierten Phase. Die Inflation ändert dieses Bild nun ab. Anstelle des einmaligen Überquerens in den Horizont wird das Verhalten nun etwas komplexer. Alle kosmologisch interessierenden Skalen beginnen innerhalb des Horizontes, werden durch die Inflation aber über den Horizont befördert. Grob gesagt bilden sich die Quantenfluktuationen innerhalb des Horizontes, werden dann nach Überqueren des Horizontes praktisch eingefroren und kommen später als Dichtestörungen wieder zurück. Auch verhält es sich so, daß große Skalen, die zuerst den Horizont überqueren, als letzte wieder hereinkommen. Für eine detaillierte Beschreibung siehe [Kol 90]. Die Quantenfluktuationen entstehen während der Inflation aufgrund von Quantenfluktuationen des die Inflation bewirkenden Skalarfeldes, z.B. des Higgs-Feldes. Für ein masseloses Skalarfeld (eine gute Näherung auf dem flachen Teil des Higgs-Potentials, siehe Kap. 3) in einem de-Sitter-Universum ist das Spektrum der Fluktuationen gegeben durch [Kol 90]

$$(\Delta\Phi)_k^2 = V^{-1}k^3 \mid \delta\phi_k \mid^2 /2\pi^2 = \left(\frac{H}{2\pi}\right)^2 , \tag{6.49}$$

wobei $\delta\phi_k$ die Fourierkomponenten des Skalarfeldes darstellen. Die Entwicklung in der Phase außerhalb des Horizontes kann dabei beschrieben werden durch $\delta\phi_k =$ konstant. Da sich H während der Inflation nur langsam ändert, und alle kosmologischen Skalen recht früh den Horizont überqueren, sagt die Inflation ein nahezu skaleninvariantes Spektrum vorher. Jede Fluktuation hat zum Zeitpunkt des Überquerens etwa die gleiche physikalische Größe, etwa das Inverse des Hubble-Parameters, und das Universum hat die gleiche Expansionsrate. Dies bedeutet, daß alle Skalen etwa die gleiche Amplitude besitzen. Ein solches Spektrum wird *Harrison-Zeldovich-Spektrum* genannt

[Har 70], [Zel 72]. Da es sich ferner um unkorrelierte Quantenfluktuationen handelt, erwartet man eine gaußförmige Verteilung.

In Bezug auf den Typ des Anfangsfluktuationsspektrums gibt es zwei Arten, nämlich adiabatische Fluktuationen und solche mit konstanter Krümmung, im Falle $\rho_\gamma \gg \rho_B$ gleichbedeutend mit isothermen Fluktuationen. Adiabatische Fluktuationen sind gekennzeichnet durch

$$\frac{\delta T}{T} \approx \frac{1}{3}\frac{\delta \rho}{\rho}, \tag{6.50}$$

Fluktuationen konstanter Krümmung bedeuten weniger Variationen in der Energiedichte, sondern eher Fluktuationen in der lokalen Zustandsgleichung. Sie sind gekennzeichnet durch ein $\delta\rho = 0$. Dies könnte etwa eine räumliche Variation der verschiedenen Teilchensorten sein, da der lokale Druck nicht nur von der Dichte, sondern auch von der Zusammensetzung abhängig ist. Beide Arten von Fluktuationen erzeugen im Prinzip die gleiche Entwicklung, sie unterscheiden sich jedoch in ihrem Verhalten außerhalb des Horizontes. Im Gegensatz zu adiabatischen Fluktuationen wachsen isotherme dort nicht.

Welche spektrale Form haben nun die Dichtestörungen? Am günstigsten ist es, die Form der Störungen zum Zeitpunkt ihrer Horizontüberquerung zu definieren. Man betrachtet nun zwar Störungen zu verschiedenen Zeiten, jedoch sind die Spektren aufgrund der Entwicklung des Horizontes leicht auf Gleichzeitigkeit umzurechnen. Auch hier macht man ohne genaues Modell der ursprünglichen Fluktuationen einen allgemeinen Ansatz [Kol 90]:

$$\left(\frac{\delta\rho}{\rho}\right)_H = \frac{k^{\frac{3}{2}} \mid \delta_k \mid}{\sqrt{2\pi}} \sim AM^{-\alpha}, \tag{6.51}$$

wobei $\alpha = \frac{1}{2} + \frac{n}{6}$. Aus dem inflationären Universum ergibt sich für ein Harrison-Zeldovich-Spektrum die Bedingung $n = -1$. Einschränkungen für α kommen aus der Tatsache, daß die Galaxienentstehung ein

$$\left(\frac{\delta\rho}{\rho}\right)_H \approx 10^{-4\pm1} \tag{6.52}$$

auf Skalen von $M = 10^{12} M_\odot$ nahelegt [Kol 90]. Da aus der Isotropie der kosmischen Hintergrundstrahlung ein

$$\left(\frac{\delta\rho}{\rho}\right)_H \leq 10^{-4} \tag{6.53}$$

auf gegenwärtigen Horizontskalen von etwa $10^{22} M_\odot$ folgt [Kol 90], sollte $\alpha < -0.1$ sein. Andererseits folgt aus der Nicht-Beobachtung von primordialen schwarzen Löchern eine Grenze von $\alpha < 0.2$. Dies folgt aus der Tatsache, daß primordiale schwarze Löcher mit Massen von 10^{15} g zum heutigen Zeitpunkt über den Hawking-Prozeß (Teilchen-Antiteilchen-Erzeugung am Schwarzschildradius) verdampfen [Haw 74], [Pag 76]. Damit die dabei entstehende γ-Strahlung mit experimentell beobachteten Werten verträglich ist, folgt obige Grenze. Umgekehrt entspricht der beobachteten Korrelationsfunktion ein n von -1.2. Hierin steckt jedoch die Annahme, daß $\xi(r)$ wirklich das anfängliche Fluktuationsspektrum widerspiegelt. Korrigiert man nun die Spektren alle auf einen festen Zeitpunkt, etwa zur Zeit der Rekombination, so ergibt sich ein Dichtespektrum wie in Abb. 6.13 dargestellt. Die experimentelle COBE-Beobachtung und der IRAS-Survey liefern anhand der Fixierung des Spektrums bereits Möglichkeiten, zwischen verschiedenen theoretischen Ansätzen zu unterscheiden. Dies erlaubt wiederum Rückschlüsse auf die Zusammensetzung der dunklen Materie (siehe Kap. 9). In Abb. 6.13 sind zwei theoretische Ansätze (nur kalte dunkle Materie und eine Mischung aus heißer und kalter dunkler Materie) gezeigt, es scheint, daß gemischte Modelle beide Datensätze konsistent beschreiben [Pec 93].

Für eine ausführliche und detailliertere Beschreibung der Zusammenhänge betreffend Dichtefluktuationen und deren Spektrum verweisen wir auf [Pee 80], [Lon 89], [Kol 90]. Neben diesen mehr oder weniger konventionellen Erklärungen gibt es noch eine ganz andere Art, die Strukturentstehung zu erklären, nämlich über topologische Defekte als Kondensationskeime für Materie. Dies wollen wir im folgenden Abschnitt besprechen.

6.10 Kosmische Strings

Der in Kap. 3 angesprochene GUT-Phasenübergang ist nicht perfekt, ebensowenig wie etwa der Übergang von flüssigem Wasser zu Eis. Es können sich Störungen ergeben, die man *topologische Defekte* nennt. Bei den Phasenübergängen bleibt das falsche Vakuum in den Defekten erhalten. Den nulldimensionalen Defekten, wie etwa Fehlbesetzungen in Kristallen, entsprechen die *magnetischen Monopole.* Diesen ist ein ganzes Kapitel gewidmet (siehe Kap. 10). Eindimensionale Defekte, analog zu Versetzungen im Kristall, nennt man *kosmische Strings*, zweidimensionale Defekte heißen *Domänen-Grenzen*, und für uns nicht vorstellbare dreidimensionale Defekte nennt man *Texturen.* Wir wollen uns hier auf die eindimensionalen Defekte beschränken. Für die kosmologische Produktion topologischer Effekte siehe z.B. [Pre 84], [Vil 85], [Vil 87], [All 90], [Hin 94]. Betrachten wir hierzu einmal ein abelsches Higgs-Modell mit einer spontan gebrochenen $U(1)$-

Symmetrie. Die Lagrangedichte mit einem Eichfeld A_μ und einem komplexen Higgs-Feld Φ ist gegeben durch [Kol 90]

$$\mathcal{L} = D_\mu \Phi D^\mu \Phi^\dagger - \frac{1}{4} F_{\mu\nu} F^{\mu\nu} - \lambda \left(\Phi^\dagger \Phi - \frac{\sigma^2}{2} \right)^2 \tag{6.54}$$

In der gebrochenen Phase liegt das Minimum des Feldes beim Vakuumerwartungswert $\langle \Phi \rangle = \sigma e^{\imath\alpha}$ mit $0 \leq \alpha \leq 2\pi$. Betrachten wir nun eine geschlossene Schleife, auf deren Rand überall der minimale Wert angenommen werden soll. Aufgrund der Eindeutigkeit der Lösung folgt $\Delta\alpha = 2\pi n$. Dies ändert sich auch nicht, wenn wir die Fläche gegen Null gehen lassen. Die Eindeutigkeit führt nun zu einem Widerspruch für $n \neq 0$, es sei denn, es existiert ein Punkt, an dem die Phase undefiniert ist. Dies ist gleichbedeutend mit einem Wert höherer Energie. Mathematisch gesprochen bedeutet dies, daß die Fläche nicht einfach zusammenhängend sein darf, und dies wird gruppentheoretisch durch die Bedingung

$$\Pi_1(M) \neq 1 \tag{6.55}$$

ausgedrückt, wobei Π_1 die erste homotopische Gruppe angewendet auf die Mannigfaltigkeit M der Vakuumzustände, darstellt. Verformt man nun die Schleife, gelten weiterhin die gleichen Argumente, und es ergibt sich eine Kette von solchen Punkten, die gerade unserem kosmischen String entspricht. Um diese Eindeutigkeitskriterien nicht umgehen zu können, folgt zwangsläufig, daß Strings entweder unendlich lang sind, oder in Form von Schleifen (Loops) vorliegen. Die Entstehung der Strings ist verbunden mit einem Phasenübergang. Neben der kritischen Temperatur wird ein Phasenübergang auch charakterisiert durch eine Kohärenzlänge ξ. Für räumliche Abstände größer als ξ besteht kein Zusammenhang zwischen zwei Punkten, und die Phase α ist willkürlich. Aufgrund dessen entsteht beim Phasenübergang ein Netzwerk von Strings mit einer typischen Schrittweite von ξ. Ein solches modelliertes Netzwerk aus Strings zeigt Abb. 6.14. Für die Berechnung dieser Netzwerke siehe [Vil 85], [Alb 89], [All 90]. Aus Gründen der Kausalität muß ξ kleiner als der Hubble-Radius sein. Die Entwicklung der Strings ist nichttrivial, d.h. für seine Länge gilt *nicht*

$$L(t) \sim \mathrm{R(t)} L \Rightarrow \rho_{st} \sim R^{-2}. \tag{6.56}$$

Dies erkennt man leicht an folgendem: Für die strahlungsdominierte Phase gilt $\rho_r \sim R^{-4}$, so daß folgt

$$\frac{\rho_{st}}{\rho_r} \sim R^2 \sim T^{-2} \sim t \tag{6.57}$$

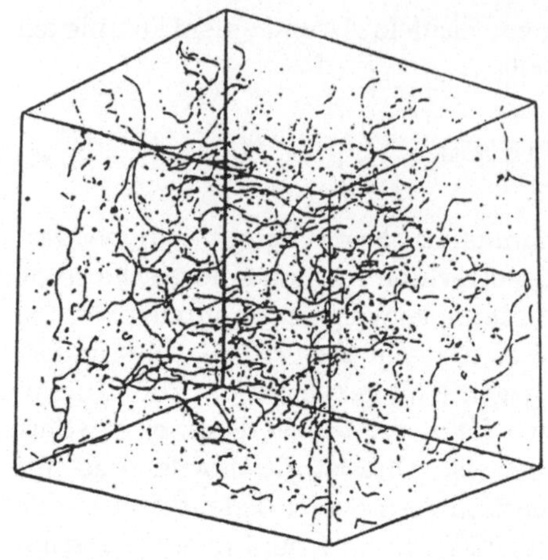

Abb. 6.14
Numerische Simulation zur Erzeugung großräumiger Strukturen durch kosmische Strings. Diese wirken als Kondensationskeime und sind entweder unendlich lang oder kommen in Form von geschlossenen Schleifen vor (nach [All 90]).

Der Beitrag der Strings zur Energiedichte wäre bei einer trivialen Entwicklung schon längst so dominant, daß man mit dem Alter des Universums in Widerspruch käme. Vielmehr verlieren sie Energie durch Wechselwirkungen mit sich selbst oder mit anderen Strings. Die dabei emittierten Schleifen besitzen einen Radius entsprechend der Kohärenzlänge zur entsprechenden Zeit. Diese oszillierenden Schleifen zerfallen nun unter Emission von Gravitationswellen, wobei die typische Lebensdauer einer Schleife mit Radius r gegeben ist durch [Vac 85]

$$\tau(r) \sim (\gamma G\mu)^{-1} r \tag{6.58}$$

Hierbei ist γ ein numerischer Faktor von der Größenordnung 100, G die Gravitationskonstante und μ ist die Massendichte pro Längeneinheit. Mit Werten von $G\mu \approx 10^{-6}$ bedeutet dies etwa 10^8 Oszillationen/Lebensdauer.

Kosmische Strings sind extrem dünn, sie besitzen einen Durchmesser der Größenordnung 10^{-30} cm. Aufgrund der sehr hohen Energie des Vakuums vor dem Phasenübergang ist ihre Massendichte pro Längeneinheit μ ebenfalls sehr hoch. Sie entspricht etwa $10^{22}\,\mathrm{g\,cm}^{-1}$. Damit ist es möglich, ein alternatives Modell der Strukturentstehung aufzubauen [Vac 86]. Das Interessante an dieser Theorie sind seine relativ konkreten Voraussagen, und daß eine experimentelle Widerlegung wahrscheinlich gleich die ganze Theorie zunichte macht.

Strukturen entstehen nun dadurch, daß die Schleifen als Kondensationskeime für Materieansammlungen nach dem Übergang vom strahlungs- ins materiedominierte Universum wirken. Für genauere Abschätzungen, wie stark Masse akkreditiert wird, gibt es nur den freien Parameter μ. Aufgrund obiger

Diskussion gibt es Schleifen aller Größen, wobei es einen unteren Abschneideradius r_u gibt, gegeben durch [Kol 90]

$$r_u = \gamma G\mu t_{\mathrm{eq}} \tag{6.59}$$

Große Schleifen dienen hierbei als Keime für Strukturen, aus denen sich später die Superhaufen entwickeln, während kleine Schleifen für die Galaxienentstehung verantwortlich sind. Es sollten also Objekte auf allen Massenskalen zwischen Galaxien und Superhaufen auftreten. Ist man nur interessiert an der Vorhersage von Ortszusammenhängen, wie etwa der Korrelationsfunktion, verschwindet auch die Abhängigkeit von μ. Die Vorhersage ist hier eine universelle Form der Korrelationsfunktion, welche experimentell bisher ja auch bestätigt ist [Tur 86].

Wie kann man diese Objekte nachweisen? Man kann zeigen, daß sie Störungen in der 3K-Strahlung in der Größenordnung

$$\frac{\delta T}{T} \simeq 10 G\mu v \tag{6.60}$$

hervorrufen können [Ste 88a]. Aus der gemessenen Isotropie (siehe Kap. 7) folgt somit $G\mu < 10^{-5}$. In Szenarien mit kosmischen Strings dürften zudem keine sekundären Doppler-Peaks in der Multipolentwicklung der 3K-Strahlung auftreten [Mag 96] (siehe Kap. 7 und Abb. 7.4).

Aufgrund ihrer starken Gravitationswellenemission hätten kosmische Strings einen störenden Einfluß auf das zeitliche Verhalten von Millisekundenpulsaren [Alb 89]. Da dies experimentell nicht beobachtet wird, sollte $G\mu < 10^{-6}$ sein. Am ehesten jedoch verspricht man sich einen Nachweis über den Gravitationslinseneffekt (siehe Kap. 9). Aufgrund seiner hohen Massendichte sollte ein String zur Aufspaltung von weit entfernten Objekten, wie etwa Quasarbildern, führen.

So sehr exotisch diese Gebilde und Ideen auch klingen mögen, so sind sie letztendlich nur die konsequente Anwendung unserer Elementarteilchentheorien auf kosmologische Fragestellungen.

7 Die kosmische Hintergrundstrahlung

7.1 Die 3K-Hintergrundstrahlung

Wir kommen nun zu einer der wichtigsten Stützen der Urknall-Theorie, nämlich dem kosmischen Mikrowellenhintergrund. Schon Gamow, Alpher und Herman sagten in den vierziger Jahren voraus, daß bei Richtigkeit dieses Modells noch ein Nachrauschen mit einer Temperatur von etwa 5 K vorhanden sein müßte [Gam 46], [Alp 48]. Bereits 1941 fand man bei der Beobachtung von interstellarem CN-Gas in der Richtung des Sterns ξ Ophiuchi Fraunhoferlinien, die auf eine Anregung von Rotationsniveaus hindeuteten. Jedoch wurde als Anregungsmechanismus keine kosmologische Quelle herangezogen, und die Beobachtung blieb unerklärt (siehe Kap. 7.1.2). Für ausführliche Literatur zur 3K-Strahlung verweisen wir auf [Par 95].

7.1.1 Spektrum und Temperatur

Während der strahlungsdominierten Ära befanden sich Strahlung und Materie im thermodynamischen Gleichgewicht. Die Thomson-Streuung vor allem an freien Elektronen sorgte für ein undurchsichtiges Universum. Als nun die Temperatur immer weiter fiel, war es möglich, daß immer mehr der Nukleonen und Elektronen, hauptsächlich zu Wasserstoff, (re-)kombinierten. Weil nun die meisten Elektronen gebunden waren, wurde die mittlere freie Weglänge der Photonen sehr viel größer (von der Ordnung c/H), sie entkoppelten sich von der Materie. Da sie sich zur Zeit der Entkopplung im thermodynamischen Gleichgewicht befanden, sollte ihre Intensitätsverteilung $I(\nu)\,d\nu$ einem Schwarzkörperspektrum

$$I(\nu)d\nu = \frac{2h\nu^3}{c^2}\frac{1}{\exp\left(\frac{h\nu}{kT}\right)-1}d\nu \tag{7.1}$$

entsprechen. Es ist leicht zu zeigen, daß die Schwarzkörperform in homogenen Friedmann-Universen trotz Expansion erhalten bleibt. Da bei einer adiabatischen Expansion der Term $T_\gamma(R^3)^{\kappa-1}$ konstant bleibt ($\kappa = 4/3$ für Photonen), folgt, daß $T_\gamma R$ ebenfalls konstant bleibt. Durch Einsetzen der Zusammenhänge $T_\gamma = T_{\gamma 0}\,(1+z)$ und $h\nu = h\nu_0\,(1+z)$ folgt sofort die Erhaltung der Schwarzkörperform. Das Maximum dieser Verteilung muß gemäß dem Wienschen Verschiebungsgesetz bei einer Wellenlänge von

$$\lambda_{\max} T = 2.897 \cdot 10^{-3}\,\text{mK} \tag{7.2}$$

liegen, d.h. für 5 K etwa bei 1.5 mm. In der Tat gelang es 1964 Penzias und Wilson von den Bell-Laboratorien, bei 7.35 cm eine isotrope Strahlung mit einer Temperatur von (3.5 ± 1) K nachzuweisen [Pen 65]. Die Energiedichte der Strahlung gewinnt man aus einer Integration über das Spektrum

$$\rho_\gamma = \frac{\pi^2 k^4}{15 h^3 c^3} T_\gamma^4 = a T_\gamma^4 \tag{7.3}$$

(Stefan-Boltzmann-Gesetz). Mit Hilfe von Gl. (3.48) findet man für die Teilchendichte der Photonen die Beziehung

$$n_\gamma = \frac{30\zeta(3) a}{\pi^4 k} T_\gamma^3 \approx 20.3 T_\gamma^3\,\text{cm}^{-3} \tag{7.4}$$

Hierbei ist $\zeta(3)$ die Riemannsche Zetafunktion von 3 und ist 1.20206.... Wir wollen dieses Bild nun etwas quantitativer betrachten. Wie in Kap. 3 erwähnt, entkoppelt eine Teilchensorte aus dem Gleichgewicht, wenn die wichtigste Wechselwirkungsrate kleiner als H wird, bzw. die mittlere freie Weglänge $\lambda \simeq \Gamma^{-1}$ größer wird als der Hubble-Radius. Für die Photonen ist die wesentliche Wechselwirkung die Thomson-Streuung und die Rate gegeben durch

$$\Gamma_\gamma = n_e \sigma_T \tag{7.5}$$

Hierbei ist n_e die Elektronendichte, und $\sigma_T = 6.65 \cdot 10^{-25}\,\text{cm}^2$ ist der Wirkungsquerschnitt für Thomson-Streuung. Als wesentliche Größe für die Rekombinationsepoche stellt sich nun die Entwicklung der freien Elektronendichte dar. Für die Anzahldichte eines beliebigen, beteiligten Reaktionspartners im thermodynamischen Gleichgewicht gilt

$$n_i = g_i \left(\frac{m_i T}{2\pi}\right)^{\frac{3}{2}} \exp\left(\frac{\mu_i - m_i}{kT}\right) \qquad i = e, p, H, B \tag{7.6}$$

Hierbei sind n_e, n_H, n_B die Elektronen-, Wasserstoff- und Baryonendichte, μ_i die entsprechenden chemischen Potentiale und g_i die statistischen Gewichte. Die Ladungsneutralität im Universum erfordert $n_e = n_p$, und aus der Baryonenzahlerhaltung folgt $n_B = n_p + n_H$. Die Reaktion

$$p + e \to H + \gamma \tag{7.7}$$

sorgt für $\mu_e + \mu_p = \mu_H$. Hieraus ergibt sich dann sofort

$$n_H = \frac{g_H}{g_p g_e} n_p n_e \left(\frac{m_e kT}{2\pi\hbar^2}\right)^{-3/2} \exp\left(-\frac{E_B}{kT}\right), \tag{7.8}$$

wobei E_B die Bindungsenergie des Wasserstoffs ($E_B = 13.59\,\text{eV}$) ist. Dies ist die Saha-Gleichung. Mit $x = n_e/n_B$ kann man sie umschreiben zu

$$\frac{x^2}{1-x} = \frac{1}{n_B} \left(\frac{m_e kT}{2\pi\hbar^2} \right)^{3/2} \exp\left(-\frac{E_B}{kT} \right) \tag{7.9}$$

Hieraus kann man nun den Ionisationsbruchteil $x(T)$ für jede beliebige Temperatur bestimmen. Diese Größe hängt allerdings noch von n_B ab. Für realistische Annahmen von n_B erhält man einen rapiden Abfall für x von 1 nach 0 bei T zwischen etwa 2500 und 5000 K, entsprechend Rotverschiebungen von $z = 1000$ bis 1500 (Abb. 7.1). Der Ionisationsbruchteil zeigt gerade

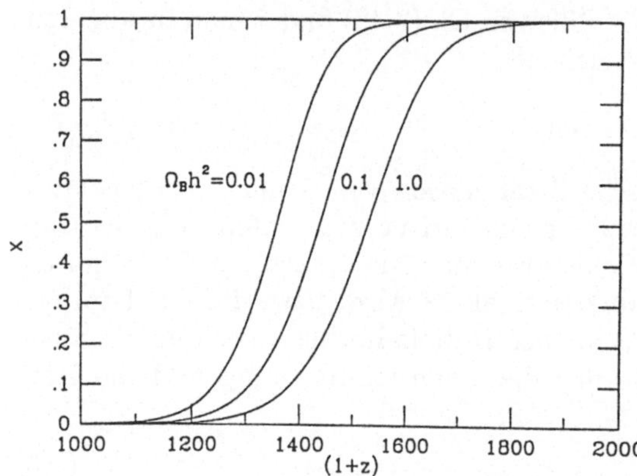

Abb. 7.1
Ionisationsbruchteil x des Wasserstoffs als Funktion der Rotverschiebung. Er kann als Maß für die optische Dicke zur betreffenden Zeit gelten. Von hohen Rotverschiebungen kommend ist deutlich ein steiler Abfall in einem Bereich bei etwa $z = 1400$ zu erkennen, verbunden mit einer zunehmenden Transparenz des Universums (aus [Kol 90]).

in diesem Bereich eine starke Abhängigkeit von der Rotverschiebung und ergibt in einer detaillierten Analyse [Jon 85]

$$x = 2.4 \cdot 10^{-3} \frac{(\Omega h^2)^{1/2}}{\Omega_B h^2} \left(\frac{z}{1000} \right)^{12.75} , \tag{7.10}$$

wobei Ω die Dichte (normiert auf die kritische Dichte) und Ω_B die baryonische Dichte darstellt (siehe Kap. 3). Da die letzte Streuoberfläche bestimmt ist als die Region, in der die optische Tiefe τ etwa in der Größenordnung 1 ist, ergibt sich [Lon 89]

$$\tau = 0.37 \left(\frac{z}{1000} \right)^{14.25} \Rightarrow z \approx 1070 \tag{7.11}$$

Die Wahrscheinlichkeitsverteilung der letzten Streuereignisse

$$\frac{dp}{d\tau} = e^{-\tau} \frac{d\tau}{dz} \tag{7.12}$$

ist in etwa gaußförmig mit einem Mittelwert von $z = 1070$ und einer Standardabweichung von 80. Dies bedeutet, daß gut die Hälfte der letzten Streuereignisse in einem Rotverschiebungsbereich von etwa 990 bis 1150 gelegen hat. Diesem Intervall in der Rotverschiebung entspricht heutzutage eine Längenskala von $\lambda \simeq 7(\Omega h^2)^{(1/2)}$ Mpc bzw. ein Winkel von $\theta \simeq 4\Omega^{(1/2)}$ [Bogenminuten]. Strukturen auf kleineren Winkelskalen sind ausgeschmiert. Neben der Rekombination fand in etwa dieser Zeit auch der Übergang vom strahlungs- ins materiedominierte Universum statt. Aufgrund der unterschiedlichen Abhängigkeiten der Energiedichten vom Skalenfaktor R (siehe Kap. 3) gelangt man zu einer Gleichheit von Materie- und Strahlungsdichte bei etwa $z = 1500$ (siehe Kap. 3). Man nimmt deshalb i.a. an, daß die Rekombination schon im materiedominierten Universum stattgefunden hat. Nach der Rekombination entkoppelte die Strahlung von der Materie. Die Entkopplung von Materie und Strahlung fand nicht abrupt statt, sondern Thomson- und Compton-Streuung sorgten noch bis etwa $z = 100$ für eine Gleichheit in den Temperaturen. Auch dieses Bild mag modifiziert werden, falls es zu späteren Zeiten noch einmal zu einer signifikanten Ionisation des Gases kam. Die drei Zeitpunkte können wie folgt angenähert werden [Kol 90]

$$1 + z_{\text{eq}} = 2.32 \cdot 10^4 \Omega_0 h^2 \approx 1500 \quad \text{Gleichheit der Dichten} \tag{7.13}$$

$$1 + z_{\text{rek}} = 1380(\Omega_b h^2)^{0.023} \approx 1240 - 1380 \quad \text{Rekombination} \tag{7.14}$$

$$1 + z_{\text{dec}} = 1100(\Omega_0/\Omega_b)^{0.018} \approx 1100 - 1200 \quad \text{Entkopplung} \tag{7.15}$$

Verschiedenste Energiezuführungen können nun eine Abweichung des beobachteten Spektrums von der Planck-Form bewirken. Auszuschließen sind sofort Effekte bei $z > 10^7$, da genügend Zeit ist, sie völlig zu thermalisieren. In einem Zeitraum von $10^7 > z > 10^4$ findet ebenfalls noch eine Thermalisierung statt, jedoch wird die Planck-Form mit Hilfe eines chemischen Potentials μ modifiziert, d.h. $h\nu/kT \rightarrow (\mu + h\nu)/kT$. Dies wirkt sich nur im Rayleigh-Jeans-Bereich (niedrige Frequenzen) aus, wobei die Temperaturänderung gegeben ist durch [Mel 90]

$$\frac{\Delta T}{T} = \frac{\mu}{h\nu/kT} \tag{7.16}$$

Das chemische Potential ist hierbei direkt korreliert mit der Energiezufuhr. Aus der gemessenen, maximalen Abweichung von 0.03 % vom Schwarzkörperspektrum [Mat 94] folgt, daß eine eventuelle Zufuhr weniger als 1 % der mittleren Strahlungsenergie ausmacht. Für das chemische Potential ergibt sich aus neueren Messungen eine obere Grenze von $|\mu| < 9 \cdot 10^{-5}$ [Fix 96]. Energiezufuhren im Bereich $z < 10^4$ machen sich dagegen deutlich im Spektrum bemerkbar. Nach Sunyaev und Zeldovich [Sun 80] kann man die Veränderung durch eine Multiplikation des Planck-Spektrums mit dem Faktor

$$1 + Yx\frac{e^x}{e^x - 1}\left(\frac{x}{th(x/2)} - 4\right) \tag{7.17}$$

beschreiben, wobei $x = h\nu/\mathrm{kT}$ ist. Hierbei ergeben sich zwei Grenzfälle:

$$\frac{\Delta T}{T} = -2Y \qquad \text{(Rayleigh-Jeans-Region)} \tag{7.18}$$

und

$$\frac{\Delta T}{T} = 5.4Y \qquad \text{(Wien-Region)} \tag{7.19}$$

Welche physikalische Bedeutung Y besitzt, hängt von der unbekannten Natur der Energieinjektion ab [Mel 90]. Im einfachsten Fall mißt Y den Wirkungsquerschnitt für Compton-Streuung mit den Elektronen eines heißen Gases und hängt von dessen Dichte und Temperatur ab. Dieser Effekt kann auch zu Störungen in der Postrekombinationszeit führen. Wie jüngste Beobachtungen im Röntgenbereich ergeben haben, sind viele Galaxienhaufen mit einer großen Menge heißen ($T_e \approx 10^8\,\mathrm{K}$) Gases durchsetzt. An diesen kann nun genau obiger Effekt stattfinden (Sunyaev-Zeldovich-Effekt). Er äußert sich in Temperaturänderungen von etwa 1 Promille. In der Richtung einiger Galaxienhaufen konnte dieser Effekt bereits beobachtet werden [Bir 84]. Diese Methode hat einen sehr interessanten Nebeneffekt, kann es doch möglich sein, hieraus auch die Hubble-Konstante zu bestimmen. Man kann den Effekt beschreiben durch [Boe 88]

$$\frac{\Delta T}{T} = -\frac{4kT_e}{m_e c^2}\sigma_T n_e R, \tag{7.20}$$

wobei R den Radius der Gaswolke kennzeichnet. Aussagen über n_e und T_e gewinnt man aus der beobachteten Röntgenemission, und damit ist es möglich, mit Gl. (7.20) R zu extrahieren. Kennt man somit den absoluten Radius R, so ist es mit Hilfe des beobachteten Winkeldurchmessers direkt möglich, die Hubble-Konstante zu bestimmen, ohne die ganzen Unsicherheiten in den Entfernungsskalen einzufügen. Die Daten des FIRAS-Detektors auf COBE begrenzen eine Störung auf $|Y| < 1.5 \cdot 10^{-5}$ [Fix 96]. Eine weitere Quelle von Störungen der Nachrekombinationszeit könnten Population-III-Sterne sein. Es handelt sich hierbei um eine Art angenommener sehr massiver Sterne der 1. Generation mit relativ kurzen Lebensdauern, welche bislang noch nicht beobachtet wurden. Die Emission dieser allerersten Klasse von Sternen könnte durch Staub thermalisiert werden und zu signifikanten Störungen im Hintergrund führen. Für eine Zusammenstellung von Beobachtungen des Sunyaev-Zeldovich-Effekts siehe [Rep 95].

Experimentell gilt es nun zu klären, bis zu welchem Grad es sich bei der 3K-Strahlung wirklich um eine Schwarzkörperstrahlung handelt und welches die genaue Temperatur der Strahlung ist [Par 88].

7.1.2 Messung von Form und Temperatur der 3K-Strahlung

Aufgrund der Bedeutung der Hintergrundstrahlung ist eine Vielzahl von Messungen bei verschiedensten Wellenlängen gemacht worden (siehe z.B. [Mel 90], [Par 95]). Die experimentellen Schwierigkeiten bei erdgebundenen Beobachtungen resultieren vor allem aus dem Vorhandensein der Atmosphäre. Zum einen erzeugt sie Temperaturfluktuationen, zum anderen emittieren und absorbieren die Gasmoleküle sehr stark im interessierenden Bereich. Auch unsere Milchstraße überstrahlt ab einer gewissen Frequenz deutlich den Hintergrund. Viele der Beobachtungen werden deshalb mittels Ballonflügen in 30 bis 40 km Höhe durchgeführt. 1989 wurde dann der eigens zur Erforschung der Hintergrundstrahlung gebaute Satellit COBE (Cosmic Background Explorer) gestartet [Smo 90]. Er durchmustert den gesamten Himmel in verschiedenen Wellenlängen. Waren in vorangegangenen Messungen immer nur wenige, von Experiment zu Experiment verschiedene Wellenlängen gemessen worden, so mißt COBE den Bereich der Wellenzahlen k von 1 bis $100\,\mathrm{cm}^{-1}$ sehr genau. Zur Messung der Planck-Form und eventueller Abweichungen dient der FIRAS-Detektor (Far Infrared Absolute Spectrophotometer) des COBE-Satelliten. Er mißt mit einer Antenne die Hintergrundstrahlung und mit einer zweiten die eines internen Referenzstrahlers. Beide werden dann mit Hilfe eines Michelson-Interferometers verglichen. Zudem ist es möglich, eine externe Referenzquelle in den eigentlichen Strahl einzubringen und somit eine genaue Eichung durchzuführen. Das gemessene Spektrum zeigt eine perfekte Schwarzkörperform mit einer Temperatur von $T = (2.728 \pm 0.004)\,\mathrm{K}$ [Wri 94a], [Fix 96] (Abb. 7.2). Es sind keinerlei Störungen der spektralen Form zu erkennen. In Abb. 7.3 sind die Meßpunkte eines ersten Tests zusammen mit früheren Ergebnissen dargestellt. Ein 1988 mit

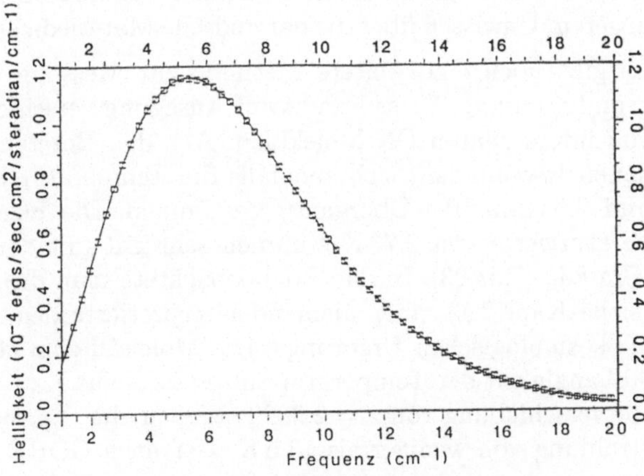

Abb. 7.2
Spektrum der kosmischen Hintergrundstrahlung gemessen mit dem FIRAS-Detektor auf dem COBE-Satelliten. Es zeigt eine perfekte Schwarzkörperform. Die durchgezogene Kurve ist das angepaßte Schwarzkörperspektrum (aus [Mat 90a]).

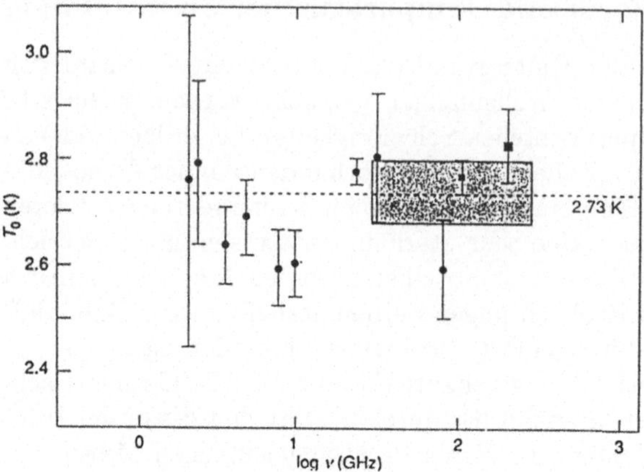

Abb. 7.3 Vergleich der COBE-Messungen (schraffierter Bereich) (der Fehlerbereich ist mittlerweise um einen Faktor 2.5 kleiner) mit anderen Temperaturmessungen der kosmischen Hintergrundstrahlung bei verschiedenen Wellenlängen (aus [Par 95]).

einem Ballonflug gefundener Submillimeterexzeß konnte widerlegt werden. Dies zeigt die Schwierigkeiten der erdgebundenen Beobachtungen und deren Korrekturen. Aus den COBE-Daten folgt für die Anzahldichte der Photonen

$$n_\gamma = (412 \pm 2)\,\mathrm{cm}^{-3} \tag{7.21}$$

Hiermit war es möglich, den bisherigen Fehler in der Anzahldichte von etwa 20 % auf weniger als 0.5 % zu reduzieren. Längere Messungen lassen eine weitere Reduktion erwarten. Diese Größe ist vor allem für das Photon-Baryon-Verhältnis interessant, dessen hauptsächliche Fehlerquelle nun auf unserem Unwissen über die baryonische Materiedichte im Universum beruht.

Es gibt noch eine weitere Methode zur Messung der kosmischen Hintergrundstrahlung. Diese beruht auf Anregung verschiedener Rotationsniveaus von interstellaren CN-Molekülen. Aus den Besetzungszahlen der verschiedenen Niveaus läßt sich ebenfalls die Temperatur bei 1.32 (0-2-Übergang) und 2.64 mm (0-1-Übergang) bestimmen. Die hieraus hergeleiteten Temperaturwerte von 2.73 K stimmen sehr gut mit den COBE-Daten überein [Cra 86], [Rot 93]. In der Tat beobachtete man diese Anregung schon 1941 (siehe Kap. 7.1), aber niemand interpretierte den Anregungsmechanismus als kosmologischen Ursprungs. Die Molekülllinien gestatten es, die $(1+z)$-Abhängigkeit der Temperatur zu testen (siehe Kap. 3). Messungen bei einer Rotverschiebung von $z = 2.9092$ ergeben eine Temperatur der Hintergrundstrahlung von weniger als 13.5 K. Der nach COBE erwartete Wert beträgt

10.66 K [Son 94a]. Eine andere Messung ergibt bei einer Rotverschiebung von $z = 1.776$ eine Obergrenze für die Temperatur von 16 K [Mey 86]. Eine neuere Messung ergab hier nicht nur eine Obergrenze, sondern den Wert von (7.4 ± 0.8) K bei einer Erwartung von 7.58 K [Son 94b]. Dies läßt sich auch in folgender Form ausdrücken: Sollte die Temperatur der Hintergrundstrahlung eine Abhängigkeit von der Rotverschiebung der Form $(1 + z)^\alpha$ besitzen, so folgt aus der Messung bei $z = 2.9$ ein $\alpha < 1.15$ (90 % Vertrauensgehalt) und aus der Messung bei $z = 1.77$ ein $\alpha < 1.73$. Der neue Meßwert bei $z = 1.77$ entspricht $\alpha = 0.98 \pm 0.11$.

Neben der spektralen Form und ihren Störungen sind zusätzlich auch die Homogenität und die Isotropie von außerordentlichem Interesse, erlauben sie doch Rückschlüsse auf die Expansion des Universums und sind eine äußerst wichtige Randbedingung für alle Modelle der Strukturentwicklung (siehe Kap. 6). Mit diesen Anisotropien wollen wir uns nun beschäftigen.

7.1.3 Anisotropien in der 3K-Strahlung

Anisotropien in der kosmischen Hintergrundstrahlung sind von außerordentlichem Interesse zum einen für unsere Vorstellungen von der Entstehung großräumiger Strukturen und von Galaxien im Universum, zum anderen auch für unser Bild vom frühen Universum. Erstere äußert sich durch Anisotropien auf kleinen Winkelskalen (Bogenminuten bis einige Grad), während letzteres sich auf großen Skalen (bis 180 Grad) bemerkbar macht (s.u.). Wir wollen deshalb beide getrennt behandeln [Whi 94]. Für einen Überblick siehe auch [Rea 92], [Hu 95].

7.1.3.1 Messung der Anisotropie

Eine Messung der Hintergrundstrahlung in eine gewisse Himmelsrichtung n ergibt

$$T(n) = T_0(1 + \Delta T(n)) \tag{7.22}$$

Hierbei ist T_0 die mittlere Hintergrundtemperatur und $\Delta T(n)$ beschreibt eine mögliche Abweichung in Richtung n. Die Daten werden nun statistisch behandelt mit Hilfe einer Korrelationsfunktion $C(\theta)$, gegeben durch

$$C(\theta) = \langle \Delta T(n) \Delta T(n') \rangle \tag{7.23}$$

mit $\vec{n} \cdot \vec{n}' = \cos\theta$. Das sphärisch symmetrische Strahlungsfeld entwickelt man sinnvollerweise nach den Kugelflächenfunktionen Y_l^m und dementsprechend die Korrelationsfunktion nach Legendre-Polynomen $P_l(x)$

$$T(n) = T_0 \sum_{l,m} a_l^m Y_l^m \tag{7.24}$$

$$C_l(\theta) = \frac{1}{4\pi} \sum_l (2l+1) c_l P_l(\cos\theta) \tag{7.25}$$

Für eine Gaußsche Zufallsverteilung gilt ferner der Zusammenhang

$$(2l+1)c_l = \sum_{-l}^{+l} \mid a_l^m \mid^2 \tag{7.26}$$

Der Monopolterm ($l = 0$) fällt klarerweise heraus, und auch dem Dipolterm ($l = 1$) kommt eine besondere Bedeutung zu (siehe nächster Abschnitt), so daß die Analyse in Bezug auf Anisotropien in der Hintergrundstrahlung erst mit dem Quadrupolterm ($l = 2$) beginnt. Bildet man die rotationsinvariante Größe

$$a_l^2 = \sum_m \mid a_l^m \mid^2, \tag{7.27}$$

so kann man die Quadrupolanisotropie definieren zu

$$Q = \left(\frac{a_2^2}{4\pi}\right)^{1/2} \tag{7.28}$$

Eine weitere Anisotropie folgt aus der Bewegung der letzten Streufläche und dem damit verbundenen Doppler-Effekt. Diese kommt vor allem von thermo-akustischen Oszillationen der Baryonen und Photonen [Smo 95], [Hu 95], [Teg 95]. Sie erzeugen eine Reihe von Peaks im Leistungsspektrum und werden von den meisten inflationären Modellen vorhergesagt. Die typische Ordnung liegt zwischen $100 < l < 1500$. Diverse kosmologische Parameter bestimmen Lage und Form der Peaks und lassen sich deswegen

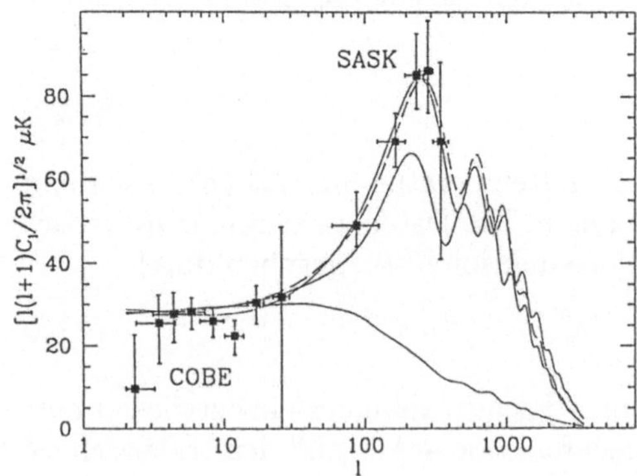

Abb. 7.4
Das Anisotropie-Leistungsspektrum C_l als Funktion der Multipolordnung l nach den Vorhersagen von vier Varianten des Standardmodells mit kalter dunkler Materie von [Sug 95], alle mit $n = 1$ und $\Omega_b = 0.05$, im Vergleich mit Daten von COBE und dem Saskatoon-Experiment [Net 96]. Deutlich sind die Doppler-Peaks zu erkennen (aus [Teg 96]).

aus der Beobachtung bestimmen. Bespielsweise ist die Position des ersten Peaks bestimmt durch $l \sim \sqrt{\Omega_0}^{-1}$, Ω_b bestimmt die Höhe der Peaks, die Hubble-Konstante h beeinflußt die Höhe und die Position der Peaks und in Strukturentstehungstheorien aufgrund von kosmischen Strings (siehe Kap. 6) gibt es keine sekundären Doppler-Peaks. Ein erster Doppler-Peak ist bei etwa $l = 200$ zu erwarten (Abb. 7.4). Bei der Messung muß jedoch noch die Auflösefunktion des verwendeten Detektors berücksichtigt werden.

7.1.3.2 Die Dipolanisotropie

Aufgrund ihrer Isotropie ist die Hintergrundstrahlung ein bevorzugtes Bezugssystem für jeden mitbewegten Beobachter. Sie ist jedoch kein absolutes System im allgemein relativistischen Sinne, da sie durch die Einsteinschen Feldgleichungen (siehe Kap. 3) in keinerlei Form ausgezeichnet ist. Wie bereits erwähnt, kommt der Dipolanisotropie eine besondere Bedeutung zu. Sie ist die dominante Anisotropie auf großen Skalen, und man interpretiert sie als Doppler-Effekt, verursacht durch unsere Relativbewegung zum Mikrowellenhintergrund. Verursacht wird sie durch Gravitationswechselwirkung. Dies bedeutet, daß für den Fall, daß man alle Massen beobachtet, die zur Geschwindigkeit der Lokalen Gruppe beitragen, der aus der Massenverteilung hergeleitete Dipol mit jenem in der 3K-Strahlung beobachteten übereinstimmen sollte. Die Dipolanisotropie ist gegeben durch

$$T(\theta) = T_0 \left(1 - \frac{v^2}{c^2}\right)^{1/2} \left(1 - \frac{v}{c}\cos\theta\right)^{-1} \simeq T_0 \left(1 + \frac{v}{c}\cos\theta + O\left(\frac{v^2}{c}\right)\right) \quad (7.29)$$

Sie ist in Abb. 7.5 dargestellt. Aus dem mit COBE gemessenen Wert $\Delta T/T = (3.372 \pm 0.007) \cdot 10^{-3}$ [Fix 96], [Kog 96] folgt eine Geschwindigkeit der Sonne gegenüber der Hintergrundstrahlung von $(370 \pm 1)\,\mathrm{km\,s^{-1}}$. Addiert man hierzu die Bewegung der Sonne innerhalb der Milchstraße

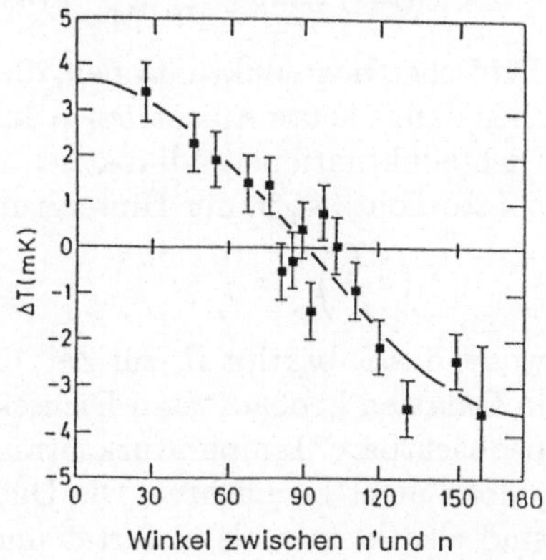

Abb. 7.5
Temperaturdifferenz ΔT als Funktion des Winkels zwischen zwei Beobachtungsrichtungen n und n'. Die Dipolanisotropie bzgl. der kosmischen Hintergrundstrahlung ist deutlich zu erkennen. Sie wird verursacht durch die Dopplerbewegung der Erde relativ zum Bezugssystem der 3K-Strahlung (aus [Boe 88]).

und die Bewegung der Milchstraße innerhalb der Lokalen Gruppe, so kann man eine Geschwindigkeit für letztere herleiten. Es ergibt sich ein Wert von $(627 \pm 22)\,\mathrm{km\,s^{-1}}$ in Richtung der galaktischen Koordinaten $l = 264.3° \pm 0.3°$ und $b = 48.2° \pm 0.1°$ [Fix 96]. Der erhaltene Geschwindigkeitswert stimmt noch nicht sehr gut mit dem aus der großräumigen Bewegung (siehe Kap. 6) extrahierten Wert für die Lokale Gruppe überein. Dies bedeutet, daß hier noch nicht alle wichtigen Massenkonzentrationen enthalten sind. Die räumlich weiter ausgedehnten IRAS-Galaxien zeigen auch einen Dipol, wobei je nach Modell die Richtung zu jenem aus der kosmischen Hintergrundstrahlung zwischen 10° und 30° liegt [Str 93].

7.1.3.3 Anisotropien auf kleinen Skalen

Die Anisotropien müssen in zwei Bereiche eingeteilt werden, entsprechend der Horizontgröße zur Zeit der Entkopplung. Überhorizontgroße Störungen sind unabhängig von der während der Entkopplung vorhandenen Mikrophysik und spiegeln auch heute wirklich das primordiale Störspektrum wider (siehe Kap. 6), während die Subhorizont-Störungen von den Details der physikalischen Bedingungen zur Zeit der Entkopplung abhängen. Der Horizont zur Zeit der Entkopplung entspricht heute einer Winkelausdehnung von [Kol 90]

$$\Theta_{\mathrm{dec}} = 0.87\Omega_0^{1/2}\left(\frac{z_{\mathrm{dec}}}{1100}\right)^{-1/2} \quad [\mathrm{Grad}] \tag{7.30}$$

Unterhalb von etwa 1° spiegeln sich also die Fluktuationen wieder, die sich auch in der Galaxienentstehung äußern. Ausgehend von der Jeans-Masse ergibt sich eine Korrelation zwischen Massenskala und charakteristischen Winkelmaßen für Anisotropien von (siehe z.B. [Nar 83])

$$(\Delta\theta) \simeq 23\left(\frac{M}{10^{11}M_\odot}\right)(h_0 q_0^2)^{1/3} \quad [\mathrm{Bogensekunden}] \tag{7.31}$$

Typische Dichtefluktuationen, die zur Galaxienentstehung führten, entsprechen damit heute Anisotropien auf Größenordnungen von 20″. Wenn sich die Dichtefluktuationen adiabatisch entwickeln, sollte sich dies in einem Temperaturkontrast in der Hintergrundstrahlung äußern:

$$\left(\frac{\delta T}{T}\right)_R = \frac{1}{3}\left(\frac{\delta\rho}{\rho}\right)_R, \tag{7.32}$$

wobei das Subskript R ‚zur Zeit der Rekombination‘ bedeutet. Um die heute in Galaxien beobachteten Dichtekontraste zu erzeugen, erwartet man heute beobachtbare Temperaturkontraste von $\delta T/T \approx 10^{-3}$ bis 10^{-4}. Dies wird jedoch nicht beobachtet. Die Dichteschwankungen innerhalb der Baryonen sind also kleiner als erwartet und man benötigt eine zusätzliche Hilfe bei den Dichtefluktuationen. Hierfür bietet sich beispielsweise eine signifikante Menge dunkler Materie in Form von WIMPs an (siehe Kap. 9). Es gilt

$$\left(\frac{\delta\rho}{\rho}\right)_{\mathrm{WIMP}} > \left(\frac{\delta\rho}{\rho}\right)_B , \tag{7.33}$$

da deren Störungen schon wachsen können, sobald das Universum materiedominiert ist. Zum Zeitpunkt der Entkopplung erwartet man daher ein Verhältnis in den Dichtekontrasten von Baryonen und WIMPs von[Kol 90]

$$\left(\frac{\delta\rho}{\rho}\right)_B \approx 0.05(\Omega_0 h^2)^{-1} \left(\frac{\delta\rho}{\rho}\right)_{\mathrm{WIMP}} \tag{7.34}$$

Während also die erwarteten Temperaturanisotropien in einem Baryon-dominierten Universum durch Gl. (7.32) gegeben sind, erwartet man in einem WIMP-dominierten Universum Anisotropien von [Kol 90]

$$\left(\frac{\delta T}{T}\right)_\theta = \frac{(\Omega_0 h^2)^{-1}}{60} \left(\frac{\delta\rho}{\rho}\right)_\lambda , \tag{7.35}$$

wobei die mitbewegte Wellenlänge λ einer Winkelausdehnung θ am Himmel von $\theta = 34.4''(\Omega_0 h)(\lambda/\mathrm{Mpc})$ entspricht. Durch Hinzunahme der WIMPs ist es also möglich, die Dichteschwankungen innerhalb der Baryonen wesentlich kleiner anzunehmen und damit die Temperaturanisotropien mit den beobachteten Werten verträglich zu machen. Allein aus diesen Grenzen folgt, daß jedes baryondominierte Modell ohne eine Reionisation in jüngster Zeit ausgeschlossen ist, unabhängig davon, wie groß Ω_B nun im Detail ist. Zur Messung von Temperatur-Anisotropien bei kleinen Skalen siehe [Whi 94], [Ben 95].

7.1.3.4 Anisotropien auf großen Skalen

Ein anderer interessanter Aspekt ist, daß das Universum möglicherweise nicht von Anfang an homogen war, sondern diese Homogenität erst später durch Energie- und Impulsübertragung erreichte. Sollte dies der Fall sein, so ist der größte zusammenhängende, homogene Bereich durch den Teilchenhorizont (siehe Kap. 3) zu jener Zeit gegeben. Unterschiedliche Werte des Gravitationspotentials zur Zeit der Rekombination sollten sich deshalb in Form von Anisotropien auf großen Skalen zeigen (Sachs-Wolfe-Effekt) [Sac 67a]. Punkte hoher Dichte zeichnen sich hierbei als kältere Punkte ab, da die Photonen aufgrund des Gravitationspotentials eine zusätzliche Rotverschiebung erfahren, während die hellen Punkte Orte niedrigerer Dichte darstellen. Zur Messung dieser Anisotropien ist der COBE-Satellit mit 6 Radiometern ausgestattet, die paarweise bei drei verschiedenen Wellenlängen (3.3 mm, 5.7 mm und 9.5 mm) messen. Da COBE eine Winkelauflösung von

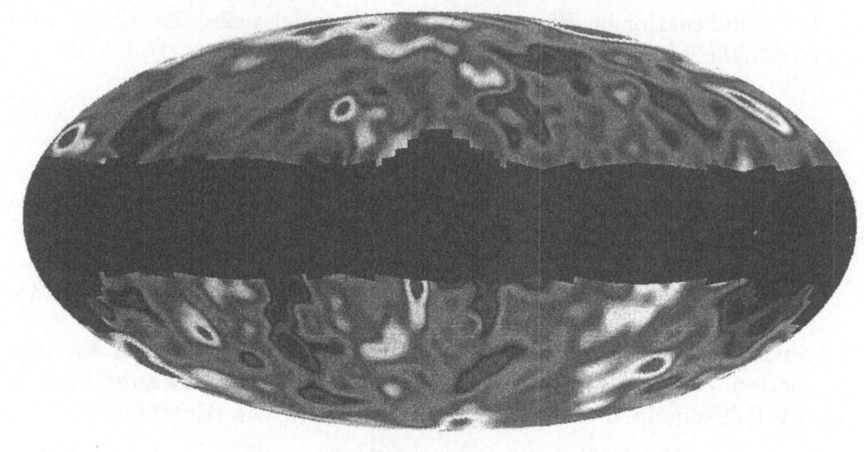

Abb. 7.6 Mit COBE erstellte Himmelskarte der kosmischen Hintergrundstrahlung. Das breite dunkle Band in der Mitte entspricht der (hier abgezogenen) Strahlung der Milchstraße. Die Anisotropie drückt sich in der unterschiedlichen Helligkeitsverteilung aus (aus [Kog 96]).

7° besitzt, würde der Nachweis von Anisotropien direkt das Anfangsspektrum der Fluktuationen testen, da man hier Bereiche größer als den Horizont testet. Dieses als DMR (Differential Microwave Radiometers) bezeichnete Gerät maß nun in der Tat nach Abzug der Erdbewegung und einer Korrektur für die galaktische Emission eine Anisotropie der Hintergrundstrahlung. In dieser historischen Messung zeigen sich Anisotropien auf allen Winkelbereichen, von der durch das Experiment bestimmten unteren Auflösung von 7° bis herauf zu 180° (Abb. 7.6) [Smo 92], [Wri 92], [Ben 95], [Hin 96], [Kog 96]. Die gesamte gemessene Korrelationsfunktion (Abb. 7.7) wird dabei dominiert vom Quadrupolterm. Die gemessene Quadrupolanisotropie Q (siehe Gl. (7.28)) entspricht einer Temperatur von $(15.3^{+3.8}_{-2.8})\,\mu$K, entsprechend einem Kontrast von

$$\frac{\Delta T}{T} \simeq 6 \cdot 10^{-6} \tag{7.36}$$

Nimmt man für die Dichteinhomogenitäten ein Potenzgesetz an (siehe Kap. 6), so äußern sich diese in Temperaturschwankungen von

$$\Delta T \sim \Theta^{(1-n)/2} \tag{7.37}$$

Eine Anpassung der COBE-Daten resultiert in einem Wert von $n = 1.2 \pm 0.3$ [Hin 96]. Dies ist deswegen besonders interessant, da ein inflationäres Universum gerade ein skaleninvariantes Fluktuationsspektrum ($n = 1$) vorhersagt

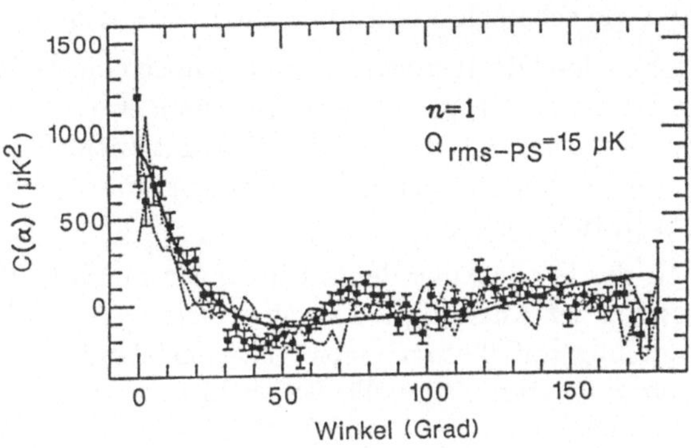

Abb. 7.7 Korrelationsfunktion $C(\alpha)$ der COBE-Daten, welche eine deutliche Struktur zeigen. Es ist dies der erste Hinweis auf Anisotropien in der Hintergrundstrahlung. Das mit inflationären Modellen in Einklang stehende Fluktuationsspektrum ($n = 1$) ist ebenfalls eingezeichnet (durchgezogene Kurve). Aus einem Fit an die Daten ergibt sich das angegebene Q, entsprechend Gl. (7.28) (aus [Ber 93c], siehe auch [Hin 96a]).

[Har 70], [Zel 72] (siehe Kap. 6). Damit hat man einen starken, experimentellen Hinweis auf eine inflationäre Phase, aber keinen Beweis. Um hieraus auch Aussagen über die Galaxienentwicklung zu gewinnen, muß man in den Bereich kleiner Winkel hineinextrapolieren. Hierzu wird angenommen, daß in der Tat $n = 1$ ist, und daß eine Potenzabhängigkeit gültig ist. Unabhängig von der Extrapolation werden Messungen bei kleinen Winkeln durchgeführt. So ergibt sich beispielsweise bei 5° eine Obergrenze von [Wat 92]

$$\Delta T < 1.8 \cdot 10^{-5}\,\mathrm{K} \tag{7.38}$$

Die Ergebnisse bei dieser und noch kleineren Skalen sind jedoch noch widersprüchlich, was nicht zuletzt an den extrem schwierigen Experimenten liegt (siehe z.B. [Tau 94], [Tau 96]). In guter Übereinstimmung mit den extrapolierten COBE-DMR-Daten beispielsweise scheinen die Beobachtungen des FIRS-Experimentes (Far Infra-Red Survey) zu sein [Gan 93]. Die bei diesem Ballon-Experiment beobachteten Anisotropien auf Skalen von 0.5° ergeben ein $Q = 19\,\mu\mathrm{K}$ und ein $n = 1$, zudem scheinen sie den gleichen räumlichen Ursprung zu besitzen.

Die Aussagekraft bezüglich der Strukturentstehung ist jedoch leider relativ begrenzt, da man sowohl Modelle mit kalter oder heißer dunkler Materie, oder auch mit einer nichtverschwindenden kosmologischen Konstanten mit den Beobachtungen in Übereinstimmung bringen kann. Trotzdem folgen aus den Daten Einschränkungen für einige Modelle. So scheint das Modell der kalten dunklen Materie nur mit einem gewissen Schwellenwert-Faktor („Bias“) zu funktionieren. Dieser gibt eine Schwelle an, ab der Dichtestörungen wachsen. Dann jedoch scheint ein Modell mit dunkler Materie und $\Omega = 1$ in guter Übereinstimmung mit den Beobachtungen zu stehen [Sil 93]. Auch

Modelle mit einer Mischung aus kalter (70 %) und heißer (30 %) dunkler Materie scheinen dies zu bewirken [Row 85a], [Kly 92], [Tay 92].

Neben den Dichtestörungen gibt es noch eine weitere Quelle für Anisotropien in Form von Gravitationswellen. Diese entstehen ebenso unausweichlich bei der Inflation wie die Quantenfluktuationen. Für eine Analyse der COBE-Anisotropien und deren Begrenzungen für Gravitationswellen verweisen wir auf [Dav 92b].

Seit der Entdeckung der Anisotropien durch COBE sind neun weitere Messungen der Anisotropien veröffentlicht worden (Abb. 7.8) [Sco 95]. Die Entwicklung auf diesem Gebiet ist sehr schnell und zukünftige Experimente werden weitere wertvolle Daten hierzu sammeln. Für eine Übersicht siehe [Smo 95].

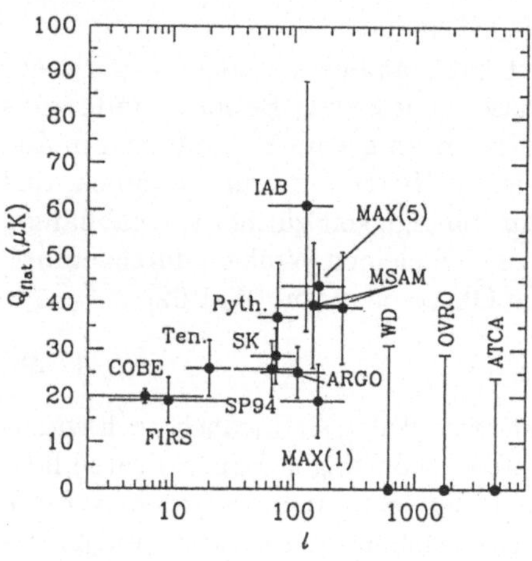

Abb. 7.8
Gegenwärtiger Stand der Beobachtungen von Anisotropien in der Hintergrundstrahlung als Funktion der Multipolordnung l. Die gezeigten Amplituden entsprechen dem Quadrupolmoment für ein flaches Anisotropiespektrum (d.h. ein skaleninvariantes Spektrum der primordialen Störungen, entsprechend einer horizontalen Linie) (aus [Sco 95]).

Schließlich sei zur Vollständigkeit noch das dritte Teleskop der COBE-Mission erwähnt, nämlich zur Messung der absoluten Helligkeit des Himmels zwischen 1 bis 300 μm. Es dient unter anderem zur Suche nach einem diffusen IR-Hintergrund, der von Protogalaxien aus der Frühzeit des Universums erzeugt worden sein könnte [Par 67].

7.2 Der kosmische Röntgenhintergrund

Neben dem Mikrowellenhintergrund kann man auch noch in anderen Bereichen des Spektrums, etwa dem Röntgen- und Gammabereich, Informationen über das frühe Universum gewinnen (Abb. 7.9). Um den Röntgenhintergrund besser zu verstehen, wurde 1990 ROSAT (Roentgen Satellite)

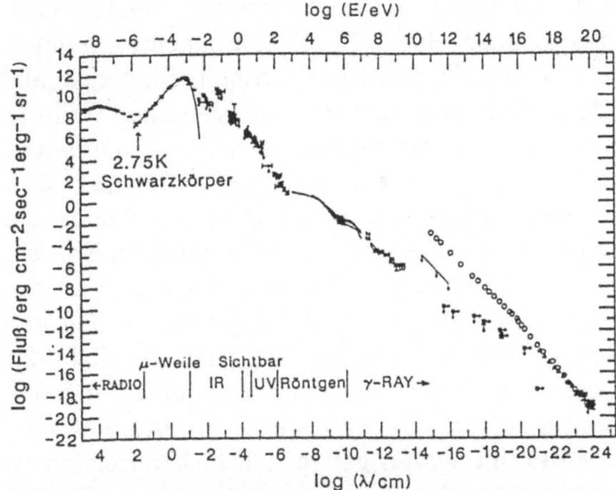

Abb. 7.9 Der gesamte, beobachtbare diffuse Photonenhintergrund über einen Spektralbereich von 10^5cm $\geq \lambda \geq 10^{-24}$ cm. Deutlich sieht man den dominanten Anteil der 3K-Strahlung als auch einen Abfall zum hochenergetischen Ende. Vertikale Pfeile kennzeichnen obere Grenzen, horizontale Pfeile bedeuten integrierte Flüsse. Die offenen Kreise stellen den totalen Fluß der kosmischen Strahlung dar, aus der man eine Obergrenze für den Photonenfluß ableiten kann (aus [Kol 90]).

Abb. 7.10 Der am 1. Juni 1990 mit einer Delta-II-Rakete gestartete ROSAT-Satellit zur Erforschung des Himmels im Röntgenbereich. Er befindet sich in einer Erdumlaufbahn von 580 km. Seine erste Aufgabe war es, eine Himmelskarte im Niederenergie-Röntgenbereich zu erstellen. Mehr als 60000 Röntgenquellen wurden nachgewiesen (im Vergleich dazu besteht der mit dem 1977 gestarteten HEAO-1-Satelliten gewonnene Katalog aus nur 840 Quellen). ROSAT eröffnete damit eine neue Ära der Röntgen-Astrophysik (aus [Hen 91]).

gestartet (Abb. 7.10). Neben den identifizierbaren Röntgen-Punktquellen gibt es auch eine diffuse Komponente, deren Ursprung vor allem im Bereich oberhalb von 3 keV größtenteils extragalaktischen Ursprungs ist. Im allgemeinen geht man aus energetischen Gründen davon aus, daß, sofern es sich um keine rotverschobene γ-Strahlung handelt, ihr Ursprung im Bereich von $0 < z < 10$ anzusiedeln ist. Es ist dies der Bereich, in dem signifikant die Entstehung von Galaxien stattgefunden hat. Als Ursprung des Röntgenhintergrundes gilt i.a. die summierte Emission von aktiven galaktischen Kernen, Quasaren und Seyfert-Galaxien, auch wenn dies noch nicht völlig geklärt ist. Da diese nicht aufgelöst werden können, verursachen sie einen diffusen Hintergrund [Bol 87], [Has 91], [Fab 92]. Beobachtete nahe Objekte dieser Klasse zeigen jedoch ein weicheres Spektrum als der diffuse Röntgenhintergrund, so daß starke evolutionäre Effekte im Spiel sein müssen. Die ROSAT-Daten geben den bisher tiefsten Einblick in den Röntgenhintergrund und legen nahe, daß mindestens 75 % davon von diskreten Quellen verursacht wird [Trü 93].

Die im Röntgenhintergrund beobachtete Dipolanisotropie stimmt im Rahmen ihrer Fehler mit jener der 3K-Strahlung überein und bestätigt damit die Interpretation des Dipols als gravitationsbedingten Dopplereffekt [Bol 87], [Fab 92]. Ebenso konnte mit Hilfe des ROSAT-Satelliten eine Struktur in Richtung des Nord-Ekliptischen Pols mit einer Ausdehnung von $20'$ entdeckt werden, die vermutlich aus Strukturen bei einer Rotverschiebung von $z \approx 1$ resultiert.

Auch Galaxienhaufen zeigen eine erhebliche Röntgenemission. Man interpretiert sie als thermische Emission eines 10^7 bis 10^8 K (entsprechend 40 keV) heißen Gases [Pon 93], [Mul 93], [Böh 95]. Die Röntgenemission zeigt ein komplexes, von Haufen zu Haufen variierendes Verhalten. Trotzdem scheint es eine allgemeine Korrelation zu geben: Reguläre Haufen mit wenigen Spiralgalaxien zeigen glatte Röntgenkonturen mit hoher Leuchtkraft, während irreguläre Haufen mit vielen Spiralgalaxien auch irreguläre Röntgenemission mit geringer Leuchtkraft zeigen. Das Gas in irregulären Haufen ist zudem etwas kühler als jenes in regulären Haufen. Außerdem ist die Emission in Haufen mit einer dominanten Galaxie stärker zum Zentrum konzentriert. Man kann diese Eigenschaften verstehen, falls sich der Haufen in dynamischem Gleichgewicht befindet und sowohl das Gas als auch die Galaxien das gleiche Gravitationspotential spüren [Mul 93].

7.3 Der kosmische Neutrinohintergrund

Analog zu einem Photonenhintergrund sollte es auch einen kosmischen Neutrinohintergrund geben (siehe Kap. 3). Was kann man nun an Aussagen über diese Neutrinos gewinnen? Bei Temperaturen oberhalb 1 MeV sind Neutrinos, Elektronen und Photonen im thermischen Gleichgewicht miteinander über Reaktionen wie $e^+e^- \leftrightarrow \gamma\gamma$ oder $e^+e^- \leftrightarrow \nu\bar{\nu}$. In Kap. 4 zeigten wir, daß die Neutrinos bei etwa 1 MeV entkoppelten (siehe auch Kap. 3). Bei weiterem Temperaturabfall unter die Ruhemasse des Elektrons geht aufgrund von Paarvernichtung alle Energie auf die Photonen über und erhöht deren Temperatur. Für die Entropie relativistischer Teilchen gilt (siehe Gl. (3.57) und (3.58)):

$$S = \frac{4}{3} k_B \frac{R^3}{T} \rho, \tag{7.39}$$

wobei ρ die Energiedichte darstellt. Da nach dem Stefan-Boltzmann-Gesetz $\rho \sim T^4$ ist, folgt damit für konstante Entropie

$$S = (TR)^3 = \text{konstant} \tag{7.40}$$

Aufgrund der in Kap. 3 genannten Beziehungen gilt:

$$\rho_{\nu_i} = \frac{7}{16}\,\rho_\gamma \tag{7.41}$$

und, für $kT \gg m_e c^2$,

$$\rho_{e^\pm} = \frac{7}{8}\,\rho_\gamma \tag{7.42}$$

Mit Hilfe der entsprechenden Freiheitsgrade und Entropieerhaltung gelangt man zu folgender Gleichung:

$$(T_\gamma R)_V^3 \left(1 + 2\frac{7}{8}\right) + (T_\nu R)_V^3 \sum_{i=1}^{6} \rho_{\nu_i} = (T_\gamma R)_N^3 + (T_\nu R)_N^3 \sum_{i=1}^{6} \rho_{\nu_i}, \tag{7.43}$$

wobei V für Zeiten $kT > m_e \mathrm{c}^2$ und N für Zeiten $kT < m_e \mathrm{c}^2$ stehen. Nun waren die Neutrinos ja bereits entkoppelt, so daß sich ihre Temperatur proportional zu R^{-1} entwickelte, und sich damit die letzten Terme auf beiden Seiten wegheben. Es resultiert daraus:

$$(T_\gamma R)_V^3 \frac{11}{4} = (T_\gamma R)_N^3 \tag{7.44}$$

Da aber vor der Vernichtungsphase der e^+e^--Paare $T_\gamma = T_\nu$ war, bedeutet dies:

$$\left(\frac{T_\gamma}{T_\nu}\right)_N = \left(\frac{11}{4}\right)^{1/3} \simeq 1.4 \tag{7.45}$$

Unter der Annahme, daß seitdem keine wesentlichen Änderungen dieser Größen stattgefunden haben, besteht heutzutage folgender Zusammenhang zwischen beiden Temperaturen:

$$T_{\nu,0} = \left(\frac{4}{11}\right)^{1/3} T_{\gamma,0} \tag{7.46}$$

Mit einer Temperatur von $T_{\gamma,0} = 2.728\,\mathrm{K}$ entspricht dies einer Neutrinotemperatur von etwa 1.95 K. Dies gilt nur für masselose Neutrinos, für Neutrinos mit Masse ist die Temperatur entsprechend niedriger. Besteht der Photonenhintergrund aus einer Anzahl von $n_{\gamma,0} \approx 410\,\mathrm{cm}^{-3}$, so ist die Teilchendichte des Neutrinohintergrundes $n_{\nu,0} \approx 340\,\mathrm{cm}^{-3}$. Dies ergibt sich aus der Beziehung, daß für jedes leichte Neutrinoflavour gilt (siehe [Gel 88], [Gro 89,90])

$$n_\nu = \frac{3}{11} n_\gamma \tag{7.47}$$

Der sehr kleine Wirkungsquerschnitt für solche Neutrinos hat bisher jede experimentelle Idee zu ihrem Nachweis scheitern lassen.

8 Kosmische Strahlungen

Ein weitgespanntes Gebiet der Teilchenastrophysik ist jenes der kosmischen Strahlung. Unter der klassischen kosmischen Strahlung versteht man ionisierte Kerne, die mit einer Rate von etwa 1000 Ereignissen $cm^{-2}s^{-1}$ auf die Erdatmosphäre treffen und mit Hilfe von Ballonflügen erstmals von V. Hess im Jahre 1912 als ionisierende Strahlung nachgewiesen wurden. Da ihre Energie einen Bereich von etwa 15 Größenordnungen abdeckt, und auch die Flüsse äußerst stark variieren, sind unterschiedlichste experimentelle Strategien nötig, um diese Phänomene zu untersuchen (Abb. 8.1). Ausgehend von dem außerhalb der Erdatmosphäre beobachteten primären Energie- und Teilchenspektrum, wollen wir uns den verschiedenen sekundären Teil-

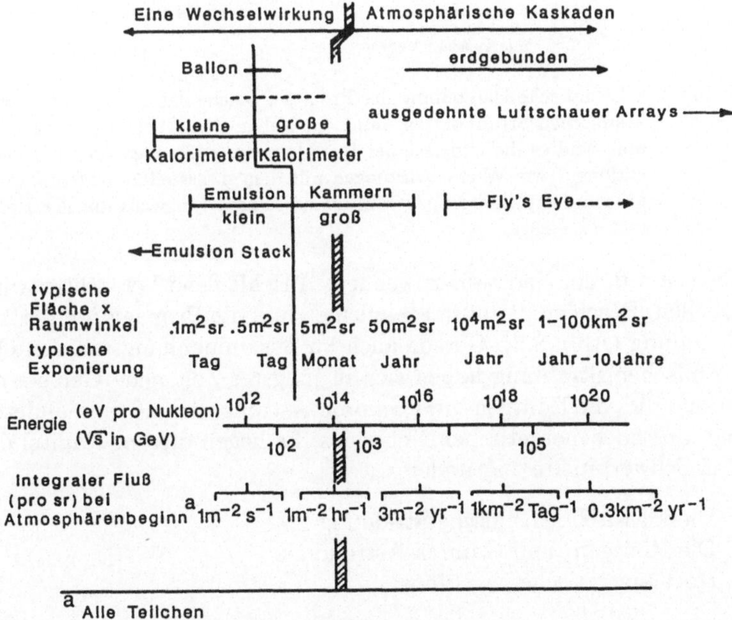

Abb. 8.1 Die verschiedenen experimentellen Techniken zum Nachweis der kosmischen Strahlung. Aufgrund der enormen Flußunterschiede und des großen Energiebereichs sind verschiedenste Typen von Detektoren notwendig (aus [Ric 87]).

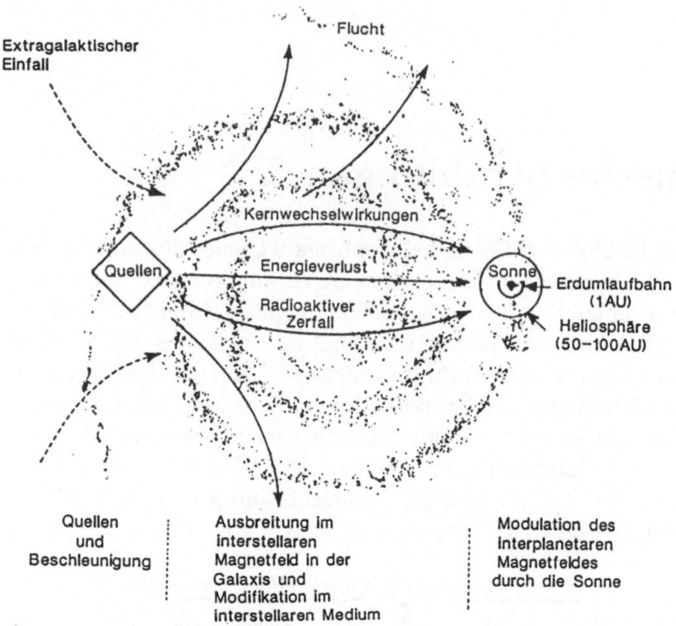

Abb. 8.2 Schematische Darstellung der Prozesse, welche das beobachtbare Spektrum der kosmischen Strahlung beeinflussen. Neben den Quellen der kosmischen Strahlung sind es die Prozesse der Beschleunigung, Propagation und andere Modifikationen (wie Wechselwirkungen mit dem interstellaren Medium oder Zerfall), welche das primäre Spektrum bis zu seinem Nachweis auf der Erde verändern (aus [Rol 88]).

chen und ihrem Nachweis zuwenden. Anschließend betrachten wir mögliche Quellen, Beschleunigungsmechanismen und die Propagation der kosmischen Strahlung (Abb. 8.2). Gerade auch im Zusammenhang mit den Quellen der kosmischen Strahlung haben sich in jüngster Zeit neue Gebiete entwickelt, es sind dies die Röntgen- und Gamma-Astronomie und zum anderen das Gebiet der hochenergetischen Neutrinos. Es liegen diesem Kapitel demzufolge drei Schwerpunkte zugrunde:

- Die klassische kosmische Strahlung
- Die Röntgen- und Gamma-Astronomie
- Hochenergetische Neutrinos

Für weitergehende Information zu diesen Themen verweisen wir auf [Sok 89], [Ber 90b], [Gai 90], [Lon 92,94], [Ram 93], [Gai 95]. Wir wollen uns zuerst mit der klassischen kosmischen Strahlung beschäftigen.

8.1 Die klassische kosmische Strahlung

8.1.1 Das primäre Spektrum

Die klassische kosmische Strahlung besteht zu etwa 98 % aus Kernen und 2 % aus Elektronen, wobei sich die Kerne aufteilen in etwa 87 % Protonen, 12 % α-Teilchen und 1 % in Form von schwereren Elementen. Die Elementzusammensetzung der kosmischen Strahlung ist in einem Bereich von einigen MeV bis zu wenigen TeV direkt experimentell bestimmt [Mül 91]. Bezüglich der Elementhäufigkeiten besteht weitgehende Übereinstimmung zwischen den solaren Werten und denen der kosmischen Strahlung (Abb. 8.3) [Sim 83].

Dies läßt auf den gleichen Entstehungsmechanismus schließen, nämlich auf eine stellare Produktion. Allerdings gibt es auch einige signifikante Unterschiede. So sind H und He im Vergleich zu den schweren Elementen innerhalb der kosmischen Strahlung unterhäufig, was zum einen an der schweren Ionisierbarkeit von H und damit verbundener schwieriger Beschleunigung liegen kann, oder aber auf eine andere Quellenzusammensetzung hindeutet. Andererseits sind die Elemente Li, Be, B und die Kerne unterhalb von Eisen überhäufig. Diese lassen sich als Spallationsprodukte von C, N bzw. Fe er-

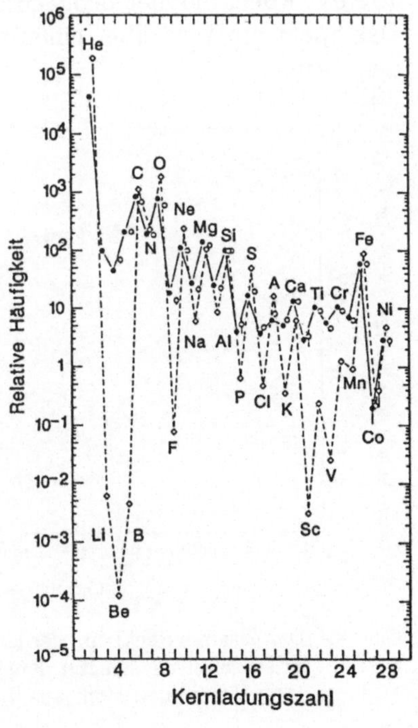

Abb. 8.3
Vergleich der kosmischen (geschlossene Kreise) und solaren (offene Kreise) Elementhäufigkeiten (normiert auf Silizium). Es fällt vor allem eine Überhäufigkeit der Elemente unterhalb von Eisen und Kohlenstoff auf. Diese erklärt sich durch Spallationsprozesse. Demgegenüber sind die Elemente H und He in der kosmischen Strahlung unterhäufig (aus [Lon 92]).

klären, da Li, Be und B ja als Endprodukte der stellaren Nukleosynthese nicht vorkommen. Aus dem Verhältnis aus primären (C, N und Fe) und sekundären (Li, Be und B) Teilchen kann man auf eine Aufenthaltsdauer von etwa 10^6 Jahren innerhalb der Galaxis schließen [Gai 90]. Die Häufigkeitsverteilung erweist sich im großen und ganzen (mit Ausnahme von Fe) auch als relativ energieunabhängig. Im Niederenergiebereich (unterhalb von etwa 1 GeV/Nukleon) wird der Einfluß des Sonnenwindes auf das ankommende Plasma deutlich. Bei erhöhter Sonnenaktivität hält der verstärkte solare Wind aufgrund seiner größeren Ausdehnung die niederenergetische kosmische Strahlung von der Erde entfernt und trägt selbst stärker zum beobachteten Teilchenfluß in diesem Bereich bei. Diese 11-jährige Modulation aufgrund der Sonnenaktivität ist in der kosmischen Strahlung beobachtet worden [Web 74]. Ebenso beeinflußt auch das geomagnetische Feld die Beobachtung der kosmischen Strahlung und sorgt für eine Abhängigkeit von der geographischen Breite.

Oberhalb von einigen TeV ist die Elementzusammensetzung unbekannt und nur noch das gesamte Energiespektrum unabhängig von der Elementzusammensetzung experimentell bekannt. Dieses erstreckt sich bis zu mindestens 10^{20} eV, wobei die hier beobachteten Flüsse äußerst gering sind (Abb. 8.4). Das Spektrum wird über einen weiten Bereich gut durch ein Potenzgesetz der Form

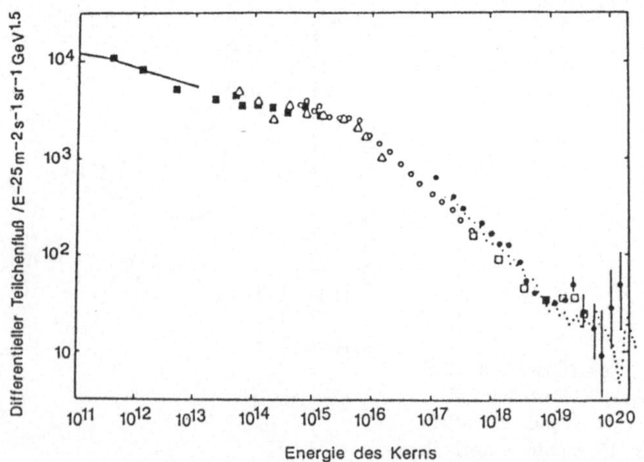

Abb. 8.4 Das gesamte Spektrum der kosmischen Strahlung von 10^{11} bis 10^{20} eV. Deutlich zu sehen ist ein Knick („Knie") bei etwa 10^{15} eV. Das Verhalten oberhalb von 10^{20} eV ist umstritten (aus [Lon 92]).

$$\frac{dN}{dE} \sim E^{-\gamma} \tag{8.1}$$

beschrieben. Bis zu Werten um etwa 10^{15} eV ist $\gamma \simeq 2.7$. Ab hier wird das Spektrum mit $\gamma \simeq 3$ steiler („Knie"), welches auf einen verschiedenen Ursprung der beiden Bereiche hindeuten könnte [Hil 84]. Ab etwa 10^{18} eV wird das Spektrum wieder flacher („Knöchel"). Heftig diskutiert wird ebenfalls das Verhalten bei 10^{20} eV: ob hier eine Grenzenergie erreicht ist, sich ein Plateau ausbildet, oder ob schlicht die Flüsse zu gering für den bisherigen experimentellen Nachweis werden (siehe hierzu z.B. [Sok 92]). Die erste Vermutung ist durch die Beobachtung eines $(3.2 \pm 0.9) \cdot 10^{20}$ eV Ereignisses sowie anderer höchstenergetischer Ereignisse zweifelhaft [Efi 88], [Bir 93], [Hay 94], [Bir 95].

Elektronen tragen nur zu etwa 2 % zur kosmischen Strahlung bei. Im relativistischen Fall lassen sie sich vor allem über ihre Synchrotronstrahlung im Radiobereich nachweisen. Mit ihrer Hilfe ist es möglich, Aussagen über das galaktische Magnetfeld zu gewinnen. Sie können entweder direkt aus den Quellen kosmischer Strahlung entstehen oder aber als Sekundärprodukte aus Kernreaktionen im interstellaren Medium gemäß der Sequenz $\pi^{\pm} \rightarrow \mu^{\pm}\nu_{\mu} \rightarrow e^{\pm}\nu_e$. Da der beobachtete Anteil der Positronen nur etwa 10 % der Elektronen ausmacht, sollten auch nur 10 % der Elektronen aufgrund des zweiten Prozesses beigesteuert werden. Ebenfalls wichtige Aufschlüsse kann man vom beobachteten Antiprotonenspektrum erwarten. Ein signifikanter Fluß von Antiprotonen könnte auf größere Mengen Antimaterie im Universum hindeuten. Ansonsten entstehen sie aus Wechselwirkungen von Protonen mit interstellarer Materie. Die experimentellen Daten zum niederenergetischen Antiprotonenfluß sind aber noch sehr unsicher (siehe hierzu z.B. [Ste 87], [Str 89]).

Es sind Bestrebungen im Gange, ein Spektrometer (AMS) auf einer Space-Shuttle-Mission im Jahre 1998 fliegen zu lassen, das das Verhältnis Antimaterie/Materie in der kosmischen Strahlung auf dem Niveau von 10^{-9} testen soll. Es würde damit um 4 bis 5 Größenordnungen empfindlicher sein als bisherige Untersuchungen [Ahl 94b], [deR 96].

8.1.2 Direkte Messungen der Primärstrahlung

Im Bereich unterhalb etwa 100 TeV ist es noch möglich, die primäre kosmische Strahlung direkt zu messen. Beispielhaft seien hier zwei Experimente besprochen.

8.1.2.1 Das JACEE-Experiment

Ein Ballonexperiment zur Untersuchung der geladenen Teilchen in einem Energiebereich von etwa 1 bis 100 TeV/Nukleon stellt das JACEE-Experiment dar [Bur 83]. Die prinzipielle Funktionsweise dieses Experimentes ist in Abb. 8.5 dargestellt. Die zugrundeliegende Idee zur Ladungsmessung ist

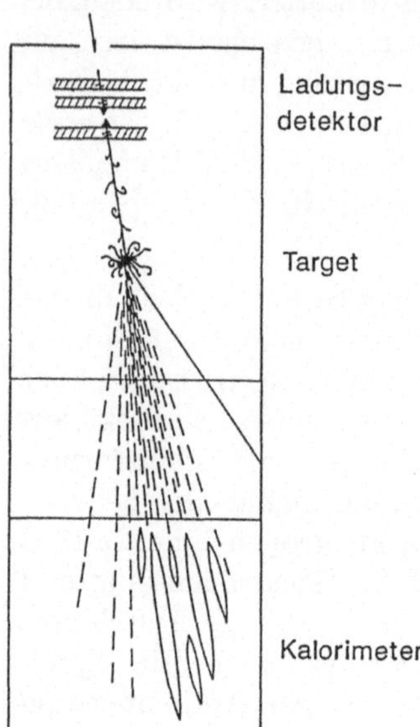

Abb. 8.5
Schematische Darstellung eines Ereignisses im JACEE-Detektor. Ein eindringendes Teilchen durchquert zuerst die Spurkammern, in denen seine Ladung bestimmt werden kann. Im Wechselwirkungsbereich kommt es dann zur Reaktion, und der entstehende Schauer wird dann mit einem Kalorimeter gemessen (aus [Sok 89]).

durch den Energieverlust dE/dx gegeben, welcher durch die Bethe-Bloch-Formel gegeben ist als

$$\frac{dE}{dx} \sim \frac{Z^2}{\beta^2} \qquad \text{mit} \qquad \beta = v/c \tag{8.2}$$

Zum Nachweis mit Hilfe der Ätzung von Spuren (Track-Etch-)Methode (siehe Kap. 10) dienen sowohl passive Plastikemulsionen, als auch CR39-Lexan-Schichten. Es wird so eine Genauigkeit der Ladungsbestimmung von $0.2e$ für Protonen und Heliumkerne erreicht, die bis zu den Eisenkernen auf $2e$ abnimmt. Die eigentliche Wechselwirkungsregion besteht aus einer Sandwichkombination von Emulsionsplatten und Akrylfilmen (beide etwa 50 bis 75 μm dick). Mit Hilfe der Emulsionsspuren ist es möglich, den Vertex der Wechselwirkung zu rekonstruieren, während die Akrylfilme zur Identifizierung der Kernfragmente benutzt werden. Das anschließende Kalorimeter hat eine Tiefe von 7 Strahlungslängen und besteht aus einer abwechselnden

Schicht von Bleifolien, Emulsionsplatten und röntgensensitivem Film. Aufgrund der Dichte der Spuren auf dem Röntgenfilm kann man die Energie individueller γ-Quanten bestimmen. Die Energieauflösung hierfür beträgt etwa 22 %, wie man aus Untersuchung der invarianten Masse und des hierbei beobachteten π^0-Peaks bestimmen konnte. Es ist nun prinzipiell möglich, aus allen beobachteten Energiewerten die Gesamtenergie des Ereignisses zu rekonstruieren. Eine experimentelle Vereinfachung kommt dadurch zustande, daß eine Messung aller Gammaenergien ausreichend ist, um auf die Primärenergie zurückzurechnen [Sok 89]. Man kann ferner zeigen, daß für ein primäres Spektrum mit Potenzgesetz, welches sich im beobachteten Energiebereich nicht ändert, sich das gleiche Potenzverhalten in der Summe der Gammaenergie widerspiegelt, d.h. man kann aus dem Potenzverhalten der Gamma-Strahlung direkt auf das der primären Teilchen zurückschließen [Sok 89]. Es konnten so eine Reihe von Ballonflügen von der Dauer einiger Tage in der oberen Atmosphäre (bei etwa 3 bis 5 gcm^{-2}) durchgeführt werden [Bur 87]. Alle bisher aufgenommenen Daten sind konsistent mit den beschriebenen Häufigkeiten. Als ein interessanter Nebeneffekt ergibt sich hierbei das Studium von Kern-Kern-Wechselwirkungen in Energiebereichen, die gegenwärtigen Beschleunigern nicht zugänglich sind.

8.1.2.2 Das Chicagoer „Ei"

Völlig frei von atmosphärischen Effekten ist man bei der Beobachtung im Raum. So wurde das „Ei" der Universität von Chicago (Abb. 8.6) [Swo 82] jüngst auf einem Space-Shuttle-Flug eingesetzt. Zur Bestimmung der Energie wurden hier Cerenkov- und Übergangsstrahlung benutzt. Letztere entsteht, wenn ein relativistisches Teilchen von einem Dielektrikum in ein anderes übergeht. Diese Strahlung liegt typischerweise im Röntgenbereich, und die Ausbeute hängt vom relativistischen γ-Faktor ab. Der Detektor besteht aus zwei Gas-Cerenkov-Detektoren mit einer Schwelle von etwa 40 GeV/Nukleon und zwei Szintillatoren zur Bestimmung der spezifischen Ionisation und damit der Ladung. Der mittlere Teil enthält dann die Übergangszähler, wobei Vieldrahtproportionalkammern zum Nachweis der entstehenden Röntgenstrahlung benutzt werden. Dieses Experiment untersucht einen Energiebereich von 40 GeV/Nukleon bis wenige TeV/Nukleon. Ein hiermit aufgenommenes Spektrum zeigt Abb. 8.7.

8.1.3 Sekundärprodukte und Schauer

Oberhalb von mehreren TeV werden die Flüsse zu gering, um direkte Nachweismethoden anzuwenden. Der indirekte Nachweis beruht auf der Wechselwirkung der primären Strahlung mit unserer Atmosphäre. Die hierbei

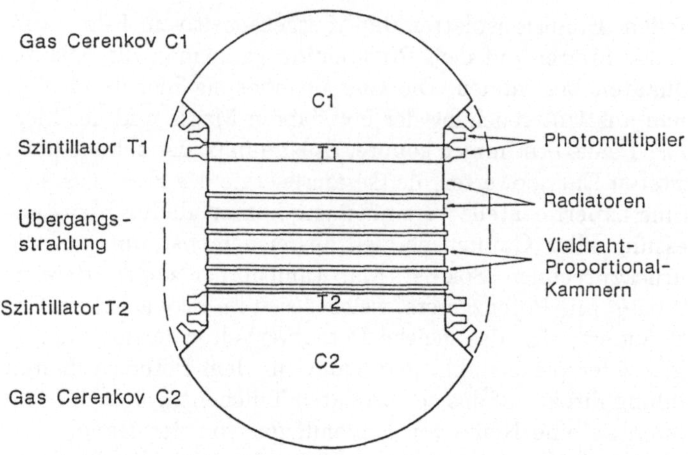

Abb. 8.6 Der Aufbau des Chicago-'Ei'-Experimentes an Bord einer Space-Shuttle-Mission. Es diente zur direkten Untersuchung der primären kosmischen Strahlung (aus [Sok 89]).

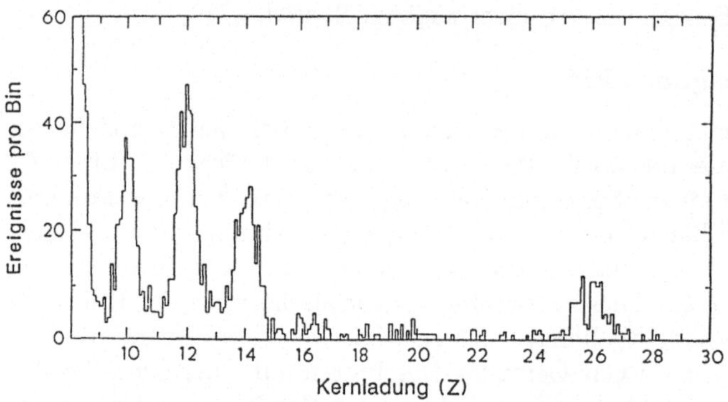

Abb. 8.7 Die Ladungsauflösung eines mit dem Chicago-'Ei' gemessenen Spektrums (aus [Sok 89]).

entstehenden Sekundärprodukte sind es, aus denen man dann die Informationen gewinnt (Abb. 8.8). Diese Technik der Untersuchung von ausgedehnten Luftschauern („extended air showers", EAS) verwendet man nicht nur für die Teilchenstrahlung, sondern auch für die Erforschung hochenergetischer Gammastrahlung aus dem All. Letztere soll aber in einem eigenem Abschnitt (siehe Kap. 8.3.6) behandelt werden.

Trifft ein primäres Proton auf die Atmosphäre, findet eine Proton-Kern-Wechselwirkung statt, analog jenen in Teilchenbeschleunigern. In der Tat

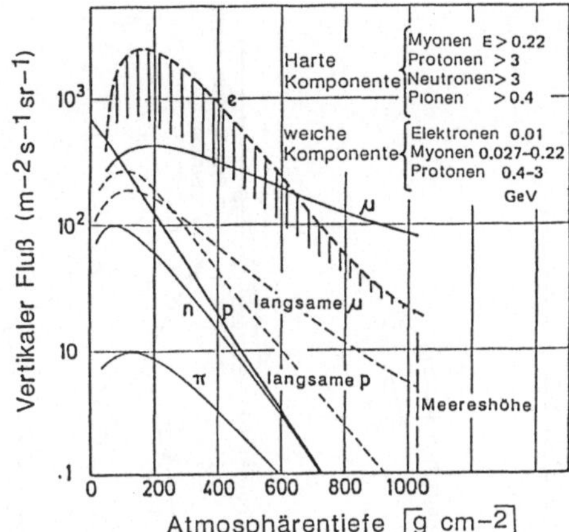

Abb. 8.8
Zusammensetzung der Sekundärstrahlung als Funktion der Höhe (aus [Lon 94]).

waren es Reaktionen von kosmischer Strahlung innerhalb von neu entwickelten Detektoren, die Anfang der fünfziger Jahre maßgeblich zur Entdeckung neuer Teilchen geführt hatten. Bei den hohen Energien ($E_p > 10\,\mathrm{GeV}$) findet eine Wechselwirkung mit den einzelnen Nukleonen des Kerns statt. Bei der Mehrfachstreuung innerhalb eines Kerns entstehen vorwiegend Pionen, aber auch seltsame Teilchen (K, ...) oder Antinukleonen. Diese hochenergetischen Reaktionsprodukte sorgen nun neben dem primären Teilchen für weitere hadronische Wechselwirkungen, bis die Energie pro Teilchen unterhalb die für Mehrfach-Pionenerzeugung notwendige Energie von etwa 1 GeV gefallen ist. Man nennt eine solche Reaktionskette einen *hadronischen Schauer*.

Neben der Möglichkeit, weiter zu wechselwirken, besteht auch die Möglichkeit des Zerfalls der Teilchen. Betrachtet seien beispielsweise die Pionen. Die neutralen Pionen zerfallen mit einer Lebensdauer von $1.78 \cdot 10^{-16}$ s gemäß

$$\pi^0 \to 2\gamma \tag{8.3}$$

Die geladenen Pionen zerfallen mit einer Lebensdauer von $2.55 \cdot 10^{-8}$ s in

$$\pi^+ \to \mu^+ \nu_\mu \tag{8.4}$$

$$\pi^- \to \mu^- \bar{\nu}_\mu \tag{8.5}$$

Analoge Zerfälle finden auch für die entstehenden K-Mesonen statt. Ihr Beitrag zu den entstehenden Myonen ist energieabhängig. Dies bedeutet, bei Myonenenergien von etwa 100 GeV stammen etwa 8 % aus dem K-Zerfall, bei 1000 GeV sind es 19 %, und der Wert nähert sich für höhere Energien asymptotisch 27 % [Gai 90]. Als Hauptnachweisprodukte bleiben also die hochenergetischen γ-Quanten, Myonen und Neutrinos. Die Atmosphäre besitzt für Beobachtungen auf Meereshöhe bei senkrechtem Einfall eine Dicke

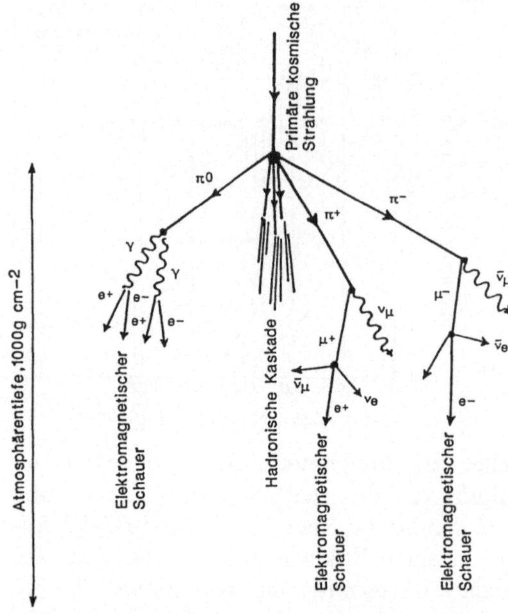

Abb. 8.9
Prinzipielle Entwicklung eines Luftschauers. Dargestellt sind die verschiedenen Komponenten des Schauers (aus [Lon 94]).

von ca. 20 Strahlungslängen. Die hochenergetischen Photonen erzeugen somit durch Paarbildung e^+e^--Paare und diese durch Bremsstrahlung wieder Photonen. Es kommt zur Ausbildung eines *elektromagnetischen Schauers.*

Ein kompletter Schauer besteht demnach aus drei Komponenten, der elektromagnetischen, myonischen und hadronischen Komponente (Abb. 8.9). Direkt nach der Wechselwirkung des primären Teilchen findet eine multiplikative Aufweitung des Schauers statt, welcher eine maximale Ausdehnung meist bei etwa 10 km Höhe erreicht. Diese Höhe hängt schwach (logarithmisch) von der Energie ab, d.h., je höher die Energie, desto tiefer in der Atmosphäre liegt der Punkt maximaler Ausdehnung. Danach findet eine Dämpfung statt, da immer mehr Teilchen unter die Schwelle für neue Teilchenproduktion fallen.

Der indirekte Nachweis geschieht auf 3 Arten:

- Luft-Cerenkov-Technik
- Teilchenbeobachtung in großflächigen Detektoren
- Myonen und Neutrinos in Untergrundlabors

Cerenkov-Technik: Betrachten wir zunächst den Nachweis von Teilchen mit Hilfe der Cerenkov-Strahlung. Es kommt zur Emission von Cerenkov-Licht, sobald die Geschwindigkeit der Teilchen einen Wert größer als

$$v = \frac{c}{n(H)} \tag{8.6}$$

erreicht, wobei n der von der Höhe H abhängige Brechungsindex ist. Für eine Standardatmosphäre auf der Erdoberfläche beträgt $n = 1.00029$. Die Schwellenenergie ist aus diesem Grunde abhängig von der Höhe gemäß [Sok 89]

$$E_{\min} = \frac{0.511}{\sqrt{2\epsilon}} \text{ [MeV]}, \tag{8.7}$$

mit $\epsilon = n - 1$ sowie $\epsilon \sim \exp(-H/H_S)$. Bei einer für die Atmosphäre charakteristischen Höhe H_S von 7.5 km (hier hat die Dichte auf $1/e$ abgenommen) beträgt die Schwelle für Elektronen 35 MeV, während sie auf Meereshöhe nur 21 MeV beträgt. Myonen besitzen auf Meereshöhe eine Schwelle von 4.3 GeV. Es sind also praktisch alle Teilchen an der Produktion des Cerenkov-Lichts beteiligt. Der Winkel maximaler Emission kann abgeschätzt werden zu [Sok 89]

$$\theta_{\max} \approx 81\sqrt{\epsilon}\,\text{Grad} \tag{8.8}$$

Die horizontale Aufweitung des Cerenkov-Lichts auf der Erdoberfläche ist einmal gegeben durch die Aufweitung aufgrund der Mehrfachstreuung der Elektronen, als auch durch den Cerenkov-Winkel selbst. Man erwartet einen intensiven Cerenkov-Strahl innerhalb von 6 Grad um die Schauerachse, der aber bis zu 25 Grad aufgeweitet sein kann [Sok 89]. Vernachlässigt man einmal die Mehrfachstreuung der Elektronen, so äußert sich eine zwischen 7 und 20 km Höhe entstandene Strahlung auf Meereshöhe in einem Kegel von etwa 150 m Radius. Die Anzahl von Cerenkov-Photonen liegt für Primärteilchen von 1 TeV Energie bei 10^6. Zum Nachweis der Photonen dienen Photomultiplier. Ein Nachteil dieser Methode ist, daß Beobachtungen nur in mondlosen Nächten durchgeführt werden können. Wir kommen auf diese Technik bei der Diskussion hochenergetischer γ-Strahlung zurück (siehe Kap. 8.3.6).

Großflächige Detektoren: Ab Primärenergien von etwa 50 TeV erreicht ein signifikanter Anteil von sekundären Teilchen die Erdoberfläche, so daß ihre direkte Beobachtung möglich wird. Ein typischer Schauer eines 100-TeV-Primärteilchens erzeugt in etwa 1500 m Höhe etwa 30000 Elektronen bzw. Positronen, etwa das Fünffache an niederenergetischen Photonen und weit mehr als 1000 Myonen. Um ein gut meßbares Signal für ein primäres Teilchen von etwa 50 TeV zu bekommen, muß man das Experiment in größeren Höhen (Berg) ausführen, während ab etwa 1 PeV ($\equiv 10^6$ GeV) Meereshöhe ausreichend ist. Tab. 8.1 gibt einen Überblick über existierende großflächige Luftschauer-Experimente. Zur Untersuchung dieser Luftschauer benutzt man eine große Anzahl von Detektoren (im allgemeinen mehr als 100), welche über ein sehr großes Areal (typischerweise 1 km^2) verteilt werden. Die

Tab. 8.1 Übersicht über einige bestehende Luftschauerexperimente (aus [Cro 93])

Experiment	Ort	Tiefe ($\mathrm{g\,cm^{-2}}$)	Fläche	Auflösung (°)	E_{min} (TeV)	μ-Fläche (m^2)
Akeno	36N, 138E	920	1	3	1000	225
NORIKURA	36N, 137E	738	≤1	2	200	–
JANZOS	41S, 170E	930	≥0.23	2	1000	–
BUCKLAND	35S, 138E	1030	1	2.5	1000	–
KGF	13N, 78E	915	1.66	1.5	500	210
Ooty	11N, 77E	785	0.5	3	100	–
Baksan	43N, 43E	840	0.5	1.5	300	–
Tien Shan	42N, 75E	690	0.5	3	100	35
EAS TOP	42N, 14E	800	10	1	100	–
Plateau Rosa	46N, 8E	675	1	5.5	100	–
GREX	54N, 1W	1030	≥1	1	500	40
HEGRA	29N, 18W	800	4	1	50	–
BASJE	16S, 68W	530	≥0.5	3	20	60
CYGNUS-II	36N,106W	800	≈6.6	1	300	70
Mt. Hopkins	32N,111W	780	≈0.5	1	100	–
CASA-MIA	40N,112W	870	25	1	70	2550
SPASE	90S	760	≈1	1	100	–
TIBET AS_γ	30N, 90E	600	2.0	0.8	10	–

Abb. 8.10 und 8.21 zeigen die Experimente CASA-MIA und HEGRA als zwei typische Beispiele. Bei solchen Luftschauer-Arrays handelt sich meist um Szintillationszähler [Sok 89]. Aufgrund der zeitlichen Abfolge und der in den einzelnen Zählern deponierten Energie kann man Aussagen über die Richtung und die Energie des primären Teilchens gewinnen. Auch die getrennte Messung von Myonen in den Schauern ist von Vorteil. Aus dem Verhältnis der Myonen und Elektronen im Schauer könnte es möglich sein, die Zusammensetzung der Primärstrahlung zu bestimmen. Ist die Anzahl der Myonen N_μ korreliert mit der Anzahl der Elektronen N_e

$$N_\mu \sim N_e^\alpha, \tag{8.9}$$

und nimmt man ferner das einfache Superpositionsmodell an, daß nämlich ein Kern der Masse A und Energie E_0 identische Schauer erzeugt wie A Schauer von Protonen der Energie E_0/A (z.B. der Schauer eines Eisenkerns der Masse 56 und der Energie E ist identisch zu 56 Schauern aus Protonen, mit jeweils einer Energie $E/56$), so folgt eine A-Abhängigkeit gemäß

$$N_\mu \sim A^{1-\alpha} N_e^\alpha \tag{8.10}$$

Die primäre Energie E_0 des einfallenden Teilchens läßt sich etwa abschätzen zu [Gai 90]

$$(1-\delta)E_0 \simeq \alpha \int_0^\infty dX N(X). \tag{8.11}$$

Abb. 8.10 Das CASA-MIA-Luftschauer-Array in Utah bestehend aus 1089 Detektoreinheiten. Die Detektoren sind über eine Fläche von 500 m mal 500 m verteilt. Innerhalb des Arrays befindet sich der „Fly's Eye“-Detektor der University of Utah. Zusammen erlauben sie den Nachweis von kosmischer Strahlung von 10^{13} eV bis hin zu den höchsten Energien (aus [Tau 93]).

Hierbei ist δE_0 der Energieverlust in die nicht nachzuweisenden Neutrinos, α der Energieverlust pro Längeneinheit in der Atmosphäre und $N(X)$ die Anzahl geladener Teilchen im Schauer in der Tiefe X bezogen auf die Schauerachse.

Fluoreszenzstrahlung: Eine weitere Nachweismethode für ionisierende Teilchen beruht auf der Fluoreszenzstrahlung mit Hilfe angeregter Stickstoffmoleküle in der Luft. Das Fluoreszenzspektrum liegt größtenteils im UV-Bereich zwischen 300 und 400 nm, in dem die Atmosphäre recht transparent ist. Als Prototyp für einen solchen Detektor gilt das „Fly Eye“ in Utah (USA) (Abb. 8.11) [Bal 85]. Er besteht aus 880 Photoröhren in insgesamt 67 Spiegeln mit je einem Durchmesser von 1.5 m. Jede einzelne Photoröhre beobachtet einen bestimmten Raumwinkel des Himmels, und das Fluoreszenzlicht spricht alle Röhren an, deren Raumwinkel von einem EAS durchkreuzt wurde (Abb. 8.12). Mittlerweile befindet sich in 3.4 km Entfernung ein zweites „Auge“, so daß eine Stereobeobachtung möglich ist. Dieser Detektor hat 1991 das bisher höchstenergetische Ereignis mit einer Energie von $(3.2 \pm 0.9) \cdot 10^{20}$ eV (entsprechend 51 J!) beobachtet [Bir 93], [Bir 95]. Mit diesem Detektor wurde auch die Zusammensetzung der kosmischen Strahlung oberhalb von $2 \cdot 10^{17}$ eV untersucht [Bir 93], während man mit JACEE

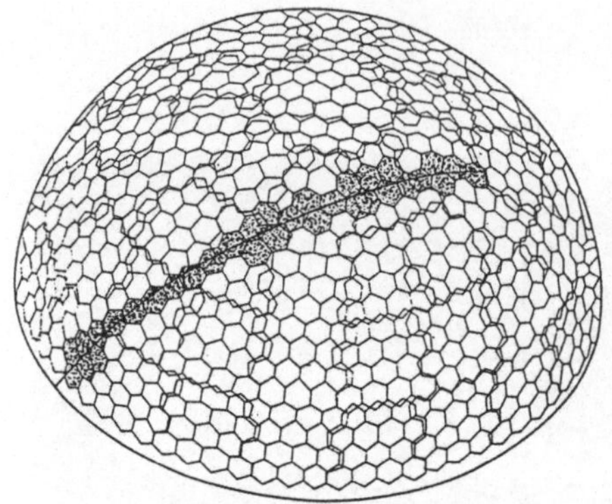

Abb. 8.11 Der „Fly's Eye"-Detektor zum Nachweis von Fluoreszenzstrahlung angeregter Stickstoffmoleküle (Schema). Die gepunkteten Flächen kennzeichnen das Licht eines ausgedehnten Lichtschauers, und die durchgezogene Kurve stellt die Trajektorie des Schauers über den Himmel dar (aus [Sok 89]).

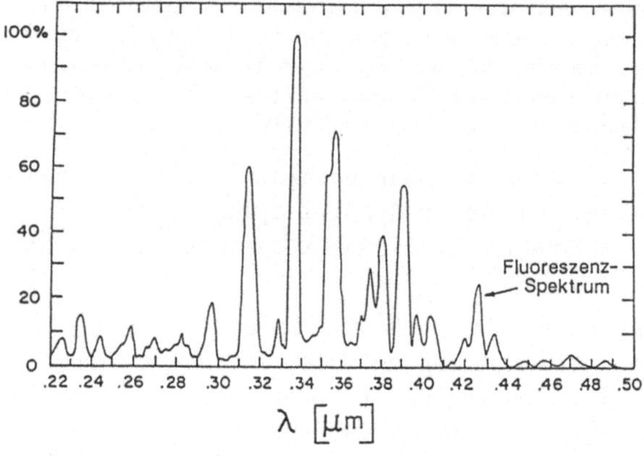

Abb. 8.12 Ein mit dem Fly's Eye aufgenommenes Stickstoff-Fluoreszenzspektrum im nahen UV-Bereich. Dies entsteht bei der Wechselwirkung eines Schauers mit der Erdatmosphäre (aus [Sok 89]).

die Zusammensetzung unterhalb von etwa $3 \cdot 10^{15}$ eV analysieren kann. Neue Detektoren, wie beispielsweise KASCADE [Dol 90], [Kam 97], [Kla 97] sollen den intermediären Bereich abdecken. Ein neues geplantes Air Shower Array zur Untersuchung der kosmischen Strahlung bei höchsten Energien ist das Auger-Projekt [Aug 95], [Bor 96]. Dieser aus 2 Teilen (einer auf der Nord-, einer auf der Südhalbkugel der Erde) bestehende Detektor soll sowohl mit je einem Detektor die atmosphärische Fluoreszenzstrahlung als auch mit je einem Feld von 1600 Teilchendetektoren, die über 3000 km^2 verteilt sind, geladene Teilchen beobachten. Damit sollten 60 Ereignisse pro Jahr über 10^{20} eV bzw. 6000 Ereignisse pro Jahr über 10^{19} eV in diesem bisher statistisch schlecht untersuchten Bereich beobachtet werden können. Für eine ausführliche und detaillierte Diskussion von Luftschauerexperimenten siehe [Sok 89], [Gai 90], [ICR 95].

Wir wollen uns jetzt mit dem Nachweis von Myonen und Neutrinos beschäftigen, welcher in Untergrundlabors durchgeführt wird.

8.1.4 Myonen in der kosmischen Strahlung

Die Erzeugungsmechanismen für Myonen sind im letzten Abschnitt schon diskutiert worden. Für Energien oberhalb von etwa 10 GeV erreichen praktisch alle Myonen vor ihrem Zerfall die Erdoberfläche. Unterhalb spielt der Myonenzerfall gemäß

$$\mu^- \longrightarrow e^- \bar{\nu}_e \nu_\mu \tag{8.12}$$

bzw.

$$\mu^+ \longrightarrow e^+ \nu_e \bar{\nu}_\mu \tag{8.13}$$

mit einer Lebensdauer von $\tau = 2.2 \cdot 10^{-6}$ s eine Rolle. Das erwartete Myonenspektrum ergibt sich durch Faltung der Zerfallskinematik der Pionen bzw. Kaonen mit dem Spektrum des sie erzeugenden Zerfalls. Das Verhältnis der mittleren Energie der Primärteilchen $\langle E_0 \rangle$, die nötig ist, um Myonen mit Energien größer als eine Energie E zu produzieren, hängt von der betrachteten Energie ab. So ist $\langle E_0 \rangle / E \approx 37$ für $E_\mu > 14$ GeV, d.h. für Myonenenergien größer als 14 GeV benötigt man im Mittel eine Primärenergie von etwa 500 GeV/Nukleon [Gai 90]. Für $E_\mu > 1$ TeV beträgt das Verhältnis noch etwa 10 und für $E_\mu > 6$ TeV etwa 8. Dieses sind typische Myonenenergien, welche man in Untergrundlabors nachweist. Was von einem Myonen-Ereignis noch in Untergrundexperimenten nachweisbar ist, hängt maßgeblich von der Tiefe ab, in denen die Experimente durchgeführt werden. Beim Durchgang durch Materie verlieren Myonen sowohl kontinuierlich als auch diskret Energie. Diskrete Energieverluste äußern sich in Form von räumlich eng begrenzten großen Energiedepositionen. Der kontinuierliche Energieverlust dE/dx aufgrund von Ionisation ergibt sich gemäß der Bethe-Bloch-Formel und beträgt für relativistische Myonen mit Energien kleiner als 10 GeV in Gestein etwa 2 MeV g cm^{-2} und kann für $E_\mu > 10$ GeV gut approximiert werden durch [Gai 90]

$$\frac{dE}{dx} = -\left(1.9 + 0.08 \ln\left(\frac{E_\mu}{m_\mu}\right)\right) \tag{8.14}$$

Zu diesen kontinuierlichen kommen die diskreten Energieverluste durch Bremsstrahlung, elektromagnetische Wechselwirkung mit Kernen oder e^+e^--Erzeugung hinzu. Für Energien ab etwa 500 GeV werden diese Prozesse wichtiger als die kontinuierlich erzeugten Verluste. Der gesamte Energieverlust kann dann dargestellt werden als

$$\frac{dE}{dx} = -\alpha - \frac{E}{\kappa}, \tag{8.15}$$

wobei

$$\kappa^{-1} = \kappa_{\text{brems}}^{-1} + \kappa_{\text{Paar}}^{-1} + \kappa_{\text{hadron}}^{-1} \quad \text{und} \quad \alpha \approx 2\,\text{MeV/g}\,\text{cm}^{-2} \tag{8.16}$$

Für Gestein ergibt sich ein Schätzwert von $\kappa \approx 2.5 \cdot 10^5\,\text{g}\,\text{cm}^{-2}$ [Gai 90]. Die minimale Energie E_0^{min}, die ein Myon an der Oberfläche besitzen muß, um die senkrechte Tiefe X mit einer Energie $E(X) = 0$ zu erreichen, läßt sich hieraus berechnen zu

$$E_0^{\text{min}} = \alpha\kappa \left(e^{X/\kappa} - 1\right) \tag{8.17}$$

Tab. 8.2 zeigt einige Untergrund-Labors im Vergleich sowie die nötige Minimalenergie der Myonen, um diese Laboratorien zu erreichen. Auch die Intensität des beobachteten Myonenflusses in Untergrunddetektoren ist natürlich von Experiment zu Experiment verschieden, je nach Abschirmtiefe. Betrachten wir den MACRO-Detektor (siehe Kap. 10) im Gran-Sasso-Untergrundlabor. Seine Winkelauflösung beträgt etwa 1 Grad. Dies bedeutet, daß man aus der Rekonstruktion einzelner Spuren noch auf die Richtung des Primärteilchens schließen kann. Dies erfolgt prinzipiell in drei Schritten. Aus der gemessenen Energie der Myonen kann man mit Hilfe komplexer Simulationen des Energieverlustes im Gestein auf die Myonenergie an der Oberfläche zurückrechnen. Das so gewonnene Spektrum kann man dann mit dem erwarteten Myonspektrum in Übereinstimmung bringen, wobei die Primärenergie des kosmischen Teilchens die entscheidende Rolle spielt. Man

Tab. 8.2 Übersicht einiger Untergrundlabors und der aufgrund der Abschirmtiefe nötigen Minimalenergie für Myonen (aus [Gai 90])

Ort	Tiefe (km Wasseräquivalent)	Schwellenenergie (TeV)
KGF	≤7	10
Homestake	4.4	2.4
Mont Blanc	≈5	≈3
Frejus	≈4.5	≈2.5
Gran Sasso	≈4	≈2
IMB	1.57	0.44
Kamiokande	2.7	≈1
Soudan	1.8	0.53

konnte so bisher weit mehr als 5 Millionen einfache Myonenereignisse beobachten und damit eine „Myonen-Himmelskarte" anfertigen, auf der sich jedoch keine Punktquellen erkennen lassen [DiC 93]. Ebenso interessant ist die Untersuchung von Mehrfach-Ereignissen (Myonen-Bündel). Damit aus einem Schauer noch mehrere Myonen bei dem Untergrundexperiment ankommen, muß es sich bei der primären Wechselwirkung um ein noch höherenergetisches Ereignis handeln. Oberhalb einer bestimmten Energie sind leichte Teilchen weniger effektiv in der Erzeugung von Mehrfach-Myonen als schwerere Kerne gleicher Energie. Dies ist als statistische Aussage zu werten und sollte nicht Ereignis für Ereignis angewandt werden. Es ist durch Vergleich mit Simulationen damit praktisch möglich, auch Aussagen über die Zusammensetzung der kosmischen Strahlung im Bereich von 10^{13} bis 10^{16} eV zu gewinnen. Um beispielsweise im MACRO-Detektor ein Ereignis mit mehr als 3 Myonen zu erzeugen, muß die Energie des Primärteilchens in der Größenordnung von 1000 TeV gewesen sein. Es konnten Multiplizitäten von bis zu 40 Myonen nachgewiesen werden (Abb. 8.13) [Pal 93]. Als vorteilhaft wird es sich zudem erweisen, daß man mit dem auf dem Gran Sasso aufgebauten Luftschauer-Feld (EAS-TOP) Schauerereignisse koinzident messen kann und damit direkt den Luftschauer mit den Untergrundmyonen vergleichen kann. Man hofft hiermit auch Aussagen über die Zusammensetzung im PeV-Bereich machen zu können. Für eine Diskussion der Physik mit Myonen aus der Höhenstrahlung siehe [Bar 52], [Gai 90], [Gai 94].

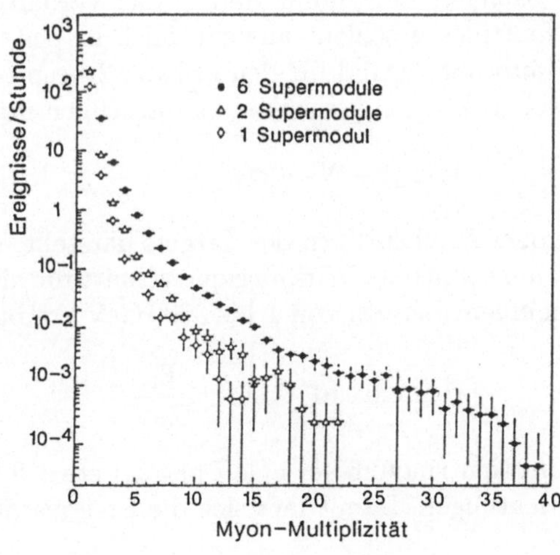

Abb. 8.13
Myonenmultiplizitäten in unterirdischen Labors, hier gemessen mit dem MACRO-Detektor im Gran-Sasso-Labor. Es sind Multiplizitäten bis zu 40 beobachtet worden. Aufgrund der Multiplizitäten kann man Rückschlüsse auf die Zusammensetzung der primären kosmischen Zahlung ziehen (aus [Pal 93]).

8.1.5 Atmosphärische Neutrinos

Beim Zerfall der Pionen und Kaonen entstehen neben den Myonen auch Neutrinos. Auch der Zerfall der Myonen stellt wiederum eine Neutrinoquelle dar. Unter der Annahme, daß der Großteil der Myonen auf ihrem Weg durch die Atmosphäre zerfällt (die Annahme ist gerechtfertigt für einen Energiebereich von 0.1 bis etwa 2 GeV), erwartet man Verhältnisse der einzelnen Flavours von

$$\bar{\nu}_\mu \simeq \nu_\mu \simeq 2\nu_e \tag{8.18}$$

und

$$\frac{\nu_e}{\bar{\nu}_e} \simeq \frac{\mu^+}{\mu^-} < 1, \tag{8.19}$$

als auch

$$\frac{\bar{\nu}_\mu + \nu_\mu}{\bar{\nu}_e + \nu_e} = 2 \tag{8.20}$$

Die Asymmetrie in Gl. (8.19) beruht auf dem Exzeß von Protonen gegenüber Neutronen innerhalb der Primärstrahlung. Für Energien oberhalb von etwa 2 GeV wird dann aber aufgrund der Lorentzkontraktion die mittlere freie Weglänge der Myonen vergleichbar und größer als die Höhe der Erdatmosphäre, und damit nimmt das Verhältnis ν_e/ν_μ ab. Der Nachweis der Neutrinos geschieht ausschließlich in Untergrundlabors. So bilden sie den Hauptuntergrund für den in Kap. 2 besprochenen Protonzerfall. Die Nachweisreaktionen geschehen hauptsächlich über geladene, schwache Ströme

$$\nu_e(\nu_\mu) + N \to e(\mu) + \ldots, \tag{8.21}$$

wobei N einen Kern des Targets darstellt. Der über Neutrino und Antineutrino gemittelte Wirkungsquerschnitt für die Erzeugung geladener Leptonen in einem Bereich von 1 bis 3000 GeV ergibt sich zu [Gai 90]

$$\sigma \simeq 0.5 \cdot 10^{-38}\,\mathrm{cm}^2 \cdot \frac{E_\nu}{\mathrm{GeV}} \tag{8.22}$$

Der Neutrinofluß bei 1 GeV beträgt etwa $\Phi_\nu \approx 1\,\mathrm{cm}^{-2}\mathrm{s}^{-1}$ integriert über alle Richtungen. Damit läßt sich die Ereignisrate abschätzen zu [Gai 90]

$$R = 1\,\mathrm{cm}^{-2}\mathrm{s}^{-1} \cdot \frac{0.5 \cdot 10^{-38}\,\mathrm{cm}^2}{\mathrm{Nukleon}} \cdot \frac{6 \cdot 10^{32}}{\mathrm{kTonne}} \cdot \frac{3.15 \cdot 10^7\,\mathrm{s}}{a} \approx 100 \frac{\mathrm{Ereignisse}}{a \cdot \mathrm{kTonne}} \tag{8.23}$$

Allein aus dieser Abschätzung ist zu ersehen, daß riesige Detektoren für eine vernünftige Statistik vonnöten sind. Alle bestehenden Detektoren sind im wesentlichen empfindlich für Neutrinos mit einer Maximalenergie von einigen GeV. Aufgrund des Einflusses des Erdmagnetfeldes auf die niederenergetische kosmische Strahlung sind für jeden Detektor eigene Monte-Carlo-Simulationen nötig, um die beobachtbaren Neutrinoflüsse und spektralen Formen abschätzen zu können. Diese besitzen typischerweise Unsicherheiten in der Gegend von 20 %. Zur experimentellen Unterscheidung ist zudem noch eine gute Kenntnis der Detektorantwort („Response") auf Elektron und Myon notwendig. Man verwendet hauptsächlich Ereignisse, welche völlig innerhalb des Detektors liegen („contained events"). In den Cerenkov-Detektoren (z.B. Kamiokande und IMB) äußert sich der Unterschied zwischen ν_e und ν_μ in den beobachteten Cerenkov-Kegeln. Man verwendet hierzu nur Ereignisse mit einem Cerenkov-Ring. Aufgrund der Mehrfach-Compton-Streuung von Elektronen ist ihr Cerenkov-Ring diffuser als ein durch ein Myon erzeugter Ring. Nach einer sinnvollen Festlegung dieser „Verschwommenheit" ist es möglich, zwischen diesen Ereignissen zu unterscheiden [Tot 92]. Zusätzlich kann noch der Myonzerfall nachgewiesen werden. Von fünf Experimenten (Frejus, NUSEX, IMB, Soudan und Kamiokande) gibt es inzwischen Ergebnisse über beobachtete atmosphärische Neutrinoflüsse bei etwa 1 GeV, [Agl 89], [Ber 90c], [Bec 92], [Kaf 94], [Fuk 94]. Sowohl bei IMB als auch bei Kamiokande scheint sich ein Defizit von Myonneutrinos abzuzeichnen. Um von den Unsicherheiten in den absoluten Flüssen unabhängig zu werden, bildet man zweckmäßigerweise das Verhältnis R von beobachteten zu erwarteten Ereignissen

$$R = \frac{(\mu/e)_{\text{Daten}}}{(\mu/e)_{\text{Simulation}}} \tag{8.24}$$

Dieses sollte im Normalfall bei Eins liegen. Bei der Auswertung des Kamiokande-Experimentes mit einer statistischen Signifikanz von 6.16 kTonne · a erhielt man aber [Kak 93]

$$R = 0.60^{+0.07}_{-0.06} \pm 0.05, \tag{8.25}$$

Im Vergleich dazu ergeben sich die Werte der anderen Experimente zu

$$R = 0.54 \pm 0.05 \pm 0.12 \qquad \text{(IMB)} \tag{8.26}$$

$$R = 0.99 \pm 0.13 \pm 0.08 \qquad \text{(Frejus)} \tag{8.27}$$

$$R = 0.64 \pm 0.17 \pm 0.09 \qquad \text{(Soudan)} \tag{8.28}$$

$$R = 0.99^{+0.35}_{-0.25} \qquad \text{(NUSEX)} \tag{8.29}$$

Die Daten stammen aus [Hir 92a],[Goo 95b] und [Kaf 94]. Die statistischen Signifikanzen sind hierbei 7.7 kt · a (IMB), 1.53 kt · a (Frejus), 1.01 kt · a (Soudan) und 0.74 kt · a (NUSEX). Die in der Mehrzahl der Experimente beobachtete Diskrepanz ist von Interesse im Zusammenhang mit der Untersuchung von Neutrinooszillationen (siehe Kap. 2). Da die meisten der Neutrinos in der oberen Atmosphäre entstehen, hat man es mit intermediären Oszillationslängen (10 bis 100 km) zu tun und testet damit Bereiche zwischen den Beschleuniger- und Reaktordaten und den solaren Neutrinos. Interpretiert man das Defizit an Myonneutrinos z.B. als Effekt von $\nu_\mu - \nu_\tau$-Oszillationen, so ergibt sich der in Abb. 2.21 dargestellte Bereich als Lösung. Er läßt sich beschreiben durch

$$\Delta m^2 \approx 10^{-2}\,\text{eV}^2 \qquad \text{und} \qquad \sin^2 2\theta \approx 0.5\,. \tag{8.30}$$

Mehrere Experimente sind geplant (siehe Kap. 2), die diesen insbesondere nach Kamiokande erlaubten Bereich in naher Zukunft überprüfen können. Unter diesen ist besonders das geplante long-baseline-Neutrino-Experiment zwischen KEK und Superkamiokande hervorzuheben [Suz 96]. Für eine ausführliche Diskussion der bisherigen Meßergebnisse siehe [Kos 92], [Gai 94], [Sta 96], [Gai 96]. Sollten die angegebenen Parameter wirklich die Lösung des Defizits atmosphärischer Neutrinos sein, so sollte sich eine Reduktion von Myonereignissen auch bei höherer Energie zeigen. Wir kommen darauf in Kap. 8.4 zurück.

8.2 Quellen kosmischer Strahlung

Welche astrophysikalischen Objekte sind für die kosmische Strahlung verantwortlich (für hochenergetische Photonen und Neutrinos siehe auch Kap. 8.3.6 und Kap. 8.4)? Aufgrund der enormen Energiespanne scheint es mehrere verschiedene Quellen zu geben. Die Beobachtungen scheinen zumindest für Energien unterhalb von 10^{19} eV auf einen Ursprung innerhalb unserer Galaxis hinzudeuten. Ein starker Hinweis kommt aus der beobachteten Potenzabhängigkeit des Elektronenspektrums. Hochenergetische Elektronen erzeugen Synchrotronstrahlung, welche bis zu 10^{19} eV ebenfalls einem Potenzgesetz gehorcht. Da die höchstenergetischen Elektronen signifikante Comptonstreuung an der kosmischen Hintergrundstrahlung erfahren, beträgt ihre Lebensdauer aufgrund des Energieverlustes nur etwa 10^6 Jahre, und sie besitzen damit eine Reichweite von etwa 300 kpc. Bei größeren Abständen wäre durch die Streuung die Potenzabhängigkeit zerstört.

Besonders interessante Informationen erhält man aus den ultrahöchstenergetischen Ereignissen. Mehrere Experimente melden die Beobachtung von Ereignissen mit einer Energie von mehr als 10^{20} eV [Efi 88], [Hay 94], [Bir 95], [Daw 95]. Aufgrund von Photoproduktion mit Hilfe der 3K-Strahlung ist die Reichweite solch hochenergetischer Teilchen im Falle von Protonen auf etwa 50 Mpc limitiert. Da solche ultrahochenergetischen Teilchen sich nahezu unbeeinflußt von Magnetfeldern zeigen, sollten sie noch aus der Richtung ihrer Quelle kommen. Interessanterweise deuten die Ereignisse aus [Efi 88] und [Bir 95] in Richtung der Radiogalaxie 3C 134 und das Ereignis aus [Hay 94] in Richtung der Radiogalaxien NGC 315 und 3C 31, alle in einer Entfernung von etwa 65 Mpc. Das Gebiet der ultrahöchstenergetischen Teilchen wird in Zukunft weiter an Bedeutung bei der Suche nach Quellen gewinnen, vor allem durch das erwähnte Auger-Projekt (sieh Kap. 8.1.3).

Da die *geladenen* Teilchen der kosmischen Strahlung – mit Ausnahme der höchstenergetischen – aufgrund von Wechselwirkungen mit dem interstellaren Medium und durch Magnetfelder jede Richtungsinformation verloren haben, bieten sich zur Quellensuche besonders Neutrinos, Neutronen (diese besitzen allerdings nur eine Lebensdauer von etwa 887 s (siehe Kap. 4) und γ-Strahlung an (siehe Kap. 8.3.6 und Kap. 8.4).

Wie man leicht abschätzen kann, ist die Energiedichte in der kosmischen Strahlung etwa 1 eVcm^{-3} und damit vergleichbar der des interstellaren Magnetfeldes. Welche Leistung ist erforderlich, in einem Volumen von der Größe der Milchstraße eine solche Energiedichte zu erzeugen, um die kosmische Strahlung damit zu versorgen? Nehmen wir für die Milchstraße eine Dicke von 300 pc und einen Radius von 15 kpc an, so ergibt sich eine Leistung von

$$L = \frac{V\rho}{\tau} \approx 5 \cdot 10^{40}\,\mathrm{erg\,s^{-1}} \tag{8.31}$$

Hierbei ist ρ die Energiedichte (etwa 1 eVcm^{-3}) und τ die Aufenthaltsdauer der Teilchen (etwa $6 \cdot 10^6$ Jahre) innerhalb eines Volumens V. Solche Energiefreisetzungen können von Supernovaexplosionen aufgebracht werden (siehe Kap. 13) [Gin 64]. Bei diesen werden ja etwa 10^{51} erg in Form von kinetischer und optischer Energie frei. Bei einer mittleren Rate von einer Supernova pro 30 Jahre entspricht dies einer Energie von 10^{42} erg s^{-1}. Wenn mit einer Effizienz von 10 % Energie auf die kosmische Strahlung übertragen wird, genügt dies bereits. Auch Sternwinde aus der Praesupernovaphase wären eine Möglichkeit, jedoch aufgrund der niedrigeren Leistung (etwa 10 % der Supernovaleistung), sind entsprechend höhere Effizienzen nötig, welche physikalisch schwer zu realisieren sind. Junge Pulsare sind ebenfalls gute Kandidaten. Pulsare sind rotierende Neutronensterne, die nach heutiger Vorstellung die Reste von Supernovae darstellen. Sie besitzen am Anfang eine Rotationsenergie von etwa 10^{53} erg und können damit für die notwendige Leistung sorgen. Auch Doppelsternsysteme können als Quelle dienen. Ist einer der beteiligten Partner ein kompaktes Objekt, etwa ein Neutronenstern oder ein Schwarzes Loch, so akkretiert er Masse von seinem Begleiter, welche stark beschleunigt wird. Die hier vorgestellten Kandidaten sind allesamt Quellen als auch Beschleunigungsmechanismen von sehr geringer Ausdehnung. Man bezeichnet sie deshalb als *Punktquellen.* Eine andere Quelle, die für den extragalaktischen Anteil der kosmischen Strahlung maßgeblich sein kann, sind aktive galaktische Kerne (AGN). Viele Galaxien besitzen einen kompakten Kern, der einen signifikanten Anteil an der Gesamtleuchtkraft der Galaxie über den gesamten Spektralbereich trägt. Eine Besonderheit dieser Objekte sind kurzzeitige Variationen in der Leuchtkraft auf der Ebene von wenigen Stunden bis Tagen. Dies läßt sich nur erklären, wenn die Objekte nicht größer sind als etwa 10^{16} cm. Die gegenwärtige Erklärung das Phänomens aktiver galaktischer Kerne liegt in der Annahme eines supermassiven Schwarzen Loches (von der Größenordnung $10^8 M_\odot$), welches die umgebende Materie aufsaugt (Akkretion) (siehe z.B. [Dus 92]). Diese Objekte gehören zu den leistungsstärksten im Universum und sind eine starke Quelle für Röntgen- und γ-Strahlung, als auch für ultrahochenergetische Neutrinos (siehe hierzu Kap. 8.3.6 und Kap. 8.4).

Für Übersichten zu Quellen der kosmischen Strahlung siehe [Gin 64], [Hil 84], [Sok 92], [Gai 95], [Kir 96].

8.2.1 Beschleunigung kosmischer Strahlung

Wie kommt es nun zur Beschleunigung der Teilchen bis hinauf zu 10^{20} eV? Auch das beobachtete Potenzgesetz muß der Beschleunigungsmechanismus wiedergeben können. Man geht davon aus, daß die Orte der Produktion und der Beschleunigung kosmischer Strahlung i.a. identisch sind.

Prinzipiell werden die Beschleunigung durch Schockwellen und durch sich bewegende magnetische Plasmen diskutiert (Fermi-Beschleunigung 1. und 2. Ordnung) [Gai 90]. Nehmen wir einmal ein Teilchen mit der Anfangsenergie E_0, welches bei jedem Beschleunigungsakt einen Energiegewinn proportional seiner Energie erhält, d.h. $\Delta E = \epsilon E$. Nach n solchen Aktionen hat es eine Energie von

$$E_n = E_0(1+\epsilon)^n \tag{8.32}$$

Die nötige Anzahl von Beschleunigungsakten, um eine Energie E zu erreichen, ist damit gegeben durch

$$n = \ln\left(\frac{E}{E_0}\right) \Big/ \ln(1+\epsilon) \tag{8.33}$$

Besteht bei jedem Beschleunigungsakt eine Entkommenswahrscheinlichkeit P_e, so ist die Wahrscheinlichkeit, auch nach n solcher Aktionen noch im Beschleunigungsmechanismus zu sein, $(1-P_e)^n$. Der Anteil an Teilchen mit einer Energie größer als E ist demzufolge

$$N(>E) \sim \sum_{m=n}^{\infty}(1-P_e)^m = \frac{(1-P_e)^n}{P_e} \tag{8.34}$$

Kombination von Gl. (8.33) und (8.34) ergibt (vgl. mit Gl. (8.1))

$$N(>E) \sim \frac{1}{P_e}\left(\frac{E}{E_0}\right)^{-\gamma} \tag{8.35}$$

mit

$$\gamma = \ln\left(\frac{1}{1-P_e}\right) \Big/ \ln(1+\epsilon) \tag{8.36}$$

Wir erhalten also die geforderte Potenzabhängigkeit für die Teilchenzahlen.

Unter Fermi-Beschleunigung versteht man die Beschleunigung relativistischer Teilchen durch statistisch verteilte, magnetische Wolken (2. Ordnung) oder durch starke Schockwellen (1. Ordnung). Die Begriffe der Ordnung beziehen sich hierbei auf die Abhängigkeit des Energiegewinns von $\beta = v/c$. Wir wollen uns hier auf die Fermi-Beschleunigung 1. Ordnung konzentrieren [Lon 92,94]. Das grundlegende Bild basiert auf einer Schockwelle, die sich durch das interstellare Medium fortpflanzt, in dem bereits einige hochenergetische Teilchen existieren (Abb. 8.14). Unter starken Schockwellen versteht man, daß ihre Geschwindigkeit u sehr viel größer ist als die Schallgeschwindigkeit im Gas. Dies ist beispielsweise bei Supernova-Explosionen der Fall. Das Dichteverhältnis vor und hinter dem Schock ist gegeben durch

$$\frac{\rho_2}{\rho_1} = \frac{\gamma+1}{\gamma-1} \tag{8.37}$$

γ gibt hierbei das Verhältnis der spezifischen Wärmen an und beträgt für ein vollständig ionisiertes Gas 5/3. Vor dem Schock ist die Teilchenverteilung isotrop, so daß einige Teilchen den Schock durchqueren können. Auch hier stellt sich dann eine isotrope Verteilung aufgrund der Wechselwirkungen mit dem geschockten Gas ein. Die Teilchen gewinnen dabei kinetische Energie vom Gas hinter dem Schock. Einige Teilchen werden nun hinter dem Schock zurückgelassen und gehen dem Beschleunigungsmechanismus verloren, während andere die Schockfront wieder zurückpassieren. Durch Streuprozeße werden die Teilchen nun wieder isotrop verteilt. Der Summeneffekt dieses ganzen Zyklus ist ein Nettoenergiegewinn. Er ist gegeben durch

$$\frac{\Delta E}{E} = \frac{4}{3}\frac{u_1-u_2}{c} \tag{8.38}$$

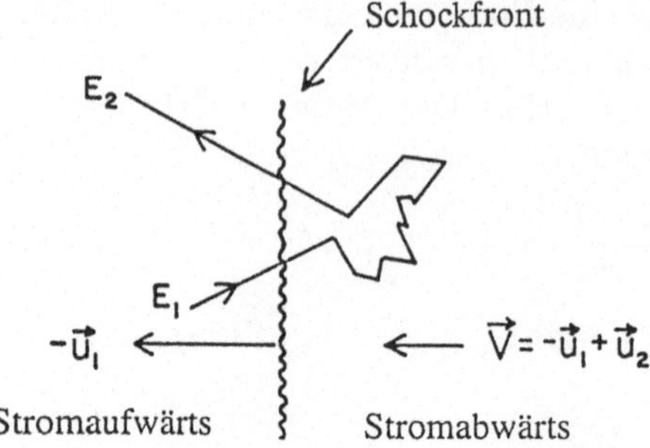

Abb. 8.14 Schematische Darstellung der Fermi-Beschleunigung 1. Art an einer ebenen Schockfront. Der Schock bewegt sich mit einer Geschwindigkeit u_1. Teilchen mit einer Energie E_1 gelangen aus der isotropen Verteilung vor dem Schock auch in den Bereich des geschockten Materials (rechts). Dort gewinnen sie kinetische Energie und es stellt sich ebenfalls eine isotrope Verteilung ein, so daß die Teilchen mit einer Energie E_2 wieder vor die Schockfront kommen. Bei diesem Zyklus gewinnen die Teilchen Energie proportional $u_1 - u_2$, wobei u_2 die Geschwindigkeit des zurückströmenden Gases ist. Teilchen können diesen Zyklus mehrmals durchlaufen und so zu sehr hohen Energien beschleunigt werden (aus [Gai 90]).

Hierbei ist u_1 die Geschwindigkeit der Schockwelle und u_2 die Geschwindigkeit des zurückströmenden Gases, wobei $|u_2| < |u_1|$. Danach werden diese, sich nun wieder vor dem Schock befindlichen Teilchen von jenem von neuem eingefangen, und es ergibt sich ein weiterer Beschleunigungszyklus. Wo findet man solche Schockwellen? Diese können an verschiedenen Stellen auftreten. Ein gutes Beispiel hierfür sind Supernovaexplosionen. Die auslaufende Schockfront (siehe Kap. 13) besitzt genügend Energie, um sowohl ausgestoßenes als auch interstellares Material zu beschleunigen. Man kann jedoch zeigen, daß die unter realistischen Bedingungen erreichten Maximalenergien etwa 100 TeV betragen. Da weitaus höhere Energien beobachtet wurden, sind andere Quellen und Beschleunigungssysteme vonnöten. Solche Systeme, in denen starke Beschleunigungen auftreten können, sind beispielsweise junge Pulsare, Doppelsternsysteme mit einem Neutronenstern oder auch galaktische Winde. Die Frage des Beschleunigungsmechanismus auf über 100 TeV gilt allerdings heutzutage noch als ungeklärt. Für eine detailliertere Darstellung der Beschleunigungsmechanismen siehe [Bla 87], [Gai 90].

8.2.2 Propagation der kosmischen Strahlung

Haben wir bisher Ursprung und Beschleunigungsmechanismen diskutiert, so gilt es nun zu fragen, wie die Teilchen propagieren. Der einfachste Fall liegt bei den Neutrinos vor, da sie aufgrund der nur sehr schwachen Wechselwirkung sich geradlinig ausbreiten und sich damit zur Suche nach Quellen auch besonders anbieten (siehe Kap. 8.4). Nun zur klassischen kosmischen Strahlung, d.h. geladenen Teilchen. Untersucht man das Verhältnis von Spallationsprodukten, wie etwa Be, B, zu ihren primären Kernen C, N, so sieht man, daß im GeV-Bereich die kosmische Strahlung im Mittel etwa 5 bis 10 $\mathrm{g cm^{-2}}$ Materie durchquert haben muß. Summiert man die Masse entlang einer Linie durch die Galaxis auf, so kommt man aber nur auf etwa $10^{-3}\,\mathrm{g cm^{-2}}$. Dies deutet auf eine lange Aufenthaltsdauer und aufgrund des viel größeren Weges auf einen Diffussionseffekt in einem abgeschlossenen Volumen hin. Für höhere Energien nimmt die durchquerte Masse ab, welches auf eine geringere Aufenthaltsdauer innerhalb des Volumens hindeutet und zum anderen ebenso anzeigt, daß der Beschleunigungsmechanismus vor der eigentlichen Ausbreitung liegt. Bestimmt wird die Ausbreitung der kosmischen Strahlung hauptsächlich durch Magnetfelder. Die Ausbreitung und Beschleunigung ist durch mehrere Faktoren bestimmt, und die Entwicklung einer Teilchendichte $N(E, x, t)$ am Orte x mit der Energie E kann hinreichend beschrieben werden durch eine Transportgleichung [Gai 90]:

$$\frac{\partial N}{\partial t} = \nabla \cdot (D \nabla N) - \frac{\partial}{\partial E}(B(E) \cdot N(E)) - \nabla \cdot uN + Q(E,t) - p \cdot N$$
$$+ \frac{v\rho}{m} \sum_{k \geq 1} \int \frac{d\sigma(E, E')}{dE} N(E') dE' \qquad (8.39)$$

Hierbei beschreibt der erste Term die Diffusion mit einem Diffusionskoeffizienten D, der zweite Term die mittlere Energieänderung mit $B = dE/dt$. Der Ausdruck kann sowohl Energiegewinn (z.B. durch Beschleunigung) oder Energieverlust (beispielsweise durch Ionisation) bedeuten. Der dritte Ausdruck beschreibt Konvektion mit einer Geschwindigkeit u, und Q repräsentiert die Quellstärke. Der fünfte Ausdruck beschreibt den Verlust eines bestimmten Nuklids aufgrund von Kollisionen und Zerfall, während der letzte Term den sogenannten Kaskaden-Term darstellt und die Änderung der Häufigkeit sowohl durch höherenergetische Kaskaden, als auch durch nukleare Fragmentationsprozesse beschreibt. Das einfachste Modell zur Beschreibung der Ausbreitung kosmischer Strahlung ist das „leaky box model“ [Sha 70]. Es beschreibt die freie Ausbreitung von Teilchen in einem geschlossenen Volumen, mit einer zeitlich konstanten, energieabhängigen Entkommenswahrscheinlichkeit τ. Hierdurch kann man den Diffusionsterm in Gl. (8.39) durch

$-N/\tau$ ersetzen. Mit einer deltaförmigen Quellfunktion und unter der Abwesenheit von Konvektion und energieändernden Prozessen ergibt sich somit die einfache Lösung von Gl. (8.39)

$$N(E,t) = N_0(E)\exp(-t/\tau) \tag{8.40}$$

Zur Untersuchung der abgeschätzten Aufenthaltszeit eignen sich instabile Kerne wie etwa ^{10}Be und ^{26}Al. Mit einer Lebensdauer von $\tau \approx 3.9 \cdot 10^6$ bzw. $\tau \approx 1.0 \cdot 10^6$ Jahren liegen ^{10}Be und ^{26}Al genau in der richtigen Größenordnung. So legen die experimentell beobachteten Daten nahe, daß wahrscheinlich nicht die galaktische Scheibe als abgeschlossenes Volumen dient, sondern ein größerer Bereich dafür verantwortlich sein muß, beispielsweise der galaktische Halo. Im Gegensatz zum „leaky-box-model", welches das Verhältnis von primären zu sekundären Nukliden mit einer energieabhängigen Entkommenswahrscheinlichkeit aus der Galaxis beschreibt, tun „nested-leaky-box"-Modelle dies durch eine energieabhängige Entkommenswahrscheinlichkeit aus dem eigentlichen Quellgebiet [Cow 73]. Hierzu zählen etwa Supernovae in dichten Molekülwolken. Eine andere vielleicht noch realistischere Beschreibung bieten die Diffusionsmodelle [Gin 80]. Hierbei wird der Diffusionsoperator in Gl. (8.39) nicht als konstant angenommen. Während das

Produktions- und Absorptionsmechanismen

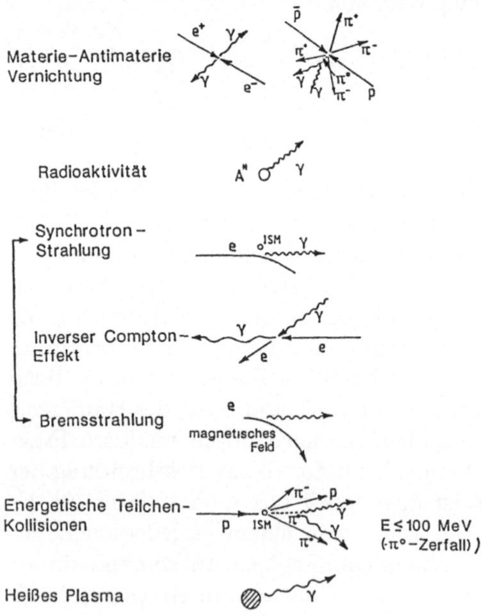

Abb. 8.15
Verschiedenste Arten von Prozessen, welche zur Entstehung von Gamma-Strahlung im Universum beitragen können (aus [Ram 93]).

„leaky box"-Modell im Gleichgewicht auf eine homogene, isotrope Verteilung führt, kann man mit Diffusionsmodellen Gradienten und Anisotropien erzeugen. Diese Modelle zur Ausbreitung sollen aber hier nicht weiter ausgeführt werden. Übersichten zur Ausbreitung der kosmischen Strahlung finden sich in [Ces 80], [Gai 90].

8.3 Röntgen- und γ-Astronomie

Viele der besprochenen Objekte wie Quasare, Neutronensterne, Supernovae und Schwarze Löcher erlauben die Emission hochenergetischer Strahlung [Hip 90] (Abb. 8.15). Waren schon durch frühere Weltraummissionen, wie etwa den Einstein- [Tuc 85] und Uhuru-Satelliten [Gia 71], interessante Dinge zu Tage gefördert worden, so ist dieser Zweig der Astrophysik durch die jüngste ROSAT-Mission (Roentgen Satellite) [Trü 90], [Trü 93], [Böh 94], [Böh 95], [Bec 95], [Has 95] (Röntgenbereich) und das Compton-Gamma-Ray-Observatory (GRO) [Sch 91a], [Sch 94], [Sch 95], [Fic 95] (Gamma-Bereich) erst voll zur Entfaltung gekommen (Abb. 8.16). Beispielsweise enthält die ROSAT-Himmelsdurchmusterung annähernd 60000 Röntgen-

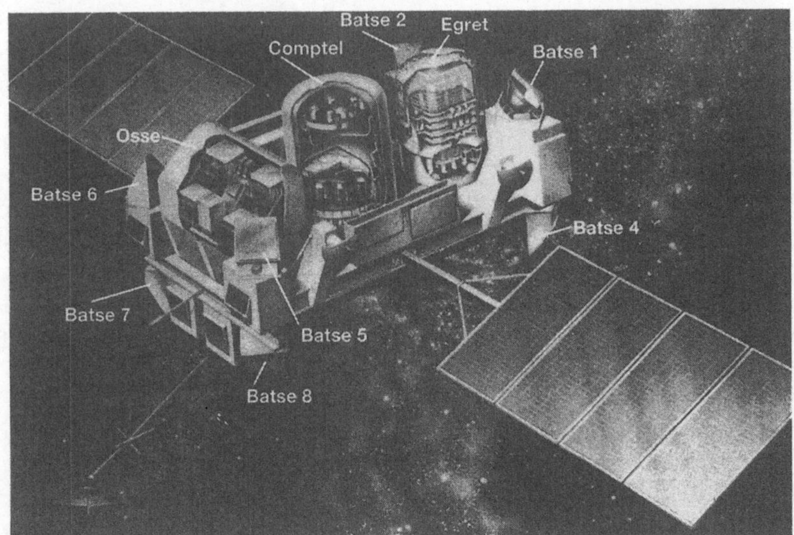

Abb. 8.16 Schemazeichnung des Compton-Observatoriums (GRO). Es besitzt vier Detektoren: EGRET (in einem Energiebereich von 30 MeV bis 20 GeV), COMPTEL (1 bis 30 MeV) und OSSE (100 keV bis 10 MeV), dazu das aus acht Detektoreinheiten bestehende BATSE-Experiment (in einem Energiebereich von 20 bis 600 keV) zum Nachweis von Gamma-Bursts (aus [Sch 94]).

quellen, etwa das Siebzigfache der davor bekannten Quellen. Als jüngste unerwartete Entdeckung mag die Röntgenstrahlung des Kometen Hyakutake genannt sein [MPG 96].

Aufgrund der Vielfalt der auftretenden Phänomene und Objekte wollen wir uns auf einige wenige beschränken und diese kurz beschreiben. Die Entstehung von γ-Strahlung bei Supernova-Explosionen wird konkret am Beispiel der SN 1987a in Kap. 13 diskutiert. Sehr hochenergetische γ-Strahlung mit Energien von mehr als 100 MeV besprechen wir in einem gesonderten Kapitel (siehe Kap. 8.3.6). Für eine ausführliche Diskussion der γ-Astronomie siehe z.B. [Ram 93].

8.3.1 ^{26}Al in der Milchstraße

^{26}Al ist ein radioaktives Isotop und zerfällt gemäß

$$^{26}\mathrm{Al} \rightarrow {}^{26}\mathrm{Mg} + e^{+} + \gamma(1809\,\mathrm{keV}) \tag{8.41}$$

mit einer Halbwertszeit von $T_{1/2} = 1.04 \cdot 10^{6}$ Jahren. ^{26}Al wird hauptsächlich über die Reaktion $^{25}\mathrm{Mg}(p,\gamma)^{26}\mathrm{Al}$ produziert. Man nimmt deshalb an, daß vor allem Novae und Supernovae für das beobachtete ^{26}Al sorgen. Dieses Isotop ist aus mehreren Gründen interessant. Wegen der Ähnlichkeit der Halbwertszeit mit der erwarteten Aufenthaltsdauer der kosmischen Strahlung in unserer Milchstraße kann letztere experimentell überprüft werden. Des weiteren können die Quellen für die ^{26}Al-Erzeugung untersucht werden. Mit seiner Halbwertszeit liegt es gerade in jenem Bereich, wo es sich noch nicht zuweit von seinem Produktionsort entfernt hat, aber andererseits doch wiederum soweit, daß schon eine signifikante Wechselwirkung mit dem interstellaren Medium stattgefunden hat. Zudem ist die Beobachtung damit unabhängig von den dynamischen Details der Supernova. Für die Beobachtung ist es von Vorteil, daß es sich um eine schmale Linie handelt (mit einer Breite von weniger als 3 keV), sie ist überhaupt die erste beobachtete γ-Linie aus Prozessen der Nukleosynthese in Sternen. Für eine Übersicht über die ^{26}Al-Beobachtungen in der Milchstraße siehe [Pra 96].

Die erste Beobachtung mit dem HEAO-3-Satelliten ergab einen γ-Fluß an der erwarteten energetischen Position der ^{26}Al-Linie (die Energieauflösung des Detektors erlaubte nicht die Auflösung der Linie) aus der Richtung des galaktischen Zentrums von [Mah 84]

$$\Phi(1809\,\mathrm{keV}) = (4.8 \pm 1.0) \cdot 10^{-4} \gamma\,\mathrm{cm}^{-2}\mathrm{s}^{-1}\mathrm{rad}^{-1}, \tag{8.42}$$

Modellrechnungen liefern daraus einen Wert für die Gesamtmenge an ^{26}Al in unserer Milchstraße von 1.7 bis $3M_{\odot}$. Dies ist mehr, als man ursprünglich vermutet hatte [Ram 77]. Computer-Rechnungen von Supernova-Typ-II-Explosionen (siehe Kap. 13) scheinen jedoch damit verträglich zu sein

[Woo 90b]. Aufgrund der schlechten Winkelauflösung waren Quellen bisher nicht zu erkennen. Neue Beobachtungen mit dem COMPTEL-Detektor auf GRO ergeben jedoch eine „flockige" Verteilung von ^{26}Al in der galaktischen Scheibe [Die 95], [Die 95]. Ein Vergleich mit möglichen Quellen innerhalb der Scheibe zeigt eine gute Korrelation mit Wolf-Rayet-Sternen [Sch 94]. Es handelt sich hierbei um junge massereiche Sterne, zu denen auch Supernovae vom Typ II gehören. Supernovae vom Typ I scheinen hingegen aufgrund einer schlechten Korrelation weniger als Quellen in Frage zu kommen. Aus der weiteren Untersuchung erhofft man sich deshalb Aufschlüsse über die Elemententstehung in Supernovae. Hierzu scheinen Projekte mit Germanium-Detektoren (gute Energieauflösung), insbesondere solche angereichert in ^{70}Ge (Untergrundreduktion), besonders geeignet [Geh 90], [Kla 91a], wie sich bei Ballon-Experimenten bereits gezeigt hat [Bar 94] (Abb. 8.17). Solche Detektoren sollen daher möglicherweise in Satellitenprojekten zu Beginn des nächsten Jahrtausends eingesetzt werden.

Interessant ist auch der Nachweis der ^{44}Ti-Linie bei 1.156 MeV durch COMPTEL im Supernova-Überrest Cas A [Iud 94], [Die 95], [Woo 95b].

Abb. 8.17 Start eines Ballonfluges, hier das GRIS-Experiment (Kooperation von ESA, NASA, MPI für Kernphysik und Kurchatov-Institut) mit angereicherten Ge-Detektoren zur Untersuchung von γ-Linien aus dem Zentrum der Galaxis mit hoher Auflösung (aus [Kla 94a]).

Diese Linie bietet sich an, nach weniger als einige Hundert Jahre alten Supernova-Überresten zu suchen.

8.3.2 Die 511-keV-Linie in der Milchstraße

Die 511-keV-Linie aufgrund der e^+e^--Vernichtung stellt eine wichtige Linie in der Astrophysik dar. Beispielsweise beinhalten Prozesse, die man wegen der Akkretion und Beschleunigung der umgebenden Materie am Rande eines Schwarzen Loches erwartet, auch eine massive Teilchen-Antiteilchen-e^+e^--Vernichtung, die sich in einer beobachtbaren Linie bei 511 keV (bzw. rotverschoben bei niedrigerer Energie) widerspiegeln sollte [Haw 74]. Superschwere Schwarze Löcher (10^6 bis $10^8 M_\odot$) könnten andererseits eine gute Erklärung sein, um die Prozesse in galaktischen Kernen zu verstehen. Auch der zentrale Bereich unserer Milchstraße zeigt die 511-keV-Linie. Aufgrund von hochauflösenden Aufnahmen in diversen Wellenlängenbereichen hat man das Zentrum unserer Milchstraße nahe der Radioquelle Sgr A* lokalisiert [Gen 87], mit einem massiven schwarzen Loch von $\geq 2.45(\pm 0.4) \cdot 10^6 M_\odot$ innerhalb von ≤ 0.015 pc um Sgr A*, und einer Massendichte von wahrscheinlich mehr als $10^{12} M_\odot\,\mathrm{pc}^{-3}$ [Eck 96], [Eck 97]. Aus dem weiteren Bereich des Zentrums unserer Galaxis werden sowohl eine Linie bei 511 keV als auch eine rotverschobene Linie beobachtet. Die Beobachtung einer schmalen 511-keV-Linie [Smi 93c], [Pur 93] deutet auf eine Vernichtung im interstellaren Medium in signifikanter Entfernung von einem kompakten Objekt hin. Die mit der breiten Linie bei 400 keV verbundene Quelle heißt 1E1740.7-2942 („Der große Annihilator") und steht in einem Winkelabstand von 0.9°

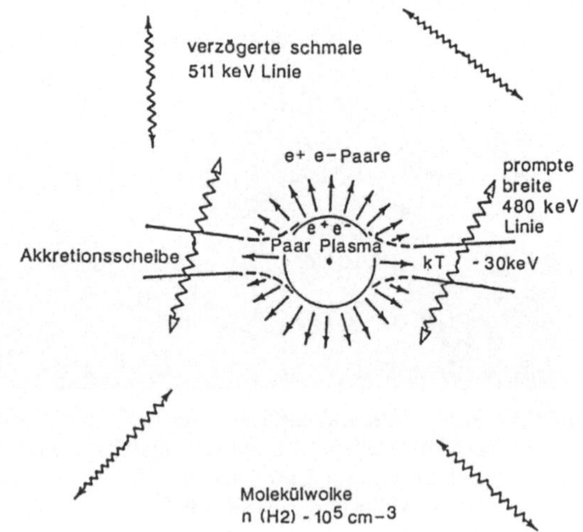

Abb. 8.18
Modell des galaktischen Zentrums. Durch unterschiedliche Entstehungsorte sind sowohl die kurzzeitigen Intensitätsvariationen der 511-keV-Linie als auch die kontinuierliche Vernichtungsstrahlung zu verstehen (aus [Ram 92]).

vom erwähnten galaktischen Zentrum entfernt [Sun 91], [Bou 91]. Sie besitzt eine Ausdehnung von weniger als 0.3 pc und ist damit ein guter Kandidat für ein stellares schwarzes Loch. Eine ähnliche Beobachtung einer Linie bei etwa 480 keV existiert auch für Nova Muscae, einen weiteren Kandidaten für ein Schwarzes Loch [Gol 92]. Neuere Beobachtungen mit GRO ergeben einen Fluß in der 511-keV-Linie aus Richtung des galaktischen Zentrums von [Pur 93]

$$\Phi(511\,\mathrm{keV}) = (2.5 \pm 0.3) \cdot 10^{-4} \gamma\,\mathrm{cm}^{-2}\mathrm{s}^{-1}\mathrm{rad}^{-1}, \tag{8.43}$$

wobei die 511-keV-Linie aus zwei Komponenten, einer diffusen, relativ konstanten auf größeren Skalen und einer kurzzeitig variablen auf kleineren Skalen zu bestehen scheint (Abb. 8.18) [Lin 89]. Erstere äußert sich als schmale Linie bei 511 keV, während letztere aufgrund des starken Einflusses eines kompakten Objektes eine rotverschobene, dopplerverbreiterte Linie ergibt.

Der Großteil der Positronen aus der galaktischen Ebene stammt wahrscheinlich aus radioaktiven Zerfällen von ^{56}Co, ^{44}Sc und ^{26}Al, die in verschiedenen galaktischen Prozessen der Nukleosynthese erzeugt werden [Ram 95].

8.3.3 Geminga

Eines der größten Rätsel stellte bis vor kurzem ein Objekt namens Geminga (Gemini-Gamma-Ray) dar. Es konnte mit frühen Missionen bereits Anfang der 70er Jahre als eine der intensivsten Gamma-Quellen ausgemacht werden [Fic 75], wurde jedoch in keinem anderen Spektralbereich gesehen. Erst nach mehrjähriger intensiver Suche wurde im optischen ein schwaches Objekt der 25. Größenordnung ausgemacht, welches man mit der Gammaquelle identifizierte, verstanden hatte man es deswegen noch nicht. Mit ROSAT gelang nun der Nachweis, daß es sich um einen Neutronenstern handelt [Hal 92]. Er besitzt eine Periode von 0.237 s. Mit dem EGRET-Experiment auf GRO konnte diese Beobachtung bestätigt werden [Dek 92], und unter Kenntnis der Periode konnte diese Quelle nun auch in den älteren COS-B-Daten identifiziert werden [Big 92]. Durch Messung der Eigenbewegung des optischen Gegenstückes konnte die Entfernung von Geminga auf maximal 380 pc festgelegt werden [Big 93]. Er ist damit einer der uns am nächsten stehenden, bekannten Neutronensterne. Es besteht ebenfalls die Möglichkeit, daß die assoziierte Supernovaexplosion für die sogenannte lokale Blase verantwortlich sein könnte [Geh 93]. Hierbei handelt es sich um ein Gebiet erniedrigter interstellarer Gaskonzentration, an dessen Rand sich unser Sonnensystem befindet. Die Energie einer nahen Supernova könnte das Gas weggeblasen haben.

8.3.4 Der Krebs- und Velapulsar

Eines der bestuntersuchten Beispiele für die Spätphasen der Entwicklung massiver Sterne ist die Supernova im Sternbild Krebs. Dieses in alten chinesischen Schriften notierte Ereignis fand im Jahre 1054 n.Chr. statt, und man beobachtet heute an dieser Stelle einen ausgedehnten, expandierenden Nebel (Krebsnebel) und einen Pulsar als Zentralstern (PSR 0531+21). Er stellt den ersten beobachteten Pulsar überhaupt dar [Hew 68]. Der Pulsar hat eine Periode von 0.0332 s. Man beobachtet diesen Pulsar mit seiner Periode vom Radio- bis in den Gammastrahlenbereich. Ein ähnliches System stellt der Velapulsar (PSR 0833-45) mit einer Entfernung von etwa 500 pc dar. Auch dieser Pulsar zeigt sich vom Radio- bis Gammabereich mit einer Periode von 0.089 s. Viele der Phänomene von Pulsaren und die Entstehungsmechanismen der Strahlung liegen gegenwärtig noch im unklaren und machen sie zu einem interessanten Untersuchungsobjekt (siehe z.B. [Tay 86], [Lyn 90], [Man 93]).

8.3.5 Gamma-Ray-Burster

Ein völlig unverstandenes Phänomen scheinen die Gamma-Ray-Burster zu sein [Har 91]. Es handelt sich hierbei um Ausbrüche im Gammabereich mit der Dauer von 10 ms bis 100 s und nur relativ wenigen allgemeingültigen Charakteristiken. Die Energien liegen im Bereich von 10 keV bis 100 MeV, und die Intensität folgt etwa einem Verlauf von [Pis 94]

$$I(>E) \approx 7 \cdot \frac{E^{-1.25}}{\mathrm{MeV}} \quad \mathrm{Photonen\,cm^{-2}s^{-1}} \tag{8.44}$$

Entsprechend der gängigen Interpretation hielt man diese Objekte für Neutronensterne, auf deren Oberfläche kurzzeitige thermonukleare Explosionen des akkretierten Materials stattfinden (siehe z.B. [Ram 93]). Bei einer Beobachtung am Himmel sollten diese Objekte vorwiegend in der galaktischen Scheibe beobachtet werden. GRO hat nun mit einer Rate von etwa einem Ausbruch pro Tag weit über 1000 dieser Gamma-Ray-Burster gesehen [Mao 92], [Sch 95], [Har 95], und die Verteilung über den Himmel ist überraschenderweise völlig homogen (Abb. 8.19). Damit erscheint obige Annahme zunächst nicht mehr haltbar. Andererseits könnten Neutronensterne in asymmetrischen Supernova-Explosionen (siehe Kap. 13.1.2) in den galaktischen Halo geschleudert werden [Jan 95a], [Woo 95] und dort isotrope Verteilungen bilden [Pod 95]. Ein galaktischer Halo aus schnellen Neutronensternen, die Planetoide akkretieren, als Quelle der isotropen

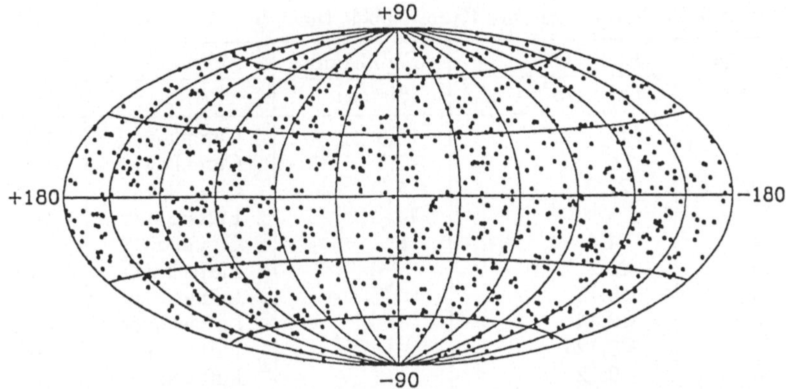

Abb. 8.19 Als eines der größten Geheimnisse der Astrophysik gilt gegenwärtig der Ursprung der Gamma-Ray-Burster. 1005 Ausbrüche aufgenommen mit dem Compton-Gamma-Ray-Observatory GRO zeigen eine isotrope Verteilung. Gegenwärtig werden entweder kosmologische oder galaktische Quellen diskutiert (aus [Har 95]).

Komponente der Gamma-Ray-Burster, wird in [Col 95] diskutiert. Der gegenwärtige Stand der Erklärung kann zwischen den zwei Möglichkeiten: Objekte im galaktischen Halo oder extragalaktische, kosmologische Objekte, nicht unterscheiden [Nar 92], [Woo 93], [Woo 95]. Eine gemeinsame Quelle für Gamma-Ray-Bursts und höchstenergetische kosmische Strahlung wird in [Wax 95] diskutiert. Für Übersichten zu diesem Thema siehe [Ram 93], [Pac 93], [Woo 93], [Pir 94], [Woo 95], [Wax 95], [Fis 95a], [Klu 96].

8.3.6 Ultrahochenergetische γ-Strahlung

Ultrahochenergetische γ-Strahlung eröffnet ebenso wie hochenergetische Neutrinos die Möglichkeit einer Suche nach kosmischen Quellen. Auch sie entsteht, wenn hochenergetische Protonen mit Materie wechselwirken und die dabei erzeugten neutralen Pionen zerfallen. Des weiteren kann sie durch Wechselwirkung von Elektronen mit Materie (Bremsstrahlung) oder Magnetfeldern (Synchrotronstrahlung) entstehen, als auch durch inversen Compton-Effekt. Mit Satellitendaten hat man den γ-Himmel bis hinauf zu einigen GeV erforscht. Beispielsweise erforscht man mit dem EGRET-Detektor auf GRO den Himmel bis hinauf zu 20 GeV. Informationen von ultrahochenergetischer γ-Strahlung im Bereich von 0.1 bis 10 TeV gewinnt man dagegen mit Hilfe der Luft-Cerenkov-Technik und bei noch höheren Energien mit Hilfe der Luftschauer-Arrays [Wee 88]. Aufgrund der sehr geringen Flüsse ist die positive Identifikation von Quellen im TeV-Bereich gegenwärtig ein Effekt mit geringer statistischer Signifikanz und teilweise

Tab. 8.3 Beobachtungen des Krebs-Nebels (nach [Cro 93] und [Kon 96])

Energie (TeV)	Fluß ($10^{12}\,cm^{-2}s^{-1}$)	Signifikanz (Sigma)	Methode	Gruppe
0.2	170	5.8	Cerenkov	Gamma
0.4	70	45.5	Cerenkov	Whipple
0.6	27	5.7	Cerenkov	ASGAT
1	8	14	Luftschauer	HEGRA
3	4.4	8	Cerenkov	Themistocle
10	<1.2		Luftschauer	Tibet
30	<0.18		Luftschauer	Tibet
40	<0.44		Luftschauer	Cygnus
75	<0.126		Luftschauer	HEGRA
160	<0.12		Luftschauer	CASA-MIA
190	<0.021		Luftschauer	CASA-MIA

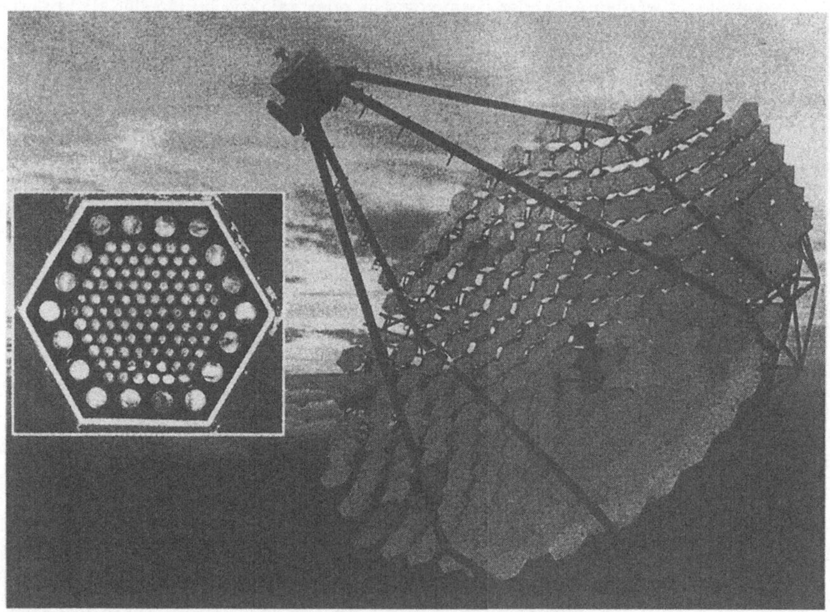

Abb. 8.20 Der 10 m optische Reflektor des Whipple-Observatoriums zum Nachweis von hochenergetischer Gamma-Strahlung. Das Teleskop wird seit 1968 auf dem Mount Hopkins in Arizona betrieben und ist das größte seiner Art zum Nachweis der Luft-Cerenkov-Strahlung. Neuerdings gibt es ein zweites Teleskop mit einem Durchmesser von 11 m. Der kleine Ausschnitt zeigt die Anordnung der lichtempfindlichen Photomultiplier im Primärfokus (aus [Sky 95b]).

(a)

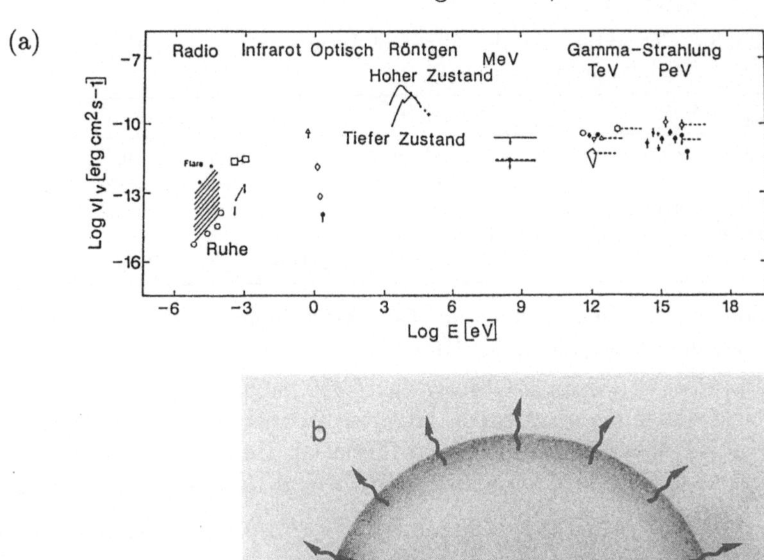

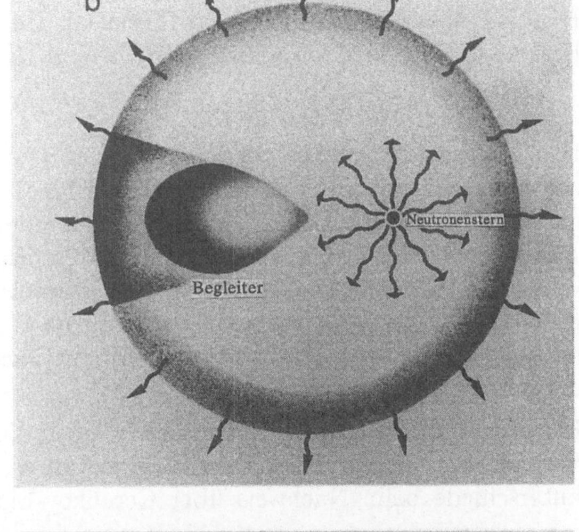

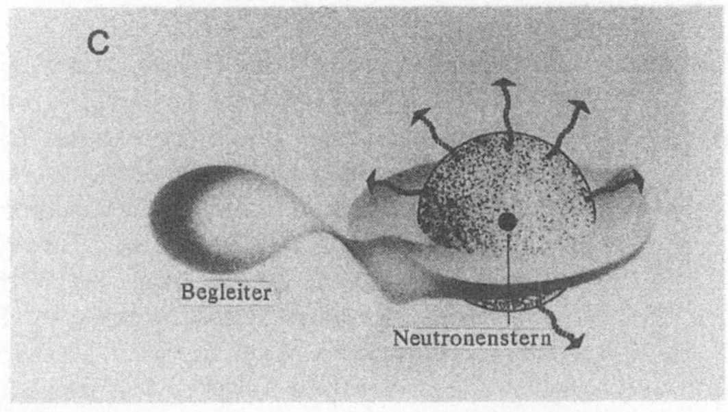

Abb. 8.21 a) Energieemission des Röntgendoppelsterns Cyg X-3. b) und c) Zwei Darstellungen des möglichen Aufbaus des Doppelsternsystems (aus [Bon 88]).

Tab. 8.4 Charakteristika des Cerenkov-Lichtes von γ- und Hadronen-induzierten Schauern (aus [Cro 93])

Eigenschaft	Parameter	γ	Hadron
Laterale Verteilung	Ausdehnung	Breit	Schmal
	Uniformität	Regulär	Irregulär
Winkelverteilung	Bildgröße	Schmal	Breit
Dauer	Pulsweite	Kurz	Lang
Farbe	Verhältnis UV/sichtbar	Klein	Groß

widersprüchlichen Resultaten. Eine klare Quelle für Gammastrahlung im TeV-Bereich ist jedoch der Krebsnebel [Vac 91], [Kon 96], (Tab. 8.3).

Mit Hilfe des Whipple-Observatory (Abb. 8.20) wurde auch ein TeV-Gammasignal der Seyfertgalaxie Markarian 421 beobachtet [Pun 92], welches von HEGRA ebenfalls gesehen wird [Pet 96a]. Der mittlere beobachtete Fluß liegt sechs Standardabweichungen über dem Untergrund und beträgt

$$\langle\Phi\rangle = 1.5 \cdot 10^{-11}\,\text{Photonen}\,\text{cm}^{-2}\text{s}^{-1} \qquad \text{für} \qquad E > 0.5\,\text{TeV} \quad (8.45)$$

Dies entspricht etwa 30 % des Signals vom Krebspulsar. Zwei weitere beobachtete Quellen von TeV-Photonen sind der Pulsar PSR 1706-44 [Kif 94] und die Galaxie Markarian 501 [Lor 96]. Zumindest Hinweise für eine Emission gibt es für den Röntgendoppelstern Cygnus X-3 (siehe hierzu [Bon 88], [Mur 91]) (Abb. 8.21). Ein möglicher Nachweis von Cygnus X-3 sogar im PeV-Bereich [Sam 83] sorgte für einen großen Aufschwung im Gebiet der hochenergetischen γ-Astronomie, auch wenn nachfolgende Experimente dies nicht bestätigen konnten.

Experimentell besteht die Hauptschwierigkeit darin, einen photon-initiierten Schauer von einem Teilchenschauer zu unterscheiden. Einige der Hauptunterschiede beim Nachweis über Cerenkov-Licht sind in Tab. 8.4 darge-

---

Abb. 8.22 (nebenstehende Seite) Der HEGRA-Detektor auf La Palma. a) Um die zentralen Meßcontainer mit der Ausleseelektronik und den Rechnern gruppieren sich die verschiedenen Detektortypen des HEGRA-Experimentes. Die weißen und grauen Kästen beherbergen die Szintillationszähler. Neben einigen stehen kleinere Würfel, die offene Photomultiplier zur Messung des Cerenkov-Lichtes enthalten (AIROBICC). Die großen „Türme" dienen der Myonenidentifikation in Luftschauern. Nahe am Zentrum der 180 m × 180 m großen Anlage steht ein Prototyp des Cerenkov-Teleskops mit 5 m^2 Spiegelfläche, rechts daneben das zentrale Teleskop des Systems von 5 Cerenkov-Teleskopen mit 8.5 m^2 Spiegelfläche. b) Das zentrale Teleskop mit der hochauflösenden Kamera. 271 Pixel summieren sich zu einem Gesichtsfeld von fast 5°. Der Empfänger ist aus 30 Spiegeln mit einem Durchmesser von je 60 cm aufgebaut (mit freundl. Genehmigung der HEGRA-Kollaboration).

34

stellt. Als sehr erfolgreich erweist sich der Nachweis mit Hilfe von abbildenden Cerenkov-Teleskopen wie beispielsweise dem Whipple-Observatorium [Wee 88], [Cro 93]. Es besteht aus einem 10 m großen optischen Reflektor, in dessen Brennebene sich eine Kamera mit 109 Pixel in Form von Photomultipliern befindet. Der Abstand der Röhren beträgt 0.25°, und das Teleskop besitzt eine Schwelle von 0.4 TeV. Weitere Teleskope dieser Art befinden sich im Aufbau [Cro 93]. Hierzu gehört beispielsweise der HEGRA-Detektor auf La Palma [Lor 95], [Fon 95], [Pan 95a] (Abb. 8.22). Er wird in seiner endgültigen Form aus vier Elementen bestehen:

- Einem konventionellen Luftschauer-Array bestehend aus 256 Elementen
- 17 großen „Türmen“ zur Spurerkennung der Schauermyonen; die Richtung der Myonen soll dabei bis auf 1° bestimmbar sein
- Einem System von 5 abbildenden Cerenkov-Teleskopen (IACT) mit je einer Kamera mit je 271 Pixeln und 8.5 m² Spiegelfläche
- Einem Cerenkov-Detektor (AIROBICC) bestehend aus 49 Elementen mit einem Öffnungswinkel von etwa 60° mit einer Winkelauflösung von etwa 0.15°.

Die unteren Schwellen der Detektoren liegen bei etwa 0.5 TeV (IACT), 15 bis 30 TeV (AIROBICC) und 50 bis 100 TeV (Szintillatoren). Aufgrund der Kombination der verschiedenen Detektorkomponenten wird HEGRA nach seiner Fertigstellung ein besonders wertvolles Instrument für die γ-Astronomie darstellen.

Für eine detaillierte Darstellung der Hochenergie-γ-Astronomie siehe [Wee 88], [Ram 93], [Cro 93], [ICR 95], [Ann 95].

8.4 Hochenergetische Neutrinos

Wir kommen nun noch einmal auf die Neutrinos zu sprechen. Wie bereits angedeutet (siehe Kap. 8.1.5), sollte eine mögliche Erklärung des Defizits an atmosphärischen Neutrinos bei etwa 1 GeV mit Hilfe von Neutrinooszillationen auch die Zahl der Myonneutrinos mit höherer Energie beeinflussen. Aufgrund des sehr steil abfallenden Neutrinospektrums bei höherer Energie wird der Nachweis von Neutrinowechselwirkungen im Detektor aber immer schwieriger (Abb. 8.23). Es gibt jedoch eine Möglichkeit, die effektive Fläche des Detektors zumindest für ν_μ zu vergrößern. Für beide Flavours (ν_e und ν_μ) gibt es die bereits erwähnten ‚contained events‘, Ereignisse, wo Wechselwirkung und Nachweis aller Endprodukte innerhalb des Detektors stattfinden. Für Myonneutrinos ergibt sich zusätzlich noch eine weitere Nachweismöglichkeit, wenn sie nämlich auf der detektorabgewandten Seite

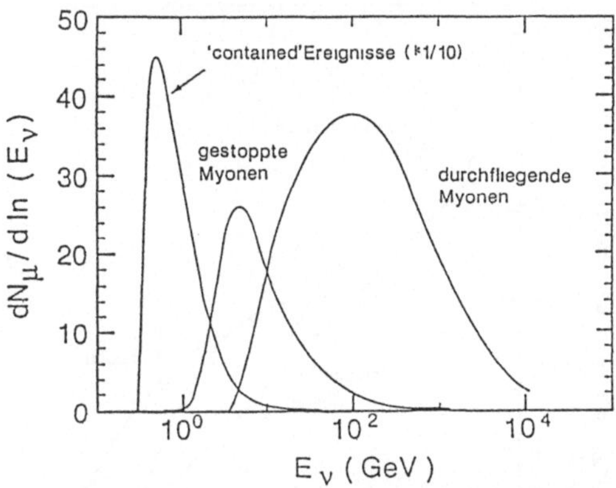

Abb. 8.23
Anzahl von Myonen als Funktion der einfallenden Neutrinoenergie. Je nach Energie hat man es mit verschiedenen Nachweisstrategien zu tun. Während die niederenergetischen Neutrinos „contained“-Ereignisse hervorrufen, erzeugen höherenergetische Neutrinos Myonen, die den Detektor durchqueren (aus [Gai 94a]).

in die Erde eindringen und im Gestein unterhalb des Experimentes wechselwirken. Die daraus resultierenden Myonen durchqueren den Detektor von unten nach oben, im Gegensatz zu den atmosphärischen Myonen. Das effektive Nachweisvolumen ist nun das Produkt aus Detektorfläche und der Reichweite von Myonen im Stein. TeV-Myonen haben hier beispielsweise eine Reichweite von etwa einem Kilometer. Die erwarteten Flüsse für solche Ereignisse liegen in der Ordnung von $10^{-13}\,\mathrm{cm}^{-2}\,\mathrm{s}^{-1}\,\mathrm{sr}^{-1}$ [Gai 90]. Auch diese Vorhersage sinkt, wenn man die Oszillationshypothese benutzt.

Vier Experimente geben bisher die Beobachtung von solchen Myonen an [Mor 91a], [Bol 91], [Bec 92], [Mic 94], [Fuk 94]. Von diesen zeigt nur das Kamiokande-Experiment [Fuk 94] Hinweise auf Oszillationen (siehe Abb. 2.17, 2.21). Für eine detaillierte Diskussion siehe [Gai 94], [Sta 96].

Neben dieser atmosphärischen Produktion von hochenergetischen Neutrinos können diese auch in astrophysikalischen Prozessen erzeugt werden (Abb. 8.24) [Gai 95], [Gai 96a]. Ähnlich Reaktionen an Teilchenbeschleunigern treffen beschleunigte Protonen auf andere Kerne und erzeugen Pionen und Kaonen, die dann in Neutrinos zerfallen. Eine weitere Möglichkeit ist die Pionerzeugung in der Photoproduktion, wenn ein hochbeschleunigtes Proton mit einem niederenergetischen Photon reagiert. Die möglichen Quellen sind identisch mit jenen der kosmischen Teilchenstrahlung. Was die Suche nach Quellen hochenergetischer Neutrinos sehr attraktiv macht, ist die Tatsache, daß diese auf dem Weg zur Erde keinen nennenswerten Einfluß erfahren und somit direkt auf die Quellen deuten. Aufgrund der Pionproduktion sollten hochenergetische γ-Strahlung und Neutrinos zusammen erzeugt werden, die Suche nach Neutrinos besitzt jedoch im Gegensatz zu den Photonen den Vorteil, daß keine astrophysikalischen Gegebenheiten (wie z.B. sehr dichte Medien) eine Absorption hervorrufen. Dies bedeutet, daß Quellen mittels

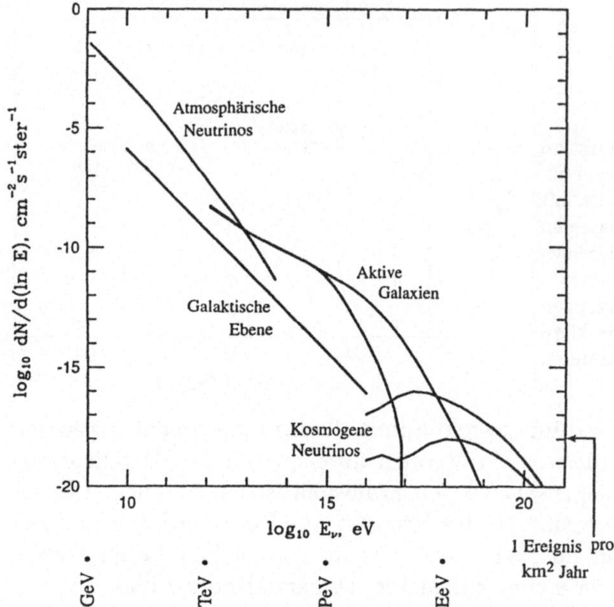

Abb. 8.24 Zusammensetzung des hochenergetischen kosmischen Neutrinospektrums als Funktion der Energie. Ebenfalls eingezeichnet ist die experimentelle Grenze, welche in einem einen Quadratkilometer großen Detektor ein Ereignis pro Jahr ergeben würde (aus [Hal 95]).

der Neutrinos beobachtet werden können, welche u.U. im γ-Bereich unbeobachtbar bleiben. Zur Diskussion astrophysikalischer Neutrinoquellen siehe Abb. 8.24 und [Gai 95], [Hal 95], [Gai 96a,b]. Eine weitere Quelle für hochenergetische Neutrinos wäre der Zerfall massiver exotischer Teilchen. Wir kommen hierauf in Kap. 9 zurück.

Die Methode zur Untersuchung der höchstenergetischen Neutrinos und Myonen liegt in der Verwendung von natürlichen Wasserresourcen (Seen, Ozeane, Eis) mit größeren effektiven Flächen als „künstliche" Cerenkovzähler (siehe z.B. [Bal 92], [Spi 93]). Man hat damit eine viel größere Menge an Targetmaterial und damit viel größere Ereignisraten, allerdings auch ganz andere Untergrundprobleme. Eine theoretische Vorhersage der Ereignisrate für solche Experimente ist schwierig, da hierzu die Strukturfunktion des Nukleons in einem experimentell bislang nicht zugänglichen Bereich bekannt sein muß. Andererseits eröffnet die Untersuchung höchstenergetischer Neutrinos damit eine Möglichkeit, diese Strukturfunktion zu untersuchen [Gan 95].

Wir wollen hier vier der im Aufbau befindlichen Experimente besprechen:

1. NT-200-Experiment[Bel 94], [Spi 96]: Dieses Experiment wird im Baikal-See (Rußland) installiert (Abb. 8.25). Es befindet sich in etwa 1.1 km Tiefe. Einer der Vorteile dieses Experimentes besteht darin, daß es sich beim Baikal-See um einen Süßwassersee handelt, und er damit praktisch kein störendes ^{40}K enthält. Die zum Lichtnachweis verwendeten Photomultiplier mit einem Durchmesser von 37 cm werden über eine Länge von gut 70 m an Stangen befestigt. Diese werden in Form eines Heptagons und einer zusätzlichen Stange im Zentrum angeordnet. Getragen wird die gesamte Anordnung von einer schirmähnlichen Konstruktion, welche die Stangen auf einem Abstand von 21.5 m vom Zentrum hält. Die Photomultiplier sind paarweise angeordnet, wobei jeweils einer nach oben bzw. unten schaut. Somit ist der Abstand zweier Photoröhren mit gleicher Orientierung etwa 7.5 m und jener mit entgegengesetzter Orientierung etwa 5 m. In einem Vorversuch NT-36 wurden so je 6 Paare dieser Röhren an 3 Stangen montiert und erste Daten genommen. Seit April 1996 werden 96 Photomultiplier an 4 Stangen betrieben. Bislang wurden zwei sehr gute Kandidaten für höchstenergetische Neutrinos beobachtet.

2. DUMAND-Experiment [Sam 94], [Bos 96]: Dieser Detektor wird vor der Westküste von Hawai in einer Tiefe von 4.8 km installiert. Insgesamt besteht der Detektor aus neun Stangen, welche in Form eines Oktagons plus einer weiteren Einheit im Zentrum besteht. Der Abstand der Stangen im Oktagon beträgt 40 m. Von optischen Einheiten (ebenfalls Photomultiplier) werden 24 pro Stange in einem Abstand von 10 m angebracht mit Blickrichtung abwärts. Der Detektor hat damit eine Höhe von 230 m, einen Durchmesser von 105 m und eine effektive Nachweisfläche für Myonen von etwa 20000 m^2. Auch hier wurden erste Messungen mit einem installierten String durchgeführt.

3. NESTOR-Experiment [Res 94]: Dieses Experiment soll im Mittelmeer vor der Küste Griechenlands in einer Tiefe von 3.8 km aufgebaut werden. Insgesamt sollen sieben Stangen in Form eines Hexagons mit einem Radius von 100 bis 150 m und einer Zentralstange angeordnet werden. Im Gegensatz zu DUMAND werden die optischen Einheiten hier nicht linear entlang der Stange, sondern in Form von Gruppen angeordnet. Eine Gruppe besteht aus einem Hexagon mit einem Radius von 16 m, an dessen Ende jeweils ein Paar Photoröhren (eine aufwärts, eine abwärts blickend) angebracht sind. Pro Stange werden zwölf solcher Hexagone in einem Abstand von 20 bis 30 m installiert. Die gesamte effektive Fläche sollte damit 10^5 m^2 betragen.

4. AMANDA-Experiment [Low 91], [Hal 95], [Hal 96]: Der AMANDA-Detektor benutzt anstelle von Wasser das Eis der Antarktis als Cerenkovmaterial (Abb. 8.26). In etwa 1 bis 3 km Tiefe werden die entsprechenden

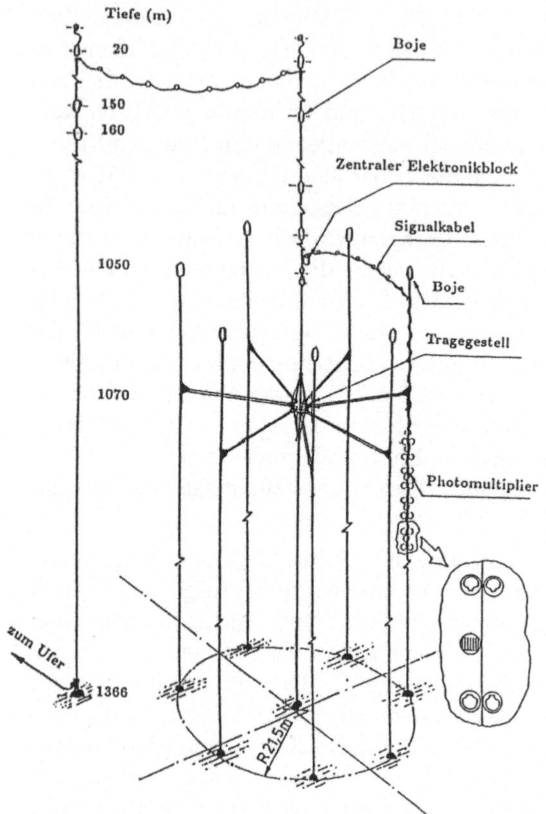

Abb. 8.25
a) Geplanter Aufbau des Baikal-Experimentes NT-200. 8 Stangen von je 70 m Länge werden in Form eines Heptagons mit einer zentralen Stange angeordnet. An jeder Stange sind mehrere Paare von Photomultipliern angebracht. Gehalten wird die Anordnung von einer schirmähnlichen Konstruktion. Das Experiment befindet sich etwa 600 m vom Ufer entfernt in einer Tiefe von 1.1 km.
b) Installation einer der Stangen des NT-36 Experimentes im Baikal-See. Da der See im Winter zufriert, bietet sich diese Jahreszeit zur Installation an (mit freundl. Genehmigung von Ch. Spiering).

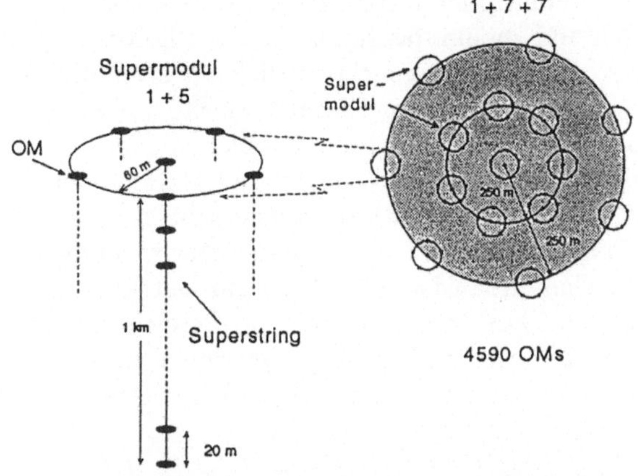

Abb. 8.26 a) Möglicher Aufbau des AMANDA-Experimentes als Vorstufe für einen geplanten $1\,\text{km}^3$-Detektor (aus [Hal 95]). b) Installation von Photomultipliern für das AMANDA-Experiment. Mit Hilfe von heißem Wasser werden definierte Löcher in das Eis der Antarktis getaut, in die die Photomultiplier abgesenkt werden. Danach friert das Wasser über den Röhren wieder zusammen (mit freundl. Genehmigung von F. Halzen).

Photomultiplier angeordnet. Das Eis hat den Vorteil, untergrundarm zu sein und zudem das Rauschen der Photomultiplier entsprechend zu reduzieren. Erste Testversuche verliefen vielversprechend [Bar 93a]. Gegenwärtig sind 152 Module im Einsatz, welche auf 400 (Januar 1997) bzw. 800 (1998 bis 1999) erweitert werden sollen. Zudem wurde eine spezielle Elektronik zur Suche nach Supernovae und Gamma-Ray-Burstern installiert. Ebenso wie beim BAIKAL-Experiment gibt es einen ersten guten Kandidaten für höchstenergetische Neutrino-Wechselwirkung.

Im Endaufbau ist AMANDA ein Detektor mit einer effektiven Fläche von etwa $0.1\,\mathrm{km}^2$, der Neutrinos im Bereich von 100 GeV bis 1 PeV nachweisen will. Es bestehen hier auch konkrete Vorstellungen, wie man diesen Detektor auf einer Größenordnung von $1\,\mathrm{km}^2$ betreiben könnte [Bar 92c], [Hal 95].

9 Dunkle Materie

Wir wollen uns nun dem vielleicht interessantesten Problem der modernen Astrophysik zuwenden, dem Problem der dunklen Materie („dark matter"). In diesem Problem zeigt sich in besonderem Maße, wie fruchtbar die Zusammenarbeit von Teilchen- und Astrophysikern ist. Es handelt sich, grob gesagt, um die Erkenntnis, daß es im Universum wesentlich mehr gravitativ wechselwirkende als leuchtende Materie zu geben scheint. Was läßt uns zu dieser Vermutung kommen? Aus welcher Materie besteht dieser unsichtbare Teil? Ist er baryonischer oder nicht-baryonischer – eventuell „exotischer" – Natur? Kann man ihn, sofern er existiert, experimentell nachweisen? Auf diese Fragen wollen wir nun näher eingehen.

9.1 Evidenz für dunkle Materie

9.1.1 Dunkle Materie in Galaxien

9.1.1.1 Rotationskurven von Spiralgalaxien

Spiralgalaxien sind Gebilde von Milliarden von Sternen, die in der Form einer rotierenden Scheibe mit einer zentralen Verdichtung („bulge") angeordnet sind (siehe Kap. 6). Nehmen wir einmal eine Kreisbahn der Sterne um das galaktische Zentrum an, so lassen sich die Rotationsgeschwindigkeiten der einzelnen Sterne aus der Gleichheit von Gravitation und Zentrifugalkraft berechnen gemäß

$$F_G = \frac{GmM_r}{r^2} = \frac{mv^2}{r} = F_Z, \tag{9.1}$$

woraus folgt

$$v(r) = \sqrt{\frac{GM_r}{r}}, \tag{9.2}$$

wobei M_r die Masse innerhalb der Bahn mit Radius r ist. Hierbei wurde ausgenutzt, daß sich für zylinder- bzw. kugelsymmetrische Anordnungen die Kräfte der außen liegenden Massen gerade kompensieren. Nimmt man für den Bulge ein kugelförmiges Gebilde mit konstanter Dichte ρ an, so gilt

$$M_r = \rho \cdot V_r = \rho \frac{4}{3} \pi r^3 \tag{9.3}$$

Damit folgt für den innersten Teil einer Galaxie eine *Rotationskurve* (Geschwindigkeit als Funktion des radialen Abstandes vom Zentrum) von

$$v(r) \sim r \tag{9.4}$$

Befindet man sich außerhalb der Galaxie, so entspricht M_r der Gesamtmasse der Galaxie. Es sollte sich demgemäß ein

$$v(r) \sim r^{-1/2} \tag{9.5}$$

ergeben, da $M_r = M_{\text{gal}}$ ist. Mißt man nun die Rotationskurven von Spiralgalaxien mit Hilfe der Dopplerverschiebung, so kommt man bei allen bisher beobachteten Galaxien zu dem Ergebnis

$$v(r) = \text{konstant}$$

für große r (auch beim Mehrfachen der optisch sichtbaren Scheibe), welches bedeutet

$$M_r \sim r \tag{9.6}$$

Dies zeigt die Existenz einer ungeheuren Masse weit über den sichtbaren Bereich hinaus an, die aber optisch nicht in Erscheinung tritt (Abb. 9.1) [Ost 74]. Weiterhin scheint somit noch nie jemand eine ganze Galaxie gesehen zu haben, man kann ihre Gesamtmasse deshalb praktisch nicht abschätzen. Selbst für unsere Milchstraße ist diese unbekannt [Fic 91], [Kul 92]. Diese Tatsache führte zu der Hypothese eines Halos aus dunkler Materie. Die Verteilung der Kugelsternhaufen legt es nahe, eine sphärische Verteilung anzunehmen [Bin 87], [Tho 89]. Jüngst wurden bei Untersuchungen an der Spiralgalaxie NGC 5907 starke Hinweise auf einen dunklen Halo gefunden [Sac 94]. Es gibt noch mehr Gründe für die Annahme eines dunklen Halos:

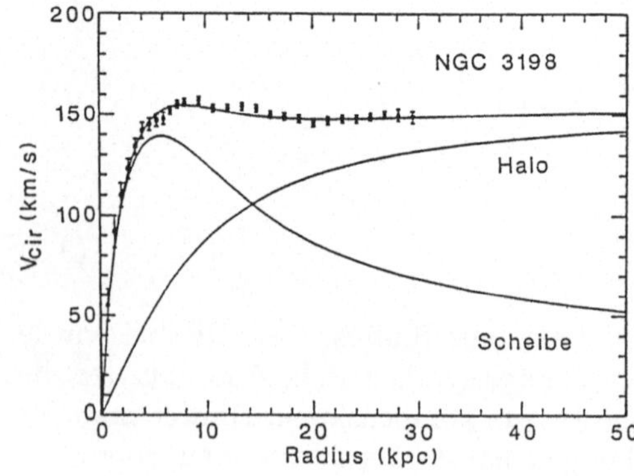

Abb. 9.1
Rotationskurve der Galaxie NGC 3198. Der flache Verlauf bis weit hinaus über den optischen Rand kann nur durch einen sehr massiven dunklen Halo erklärt werden. Die Punkte entsprechen hierbei der Beobachtung, die durchgezogenen Linien entsprechend einem Modell den Beiträgen von Halo und Scheibe (aus [Bin 87]).

• Theoretische Modellrechnungen zeigen, daß reine Scheibengalaxien stark zur Balkenbildung neigen, d.h. innerhalb des zentralen Kerns kommt es zur Ausbildung einer balkenförmigen Struktur [Bin 87]. Es gibt zwar Balkengalaxien, doch ein sphärischer Halo mit einem signifikanten Beitrag von Materie innerhalb des Scheibenradius unterstützt die Stabilität der reinen Scheibe und sorgt somit für ein mit der Beobachtung verträgliches Verhältnis von Spiralgalaxien mit und ohne Balken [Ost 73].
• Die Entstehung von Galaxien geschah wahrscheinlich aus dem gravitativen Kollaps einer sphärischen Protogalaxie. Davon zeugt heute noch der sphärische Halo der Kugelsternhaufen, welche zu den ältesten Objekten im Universum gehören.
• Die Beobachtungen von Galaxien mit polaren Ringen („polar ring galaxies"). Diese besitzen senkrecht zur Scheibenebene einen Ring aus Sternen. Mißt man nun die Rotationsgeschwindigkeiten innerhalb der Scheibe und innerhalb des Rings, so ergeben sich in beiden Fällen flache Kurven, d.h. die Geschwindigkeit bleibt für große Radien etwa konstant [Sch 83]. Dies läßt sich am besten durch die Annahme einer sphärischen Massenverteilung verstehen [Bin 87].
• Der Magellansche Strom. Es handelt sich hierbei um eine Wasserstoffbrücke zwischen Magellanscher Wolke und unserer Milchstraße. Bedeutet er ein gemeinsames gravitatives Potential, so folgt ein sehr massiver dunkler Halo unserer Milchstraße [Fic 91].
• Die Rotationsgeschwindigkeit der Magellanschen Wolken um die Milchstraße. Die jüngsten Messungen hierzu lassen einen ausgedehnten, sehr massiven Halo vermuten [Lin 95].

9.1.1.2 Elliptische Galaxien

Auch elliptische Galaxien enthalten nach stellardynamischen Untersuchungen einen signifikanten Anteil an dunkler Materie. Die Geschwindigkeitsverteilung in elliptischen Galaxien ist jedoch weniger durch eine Rotationsbewegung bestimmt als vielmehr durch ein anisotropes Geschwindigkeitsfeld. Über die inneren Regionen einer elliptischen Galaxie gewinnt man Informationen durch Messung der Geschwindigkeitsdispersion und des Helligkeitsprofils der Oberfläche. Nimmt man eine sphärisch symmetrische Galaxie an, so folgt aus dem hydrostatischen Gleichgewicht und der idealen Gasgleichung eine Massenverteilung von [Bin 87]

$$M(<r) = \frac{k_B T r}{G\mu m_p}\left[-\frac{d\ln\rho}{d\ln r} - \frac{d\ln T}{d\ln r}\right] \tag{9.7}$$

Hierbei ist μ das mittlere Molekulargewicht und m_p die Protonenmasse. Durch Ausmessen des Dichteprofils $\rho(r)$ und des Temperaturprofils $T(r)$ ist es so prinzipiell möglich, die Massenverteilung zu bestimmen. Das Dichteprofil gewinnt man hierbei aus dem Leuchtkraftprofil, da für ein optisch dünnes, voll ionisiertes Gas $L \sim \rho^2$ gilt. Am besten untersucht in diesem Zusammenhang ist die Galaxie M87. Eine Analyse ihrer Daten gibt einen nahezu linearen Anstieg der Masse bis über 300 kpc hinaus, was ein $M(r < 300\,\text{kpc}) \simeq 3 \cdot 10^{13} M_\odot$ ergibt [Ste 84]. Dies würde bedeuten, daß mehr als 99 % von M87 aus dunkler Materie besteht. Es ist nun die Frage, inwiefern M87 eine typische Galaxie ist, da sie im Zentrum des Virgohaufens steht, und dadurch mit ihren Nachbarn in starker gravitativer Wechselwirkung. Für weitere Evidenz von dunkler Materie in elliptischen Galaxien siehe z.B. [Sag 93]. Eine weitere Möglichkeit der Massenbestimmung eröffnete sich, als man feststellte, daß nahezu alle leuchtkräftigen Ellipsen etwa $10^{10} M_\odot$ Gas in Form von Gashalos mit einer Ausdehnung von mindestens 50 kpc enthalten [For 85]. Aufgrund der Röntgenemission dieses heißen Gases läßt sich seine Temperatur zu etwa 10^7 K bis 10^8 K ableiten, welches eine Geschwindigkeit der Teilchen bedeutet, die weit über der aus der sichtbaren Masse hergeleiteten Fluchtgeschwindigkeit liegt. Falls dieses Gas wirklich gravitativ gebunden ist, benötigt man wesentlich mehr Masse. Durch neue Beobachtungen der Röntgenhalos mit dem ROSAT-Satelliten wird die Evidenz für dunkle Materie unterstützt [Trü 93].

9.1.1.3 Dunkle Materie in Zwerg-Sphäroiden

Einen ausgesprochen großen Anteil an dunkler Materie scheinen die Zwerg-Sphäroiden (siehe Kap. 6) zu enthalten. Wenn es sich bei ihnen wirklich um Systeme im dynamischen Gleichgewicht handelt, erfordert dies eine etwa 10-fach höhere Zentraldichte an dunkler Materie als in leuchtkräftigen Systemen [DaC 92], [Sil 93].

9.1.2 Dunkle Materie in Galaxienhaufen

Wir wollen uns nun den Galaxienhaufen zuwenden. Zur Massenbestimmung dient hier meist das Virialtheorem

$$2\langle E_{\text{kin}}\rangle + \langle E_{\text{pot}}\rangle = 0 \tag{9.8}$$

Bei diesen Abschätzungen ist jedoch immer zu berücksichtigen, daß das Virialtheorem nur unter bestimmten Bedingungen angewendet werden darf. So sollte es sich um ein abgeschlossenes System handeln, welches sich im mechanischen Gleichgewicht befindet, und außerdem geht das zeitliche Mittel des Systems ein. Ob nun die beobachteten Haufen dies wirklich erfüllen, also relaxiert sind, ist nicht ganz einfach zu bestimmen, und damit die Anwendbarkeit des Virialsatzes fraglich. Nehmen wir die Gültigkeit einmal an, so ergibt sich für N Galaxien in einem Haufen die kinetische Energie

$$\langle E_{\text{kin}} \rangle = \frac{1}{2} N \langle mv^2 \rangle, \tag{9.9}$$

und mit $1/2N(N-1)$ unabhängigen Galaxienpaaren für die potentielle Energie

$$\langle E_{\text{pot}} \rangle = -\frac{1}{2} G N (N-1) \frac{\langle m^2 \rangle}{\langle r \rangle} \tag{9.10}$$

Mit $(N-1) \approx N$ und $N\langle m \rangle = M$ ergibt sich als Abschätzung einer dynamischen Masse

$$M \approx \frac{2\langle r \rangle \langle v^2 \rangle}{G} \tag{9.11}$$

Durch Messung der Größen r und v ist es nun möglich, M zu berechnen, und es zeigt sich, daß beispielsweise für den Coma-Haufen sich Werte von

$$\frac{M}{L} \approx 300h \frac{M_\odot}{L_\odot} \tag{9.12}$$

ergeben [Ken 83], wobei die Unsicherheit einen Faktor zwei beträgt. Eine wahrscheinlich bessere Methode zum Austesten des Gravitationspotentials von Galaxienhaufen besteht in der Untersuchung des heißen Röntgengases. Eine Untersuchung mit Hilfe von ROSAT zeigt [Trü 93], [Böh 94], daß typischerweise 10 bis 40 % der Gesamtmasse in Form dieses Gases vorliegt. Dies bedeutet jedoch auch, daß, da der Anteil der sichtbaren Galaxien nur etwa 1 bis 7 % beträgt, immer noch typischerweise etwa zwei Drittel der gesamten Haufenmasse aus unbeobachteter dunkler Materie besteht. Ebenfalls mit Hilfe von ROSAT ist ein weiteres starkes Argument für dunkle Materie in sehr kleinen Galaxienhaufen aufgekommen. Bei der Beobachtung des relativ kleinen Galaxienhaufens NGC 2300 konnte eine signifikante Röntgenemission beobachtet werden, die von dem heißem ($T = 10^7\,\text{K}$), intergalaktischen Gas herrührt. Dieses ist zudem zum Haufenzentrum hin konzentriert. Dies läßt die Annahme vernünftig erscheinen, daß dieses Gas gravitativ an den Haufen gebunden ist. Hieraus leitet sich eine Masse der Gruppe ab, bei der der baryonische Anteil in Form von Gas und Galaxien nur 4 % (maximal 15 %) ausmacht, der Rest ist dunkle Materie [Mul 93]. Andererseits legt die ROSAT-Beobachtung einer weiteren kleinen Galaxiengruppe (HGC62) nahe, daß mindestens 13 % der totalen Masse als baryonische Materie vorliegt [Pon 93]. Die Beobachtung von 13 solcher kleiner Haufen ergibt, daß das heiße Röntgengas etwa 10 bis 30 % der Gesamtmasse der Haufen ausmacht [Pil 95], [Sch 95]. Eine Klärung werden nur weitere Beobachtungen bringen können. Hierzu werden in Zukunft der Gravitationslinseneffekt (siehe Kap. 9.2.2.1) und der Sunyaev-Zeldovich-Effekt (siehe Kap. 7) Bedeutung erlangen (siehe auch [Böh 95]).

9.1.3 Dunkle Materie und großräumige Struktur

Wie wir bereits in Kap. 6 gesehen haben, ergeben sich auch durch Modellierung der großräumigen Struktur im Universum Grenzen für Ω. So ergibt die POTENT-Methode (siehe Kap. 6), welche aus dem beobachteten Geschwindigkeitsfeld die zugrundeliegende Massenverteilung berechnet, typischerweise Werte für Ω zwischen 0.3 bis 2.5, d.h. weit über dem Wert, der der in der primordialen Nukleosynthese erzeugten *baryonischen* Dichte entspricht (siehe Kap. 4).

Weitere Hinweise auf die Zusammensetzung der dunklen Materie kommen aus dem in Kap. 6 besprochenen Fluktuationsspektrum, aus dem sich die großräumige Struktur entwickelte. Mit den Messungen der Anisotropien der Hintergrundstrahlung durch COBE und dem IRAS-Galaxien-Survey kann dieses Spektrum experimentell fixiert werden. Es zeigt sich, daß man für eine konsistente Beschreibung sowohl heiße als auch kalte dunkle Materie benötigt (siehe auch Kap. 9.2.3.3).

9.1.4 Dunkle Materie und Kosmologie

Ein kosmologischer Gesichtspunkt zur Problematik der dunklen Materie besteht in dem Schicksal des Universums, gekennzeichnet durch den Wert von Ω. Das in Kap. 3 besprochene, theoretisch attraktive Modell der Inflation sagt i.a. einen Wert von $\Omega = 1$ vorher. Die in Kap. 5 beschriebenen Beobachtungen zur Bestimmung von q_0 scheinen in der Tat sich diesem Wert anzunähern (Abb. 9.2). Berücksichtigt man die Ergebnisse der primordialen Nukleosynthese (siehe Kap. 4), so ist der maximale Beitrag der baryonischen

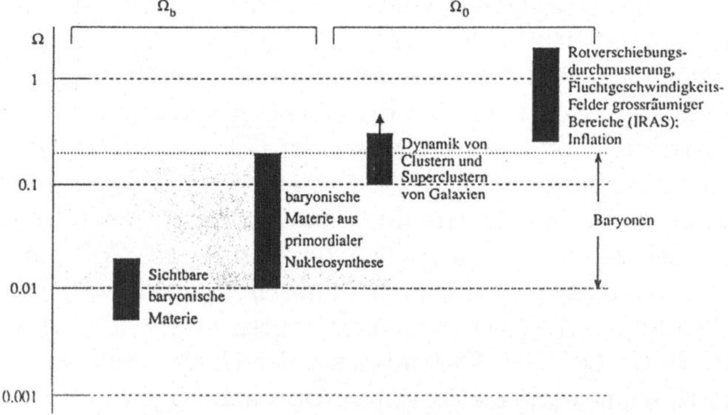

Abb. 9.2 Der Wert von Ω als Funktion der Entfernungsskala des betrachteten Bereichs im Universum. Die Messungen scheinen darauf hinzudeuten: Je größer die Skala ist, auf der man beobachtet, desto größer ist Ω (aus [Kla 95]).

Materie $\Omega_B \leq 0.11$, d.h. unsere fehlende Masse *muß* bei Annahme von Inflation – wie bereits aus der großräumigen Struktur geschlossen (siehe Kap. 6) – *nichtbaryonischer* Natur sein (dies gilt nur im Falle $\Lambda = 0$. Die mit einem $\Lambda > 0$ verbundene Energiedichte des Vakuums könnte auf großen Skalen die fehlende dunkle Materie weitgehend ersetzen (siehe Kap. 9.2.1)!). In der Tat scheinen die Beobachtungsergebnisse nichts gegen eine gleichmäßig verteilte, nichtbaryonische Komponente zu haben, da alle besprochenen *dynamischen* Tests nicht sensitiv darauf wären. Man würde hier ihren kleinen Beitrag aufgrund der starken Dichteüberhöhung aufgrund normaler Materie in Galaxien und Haufen in der Dynamik schlicht nicht merken.

Als Fazit bleibt zu sagen: Die beobachtete, sichtbare Matierie reicht nicht aus, das Universum zu schließen. Auch eine Erklärung der Rotationskurven von Galaxien und des Verhaltens von Galaxienhaufen scheint nicht möglich. Nimmt man die Inflation ernst, so ist dunkle Materie unter der Annahme $\Lambda = 0$ zwangsläufig. Baryonische Formen von dunkler Materie scheinen als Erklärung für die Rotationskurven zu funktionieren, scheitern aber bei den großräumigeren Problemen. Inflation und primordiale Nukleosynthese erfordern mehr als 80 % der Materie im Universum in einer unbekannten, dunklen, nichtbaryonischen Form!

9.2 Kandidaten für dunkle Materie

Nachdem wir uns mit den Hinweisen auf die Existenz von dunkler Materie beschäftigt haben, und deren Existenz sich immer mehr verifiziert, wollen wir in diesem Kapitel besprechen, was als dunkle Materie in Frage kommt. Bevor wir zu den Kandidaten aus der Elementarteilchenphysik kommen, diskutieren wir alternative Erklärungsversuche.

9.2.1 „Uneigentliche" Kandidaten

- Die kosmologische Konstante

Wie wir in Kap. 5 schon gesehen haben, besitzt das Vakuum eine nichtverschwindende Energiedichte, die sich in der kosmologischen Konstante Λ äußert. Ein nichtverschwindendes Λ sorgt für eine Umdefinition (Verringerung) der kritischen Dichte bzw. des Dichteparameters

$$\rho_{c,0} = \frac{3H_0^2 - \Lambda c^2}{8\pi G} \tag{9.13}$$

bzw.

$$\Omega_0 = \frac{8\pi G\rho_0}{3H_0^2 - \Lambda c^2} \tag{9.14}$$

So folgt eine der Abschätzungen für Λ daraus, daß die kritische Dichte nicht negativ sein darf

$$\Lambda \leq \frac{3H_0^2}{c^2} \approx 3.5 \cdot 10^{-56}\,\text{cm}^{-2} \tag{9.15}$$

Wenn man annimmt, daß man ein $\Lambda \neq 0$ nicht nur benötigt, um ein inflationäres Universum zu erzeugen, sondern, daß es auch in der weiteren Entwicklung des Universums eine Rolle gespielt hat (siehe z.B. [Pee 84], [Blo 84], [Kla 86a]), dann läßt sich zeigen, daß ein in inflationären Modellen gefordertes $\Omega = 1$ erzeugbar wäre, wenn nur die kosmologische Konstante einen Wert von

$$\Lambda_{\Omega=1} = \frac{3H_0^2}{c^2}(1 - \Omega_{\Lambda=0}) \tag{9.16}$$

hätte. Dabei ist $\Omega_{\Lambda=0}$ das scheinbare Ω, bestimmt aus der Materiedichte ρ_0. Nimmt man einmal ein H_0 von $(75 \pm 25)\,\text{km/s Mpc}$ und ein $\Omega_0 = 0.2 \pm 0.1$ an, so ergibt sich ein

$$\Lambda_{\Omega=1} = (1.6 \pm 1.1) \cdot 10^{-56}\,\text{cm}^{-2}, \tag{9.17}$$

welches mit allen experimentellen Grenzen (siehe Kap. 5) verträglich ist. Ein endlicher Wert der kosmologischen Konstanten verhält sich also wie eine gleichförmig verteilte, dunkle Materie. Dieser Lösungsvorschlag erspart damit weitgehend einen Griff in den Zoo exotischer Elementarteilchen.

• Abweichungen von der Newtonschen Dynamik
Diese MOND (modified Newtonian dynamics)-Theorien ändern das Gravitationsgesetz. So sollte unterhalb einer kritischen Beschleunigung von $a_0 = 10^{-8}\,\text{cm}\,\text{s}^{-2}$ das Gravitationsgesetz übergehen in (siehe z.B. [Mil 83], [Bec 84], [San 90])

$$a_G = \frac{GM}{r} + \frac{\sqrt{GMa_0}}{r} \tag{9.18}$$

Dies könnte die flachen Rotationskurven erklären. Für eine Diskussion von Abweichungen vom bekannten Gravitationsgesetz siehe z.B. [Kla 95].

• Eine zeitabhängige Gravitationskonstante (z.B. G $\sim t^{-1}$ [Dir 37]) kann große Bedeutung für die Berechnung der primordialen Elementhäufigkeiten besitzen und damit auch für die Vorhersage von Ω_B [Sta 92b]. Allerdings zeigen Präzisionsmessungen keinerlei Anzeichen für eine Zeitabhängigkeit, darüber hinaus entspricht dies letztlich einer Nichterhaltung der Energie, was man nur sehr ungern in Kauf nimmt.

Alle diese Modelle funktionieren jedoch nur als Lösungen für einen Teilaspekt der dunklen Materie und können damit nicht alle Probleme gleichzeitig lösen. Wir wollen uns deshalb den anderen Kandidaten zuwenden.

9.2.2 Baryonische dunkle Materie

Unter dieser Art von Kandidaten versteht man noch relativ ‚realitätsnahe' Objekte, wie Planeten, Braune Zwerge, Weiße Zwerge oder Schwarze Löcher [Car 94]. Es handelt sich also um Körper, die es entweder nie geschafft haben, ein Stern zu werden ($M < 0.08 M_\odot$, wie etwa Planeten oder Braune Zwerge), oder um die Überbleibsel eines Sterns, wie etwa die Weißen Zwerge oder die Schwarzen Löcher. Zu beachten hierbei ist jedoch, daß man bei der Lösung des Problems der dunklen Materie die bereits erwähnte Grenze aus der primordialen Nukleosynthese für den Anteil baryonischer Materie hat. Es ist aber auch bemerkenswert, daß die Rotationskurven von Galaxien gerade Werte für Ω benötigen, die mit diesem Grenzwert gut übereinstimmen. Dies bedeutet, daß für die Erklärung der Rotationskurven von Galaxien die baryonische Materie durchaus ausreichend zu sein scheint. Aus diesem Grund hat man vor kurzem eine größere Suche nach diesen sogenannten MACHOs („massive compact halo objects") gestartet. Hierzu benutzt man den von der allgemeinen Relativitätstheorie vorhergesagten Gravitationslinseneffekt.

9.2.2.1 Der Gravitationslinseneffekt

Hierunter versteht man die Erzeugung von Mehrfach-Bildern eines Objektes aufgrund von Massen zwischen Quelle und Beobachter. Prinzipiell kennt man heutzutage drei Arten dieses Effektes:

- Mehrfachbilder von Quasaren, erzeugt durch Galaxien oder Galaxienhaufen
- Lichtbögen, d.h. Bilder von Galaxien mit hoher Rotverschiebung, welche durch einen auf dem Weg des Lichts liegenden Galaxienhaufen erzeugt werden
- Radioringe, d.h. Bilder von punktförmigen Radioquellen, die von Galaxien erzeugt werden.

Das erste Objekt dieser Art war der Doppelquasar Q0957+561 im Jahre 1979 [Wal 79]. Tab. 9.1 zeigt einige der bekannten Objekte aus diesen drei Gruppen. Zum Verständnis des Phänomens betrachten wir Abb. 9.3, wobei eine Anwendung der geometrischen Optik ausreichend ist [Bla 92]. Diese Näherung bedeutet die Annahme eines schwachen Gravitationsfeldes, kleiner Winkel und einer dünnen Linse.

Betrachten wir in einem homogenen Friedmann-Universum die Winkeldurchmesserentfernung $D(z_i, z_j)$ eines Objektes, welche die Distanz ξ_j bei

Tab. 9.1 Mehrfachbilder von Radiogalaxien (Lichtbögen) und Punktquellen (Radioringe). z_s, z_d entsprechen der Rotverschiebung der Quelle bzw. Linse (aus [Bla 92]).

Quelle	z_s	z_d	$\theta_{\max}$
Q0957+561AB	1.41	0.36	6.1″
Q0142–100AB	2.72	0.49	2.2″
Q2016+112ABC	3.27	1.01	3.8″
Q0414+053ABCD	2.63	?	3″
Q1115+080A$_1$A$_2$BC	1.72	?	2.3″
H1413+117ABCD	2.55	?	1.1″
Q2237+031ABCD	1.69	0.039	1.8″
Lichtbögen			
Abell 370	0.72	0.37	
Abell 963	0.77	0.21	
Abell 1352	?	0.28	
Abell 1525	?	0.26	
Abell 1689	?	0.18	
Abell 2163	?	0.17	
Abell 2218	?	0.17	
Abell 2390	0.92	0.23	
Cl 0024+17	?	0.39	
Cl 0302+17	?	0.42	
Cl 0500–24	0.91	0.32	
Cl 1409+52	?	0.46	
Cl 2244–02	2.23	0.33	
Radioringe			
MG1131+0456	?	?	2.2″
0218+357	?	?	0.3″
MG1549+3047	?	0.11	1.8″
MG1634+1346	1.75	0.25	2.1″
1830–211	?	?	1.0″

einer Rotverschiebung z_j mit der Winkelausdehnung bei Beobachtung θ_i verbindet. Eine Beobachtung bei einer Rotverschiebung z_i mit $z_i < z_j$ ergibt [Bla 92]

$$D(z_i, z_j) = \frac{\xi_j}{\theta_i} = \frac{2c}{H_0} \frac{(1 - \Omega_0 - F_i F_j)(F_i - F_j)}{\Omega_0^2 (1 + z_i)(1 + z_j)^2}, \tag{9.19}$$

$$\text{wobei} \quad F_{i,j} = (1 + \Omega_0 z_{i,j})^{1/2}$$

Aus der Abb. 9.3 kann man leicht die Linsengleichung entnehmen, welche Quellen- mit Bildposition verknüpft

$$\beta = \theta - \alpha(\theta) \tag{9.20}$$

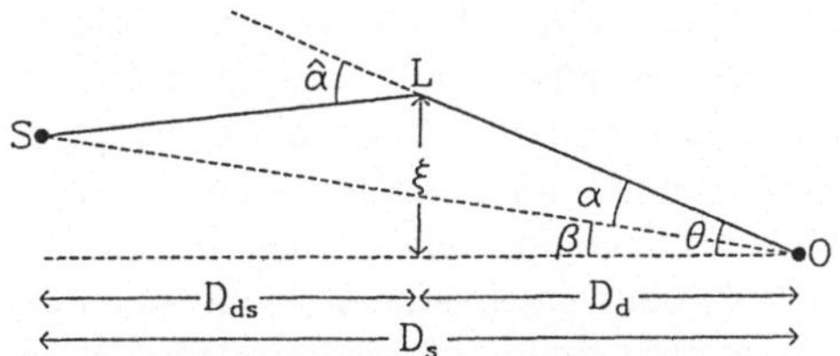

Abb. 9.3 Die dem Gravitationslinseneffekt zugrundeliegende Strahlengeometrie. Ein Lichtstrahl von einer Quelle S mit einer Rotverschiebung z_s fällt auf eine Linse L bei einer Rotverschiebung z_d mit einem Stoßparameter ξ bezogen auf ein geeignetes Linsenzentrum. Unter der Annahme einer dünnen Linse kann der Einfluß der Linse beschrieben werden durch einen Ablenkungswinkel $\hat{\alpha}(\xi)$. Der Strahl erreicht dann den Beobachter O, der das Bild an einer Position θ am Himmel beobachtet. Die wahre Position der Quelle ohne Linse ist jedoch β. Ebenfalls dargestellt sind die Winkeldurchmesserdistanzen D_d, D_S und D_{ds}, die Quelle, Linse und Beobachter trennen (aus [Bla 92]).

Der reduzierte Ablenkwinkel $\alpha(\theta)$ und der wahre Ablenkwinkel $\alpha(\xi = D_d\theta)$ sind dabei verknüpft gemäß

$$\alpha(\theta) = D_{ds}\alpha(\xi)/D_s \tag{9.21}$$

Da andererseits der Effekt als Krümmung des Lichtweges aufgrund eines Gravitationspotentials im Rahmen der Allgemeinen Relativitätstheorie beschrieben wird, kann hieraus der Beugungswinkel $\alpha(\xi)$ mit dem Gravitationspotential verknüpft werden. Für eine punktförmige Linse ergibt sich ein Ablenkwinkel

$$\alpha = \frac{2R_S}{\xi} \rightarrow \alpha = \frac{4GM}{\xi c^2} \tag{9.22}$$

Hierbei ist M die Linsenmasse und $R_S \approx 3M/M_\odot$ [km] der Schwarzschildradius. Für eine Galaxie mit $10^{12}M_\odot$ entsprechend einem Schwarzschildradius von 0.1 pc findet in einem Abstand von 10 kpc eine Ablenkung um $\alpha \approx 2 \cdot 10^{-4} = 4''$ statt. Ein Objekt direkt auf der Sichtlinie zur Quelle sorgt für einen ringförmiges Bild (Einstein-Ring) mit einem Winkeldurchmesser von [Bla 92]

$$\theta_E = \left(\frac{4GM}{Dc^2}\right)^{1/2} = 3\left(\frac{M}{M_\odot}\right)^{1/2}\left(\frac{D}{1Gpc}\right)^{-1/2} \mu\text{arcsec}, \tag{9.23}$$

$$\text{wobei} \quad D = \frac{D_s D_d}{D_{ds}}$$

Realistischere Modelle für Linsen führen zu einer erheblich komplexeren Beschreibung, sowohl was die Anzahl der entstehenden Bilder als auch die entsprechende Verstärkung betrifft (siehe z.B. [Bla 92], [Wu 95]).

Mit diesem Effekt hofft man auch, die in Kap. 6 besprochenen kosmischen Strings nachzuweisen. Er ist aber auch von quantitativer Bedeutung. Der Winkelabstand der Quasarbilder hängt von der Gesamtmasse der Linse ab. Es ist somit möglich, die Gesamtmasse einer Galaxie oder eines Haufens, der die Linse darstellt, zu bestimmen. Aufgrund von Laufzeitunterschieden entlang der verschiedenen Lichtwege der Bilder äußern sich beispielsweise auftretende Helligkeitsvariationen der Quelle zu verschiedenen Zeitpunkten in den Bildern, da ja alle Bilder die gleiche Quelle haben. Unter Zuhilfenahme eines realistischen Modells für die Linse ist es somit möglich, die Hubble-Konstante zu messen [Ref 64]. Für obigen Doppelquasar ist in der Tat ein Laufzeitunterschied von (1.48 ± 0.03) a gemessen worden, allerdings sind die Parameter noch zu modellabhängig, um die Hubble-Konstante daraus zu bestimmen [Pre 92]. Diese Methode wird aber in Zukunft an Bedeutung gewinnen. Eine ganze Menge weiterer Aussagen über kosmologisch relevante Größen kann mit Gravitationslinsen untersucht werden. Diese Untersuchungen befinden sich aber alle noch im Anfangsstadium [Car 92].

Neben dem Linseneffekt einer ganzen Ansammlung von Massen gibt es auch den Effekt des *Mikrolensings.* Hierbei kommt es zu Modifikationen und Verstärkungen der Bilder von Sternen aufgrund des Durchganges eines massiven, kompakten Objektes. Genau dieses Mikrolensing ist es, womit man nach den MACHOs suchen sollte [Pac 86]. Es sollte bei der Suche von Objekten mit Massen zwischen 10^{-5} und $10^2 M_\odot$ in unserem Halo funktionieren. Entscheidend für das Experiment ist der *Einstein-Radius*, gegeben durch

$$R_e = \frac{2\sqrt{L}}{c}(Gmx(L-x))^{\frac{1}{2}}, \tag{9.24}$$

wobei m die Linsenmasse, L den Abstand Quelle-Beobachter und x den Abstand Linse-Beobachter darstellt. Der Einstein-Ring ist also proportional zur Wurzel der Linsenmasse. Da eine vollständige Bedeckung unwahrscheinlich ist, wird kein Ring, sondern anstelle dessen Zweifachbilder entstehen, die jedoch bei der MACHO-Suche nicht aufgelöst werden können. So äußert sich der Effekt in einer Verstärkung. Die Verstärkung A ist durch die Formel

$$A(t) = \frac{u^2+2}{u\sqrt{u^2+4}} \tag{9.25}$$

gegeben, wobei $u = b/R_e$ der Stoßparameter (ein Maß, in welcher Entfernung von der Sichtlinie sich die Linse befindet) in Einheiten des Einstein-Radius ist. Bewegt sich das MACHO mit einer transversalen Geschwindigkeit v, so ist die Dauer des Phänomens gegeben durch

$$t = \frac{R_e}{v} \approx 100\sqrt{\frac{M_{\mathrm{MACHO}}}{M_\odot}} \text{ Tage} \tag{9.26}$$

Die Signaturen sind relativ eindeutig und können zur Diskriminierung vor allem gegen veränderliche Sterne benutzt werden:

- Es kann eine hohe Lichtverstärkung erreicht werden (mehr als 0.75^m, ein in der Astronomie leicht meßbarer Effekt)
- Das Phänomen hat eine eindeutige, symmetrische Lichtkurve charakterisiert durch nur drei Parameter (maximale Helligkeit, Dauer und Zeitpunkt des Maximums)
- Die Veränderung ist achromatisch, d.h. sie findet in allen Spektralbereichen gleich statt (Veränderliche Sterne ändern gewöhnlich ihre Farbe)
- Ein solches Ereignis sollte aufgrund statistischer Überlegungen nur einmal pro Stern stattfinden

Gegenwärtig sind drei Gruppen bei der Ausführung dieses Programms [Uda 92], [Ben 93], [Mag 93]. Durch jahrelange Beobachtung von Einzelsternen in der uns benachbarten Großen Magellanschen Wolke (LMC = engl. Large Magellanic Cloud) wollen zwei Gruppen (MACHO- und EROS-Kollaboration) diesen Effekt beim Durchgang eines MACHOs in unserem Halo beobachten. Dies bedeutet eine riesige Datenflut, da viele Millionen

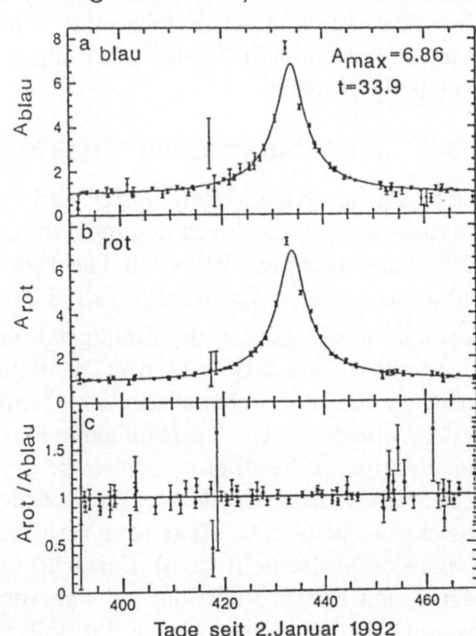

Abb. 9.4
Helligkeitsverlauf eines der bisher gefundenen MACHO-Kandidaten. Deutlich zu sehen ist die Symmetrie im Verlauf, in den verschiedenen Farben, ebenso dargestellt im Verhältnis. Im Falle eines Veränderlichen Sterns wäre dies nicht konstant. (aus [Alc 93]).

Sterne jede Nacht in mehreren Spektralbereichen über mehrere Jahre beobachtet werden müssen. Die OGLE-Kollaboration konzentriert sich hingegen mehr auf das galaktische Zentrum, welches auch von der MACHO-Kollaboration untersucht wird. So wurden hier 12 Ereignisse beobachtet [Uda 94], welche sich jedoch durch den Linseneffekt normaler Sterne erklären lassen (hinzu kommen noch mehr als 80 Ereignisse der MACHO-Kollaboration [Alc 93], [Alc 95], [Alc 96]). Diese Studien zeigen jedenfalls, daß solche Linseneffekte gar nicht so selten sind, wie man bisher angenommen hat. Großes Aufsehen erregten jüngst positive Evidenzen der MACHO- (8 Kandidaten) [Alc 93], [Alc 95], [Alc 96] und der EROS-Kollaboration (2 Kandidaten) [Aub 93] bei Beobachtung der LMC. Aufgrund der Dauer wird eine wahrscheinlichste, wenn auch stark modellabhängige Masse der Linsenobjekte von etwa $0.5^{+0.3}_{-0.2} M_\odot$ angegeben (Abb. 9.4). Neben dem Beweis, daß es in unserem Halo in der Tat Objekte gibt, die den Mikrolinsen-Effekt erzeugen, lassen Studien über die beobachtbare Häufigkeit in Richtung zum galaktischen Zentrum und in Richtung zur LMC den Schluß zu, daß die MACHOs etwa 50 % des dunklen Halos ausmachen können, da weniger Ereignisse als erwartet beobachtet wurden [Alc 95], [Gat 95]. Aus der Abwesenheit sehr kurzer Ereignisse folgt zudem die Einschränkung, daß Objekte zwischen $10^{-4} M_\odot$ und $0.03\ M_\odot$ weniger als 20 % des Halos ausmachen [Alc 96], [Mil 96].

Motiviert durch diese Erfolge sind Überlegungen im Gange, auch M 31 (Andromeda) mit Hilfe des Mikrolinseneffektes zu beobachten (AGAPE) [Ans 95d], [Ans 96].

9.2.3 Nichtbaryonische dunkle Materie

Die möglichen Kandidaten hierfür sind weniger durch physikalische Randbedingungen als mehr durch den menschlichen Erfindungsgeist und die daraus hervorgehenden physikalischen Theorien beschränkt. Einige der am meisten diskutierten Kandidaten zeigt Tab. 9.2.

Betrachten wir zuerst die Häufigkeit von Relikten aus der Frühzeit des Universums (wie z.B. massiven Neutrinos), welches sich im thermodynamischem Gleichgewicht befand. Für Temperaturen T sehr viel größer als die Teilchenmasse m ist die Häufigkeit ähnlich jener der Photonen, während bei niedrigeren Temperaturen (bzw. großen Massen) die Häufigkeiten exponentiell (Boltzmann-Faktor) unterdrückt sind. Wie lange ein Teilchen im Gleichgewicht bleibt, hängt vom Verhältnis der Reaktionsraten zur Hubble-Expansion ab (siehe Kap. 3). Betrachtet man stabile, langlebige Teilchen, so bestimmen Paarproduktion und Paarvernichtung ihre Häufigkeit. Die Teilchendichte n wird dann durch die Boltzmann-Gleichung [Kol 90]

Tab. 9.2 Zusammenfassung nichtbaryonischer Kandidaten für Dunkle Materie*
(aus [Pri88]).

Teilchenkandidat	Ungefähre Masse	Vorhergesagt durch	Astrophys. Effekt
$G(R)$	–	Nicht-Newtonsche Gravitation	Scheinbare DM auf großen Skalen
Λ (kosmologische Konstante)	–	Allgemeine Relativität	$\Omega = 1$ ohne DM
Axion, Majoron, Goldstone-Boson	10^{-5} eV	QCD; PQ-Symmetrie-brechung	Kalte DM
Gewöhnliches Neutrino	10 – 100 eV	GUTs	Heiße DM
Leichtes Higgsino, Photino, Gravitino Axino, Sneutrino**	10 – 100 eV	SUSY/SUGRA	Heiße DM
Para-Photon	20 – 400 eV	Modifizierte QED	Heiße, warme DM
Rechtshändiges Neutrino	500 eV	Superschwache Wechselwirkung	Warme DM
Gravitino etc.**	500 eV	SUSY/SUGRA	Warme DM
Photino, Gravitino, Axino, Spiegelteilchen, Simpson-Neutrino**	keV	SUSY/SUGRA	Warme/kalte DM
Photino, Sneutrino, Higgsino, Gluino Schweres Neutrino**	MeV	SUSY/SUGRA	Kalte DM
Schattenmaterie	MeV	SUSY/SUGRA	Heiß/kalt (wie Baryonen)
Präon	20 – 200 TeV	Composite models	Kalte DM
Monopole	10^{16} GeV	GUTs	Kalte DM
Pyrgon, Maximon, Perry Pole, Newtorite, Schwarzschild	10^{19} GeV	Höherdimen- sionale Theorien	Kalte DM
Supersymmetrische Strings	10^{19} GeV	SUSY/SUGRA	Kalte DM
Quark-Nuggets, Nuklearite	10^{15} g	QCD, GUTs	Kalte DM
Primordiale Schwarze Löcher	10^{15-30} g	Allgemeine Relativität	Kalte DM
Kosmische Strings, Domain Walls	$10^{8-10} M_\odot$	GUTs	Unterstützen Galaxienbildung, können aber nicht viel zu Ω beitragen

* DM, Dunkle Materie; PC, Peccei & Quinn; SUGRA, Supergravitation; andere siehe Text.

** Von diesen verschiedenen supersymmetrischen Teilchen, die von unterschiedlichen supersymmetrischen Theorien bzw. der Supergravitation vorhergesagt werden, kann nur eines, das leichteste, stabil sein und zu Ω beitragen, die Theorien können aber zum augenblicklichen Zeitpunkt keine Aussagen über die Art oder erwartete Masse der Teilchen liefern.

$$\frac{dn}{dt} + 3Hn = -\langle\sigma v\rangle_{\text{ann}}(n^2 - n_{\text{eq}}^2) \tag{9.27}$$

bestimmt, wobei H die Hubble-Konstante, $\langle\sigma v\rangle_{\text{ann}}$ das thermisch gemittelte Produkt aus Annihilations-Wirkungsquerschnitt und Geschwindigkeit und n_{eq} die Gleichgewichtshäufigkeit darstellt. Der Annihilations-Wirkungsquerschnitt eines Teilchens ergibt sich aus Berücksichtigung aller seiner Zerfallskanäle. Es ist sinnvoll, die Temperaturabhängigkeit des Wirkungsquerschnittes wie folgt zu parametrisieren: $\langle\sigma v\rangle_{\text{ann}} \sim v^p$, wobei bei dieser Partialwellenzerlegung $p = 0$ einer s-Wellen-Vernichtung, $p = 2$ einer p-Wellen-Vernichtung etc. entspricht. Da weiterhin $\langle v\rangle \sim T^{1/2}$ ist, folgt $\langle\sigma v\rangle_{\text{ann}} \sim T^n$, mit $n = 0$ s-Welle, $n = 1$ p-Welle etc. Diese Parametrisierung erweist sich als nützlich bei der Berechnung von Häufigkeiten für Dirac- und Majorana-Teilchen. Während die Vernichtung von Dirac-Teilchen nur über s-Wellen abläuft, d.h. geschwindigkeitsunabhängig, haben Majorana-Teilchen auch einen Beitrag über p-Wellen-Vernichtung. Dies führt zu unterschiedlichen Häufigkeiten. Betrachten wir einmal drei Modelle als Beispiele.

9.2.3.1 Heiße dunkle Materie, leichte Neutrinos

Leichte Neutrinos bleiben relativistisch und frieren bei etwa 1 MeV aus, so daß sich für ihre Dichte ergibt

$$\rho_\nu = \sum_i m_{\nu i} n_{\nu i} = \Omega_\nu \rho_c \tag{9.28}$$

Es folgt damit für ein $\Omega \approx 1$ eine Massengrenze für leichte Neutrinos (Massen kleiner als etwa 1 MeV) [Cow 72]

$$\sum_i m_{\nu i}\left(\frac{g_\nu}{2}\right) = 92\,\text{eV}\,\Omega_\nu h^2 \tag{9.29}$$

Mit den in Kap. 2 angegebenen experimentell bestimmten Massengrenzen und der Kenntnis von nur drei leichten Neutrinos scheidet ν_e als dominanter Teil hierfür schon aus, jedoch sind ν_μ und ν_τ weiterhin hoffnungsvolle Kandidaten [Car 89]. Nimmt man andererseits diese Grenze ernst, so liefert sie die gegenwärtig schärfste Grenze für die Masse des Myon- und Tau-Neutrinos.

9.2.3.2 Kalte dunkle Materie, schwere Teilchen, WIMPs

Das Ausfrieren von nichtrelativistischen Teilchen mit Massen von GeV und höher hat die interessante Eigenschaft, daß die Häufigkeit invers proportional zum Vernichtungsquerschnitt ist. Dies folgt direkt aus der Boltzmann-Gleichung. Es bedeutet: je schwächer die Teilchen wechselwirken, desto häufiger sind sie noch heutzutage. Solche schwach wechselwirkenden, massiven Teilchen nennt man allgemein WIMPs („Weakly interacting massive particles"). Nehmen wir ein WIMP mit Masse $m_{\rm WIMP}$ kleiner als die Z^0-Masse, so ist [Kol 90] der Wirkungsquerschnitt ungefähr gleich $\langle\sigma v\rangle_{\rm ann} \approx G_F^2 m_{\rm WIMP}^2$, was bedeutet, daß

$$\Omega_{\rm WIMP} h^2 \approx 3 \left(\frac{m_{\rm WIMP}}{\rm GeV}\right)^{-2} \tag{9.30}$$

Oberhalb der Z^0-Masse nimmt wegen der Impulsabhängigkeit des Z^0-Propagators der Annihilationswirkungsquerschnitt mit $m_{\rm WIMP}^{-2}$ ab, und daraus resultiert eine entsprechend höhere Häufigkeit. Eine obere Grenze ist schließlich gegeben durch die Unitaritätsbedingung (die Wahrscheinlichkeit für eine Reaktion kann nicht größer als Eins sein), welche für punktförmige Teilchen $\langle\sigma v\rangle_{\rm ann} < 8\pi/m^2$ erfordert. Diese Bedingung zusammen mit der Einschränkung, daß Ωh^2 nicht viel größer als Eins sein darf, ergibt eine Obergrenze für die Masse eines jeden stabilen, punktförmigen Teilchenkandidaten für dunkle Materie von 340 TeV [Gri 90]. Abb. 9.5 zeigt exemplarisch den Beitrag massiver Neutrinos zur Massendichte im Universum. Neutrinos zwischen 100 eV und etwa 2 GeV müßten, falls sie existieren, nach diesen kosmologischen Argumenten instabil sein [Lee 77a]. Um kosmologisch interessant zu sein, d.h. einen Wert von $\Omega \approx 1$ zu erzeugen, müssen stabile Neutrinos entweder leichter als 100 eV oder schwerer als etwa 5 GeV sein.

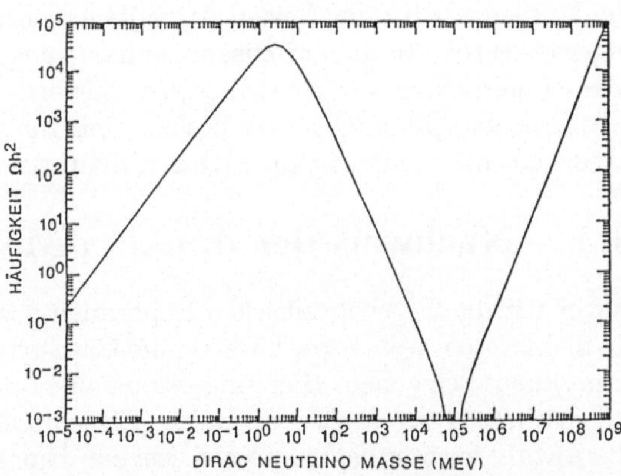

Abb. 9.5 Der Beitrag stabiler Neutrinos der Masse m zur Materiedichte des Universums. Lediglich Neutrinomassen kleiner als 100 eV und schwerer als einige GeV bis TeV sind kosmologisch akzeptabel. Andernfalls müssen Neutrinos instabil sein (aus [Tur 92a]).

Eine andere Klasse von hoffnungsvollen Kandidaten für dunkle Materie bilden die supersymmetrischen Teilchen. Eine Berechnung ihrer Resthäufigkeit (z.B. von Neutralinos, schweren Sneutrinos, ...) hängt aufgrund der vielen freien Parameter in SUSY-Modellen von diversen Annahmen ab, so daß hier auf die entsprechende Literatur verwiesen sei [Ell 84], [Gri 88], [Ell 93b], [Bot 94a,b], [Fal 94], [Bed 94a,b], [Jun 95], [Bed 96a,b]. Auch die in Kap. 2 schon erwähnte Schattenmaterie, die ihre Motivation aus den Superstring-Theorien erfährt, wäre prinzipiell ein Kandidat. Auf die weiteren möglichen, teilweise sehr exotischen Kandidaten wollen wir hier nicht weiter eingehen.

Es sei indessen hier noch einmal auf die Möglichkeit der topologischen Defekte aufmerksam gemacht. Magnetische Monopole (Kap. 10), kosmische Strings, Domänengrenzen (engl. „domain walls") und Texturen (Kap. 6) ergeben ebenfalls einen Beitrag zur Energiedichte, wir verweisen auf die angeführten Kapitel.

9.2.3.3 Gemischte Modelle

Aufgrund der Beobachtungen der kosmischen Hintergrundstrahlung mit Hilfe des COBE-Satelliten (siehe Kap. 7) und beispielsweise des IRAS-Surveys von Galaxien (siehe Kap. 6) ist das Spektrum der Dichtefluktuationen (siehe Abb. 6.13) eingeschränkt worden. Dies führte zur Einführung von gemischten Modellen, beispielsweise einer Kombination von 70 % kalter und 30 % heißer dunkler Materie [Dav 92a], [Tay 92], die das beobachtete Spektrum recht gut beschreiben. Diese Modelle machen sehr konkrete Aussagen für die Massen der für den heißen Anteil favorisierten Neutrinos im Bereich einiger (2-21) eV. In diesem Zusammenhang sind GUT-Modelle, die *entartete* Massenhierarchien der Neutrinos verschiedener Flavours vorhersagen (siehe z.B. [Pet 94], [Moh 94]), von besonderem Interesse (siehe Kap. 2.4.2), die wiederum mittels des Doppelbetazerfalls verifizierbar werden.

9.3 Nachweis der dunklen Materie

Bevor wir die fragenspezifischen Experimente zum Nachweis dunkler Materie diskutieren, wollen wir kurz auf die Grenzen aufgrund der Beschleunigerexperimente eingehen. Hier sind es vor allem die in Kap. 4.3 besprochenen Eigenschaften des Z^0-Bosons, welche Einschränkungen liefern. Sie schränken die Anzahl leichter Neutrinos auf drei ein. Die in Kap. 2 besprochenen Massengrenzen ermöglichen Neutrinos nur noch als heiße dunkle Materie, oder fordern mindestens eine Masse von 45 GeV. Ebenso folgen Einschränkungen für das leichteste supersymmetrische Teilchen, welches bereits ebenfalls in Kap. 2 besprochen wurde. Überhaupt sind zusätzliche Teilchen, die mit

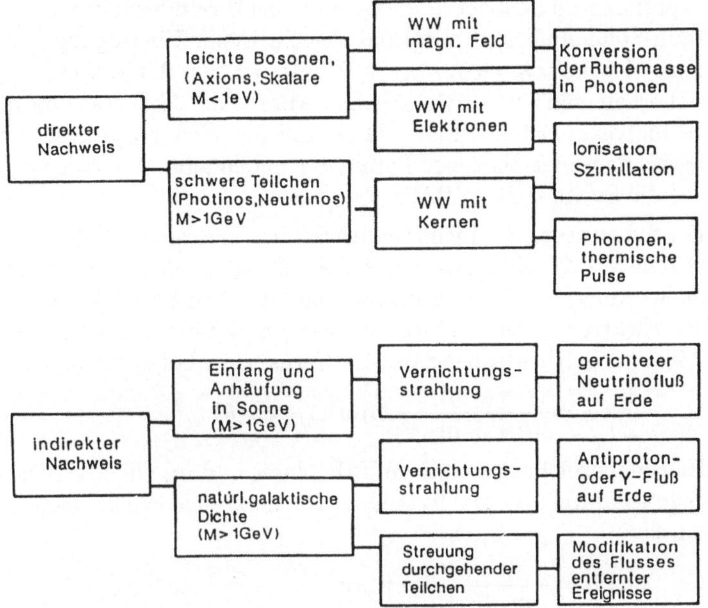

Abb. 9.6 Prinzipielle Strategien der experimentellen Nachweismethoden für dunkle Materie (nach [Smi 90]).

voller elektroschwacher Kopplungsstärke an das Z^0 koppeln, bis zu Massen größer als 45 GeV ausgeschlossen.

Bei den Experimenten zur Suche nach dunkler Materie unterscheidet man den *direkten* und *indirekten* Nachweis [Pri 88], [Smi 90]. Direkte Experimente versuchen, die dunkle Materie durch Wechselwirkung im Laborexperiment nachzuweisen, während indirekte die Reaktionsprodukte von Wechselwirkungen dunkler Materie außerhalb des Labors detektieren wollen. Abb. 9.6 zeigt die prinzipiell diskutierten Wege zum Nachweis von dunkler Materie.

9.3.1 Reaktionsraten für WIMP-Kern-Streuung

Um Experimente zum Nachweis konstruieren zu können, ist es notwendig, eine ungefähre Vorstellung von den erwarteten Reaktionsraten zu haben. Diese Reaktionsrate kann berechnet werden gemäß

$$R = N \int \Phi(E)\sigma(E)dE, \tag{9.31}$$

wobei N die Anzahl der Targetatome, Φ der Fluß der Dunkle-Materie-Teilchen und σ den Wirkungsquerschnitt bedeuten. Die lokale Dichte an dunkler Materie gewinnt man aus Vergleich von theoretisch erwarteten und experimentell beobachteten Masse-Leuchtkraft-Verhältnissen. Die Halodichte in Sonnennähe ist aufgrund kinematischer Überlegungen der Sternbewegungen etwa $\rho_D = n_D \cdot m_D \approx 0.18 M_\odot\,\mathrm{pc}^{-3} \approx 0.3\,\mathrm{GeV\,cm}^{-3}$ mit einer Unsicherheit von 50 % [Bin 87]. Die Anzahl der Targetatome hängt von dem verfügbaren Detektormaterial ab und die Wirkungsquerschnitte lassen sich berechnen oder als freier Parameter behandeln. Wir konzentrieren uns nun auf die Suche nach WIMPs.

Die Suche geschieht bisher hauptsächlich in direkten Experimenten über elastische WIMP-Kern-Streuung. Der rückstoßende Kern besitzt eine Ionisationswirkung, welche sich nachweisen läßt. Um beispielsweise in Germanium ein Elektron-Loch-Paar zu erzeugen, benötigt man eine Energie von etwa 2.9 eV. Die Rückstoßenergie des Kerns ist dabei gegeben durch

$$E_R = \frac{m_T \cdot m_D}{(m_T + m_D)^2} m_D v^2 (1 - \cos\theta) \tag{9.32}$$

Hierbei bezeichnet m_D die WIMP-Masse und m_T die Masse des Targetkerns, gegeben durch $m_T \approx 0.94$ A GeV. Die maximale Rückstoßenergie ist gegeben durch

$$E_R = \frac{2 m_T \cdot m_D}{(m_T + m_D)^2} m_D v^2 \tag{9.33}$$

Besitzt der Detektor nun eine Schwellenenergie E_T, so benötigt man für ein detektierbares Signal eine minimale Geschwindigkeit von

$$v^2 = \frac{(m_T + m_D)^2}{2 m_T \cdot m_D} m_D E_T \tag{9.34}$$

Dies läßt sich umformen in eine minimale Masse, gegeben durch

$$m = \frac{m_T}{(2 m_T v_{\mathrm{max}}^2 / E_T)^{1/2} - 1} \tag{9.35}$$

v_{max} ist hierbei durch die lokale Fluchtgeschwindigkeit in unserer Galaxis gegeben und liegt bei etwa $600\,\mathrm{km\,s}^{-1}$. Für stoßende Teilchen im GeV-Bereich liegt damit der Energieübertrag bei einigen keV. In diesem Bereich ist die Ionisationswirkung des rückstoßenden Kerns aber nicht die gleiche wie etwa für Elektronen und Photonen, vielmehr geht ein Großteil der Rückstoßenergie in Gitterschwingungen (Phononen) über. Die theoretische Beschreibung durch Lindhard [Lin 63] steht in guter Übereinstimmung mit Ergebnissen, welche mit Neutronenstreuung gewonnen wurden [Ger 90], [Mes 95]. Bis hinab zu etwa 10 keV Rückstoßenergie kann die Ionisation gut beschrieben werden durch eine Funktion

$$f_0(E_R) = \frac{g(E_R)}{1 + g(E_R)}, \tag{9.36}$$

wobei $g(E_R)$ gegeben ist durch

$$g(E_R) \approx 0.66(Z^{5/18}/A^{1/2})(E_R\,\text{keV})^{1/6} \tag{9.37}$$

Unterhalb von 10 keV kommen noch Schwelleneffekte ins Spiel, was eine Modifikation erfordert

$$f_1(E_R) = f_0(E_R)(1 - \exp(-E_R/E_1)), \tag{9.38}$$

wobei $E_1 \approx 0.3$ keV für Germanium ist [Smi 90]. Man erkennt, daß nur etwa 20 bis 30 % der Rückstoßenergie in Ionisation übergehen. Das Rückstoßspektrum ergibt sich zu

$$\frac{dR}{dE_R} = \int v f(v) \frac{d\sigma}{dE_R} dv, \tag{9.39}$$

welches sich in einer funktionalen Form

$$\frac{dR}{dE_R} = \frac{R_0}{E_0 r} \exp(-\frac{E_R}{E_0 r}) \tag{9.40}$$

äußert. r beschreibt die reduzierte Masse, $E_0 = (1/2)m_D\beta^2$, und R_0 entspricht der totalen Ereignisrate [Smi 90]. Hierbei ist der differentielle Wirkungsquerschnitt als isotrop im Schwerpunktssystem angenommen. Unter der Annahme eines isothermen Halos folgt eine Maxwell-Boltzmann-Geschwindigkeitsverteilung

$$f(v)dv = \left(\frac{\sqrt{3/2\pi}}{v_{\text{rms}}}\right)^3 \exp\left(-\frac{|v - v_E|^2}{v_{\text{rms}}^2}\right) dv \tag{9.41}$$

mit einer mittleren quadratischen Geschwindigkeit von $v_{\text{rms}} \approx 250\,\text{km}\,\text{s}^{-1}$.

R_0 hängt nun vom Wirkungsquerschnitt und damit von der Art der Wechselwirkung ab.

9.3.2 Direkte Experimente

Spin-unabhängig wechselwirkende WIMPs, wie beispielsweise schwere Dirac-Neutrinos, führen zu kohärenter Streuung ($\sigma \sim N^2$, wobei N die Anzahl der Neutronen im Targetkern darstellt), während Majorana-Neutrinos oder das LSP (zumindest für leichte Targetkerne) zum Teil spinabhängig reagieren (siehe [Bed 94a,b], [Bed 97a,b]). In beiden Fällen hat man es mit extrem niedrigen Zählraten zu tun.

9.3.2.1 Ionisation in Halbleiterzählern

Spinunabhängige Wechselwirkung Betrachten wir zuerst die kohärente Streuung. Die Reaktionsrate ist hier vereinfacht gegeben durch [Smi 90]

$$R = \frac{1}{2}\frac{4m_D m_T}{(m_D + m_T)^2}\left(\frac{N}{2}\right)^2 \text{ Ereignisse kg}^{-1}\text{ Tag}^{-1} \tag{9.42}$$

Gegenwärtig existieren experimentelle Ergebnisse vorwiegend von Halbleiterdetektoren, besonders von Ge-Zählern, die zur Suche nach dem neutrinolosen $\beta\beta$-Zerfall (siehe Kap. 2) eingesetzt werden [Cal 90a], [Reu 91], [Bec 93b], [Bec 94b], [Kla 94]. Es kommt hierbei zu einer Streuung des WIMPs an einem Germaniumkern. Ein Spektrum zeigt Abb. 9.7.

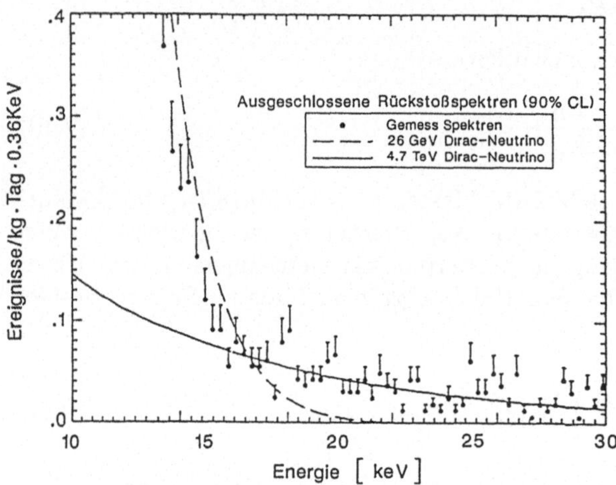

Abb. 9.7 Niederenergiespektrum eines Ge-Detektors der Heidelberg-Moskau-Kollaboration zur Suche nach WIMPs. Ebenfalls eingezeichnet sind theoretische Rückstoßspektren von WIMPs mit Massen von 26 GeV und 4.7 TeV (aus [Bec 94b]).

Durch Anpassung eines theoretisch erwarteten Rückstoßspektrums im Niederenergiebereich des Detektors kommt man zu einer Ausschlußkurve. Abb. 9.8 zeigt den ausgeschlossenen Bereich der freien Parameter Masse und Wirkungsquerschnitt. Für schwere Dirac-Neutrinos mit normaler elektroschwacher Kopplung können Massenbereiche von 26 GeV $< M_{\text{WIMP}} <$ 4.7 TeV ausgeschlossen werden. Man sieht, daß die Resultate komplementär zu denen von LEP sind. Schwere Dirac-Neutrinos sind als dominanter Anteil der dunklen Materie somit ausgeschlossen. Da der Wirkungsquerschnitt

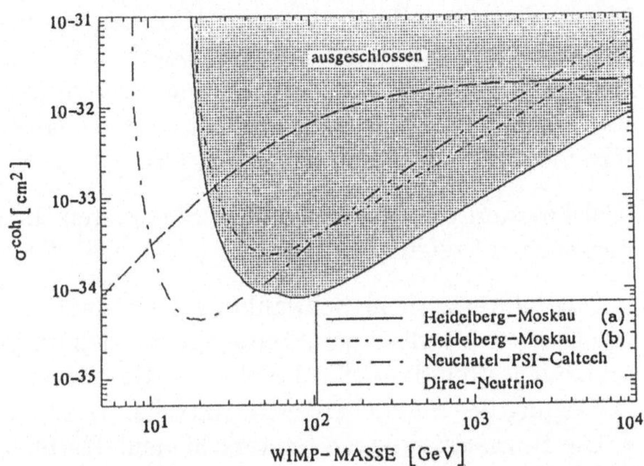

Abb. 9.8
Konversion der Ge-Resultate aus Abb. 9.7 in einen Ausschließungsplot für Wirkungsquerschnitt und Masse. Der Bereich oberhalb der Kurve ist ausgeschlossen. Ausgeschlossen sind ersichtlich auch Dirac-Neutrinos als dominante Komponente für dunkle Materie. Zum Vergleich ist die Erwartung für letztere für $\Omega = 1$ eingezeichnet (aus [Bec 94b]).

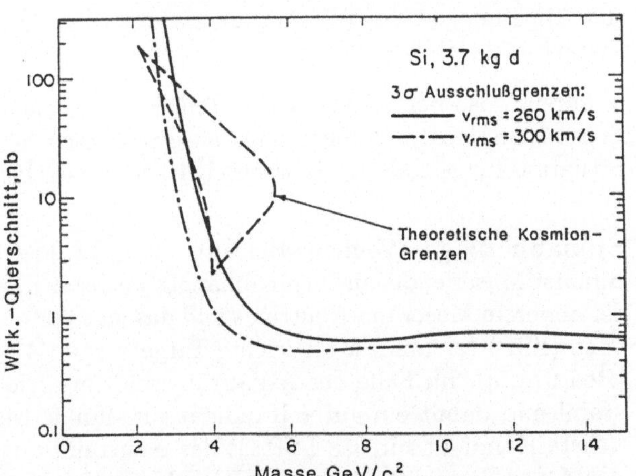

Abb. 9.9 Ausschließungskurve im Wirkungsquerschnitt-Massen-Diagramm für dunkle Materie-Teilchen (verschiedene Geschwindigkeiten) aufgrund von Ergebnissen mit Silizium-Detektoren. Die Region oberhalb der Kurve ist ausgeschlossen, darunter auch die Kosmionen (siehe Kap. 12), deren theoretisch erlaubter Bereich innerhalb der gestrichelten Linie liegt (aus [Cal 91,92]).

für Sneutrino-Kern-Wechselwirkung viermal so groß ist wie der für Dirac-Neutrino-Kern-Wechselwirkung, schließt das Heidelberg-Moskau-Experiment auch schwere Sneutrinos des minimalen supersymmetrischen Standardmodells als dominante Kandidaten für dunkle Materie aus [Fal 94].

Da die Energieübertragung beim Stoß am effektivsten ist, wenn beide Stoßpartner in etwa die gleiche Masse besitzen, ist eine Alternative die

Verwendung von Silizium anstatt Germanium, um auch niedrigere Massen zu testen. Ein mit einem Silizium-Detektor aufgenommenes Spektrum zeigt Abb. 9.9, [Cal 92], [Cal 94]. Man sieht, daß hier die Rauschkante bei etwa 1 keV liegt. Dieses Experiment führte maßgeblich zur Verwerfung der Kosmionen-Hypothese (siehe Kap. 12).

Welches sind die experimentellen Signaturen für ein durch dunkle Materie ausgelöstes Ereignis im Detektor (siehe z.B. [Smi 90])?

- Eine jahreszeitliche Schwankung des Signals. Durch die Relativbewegung der Erde im Vergleich zum Halo ergeben sich für Sommer und Winter unterschiedliche Relativgeschwindigkeiten. Dies würde sich in einer periodischen Bewegung des Signals erkennbar machen (siehe z.B. [Sar 94]).
- Die Rückstoßspektren für verschiedene Kerne sollten sich unterscheiden.
- Die Ereignisraten bei verschiedenen Kernen sind unterschiedlich aufgrund der Abhängigkeit des Wirkungsquerschnittes von u.a. der Kernstruktur des Detektormaterials.

Während also bereits ein großer Teil des möglichen Bereichs von schweren Dirac-Neutrinos und Sneutrinos ausgeschlossen ist, ist die experimentelle Situation für spinabhängig wechselwirkende Teilchen noch relativ offen.

Spinabhängige Wechselwirkung Es gibt eine Klasse von Kandidaten dunkler Materie, die auch spinabhängig wechselwirken. Zu diesen zählen unter anderem Majorana-Neutrinos und das leichteste supersymmetrische Teilchen (LSP) (zumindest für leichte Targetkerne ($A \leq 50$), siehe [Bed 94a,b], [Bed 97a,b]). Im Falle der R-Paritätserhaltung (siehe Kap. 2) ist das LSP stabil und damit ein guter Kandidat für dunkle Materie. Der wahrscheinlichste Kandidat für das LSP ist das Neutralino (siehe Kap. 2). Aufgrund der freien Parameter in den SUSY-Modellen hängen die vorhergesagten Häufigkeiten von der konkreten Wahl des Neutralino ab. Das Gleiche gilt für die vorhergesagten Ereignisraten der verschiedenen Detektoren [Goo 85], [Sre 88], [Res 93], [Ros 93], [Bot 94a,b], [Bed 94a,b], [Jun 95], [Bed 97a,b]. Eine detaillierte Untersuchung der generellen Möglichkeiten, den Parameterraum von SUSY-Modellen durch Suche nach dunkler Materie einzuschränken, wird in [Bed 94a,b], [Jun 95], [Bed 97a,b] gegeben.

Abb. 9.10 zeigt einen Vergleich der Kerne, welche vom reinen Kernmodellstandpunkt die besten Reaktionsraten für den Nachweis von Neutralinos über spin*abhängige* Wechselwirkung erwarten lassen [Bed 94a,b]. Im allgemeinen dominiert für Kerne mit Massenzahl $A > 50$ allerdings der Beitrag der spin*unabhängigen* Wechselwirkung zur Reaktionsrate. Daneben existiert

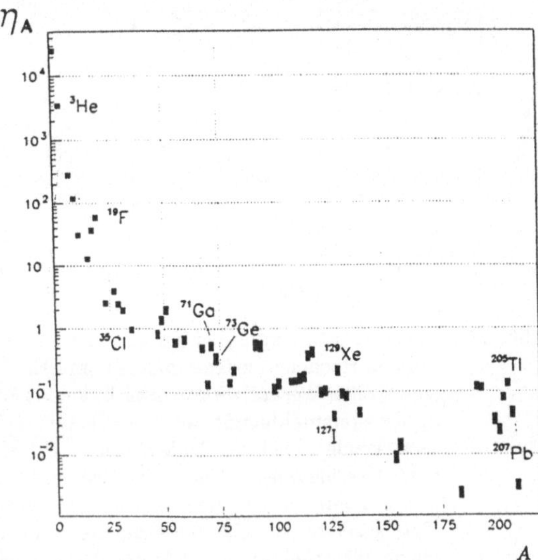

Abb. 9.10
Der nukleare Faktor η_A (als ein Maß für die Stärke der Wechselwirkung mit dunkler Materie) als Funktion des Atomgewichts A für Kerne mit Spin. Die Breite der Balken repräsentiert die Variation für Wechselwirkung mit Neutralinos mit Massen M_χ zwischen 20 GeV und 500 GeV (aus [Bed 94b]).

natürlich für die praktische Durchführbarkeit noch die Einschränkung, dieses Material in genügender Menge und Reinheit für ein Experiment zu bekommen. Hoffnungsvoll scheint die Möglichkeit, einen CaF_2-Szintillator zu bauen, der den Spin des theoretisch bevorzugten Kerns ^{19}F ausnutzt.

Von den oben besprochenen Halbleiterdetektoren besitzen nur ^{73}Ge ($I = 9/2$) und ^{29}Si ($I = 5/2$) einen Kernspin, leider aber auch eine relativ geringe natürliche Häufigkeit (^{73}Ge 7.8 %, ^{29}Si 5 %). Aus diesem Grunde wäre es interessant, isotopenangereicherte Detektoren zu bauen (siehe z.B. [Kla 91a], [Kla 91b]). Ein entsprechendes Projekt für ^{73}Ge (HDMS), das eine Untergrundreduktion bis in den geplanten Bereich der im Aufbau befindlichen Kryoexperimente erlaubt (s.u. und Abb. 9.13), wurde kürzlich begonnen [Kla 96a], [Bau 97]. Bisher hat man Informationen über spinabhängig wechselwirkende WIMPs aus Experimenten mit natürlichem Ge [Cal 90a].

Erfolgreich eingesetzt werden ebenfalls NaI-Detektoren (^{23}Na und ^{127}I besitzen einen Kernspin von $I = 3/2$ bzw. $I = 5/2$) [Ger 94], [Que 95], [Smi 96] sowie ^{131}Xe [Bac 94].

Abschließend demonstriert Abb. 9.11 die Möglichkeiten von Halbleiter-Experimenten zum Nachweis dunkler Materie im Vergleich zu Hochenergie-Experimenten. Ersichtlich übersteigt ihre Empfindlichkeit die der Beschleunigerexperimente bei weitem zu hohen WIMP-Massen hin.

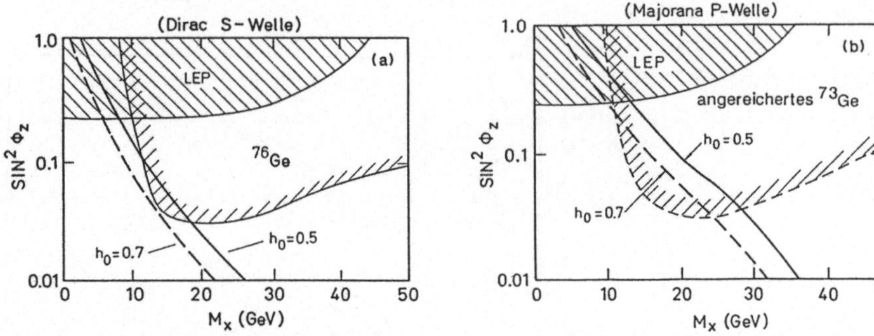

Abb. 9.11 Vergleich von Experimenten zur Suche nach dunkler Materie mit Ge-Detektoren und Hochenergieexperimenten am LEP. Dargestellt ist der Bruchteil $\sin^2 \phi_Z$ einer vollen Wechselwirkungsstärke an das Z^0 gegen die Masse M_X der WIMPs. a) für spinunabhängig wechselwirkende Teilchen b) für spinabhängig wechselwirkende Teilchen. Beide Arten von Experimenten (mit Halbleiterzählern bzw. Beschleunigern) sind komplementär, jedoch können die Beschleuniger-Experimente zur dunklen Materie nur relativ kleine Massen erfassen. Der für ^{76}Ge gezeigte Ausschlußbereich entspricht dem Experiment von [Cal 91], derjenige für ^{73}Ge einem geplanten Experiment (nach [Ell 90], [Sch 90b], [Kla 91b]).

Eine weitere Überlegung zur Messung des Kernrückstoßes beruht auf der Benutzung überhitzter Flüssigkeiten, in der Funktion ähnlich einer Blasenkammer [Zac 94], [Ham 96]. Dies hätte den Vorteil, daß man insensitiv auf α-, β- und γ-Strahlung ist.

9.3.2.2 Kryogene Detektoren

Neben der eben beschriebenen mehr konventionellen Methode hat sich in jüngster Zeit ein neuer Zweig entwickelt, der die Kenntnisse aus der Tieftemperaturphysik ausnutzen will. Bei all den Reaktionen zum Nachweis von niederenergetischen Neutrinos und dunkler Materie handelt es sich um sehr geringe Energiedepositionen E_r von wenigen keV im Detektor. Wie bereits erwähnt, geht bei der Energiedeposition der größere Teil in Gitterschwingungen (Phononen) anstatt in Ionisation. Von großem Vorteil wäre es deshalb, diesen Anteil zu messen, oder noch besser beide gleichzeitig.

Bolometer Sind die Phononen thermalisiert, so bietet sich ein bolometrischer Nachweis an. Am besten kann man solche kleinen Energiedepositionen bei sehr tiefen Temperaturen ($< 1\,\mathrm{K}$) beobachten, da gilt

$$\Delta T \simeq \frac{E_r}{V C_V(T)} \tag{9.43}$$

Hierbei bezeichnet V das Probenvolumen und C_V die spezifische Wärmekapazität des Stoffes. Die Anzahl der Phononen ist gegeben durch C_V/k_B, wobei die mittlere Energie pro Freiheitsgrad kT beträgt. Damit ergibt sich eine mittlere quadratische Energie von

$$\langle E^2 \rangle = N(kT)^2 = C_V(T)kT^2 \tag{9.44}$$

Zur Realisierung möglichst kleiner Wärmekapazitäten benutzt man Isolatoren, auf deren Oberflächen Thermistoren angebracht sind. An diesem Thermistor liegt eine kleine Schwellenspannung an. Wird nun Energie im Isolator deponiert, so steigt die Temperatur, welche eine Reduktion des Widerstandes des Thermistors bewirkt. Daraus ergibt sich dann ein meßbares Spannungssignal. Als Thermistoren dienen im allgemeinen hochdotierte Halbleiter (Widerstand stark temperaturabhängig) oder supraleitende Übergangsbolometer. Bei kleinen Temperaturen ist die Wärmekapazität praktisch bestimmt durch den Beitrag der Phononen, der kubisch von der Temperatur abhängt

$$C_V = \frac{\Delta Q}{\Delta T} \approx K \left(\frac{T}{\Theta_D} \right)^3 \tag{9.45}$$

Hierbei entspricht Θ_D der für das Material charakteristischen Debye-Temperatur. Die Konstante K entspricht etwa $1940(\rho/A)\,\mathrm{J\,cm^{-3}\,K^{-1}}$. Mit einem typischen Verhältnis von Massendichte ρ zu Atomzahl A von etwa 0.08 ergibt sich die Wärmekapazität zu [Smi 90]

$$C_V \approx 160 \left(\frac{T}{\Theta_D} \right)^3 \mathrm{J\,cm^{-3}\,K^{-1}} \approx 1 \cdot 10^{18} \left(\frac{T}{\Theta_D} \right)^3 \mathrm{keV\,cm^{-3}\,K^{-1}} \tag{9.46}$$

Für einen Si-Kristall von $1\,\mathrm{cm^{-3}}$ folgt damit

$$\frac{\Delta T}{E_r} \approx 3 \cdot 10^{-10} T^{-3} \tag{9.47}$$

Nimmt man nun eine Betriebstemperatur von $55\,\mathrm{mK}$ und eine Energiedeposition durch Wechselwirkung mit einem Teilchen der dunklen Materie von etwa $6\,\mathrm{keV}$ an, so findet eine Temperaturänderung von $\Delta T \approx 10^{-5}\,\mathrm{K}$ statt. Dies ist im Milli-Kelvinbereich ein durchaus noch meßbarer Temperatursprung. Allerdings ist man hier nun auch schon in Temperaturbereiche vorgedrungen, bei dem Verunreinigungen und Oberflächeneffekte eine merkliche Abweichung vom bisher beschriebenen Temperaturverhalten der Wärmekapazität erzeugen können. Der prinzipielle Aufbau eines solchen Experimentes ist in Abb. 9.12 gezeigt. Ein besonderer Vorteil dieser Art

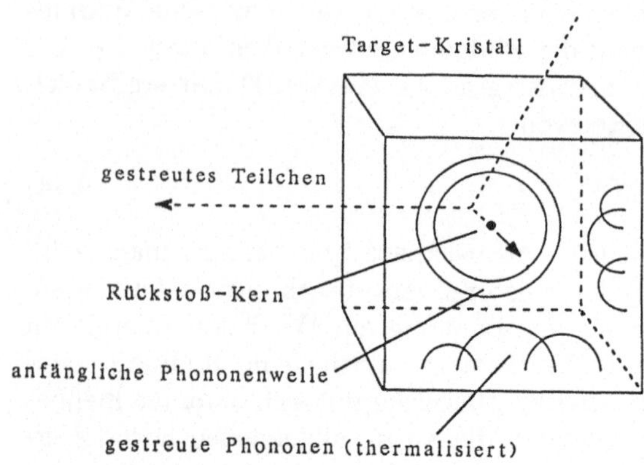

Abb. 9.12
Prinzipieller Aufbau eines bolometrischen Detektors. Die deponierte Energie führt zu einer Temperaturerhöhung, die mit genauen Thermometern leicht gemessen werden kann (aus [Smi 90]).

von Detektoren ist ihre ausgezeichnete Energieauflösung, welche gegeben ist durch

$$\Delta E = \kappa\sqrt{kT^2C_V}, \tag{9.48}$$

wobei κ einen numerischen Faktor der Ordnung eins darstellt. Drückt man die Boltzmann-Konstante zweckmäßigerweise in Einheiten $k_B = 8.6 \cdot 10^{-11}\,\mathrm{MeV\,K^{-1}}$ aus, sieht man sofort, daß Auflösungen im eV-Bereich möglich sind. So gelang es einer Münchner Gruppe, mit einem Saphir von 31 g eine Energieauflösung von 220 eV bei 6 keV Energie zu erreichen [Nuc 94].

Eine Abwandlung der Methode, die deponierte Energie in Form der thermalisierten Phononen zu messen, besteht darin, die Phononen vor der Thermalisierung zu messen (ballistische Phononen). Wie schon bei den normalen Halbleiterdetektoren besprochen, geht bei niedrigen Rückstoßenergien die meiste Energie in Phononen und nur wenig in Ionisation. Der Rückstoßkern wird typischerweise auf einer Skala von 10^{-6} bis 10^{-7} cm gestoppt und sendet dabei eine sphärische Phononenwelle aus. Die Energie dieser Phononen liegt in der Größenordnung 10^{-3} bis 10^{-2} eV, welches Temperaturen größer als 10 K entspricht. Unterhalb 1 K ist die freie Weglänge dieser ballistischen Phononen so groß, daß man sie mit Ausmaßen der Probe vergleichen kann. Hat man nun einen entsprechenden Kristall mit entsprechenden Sensoren zur Messung der Phononenenergie als auch zur Messung der relativen Ankunftszeiten auf der Oberfläche, so kann man die Phononen direkt messen. Mehr noch, durch Phononenfokussierung ist eine Erhöhung der Energiedichte in den Phononen und eine Konzentration auf die Sensoren möglich. Aufgrund der Intensitätsverhältnisse verschiedener Sensoren kann sogar der Ort der Wechselwirkung bestimmt werden. Es ist auch möglich, bei etwa 1 K zu arbeiten, und nicht, wie vorher besprochen, bei 100 mK. Für eine ausführliche Diskussion verweisen wir auf [Smi 90], [Boo 92a], [Möß 93].

Quasiteilchen in Supraleitern Eine weitere Art der Phononenmessung geschieht über den Nachweis von Quasiteilchen in Supraleitern. Die mittlere Phononenenergie aufgrund eines Kernrückstoßes ist um einiges höher als die Energie von $2\Delta \cdot 10^{-3}$ eV, die man benötigt, um Quasiteilchen aufgrund des Aufbrechens von Cooper-Paaren zu erzeugen. Im Gegensatz zu Halbleitern ist in Supraleitern die Debye-Temperatur sehr viel größer als die Bindungsenergie 2Δ. Im thermischen Gleichgewicht ist das Aufbrechen von Cooper-Paaren aufgrund von Phononen mit $E > 2\Delta$ identisch zur Entstehung von Cooper-Paaren unter Emission von Phononen. Es stellt sich eine Dichte der Quasiteilchen ein von

$$n(T) \sim T^{1/2} e^{-\Delta/k_B T} \tag{9.49}$$

Der Nachweis dieser Quasiteilchen geschieht am besten über supraleitende Tunneldioden. Es handelt sich hierbei um einen Josephson-Kontakt mit kleinem Magnetfeld. Er besteht aus zwei Supraleitern, die durch einen dünnen Isolatorfilm getrennt sind. Durch ein Magnetfeld gelingt es, den Josephson-Strom aufgrund des Tunnelns von Cooper-Paaren zu unterdrücken, und man erhält nur noch den Beitrag aufgrund des Tunnelns von Quasiteilchen. Man kann jedoch keine sehr großen Proben auf diese Art und Weise herstellen, da der Tunnelstrom umgekehrt proportional zur Probengröße ist. Es ist jedoch möglich, die Phononen zu konzentrieren. Für Einzelheiten siehe z.B. [Boo 92b].

Überhitzte supraleitende Kugeln Eine andere Art, die Energiedeposition nachzuweisen, beruht auf dem Phasenübergang supraleitend-normalleitend. Gemäß dem Meißner-Ochsenfeld-Effekt verdrängen Supraleiter externe Magnetfelder aus ihrem Innern. Bei einer kritischen Feldstärke und entsprechender Temperatur bricht die Supraleitung jedoch zusammen, und das Material wird normalleitend. Hält man einen Supraleiter des Typs I kurz unter seiner kritischen Kurve in einer metastabilen Phase, so genügt bereits eine kleine Energiedeposition, um ihn normalleitend werden zu lassen. Die entsprechende Änderung im Magnetfeld läßt sich dann nachweisen. Hierzu arbeitet man mit supraleitenden, überhitzten Kugeln (SSG = superheated superconducting grains), welche in einer regelmäßigen Form in einem Dielektrikum eingebettet sind [Pre 93], [Pal 96]. Die Kugeln haben hierbei einen Durchmesser von etwa 5 bis 10 μm. Eine Schleife pro etwa 1000 Kugeln genügt, den entstehenden Phasenübergang einer Kugel zu messen. Die Methode hat jedoch ihre Schwierigkeiten. Der Lösung des Problems, möglichst viele gleichgroße Kugeln mit relativ geringen Schwankungsbreiten zu bekommen, ist man in jüngerer Zeit mit lithographischen Techniken ein Stück näher gekommen. Als ausgesprochen schwierig erweist sich auch die Energiemessung. Bei der Energiedeposition handelt es sich um einen lokalen Effekt, bei dem nur eine Kugel betroffen ist. Das theoretische Verständnis der Ausbreitung einer solchen Energiedeposition, und ihre Abhängigkeiten von verschiedenen experimentellen Parametern ist Gegenstand der gegenwärtigen Forschung. Eine Lösungsidee ist es, eine Art Lawineneffekt zu erzeugen, bei dem die Anzahl der beteiligten Kugeln korreliert ist mit der primären Energiedeposition.

Flüssiges ^{4}He Eine ganz andere Art von Tieftemperatur-Detektor beruht auf superfluidem ^{4}He [Ban 92]. Aufgrund der speziellen Eigenschaften dieses Stoffes hat man hier praktisch keinerlei Untergrund. Eine Energiedeposition innerhalb des ^{4}He führt zur Anregung von *Rotonen*, welche letztendlich alle zur Oberfläche gelangen. Dort wandelt sich deren Energie in ein Abdampfen von ^{4}He um. Da ^{4}He auch praktisch keinerlei Gasdruck besitzt, kann man durch Messung des abgedampften ^{4}He mit Hilfe eines kurz über der Oberfläche installierten Detektors Aussagen über die deponierte Energie gewinnen. Auch hier sind noch einige experimentelle Hürden zu überwinden, es existiert jedoch ein Prototyp von wenigen Kilogramm, mit dem bereits mehrere Testversuche unternommen wurden.

Experimenteller Stand Welches ist der gegenwärtige Stand der Experimente? Das erste laufende kryogene Experiment in der Teilchenphysik wird zur Suche nach dem doppelten Betazerfall (siehe Kap. 2) von ^{130}Te benutzt und verwendet Halbleiter-Thermistoren [Ale 94]. Gegenwärtig sind vier 334-g-TeO_2-Kristalle im Einsatz [Ale 94], [Fio 96], die bei 10 mK betrieben werden. Dieses Experiment benutzt nur das bolometrische Prinzip.

Durch gleichzeitige Messung des Phononenbeitrags und der Ionisation würde man jedoch eine höhere Untergrundreduktion erreichen, da die Signale dann eine deutlichere Signatur haben. Experimente hierzu scheinen dies zu bestätigen. So ist es einer Arbeitsgruppe in Berkeley gelungen, in einem 60-g-Germaniumkristall diese beiden Beiträge getrennt zu messen [Shu 92].

Bei dem Bestreben, eine möglichst gute Energieauflösung zu erzielen, konnte eine Gruppe in München hingegen gute Erfolge bei Kalorimetern mit supraleitenden Übergangsdetektoren erzielen [Sei 90], [Coo 93]. Ein hierauf aufbauendes Experiment (CRESST) befindet sich zur Zeit im Gran-Sasso-Untergrundlabor im Aufbau [Sei 96].

Die zukünftigen Entwicklungen auf dem Gebiet der Kryo-Detektoren sehen vielversprechend aus, jedoch ist bei all diesen Detektoren das Problem, sie in der erforderlichen Menge von mehreren Kilogramm herzustellen und zu betreiben. Der gegenwärtige Stand ist in [LTD 96] zu finden.

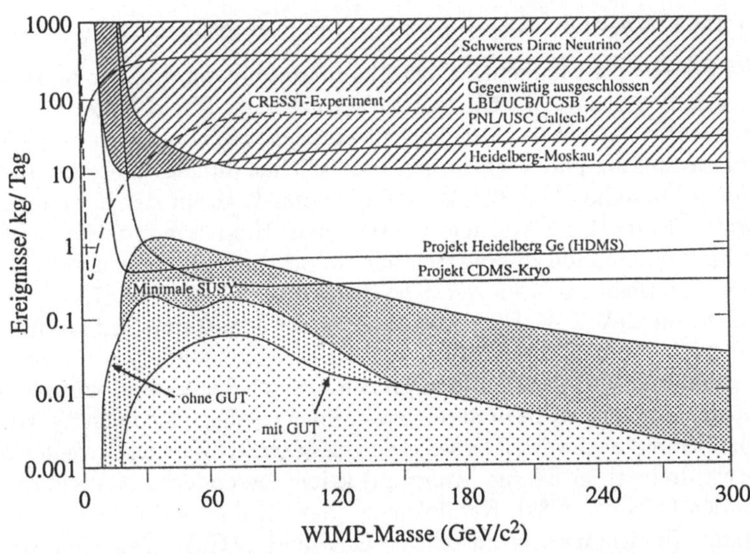

Abb. 9.13 Gegenwärtige Grenzen für WIMPs mit Ge-Detektoren (schraffierte Bereiche sind ausgeschlossen) und angestrebte Empfindlichkeit bei der Verwendung von Kryo-Detektoren (Berkeley [Sad 94], bzw. München (CRESST) [Coo 93], [Fer 94]), sowie für das HDMS-Projekt [Bau 97]. Eingezeichnet sind ferner (schematisch) die Erwartungen aufgrund verschiedener SUSY-GUT-Vorhersagen.

Abschließend zeigt Abb. 9.13 die mit kryogenen Ge-Detektoren beziehungsweise CRESST sowie dem konventionellen HDMS-Projekt angestrebten Empfindlichkeiten zusammen mit erwarteten Ereignisraten nach einigen repräsentativen SUSY-Modellen. Es ist zu sehen, daß es erst mit einer dieser kommenden Generationen von Experimenten gelingen kann, in den theoretisch vorhergesagten Bereich zu gelangen (siehe auch [Jun 95], [Bed 97a,b]).

9.3.3 Indirekte Experimente

Indirekte Experimente weisen nicht die Wechselwirkung der dunklen Materie im Labor nach, sondern Reaktionsprodukte von extraterrestrischen oder in der Erde stattfindenden Reaktionen von Teilchen dunkler Materie. Für dunkle Materie ist dies vor allem die Teilchen-Antiteilchen-Vernichtung. Es sind hierbei vor allem zwei Arten der Vernichtung, die diskutiert werden:

- Vernichtung innerhalb der Sonne oder Erde
- Vernichtung innerhalb des galaktischen Halos

9.3.3.1 Vernichtung innerhalb der Sonne oder Erde

Es besteht die Möglichkeit der Akkumulation von dunkler Materie in Sternen und der dort stattfindenden Vernichtung. Ein Beispiel für solch einen indirekten Nachweis wären hochenergetische Sonnenneutrinos. Diese würden durch Einfang und Vernichtung von Teilchen dunkler Materie innerhalb der Sonne entstehen [Pre 85], [Gou 92]. Dieses Konzept der Kosmionen werden wir in Kap. 12 ausführlicher besprechen. Hieraus würde ein hochenergetischer Neutrinofluß zu erwarten sein, wobei die Neutrinoenergie weit über der des eigentlichen solaren Neutrinoflusses läge [Sil 85], [Ell 87], nämlich im Bereich von GeV-TeV. Eine Abschätzung des erwarteten Signals aufgrund von Photino (Neutralino)-Vernichtung ergibt 2 Ereignisse pro Kilotonne Detektormaterial und Jahr. In den großen Wasser-Detektoren würden sich diese hochenergetischen Neutrinos sowohl über geladene als auch neutrale schwache Ströme nachweisen lassen. Die geladenen schwachen Ströme sind hierbei etwa dreimal so häufig. Aufgrund keiner besonderen Neutrino-Signaturen in den IMB- [LoS 87], Kamiokande- [Sat 91] und Frejus-Detektoren können damit Photinomassen zwischen 4 GeV und 12 GeV ausgeschlossen werden, da sie ein nachweisbares Signal erzeugen müßten. Der ausschließbare Massenbereich für Sneutrinos aller bekannten Flavours liegt sogar zwischen 4 und 90 GeV [Sat 91]. Auch der Einfang von Teilchen dunkler Materie in der Erde und ihre Vernichtung dort ist diskutiert worden [Fre 86]. Mit der Suche nach aufwärts fliegenden Myonen (siehe Kap. 8) wurde mit dem Kamiokande-Detektor [Mor 92], dem Baksan-Szintillator-Teleskop [Bol 96] und mit dem MACRO-Detektor [Mon 96](siehe Kap. 10) nach Neutrinos aus der Neutralino-Antineutralino-Vernichtung in der Sonne und auch der Erde gesucht. Die gemessenen Flußgrenzen beginnen, Einschränkungen für spezielle SUSY-Modelle [Bot 95] zu liefern.

9.3.3.2 Vernichtung innerhalb des Halos

Findet die Vernichtung Dunkle Materie δ – Anti-Dunkle Materie $\bar{\delta}$ innerhalb des Halos statt, so sollte sie sich als Beitrag zur γ-Hintergrundstrahlung oder aber in einem signifikanten Fluß von Antiprotonen und Positronen in der kosmischen Strahlung äußern. So scheint über die Kette

$$\delta\bar{\delta} \to q\bar{q} \to \pi^0 \to 2\gamma \tag{9.50}$$

oder

$$\delta\bar{\delta} \to q\bar{q} \to \bar{p} + \ldots \tag{9.51}$$

eine signifikante Produktion von Antiteilchen wie Positronen oder Antiprotonen in der kosmischen Strahlung als auch ein Beitrag zum beobachtbaren

Gamma-Hintergrund möglich [Sil 84], [Ahl 88]. Die experimentellen Daten erlauben bisher aber noch keine Rückschlüsse.

Das Problem der dunklen Materie erweist sich als eines der schwerwiegendsten der modernen Astrophysik. Es fordert immer neue astronomische Beobachtungen heraus, um seine Existenz zu untermauern. Es fordert die Theorie heraus, welche den Bereich der möglichen Kandidaten abstecken muß. Letztendlich führt es aber auch zu experimentellen Neuentwicklungen, deren Anwendungen noch nicht abzusehen sind. In den nächsten beiden Kapiteln wollen wir uns nun zwei weiteren Kandidaten für dunkle Materie zuwenden, den magnetischen Monopolen und Axionen, deren mögliche Existenz noch andere Bereiche der modernen Physik mitberührt.

10 Magnetische Monopole

10.1 Der Dirac-Monopol

Schon bei den Maxwell-Gleichungen der klassischen Elektrodynamik fällt eine Asymmetrie zwischen elektrischen und magnetischen Ladungen auf. Während man isolierte elektrische Ladungen in der Natur beobachtet, ist noch nie eine freie magnetische Ladung beobachtet worden. Postulieren wir einmal die Existenz einer solchen magnetischen Ladung ρ_m und einer damit verbundenen Stromdichte $\vec{\jmath}_m$ und schauen uns die Auswirkungen auf die Elektrodynamik an. Die Maxwell-Gleichungen im Vakuum lauten dann [Jac 82]:

$$\operatorname{div} \vec{E} = 4\pi \rho_e \tag{10.1}$$

$$\operatorname{div} \vec{B} = 4\pi \rho_m \tag{10.2}$$

$$\operatorname{rot} \vec{B} = \frac{1}{c}\frac{\partial \vec{E}}{\partial t} + \frac{4\pi}{c}\vec{\jmath}_e \tag{10.3}$$

$$-\operatorname{rot} \vec{E} = \frac{1}{c}\frac{\partial \vec{B}}{\partial t} + \frac{4\pi}{c}\vec{\jmath}_m, \tag{10.4}$$

wobei ferner noch für beide Ladungssorten die Kontinuitätsgleichung

$$\frac{\partial \rho}{\partial t} + \operatorname{div} \vec{\jmath} = 0 \tag{10.5}$$

gilt. Diese Gleichungen sind äußerst symmetrisch bezüglich $\vec{E}$ und $\vec{B}$. Es zeigt sich, daß Transformationen von $\vec{E}$, $\vec{B}$, $\vec{\jmath}$ und ρ die Maxwell-Gleichungen unverändert lassen. Durch Anwendung der orthogonalen Matrix

$$\begin{pmatrix} \cos\alpha & \sin\alpha \\ -\sin\alpha & \cos\alpha \end{pmatrix} \tag{10.6}$$

auf jede der vier Größen bleiben die Maxwell-Gleichungen in der transformierten Version identisch. Es ist nun weitgehend Konvention, was man als magnetische und elektrische Ladung beschreibt, da, falls alle Teilchen das gleiche Verhältnis von magnetischer und elektrischer Ladung hätten, man ein α definieren kann, so daß

$$\rho_m = \rho_e' \left(-\sin\alpha + \frac{\rho_m'}{\rho_e'} \cos\alpha \right) = 0, \tag{10.7}$$

und damit

$$\vec{\jmath}_m = \vec{\jmath}_e^{\,\prime}\left(-\sin\alpha + \frac{\vec{\jmath}_m^{\,\prime}}{\vec{\jmath}_e^{\,\prime}}\cos\alpha\right) = \vec{\jmath}_e^{\,\prime}\left(-\sin\alpha + \frac{\rho_m'}{\rho_e'}\cos\alpha\right) = 0 \quad (10.8)$$

Für diesen Fall gehen die Maxwell-Gleichungen in die gewohnte Form mit $q_e = -e$ und $q_m = 0$ über. Sollten aber Teilchen mit *verschiedenen* Verhältnissen von magnetischer zu elektrischer Ladung existieren, dann müßten die Gleichungen in der hier angegebenen allgemeineren Form diskutiert werden.

Im Jahre 1931 war es Dirac, der zeigen konnte, daß aus der Existenz einer magnetischen Ladung zwangsläufig die Quantisierung der elektrischen Ladung folgt [Dir 31].

Nehmen wir einen magnetischen Monopol der Stärke g im Ursprung an, so ist sein Magnetfeld am Punkt r gegeben durch

$$\vec{B} = \frac{g}{r^3}\vec{r} = -g\nabla\left(\frac{1}{r}\right) \quad (10.9)$$

Betrachten wir die sich daraus ergebenden Folgerungen auf zweierlei Wegen:

a) Fliege in einem Abstand b ein Teilchen mit der Ladung e und der Geschwindigkeit v vorbei (Abb. 10.1). Dieses erfährt am Punkt r eine Lorentzkraft von

$$\vec{F} = \frac{e\vec{v}}{c}\vec{B} = \frac{eg}{c}\frac{vb}{(b^2+v^2t^2)^{3/2}} \quad (10.10)$$

Daraus resultiert ein Impulsübertrag von

$$\Delta\vec{p} = \int \vec{F}\,dt = \frac{2eg}{cb} \quad (10.11)$$

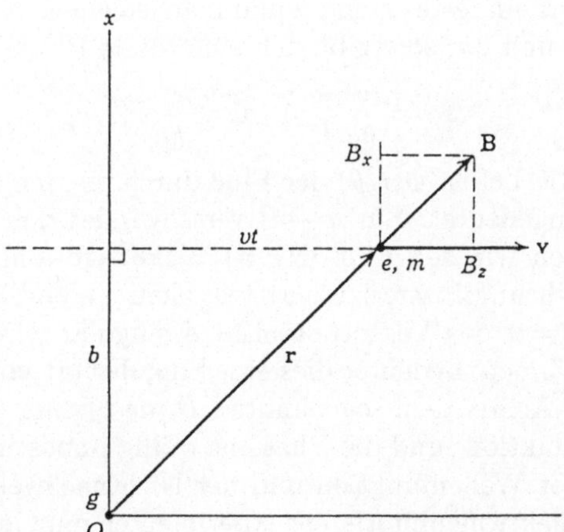

Abb. 10.1
Schematische Darstellung eines geladenen Teilchens mit der Geschwindigkeit v, welches einen im Ursprung befindlichen magnetischen Monopol der Stärke g passiert (nach [Jac 75]).

Eine Impulsänderung ist aber auch verknüpft mit einer Drehimpulsänderung, welche sich zu

$$\Delta\vec{L} = b\Delta\vec{p} = \frac{2eg}{c} \tag{10.12}$$

ergibt. Mit der Quantisierungsbedingung für den Bahndrehimpuls $L = n\hbar$ folgt direkt die Quantisierung der elektrischen Ladung zu

$$e = \frac{n}{2}\frac{\hbar c}{g}, \qquad n = 0, \pm 1, \pm 2, \ldots \tag{10.13}$$

Daraus folgt sofort für den Betrag der magnetischen Ladung

$$g = \frac{n}{2}\frac{e}{\alpha_{em}} = \frac{137}{2}e \tag{10.14}$$

Man erkennt, daß zwar eine formale, aber keine numerische Symmetrie in den Maxwell-Gleichungen existiert.

b) Eine etwas theoretischere Herleitung des Sachverhaltes ist folgende [Pre 84]: Das Feld eines Monopols ist radialsymmetrisch, somit folgt für den Fluß durch eine umschließende Fläche:

$$\Phi = 4\pi r^2 \vec{B} = 4\pi g \tag{10.15}$$

Betrachten wir nun ein Elektron im Magnetfeld dieses Monopols. Die Wellenfunktion des freien Teilchens ist gegeben durch

$$\Psi = |\Psi| \exp\left(\frac{i}{\hbar}(\vec{p}\cdot\vec{r} - Et)\right) \tag{10.16}$$

Die Gegenwart des elektromagnetischen Feldes ändert nun die Phase der Wellenfunktion $\alpha \to \alpha - \frac{e}{\hbar c}\vec{A}\cdot\vec{r}$. Hierbei ist A das Vektorpotential. Nehmen wir ein festes r und θ und machen einen vollen Umlauf in Φ, d.h. Φ zwischen 0 und 2π, so ergibt sich eine totale Phasenänderung von

$$\Delta\alpha = \frac{e}{\hbar c}\oint \vec{A}\cdot d\vec{l} = \frac{e}{\hbar c}\Phi(r,\theta) \tag{10.17}$$

Hierbei ist $\Phi(r,\theta)$ der Fluß durch die Schleife, wie in Abb. 10.2 schematisch angedeutet. Für $\theta \to 0$ verschwindet der Fluß $\Phi(r,0) = 0$. Für $\theta \to \pi$ haben wir den Fluß $\Phi(r,\pi) = 4\pi g$. Obwohl die Schleife wieder auf Null geschrumpft ist, existiert trotzdem ein endlicher Fluß. Dies bedeutet, daß für $\theta = \pi$ das Vektorpotential A singulär wird. Da wir aber r beliebig wählen können, bedeutet dies eine Singularität von A entlang der ganzen negativen z-Achse, dem sogenannten *Dirac-String.* Auf ihm verschwindet die Wellenfunktion, und die Phase ist völlig unbestimmt. Aufgrund der Eindeutigkeit der Wellenfunktion und der Nichtnachweisbarkeit eines solchen Effektes in Elektroneninterferenzexperimenten muß jedoch $\Delta\alpha = 2\pi n$ sein, wobei n eine

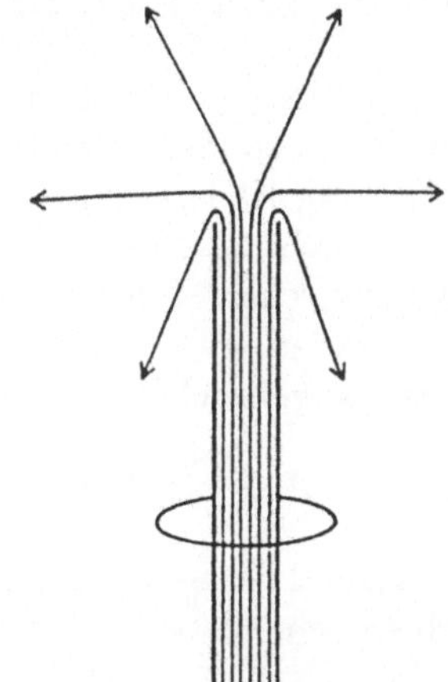

Abb. 10.2
Darstellung eines Dirac-Strings. Es handelt sich hierbei um eine semi-unendliche (entlang der z-Achse) Singularität (aus [Pre 84]).

beliebige ganze Zahl ist. Damit folgt zwangsläufig die Diracsche Quantisierungsbedingung (Gl. (10.13)):

$$\frac{ge}{\hbar c} = \frac{n}{2} \tag{10.18}$$

Man sieht, daß aus der Existenz magnetischer Monopole sofort die Quantelung der elektrischen Ladung folgt. Mit Hilfe der Feinstrukturkonstanten $\alpha = e^2/\hbar c$ folgt für die Größe der magnetischen Ladung $g = e/(2\alpha) = (137/2)e$. Aussagen über die Masse dieser Dirac-Monopole werden hingegen keine gemacht. Man kann trotzdem versuchen, sie sehr grob klassisch abzuschätzen. Als willkürliche Annahme geht hierbei ein, daß der Radius eines Monopols dem klassischen Elektronenradius entspricht. Hieraus läßt sich dann herleiten, daß

$$\frac{g^2}{m_M} = \frac{e^2}{m_e}, \tag{10.19}$$

woraus sofort mit Gl. (10.14) folgt

$$m_M = \left(\frac{137}{2}\right)^2 m_e = 4700 m_e \approx 2.4\,\mathrm{GeV} \tag{10.20}$$

Es handelt sich hierbei wohlgemerkt nur um eine grobe Plausibilitätsabschätzung.

10.2 Der t'Hooft-Polyakov-Monopol

Eine Wiederbelebung der Idee des magnetischen Monopols geschah 1974 im Rahmen der vereinheitlichten Theorien durch t'Hooft und Polyakov [t'Ho 74], [Pol 74]. Sie konnten zeigen, daß jede höhere Eichgruppe, bei deren Brechung eine $U(1)$-Untergruppe entsteht, zwangsläufig die Existenz magnetischer Monopole vorhersagt. Wir wollen hierzu eine $SO(3)$-Gruppe betrachten, welche mit Hilfe eines Higgs-Tripletts Φ^a spontan zu einer $U(1)$-Gruppe gebrochen ist. Die Lagrangedichte ist dann [Kol 90]

$$\mathcal{L} = \frac{1}{2} D_\mu \Phi^a D^\mu \Phi^a - \frac{1}{4} F^a_{\mu\nu} F^{a\mu\nu} - \frac{1}{8}\lambda(\Phi^a\Phi^a - \sigma^2)^2 \tag{10.21}$$

Aufgrund der Symmetriebrechung bekommen zwei der drei Eichbosonen eine Masse von

$$M_V^2 = e^2\sigma^2 \quad \text{und} \quad M_S^2 = \lambda\sigma^2 \tag{10.22}$$

Die Größe des Vakuumerwartungswertes ist wieder gegeben durch das Minimum des Potentials $\langle\Phi^a\rangle = \sigma$. Die Richtung im $SO(3)$-Raum ist dagegen unbestimmt. Die Lösung niedrigster Energie ist gegeben durch Φ^a = konstant, da hier neben dem Potential auch die kinetische Energie minimiert wird. Auch für den Fall, daß $\Phi^a \neq$ konstant ist, kann die räumliche Abhängigkeit mit Hilfe eines geeigneten Feldes A^a_μ endlicher Energie weggeeicht werden. Es gibt nun aber auch Higgsfeld-Konfigurationen, die nicht durch eine Eichtransformation endlicher Energie in eine Φ^a = konstant entsprechende Konfiguration umgewandelt werden können. Ein solches Beispiel ist die sogenannte *Hedgehog*-Lösung, bei der die Richtung von Φ^a im Gruppenraum proportional zum Einheitsvektor im normalen Raum ist. Die Lösung ist sphärisch symmetrisch und besitzt für $r \to \infty$ die Form

$$\Phi^a(r,t) \to \sigma\hat{\vec{r}} \tag{10.23}$$

$$A^a_\mu(r,t) \to \epsilon_{\mu ab}\frac{\hat{\vec{r}}_b}{er} \tag{10.24}$$

Kontinuität erfordert ein Verschwinden des Higgs-Feldes für $r \to 0$. Es ist nun aber nicht möglich, die Hedgehog-Lösung so zu deformieren, daß überall die Bedingung $\langle\Phi^a\rangle = \sigma$ herrscht. Daraus leitet sich die topologische Stabilität der Lösung her. Die Größe des Hedgehog ist bestimmt durch den Bereich, in dem $\langle\Phi^a\rangle \neq \sigma$ ist, also von der Größenordnung σ^{-1}. Betrachtet man nun das langreichweitige Magnetfeld, welches mit dieser Lösung verbunden ist, so stellt man fest:

$$B^a_i = \frac{1}{2}\epsilon_{ijk}F^a_{jk} = \frac{\hat{\vec{r}}_i\hat{\vec{r}}^a}{er^2} \tag{10.25}$$

Dies entspricht aber gerade dem Magnetfeld eines magnetischen Monopols mit der zweifachen Dirac-Ladung, also $g = 137e$! Allein aus der Topologie des Vakuumerwartungswertes des Higgsfeldes ergeben sich Lösungen, welche die Eigenschaften von magnetischen Monopolen besitzen. Es stellt sich heraus, daß die Monopolmasse abhängig von $\sqrt{\lambda}/e = M_S/M_V$ ist (wobei λ aus Gl. (10.21) und M_S und M_V aus Gl. (10.22)). Es ist nicht möglich, für die Masse eine geschlossene analytische Formel anzugeben. Im Grenzfall $M_S/M_V \rightarrow 0$ gilt jedoch

$$m_M = \frac{4\pi\sigma}{e} = \frac{M_V}{\alpha_{em}} \tag{10.26}$$

Die Masse ist nun eine monoton steigende Funktion dieses Verhältnisses (etwa quadratisch) und erreicht für das andere Extrem $M_S/M_V \rightarrow \infty$ einen Wert, der etwa das 1.8-fache des obigen Wertes ergibt [Kol 90].

Da das Standardmodell (siehe Kap. 1) ja eine $SU(3) \otimes SU(2) \otimes U(1)$-Symmetrie besitzt, sollten also bei jeder Vereinheitlichung Monopole entstehen. Im Gegensatz zu den Diracschen Überlegungen werden bei diesen Theorien auch erstmals Aussagen über die Massen gemacht. Nehmen wir $M_V = M_X$ an, so gilt folgende Relation:

$$m_M \simeq \frac{M_X}{\alpha_{em}} \tag{10.27}$$

Hierbei ist α die Feinstrukturkonstante und M_X die typische Masse eines mit der Skala der Symmetriebrechung verbundenen Vektorbosons. Für die $SU(5)$-Theorie erwartet man eine Vereinigung bei etwa 10^{15} GeV, was dann einer Monopolmasse von ca. 10^{17} GeV entspricht. Dies entspricht dem Gewicht eines Bakteriums! Monopole sind also extrem schwere Gebilde und können demzufolge nicht an heutigen Beschleunigern nachgewiesen werden. Der einzige Entstehungsort für solch schwere Teilchen war das frühe Universum. Den Aufbau eines solchen GUT-Monopols zeigt Abb. 10.3. Im Inneren des Monopols ist die GUT-Symmetrie noch erhalten, was zu der Annahme führt, daß Monopole den Nukleonenzerfall katalysieren können.

10.3 Astrophysik der Monopole

Die Produktion topologischer Defekte wie etwa von Monopolen wird verursacht durch Phasenübergänge im frühen Universum. Wie schon bei der Entstehung der kosmischen Strings besprochen, ist der Teilchenhorizont die maximal mögliche Korrelationslänge. Auf größeren Skalen ist der Wert

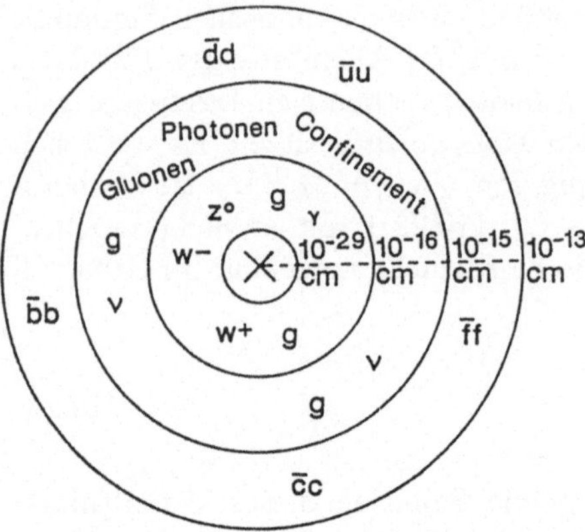

Abb. 10.3
Die Zwiebelstruktur eines GUT-Monopols. Über den innersten Bereich, in dem die ungebrochene GUT-Symmetrie vorherrscht, geht der Monopol über einen Bereich der elektroschwachen Vereinigung über in Fermion-Antifermion-Kondensate. Durch die im Inneren erhaltene GUT-Symmetrie sollte er den Nukleonenzerfall katalysieren können (aus [Boe 88]).

des Higgsfeldes unkorreliert. Die Korrelationslänge ξ ist dabei von den Details des Phasenüberganges und von der Temperatur abhängig. Wir wollen hierzu einen Phasenübergang zweiter Ordnung annehmen. Es gilt $\xi \sim m_H^{-1}(T) \sim T^{-1}$ [Kol 90]. Da das Higgsfeld auf Skalen größer als das Hubble-Volumen (siehe Kap. 3) in verschiedene Richtungen des Gruppenraumes deutet, nimmt man an, daß pro solcher Domäne ein Monopol entstand. Da der Teilchenhorizont (siehe Kap. 3) $d_H \sim H^{-1} \sim m_{\rm Pl}/T^2$ ist, folgt somit $n_M \sim d_H^{-3} \sim T^6/m_{\rm Pl}^3$. Damit ergibt sich als Anfangswert für das dimensionslose Verhältnis n_M/T^3

$$\frac{n_M}{T^3} > \left(\frac{T}{Cm_{\rm Pl}}\right)^3 \tag{10.28}$$

wobei C eine Konstante darstellt. Mit typischen Werten für vereinheitlichende Theorien wie etwa der $SU(5)$ von $T \approx 10^{15}$ GeV und $Cm_{\rm Pl} \approx 10^{19}$ GeV ergibt sich ein Verhältnis von $n_M/T^3 \simeq 10^{-12}$. Nach dem Phasenübergang gibt es keine Entstehungsprozesse mehr, und nur noch Monopol-Antimonopol-Vernichtung hat einen Einfluß auf die Dichte. Es zeigt sich aber [Kol 90], daß für

$$\frac{n_M}{T^3} < 10^{-9}\left(\frac{m_M}{10^{16}\,\rm GeV}\right) \tag{10.29}$$

die Monopolvernichtung praktisch keine Rolle spielt. Dies bedeutet, daß obiges Verhältnis kaum verändert wird. Der Beitrag der magnetischen Monopole zur kritischen Dichte ist deshalb gegeben durch

$$\Omega_M h^2 \simeq 10^{24}\left(\frac{n_M}{T^3}\right)\left(\frac{m_M}{10^{16}\,\rm GeV}\right) \tag{10.30}$$

bzw. unter Benutzung von Gl. (10.28)

$$\Omega_M h^2 \simeq 10^{11} \left(\frac{T}{10^{14}\,\mathrm{GeV}}\right)^3 \left(\frac{m_M}{10^{16}\,\mathrm{GeV}}\right) \tag{10.31}$$

Damit sehen wir ein großes Problem vor uns. Mit den typischen GUT-Werten für T und n_M ergeben sich Monopoldichten, die in der Ordnung von $10^{11}\rho_c$ liegen, ein unakzeptabel hoher Wert (siehe Kap. 3). Dies bezeichnet man als das Monopolproblem. Entweder muß man nun einen Phasenübergang bei viel niedrigeren Temperaturen einführen, oder man muß die Monopoldichte drastisch verringern. Die Einschränkung, daß Ω_M nicht viel größer als Eins sein darf, würde für den Phasenübergang eine kritische Temperatur in der Ordnung 10^{11} GeV bedeuten ($m_M \sim T/\alpha$, wobei α die Kopplungskonstante darstellt). Die eleganteste Lösung dieses Problems ist das in Kap. 3 angesprochene inflationäre Universum. Durch die starke Expansion während der Inflation fand eine Verdünnung der Monopole statt, so daß ihr Beitrag zur Dichte wesentlich gesenkt wird. Allerdings findet in der postinflationären Phase eine erneute Aufheizung des Universums statt, die es erlauben könnte, wieder Monopole zu erzeugen. Detaillierte Abschätzungen der Monopoldichte mit Inflation sind bisher nicht möglich, könnten jedoch zu einer Veränderung der oben genannten Dichte führen. Würde man einen starken GUT-Phasenübergang erster Ordnung zur Lösung des Problems heranziehen, welcher inflationäre Szenarien verbietet, so wird das Problem noch drastischer [Kol 90]. Jetzt sind nämlich die Higgs-Felder innerhalb der sich bildenden Blasen korreliert. Man erwartet also keine Korrelation der Felder in den verschiedenen Blasen, wobei sich nach deren Verschmelzung und Aufheizung eine Monopoldichte von

$$\frac{n_M}{T^3} \simeq \left[\left(\frac{T}{m_{\mathrm{Pl}}}\right) \ln\left(\frac{m_{\mathrm{Pl}}^4}{T^4}\right)\right]^3 \tag{10.32}$$

einstellt. In diesem Falle wäre die Diskrepanz zur beobachteten Dichte eher noch schlimmer!

Welche Aussagen können wir nun über diese Monopole gewinnen? Einmal erzeugt, spielt ihre gegenseitige Vernichtung mit Antimonopolen nur eine untergeordnete Rolle. Vielmehr stehen sie in kinetischem Gleichgewicht mit geladenen Teilchen wie etwa Elektronen durch Reaktionen wie $M + e^- \rightarrow M + e^-$. Während der gegenseitigen e^+e^--Vernichtung besitzen sie eine interne Geschwindigkeitsdispersion von [Kol 90]

$$\langle v_M^2 \rangle^{\frac{1}{2}} \simeq \sqrt{\frac{T}{m_M}} \simeq 30\,\mathrm{cm\,s^{-1}} \left(\frac{10^{16}\,\mathrm{GeV}}{m_M}\right)^{\frac{1}{2}} \tag{10.33}$$

Da sie sich danach weitgehend frei ($\sim R(t)^{-1}$) ausbreiten, folgt für sie heute eine relativ kleine Geschwindigkeitsdispersion von

$$\langle v_M^2 \rangle^{\frac{1}{2}} \simeq 10^{-8}\,\mathrm{cm\,s^{-1}} \left(\frac{10^{16}\,\mathrm{GeV}}{m_M}\right)^{\frac{1}{2}} \tag{10.34}$$

Wegen einer solch kleinen Geschwindigkeitsdispersion sind Monopole instabil gegen einen Gravitationskollaps auf allen astrophysikalisch relevanten Skalen, d.h. sie kollabieren mit den Massen. Als das Universum materiedominiert wurde, nahmen die Monopole an der Strukturbildung teil. Sie sind jedoch nicht mit in die Scheiben von Galaxien gegangen, man findet sie deshalb weniger in solchen Gebilden wie galaktischen Scheiben, sondern vielmehr in galaktischen Halos oder Galaxienhaufen. Aufgrund von Magnetfeldern werden Monopole jedoch zu höheren Geschwindigkeiten als in Gl. (10.34) beschleunigt. So besitzt unsere Milchstraße ein Magnetfeld von etwa $3\,\mu$G mit einer Kohärenzlänge l von etwa 300 pc. Ein passierender Monopol würde durch dieses Feld auf eine Geschwindigkeit von

$$v_M \simeq 3 \cdot 10^{-3} c \left(\frac{10^{16}\,\mathrm{GeV}}{m_M}\right)^{\frac{1}{2}} \tag{10.35}$$

beschleunigt. Man erwartet also Monopolgeschwindigkeiten im Bereich von Prozentbruchteilen der Lichtgeschwindigkeit aufgrund von Beschleunigungen innerhalb des jeweils zugehörigen Systems (Galaxie, Galaxienhaufen). Die Kenntnis der Geschwindigkeit ist wichtig, um den Monopolfluß abschätzen zu können und damit einen Anhaltspunkt für Laborexperimente zu besitzen. Eine erste Abschätzung des Monopolflusses $\Phi_M = n_M v_M / 4\pi$ folgt schon aus der Tatsache, daß die Monopoldichte nicht größer als die kritische Dichte sein darf. Nimmt man eine Geschwindigkeit von $v \approx 10^{-3}\,c$ an, so folgt damit

$$\Phi_M \leq 10^{-14} \left(\frac{10^{16}\,\mathrm{GeV}}{m_M}\right) \mathrm{cm^{-1}\,s^{-1}\,sr^{-1}} \tag{10.36}$$

Der lokale Monopolfluß kann jedoch aufgrund des galaktischen Halos höher sein. Die lokale Dichte beträgt etwa $10^{-23}\,\mathrm{g\,cm^{-3}}$, wovon der Halo höchstens die Hälfte beitragen kann, da Sterne, Gas und Staub die andere Hälfte ausmachen. Nimmt man deswegen als konservative Obergrenze einmal $10^{-24}\,\mathrm{g\,cm^{-3}}$, so folgt damit ein Fluß von

$$\Phi_M \leq 10^{-10} \left(\frac{10^{16}\,\mathrm{GeV}}{m_M}\right) \mathrm{cm^{-1}\,s^{-1}\,sr^{-1}} \tag{10.37}$$

Eine ganz andere Flußgrenze folgt aus dem Magnetfeld unserer Milchstraße. Gehen wir dazu von einem Monopol in Ruhe, d.h. $v_0 = 0$, und einer magnetischen Ladung $g = (137/2)e$ aus. Legt der Monopol nun eine Strecke l in diesem Feld zurück, so wird er durch dieses auf eine kinetische Energie E_M beschleunigt:

$$E_M \approx gBl \simeq 10^{11}\,\text{GeV}\left(\frac{B}{3\,\mu\text{G}}\right)\left(\frac{l}{300\,\text{pc}}\right) \tag{10.38}$$

Daraus resultiert eine Geschwindigkeit v_{ma} des magnetischen Monopols von

$$v_{\text{ma}} = \left(\frac{2gBl}{m_M}\right)^{\frac{1}{2}} \tag{10.39}$$

Aus dieser Beschleunigung resultiert ein gewisser Energieverlust des Feldes innerhalb eines Volumens V, welcher gegeben ist durch

$$\Delta E_M = -\Delta\left[V \cdot \frac{B^2}{2}\right] \tag{10.40}$$

Lassen wir nun die Annahme ruhender Monopole fallen, so ergeben sich prinzipiell zwei Möglichkeiten. Ist die Anfangsgeschwindigkeit klein gegen v_{ma}, so erfahren die Monopole eine starke Änderung ihrer kinetischen Energie, und obige Gleichungen (Gl. (10.38) bis (10.40)) beschreiben den Sachverhalt sehr gut. Ist dagegen $v_0 \gg v_{\text{ma}}$, so erfahren die Monopole nur eine geringe Einwirkung des Magnetfeldes, welche außerdem noch von der Bewegungsrichtung in Bezug auf die Orientierung des Magnetfeldes abhängt. Für einen isotropen Fluß beider Monopolsorten verschwindet der Nettoenergiegewinn in erster Ordnung sogar, da einige Monopole Energie gewinnen, andere wiederum verlieren. Erst in zweiter Ordnung kommt es zu einem Energiegewinn, da die gesamte Monopolverteilung ihre kinetische Energie erhöht, und man erhält [Kol 90]

$$\Delta E_M \simeq \frac{1}{4}(gBl)\left(\frac{v_{\text{ma}}}{v_0}\right)^2 \quad \text{pro Monopol} \tag{10.41}$$

Nehmen wir die typischen Geschwindigkeiten innerhalb unserer Galaxis $v_0 \approx 10^{-3}\,c$, so folgt daraus, daß Monopole mit Massen kleiner als 10^{17} GeV sehr große Ablenkungen erfahren, und innerhalb kurzer Zeit aus unserer Milchstraße geschleudert werden. Selbst Monopole bis zu Massen von etwa 10^{20} GeV werden aufgrund des Effektes zweiter Ordnung noch im Verlauf des bisherigen Galaxienalters effektiv abgestoßen. Dieser permanente Energieverlust muß aber irgendwie ausgeglichen werden. Da wir uns das galaktische Magnetfeld aufgrund eines Dynamoeffektes erzeugt denken, folgt die typische Regenerationszeit τ des Feldes aus der Rotationsdauer der Milchstraße von etwa 10^8 Jahren. Es zeigt sich, daß ansonsten nach einer Zeit

$$\tau = \frac{B}{8\pi g \Phi_M} \tag{10.42}$$

das bestehende Feld neutralisiert wäre. Aus der Existenz des bestehenden Feldes folgen damit die Flußgrenzen

$$\Phi_M \leq 10^{-15}\,\mathrm{cm}^{-1}\,\mathrm{s}^{-1}\,\mathrm{sr}^{-1}\left(\frac{B}{3\,\mu\mathrm{G}}\right)\left(\frac{300\mathrm{pc}}{l}\right)^{\frac{1}{2}}\left(\frac{3\cdot 10^7\,\mathrm{a}}{\tau}\right)\left(\frac{r}{30\,\mathrm{kpc}}\right)^{\frac{1}{2}} \quad (10.43)$$

$$\text{für} \quad m_M \leq 10^{17}\,\mathrm{GeV}$$

$$\Phi_M \leq 10^{-16}\,\mathrm{cm}^{-1}\,\mathrm{s}^{-1}\,\mathrm{sr}^{-1}\left(\frac{300\,\mathrm{pc}}{l}\right)\left(\frac{3\cdot 10^7\,\mathrm{a}}{\tau}\right)\left(\frac{m}{10^{16}\,\mathrm{GeV}}\right) \quad (10.44)$$

$$\text{für} \quad m_M \geq 10^{17}\,\mathrm{GeV}$$

r kennzeichnet hierbei die Ausdehnung des galaktischen Magnetfeldes. Diese Flußgrenzen nennt man das sogenannte *Parker-Limit* [Par 70], [Tur 82]. Ein erweitertes Parker-Limit von

$$\Phi_M \leq 10^{-16}\left(\frac{m}{10^{17}\,\mathrm{GeV}}\right) \quad \mathrm{cm}^{-1}\,\mathrm{s}^{-1}\,\mathrm{sr}^{-1} \quad (10.45)$$

wird von [Ada 93] gegeben. Für sehr schwere Monopole ($m > 10^{20}$ GeV) werden die Grenzen wieder schärfer, da sonst ihr Beitrag zur galaktischen Masse viel zu groß sein würde. Eine veränderte Situation hätte man vor sich, wenn Monopole selbst als Quellen des galaktischen Magnetfeldes fungierten. Wir wollen hier jedoch auf diesen Fall nicht näher eingehen (siehe z.B. [Kol 90]).

Eine um mehrere Größenordnungen niedrigere Grenze liefern uns die Neutronensterne. Unter der Annahme, daß Monopole den Nukleonenzerfall katalysieren (siehe Kap. 10.4.3), sollte dieser Prozeß in enormer Rate in Neutronensternen stattfinden und auch merklich zu dessen Röntgenstrahlung beitragen [Kol 84]. Als Beispiel sei hier der relativ gut bekannte Radiopulsar PSR 1929+10 aufgeführt, der sich in etwa 60 pc Entfernung befindet. Seine mit dem Einstein-Satelliten bestimmte Leuchtkraft beträgt etwa $3\cdot 10^{30}\,\mathrm{erg\,s}^{-1}$, welches auf eine Oberflächentemperatur von nur 30 eV hindeutet [Kol 84]. Im Laufe seines Alters von etwa $3\cdot 10^6$ Jahren sollte er etwa 10^{33} Monopole aufgesammelt haben. Die beobachtete Leuchtkraft kann jedoch in eine Monopolanzahl

$$n_M \leq 10^{12}\left(\frac{\sigma v}{10^{-28}\,\mathrm{cm}^2}\right)^{-1} \quad (10.46)$$

umgerechnet werden, welches dann einem Fluß von

$$\Phi_m \leq 10^{-21}\left(\frac{\sigma v}{10^{-28}\,\mathrm{cm}^2}\right)^{-1}\,\mathrm{cm}^{-1}\mathrm{s}^{-1}\mathrm{sr}^{-1} \quad (10.47)$$

entspricht [Fre 83]. σv ist hierbei das Produkt aus Wirkungsquerschnitt für Katalyse von Nukleonzerfall und Geschwindigkeit. Berücksichtigt man dann noch die Möglichkeit des Monopoleinfanges während vorheriger Brennphasen des Sterns, so reduziert sich der Fluß nochmals um sieben Größenordnungen. Dies würde in der Praxis eine hoffnungslose Suche in irdischen Labors bedeuten. Da aber das Verständnis der Neutronensterne und deren Röntgenspektren sehr modellabhängig ist, und außerdem die Annahme der Nukleonenkatalyse eingeht, dürften sich experimentelle Suchen eher nach dem Parker-Limit orientieren.

10.4 Experimentelle Suche nach Monopolen

Wie wir aufgrund der Massenabschätzungen gesehen haben, wird es nicht möglich sein, GUT-Monopole mit Beschleunigern zu erzeugen. Da für Dirac-Monopole aber keine Massenvorhersage gemacht wird, gehört es schon zur Tradition, an jedem neuen Beschleuniger nach solchen Monopolen zu suchen. Sie können beispielsweise als Monopol-Antimonopol-Paar $M\bar{M}$ in Reaktionen entstehen wie

$$e^+ + e^- \rightarrow M + \bar{M}, \quad p + p \rightarrow p + p + M + \bar{M}, \quad p + \bar{p} \rightarrow M + \bar{M} \qquad (10.48)$$

Tab. 10.1 zeigt die so gewonnenen Grenzen für Dirac-Monopole. Wir wollen uns aber mehr auf die GUT-Monopole konzentrieren. Für den Nachweis von kosmischen magnetischen Monopolen in irdischen Labors gibt es aufgrund des geringen Monopolflusses einerseits, und seiner besonderen Eigenschaften andererseits verschiedene Nachweisstrategien. Die Experimente mit der

Tab. 10.1 Monopolsuche an Beschleunigern. Angegeben sind die Grenzen für den Monopol-Produktionsquerschnitt und die Monopol-Masse für verschiedene Energiebereiche. $\sqrt{s}$ bezeichnet die Schwerpunktsenergie.

σ_M [cm^2]	m_M [GeV]	Strahl	$\sqrt{s}$ [GeV]	Ereignisse	Ref.
$< 2 \cdot 10^{-35}$	< 1	p	6	0	[Bra59]
$< 1 \cdot 10^{-35}$	< 3	p	28	0	[Fid61]
$< 2 \cdot 10^{-40}$	< 3	p	30	0	[Pur63]
$< 5 \cdot 10^{-42}$	< 13	p	400	0	[Car74]
$< 4 \cdot 10^{-38}$	< 10	e^+e^-	34	0	[Mus83]
$< 3 \cdot 10^{-32}$	< 800	$p\bar{p}$	1800	0	[Pri87b]
$< 1 \cdot 10^{-38}$	< 17	e^+e^-	35	0	[Bra88]
$< 1 \cdot 10^{-37}$	< 29	e^+e^-	50 bis 61	0	[Kin89]
$< 2 \cdot 10^{-34}$	< 850	$p\bar{p}$	1800	0	[Ber90d]
$< 7 \cdot 10^{-35}$	< 44.9	e^+e^-	89 bis 93	0	[Kin 92]
$< 3 \cdot 10^{-37}$	< 45	e^+e^-	88 bis 94	0	[Pin 93]

eindeutigsten Signatur für einen Monopol sind die Induktionsexperimente [Sto 84], [Gro 86a].

10.4.1 Induktionsexperimente

Unter der Annahme magnetischer Monopole ergibt sich das Induktionsgesetz zu [Jac 82]

$$\oint \vec{E} d\vec{r} = -\frac{d\Phi}{dt} - \frac{dQ_m}{dt} \tag{10.49}$$

Hierbei ist der erste Term der induzierte magnetische Fluß und der zweite Ausdruck der Monopolstrom. Liegt der Weg des Umlaufintegrals völlig in einer supraleitenden Spule, so verschwindet das elektrische Feld entlang des Weges und es folgt direkt

$$\Delta\Phi = -\Delta Q_m \tag{10.50}$$

Durchquert also ein Monopol eine isolierte supraleitende Schleife oder Spule, so erzeugt er eine Flußänderung von $\Delta\Phi = hc/e$. Dies entspricht in der Supraleitung zwei elementaren Flußeinheiten und ist damit leicht nachweisbar. In Abb. 10.4 ist schematisch dargestellt, was bei einem Monopoldurchgang durch eine supraleitende Spule passiert. Bei einer Flußänderung auf-

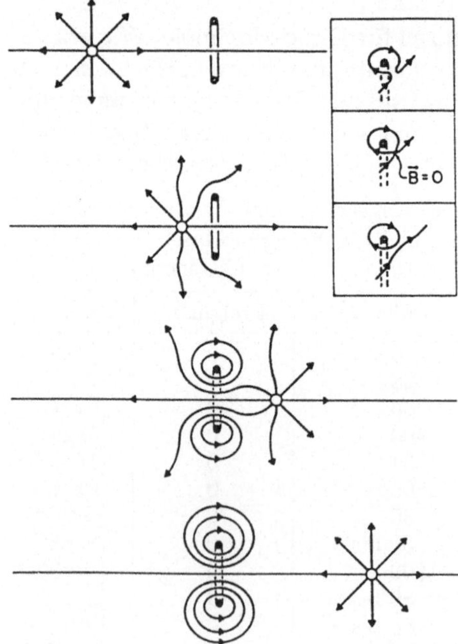

Abb. 10.4
Das Verhalten der Feldlinien in einer supraleitenden Spule beim Durchqueren eines Monopols. Deutlich zu sehen ist, wie ein Strom induziert wird (aus [Gro 86a]).

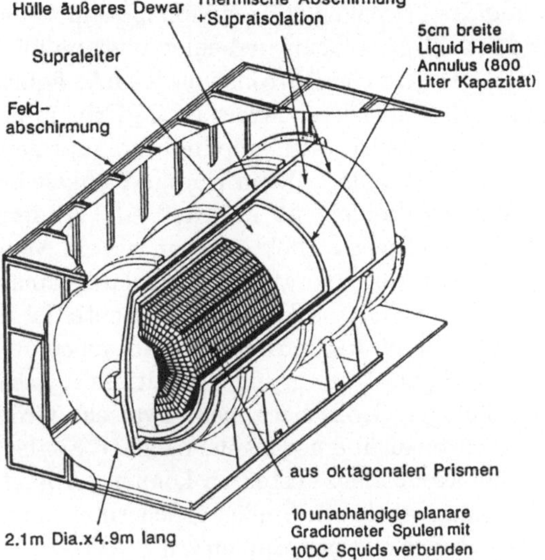

Abb. 10.5
Als Beispiel eines Experimentes zur Suche nach magnetischen Monopolen ist hier der IMB-BNL-Detektor dargestellt. Eine sorgsame Abschirmung gegen das Erdmagnetfeld ist notwendig (aus [Gro 86a]).

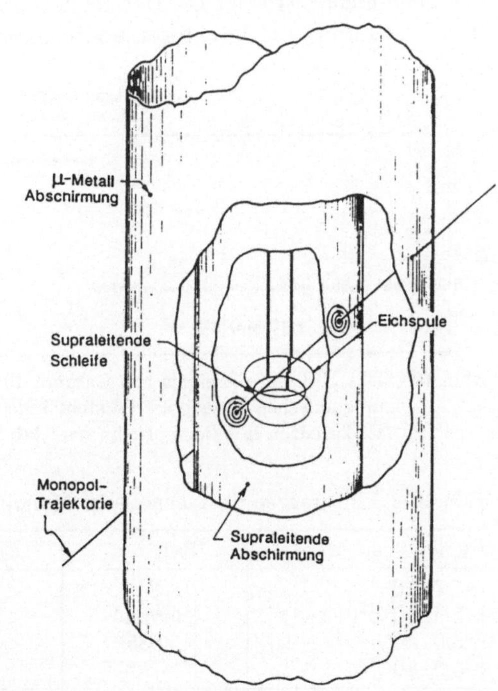

Abb. 10.6
Der supraleitende Induktionsdetektor von Cabrera zum Nachweis magnetischer Monopole (aus [Gro 86a]).

grund des Durchgangs eines Monopols mit einer magnetischen Ladung g von $4\pi g = 4.14 \cdot 10^{-7}\,\mathrm{Gcm}^2$ und einer angenommenen Induktivität der Spule von $10\,\mu$H resultiert ein Strom von 0.4 nA, äquivalent einer Energiedeposition von $\approx 10^{-24}$ J. Dieser Strom ist im Prinzip nicht schwierig zu messen. Man verwendet hierzu sehr empfindliche supraleitende Bauelemente (SQUIDs, siehe z.B. [Smi 90]), deren Empfindlichkeit bei 10^{-27} J und tiefer liegt. Das Untergrundproblem ist nur, daß eine Änderung des Erdmagnetfeldes von 10^{-11} den gleichen Effekt erzeugt wie ein Monopol. Diese Experimente werden deswegen sehr sorgfältig gegen das Erdmagnetfeld abgeschirmt. Ein typischer Aufbau eines solchen Experimentes ist in Abb. 10.5 gezeigt. Aufgrund der besonderen Abschirmungen und wegen des mit der Größe schlechter werdenden Signal-Untergrund-Verhältnisses lassen sich diese Detektoren nicht in beliebiger Größe betreiben. Typische Größenordnungen sind $1\,\mathrm{m}^2$. Man ist auch dazu übergegangen, mehrere Spulen ineinander zu verschachteln, um auf Koinzidenz testen zu können (Abb. 10.6). Eine Änderung des Magnetfeldes würde alle Spulen gleichermaßen treffen, während ein Monopolereignis immer nur zwei Spulen trifft. Abb. 10.7 zeigt ein positives Signal einer Gruppe in Stanford [Cab 82], auch wenn dieses durch empfindlichere, neuere Versuche nicht bestätigt ist. Der gegenwärtige Stand der Monopolsuche mit Hilfe von Induktionsdetektoren ergibt ein bestes Flußlimit von [Ber 90d]

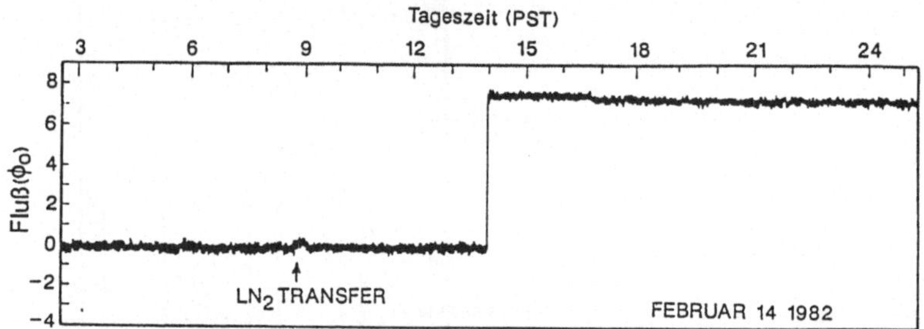

Abb. 10.7 Das berühmte Ereignis von Cabrera 1982 zeigt ein sehr sauberes Signal eines magnetischen Monopols. Es steht indessen mit den mittlerweile bestehenden Flußgrenzen in Widerspruch (aus [Cab 82]).

Tab. 10.2 Flußgrenzen für magnetische Monopole aus Induktionsdetektoren.

F_M [$\mathrm{cm}^{-2}\mathrm{sr}^{-1}\mathrm{s}^{-1}$]	Ref.	F_M [$\mathrm{cm}^{-2}\mathrm{sr}^{-1}\mathrm{s}^{-1}$]	Ref.
$< 6.7 \cdot 10^{-12}$	[Inc84]	$< 3.8 \cdot 10^{-13}$	[Ber90c]
$< 5.5 \cdot 10^{-12}$	[Ber85b]	$< 7.2 \cdot 10^{-13}$	[Hub90]
$< 6.0 \cdot 10^{-12}$	[Cap85]	$< 4.4 \cdot 10^{-12}$	[Gar91]
$< 5.0 \cdot 10^{-12}$	[Cro86]		

$$\Phi_M < 3.8 \cdot 10^{-13}\,\mathrm{cm}^{-2}\mathrm{s}^{-1}\,\mathrm{sr}^{-1} \tag{10.51}$$

Andere Experimente ergeben ähnliche Grenzen [Hub 90], [Gar 91]. Tab. 10.2 zeigt einen Überblick der Induktionsresultate.

10.4.2 Ionisationsexperimente

Im Gegensatz zu den supraleitenden Induktionsexperimenten kann man Ionisationsexperimente von einigen $100\,\mathrm{m}^2$ konstruieren. Die Nachweisidee liegt hier in dem Energieverlust der Monopole bei der Wechselwirkung mit gebundenen Elektronen. Durch den vorbeifliegenden Monopol und dessen Magnetfeld werden die Atomniveaus stark gestört, und es kommt zu einem Energieverlust. Im Normalfall wird der Energieverlust dE/dx aufgrund von Ionisation mit Hilfe der Bethe-Bloch-Formel beschrieben (siehe z.B. [Per 87]). Diese besitzt aber im Bereich der Monopolgeschwindigkeiten von $\beta \approx 10^{-3}$ keine Gültigkeit mehr. Vielmehr befindet man sich hier in einem Bereich, wo man nachweisen muß, daß überhaupt noch ein detektierbares Signal entsteht, und dazu sind genaue Kenntnisse der beteiligten Atom- und Molekülphysik notwendig (Abb. 10.8). Für einen solch langsamen Monopol liegt die Relativgeschwindigkeit sehr nahe an der Geschwindigkeit der Atomelektronen. Nimmt man für diese eine Geschwindigkeit $v_e \approx \alpha c$ an, dann folgt mit $g = e/2\alpha$, daß $g\alpha = e/2$. Dies bedeutet, die Wechselwirkung eines langsamen Monopols entspricht etwa einer halbzahligen Ladung, und damit ist seine Ionisierung etwa ein Viertel von der eines Protons mit gleicher Geschwindigkeit. Als Detektoren verwendet man meist Szintillatoren.

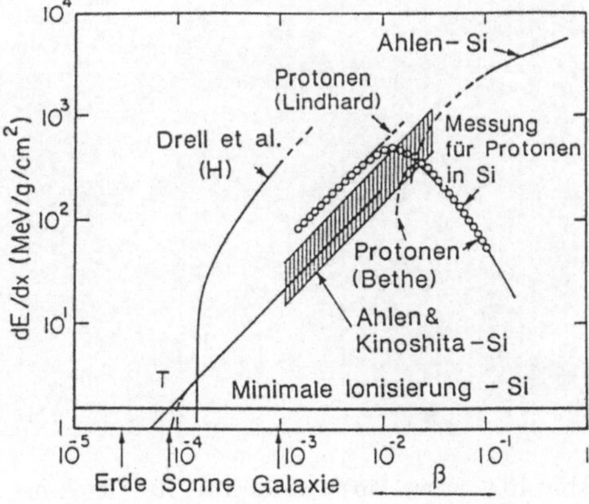

Abb. 10.8
Verlauf des Energieverlustes dE/dx für sehr langsame Monopole (typische Geschwindigkeiten sind mit dem astronomischen Objekt gekennzeichnet). Die Punkte bedeuten Messungen des Energieverlusts von langsamen Protonen in Si. Dargestellt sind verschiedene theoretische Extrapolationen zu kleinen Geschwindigkeiten β. In diesem Bereich ist man vor allem auf theoretische Rechnungen und damit eine genaue Kenntnis der Atom- und Molekülphysik angewiesen (aus [Bar 84], s. auch [Gro 86a]).

10.4.2.1 Der MACRO-Detektor

Als Beispiel für ein solches Experiment wollen wir den MACRO-Detektor (Monopole Astrophysics and Cosmic Ray Observatory, Abb. 10.9) etwas genauer betrachten [Ahl 93]. Dieses Experiment wurde im Gran-Sasso-Untergrundlabor (Italien) aufgebaut und besteht aus sechs sogenannten Supermodulen oder zwölf Modulen. Den Querschnitt durch ein solches Modul zeigt Abb. 10.10. Der MACRO-Detektor besteht im Prinzip aus drei unterschiedlichen Nachweisgeräten. Oben und unten sind jeweils auf Mineralöl basierende Szintillationszähler angebracht. Dazwischen befinden sich zehn Streamerkammern, die jeweils durch einen halben Meter Füllmittel voneinander getrennt sind. Die Streamerkammern sind mit einer Mischung aus Helium und n-Pentan gefüllt. Man macht sich hier zweierlei Effekte zunutze. Das starke Magnetfeld eines passierenden Monopols führt zu einer Störung der Energieniveaus des Heliums (Zeeman-Effekt). Dadurch kommt es zu einer erhöhten Anzahl von Übergängen zwischen den Atomniveaus, und das Helium bleibt in einem metastabilen, angeregten Zustand zurück

Abb. 10.9 Frontalansicht des MACRO-Detektors im Gran-Sasso-Untergrundlabor in Italien (mit freundl. Genehmigung des Gran-Sasso-Laboratoriums).

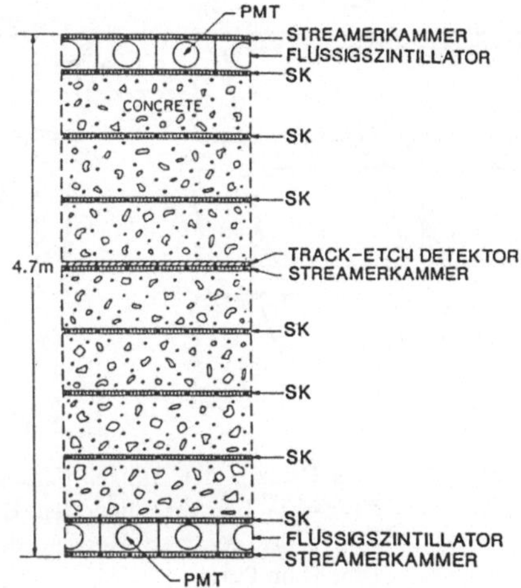

Abb. 10.10
Querschnitt durch ein Modul des MACRO-Detektors. Der gesamte Detektor ist 72 m lang, 12 m breit und etwa 10 m hoch. Er ist modular aufgebaut, wobei jeweils oben und unten Flüssigkeitsszintillatoren angebracht sind. Dazwischen befinden sich mehrere Streamerkammern und in der Mitte ein Track-Etch-Detektor (aus [Gro 86a]).

(He*). Die Anregungsenergie des (He*) beträgt etwa 20 eV. Der Energieverlust der Monopole aufgrund des Zeeman-Effektes ist etwa einen Faktor 10 höher als beim vorher beschriebenen Ionisationsprozeß [Dre 83]. Fügt man nun ein Gas mit einem Ionisationspotential von weniger als 20 eV hinzu (im Fall MACRO n-Pentan), so findet eine Abregung des Heliums aufgrund von Stößen mit n-Pentan statt, welches dabei ionisiert wird (Penning-Effekt). Dies nutzt man dann zum Nachweis aus. Die Ionisierungsenergie von n-Pentan liegt bei etwa 10 eV. Dies ist das Prinzip eines Gas-Detektors, welche ebenfalls zur Monopolsuche eingesetzt werden. In der Mitte eines jeden Moduls befindet sich eine Schicht von Spuren (Track-Etch)-Detektoren (Lexan und CR-39), die in Sandwichform angeordnet sind, und in deren Mitte eine Aluminiumschicht liegt. Durchquert nun ein Monopol diesen Detektor, so läßt sich sein Weg entlang der Streamerkammern sehr genau verfolgen. Aufgrund der relativ geringen Geschwindigkeit kann man die Zeitdifferenz zwischen den beiden Szintillatoren als Kriterium für einen Durchgang ausnutzen. Die typische Durchquerungszeit für einen langsamen Monopol liegt bei 150 μs. Hat man einen interessanten Kandidaten gefunden, werden die Track-Etch-Platten geätzt, um die entstandene Spur des Ereignisses zu untersuchen (Abb. 10.11). Sehr langsame Monopole schädigen hierbei nur die CR-39-Schichten, da die Schwelle für Lexan viel höher liegt. Aufgrund der drei verschiedenen Nachweismöglichkeiten (Szintillator, Streamerkammern und Track-Etch-Methode) kann MACRO folgende Flußgrenzen angeben [Sto 96]:

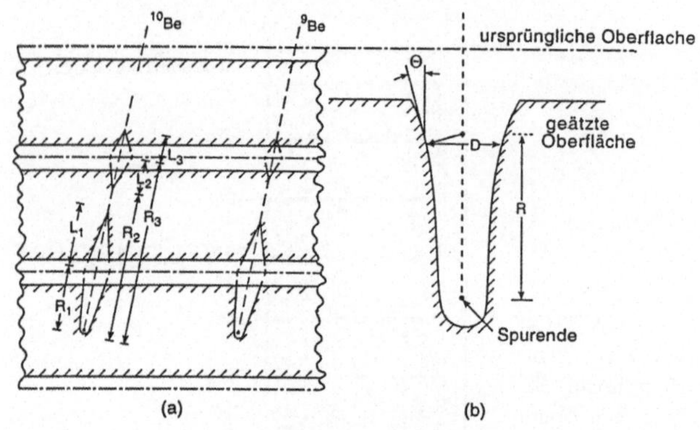

Abb. 10.11 Das Prinzip der Spuren-(Track-Etch-)Methode. Aussagen über die Ionisierungsrate bei verschiedenen Eindringtiefen gewinnt man entweder aus der Länge des geätzten Kegels oder aus Winkel und Durchmesser der Ätzspur (aus [Lon 92]).

$$\Phi_M < 4.1 \cdot 10^{-15}\,\mathrm{cm^{-2}sr^{-1}s^{-1}} \quad (2 \cdot 10^{-4} < \beta < 3 \cdot 10^{-3}) \quad \text{(Szintillator)}$$

$$\Phi_M < 1.7 \cdot 10^{-15}\,\mathrm{cm^{-2}sr^{-1}s^{-1}} \quad (1.1 \cdot 10^{-4} < \beta < 5 \cdot 10^{-3}) \quad \text{(Streamerkammern)}$$

$$\left.\begin{array}{ll} \Phi_M < 4 \cdot 10^{-15}\,\mathrm{cm^{-2}sr^{-1}s^{-1}} & (\beta = 1) \\ \Phi_M < 6.2 \cdot 10^{-15}\,\mathrm{cm^{-2}sr^{-1}s^{-1}} & (\beta = 10^{-4}) \end{array}\right\}\text{(Track-Etch)}$$

Für schnelle Monopole folgt zusätzlich die Grenze

$$\Phi_M < 3.8 \cdot 10^{-15}\,\mathrm{cm^{-2}sr^{-1}s^{-1}} \quad (10^{-3} < \beta < 10^{-1})$$

Diese Messung beruht auf insgesamt 3773.8 Stunden Meßzeit. In seiner endgültigen Form besitzt der Detektor für isotrope Flüsse eine effektive Gesamtfläche von $10000\,\mathrm{m^2\,sr}$. Damit wird es erstmals möglich sein, unter die Parker-Grenze zu gelangen. Ein komplementäres Flußlimit von

$$\Phi_M < 8.7 \cdot 10^{-15}\,\mathrm{cm^{-2}sr^{-1}s^{-1}} \qquad \text{für ein } \beta > 2 \cdot 10^{-3}$$

gibt die Soudan-Kollaboration [Thr 92].

10.4.3 Katalyse des Nukleonenzerfalls

Ein weiteres Nachweisprinzip beruht auf dem bereits erwähnten speziellen Aufbau des Monopols. Da im Inneren des Monopols noch die volle GUT-Symmetrie herrscht, sollte es möglich sein, daß Monopole den Nukleonenzerfall katalysieren können (Abb. 10.12). Eine rein geometrische Abschätzung des Wirkungsquerschnittes ergibt [Kol 90] $\sigma \simeq R^2 \simeq M^{-2} \simeq 10^{-56}\,\mathrm{cm^2}$

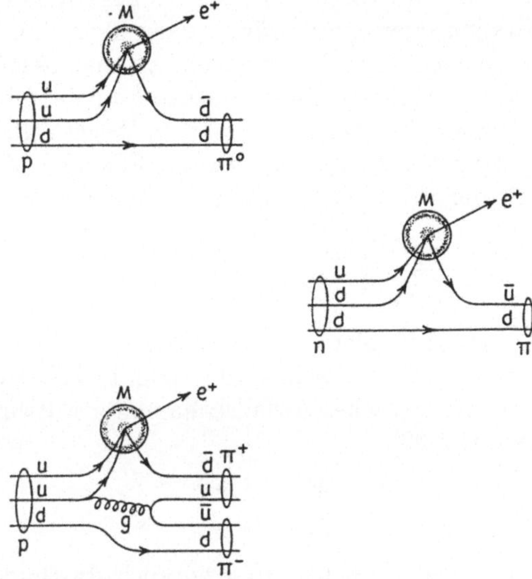

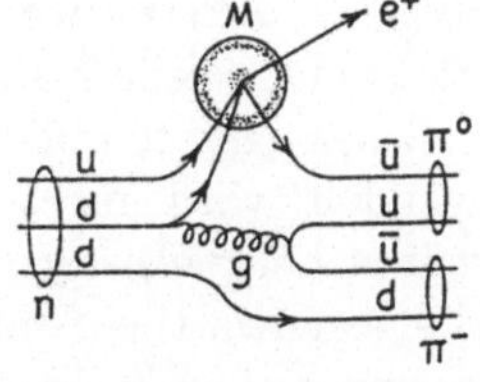

Abb. 10.12
Schematische Darstellung einiger Graphen für den Monopol-katalysierten Nukleonzerfall. Ein Proton (links) zerfällt mit Hilfe eines Monopols M in verschiedene Endzustände, die von den zugrundeliegenden GUTs vorhergesagt werden (aus [Err 83]).

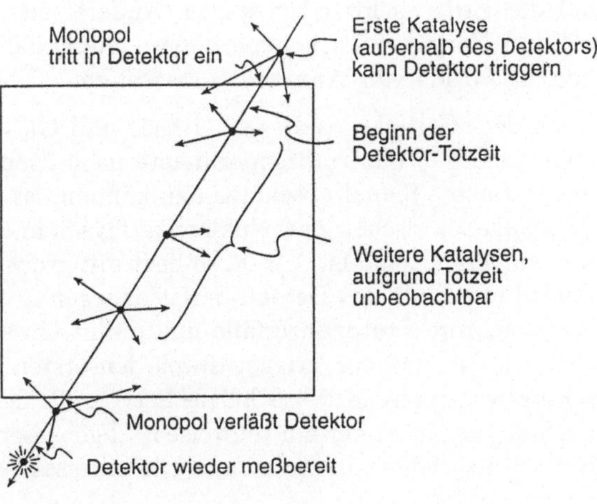

Abb. 10.13
Signatur eines Monopols, der einen Nukleonenzerfallsdetektor durchquert. Entlang seiner Spur erzeugt er Nukleonenzerfall, jedoch kann die Totzeit des Detektors zu groß sein, all diese Ereignisse wirklich zu sehen (aus [Err 83]).

($R \sim M^{-1}$ ist hierbei der Radius des Monopolkerns mit Masse M). Dieser Wirkungsquerschnitt wäre viel zu klein, um experimentelle Konsequenzen zu besitzen. Dies änderte sich, als man zeigen konnte, daß, aufgrund von Fermion-Antifermion-Kondensaten auf der Oberfläche, Wirkungsquerschnitte vergleichbar denen der starken Wechselwirkung ($\sigma \simeq 10^{-26}\,\mathrm{cm}^2$) erreicht werden können (Callan-Rubakov-Effekt) [Cal 82], [Rub 82]. Für sehr kleine β ist der Wirkungsquerschnitt in erster Näherung gegeben durch

$$\sigma = \frac{1}{\beta}\left(\frac{\sigma_0}{E_0^2}\right)\left(\frac{hc}{2\pi}\right)^2 \tag{10.52}$$

E_0 entspricht hierbei in etwa der Protonenmasse (1 GeV), und σ_0 liegt in einem Bereich zwischen 10^{-6} und 1, wobei ein Wert von 10^{-4} bevorzugt wird. Ein typischer Zerfallskanal unter Mitwirkung eines Monopols M wäre etwa [Kol 90]

$$p + M \to M + e^+ + \pi^0 \tag{10.53}$$

$$n + M \to M + e^+ + \pi^- \tag{10.54}$$

Falls die Nukleonenkatalyse wirklich stattfindet, hätten wir damit eine *sehr effektive Alternative zur Energieerzeugung in Sternen.* Im Gegensatz zum *pp*-Zyklus (siehe Kap. 11.3.2 und Kap. 12), der mit einer schwachen Wechselwirkungsrate abläuft und nur etwa 0.7 % der Ruhemasse in Energie umwandelt, wird durch die Monopolkatalyse 100 % in Energie umgesetzt. So wären beispielsweise im Sonneninneren nur etwa 10^{28} Monopole nötig, um die gegenwärtige Sonnenleuchtkraft zu produzieren. Hieraus kann man wiederum auf indirektem Wege Informationen über Monopole gewinnen, da bei diesen Prozessen auch hochenergetische Neutrinos entstünden, welche auf der Erde nachweisbar wären. Andererseits sprechen die Resultate der Gallium-Sonnenneutrinoexperimente dafür, daß im Innern der Sonne wirklich die Fusion von Wasserstoff stattfindet (siehe Kap. 12).

Nach dem Gesagten (z.B. Gl. (10.53) und Gl. (10.54)) sollten auch die bestehenden Protonzerfallsexperimente nach Monopolen suchen können. Um das erwartete Signal abschätzen zu können, ist es wichtig, die mittlere freie Weglänge λ zwischen zwei Nukleonkatalysen mit den Ausmaßen d des Detektors zu vergleichen. Ist $\lambda \gg d$, so liegt mit großer Wahrscheinlichkeit nur ein Zerfall innerhalb des Detektors. Ist dagegen $\lambda \ll d$, so hat man entlang der Spur mehrere Protonenzerfälle und damit ein sehr auffallendes Signal. Ein Problem ist, daß der Trigger durch den ersten Zerfall eine Totzeit des Detektors von typischerweise 600 ms hervorruft. Dadurch können nachfolgende Zerfälle gar nicht oder nur teilweise nachgewiesen werden (Abb. 10.13). Auch in Protonzerfallsexperimenten wurde indessen noch kein Kandidat für einen

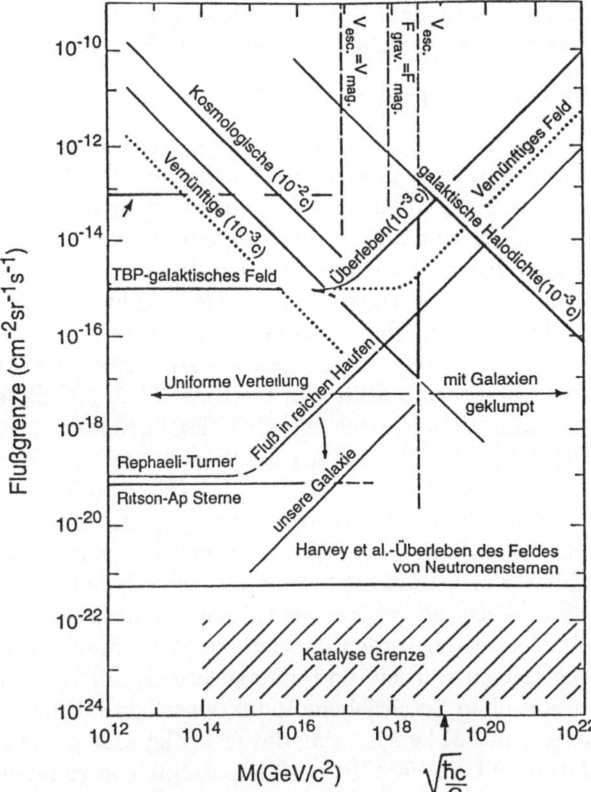

Abb. 10.14
Verschiedene astrophysikalische Grenzen und Einschränkungen für den Monopolfluß.
Fett eingezeichnet ist die Linie aufgrund von Überlegungen zur Lebensdauer des galaktischen Magnetfeldes.
Punktiert eingezeichnet sind kosmologische Betrachtungen zur Monopolhäufigkeit. Besonders restriktiv werden die Grenzen für den Fall, daß Monopole den Nukleonzerfall katalysieren können (gestrichelter Bereich) (aus [Gro 86a]).

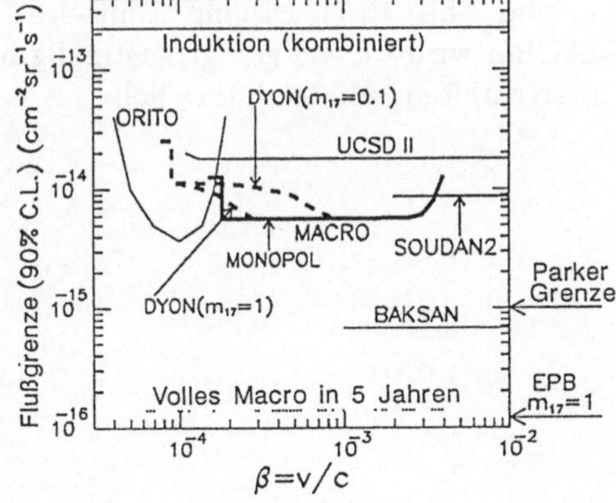

Abb 10.15
Obere Flußgrenzen (90 % Vertrauensgehalt) für Monopole und Dyonen (elektrisch geladene magnetische Monopole, siehe [Bra 84]) aus verschiedenen Experimenten (UCSDII [Buc 90], Orito [Ori 91], SOUDAN2 [Thr 92], Baksan [Ale 82], [Ale 83] und MACRO [Hon 94]). Ebenfalls gezeigt ist die Parker-Grenze, die erweiterte Parker-Grenze (EPB) für Monopole mit 10^{17} GeV Masse ($m_{17} = 1$), sowie die Erwartung aus fünfjähriger Messung mit dem voll ausgebauten MACRO-Detektor (aus [Hon 94]).

Monopol gefunden. Eine Suche nach solchen Monopolen mit dem BAIKAL-Detektor ist beschrieben in [Bel 96a], [Spi 96].

10.4.4 Andere Methoden

Der Nachweis mit der bereits erwähnten Spuren-(Track-Etch)Methode findet noch weitere, interessante Anwendung in der Monopolsuche. Hierzu wurde etwa eine Milliarde Jahre altes Glimmergestein (Muskovit) verwendet. Dringt ein Monopol in die Erde ein, so könnte es mit einem Kern großen magnetischen Momentes zu gebundenen Monopol-Kern-Systemen kommen (etwa mit ^{27}Al). Dieses schwere Gebilde hinterließe Schäden in der Gitterstruktur des durchquerten Gesteins. Diese Spuren wären einige Angström breit und könnten durch geschicktes chemisches Ätzen verstärkt werden. Man hat deshalb Glimmer aus 5 km Tiefe auf diese Weise behandelt und mit Mikroskopen nach diesen Kristalldefekten gesucht, aber ohne Erfolg [Pri 83], [Pri 86]. Hieraus folgen Grenzen für den Monopolfluß zwischen $5 \cdot 10^{-17}$ und $5 \cdot 10^{-19}\mathrm{cm}^{-2}\mathrm{sr}^{-1}\mathrm{s}^{-1}$ (für $\beta \approx 10^{-3}$). Der Vorteil dieser Methode ist die ausgesprochen lange Exponierungszeit. In die Interpretation gehen allerdings auch viele Annahmen ein, etwa daß der Glimmer nie soweit erhitzt wurde, daß die Spuren ausheilen konnten. Nimmt man die Grenzen jedoch ernst, so gehören sie zu den gegenwärtig besten (Abb. 10.14). Auch mit Meteoriten werden Versuche gemacht. Man hofft, daß Monopole in ihnen eingefangen wurden, und untersuchte sie mit Hilfe von supraleitenden Spulen auf oben beschriebene Induktionseffekte. Eine solche Untersuchung mit insgesamt 331 kg Material, davon 112 kg Meteoritengestein, verlief erfolglos, woraus auf ein Verhältnis Monopol/Nukleon von kleiner als $1.2 \cdot 10^{-29}$ (90 % CL) geschlossen werden konnte [Jeo 95].

All die bisher unternommenen Anstrengungen haben zu keinem positiven Ergebnis geführt (außer dem unwahrscheinlichen Cabrera-Ereignis von 1982, s.o. und Abb. 10.7). Bislang ermittelte Flußgrenzen zeigt Abb. 10.15. Mit MACRO wird es, wie gesagt, erstmalig möglich sein, die Parker-Grenze zu unterschreiten [Ahl 94a], [Sto 96].

11 Axionen

11.1 Theoretische Motivation

Eine seit langem ungelöste Frage der starken Wechselwirkung ist das starke CP-Problem. Den Effekt der CP-Verletzung kennt man aus der schwachen Wechselwirkung, während in der starken Wechselwirkung diese nicht beobachtet wird. Aufgrund der komplexen Vakuumstruktur nicht-abelscher Eichtheorien, wie z.B. der QCD, entstehen jedoch Terme, die P-, T- als auch CP-verletzend sind. Die QCD hat unendlich viele Vakuumzustände $|n\rangle$, charakterisiert durch eine Windungszahl n, ähnlich wie beim elektroschwachen Phasenübergang besprochen (siehe Kap. 3). Jeder einzelne Vakuumzustand ist für sich nicht eichinvariant, jedoch eine Superposition der verschiedenen Vakuumkonfigurationen

$$|\Theta\rangle = \sum_n \exp(-in\Theta)|n\rangle, \tag{11.1}$$

wobei Θ ein willkürlicher Parameter und n eine topologische Windungszahl darstellt, welche die verschiedenen nicht ineinander rotierbaren Vakuumeichkonfigurationen charakterisiert [Kim 87], [Pec 89], [Kol 90], [Pec 96]. Man nennt dieses Vakuum Θ-*Vakuum*. Es zeigt sich, daß man die Effekte dieses Vakuums mit einem Zusatzterm in der Lagrangedichte $\mathcal{L}$ der QCD (siehe Kap. 1) beschreiben kann:

$$\mathcal{L}_{\text{QCD}} = \mathcal{L}_{\text{Stör}} + \bar{\Theta}\frac{g^2}{32\pi^2} G^{a\mu\nu}\tilde{G}_{a\mu\nu}. \tag{11.2}$$

Hierbei ist $\mathcal{L}_{\text{Stör}}$ die Lagrangedichte der störungstheoretischen QCD, und G ist der Gluonenfeldstärketensor, gegeben durch

$$G^a_{\mu\nu} = \partial_\mu A_\nu - \partial_\nu A_\mu + g f^{abc} A^b_\nu A^c_\mu \tag{11.3}$$

bzw. $\tilde{G}$ der entsprechende duale Tensor. f^{abc} kennzeichnet hierbei die Strukturkonstanten der $SU(3)$. $\bar{\Theta}$ ist definiert als $\Theta + \arg\det M$, mit M als Quarkmassenmatrix. Der effektive $\bar{\Theta}$-Term in Gl. (11.2) enthält also außer dem eigentlichen Θ-Term die Phase der Quarkmassenmatrix. Für eine ausführliche Diskussion siehe z.B. [Kim 87], [Pec 89]. Der zweite Term in Gl. (11.2) ist es nun, der die oben erwähnten Symmetrien zerstört. Er ändert sein Vorzeichen unter P- und T-Transformationen, und damit auch unter CP. Man sieht, daß zwei unabhängige Terme für $\bar{\Theta}$ verantwortlich sind. Wenn eins oder mehrere Quarks masselos wären, wäre der Term ohne Bedeutung, da man ihn durch eine chirale Transformation der Quarkfelder zum Verschwinden bringen könnte, und man hätte damit kein starkes CP-Problem. Wenn aber alle Quarks massiv sind, hat man zwei unkorrelierte Beiträge zu $\bar{\Theta}$, für die es keinen Grund gibt, sich gegenseitig zu kompensieren. Dieser Ausdruck führt unter anderem auf einen Beitrag zum elektrischen Dipolmoment des Neutrons von [Bal 79],[Cre 79]

$$d_n \simeq 5 \cdot 10^{-16} \bar{\Theta} e \cdot \mathrm{cm}, \tag{11.4}$$

während die gegenwärtigen Experimente eine Obergrenze von

$$|d_n| < 1.2 \cdot 10^{-25} e \cdot \mathrm{cm} \tag{11.5}$$

ergeben [Ram 90], [Pen 93]. Dies bedeutet ein $\bar{\Theta} \leq 10^{-10}$ oder sogar exakt Null, welches dann aber *a priori* so klein gemacht werden muß, obwohl es prinzipiell ein willkürlicher Parameter zwischen 0 und 2π ist. Dieses Problem bezeichnet man als *starkes CP-Problem.* Das in Kap. 1 besprochene Standardmodell sagt ein elektrisches Dipolmoment des Neutrons von etwa $10^{-33} e \cdot \mathrm{cm}$ vorher. Ein experimenteller Nachweis eines elektrischen Dipolmomentes des Neutrons größer als dieser Wert wäre ein großer Hinweis auf ein Θ verschieden von Null (da man im Standardmodell QCD i.a. nur störungstheoretisch betreibt, ist hier keine Notwendigkeit für Θ, und man kann es zu Null setzen).

Warum aber ist Θ nun so klein oder sogar Null? Einer der vielversprechendsten Lösungsvorschläge stammt von Peccei und Quinn [Pec 77]. (Für eine alternative Lösung etwa durch Supersymmetrie siehe [Moh 95].) Durch Einführung einer weiteren globalen, chiralen $U_{\mathrm{PQ}}(1)$-Symmetrie gelang es ihnen, den störenden Term zu kompensieren. Die entscheidende Idee hierzu war, Θ zu einer dynamischen Variablen zu machen, deren minimaler Energiewert bei Null liegt. Dazu muß diese Symmetrie aber spontan gebrochen werden. Das bei dieser Brechung entstehende Goldstone-Boson nennt man das Axion [Wei 78], [Wil 78]. Bei einer exakten Symmetrie wäre dieses Teilchen masselos. Aufgrund der chiralen Anomalie bekommt es aber eine Masse der Größenordnung $\Lambda^2_{\mathrm{QCD}}/f_{\mathrm{PQ}}$, wobei f_{PQ} die Skala der $U_{\mathrm{PQ}}(1)$-Symmetriebrechung kennzeichnet. Die Einführung dieses Zusatzfeldes führt auf einen weiteren Ausdruck in der Lagrangedichte

$$\mathcal{L} = \ldots + C_a \frac{a}{f_{\mathrm{PQ}}} \frac{g^2}{32\pi^2} G^{\mu\nu}_a \tilde{G}^a_{\mu\nu}, \tag{11.6}$$

wobei C_a eine modellabhängige Konstante ist. Da beide Ausdrücke aus Gl. (11.2) und Gl. (11.6) zum Axionenfeld beitragen, wird das Axionenfeld minimiert und zwar sogar zu exakt Null durch

$$\langle a \rangle = -\frac{\bar{\Theta} f_{\mathrm{PQ}}}{C_a} \tag{11.7}$$

Es gelingt also, den störenden Term in Gl. (11.2) zu kompensieren durch Einführung eines zusätzlichen Feldes, des Axionfeldes a. Für eine anschauliche Darstellung siehe [Sik 95].

11.2 Eigenschaften des Axions

Die Lagrangedichte für das freie Axionenfeld ist [Kol 90]

$$\mathcal{L} = \frac{1}{2}\partial^\mu a \partial_\mu a + C_a \frac{a}{f_{\mathrm{PQ}}} \frac{g^2}{32\pi^2} G_a^{\mu\nu} \tilde{G}_{\mu\nu}^a, \tag{11.8}$$

und seine Wechselwirkungen mit normaler Materie werden beschrieben durch

$$\mathcal{L}_{\mathrm{int}} = i\frac{g_{aNN}}{2m_N}\partial_\mu a(\bar{N}\gamma^\mu\gamma_5 N) + i\frac{g_{aee}}{2m_e}\partial_\mu a(\bar{e}\gamma^\mu\gamma_5 e) + g_{a\gamma\gamma} a\vec{E}\cdot\vec{B} \tag{11.9}$$

Hierbei entsprechen g_{aNN}, g_{aee} und $g_{a\gamma\gamma}$ den Kopplungskonstanten des Axions an Nukleonen N, Elektronen bzw. Photonen. Die entsprechenden Feynman-Graphen sind in Abb. 11.1 dargestellt. Allen Graphen gemein ist, daß die Kopplungsstärke $g_{aii} \sim m_a \sim f_{\mathrm{PQ}}^{-1}$ ist. Innerhalb der Theorie gibt es nur einen freien Parameter, nämlich die Axionmasse, welche gegeben ist durch [Kol 90]

$$m_a = \frac{\sqrt{z}}{1+z}\frac{f_\pi m_\pi}{f_{\mathrm{PQ}}/N_F} \approx 0.62\,\mathrm{eV}\left(\frac{10^7\,\mathrm{GeV}}{f_{\mathrm{PQ}}/N_F}\right), \tag{11.10}$$

wobei $z = m_u/m_d = 0.56$, $m_\pi = 135\,\mathrm{MeV}$ und $f_\pi = 93\,\mathrm{MeV}$. Die Farbanomalie N_F der Peccei-Quinn-Symmetrie unterliegt je nach Konvention verschiedenen Notationen und ist deshalb hier nicht näher bestimmt (zur Diskussion dieser Größe siehe z.B. [Pec 89], [Raf 90]). Ursprünglich nahm man an, daß die Skala der Brechung entsprechend der elektroschwachen Skala bei etwa 250 GeV liegt, woraus Axionmassen der Größenordnung 200 keV folgten. Doch konnten Beschleunigerexperimente schnell dieses massive Axion ausschließen. Man machte es dann „unsichtbar", indem man die Skala und die Kopplungen offen ließ. Da diese nun gänzlich unbestimmt sind, resultieren daraus Axionmassen zwischen 10^{-12} eV und 1 MeV. Der experimentell zu untersuchende Freiraum beträgt also 18 Größenordnungen!

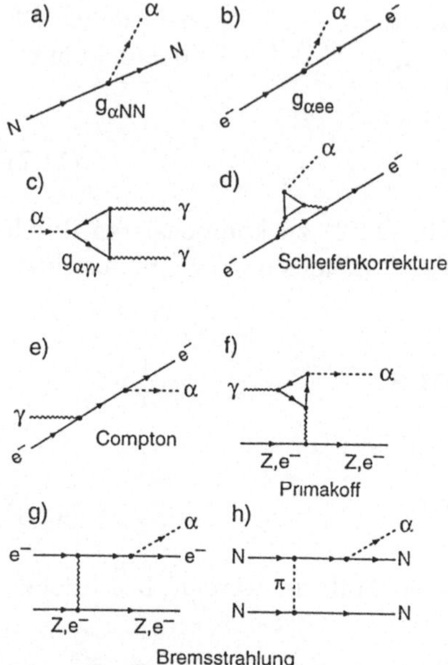

Abb. 11.1
Feynman-Graphen für die Kopplung von Axionen an normale Materie sowie die dominanten Axionemissionsprozesse in Sternen. a) die Axion-Nukleon-Kopplung, b) die *direkte* Axion-Elektron-Kopplung. Dieser Graph ist *nur* für DFSZ-Axionen möglich und bietet die Unterscheidung zum hadronischen Axion. Letzteres kann nur in höherer Ordnung an ein Elektron koppeln (Fall d)). c) die Axion-Photon-Kopplung, e) „Compton"-Effekt, f) Primakoff-Effekt, g) und h) Axion-Bremsstrahlung. Die Fälle b), e) und g) sind nur für DFSZ-Axionen möglich (aus [Tur 90b]).

Das Axion ist ebenso wie das Pion ein pseudoskalares Teilchen. Man unterscheidet hierbei zwei Arten von Axionen. Ist eine direkte Kopplung an das Elektron möglich, spricht man von einem *DFSZ-Axion* (DFSZ steht für die Physiker Dine, Fischler, Srednicki und Zhitnitsky) [Zhi 80], [Din 81], ist eine Kopplung an das Elektron nur über Korrekturen höherer Ordnung möglich, gleichbedeutend mit einer Peccei-Quinn-Ladung $X_e = 0$, so spricht man vom *hadronischen Axion* (oder auch KSZV-Axion [Kim 79], [Shi 80]). Da gerade die Kopplung des Axions an Elektronen für astrophysikalische Überlegungen wichtig ist, werden wir die Folgerungen für beide getrennt diskutieren. Die für die experimentelle Suche wichtige Kopplung der Axionen an Photonen geschieht über einen Dreiecksgraphen analog wie für das π^0. Entsprechend kann das Axion auch in zwei Photonen zerfallen mit

$$\tau(a \to \gamma\gamma) \sim \tau_{\pi^0} \left(\frac{m_{\pi^0}}{m_a}\right)^5 \tag{11.11}$$

bzw.

$$\tau(a \to \gamma\gamma) = 6.8 \cdot 10^{24} \frac{(m_a/\mathrm{eV})^{-5}}{\left[\left(\frac{E_{\mathrm{PQ}}}{N_F} - 1.95\right)/0.72\right]^2} \quad [\mathrm{s}] \tag{11.12}$$

Das Verhältnis E_{PQ}/N_F ist in den meisten GUTs gegeben durch $E_{\mathrm{PQ}}/N_F = 8/3$, kann aber auch andere Werte, etwa 2, annehmen. Dies würde dann eine starke Unterdrückung der Zweiphotonen-Kopplung des Axions bedeuten [Kol 90].

11.3 Axionen und Sternentwicklung

11.3.1 Allgemeines

Aufgrund ihrer geringen Wechselwirkung mit normaler Materie besitzen Axionen einen nicht unerheblichen Einfluß auf die Sternentwicklung (siehe auch Kap. 12) [Raf 90]. Wie die Neutrinos entführen sie leicht einen Teil der durch die Kernreaktionen entstandenen Energie aus dem Sterninneren. Da dies eine weitere Art des Energieverlustes ist, muß der Stern auf diesen zusätzlichen Mechanismus reagieren. Deshalb kontrahiert der Stern bei gleichzeitiger Erhöhung seiner Zentraltemperatur und seiner Leuchtkraft. Die gesteigerte Leuchtkraft zusammen mit der erhöhten Zentraltemperatur tragen durch den schnelleren Verbrauch von Brennstoff zu einer Verkürzung der Lebenszeit bei. Aus diesem Grund lassen sich aus den beobachteten nuklearen Brennzeiten in verschiedenen Sternphasen Aussagen über die Axionmassen gewinnen. Wir wollen dies exemplarisch am Beispiel der Sonne als einem normalen Hauptreihenstern verfolgen.

11.3.2 Solare Axionen

Die beiden Hauptprozesse der DFSZ-Axionentstehung in Hauptreihensternen sind der „Compton"-Effekt

$$\gamma + e^- \rightarrow a + e^- \tag{11.13}$$

und Axionen-Bremsstrahlung

$$e^- + Z \rightarrow a + e^- + Z. \tag{11.14}$$

Da hadronische Axionen keine direkte Kopplung an Elektronen besitzen, ist hier der Primakoff-Effekt

$$\gamma + Z \quad (\text{oder } e^-) \rightarrow a + Z \quad (\text{oder } e^-) \tag{11.15}$$

dominant. Betrachten wir zunächst eine Sonne ohne Axionen. Unter Vernachlässigung der Neutrinos folgt aus dem Energiegleichgewicht, daß die durch Kernreaktionen freigewordene Energie Q_{nuc} gerade der Leuchtkraft L_γ des Sterns entspricht, d.h.

$$L_\gamma^0 = Q_{\text{nuc}}^0 \tag{11.16}$$

Der Index 0 kennzeichnet hierbei die Sonne ohne Axionen. Die Photonenleuchtkraft ist verknüpft mit der Zentraltemperatur T_c [Cha 39,67]

$$L_\gamma \sim (G\mu^7) M^5 T_c^{\frac{1}{2}}, \tag{11.17}$$

wobei μ das mittlere Molekulargewicht darstellt. Für die Energieerzeugungsrate durch Kernreaktionen $\dot{\epsilon}$ gilt

$$\dot{\epsilon} \sim \rho T^n \sim T^{n+3} \Rightarrow Q_{\text{nuc}} = \int \dot{\epsilon} dM \tag{11.18}$$

Für das Wasserstoffbrennen gilt $n \simeq 4$. Betrachten wir nun eine Sonne mit einer Axionenleuchtkraft von L_a. Der zusätzliche Verlustmechanismus muß nun durch eine erhöhte Energieerzeugung kompensiert werden. Energiegleichgewicht verlangt

$$L_\gamma + L_a = Q_{\text{nuc}} \tag{11.19}$$

Hierbei ist $L_\gamma = L_\gamma^0 + \delta L_\gamma$ und $Q_{\text{nuc}} = Q_{\text{nuc}}^0 + \delta Q_{\text{nuc}}$. Damit kann Gl. (11.19) auch ausgedrückt werden durch

$$\delta L_\gamma + L_a = \delta Q_{\text{nuc}} \tag{11.20}$$

Schreibt man jetzt die Axionleuchtkraft noch als Bruchteil der ursprünglichen Energieerzeugungsrate ($L_a = \kappa Q_{\text{nuc}}^0$), so resultiert insgesamt folgendes Verhalten des Sterns:

$$\frac{\delta R}{R_0} = -\kappa/6.5 \tag{11.21}$$

$$\frac{\delta L_\gamma}{L_\gamma^0} = +\kappa/13 \tag{11.22}$$

$$\frac{\delta Q_{\text{nuc}}}{Q_{\text{nuc}}^0} = +14\kappa/13 \tag{11.23}$$

$$\frac{\delta T_c}{T_c^0} = +\kappa/6.5 \tag{11.24}$$

Hierbei haben wir die aus dem hydrodynamischen Gleichgewicht folgende Beziehung $R \sim T_c^{-1}$ verwendet (siehe Kap. 12). Man sieht also, der zusätzliche Verlust führt zu einer Kontraktion, welche eine höhere Zentraltemperatur und eine höhere Kernreaktionsrate zur Folge hat. Gleichzeitig steigt auch noch die Photonenleuchtkraft. Ein gutes Maß für die solare Axionenemission ist der solare Neutrinofluß. Eine entsprechende Erhöhung der Zentraltemperatur zum Ausgleich der Axionenemission hat auch eine erhöhte Neutrinoproduktion zur Folge. Da man aber hier von der Sonne ohnehin weniger als den erwarteten Fluß beobachtet, wird dieses Problem durch Axionen eher verschärft (siehe Kap. 12). Der schnellere Brennvorgang bedingt auch eine schnellere Evolution, so daß man aus dem Alter der Sonne auf die Axionmasse zurückschließen kann. Nimmt man den Heliumgehalt unserer Sonne und gleichzeitig ein Alter von 4.5 Milliarden Jahren an, so ist dies nur mit Axionmassen $m_a \leq 1\,\text{eV}$ konsistent, sonst wäre eine Sonne mit diesem Heliumgehalt zu jung. Dies gilt nur für DFSZ-Axionen. Für hadronische Axionen ist der Primakoff-Effekt am wichtigsten, so daß aus analogen Betrachtungen hierfür eine Massengrenze von $m_a \leq 20\,\mathrm{eV}/[\left(\frac{E_{PQ}}{N_F} - 1.95\right)/0.72]$ folgt [Kol 90].

11.3.3 Axionen und Rote Riesen

Noch schärfere Grenzen folgen aus dem Helium-Brennen von Roten Riesen. Nachdem der Kern einen Großteil seines Wasserstoffvorrates verbrannt hat, beginnt er zu kontrahieren, um damit seine Zentraltemperatur zu erhöhen. Die durch die Kontraktion ($MR^3 =$ konstant) freiwerdende Gravitationsenergie ist dabei gegeben durch

$$\dot{E}_g \simeq \frac{d}{dt}\left(\frac{GM^2}{R}\right) \sim M^{\frac{4}{3}}\dot{M} \tag{11.25}$$

Nehmen wir an, daß Axionenemission der Hauptkühlprozeß des Kerns des Sterns ist, so folgt aufgrund der Dominanz der comptonähnlichen Wechselwirkung ein $L_a \sim m_a^2 M T^6$. Aus der Bedingung des Energiegleichgewichtes folgt hiermit [Kol 90]

$$T_c \approx m_a^{-\frac{1}{3}} M^{\frac{1}{18}} \dot{M}^{\frac{1}{6}} \tag{11.26}$$

Je größer die Axionmasse, desto geringer ist die Kerntemperatur. Dies ist ein gegensätzlicher Effekt zu oben besprochenem, bei dem der Kern seine Temperatur erhöht hat, um die Axionenemission zu kompensieren. Solches ist nun nicht möglich, da im ^{4}He-Kern noch keine Kernreaktionen ablaufen. Man kann sich anhand von Gl. (11.26) leicht überlegen, welche Axionmassen noch möglich sind, damit es überhaupt zum Heliumbrennen kommt. Für den Fall der DFSZ-Axionen dürfen keine Massen größer als 10^{-2} eV zugelassen werden.

Gelingt es einem Roten Riesen, das Heliumbrennen zu starten, so folgen Massengrenzen aus den gleichen Überlegungen zu den Brennzeiten wie oben. Diese Brennphase besitzt eine typische Zeitskala von $t_{\mathrm{He}} \approx 10^8$ Jahren. Für hadronische Axionen mit Massen $m_a \geq 2\,\mathrm{eV}/\left[\left(\frac{E_{PQ}}{N_F} - 1.95\right)/0.72\right]$ kann es leicht zu Verkürzungen um eine Größenordnung kommen. Ist die Brenndauer um eine Größenordnung reduziert, so erwartet man auch eine Reduzierung in der Anzahl der beobachtbaren Roten Riesen. Durch Beobachtung einer großen Anzahl von Roten Riesen in Sternhaufen kann man aufgrund des Unterschiedes zwischen beobachteter und erwarteter Häufigkeit solche Axionmassen ebenfalls ausschließen. All diese stellaren Argumente sind aber nur anwendbar bis hinauf zu Axionmassen von etwa 200 keV, da solch schwere Axionen im Sterninneren nur in sehr geringer Anzahl produziert werden können. Höhere Massenbereiche sind aber durch Beschleunigerexperimente sowieso ausgeschlossen.

11.3.4 Axionen und SN1987a

Sehr scharfe Aussagen über die Axionmasse kann man auch aus der SN1987a (Kap. 13) gewinnen. Sie beruhen auf einer durch Axionen bewirkten, signifikanten Verkürzung der Neutrinoemission, für die man aber experimentelle Randbedingungen besitzt. In der Nachkollapsphase ist der dominante Axionenemissionsprozeß die Kern-Kern-Axionenbremsstrahlung. Hier tragen die Axionen eine Energie von [Kol 90]

$$L_a \simeq 10^{59} \left(\frac{m_a}{1\,\mathrm{eV}}\right)^2 \mathrm{erg\,s^{-1}} \tag{11.27}$$

davon. Für Axionmassen größer als ca. 10^{-3} eV wird dieser Kühlungsprozeß wichtig, er liefert dann einen gleichbedeutenden Beitrag wie die Neutrinos. Nun sorgt dieser zusätzliche Energieverlust aber für ein schnelleres Abkühlen des Protoneutronensterns, vorausgesetzt, die Axionen können ohne Wechselwirkung entkommen. Ein schnelleres Abkühlen hat aber unter anderem eine Verkürzung der thermischen Neutrinoemission zur Folge. Als besonders sensitiv hat sich hierbei die Zeitdauer herausgestellt, bis zu der 90 % aller Neutrino-Ereignisse gemessen wurden [Tur 90b]. Mit der gemessenen zeitlichen Dauer der Neutrinoereignisse von Kamiokande und IMB können deshalb, für den Fall des freien Ausströmens von Axionen, Massen zwischen

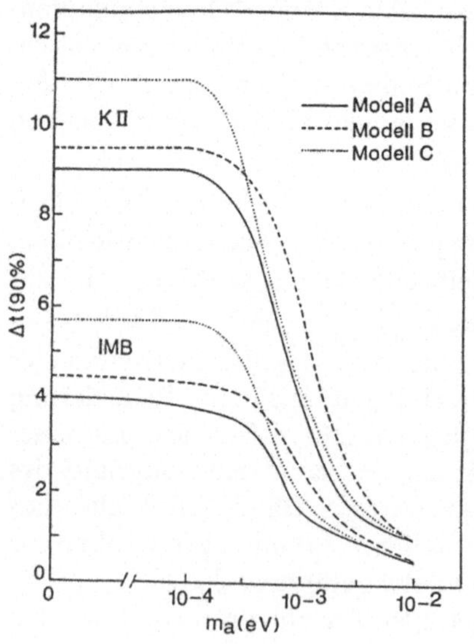

Abb. 11.2
Die Länge des Neutrinopulses der Supernova 1987a bei Kamiokande und IMB unter Berücksichtigung von Energieverlust durch Axionemission. Δt (90 %) in Sekunden kennzeichnet hierbei die Zeit, bis die Neutrinoereignisse 90 % ihres asymptotischen Wertes erreicht haben (aus [Tur 90b]).

10^{-3} und 0.02 eV ausgeschlossen werden, da sonst die entstehenden Neutrinopulse kürzer als die beobachteten wären. Oberhalb von 0.02 eV findet ein signifikantes Einfangen der Axionen statt, und ihre Emission erfolgt von einer *Axionsphäre* analog der Photosphäre. Die Leuchtkraft ist proportional zur vierten Potenz der Temperatur der Axionsphäre [Kol 90]. Diese liegt um so weiter außen im Stern, je schwerer das Axion ist. Dies bedeutet ein Abnehmen der Leuchtkraft mit wachsender Masse, der gegenteilige Effekt zum Fall des freien Ausströmens. Um eine akzeptable Axionemission zu bekommen, stellt es sich heraus, daß die Masse größer als 2 eV sein muß. Aus der beobachteten zeitlichen Dauer des Neutrinopulses folgt also zunächst ein verbotener Massenbereich für Axionen zwischen 2 eV und 10^{-3} eV (Abb. 11.2). Eine weitergehende Untersuchung zeigt die Modellabhängigkeit der unteren Grenze und schließt nur Axionenmassen bis 10^{-2} eV aus [Jan 95].

11.4 Axionen in der Kosmologie

Das Auftreten des Axions in der Kosmologie beginnt mit der Brechung der Peccei-Quinn-Symmetrie. Es handelt sich hierbei um die spontane Symmetriebrechung durch ein skalares, komplexes Feld analog zu dem in Kap. 1 diskutierten Higgs-Mechanismus. Unterhalb von $T \simeq f_{\mathrm{PQ}}$ ist die Symmetrie gebrochen, und es entsteht das masselose Axion. Durch QCD-Instantonen-Effekte (siehe z.B. [Pec 89]) bekommt dieses dann bei $T \simeq \Lambda_{\mathrm{QCD}}$ seine Masse. Hierbei handelt es sich um einen analogen Effekt wie bei dem in Kap. 3 besprochenen elektroschwachen Phasenübergang. Die Temperaturabhängigkeit der Masse kann man approximieren durch [Kol 90]

$$m_a(T) \simeq 0.1 m_a(T=0)(\Lambda_{\mathrm{QCD}}/T)^{3.7} \tag{11.28}$$

Für die thermische Axionentstehung wird vor allem die Photoproduktion $\gamma + q \to q + a$ (q = Quark) und die Pion-Axion-Konversion $N + \pi \to N + a$ von Bedeutung. Der Prozeß der Pion-Axion-Konversion ist für die Zeit nach dem Quark-Hadron-Phasenübergang der entscheidende Prozeß, da erst hier Hadronen vorlagen. Axionen mit Massen größer als etwa 10^{-3} eV kamen mit der restlichen Materie nahezu ins thermische Gleichgewicht. Kleinere Massen bedeuteten eine zu schwache Wechselwirkung, um jemals das Gleichgewicht zu erreichen. Man kann die Anzahldichte der Axionen berechnen zu [Kol 90]

$$n_a \simeq 83\,\mathrm{cm}^{-3}\left(\frac{10}{g_{\mathrm{eff}}}\right) \simeq \frac{2}{11} n_\gamma \tag{11.29}$$

Der Beitrag dieser thermischen Axionen zur Massendichte liegt bei

$$\Omega_{\mathrm{therm}} h^2 = \left(\frac{10}{g_{\mathrm{eff}}}\right)\left(\frac{m_a}{130\,\mathrm{eV}}\right), \tag{11.30}$$

wobei g_{eff} die Anzahl der relativistischen Freiheitsgrade darstellt (siehe Kap. 3). Um ein euklidisches Universum zu erzeugen, muß die Axionmasse also etwa $130h^2$ eV betragen. Dies ist nach den vorherigen astrophysikalischen Überlegungen ausgeschlossen. Lediglich mit dem Spezialfall eines hadronischen Axions mit etwa 30 eV Masse und $h \approx 0.5$ kann man mit einem zusätzlichen $E_{\text{PQ}}/N_F \simeq 2$ dies noch erreichen. Als Alternative bestehen sonst nur noch nichtthermische Prozesse der Axionentstehung im frühen Universum. Eine Möglichkeit hierzu ist die anfängliche Verschiebung von $\bar{\Theta}$ aus seinem minimalen Wert. Dieser ist ja gegenwärtig nahe den CP-erhaltenden Werten $\bar{\Theta} = 2\pi n$ (mit $n = 0, 1, \ldots, N-1$). Vor dem Quark-Hadron-Phasenübergang ist das Axion jedoch masselos, und damit ist kein Wert von $\bar{\Theta}$ dynamisch bevorzugt. Aus diesem Grund kann der Anfangswert von $\bar{\Theta}$ beliebig sein. Ist dann aber $T \simeq \Lambda_{\text{QCD}}$, so muß $\bar{\Theta}$ gegen Null streben. Die Bewegungsgleichung kann hierbei analog Gl. (3.89) beschrieben werden durch [Kol 90]

$$\ddot{\bar{\Theta}} + 3H\dot{\bar{\Theta}} + m_a^2(T)\bar{\Theta} = 0 \tag{11.31}$$

Das „Herabrollen“ zum Minimum führt zu einem Herausschießen über das Minimum, welches zu Oszillationen um das Minimum führt. Daraus entsteht ein Kondensat impulsloser Axionen, analog dem Effekt der Teilchenerzeugung bei der Inflation. Der Unterschied hierbei ist jedoch, daß die axionischen Oszillationen nicht zerfallen. Die anfängliche Freiheit von $\bar{\Theta}$ führt auf das Problem von *axionischen topologischen Defekten*, wie etwa Axion-Domänengrenzen [Kol 90]. Um dieses Problem zu vermeiden, hilft man sich wieder durch die Inflation, da unser Raumgebiet dann nur aus *einem willkürlichen* Anfangswert $\bar{\Theta}_i$ entstanden ist. Die Abschätzung des Axionenbeitrages zur Dichte aufgrund dieses Erzeugungsmechanismus ist mit größerer Unsicherheit behaftet. Er ist gegeben durch [Kol 90]

$$\Omega h^2 = 0.85 \cdot 10^{\pm 0.4} \left(\frac{\Lambda_{\text{QCD}}}{200\,\text{MeV}}\right)^{-0.7} \left(\frac{m_a}{10^{-5}\,\text{eV}}\right)^{-1.18} \tag{11.32}$$

Ein anderer nichtthermischer Beitrag zur Axionentstehung im frühen Universum ist der Zerfall von *axionischen Strings.* Wir haben bereits in Kap. 6 die Existenz eindimensionaler topologischer Defekte besprochen. Auch bei Brechung einer globalen $U(1)$-Symmetrie, in unserem Falle der Peccei-Quinn-Symmetrie, bekommt man eindimensionale, topologische Defekte. Die Diskussion globaler Strings ist etwas komplexer. Es bildet sich jedoch ebenfalls ein Netzwerk mit entsprechenden Schleifen aus. Der große Unterschied zu den kosmischen Strings besteht darin, daß bei dem Zerfall der Schleifen keine Gravitationswellen, sondern Axionen emittiert werden. Da ihr Spektrum unbekannt ist, gelangt man hier leicht zu einer Unsicherheit in der vorhergesagten Anzahl von einem Faktor 100. Eine weiterführende

Diskussion zeigt, daß je nach Spektrum ihr Beitrag zur Anzahldichte vergleichbar dem vorher diskutierten Entstehungsmechanismus ist, oder bis zu einem Faktor 100 höher. Er ist dann gegeben durch [Kol 90]

$$\Omega h^2 \simeq \left(\frac{m_a}{10^{-3}\,\mathrm{eV}}\right)^{-1.18} \tag{11.33}$$

Man erreicht also eine signifikante Dichte im Universum (siehe Kap. 3) für Axionmassen von etwa 10^{-3} bis 10^{-5}eV. Die beiden nichtthermischen Prozesse liefern also aufgrund eines akzeptablen Beitrages zur kosmologischen Dichte eine untere Massengrenze von etwa 10^{-3} oder 10^{-5}eV.

Damit ist es schon allein aufgrund astrophysikalischer Überlegungen möglich, fast alle der ehemals 18 Größenordnungen auszuschließen. Wir wollen nun betrachten, was Laborexperimente noch an Aussagen liefern können.

11.5 Experimentelle Axionsuche

Zu Beginn der Axionenhypothese nahm man an, daß die Skala der PQ-Symmetriebrechung mit der Skala der elektroschwachen Brechung übereinstimmt. Die ersten Laboreinschränkungen kamen von Beschleunigerexperimenten. Da die oberen Grenzen für Verzweigungsverhältnisse B von Reaktionen wie den hier angegebenen [Asa 81], [Yam 83], [Egl 86], [PDG 96]

$$B(K^+ \to \pi^+ + a) < 1.7 \cdot 10^{-9}, \tag{11.34}$$

$$B(J/\Psi \to a + \gamma) \cdot B(\Upsilon \to a + \gamma) < 1.8 \cdot 10^{-10}, \tag{11.35}$$

$$B(\pi^+ \to a e^+ \nu_e) < 1 \cdot 10^{-9} \tag{11.36}$$

teilweise um Größenordnungen niedriger sind als vorhergesagt, konnte man so diese Behauptung ausschließen. Vielmehr sind mit diesen experimentellen Grenzen Axionen schwerer als 10 keV nicht verträglich [Kim 87], [Che 88].

11.5.1 Kosmische Axionen

Der Hauptnachweis für kosmische Axionen stützt sich auf die Kopplung des Axions an 2 Photonen. Der Zweikörperzerfall $a \to 2\gamma$ würde monoenergetische Photonen von einer Wellenlänge [Kol 90]

$$\lambda_a = 2hc/m_a = \frac{24800(\text{Å})}{m_a(\mathrm{eV})} \tag{11.37}$$

ergeben und damit für Axionen im eV-Bereich im sichtbaren Bereich liegen. Aufgrund ihrer späten Entstehung gehören Axionen zu den nichtrelativistischen Teilchen (kalte dunkle Materie). Sie dissipieren mit der entsprechenden Massenkonzentration und nehmen die aufgrund der Gravitationswechselwirkung bestimmte Geschwindigkeit an. Die erwartete Linie wäre deswegen dopplerverbreitert, wobei die Breite bestimmt wäre durch das beobachtete System, d.h. für Galaxienhalos ist β etwa 10^{-3}, und für Haufen gilt $\beta \approx 10^{-2}$. Man erwartet aus dem obigen Zerfall innerhalb eines Haufens typischerweise eine Axionintensität von [Tur 87]

$$I_a = 2 \cdot 10^{-20} \left(\frac{m_a}{\text{eV}}\right)^7 \left(\frac{\frac{E_{PQ}}{N_F} - 1.95}{0.72}\right)^2 \text{erg}\,\text{cm}^{-2}\text{s}^{-1}\text{arcsec}^{-2}\text{Å}^{-1}. \tag{11.38}$$

Ein hochaufgelöstes Spektrum des Nachthimmels zeigt Abb. 11.3. Um nun den Untergrund des Nachthimmels eliminieren zu können, hat eine Gruppe [Tur 90b] an drei Galaxienhaufen unterschiedlicher Rotverschiebung Beobachtungen durchgeführt. Damit hatte man zwei Möglichkeiten der Untergrundreduktion. Einmal konnte man aufgrund von Subtraktion zwischen Beobachtung in Haufenrichtung und Beobachtung in eine beliebige andere Richtung den Untergrund reduzieren. Zum anderen kann man aufgrund der unterschiedlichen Rotverschiebung der erwarteten Linie den Untergrund weiter unterdrücken. Es wurde trotzdem kein positives Signal eines eventuellen Axionzerfalls nachgewiesen, und man schließt damit Massen zwischen 3 und 8 eV aus [Tur 90b].

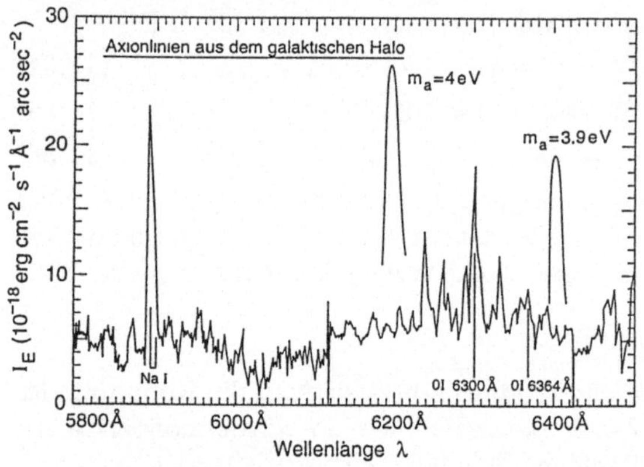

Abb. 11.3 Hochauflösendes optisches Nachthimmelspektrum zur Suche nach Linien aus dem Axionzerfall, und, als Beispiel, für den Axionzerfall innerhalb des Halos erwartete Linien (für $m_a = 3.9$ eV und 4.0 eV (aus [Bro 68], [Tur 90b]).

11.5.2 Axionen aus dem Halo unserer Milchstraße

Der Nachweis von Axionen aus dem Halo unserer Milchstraße beruht auf einem etwas anderen Prinzip. Besitzt der Halo eine Dichte von $\rho \simeq 0.3\,\text{GeV/cm}^3$

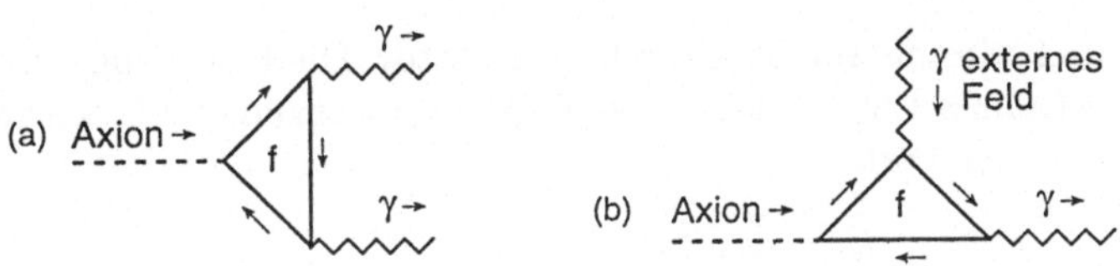

Abb. 11.4 Kopplung eines Axions an zwei Photonen über eine geladene Fermionenschleife (Dreiecksanomalie) (a). Sikivie schlug vor, Photonen aus einem Magnetfeld bereitzustellen, um damit Axionen in monoenergetische Photonen zu konvertieren (b) (aus [Smi 90]).

und bestünde nur aus Axionen, deren Masse beispielsweise 10^{-7} eV wäre, so wäre die Teilchendichte $n_a \simeq 3 \cdot 10^{13}\,\mathrm{cm}^{-3}$, entsprechend einem Fluß von

$$\Phi_a = n_a v_a \simeq 10^{21}\,\mathrm{cm}^{-2}\mathrm{s}^{-1} \tag{11.39}$$

Die Lebensdauer für solche Axionen wäre nach Gl. (11.12) etwa $\tau_a \approx 10^{42}$ Jahre und damit experimentell außerhalb der Nachweismethoden. Wie zuerst Sikivie bemerkte [Sik 83], sollte es aber möglich sein, Axionen mit Hilfe eines starken Magnetfeldes in ein monoenergetisches Photon mit einer Frequenz von

$$\nu_a = 2\left(\frac{m_a}{10^{-5}\,\mathrm{eV}}\right)\mathrm{GHz} \tag{11.40}$$

zu konvertieren (Abb. 11.4). Das Magnetfeld stellt hierbei ein virtuelles Photon zur Verfügung. Zum Nachweis dieser Photonen benutzt man einen

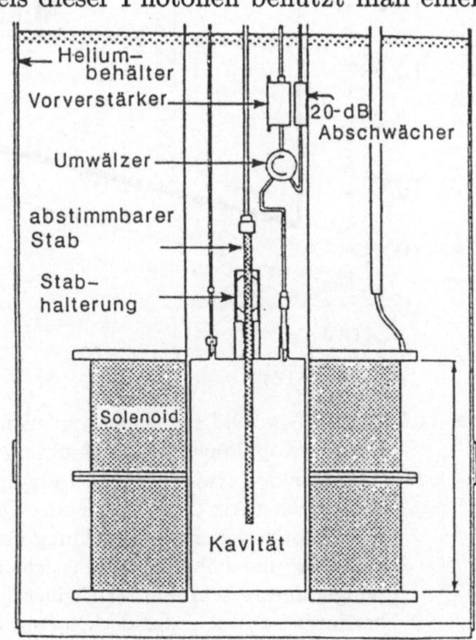

Abb. 11.5
Aufbau eines Experimentes zur Suche nach Axionen über Konversion in einem Magnetfeld. Ein Mikrowellenresonator zum Nachweis der entstehenden Photonen befindet sich bei Heliumtemperaturen in einem starken Magnetfeld. Der Resonator kann mit Hilfe eines beweglichen Stabes durchgestimmt und damit der gewünschte Massenbereich abgetastet werden (nach [Wue 89]).

durchstimmbaren Mikrowellenresonator. Die Kopplung der Axionen an eine bestimmte Eigenmode nl des Resonators wird dabei beschrieben durch einen Term der Form

$$g_{a\gamma\gamma} a \vec{B} \int_{\text{Vol}} \vec{E}_{nl} d^3x \tag{11.41}$$

Aufgrund dieser Beziehung ist klar, daß Axionen nur an TM-Moden der Kavität koppeln können. Die in eine Mode eingespeiste Leistung liegt größenordnungsmäßig bei etwa 10^{-22} W. Drei Parameter bestimmen hierbei das Experiment. Es sind dies das Volumen V und die Güte Q der Kavität sowie die Magnetfeldstärke B. Typische Werte für die drei bisher bestehenden Experimente sind Volumina von 10 Litern, Magnetfeldstärken von 7 Tesla und Q-Werte von 10^5. Einen solchen experimentellen Aufbau zeigt Abb. 11.5. Ein mit Hilfe eines beweglichen Stabes abstimmbarer Mikrowellenresonator befindet sich in einem starken Magnetfeld von mehreren Tesla. Um das thermische Rauschen möglichst gering zu halten, wird der ganze

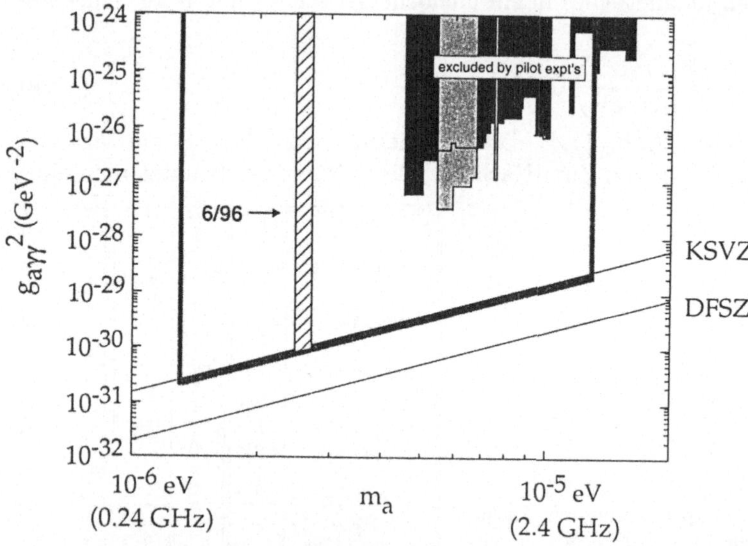

Abb. 11.6 Die in [Wue 89] [Hag 90] gewonnenen Grenzen (dunkle Bereiche) für die Axion-Photon-Kopplung $g_{a\gamma\gamma}$ als Funktion der Axionmasse. Die beiden Geraden beschreiben den erwarteten Wert für einen galaktischen Halo nur aus Axionen der betreffenden Art (hadronisch oder DFSZ). Eine neue Detektorversion nach der in der vorhergehenden Abbildung beschriebenen Funktionsweise mit größerem Volumen und höherem Magnetfeld läuft seit Ende 1995 und ist in der Lage (eingerahmter schraffierter Bereich), den relevanten Bereich zumindest für das hadronische Axion abzudecken (mit freundl. Genehmigung von K. v. Bibber).

Abb. 11.7
Ansicht des Axiondetektors am LLNL. Am Boden befindet sich die Kavität, darüber das ganze Kryostat-System zur Kühlung auf Helium-Temperaturen. Die gesamte Kavität steht in einem Magnetfeld von 8 T (mit freundl. Genehmigung von K. van Bibber).

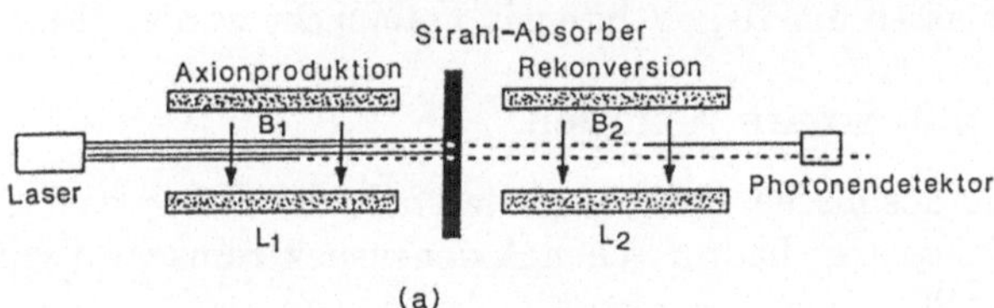

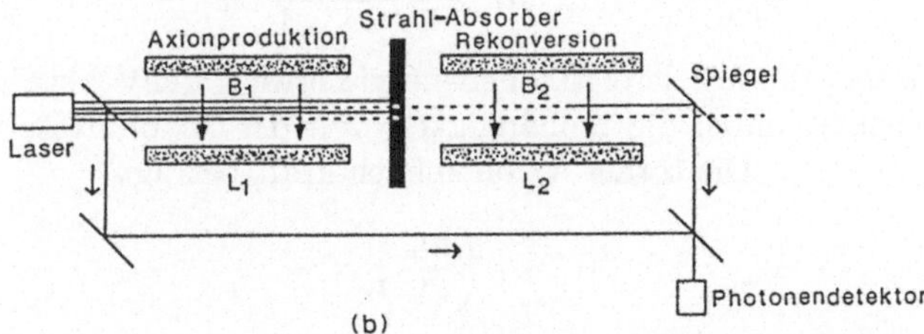

Abb. 11.8 Experiment in Form eines beam-dumps zur Suche nach Axionen. In einem Magnetfeld werden Photonen aus einem Laserstrahl in Axionen konvertiert, welche in einem zweiten Magnetfeld in Photonen zurückverwandelt werden. Der Laserstrahl wird zwischen beiden Magnetfeldern gestoppt (aus [Bib 87], [Smi 90]).

Versuch bei Helium-Temperatur (4.2 K) durchgeführt. Da das Signal eine sehr geringe Halbwertsbreite ($\Delta E \approx 10^{-6} E$) besitzt, ist ein sehr genaues Durchstimmen des Resonators und damit verbunden eine entsprechend lange Meßzeit nötig. Nach zwei Pilotexperimenten [Wue 89], [Hag 90] stößt eine neue Version dieser Experimente am Lawrence Livermore National Laboratory in kosmologisch relevante Parameterbereiche vor (Abb. 11.6) [Bib 90], [Hag 95], [Hag 96]. Mit einer Magnetfeldstärke von 8 T und einem Volumen der Kavität von 200 l wird es in der Lage sein, den Massenbereich für Axionen von 1.3 bis 13 μeV abzutasten (Abb. 11.7). Dieses Experiment hat im Herbst 1995 mit der Datennahme begonnen.

Es existieren alternative experimentelle Strategien, sie beruhen jedoch meist auf dem obigen Prinzip. So kann man nach Art eines „beam-dump"-Experimentes einen starken Laserstrahl in ein Magnetfeld schicken, wo ein Teil der Photonen in Axionen konvertiert wird (Abb. 11.8). In einer Abschirmung werden alle Photonen absorbiert, während die Axionen in einem zweiten Magnetfeld zurückkonvertiert und gemessen werden. Dies wurde in der Tat durchgeführt [Cam 93], und man erhielt für Axionmassen m_a kleiner als 10^{-3} eV Grenzen von $g_{a\gamma\gamma} < 3.6 \cdot 10^{-7}\,\mathrm{GeV}^{-1}$.

Eine ganz andere Art des Nachweises beruht auf der Anwendung von Rydberg-Atomen. Dies sind Atome, in denen sich das Valenzelektron auf sehr weit außen liegenden Bahnen befindet. Hier soll der Bereich von Axionmassen um 10 μeV intensiv untersucht werden [Mat 91], [Oga 96].

11.5.3 Solare Axionen

Eine kosmische Axionenquelle stellt die Sonne dar. Der spektrale Verlauf eines solaren hadronischen Axionenspektrums wird gut approximiert durch [Raf 90]

$$\Phi_a(E) = 4.02 \cdot 10^{10} \frac{(E_a/\mathrm{keV})^3}{e^{E_a/1.08} - 1}\,\mathrm{cm}^{-2}\mathrm{s}^{-1}\mathrm{keV}^{-1}, \tag{11.42}$$

wobei die mittlere Axionenenergie etwa 4.2 keV beträgt. Die Konstante C enthält dabei die Abhängigkeit von der Axionmasse und dem Verhältnis E_{PQ}/N_F. Die totale Axionenleuchtkraft beträgt

$$L_a = 3.6 \cdot 10^{-3} L_\odot \left(\frac{m_a}{\mathrm{eV}}\right)^2, \tag{11.43}$$

mit einer Sonnenleuchtkraft von $L_\odot = 3.86 \cdot 10^{33}\,\mathrm{erg\,s}^{-1}$. Eine neue Idee zum Nachweis solarer Axionen möchte deshalb einen mit H_2 oder He gefüllten Tank in einem Magnetfeld postieren, um so die durch Axionenkonversion entstehenden Röntgenstrahlen nachzuweisen [Bib 90]. Typische Maße des

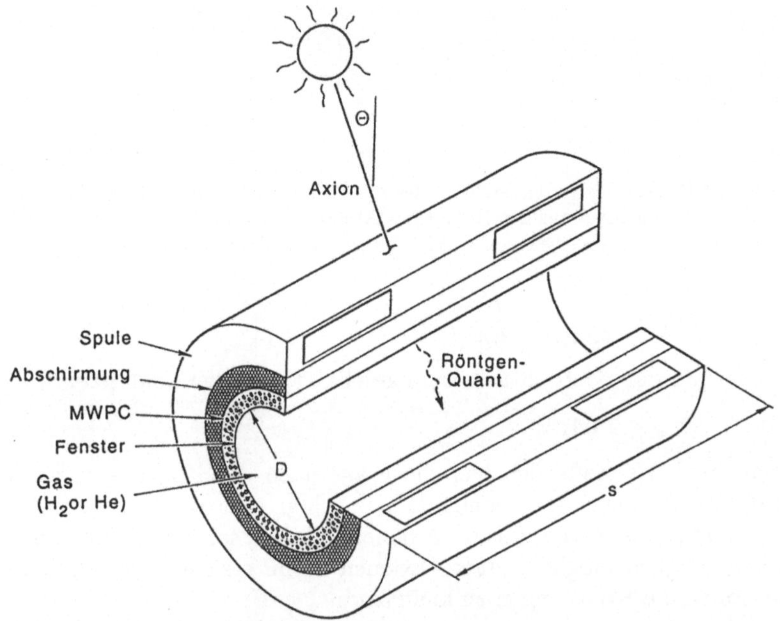

Abb. 11.9 Suche nach solaren Axionen mit Hilfe eines Axiohelioskops. In einem Magnetfeld werden solare Axionen mit Hilfe eines leichten Gases (H oder He) in Röntgenstrahlung konvertiert, welche sich dann in einer Vieldrahtproportionalkammer (MWPC) nachweisen läßt. Ein Vorteil ist die Ausnutzung der Richtungsinformation (aus [Bib 90]).

Axionenteleskopes sind ein Durchmesser von 4 m, eine Länge von 3 m und ein Magnetfeld von 3 T (Abb. 11.9). Als Detektor ist eine Vieldrahtproportionalkammer geplant. Ein Vorteil dieses Experimentes ist die Richtungsinformation aufgrund der Sonnenposition. Man hofft somit Axionmassen im Bereich von 0.1 eV bis 5 eV zu testen. In einer Vorstufe eines solchen Experimentes konnte die Funktionsweise gezeigt werden, jedoch aufgrund des geringen Beobachtungszeitraums sind die hieraus ableitbaren Grenzen nicht besser als jene aus den schon besprochenen astrophysikalischen Argumentationen [Laz 92]. Als weitere Möglichkeit zum Nachweis wurde die Bragg-Streuung vorgeschlagen [Pas 94].

Experimentelle Daten für das DFSZ-Axion liefern die zur Suche nach dem Doppel-Betazerfall verwendeten Germaniumdetektoren (siehe Kap. 2). Hier beruht das Nachweisprinzip auf dem axioelektrischen Effekt in Analogie zum Photoeffekt (Abb. 11.10). Sein Wirkungsquerschnitt ist gegeben durch [Avi 88]

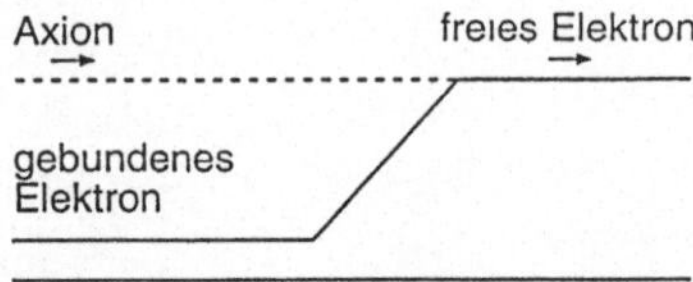

Abb. 11.10 Graphische Darstellung des axioelektrischen Effektes. Ein Axion schlägt ein Elektron aus der Hülle eines Atoms ähnlich dem Photoeffekt. Dies kann nur zum Nachweis von DFSZ-Axionen sinnvoll genutzt werden.

$$\sigma_{ae} = \frac{g_{aee}^2}{4\pi\alpha_{em}} \left(\frac{E_a}{2m_e}\right)^2 \sigma_{pe} \tag{11.44}$$

Aufgrund der Beobachtung kann geschlossen werden, daß [Avi 87], [Avi 88]

$$m_a < 14.4\,\text{eV} \tag{11.45}$$

sein muß. Es stellt sich hier die Frage nach der Konsistenz, da für solch massive Axionen die Sonnenmodelle schon sehr stark beeinflußt werden, und damit der vorhergesagte Axionenfluß. Mit solchen Experimenten ist es aber lediglich möglich, DFSZ-Axionen zu untersuchen, da für hadronische Axionen die Kopplungen zu klein sind.

Zum gegenwärtigen Zeitpunkt ist noch kein Hinweis auf die Existenz des Axions bzw. dessen Rolle als dunkle Materie vorhanden [Raf 95a]. Nimmt man all die besprochenen Überlegungen ernst, so ergibt sich anstatt 18 Größenordnungen nur noch ein mögliches Fenster für Axionen: Es ist dies ein

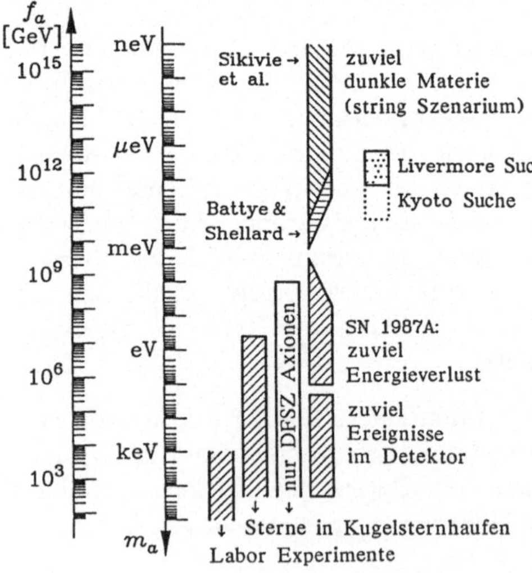

Abb. 11.11
Die nach den im Text gegebenen Überlegungen offenen Axionfenster (d.h. nicht ausgeschlossenen Massenbereiche): Es existiert noch ein Bereich zwischen 10^{-3} (10^{-2}) bis 10^{-5} eV und eventuell für hadronische Axionen noch ein kleines zusätzliches Fenster im eV-Bereich (aus [Raf 95a]).

Bereich zwischen 10^{-5} eV und 10^{-3} eV (10^{-2} eV) für beide Arten von Axionen, und für die hadronischen Axionen bleibt eventuell noch ein Fenster im eV-Bereich (Abb. 11.11). Bezüglich seiner Rolle als dunkle Materie ist das Axion aufgrund seiner weitergehenden Bedeutung ein eher wahrscheinlicher Kandidat, und es werden entsprechende experimentelle Anstrengungen zu seinem Nachweis unternommen.

Nachdem wir in den letzten beiden Kapiteln zwei (noch) hypothetische Teilchen besprochen haben, wollen wir uns nun einem Teilchen zuwenden, von dem wir wissen, daß es existiert, und das gegenwärtig von besonderer Aktualität im Zusammenhang mit der Sonnenphysik ist.

12 Solare Neutrinos

Als eines der interessantesten Probleme der modernen Teilchenastrophysik werden heute die Sonnenneutrinos angesehen. Es wird angenommen, daß man signifikant weniger Sonnenneutrinos experimentell beobachtet als theoretisch zu erwarten sind. Es scheint indessen noch ungeklärt, wieweit hier eine echte Diskrepanz vorliegt, die „neue Physik" widerspiegelt, bzw. wieweit es sich um ein „terrestrisches" Problem einer unvollkommenen Theorie der Struktur der Sonne bzw. der Reaktionen in der Sonne oder auch der Einfangsquerschnitte in den Neutrino-Detektoren handelt. Der gegenwärtige Stand soll nun im folgenden genauer betrachtet werden.

12.1 Das Standardsonnenmodell

12.1.1 Reaktionsraten

Bevor wir uns genauer mit der Sonne beschäftigen, wollen wir einige allgemeingültige Bemerkungen zu Reaktionsraten machen [Cla 68], [Rol 88], [Bah 89], [Sti 89]. Diese spielen eine wichtige Rolle für das Verständnis der Energieerzeugung in Sternen. Betrachten wir dazu eine 2-Teilchen-Reaktion der allgemeinen Form

$$T_1 + T_2 \to T_3 + T_4 \qquad (12.1)$$

Die Reaktionsrate ergibt sich zu

$$R = \frac{n_1 n_2}{1 + \delta_{12}} \langle \sigma v \rangle_{12} \qquad (12.2)$$

Hierbei ist n_i die entsprechende Teilchendichte, σ der Wirkungsquerschnitt, v die Relativgeschwindigkeit und δ das Kroneckersymbol, um Doppelzählung bei gleichen Teilchensorten zu vermeiden. Bei typischen thermischen Energien im Sterninnern von einigen keV und Coulomb-Barrieren von einigen MeV erkennt man, daß für geladene Teilchen der maßgebliche Prozeß der des quantenmechanischen Tunnelns ist, den schon Gamow zur Erklärung des α-Zerfalls benutzt hat [Gam 38]. Es ist hierzu üblich, den Wirkungsquerschnitt in der Form

$$\sigma(E) = \frac{S(E)}{E} \exp(-2\pi\eta) \qquad (12.3)$$

zu schreiben. Hierbei ist der Exponentialterm gerade der Gamowsche Tunnelfaktor und der Faktor $1/E$ drückt die Abhängigkeit des Wirkungsquerschnitts von der de-Broglie-Wellenlänge aus. η ist der sogenannte Sommerfeld-Parameter, gegeben durch $\eta = Z_1 Z_2 e^2/\hbar v$. Alle Größen der Kernphysik gehen nun nur noch über den sogenannten S-Faktor $S(E)$ in die Rechnungen ein, der, sofern keine Resonanzen auftreten, einen relativ glatten Verlauf zeigt. Diese Annahme ist kritisch, da man von den im Labor gemessenen Werten bei einigen MeV herabextrapolieren muß bis zu den relevanten Energien im keV-Bereich [Rol 88], [Dar 96]. Erst in den neuen LUNA-Experimenten (LUNA I und LUNA II) im Gran-Sasso-Labor werden diese Energiebereiche erstmalig zumindest zum Teil zugänglich [Gre 94], [Fio 95], [Arp 96]. Für das gemittelte Produkt $\langle \sigma v \rangle$ benötigt man noch eine Annahme über die Geschwindigkeitsverteilung der Teilchen. Bei normalen Hauptreihensternen wie unserer Sonne ist das Innere noch nicht entartet, so daß man hier eine Maxwell-Boltzmann-Verteilung annehmen kann. Aufgrund des Verhaltens von Tunnelwahrscheinlichkeit und Maxwell-Boltzmann-Verteilung gibt es eine wahrscheinlichste Energie E_0 für eine Reaktion, was schematisch in Abb. 12.1 dargestellt ist [Bur 57], [Fow 75]. Dieser Gamow-Peak

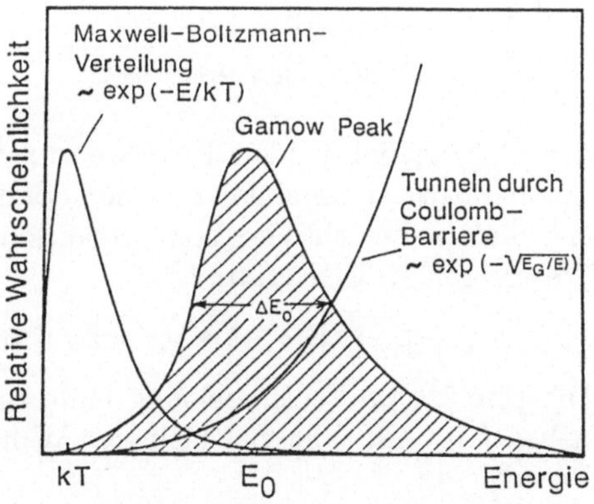

Abb. 12.1
Der günstigste Energiebereich für Kernreaktionen zwischen geladenen Teilchen bei sehr niedrigen Energien wird durch zwei gegenläufige Effekte bestimmt. Einmal über die Maxwell-Boltzmann-Verteilung mit einem Maximum bei kT, welche eine exponentiell abfallende Teilchenzahl zu hohen Energien bedeutet. Zum zweiten steigt aber die quantenmechanische Tunnelwahrscheinlichkeit mit wachsender Energie. Als Nettoeffekt ergibt sich der hier nicht maßstabsgerechte Gamow-Peak bei einer Energie E_0, die sehr viel größer als kT sein kann (aus [Rol 88]).

liegt für die noch zu besprechende pp-Reaktion etwa bei 6 keV. Definiert man ein $\tau = 3E_0/kT$ und approximiert die Reaktionsratenabhängigkeit von der Temperatur durch ein Potenzgesetz $R \sim T^n$, so gilt $n = (\tau - 2)/3$. Für eine detailliertere Darstellung der Herleitung siehe z.B. [Rol 88], [Bah 89].

12.1.2 Energie- und Neutrino-Erzeugungsprozesse in der Sonne

Wenden wir uns nun der Sonne zu. Nach unseren Vorstellungen gewinnt die Sonne wie alle Sterne ihre Energie durch Kernfusion [Gam 38]. Für eine allgemeine Betrachtung des Sternaufbaus siehe z.B. [Cox 68], [Cla 68]. Die Bilanzgleichung der Wasserstoffverschmelzung lautet:

$$4p \to {}^4\mathrm{He} + 2e^+ + 2\nu_e + 26.73\,\mathrm{MeV} \tag{12.4}$$

Es gibt nun zwei Arten, diese zu bewirken: Zum einen den *pp*-Zyklus [Bet 38], zum anderen den CNO-Zyklus [Wei 37], [Bet 39]. Abb. 12.2 zeigt

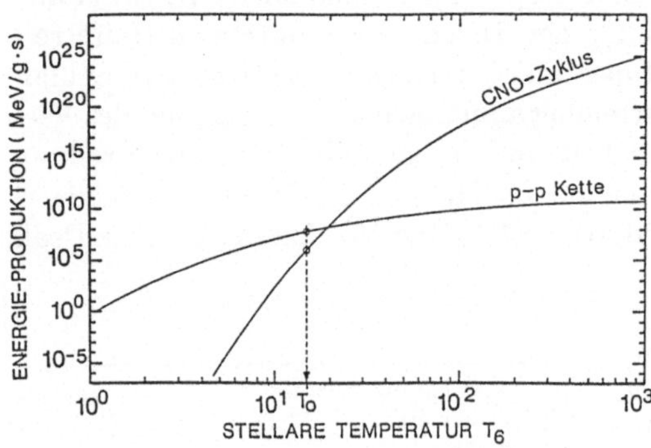

Abb. 12.2
Beiträge des *pp*- und CNO-Zyklus zur Energieproduktion in Sternen als Funktion der Zentraltemperatur. Während bei der Sonne noch der *pp*-Zyklus dominant ist, wird ab etwa 20 Mill. Grad der CNO-Prozeß maßgeblich (aus [Rol 88]).

den Beitrag der beiden Prozesse zur Energieerzeugung als Funktion der Temperatur. Dominant ist in der Sonne der *pp*-Zyklus (siehe Abb. 12.3). Bei diesem besteht der erste Reaktionsschritt in der Verschmelzung von Wasserstoff zu Deuterium

$$p + p \to {}^2\mathrm{H} + e^+ + \nu_e \quad (E_\nu \leq 0.42\,\mathrm{MeV}) \tag{12.5}$$

Die primäre *pp*-Verschmelzung läuft zu 99.75 % über diesen Weg ab. Daneben tritt mit sehr viel kleinerer Wahrscheinlichkeit von 0.25 % noch der Prozeß

$$p + e^- + p \to {}^2\mathrm{H} + \nu_e \quad (E_\nu = 1.44\,\mathrm{MeV}) \tag{12.6}$$

auf. Die bei dieser Reaktion entstehenden Neutrinos (*pep*-Neutrinos) sind monoenergetisch. Die Reaktion des entstandenen Deuteriums zu Helium ist in beiden Fällen identisch:

$${}^2\mathrm{H} + p \to {}^3\mathrm{He} + \gamma + 5.49\,\mathrm{MeV} \tag{12.7}$$

Bei diesem Reaktionsschritt entstehen keine Neutrinos. Von nun an teilt sich

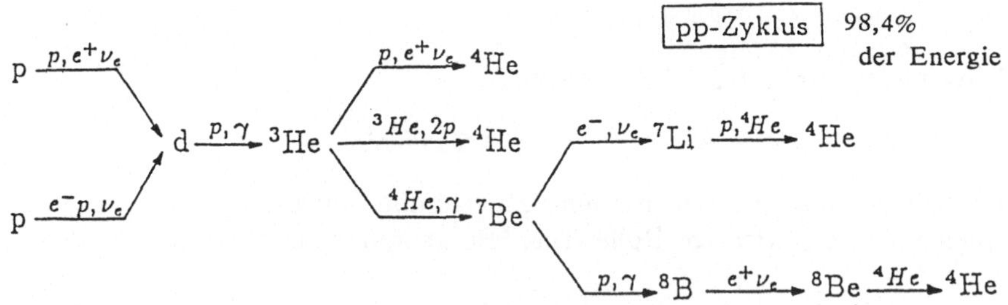

Abb. 12.3 Der Verlauf der Protonenverschmelzung gemäß dem *pp*-Zyklus. Nach der Synthese von ^{3}He spaltet der Prozeß in drei verschiedene Ketten auf.

die Reaktionskette. Mit einer Wahrscheinlichkeit von 86 % verschmilzt das ^{3}He direkt zu ^{4}He:

$$^3\mathrm{He} + {}^3\mathrm{He} \rightarrow {}^4\mathrm{He} + 2p + 12.86\,\mathrm{MeV} \qquad (12.8)$$

Auch bei diesem als *pp*I-Prozeß bezeichneten Schritt entstehen keine Neutrinos. Insgesamt entstehen jedoch zwei Neutrinos, da der Weg Gl. (12.5) zweimal durchlaufen werden muß, um am Schluß zwei ^{3}He-Kerne fusionieren zu können. Des weiteren kann ^{4}He auch gebildet werden über

$$^3\mathrm{He} + p \rightarrow {}^4\mathrm{He} + \nu_e + e^+ + 18.77\,\mathrm{MeV} \qquad (2.4 \cdot 10^{-5}\,\%) \qquad (12.9)$$

Die hierbei entstehenden Neutrinos sind sehr hochenergetisch (bis 18.77 MeV), haben aber einen sehr geringen Fluß. Man nennt sie *hep*-Neutrinos. Die alternative Reaktion bedingt die Bildung von ^{7}Be:

$$^3\mathrm{He} + {}^4\mathrm{He} \rightarrow {}^7\mathrm{Be} + \gamma + 1.59\,\mathrm{MeV} \qquad (12.10)$$

Auch dieser Prozeß spaltet sich noch einmal in verschiedene Unterreaktionen auf. Der als *pp*II-Prozeß bezeichnete Weg (14 %) führt über die Bildung von ^{7}Li zum Helium gemäß:

$$^7\mathrm{Be} + e^- \rightarrow {}^7\mathrm{Li} + \nu_e \qquad (E_\nu = 0.862\,\mathrm{MeV}\ \mathrm{bzw.}\ E_\nu = 0.384\,\mathrm{MeV}) \qquad (12.11)$$

Diese Reaktion führt zu 90 % in den Grundzustand von ^{7}Li und ist mit der Emission monoenergetischer Neutrinos von 862 keV verbunden. Die restlichen 10 % zerfallen in einen angeregten Zustand unter Emission von Neutrinos mit einer Energie von 384 keV. Man hat es hier also mit monoenergetischen Neutrinos zu tun. In einem nächsten Reaktionsschritt entsteht dann das Helium:

$$^7\mathrm{Li} + p \rightarrow 2\,{}^4\mathrm{He} + 17.35\,\mathrm{MeV} \qquad (12.12)$$

Ist erst einmal ^{7}Be entstanden, so findet dieser *pp*II-Zweig mit 99.98 % statt. Anstatt über ^{7}Li zu reagieren, gibt es noch die Möglichkeit, über ^{8}B zu gehen (*pp*III-Kette). Dies geschieht folgendermaßen:

$$^{7}\mathrm{Be} + p \rightarrow {}^{8}\mathrm{B} + \gamma + 0.14\,\mathrm{MeV} \tag{12.13}$$

Dieses geht nun unter β^+-Zerfall über in

$$^{8}\mathrm{B} \rightarrow {}^{8}\mathrm{Be}^* + e^+ + \nu_e \qquad (E_\nu \leq 14.06\,\mathrm{MeV}) \tag{12.14}$$

Diese Neutrinos sind sehr hochenergetisch, aber auch sehr selten. Trotzdem spielen sie eine wichtige Rolle. Das ^{8}Be geht nun durch α-Zerfall über in Helium:

$$^{8}\mathrm{Be}^* \rightarrow 2\,{}^{4}\mathrm{He} \tag{12.15}$$

Der CNO-Zyklus ist nur mit etwa 1.6 % an der Energiegewinnung in der Sonne beteiligt, weswegen wir ihn hier nur kurz erwähnen und einige Reaktionsschritte angeben:

$$^{12}\mathrm{C} + p \rightarrow {}^{13}\mathrm{N} + \gamma \tag{12.16}$$

$$^{13}\mathrm{N} \rightarrow {}^{13}\mathrm{C} + e^+ + \nu_e \qquad (E_\nu < 1.2\,\mathrm{MeV}) \tag{12.17}$$

$$^{13}\mathrm{C} + p \rightarrow {}^{14}\mathrm{N} + \gamma \tag{12.18}$$

$$^{14}\mathrm{N} + p \rightarrow {}^{15}\mathrm{O} + \gamma \tag{12.19}$$

$$^{15}\mathrm{O} \rightarrow {}^{15}\mathrm{N} + e^+ + \nu_e \qquad (E_\nu < 1.73\,\mathrm{MeV}) \tag{12.20}$$

$$^{15}\mathrm{N} + p \rightarrow {}^{12}\mathrm{C} + {}^{4}\mathrm{He} \tag{12.21}$$

Dieser Prozeß und sein Nebenzyklus – hier wegen seiner vernachlässigbaren Bedeutung nicht diskutiert – sind in Abb. 12.4 dargestellt. Damit haben wir alle für die Neutrinoentstehung relevanten Prozesse vorgestellt. Zur Vorhersage des zu erwartenden Neutrinospektrums sind noch weitere Kenntnisse notwendig. Es sind dies vor allem die Wirkungsquerschnitte für die genannten Reaktionen [Par 94], [Lan 94].

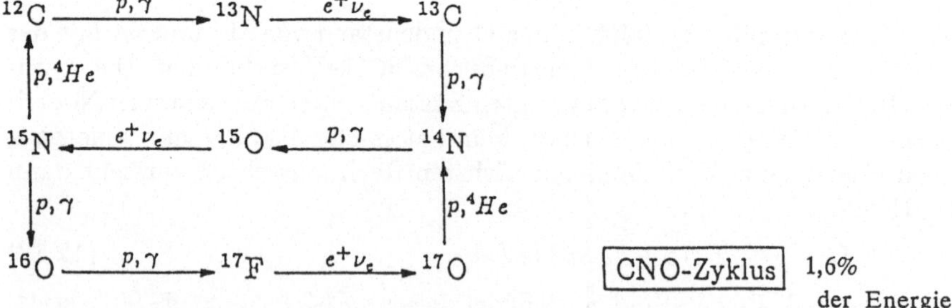

Abb. 12.4 Darstellung des CNO-Prozesses. Auch dieser verbrennt Wasserstoff zu Helium, wobei C, N und O als Katalysatoren wirken.

12.1.3 Das Sonnenneutrinospektrum

Zur Vorhersage des Sonnenneutrinospektrums sind detaillierte Modellrechnungen nötig [Tur 88], [Bah 89], [Bah 92], [Tur 93a], [Tur 93b], [Ber 93a], [Bah 95], [Sha 95a], [Bah 96], [Tur 96], [Dar 96]. Die Codes, nach denen die Sonnenmodelle gerechnet werden, basieren auf den vier Grundgleichungen der Sternentwicklung. Es sind dies (siehe z.B. [Cla 68], [Rol 88], [Bah 89]):

1. Hydrodynamisches Gleichgewicht, d.h. Gas- und Strahlungsdruck halten der Gravitation die Waage

$$\frac{dP(r)}{dr} = -\frac{GM(r)\rho(r)}{r^2} \quad \text{mit} \quad M(r) \int_0^r 4\pi r^2 \rho(r)\, dr \tag{12.22}$$

2. Energietransport durch Strahlung oder Konvektion

$$L(r) = -4\pi r^2 \left(\frac{ac}{3}\right) \frac{1}{\kappa\rho} \frac{dT^4}{dr} \tag{12.23}$$

3. Energieerzeugung hauptsächlich durch Kernreaktionen

$$\frac{dL(r)}{dr} = \rho(4\pi r^2) \left(\epsilon_{\text{nuc}} - T\frac{dS}{dt}\right), \tag{12.24}$$

wobei S die stellare Entropie ist. Eine Veränderung der chemischen Zusammensetzung findet nur durch die Kernreaktionen statt.

Zu den Eingabeparametern gehören neben Größen wie das Alter der Sonne und deren Leuchtkraft, auch Zustandsgleichung, kernphysikalische Parameter, chemische Häufigkeiten und die Opazitäten κ. Die Opazität ist ein Maß für das Absorptionsvermögen von Photonen. Sie ist abhängig von der chemischen Zusammensetzung und komplexen atomaren Prozessen. Der Einfluß der chemischen Zusammensetzung auf die Opazität äußert sich beispielsweise in verschiedenen Temperatur- und Dichteprofilen der Sonne. Als

Tab. 12.1 Eigenschaften der Sonne nach dem Standard-Sonnenmodell (SSM) [Bah88].

	$t = 4.6 \cdot 10^9$ a (heute)	$t = 0$
Luminosität $L_\odot$	$\equiv 1$	0.71
Radius $R_\odot$	696000 km	605500 km
Oberflächentemp. T_S	5773 K	5665 K
Zentraltemperatur T_c	$15.6 \cdot 10^6$ K	/
Zentraldichte	148 gcm^{-3}	/
X(H)	34.1%	71%
Y(He)	63.9%	27.1%
Z	1.96%	1.96%

besonders sensitiv hat sich hierbei das Verhältnis der ‚Metalle' Z (in der Astrophysik bezeichnet man i.a. alle Elemente schwerer als Helium Y als Metalle) zu Wasserstoff X erwiesen. Für die Anfangszusammensetzung der Elemente schwerer als Kohlenstoff nimmt man die experimentell beobachtbaren Häufigkeiten der Photosphäre (siehe z.B. [And 89]). Hierbei geht dann die Annahme ein, daß die Sonne seit ihrem Hauptreihenstadium ein homogener Stern ist. Im Zentrum der Sonne ($T > 10^7$ K) spielen die Metalle nicht die zentrale Rolle für die Opazität. Diese wird hier vielmehr bestimmt durch inverse Bremsstrahlung und Photonenstreuung an freien Elektronen. Eine wichtige Rolle scheint auch die Diffusion aller Elemente in der Sonne zu spielen (siehe [Dar 96] und Tab. 12.2). Mit all diesen Vorgaben ist es dann möglich, eine Sequenz von Modellen dieser Sonne zu rechnen, welche als Resultat $T(r)$, $\rho(r)$ und die chemische Zusammensetzung unserer heutigen Sonne enthält (Tab. 12.1). Diese Modelle nennt man Standard-Sonnenmodelle (SSM) [Tur 88], [Bah 89], [Bah 92], [Tur 93a], [Tur 93b], [Dar 96]. Von diesen ausgehend kann man auf die Orte und Raten der Kernreaktionen und Produktionen der Neutrinos weiterrechnen (Abb. 12.5).

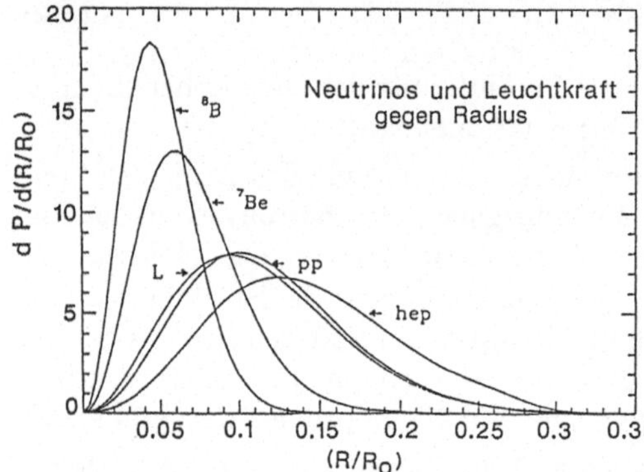

Abb. 12.5
Produktion der Neutrinos aus den verschiedenen Kernreaktionen als Funktion des Abstandes vom Sonnenmittelpunkt gemäß dem Standard-Sonnenmodell nach [Bah 88c]. Zum Vergleich eingezeichnet ist die produzierte optische Leuchtkraft L als Funktion des Radius. Man sieht, daß sie sehr stark mit der primären *pp*-Verschmelzung gekoppelt ist (aus [Bah 89]).

Es ergeben sich letztendlich Voraussagen für das zu erwartende Neutrinospektrum (Abb. 12.6) und die auf der Erde beobachtbaren Flüsse (Tab. 12.2). Man sieht deutlich, daß der größte Anteil von den *pp*-Neutrinos herrührt. Man sieht auch, daß es zum Teil erhebliche Unterschiede in den Vorhersagen gibt, z.B. für den Fluß an ^{8}B-Neutrinos. Um das von den jeweiligen Detektoren erwartete Signal zu kennen, benötigt man dann noch die Einfangs- oder Reaktionsquerschnitte für Neutrinos (siehe Gl. (12.26)). Erstere sind durch die Verteilung der Gamow-Teller-Stärken im jeweiligen Tochterkern bestimmt (siehe z.B. [Gro 89,90]). Erste realistische Berechnungen wurden von [Gro 84], [Gro 86c] durchgeführt.

Tab. 12.2 Zwei Beispiele für SSM-Vorhersagen für den Fluß Φ_ν solarer Neutrinos auf der Erde (aus [Bah 95] und [Dar 96], ohne (ND) und mit Berücksichtigung von Diffusion).

Quelle	$\Phi_\nu[10^{10}\text{cm}^{-2}\text{s}^{-1}]$			
	[Bah 95] (ND)	[Dar 96] (ND)	[Bah 95]	[Dar 96]
pp	6.01	6.08	5.91	6.10
pep	$1.44 \cdot 10^{-2}$	$1.43 \cdot 10^{-2}$	$1.40 \cdot 10^{-2}$	$1.43 \cdot 10^{-2}$
^{7}Be	$4.53 \cdot 10^{-1}$	$4.79 \cdot 10^{-1}$	$5.15 \cdot 10^{-1}$	$3.71 \cdot 10^{-1}$
^{8}B	$4.85 \cdot 10^{-4}$	$5.07 \cdot 10^{-4}$	$6.62 \cdot 10^{-4}$	$2.49 \cdot 10^{-4}$
^{13}N	$4.07 \cdot 10^{-2}$	$2.50 \cdot 10^{-2}$	$6.18 \cdot 10^{-2}$	$3.82 \cdot 10^{-2}$
^{15}O	$3.45 \cdot 10^{-2}$	$3.38 \cdot 10^{-2}$	$5.45 \cdot 10^{-2}$	$3.74 \cdot 10^{-2}$
^{17}F	$4.02 \cdot 10^{-4}$	$4.06 \cdot 10^{-4}$	$6.48 \cdot 10^{-4}$	$4.53 \cdot 10^{-4}$
$\sum(\Phi\sigma)_{Cl}$ [SNU]	7 ± 1	7 ± 1	9.3 ± 1.4	4.1 ± 1.2
$\sum(\Phi\sigma)_{Ga}$	127 ± 6	128 ± 7	137 ± 8	115 ± 6

Die Flüsse auf der Erde haben immerhin Werte der Größenordnung $10^{10}\,\text{cm}^{-2}\text{s}^{-1}$, dennoch ist ihr Nachweis aufgrund des kleinen Wirkungsquerschnittes extrem schwierig. Nachdem wir jetzt wissen, was man erwartet, wollen wir zu den Experimenten und ihren Ergebnissen und Interpretationen kommen.

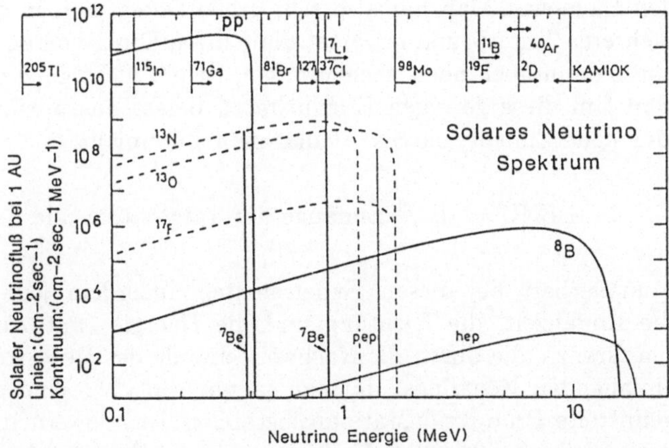

Abb. 12.6 Das aus detaillierten Sonnenmodellrechnungen vorhergesagte solare Neutrinospektrum am Ort der Erde. Der dominante Anteil wird von den *pp*-Neutrinos gebildet, die *hep*- und ^{8}B-Neutrinos bilden den hochenergetischen Anteil. Ebenso eingezeichnet sind die Schwellenenergien verschiedener Detektormaterialien (siehe z.B. [Ham 93]).

12.2 Solare Neutrinoexperimente

Im Prinzip gibt es zwei Arten von Sonnenneutrinoexperimenten, radiochemische und Echtzeit (Real-Time)-Experimente. Das Prinzip der *radiochemischen Experimente* beruht auf der Reaktion

$$^{A}_{N}Z + \nu_e \rightarrow {}^{A}_{N-1}(Z+1) + e^-, \tag{12.25}$$

wobei der Tochterkern instabil ist und mit einer „vernünftigen" Halbwertszeit zerfällt. Vernünftig deshalb, weil es der radioaktive Zerfall des Tochterkerns ist, den man zum Nachweis benutzt. Die Produktionsrate des Tochterkerns ergibt sich zu

$$R = N \int \Phi(E)\sigma(E)dE, \tag{12.26}$$

wobei Φ den solaren Neutrinofluß, N die Anzahl der Targetatome und σ den Wirkungsquerschnitt für die Reaktion Gl. (12.25) bezeichnet. Um bei einem Fluß von ca. 10^{10} Teilchen $\mathrm{cm}^{-2}\mathrm{s}^{-1}$ und einem Wirkungsquerschnitt von ca. $10^{-45}\,\mathrm{cm}^2$ auf etwa 1 Ereignis pro Tag zu kommen, muß man etwa 10^{30} Targetatome benutzen. Dies entspricht mehreren Tonnen des betreffenden Elements. Man hat also sehr große Detektoren in der Größenordnung mehrerer Tonnen und erwartet die Umwandlung von einem Atom pro Tag. Diese dann auch noch nachzuweisen, ist ein nicht ganz einfaches Unterfangen! Um diese geringen Ereignisraten besser auszudrücken, definiert man eine neue Einheit, die SNU (solar neutrino unit):

$$1\ \mathrm{SNU} = 10^{-36}\ \text{Einfänge pro Targetatom und Sekunde}$$

Man verliert bei diesen Experimenten außerdem jede Information über die Einfallzeit, die Richtung und die Energie (mit Ausnahme der unteren Grenze, die durch die Nachweisschwelle des Detektors gegeben ist) des einfallenden Neutrinos, da man ja nur die über eine gewisse Zeitspanne gemittelte Produktionsrate an instabilen Tochterkernen messen kann. Anders ist dies bei *Echtzeit-Experimenten.* Die Hauptnachweismethode ist hier die Neutrino-Elektron-Streuung. Es entsteht dabei Cerenkov-Licht, welches dann nachgewiesen werden kann und eng mit der Richtung des einfallenden Neutrinos korreliert ist. Bei der Besprechung der existierenden experimentellen Daten wollen wir die geschichtliche Reihenfolge wahren.

12.2.1 Das Chlor-Experiment

Das erste Sonnenneutrinoexperiment und damit die Geburt der Neutrinoastrophysik überhaupt, stellt das seit 1968 laufende Chlor-Experiment von *R.* Davis [Dav 64], [Row 85a], [Dav 94a], [Dav 94b], [Dav 96] dar. Die Nachweisreaktion ist hier

$$^{37}\mathrm{Cl} + \nu_e \rightarrow {}^{37}\mathrm{Ar} + e^- \tag{12.27}$$

mit einer Schwellenenergie von 814 keV. Der Nachweis geschieht dann über den Zerfall

$$^{37}\mathrm{Ar} \rightarrow {}^{37}\mathrm{Cl} + e^- + \bar{\nu}_e \tag{12.28}$$

mit einer Halbwertszeit von 35 Tagen. Aufgrund der Schwelle von 0.81 MeV ist dieses Experiment nicht fähig, den *pp*-Neutrino-Fluß zu messen. Die Beiträge der einzelnen Erzeugungsreaktionen für Neutrinos am Gesamtfluß sind in Tab. 12.3 nach einem der gängigen Sonnenmodelle dargestellt. Aus

Tab. 12.3 Einfangraten für die Gallium- und Chlordetektoren nach dem Standard-Sonnenmodell nach [Bah 92].

Quelle	Einfangrate ^{71}Ga [SNU]	Einfangrate ^{37}Cl [SNU]
pp	70.8	0
pep	3.1	0.2
^{7}Be	35.8	1.2
^{8}B	13.8	6.2
^{13}N	3.0	0.1
^{15}O	4.9	0.3
$\sum$	131.5 ± 19	8.0 ± 3.0

den Modellrechnungen ergeben sich Erwartungswerte von (9.3 ± 1.4) SNU [Bah 95], (6.4 ± 1.4) SNU [Tur 93b] bzw. (4.1 ± 1.2) SNU [Dar 96], wobei der Hauptanteil von den ^{8}B-Neutrinos kommt. Die Produktionsrate von einem Argonatom pro Tag entspricht hierbei 5.35 SNU. Experimentell sieht es nun folgendermaßen aus: In der Homestake-Goldmine in South Dakota (USA), einer Abschirmtiefe von 4100 mwe (Meter-Wasser-Äquivalent, siehe Kap. 2) entsprechend, steht ein Tank mit ca. 615 t Perchlorethylen (C_2Cl_4), der als Target dient (Abb. 12.7). Die natürliche Häufigkeit von ^{37}Cl ist etwa 24 %, und die Anzahl der Targetatome ergibt sich damit zu $2.2 \cdot 10^{30}$. Die entstehenden Argonatome sind in der

Abb. 12.7
Der Detektor des Chlor-Experiments von Davis zum Nachweis solarer Neutrinos in der ca. 1400 m tiefen Homestake-Mine in Lead, South-Dakota (USA), ca. 1967. Gezeigt ist der mit 380 000 Litern Perchlorethylen gefüllte Tank. Oben zu sehen ist R. Davis (Foto: Brookhaven National Laboratory).

Lösung flüchtig und werden etwa jeden Monat extrahiert. In mehreren Schritten wird das entstandene Argon konzentriert und dann in spezielle miniaturisierte Proportionalzählrohre gefüllt. Diese werden in besonders radioaktivitätsarme Abschirmungen aus Blei gesetzt und dann der entsprechende Argonzerfall beobachtet. Um den Untergrund noch weiter zu reduzieren, benutzt man neben der Energieinformation des Zerfalls noch die Pulsform. Die Ergebnisse nach etwas mehr als 20 Jahren Meßzeit sind in Abb. 12.8 aufgetragen. Im Mittel ergibt sich eine Zählrate von [Dav 96]

$$2.56 \pm 0.22 \text{ SNU} \tag{12.29}$$

Dies ist weniger als die von den Standardsonnenmodellen vorhergesagten Werte. Diese Diskrepanz ist der Ursprung des sogenannten *Sonnenneutrinoproblems*. Man sollte indessen stets im Auge behalten, daß der theoretische Wert für die erwartete Neutrinorate eine beträchtliche, zeitliche Entwicklung durchgemacht hat, die in Abb. 12.9 dargestellt ist. Eine Bestätigung eines Defizits wird in den Ergebnissen des Kamiokande-Experimentes gesehen, das wir im folgenden Abschnitt besprechen.

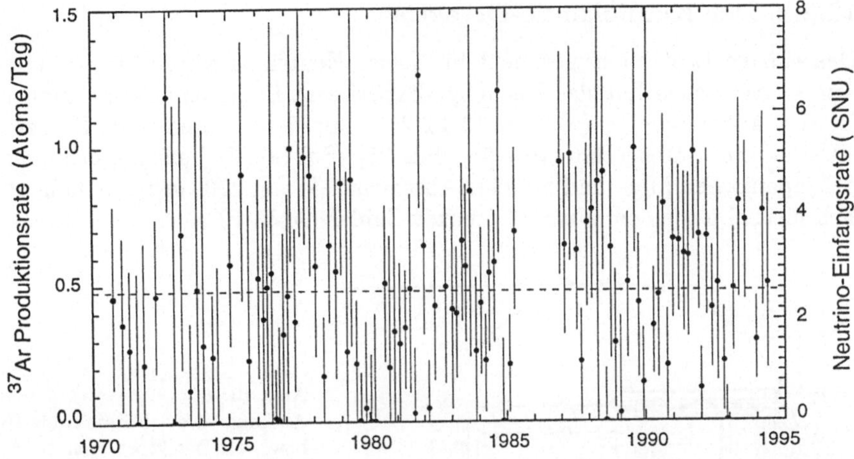

Abb. 12.8 Gemessener Neutrinofluß mit dem Homestake-^{37}Cl-Detektor seit 1970. Der gemessene Wert ist signifikant kleiner als der vorhergesagte. In dieser Diskrepanz sieht man den Ursprung des sogenannten Sonnenneutrinoproblems (aus [Dav 96]).

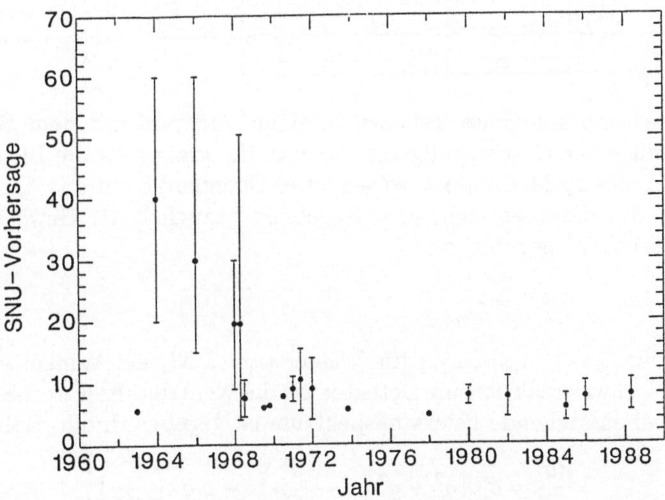

Abb. 12.9 Zeitliche Entwicklung der für das Chlor-Experiment vorhergesagten Ereignisrate in den letzten 30 Jahren (Fehlerbalken entsprechen 1σ) (aus [Bah 89], [Dav 92d]).

12.2.2 Der Kamiokande-Detektor

Das einzige Echtzeit-Experiment für solare Neutrinos wurde bis vor kurzem – inzwischen hat das Nachfolge-Experiment Superkamiokande seinen Betrieb aufgenommen (s. Kap. 12.4.2.2) – mit dem Kamiokande-II- bzw. -III-Detektor durchgeführt [Hir 91], [Suz 95], [Suz 96]. Er befindet sich in einer japanischen Mine und hat eine Abschirmtiefe von 2700 mwe. Es handelt sich hierbei um einen Wasser-Cerenkov-Zähler (Abb. 12.10, 12.11). Bewegt

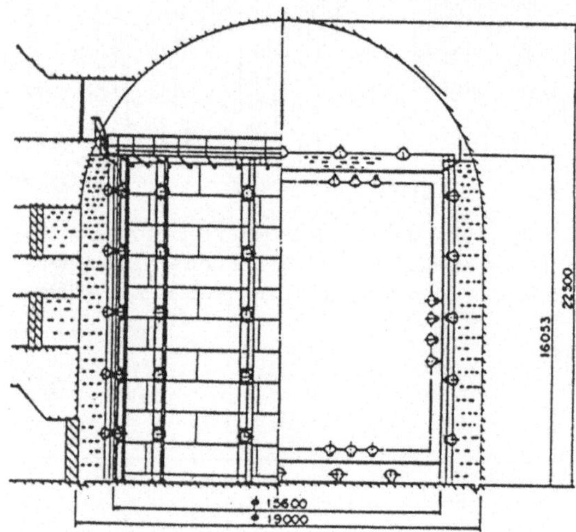

Abb. 12.10
Aufbau des Kamiokande-II- bzw. -III-Detektors zum Nachweis hochenergetischer Sonnenneutrinos. Als Cerenkov-Material dient Wasser. Das bei der Neutrino-Elektron-Streuung im Wasser emittierte Licht wird mit Photomultipliern aufgefangen. Aus den Ansprechzeiten und der Lichtmenge kann man Energie und Richtung des Neutrinos rekonstruieren (aus [Hir 91]).

sich ein geladenes Teilchen in einem Medium mit dem Brechungsindex n mit einer Geschwindigkeit $\beta = v/c$, die größer als die Lichtgeschwindigkeit in diesem Medium ist, so sendet es Cerenkov-Licht aus. Der Öffnungswinkel θ des dabei entstehenden Kegels ist bezüglich der Bewegungsrichtung des Teilchens gegeben durch

$$\cos\theta = \frac{1}{\beta n} \tag{12.30}$$

Für $\beta = 1$ ergibt sich für Wasser ($n = 1.33$) ein Winkel von 42 Grad. Die Nachweisreaktion im Detektor ist die Neutrino-Elektron-Streuung. Das dabei entstehende Rückstoßspektrum ist gegeben durch [Bah 89]

$$\frac{d\sigma}{dT} = \sigma_0 \left[g_l^2 + g_r^2 \left(1 - \frac{T}{E_\nu}\right)^2 - g_l g_r \left(\frac{T}{E_\nu^2}\right)\right] \tag{12.31}$$

Hierbei ist T die kinetische Energie des Rückstoßelektrons, $\sigma_0 = 8.8 \cdot 10^{-45}$ cm^2 und

$$g_l = \left(\pm\frac{1}{2} + \sin^2\theta_W\right) \quad \text{bzw.} \quad g_r = \sin^2\theta_W \tag{12.32}$$

Das positive Vorzeichen gilt dabei für ν_e-Streuung, während das negative Vorzeichen für die anderen Flavours gilt. Dies bedeutet, daß letztere Wirkungsquerschnitte etwa einen Faktor 7 geringer sind, ein Ausdruck dafür, daß hier keine geladenen schwachen Ströme beitragen. Der totale Wirkungsquerschnitt für $\nu_e e$-Streuung ist gegeben durch

$$\sigma(\nu_e e) = 0.9 \cdot 10^{-43} \left(\frac{E}{10\,\text{MeV}}\right) \text{cm}^2 \tag{12.33}$$

Kamiokande-II bzw. -III (Abb. 12.10) besteht aus 3000 t H_2O, von denen aus Gründen der Untergrundreduktion effektiv nur 680 t zur solaren Neutrinosuche eingesetzt werden. Er ist umgeben von 948 Photomultipliern, die etwa 20 % der Oberfläche bedecken. Der gesamte Tank ist nochmals von 1.5 m H_2O umgeben, die als Antikoinzidenzzähler fungieren.

Anhand der gemessenen Ereignisrate soll kurz erörtert werden, welche Methoden zur Untergrundreduktion nötig sind, um überhaupt den solaren Neu-

Abb. 12.11 Blick in den Kamiokande-II-Detektor (mit freundl. Genehmigung von Y. Totsuka).

trinofluß zu messen (s. Abb. 12.12). Ursprünglich hatte der Detektor eine Triggerrate von 1000 Hz. Den Hauptuntergrund bildeten dabei ^{222}Rn und ^{238}U. Indem man nun das Wasser des inneren Tanks in einem geschlossenen System zirkulieren ließ, konnte mit Hilfe von Ionentauschern die Rate auf 0.6 Hz reduziert werden. Hiervon entfallen 0.37 Hz auf Myonenereignisse der kosmischen Strahlung. Als Veto für diese Myonen dient, daß im äußeren Zähler weniger als 30 Photoelektronen erzeugt werden. Als weitere Beschränkung soll zwischen einem Ereignis im äußeren Detekor und innerhalb mindestens eine Zeitdifferenz von 100 μs liegen. Mit diesen beiden Kriterien ist es möglich, die Myonen zu reduzieren. Weiter benutzt man die Energieinformation. Aufgrund des entstehenden Cerenkov-Lichts müssen mindestens 20 Photomultiplier innerhalb von 100 ns ansprechen, um ein Ereignis zu registrieren. Dies bedeutet eine Schwellenenergie von etwa 7.5 MeV, also relativ hoch. Außerdem sollen weniger als 100 Photoelektronen registriert werden, da dies einer Energie von 30 MeV entspricht, oberhalb der praktisch keine solaren Neutrinos mehr existieren. Zuletzt schließlich nutzt man die Richtung der Elektronen aus. Die Winkelverteilung der Elektronen ist gegeben durch

$$\cos\theta = \frac{1 + m_e/E_\nu}{(1 + \frac{2m_e}{T})^{1/2}} \tag{12.34}$$

Hierbei bezeichnet θ den Winkel in bezug auf die Richtung der Sonne. Da die Neutrinos relativ hochenergetisch sind, weisen die Elektronen stark in Vorwärtsrichtung, d.h. die rekonstruierte Bahn sollte in Richtung Sonne zeigen.

Aufgrund der Schwelle von 7.5 MeV ist dieser Detektor nur in der Lage, den ^{8}B-Fluß zu messen. Den bisherigen experimentellen Stand zeigt Abb. 12.13.

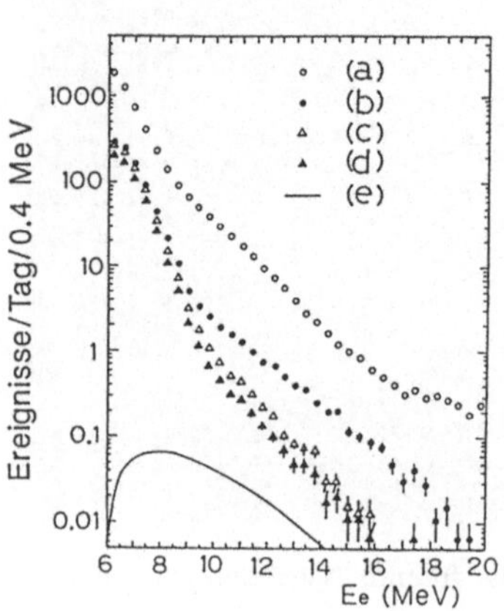

Abb. 12.12
Als didaktisches Beispiel eines low-level-Experimentes ist die Datenreduktion des Kamiokande-II-Detektors zur Messung des Sonnenneutrinosignals gezeigt. a) das eigentliche Meßspektrum. Nach einer Einschränkung der verwendeten Detektormasse, Korrekturen auf kosmische und Gamma-Strahlung, gelangt man zur Kurve d). Die durchgezogene Kurve e) ist eine Monte-Carlo-Vorhersage des Sonnensignals mit dem SSM von [Bah 88c]. Die Sensitivität auf das Niveau der erwarteten Sonnenneutrinos erreicht man experimentell, wenn man noch die Richtungsinformation ausnutzt. Beim Umbau zum Kamiokande-III-Detektor konnte der intrinsische Untergrund nochmals erheblich reduziert werden (aus [Hir 89]).

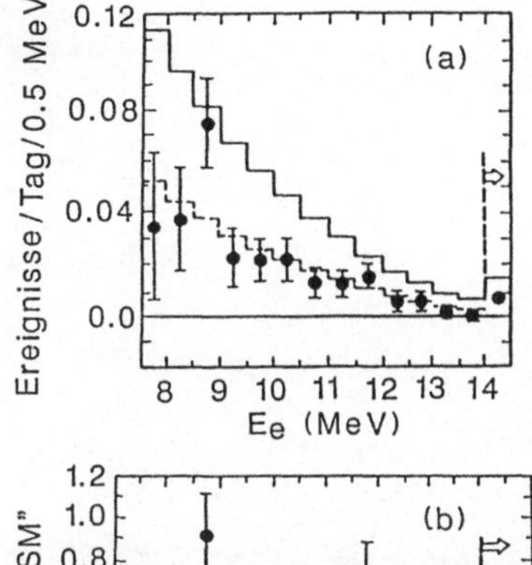

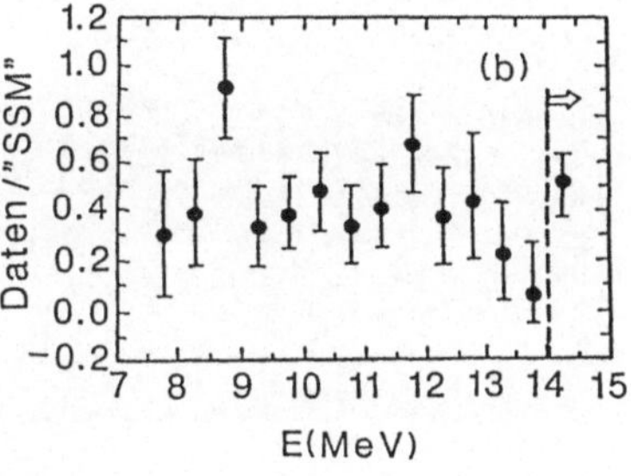

Abb. 12.13
a) Energiespektrum der Rückstoßelektronen im Kamiokande-Experiment aufgrund der Streuung solarer Neutrinos. Die durchgezogene Linie entspricht der Erwartung des SSM nach [Bah 88c] (siehe aber Tab. 12.4), die gestrichelte Linie zeigt die Erwartung bei 46 % dieses Modells. b) wie a), nur sind die Werte auf den nach diesem SSM erwarteten Wert normiert. Über den gesamten Energiebereich beträgt der gemessene Wert nur etwa die Hälfte von dem von [Bah 88c] erwarteten (aus [Hir 91]).

Es ergibt sich hieraus ein zeitgemittelter Fluß von ^{8}B-Neutrinos von [Suz 95]

$$\Phi(^8\mathrm{B}) = (2.89^{+0.22}_{-0.21} \pm 0.35) \cdot 10^6\,\mathrm{cm}^{-2}\mathrm{s}^{-1} \tag{12.35}$$

Es ergibt sich eine Diskrepanz zwischen den Theorien von [Bah 92], [Tur 93a] und Experiment zu [Suz 95]

$$\frac{\Phi(^8\mathrm{B})_{\mathrm{ex.}}}{\Phi(^8\mathrm{B})_{\mathrm{th.}}} = 0.51 \pm 0.04(\mathrm{stat}) \pm 0.06(\mathrm{sys}) \qquad [\mathrm{Bah}\ 92] \tag{12.36}$$

$$\frac{\Phi(^8\mathrm{B})_{\mathrm{ex.}}}{\Phi(^8\mathrm{B})_{\mathrm{th.}}} = 0.64 \pm 0.05(\mathrm{stat}) \pm 0.15(\mathrm{sys}) \qquad [\mathrm{Tur}\ 93\mathrm{a}] \tag{12.37}$$

Ein Vergleich der Messung mit der Theorie von [Sha 95a], [Dar 96] ergibt dagegen

$$\frac{\Phi(^8\mathrm{B})_{\mathrm{ex.}}}{\Phi(^8\mathrm{B})_{\mathrm{th.}}} = 1.16 \pm 0.16 \quad \mathrm{bzw.} \quad 1.05 \pm 0.15 \tag{12.38}$$

12.2.3 Die Gallium-Experimente

Beide bisher beschriebenen Experimente sind jedoch nicht in der Lage, direkt den *pp*-Fluß zu messen (Abb. 12.6). Dieser ist es, der direkt mit der Sonnenleuchtkraft verkoppelt ist. Ein geeignetes Material hierfür ist Gallium [Kuz 66]. Um den *pp*-Fluß zu messen, befinden sich derzeit zwei Experimente im Betrieb, GALLEX (Abb. 12.14) und SAGE (Abb. 12.15). Beide Expe-

(a)

(b)

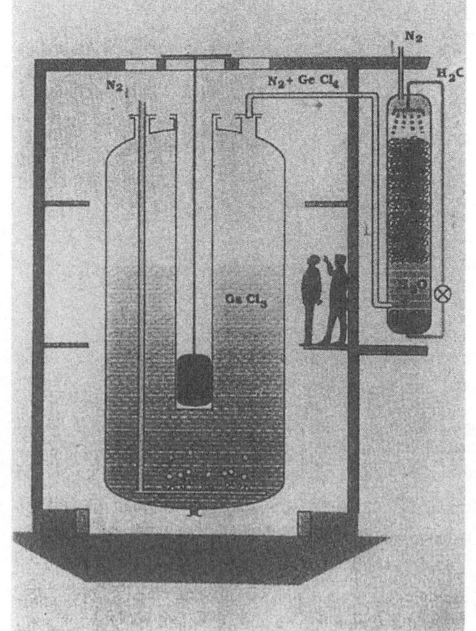

Abb. 12.14
Das GALLEX-Experiment im italienischen Gran-Sasso-Labor.
a) Das vordere Gebäude beinhaltet den Ga-Tank und die Extraktionseinrichtungen, während im hinteren Gebäude die low-level-Zähleinrichtungen untergebracht sind. b) Schematischer Querschnitt durch den Tank. Deutlich erkennbar ist die Aussparung zum Einbringen der Chrom-Eichquelle (aus [Kir 93]).

Abb. 12.15 Das SAGE-Experiment im Baksan-Untergrundlabor (Kaukasus). Zu sehen sind die zehn sog. „Reaktoren". In acht von ihnen sind insgesamt 57 t an metallischem Gallium untergebracht (mit freundl. Genehmigung der SAGE-Kollaboration).

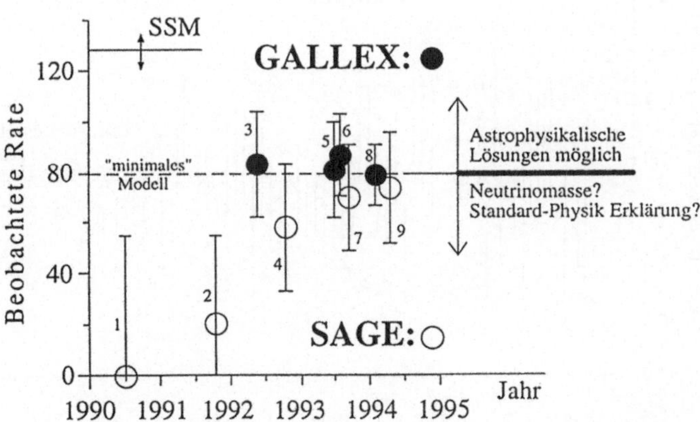

Abb. 12.16 Zeitliche Entwicklung der GALLEX- und SAGE-Ergebnisse (nach [Kir 95]).

rimente verwenden Gallium als Target, und der Nachweis beruht auf der Reaktion

$$^{71}\mathrm{Ga} + \nu_e \rightarrow {}^{71}\mathrm{Ge} + e^- \tag{12.39}$$

mit einer Schwellenenergie von 233 keV. Die natürliche Häufigkeit von ^{71}Ga ist 39.9 %. Die russisch-amerikanische Kollaboration SAGE [Gav 90] [Abd 95] benutzt hierzu als Detektor 60 t Gallium in metallischer Form und betreibt das Experiment im Baksan-Untergrundlabor, während die im wesentlichen europäische Gruppe GALLEX [Kir 90], [Ans 95b] 30 t Ga in Form von 110 t $GaCl_3$-Lösung benutzt. Dieses Experiment wird im Gran-Sasso-Untergrundlabor betrieben. Beide Experimente unterscheiden sich in der Art der Germaniumextraktion. Das Germanium wird in mehreren Stufen konzentriert und anschließend in German (GeH_4) umgewandelt. Da dieses in seinen Eigenschaften Methan (CH_4) ähnelt, welches mit Argon gemischt ein Standardzählgas (P10) in Proportionalzählern ist, so wird auch dieses mit einem Edelgas (Xe) gemischt. Die Mischung richtet sich hierbei nach Optimierung von Nachweiseffizienz, Driftgeschwindigkeit und Energieauflösung. Zudem wurde erstmalig versucht, die Gesamtfunktionalität eines solaren Neutrinoexperimentes mit einer künstlichen 2 MCi(!)-^{51}Cr-Quelle zu demonstrieren. Sie liefert mononergetische Neutrinos, wobei 81 % eine Energie von $E_\nu = 746$ keV besitzen. Auch hier geschieht der Nachweis des ^{71}Ge-Zerfalls (Halbwertszeit = 11.4 Tage, 100 % Elektroneneinfang) mit

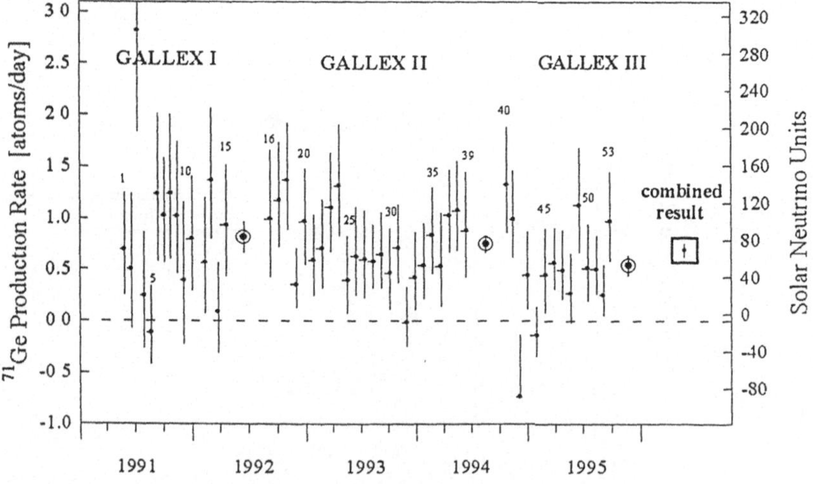

Abb. 12.17 Ergebnis der ersten 53 GALLEX-Runs (aus [Ham 96a]).

Hilfe von miniaturisierten Zählrohren analog zum Chlorexperiment. Erste Resultate (siehe Abb. 12.16) der SAGE-Kollaboration ergaben [Aba 91]

$$20^{+15}_{-20}(\text{stat.}) \pm 35(\text{syst.})\ \text{SNU}. \tag{12.40}$$

Die ersten Ergebnisse der GALLEX-Kollaboration ergaben einen Fluß von [Ans 92a]

$$83 \pm 19(\text{stat.}) \pm 8(\text{syst.})\ \text{SNU} \tag{12.41}$$

Neuere Resultate von GALLEX liefern einen Wert von (Abb. 12.16 und 12.17) [Ans 94], [Ans 95b], [Ans 95c], [Ham 96a]

$$69.7 \pm 6.7(\text{stat.})^{+3.9}_{-4.5}(\text{syst.})\ \text{SNU} \tag{12.42}$$

SAGE hat in jüngster Zeit neue Daten veröffentlicht, die seit Sommer 1991 mit 57 t Gallium gewonnen wurden, und kommt zu dem Ergebnis [Abd 96]

$$69 \pm 10(\text{stat.})\ ^{+5}_{-7}(\text{syst.})\ \text{SNU} \tag{12.43}$$

Die angegebenen Fehler beziehen sich auf eine Standardabweichung. Theoretisch würde man 132^{+20}_{-17}, 123 ± 14 SNU bzw. 115 ± 6 SNU erwarten [Bah 92], [Tur 93a], [Dar 96] (Tab. 12.2, 12.3).

Beide Gallium-Experimente stehen miteinander in guter Übereinstimmung und zeigen weniger Ereignisse als nach den Standard-Sonnenmodellen zu erwarten, aber nicht wenig genug, um das solare Neutrinoproblem zu lösen (siehe Abb. 12.16). Beide Experimente werden als erster Nachweis von *pp*-Neutrinos angesehen und als Bestätigung der Hypothese, daß die Sonne ihre Energie wirklich durch Fusion von Wasserstoff gewinnt.

Die Eichung mit der Chrom-Quelle des GALLEX-Experimentes ergab für das Verhältnis zwischen beobachteter Zahl von ^{71}Ge-Zerfällen und der erwarteten Anzahl aufgrund der künstlichen Neutrino-Quelle [Ans 95a], [Ham 96a], [Kir 96a]

$$R = 1.04 \pm 0.12 \quad \text{bzw.} \quad 0.83 \pm 0.08 \tag{12.44}$$

Dieses Ergebnis ist in mehrerlei Hinsicht interessant. Es ist der erste experimentelle Nachweis von terrestrischen, niederenergetischen Neutrinos. Des weiteren ist damit bewiesen, daß ein radiochemischer Nachweis von Neutrinos auf der Ebene von wenigen Atomen wirklich möglich ist. Speziell für das GALLEX-Experiment ist dies der Beweis voller Funktionsfähigkeit und Sensitivität auf solare Neutrinos.

12.3 Theoretische Erklärungsversuche

Die bisherigen Experimente deuten, wenn man die theoretisch vorhergesagten Flüsse zugrundelegt, ein Defizit an solaren Neutrinos an (Tab. 12.4). Akzeptieren wir eine echte Diskrepanz zwischen Experiment und Theorie, so gibt es zwei prinzipielle Lösungen dieses Problems. Zum einen könnte unser Bild vom Sonnenaufbau nicht korrekt sein, und zum anderen besitzt das Neutrino vielleicht Eigenschaften, die bisher unbekannt sind.

Behandeln wir zuerst den astrophysikalischen Punkt. (Für eine ausführliche Übersicht der Details, des Aufbaus und der Erforschungsmöglichkeiten des Sonneninneren siehe [Tur 93a]). Beide seit längerem laufende Experimente (Chlor- und Kamiokande-Experiment) sind hauptsächlich auf die ^{8}B-Neutrinos sensitiv (siehe Abb. 12.6). Dieser Fluß ist jedoch sehr stark von der Zentraltemperatur der Sonne abhängig ($\sim T^{18}$). Dies bedeutet, daß schon eine leichte Änderung in der Zentraltemperatur einen Unterschied erklären könnte, indem dadurch der Fluß reduziert wird. Der *pp*-Fluß ist dagegen sehr viel weniger temperaturabhängig ($\sim T^{-1.2}$) [Bah 89] und eng mit der Leuchtkraft der Sonne korreliert. Würde man deswegen in den Gallium-Experimenten annähernd die für den *pp*-Fluß erwartete Anzahl von SNUs sehen, so läge eine Lösung des Problems möglicherweise in der Zentraltemperatur der Sonne. Sollten die SNU-Raten jedoch unter etwa 70 sinken, dann kann die Sonne dafür nicht mehr verantwortlich sein. Dies würde eine solche

Tab. 12.4 Der gegenwärtige Stand des solaren Neutrinoproblems (1 SNU = 1 Neutrinoeinfang pro 10^{36} Targetatome und Sekunde)

Experiment	Resultat	Theorie
Homestake ^{37}Cl	2.56 ± 0.22 SNU	7.9 ± 2.6 SNU [Bah 92]
		9.3 ± 1.4 SNU [Bah 95]
		6.4 ± 1.4 SNU [Tur 93b]
		7.43 ± 2.7 SNU [Ber 93]
		4.1 ± 1.2 SNU [Dar 96]
Kamiokande	$2.89^{+0.22}_{-0.21} \pm 0.35 \cdot 10^6\,\mathrm{cm^{-2}s^{-1}}$	$5.66 \cdot 10^6\,\mathrm{cm^{-2}s^{-1}}$ [Bah 92]
		$4.52 \cdot 10^6\,\mathrm{cm^{-2}\,s^{-1}}$ [Tur 93a]
		$2.49 \cdot 10^6\,\mathrm{cm^{-2}s^{-1}}$ [Dar 96]
		$(2.77 \pm 0.55) \cdot 10^6\,\mathrm{cm^{-2}s^{-1}}$ [Sha 95]
GALLEX ^{71}Ga	$69.7 \pm 6.7^{+3.9}_{-4.5}$ SNU	(132^{+20}_{-17}) SNU [Bah 89,92]
SAGE ^{71}Ga	$(69 \pm 10^{+5}_{-7})$ SNU	(123 ± 8) SNU [Tur 93]
		(115 ± 6) SNU [Dar 96]

Reduktion bedeuten, daß man mit der beobachteten Leuchtkraft in Widerspruch käme. Dann müßte eventuell das Neutrino zur Erklärung herangezogen werden (siehe Kap. 12.3.2). In der Tat scheint eine Änderung der Zentraltemperatur um 5 % die Daten erklären zu können, jedoch kommen Widersprüche aus dem Gebiet der Helioseismologie (siehe unten und z.B. [Tur 93a], [Chr 94], [Chr 96]).

12.3.1 Nichtstandard-Sonnenmodelle, das ^{7}Be-Problem, Kosmionen, Helioseismologie

12.3.1.1 Nichtstandard-Sonnenmodelle und das ^{7}Be-Problem

Bei den Nichtstandard-Sonnenmodellen wurde meist nach einer Möglichkeit gesucht, die Zentraltemperatur irgendwie zu senken, um so den ^{8}B-Neutrinofluß zu reduzieren. Ein Modell ist das sogenannte Modell mit niedrigem Z, d.h. mit niedrigem ,Metall'-Gehalt (als Metalle bezeichnen Astrophysiker häufig alle Elemente schwerer als Helium) [Bah 71]. Der Temperaturgradient im Innern der Sonne ist direkt proportional zur Opazität für Photonen. Weniger Metallhäufigkeit bedeutet eine geringere Opazität. Verringert man also die Metallhäufigkeit im Innern, so kann man mit einer niedrigeren Zentraltemperatur auskommen und somit auch einen niedrigeren Neutrinofluß erzeugen. Um den beobachteten Fluß zu erklären, braucht man ein Z/X-Verhältnis (X steht für Wasserstoff) von etwa 10 % dessen an der Oberfläche. Wieder andere nehmen eine sehr schnelle Rotation im Innern der Sonne an. Damit ist es möglich, daß ein Teil der Gravitation durch die Zentrifugalkräfte kompensiert wird, und man damit weniger Strahlungsdruck, d.h. niedrigere Kerntemperaturen benötigt. Für eine Übersicht über solche Modelle siehe [Bah 89]. Eine ausführliche statistische Untersuchung verschiedener Sonnenmodelle und der damit verbundenen Schlußfolgerung (Abb. 12.18), daß sie nicht in der Lage sind, das solare Neutrinoproblem zu lösen, findet sich in [Hat 94a], [Hat 94b], [Hat 95]. Diese Analysen ziehen bislang indessen nicht die neueren Sonnenmodelle [Sha 95], [Dar 96] in Betracht, die z.B. für Kamiokande keine Diskrepanz zwischen Beobachtung und Modell vorhersagen. Abb. 12.18 betont auch das Problem fehlender ^{7}Be-Neutrinos. Dies ergibt sich im wesentlichen aus Vergleich der in den Gallium-Experimenten gesehenen Gesamtrate von etwa 70 SNU und der von Kamiokande beobachteten ^{8}B-Rate von etwa 7 SNU mit der Sonnenmodell-Erwartung für die *pp*-Neutrinos von etwa 70 SNU (siehe Tab. 12.3). Hiernach wäre kaum noch Raum für ^{7}Be-(und andere)Neutrinos. Ein solches ^{7}Be-Defizit ließe sich möglicherweise mit Standardphysik erklären, etwa durch Reduktion der Neutrino-Einfangsquerschnitte von *pp*-Neutrinos in ^{71}Ga und von ^{7}Be-Neutrinos in ^{37}Cl nahe der Schwelle durch Screening-Effekte der

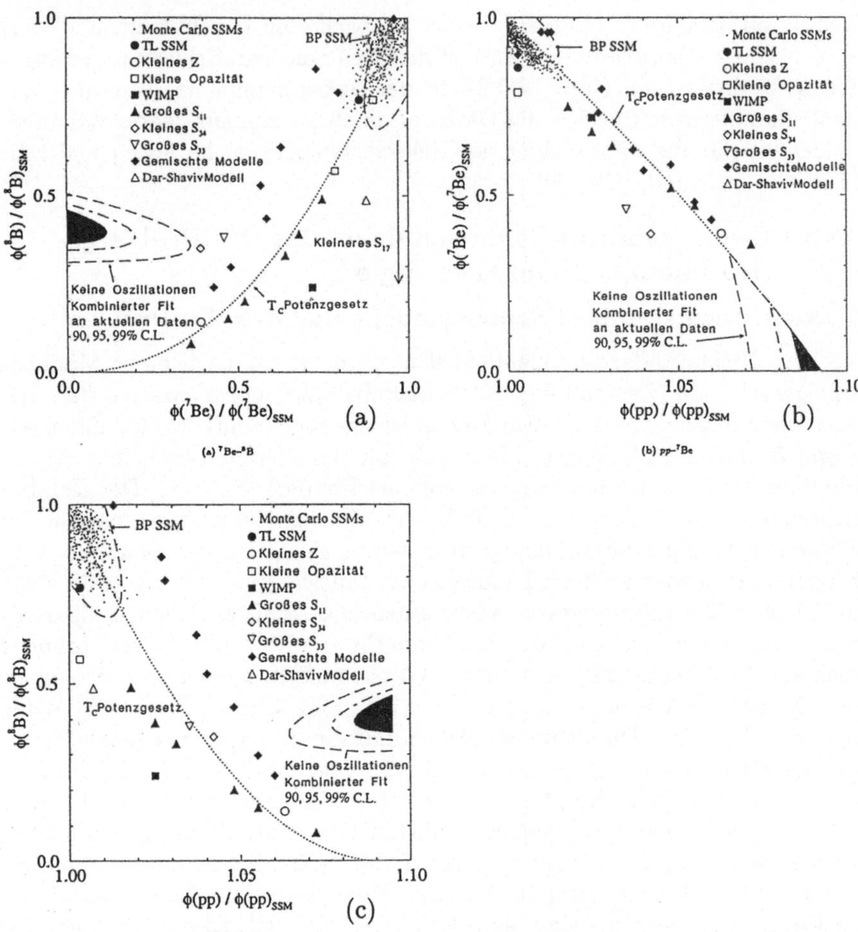

Abb. 12.18 Flußgrenzen für solare Neutrinos aufgrund der kombinierten Kamiokande-, Chlor- und Gallium-Daten. Sie sind dargestellt innerhalb der a) ^{7}Be-^{8}B-, b) *pp*-^{7}Be-, c) *pp*-^{8}B-Ebene. Die besten Fitparameter sind $\phi(pp)/\phi(pp)_{\rm SSM} = 1.095$, $\phi(\rm Be)/\phi(\rm Be)_{\rm SSM} = 0$ und $\phi(\rm B)/\phi(\rm B)_{\rm SSM} = 0.41$. Der Fit ist jedoch sehr schlecht (kann mit 93 % Vertrauensgehalt verworfen werden). Die gestrichelte Region beschreibt den 90 %-Bereich der Bahcall-Pinsonneault-SSM (BP-SSM), die Punkte die Bahcall-Ulrich-Monte-Carlo-SSMs und der ausgefüllte Kreis das Turck-Chieze-Lopes-SSM (TL-SSM). Zudem sind durch verschiedene Symbole noch weitere Nichtstandard-Sonnenmodelle gezeigt, die sich entlang der gepunkteten Linie (sie beschreibt die Potenzabhängigkeit der Zentraltemperatur der Sonne) gruppieren. Keines der Modelle scheint die Beobachtungen (schwarzer Bereich) auch nur annähernd zu beschreiben (aus [Hat 95]). Zur Diskussion der dargestellten Nichtstandard-Sonnenmodelle siehe [Bah 89]).

Kernladung durch Elektronen der Hülle, oder durch Reduktion der ^{7}Be-Neutrinosignale in ^{71}Ga und ^{37}Cl durch Einfluß von Plasma-Effekten auf die Verzweigungsverhältnisse von Elektroneneinfang durch ^{7}Be in der Sonne (siehe [Dar 96]). Erst die zur Lösung des ^{7}Be-Defizits im Aufbau bzw. in Planung befindlichen Detektoren BOREXINO und HELLAZ (siehe Kap. 12.4) würden dann aus einer Reduktion der ^{7}Be-Neutrinos auf einen Effekt von Neutrinooszillationen (MSW-Effekt, s.u.) schließen können. Schlüsse auf Neutrinooszillationen bzw. Neutrinomassen aus den bisherigen Experimenten erscheinen danach verfrüht.

12.3.1.2 Kosmionen

Die Möglichkeit, gleich zwei Fliegen mit einer Klappe zu erlegen, bietet das Modell der *Kosmionen*, [Spe 85], [Pre 85], einer speziellen, hypothetischen Sorte von WIMPs (siehe Kap. 9). Neben dem solaren Neutrinoproblem soll hierbei gleichzeitig das Problem der dunklen Materie (Kap. 9) gelöst werden. Besteht die dunkle Materie aus Teilchen mit noch näher zu spezifierenden Eigenschaften, so könnte die Sonne im Laufe ihrer Jahrmilliarden einige von ihnen eingefangen haben. Der eigentliche Einfangprozeß ist die Streuung eines solchen Kosmions an einem Nukleon im Sonneninneren, bei dem es so viel Energie verliert, daß es nicht mehr die Fluchtgeschwindigkeit erreichen kann. Um dies zu berechnen, ist es notwendig, Annahmen über die Anzahl der auftreffenden Kosmionen und deren Wahrscheinlichkeit für eine solche erfolgreiche Einfangkollision zu machen. Des weiteren ist dann über alle möglichen Bahnen der Kosmionen innerhalb der Sonne zu summieren. Die Anzahl der einfallenden Teilchen hängt davon ab, ob die Kosmionen als dunkle Materie mehr in der galaktischen Scheibe oder in einem Halo angeordnet sind. Befinden sie sich in der Scheibe, so können sie Dichten von $0.1 M_\odot/\mathrm{pc}^3$ und eine mittlere Geschwindigkeit von $30\,\mathrm{km\,s^{-1}}$ besitzen, würden sie dagegen ein maßgeblicher Halobestandteil sein, wäre ihre Dichte nur in der Ordnung von $0.01 M_\odot \mathrm{pc}^{-3}$ und ihre mittlere Geschwindigkeit ca. $300\,\mathrm{km\,s^{-1}}$. Ersteres würde einen größeren Wirkungsquerschnitt ergeben, allerdings werden WIMPs normalerweise als dissipationslos eingestuft, d.h. sie sollten bei der Entstehung der Milchstraßenscheibe nicht mitkollabiert sein, was letztere Annahme bevorzugt. Die Einfangrate hängt auch sehr maßgeblich vom Wirkungsquerschnitt der WIMPs mit den Elementen des Sonneninneren ab. Der kritische Wirkungsquerschnitt, ab dem im Prinzip alles eingefangen wird, liegt bei ca. $\sigma \approx m_p R_\odot^2 M_\odot^{-1} \approx 4 \cdot 10^{-36}\,\mathrm{cm}^2$ [Pre 85]. Hier ist die mittlere freie Weglänge der WIMPs gerade in etwa gleich ihrem Bahnradius. Man kann in hier nicht näher zu erklärenden Rechnungen zeigen, daß die Sonne im Laufe der Jahrmilliarden etwa so viele WIMPs

(Kosmionen) eingefangen haben kann, daß sie eine Konzentration von etwa eins pro 10^{12} Nukleonen haben [Pre 85]. Dies ist erstaunlicherweise genau die Konzentration, die benötigt wird, um das Sonnenneutrinoproblem zu lösen. Welche Auswirkungen haben nun die eingefangenen WIMPs auf den Sternaufbau? Aufgrund ihrer geringen Konzentration haben sie keinen direkten Einfluß auf das hydrostatische Gleichgewicht (s. Gl. (12.22)). Indirekt nehmen sie schon Einfluß auf diese Gleichung, da sie Temperatur-, Dichte- und Druckprofile $T(r)$, $\rho(r)$ und $P(r)$ ändern. Modifiziert werden muß die Gleichung für das Strahlungsgleichgewicht, welche nun lautet:

$$L_N(r) = L_\gamma(r) + L_W(r), \tag{12.45}$$

wobei L_N und L_γ die von den Kernreaktionen erzeugte bzw. von den Photonen transportierte Luminosität darstellt. Neu hinzugekommen ist ein Beitrag L_W der eingefangenen WIMPs zum Energietransport nach außen. Die Idee des Energietransportes durch Kosmionen ist, daß sie einmal in den neutrinoerzeugenden Zonen der Sonne wechselwirken, und aufgrund ihrer schwachen Wechselwirkung ein nächstes Mal erst viel weiter außen. Da hier die Temperaturen viel niedriger sind als im Innern, ist so ein effektiver Energietransport von innen nach außen möglich [Bou 89]. Man müßte nun eigentlich numerisch die Sonne nochmals mit den modifizierten Gleichungen neu durchrechnen. Da dies sehr rechenintensiv ist, gibt es bisher keine numerischen Daten, sondern nur analytische Ergebnisse, die die entstehenden Effekte zwar zeigen (Abb. 12.19), aber z.B. die Veränderung der chemischen Zusammensetzung im Laufe der Zeit nicht berücksichtigen. Es ist jedenfalls deutlich zu erkennen, wie durch Einbau der Kosmionen sich die Zentraltemperatur verringert, und gleichzeitig die Dichte im Zentrum der Sonne sich erhöht.

Welche Massen sind nun erlaubt, um das Sonnenneutrinoproblem zu lösen? Die Kosmionen dürfen nicht zu schwer sein, da sie sich sonst zu stark im Zentrum konzentrieren und nicht merklich in das Gebiet der ^{8}B-Neutrinoentstehung hineinreichen. Es gilt grob für die radiale Ausdehnung r_W der Kosmionen [Bah 89]:

$$r_W = 0.13 R_\odot \left(\frac{m_p}{m_W}\right)^{1/2}, \tag{12.46}$$

wobei m_p die Protonen- ($\simeq 1\,\text{GeV}$) und m_W die Kosmionenmasse ist. Außerhalb dieses Radius ist die Dichte an Kosmionen vernachlässigbar. Dies bedeutet für die Kosmionen eine obere Massengrenze von ca. 10 GeV. Zum anderen sollten sie auch nicht zu leicht sein, damit ihr Aktionsradius nicht auf den Produktionsbereich der ^{8}B-Neutrinos beschränkt bleibt, sondern sie

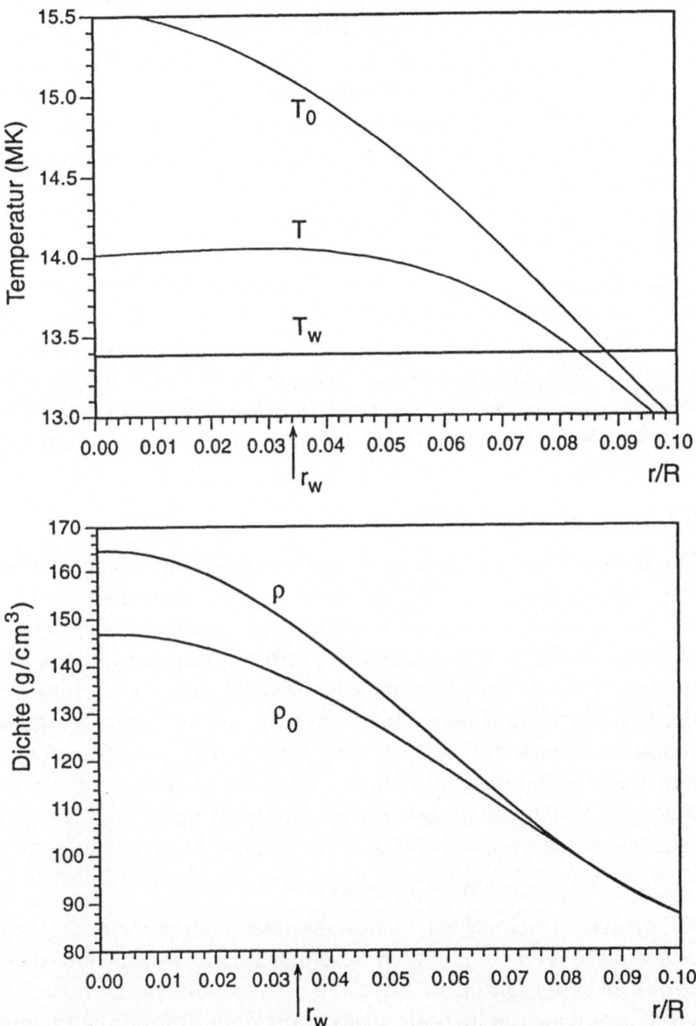

Abb. 12.19 Einwirkung der Kosmionen, angenommen mit einer Masse von $4m_p$ und einem Wirkungsquerschnitt von $\sigma = 4.6 \cdot 10^{-37}\,\text{cm}^2$, auf Temperatur- und Dichteprofile für die inneren 10 % des Sonnenradius. a) Die Zentraltemperatur T in Gegenwart der Kosmionen wird bezüglich der des Standardmodells T_0 reduziert. Ebenfalls eingezeichnet ist die Gleichgewichtstemperatur T_W der Kosmionen als auch der Radius r_W, bis zu dem ihre Dichte signifikant ist. b) Die zentrale Dichte ρ wird dagegen im Vergleich zum Standardmodell ρ_0 erhöht, (aus [Bou 89]).

noch effektiv Energie nach außen transportieren können. Dies ergibt eine untere Massengrenze von 2 GeV. Damit haben wir nun die beiden wesentlichen freien Parameter, die Masse der Kosmionen und ihren Wirkungsquerschnitt, größenordnungsmäßig fixiert: Die Masse sollte zwischen 2 und 10 GeV liegen und der Wirkungsquerschnitt um die 10^{-36} cm^2, damit das Sonnenneutrinoproblem und das Problem der dunklen Materie gleichzeitig gelöst werden können.

Allerdings sprechen drei experimentelle Resultate gegen dieses Modell. Einmal sind es Untergrundexperimente mit Siliziumdetektoren (siehe Kap. 9) [Cal 90b], [Cal 94]. Die Kosmionen würden den Siliziumkernen einen Rückstoß von einigen keV erteilen und somit ein nachweisbares Signal ergeben. Das Ergebnis schließt die Kosmionen praktisch aus (siehe Abb. 9.9 und [Cal 91], [Cal 92], [Cal 94]). Auch die Suche nach Kosmionen über bei der Annihilation in der Sonne entstehende hochenergetische Neutrinos ergab bislang kein positives Signal (siehe Kap. 8.4 und 9.3.3.1). Zum anderen sprechen die Ergebnisse der *Helioseismologie* gegen ein Modell mit Kosmionen.

12.3.1.3 Helioseismologie

Die Helioseismologie gibt noch eine weitere Möglichkeit, ins Sonneninnere zu schauen, nämlich mit Hilfe von Sonnenoszillationen (Abb. 12.20). Die Sonne als dreidimensionaler Oszillator besitzt natürlich Eigenschwingungen, charakterisiert durch drei Zahlen n, l und m, deren niedrigste Moden sehr weit ins Innere der Sonne reichen. Diese akustischen (p-Moden) werden zwischen der Oberfläche und dem Innern ständig hin und hergespiegelt. Der Umkehrpunkt im Innern, meist das untere Ende der Konvektionszone, hängt von der Schallgeschwindigkeit ab. Diese wiederum ist bestimmt von Parametern wie etwa der Dichte, man gewinnt so Informationen über den inneren Aufbau. Als besonders geeignet hat sich hierbei die Frequenzaufspaltung

$$\Delta\nu(l,n) = \nu_{ln} - \nu_{l+2,n+1} \tag{12.47}$$

für niedrige (kleine l, n) Moden erwiesen. Abweichungen vom Standardmodell äußern sich in größeren Aufspaltungen, welche mit den experimentell beobachtbaren Daten in Einklang stehen müssen. Alle Beobachtungsergebnisse lassen sich jedoch am besten mit dem Standardsonnenmodell erklären [Chr 94], [Chr 96], [Har 96]. Die 1996 erfolgte Inbetriebnahme eines weltweiten Netzwerks aus Beobachtungsstationen (GONG) [Hil 90], [Chr 94] als auch die Benutzung des neu gestarteten SOHO-Satelliten [Hel 96a] werden die Genauigkeit dieser globalen Oszillationsmessungen weiter verfeinern. Von besonderem Interesse wäre die Verwendung von Gravitationsmoden (g-Moden), da sie die beste Sonde für das Sonneninnerste darstellen. Ihre Beobachtung ist jedoch extrem schwierig [Gou 96].

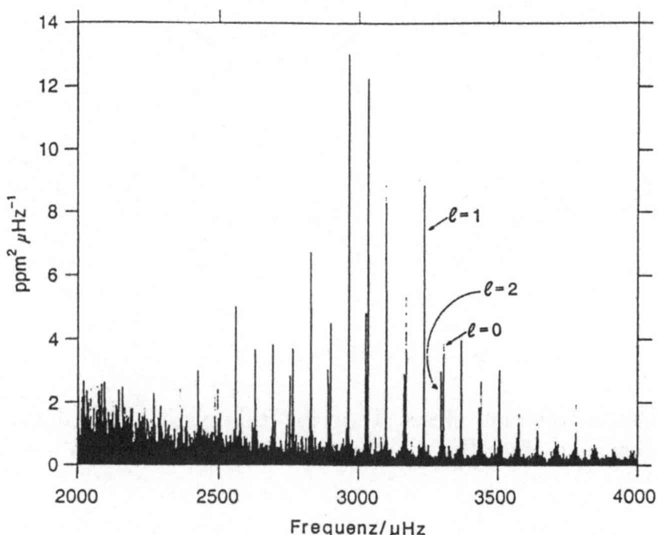

Abb. 12.20 Ausschnitt aus dem Frequenzspektrum der Sonne, der einige der Eigenfrequenzen der Sonne zeigt. Dieses Spektrum wurde in 160 Tagen Beobachtung aufgenommen. Die abwechselnde Folge von Doppelpeaks und Einfachpeaks entspricht den $l = 0, 2$ und $l = 1$ Eigenschwingungen (aus [Tou 92]).

12.3.2 Neutrinooszillationen in Materie, der MSW-Effekt

Die naheliegendste Möglichkeit, aufgrund von Neutrinoeigenschaften das solare Neutrinoproblem zu lösen, wären Neutrinooszillationen, was massive Neutrinos voraussetzt. Um mit den in Kap. 2 besprochenen Neutrinooszillationen die erforderliche Reduktion zu erreichen, müßte jedoch der Vakuummischungswinkel nahezu maximal sein. Dies ist eine unschöne Situation, da der vergleichbare Mischungswinkel im Quarksektor, der Cabibbo-Winkel, nur etwa 13° beträgt. Mikheyev, Smirnov und Wolfenstein (MSW) jedoch konnten zeigen, daß dieses Phänomen in Materie verändert wird [Wol 78], [Mik 86a]. Materie beeinflußt die Ausbreitung der Neutrinos durch kohärente, elastische Vorwärtsstreuung. Die Grundidee dieses Effektes ist die unterschiedliche Wechselwirkung der Neutrinoflavours innerhalb von Materie. Während für alle Arten von Neutrinos Wechselwirkungen über neutrale schwache Ströme mit den Elektronen der Materie möglich sind, ist nur für ν_e auch ein geladener schwacher Strom möglich (Abb. 12.21). Der geladene Strom führt für die Wechselwirkung mit den Elektronen der Materie zu einem Wechselwirkungs-Hamiltonoperator

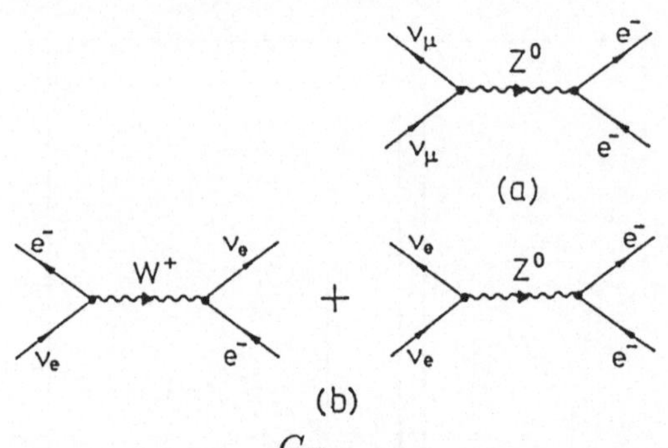

Abb. 12.21
Die Ursache des MSW-Effektes. Während für alle Neutrinoflavours neutrale schwache Stromwechselwirkungen möglich sind, gibt es nur für ν_e auch die Möglichkeit, über geladene schwache Ströme zu wechselwirken.

$$H_{WW} = \frac{G_F}{\sqrt{2}} \left[\bar{e}\gamma^{\mu}(1-\gamma_5)\nu_e\right] \left[\bar{\nu}_e\gamma_{\mu}(1-\gamma_5)e\right] \tag{12.48}$$

Betrachtet man diesen Term im Ruhesystem der Sonne, so erhält man für den nach einer Fierz-Transformation gewonnenen Viererstrom der Elektronen

$$\langle e|\bar{e}\gamma^{i}(1-\gamma_5)e|e\rangle = 0 \tag{12.49}$$

$$\langle e|\bar{e}\gamma^{0}(1-\gamma_5)e|e\rangle = N_e \tag{12.50}$$

Die räumlichen Komponenten des Stroms müssen klarerweise verschwinden (keine permanente Stromdichte über die Sonne), und die 0-Komponente kann man als Elektronendichte der Sonne interpretieren. Für linkshändige Neutrinos können wir $(1-\gamma_5)$ durch den Faktor zwei ersetzen und erhalten

$$H_{WW} = \sqrt{2} G_F N_e \bar{\nu}_e \gamma_0 \nu_e \tag{12.51}$$

D.h., die Elektronen führen zu einem zusätzlichen Potential für die Elektron-Neutrinos

$$V = \sqrt{2}\, G_F N_e \tag{12.52}$$

Durch diesen Zusatzterm ändert sich die freie Energie-Impuls-Beziehung zu

$$p^2 + m^2 = (E-V)^2 \simeq E^2 - 2EV \qquad (\text{für} \quad V \gg E) \tag{12.53}$$

In praktischeren Einheiten schreibt man besser [Bet 86]

$$2EV = 2\sqrt{2}\left(\frac{G_F Y_e}{m_n}\right)\rho E = A \tag{12.54}$$

Hierbei ist ρ die Materiedichte in der Sonne, Y_e die Anzahl der Elektronen pro Nukleon und m_n die Nukleonenmasse. In Analogie zur freien Energie-Impuls-Relation kann man nun eine effektive Masse $m^2_{\text{eff}} = m^2 + A$ einführen, die von der Dichte im Sonneninneren abhängt, und man erhält so zwei neue Masseneigenzustände für die beiden Neutrinos $m_{1m,2m}$

$$m^2_{1m,2m} = \frac{1}{2}(m_1^2 + m_2^2 + A) \pm \left[(\Delta m^2 \cos 2\theta - A)^2 + \Delta m^2 \sin^2 2\theta\right]^{1/2} \quad (12.55)$$

Beide Zustände haben ihre größte Annäherung für

$$A = \Delta m^2 \cos 2\theta \qquad \text{mit} \qquad \Delta m^2 = m_2^2 - m_1^2 , \quad (12.56)$$

was einer Elektronendichte von

$$N_e = \frac{\Delta m^2 \cos 2\theta}{2\sqrt{2} G_F E} \quad (12.57)$$

entspricht (siehe hierzu auch [Bet 86], [Gre 86c], [Kla 95]).

12.3.2.1 Konstante Dichte der Elektronen

Durch den eben besprochenen Effekt wird die Energiedifferenz der beiden Neutrino-Eigenzustände in Materie im Vergleich zu der im Vakuum modifiziert

$$(E_1 - E_2)_m = C \cdot (E_1 - E_2)_V , \quad (12.58)$$

wobei C gegeben ist durch

$$C = \left[1 - 2\left(\frac{L_V}{L_e}\right) \cos 2\theta_V + \left(\frac{L_V}{L_e}\right)^2\right]^{\frac{1}{2}} \quad (12.59)$$

Hierbei ist die Neutrino-Elektron-Wechselwirkungslänge L_e gegeben durch

$$L_e = \frac{\sqrt{2}\pi \hbar c}{G_F n_e} = 1.64 \cdot 10^5 \left(\frac{100\,\mathrm{gcm}^{-3}}{\mu_e \rho}\right) \quad [\mathrm{m}] \quad (12.60)$$

Das Verhalten, nach einer gewissen Zeit t einen anderen Flavoureigenzustand vorzufinden, entspricht genau Gl. (2.72) mit den Ersetzungen

$$L_m = \frac{L_V}{C} \quad (12.61)$$

$$\sin 2\theta_m = \frac{\sin 2\theta_V}{C} \quad (12.62)$$

Zur Illustration wollen wir uns für den Fall zweier Flavours drei Grenzfälle anschauen. Mit Hilfe von Gl. (2.72) und Gl. (12.59) ergibt sich für die Oszillation von ν_e in ein Flavour ν_x:

$$|\langle\nu_x \mid \nu_e\rangle|^2 = \begin{cases} \sin^2 2\theta_V \sin^2(\pi R/L_V) & \text{für} \quad L_V/L_e \ll 1 \\ (L_e/L_V)^2 \sin^2 2\theta_V \sin^2(\pi R/L_e) & \text{für} \quad L_V/L_e \gg 1 \\ \sin^2(\pi R \sin 2\theta_V/L_V) & \text{für} \quad L_V/L_e = \cos 2\theta_V \end{cases} \quad (12.63)$$

Der letzte Fall entspricht gerade der oben angegebenen Resonanzbedingung. Im ersten Fall, entsprechend sehr kleinen Elektronendichten, reduzieren sich die Materieoszillationen auf die Vakuumoszillationen. Im Falle sehr hoher Elektronendichten wird die Mischung um einen Faktor $(L_e/L_V)^2$ unterdrückt. Der dritte Fall, der Resonanzfall, beinhaltet eine energieabhängige oszillatorische Funktion, deren Energiemittelung typischerweise einen Wert von 0.5 ergibt. Dies ist die maximale Konversion. All dies bedeutet, daß mit konstanter Dichte das solare Neutrinoproblem nicht gelöst werden kann (siehe auch [Bah 89]).

12.3.2.2 Veränderliche Dichte der Elektronen

Eine veränderliche Dichte sorgt für ein Verhalten der Masseneigenzustände, das in Abb. 12.22 dargestellt ist. Oberhalb der Resonanzdichte, gegeben durch Gl. (12.57), ist der schwerere Masseneigenzustand hauptsächlich ν_e,

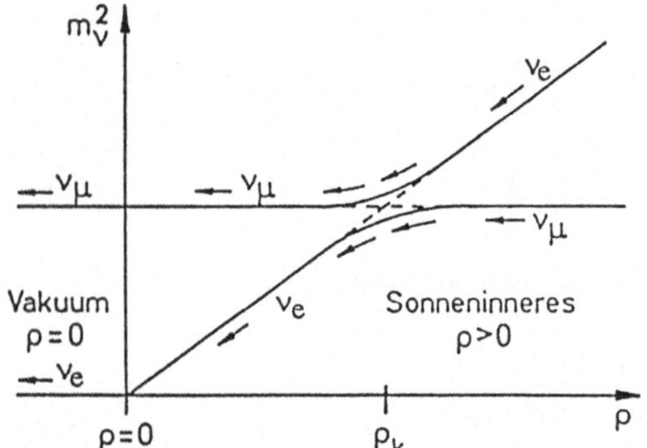

Abb. 12.22
Der Mikheyev-Smirnov-Wolfenstein-Effekt. Im Sonneninneren ist der schwerere Masseneigenzustand nahezu identisch zu ν_e, im Vakuum dagegen zu ν_μ. Gelingt es, an der Resonanzstelle ein signifikantes Überspringen zu vermeiden, so bleibt das produzierte Neutrino auf der oberen Kurve und entkommt damit dem Nachweis in geochemischen Experimenten (nach [Bet 86]).

während er darunter hauptsächlich ν_μ enthält. Ein im Sonneninneren produziertes ν_e läuft deswegen entlang der oberen Kurve, und wenn es am Resonanzpunkt gelingt, ein signifikantes Wechseln zum unteren Niveau zu vermeiden, so bleibt es auf dem oberen Niveau und verläßt die Sonne als ν_μ. Diese sind aber in radiochemischen Experimenten nicht nachweisbar, und es kann so ein reduzierter ν_e-Fluß erklärt werden. Die Bedingung für diesen Prozeß ist eine relativ langsame Dichteänderung am Resonanzpunkt, damit der Flavoureigenzustand dem Masseneigenzustand folgen kann (adiabatische Bedingung). Nimmt man ein Dichteprofil der Sonne an gemäß

$$\rho = \rho_0 \exp\left(-\frac{r}{R_s}\right), \tag{12.64}$$

welches im Bereich der Resonanz eine gute Näherung ist, so ergibt sich die Überlebenswahrscheinlichkeit P eines ν_e zu

$$P = \exp(-\frac{C}{E_\nu}) \tag{12.65}$$

Hierbei ist $C = \pi R_s \Delta m^2 \sin^2\theta$ und $R_s = 6.6 \cdot 10^9$ cm. Da man zwei Unbekannte, Δm^2 und $\sin^2 2\theta$, hat, kann man die Lösungen, welche den solaren Neutrino-Ergebnissen entsprechen, nur in Kontourplots angeben. In Abb. 12.23 sind die erlaubten Bereiche für die verschiedenen solaren Neutrino-Experimente gezeigt, die sich bei Analyse mit den Sonnenmodellen von [Bah 88c], [Tur 88] ergeben. Nimmt man die Resultate von

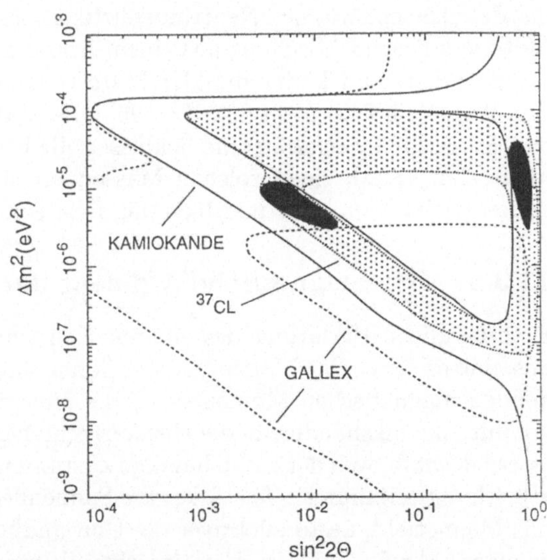

Abb. 12.23
Deutung der solaren Neutrino-Experimente mittels ν-Oszillationen. Gleichzeitige Anpassung des Chlor-, Kamiokande-II- und GALLEX-Ergebnisses erlaubt nur noch zwei sehr enge Parameterbereiche zur Erklärung des solaren Neutrinoproblems mit Hilfe des MSW-Effektes (schwarze Bereiche). Auch gezeigt sind die mit 90 % c.l. erlaubten Bereiche der *einzelnen* Experimente. Chlorexperiment: gepunkteter Bereich, Kamiokande: zwischen den durchgezogenen Linien, Gallex: zwischen den gestrichelten Linien (aus [Lan 92]).

GALLEX, Kamiokande und des Chlor-Experimentes zusammen, so bleiben als MSW-Lösungen nur noch sehr kleine Parameterbereiche übrig (Abb. 12.23) [Ans 92a], [Lan 92], [Lan 94b]. Die Mischungsparameter liegen entweder bei $\Delta m^2 = 6 \cdot 10^{-6}\,\mathrm{eV}^2$ und einem Mischungswinkel von $\sin^2 2\theta = 7 \cdot 10^{-3}$, oder aber bei $\Delta m^2 = 8 \cdot 10^{-6}\,\mathrm{eV}^2$ und einem Mischungswinkel von $\sin^2 2\theta = 6 \cdot 10^{-1}$.

Interessant ist auch das Phänomen der Regeneration. Es findet eine gewisse Umkehrung des MSW-Effektes innerhalb der Erde statt. Aufgrund unterschiedlicher Wegstrecken innerhalb der Erde erwartet man eine Tag-

und Nacht-Abhängigkeit des Effekts, welchen man im Prinzip in Echtzeit-Experimenten beobachten könnte. Ebenso besteht die Möglichkeit einer halbjährlichen Variation wegen der Ellipsenbahn der Erde um die Sonne. Beide Effekte wurden bislang nicht beobachtet. Für Details siehe [Mik 86b], [Bal 94d].

Die erste der oben genannten MSW-Lösungen könnte, unter der *Annahme* einer Massenhierarchie der Neutrinos und eines see-saw-Modells, zu $m_{\nu_\mu} \simeq 3$ meV und $m_{\nu_\tau} \simeq 10$ eV führen, was das ν_τ zu einem Kandidaten für heiße dunkle Materie machen würde. Dies ist eine der Hauptmotivationen für die Oszillationsexperimente CHORUS und NOMAD (siehe Kap. 2.4.5) [Win 95]. Es wurde andererseits kürzlich gezeigt (siehe auch Kap. 2.4.2), daß GUT-Modelle, die zu entarteten Neutrinomassen für alle Flavours von etwa 1 bis 2 eV führen, sowohl das Problem der solaren Neutrinos als auch das des atmosphärischen Neutrinodefizits als auch das eines Modells dunkler Materie mit einer Mischung aus einem Anteil heißer (aus leichten Neutrinos bestehenden) und kalter dunkler Materie lösen können [Lee 94], [Pet 94], [Ion 94], [Moh 94], [Moh 96], [Pet 96]. Diese Modelle würden Experimente zum Doppelbetazerfall in eine Schlüsselrolle bringen, da letztere neuerdings in der Lage sind, einen solchen Massenbereich des Elektron-Neutrinos zu testen (siehe Kap. 2.4.2 und [Kla 96], [Kla 96a]).

12.3.3 Das magnetische Moment des Neutrinos

Eine mögliche Erklärung des solaren Neutrinoproblems läuft darauf hinaus, daß es durch das Magnetfeld der Sonne aufgrund eines nicht-verschwindenden magnetischen Momentes μ_ν des Neutrinos zu einer Spinpräzession kommt, die linkshändige in die *sterilen* rechtshändigen Neutrinos umwandelt (steril deshalb, weil der rechtshändige Zustand nicht an der schwachen Wechselwirkung teilnimmt). Je stärker die Sonnenfleckenaktivität, d.h. je stärker das Magnetfeld, desto effektiver die Umwandlung der Neutrinos, d.h. desto weniger ^{37}Ar-Produktion. Für eine signifikante Umwandlung müßte

$$\mu_\nu B x \approx 1 \tag{12.66}$$

sein. Nimmt man für die Dicke x der Konvektionszone etwa $2 \cdot 10^{10}$ cm an, so wäre mit einem typischen Magnetfeld von $1 \cdot 10^3$ G ein magnetisches Moment von etwa $10^{-10}\mu_B$ [Moh 91] ausreichend, um das solare Neutrinoproblem mit Hilfe von Spinpräzession im Magnetfeld zu lösen. Für Dirac-Neutrinos mit normaler schwacher Wechselwirkung erwartet man andererseits aufgrund von Korrekturen höherer Ordnungen lediglich ein magnetisches Moment der Größe [Lee 77b], [Fuj 80], [Lin 87]

$$\mu_\nu \simeq 3.1 \cdot 10^{-19} \mu_B \left(\frac{m_\nu}{1\,\mathrm{eV}} \right) \tag{12.67}$$

Es gibt jedoch auch Modelle, die ein μ_ν im Bereich von 10^{-10} bis $10^{-11}\mu_B$ ergeben (siehe z.B. [Vol 86], [Fuk 87], [Ste 88], [Bab91a]). Dies gilt nicht für Majorana-Neutrinos, deren magnetisches Moment aufgrund der *CPT*-Erhaltung immer identisch Null ist [Kay 89]. Laborexperimente zum magnetischen Moment des Neutrinos liefern Grenzen im Bereich von $10^{-10}\mu_B$. Astrophysikalische Beobachtungen wie die der ν_e-Strahlung von SN1987a und andere liefern Grenzen um 10^{-12} bis $10^{-13}\mu_B$ (siehe [Lan 92] und Kap. 13.4.3). Diese gelten indessen nur für Dirac-Neutrinos.

Neben dem Übergang links-rechtshändig ergibt sich im allgemeinen Fall die Möglichkeit der Flavourtransformationen, z.B. werden Übergänge der Form $\nu_e \to \bar{\nu}_\mu$ oder $\bar{\nu}_\tau$ für Majorana-Neutrinos, bzw. $\nu_{e_L} \to \nu_{\mu_R}$ oder ν_{τ_R} für Dirac-Neutrinos möglich [Lim 88]. Diese werden Übergangsmomente („transition moments") genannt. Analog zum MSW-Effekt kann die Wahrscheinlichkeit eines solchen Spin-Flips als Folge eines magnetischen Moments in Materie verstärkt werden (s. [Akh 88], [Lim 88]). Eine vollständige Beschreibung bei entsprechend großen Momenten hat also sowohl Materieoszillationen als auch Effekte des magnetischen Momentes zu berücksichtigen.

Der Erklärungsversuch des solaren Neutrinoproblems über ein magnetisches Moment macht noch zwei weitere experimentell überprüfbare Aussagen.

Des öfteren wird diskutiert, ob die Produktionsrate im Chlor-Experiment eine Antikorrelation mit der Sonnenfleckenaktivität mit einer Periode von 11 Jahren zeigt. Da Sonnenflecken ein Phänomen sind, welches mit dem Magnetfeld der Konvektionszone verknüpft ist, während die Sonnenneutrinos aus den inneren Regionen kommen, scheint ein Zusammenhang auf den ersten Blick unverständlich zu sein. Dies ändert sich, wenn man ein magnetisches Moment für Neutrinos ermöglicht (siehe oben und auch Kap. 13). Die Aussagen bzgl. einer Antikorrelation zwischen der Anzahl nachgewiesener solarer Neutrinos und der Sonnenfleckenaktivität sind bislang widersprüchlich [Hir 90], [Dav 94a], [Dav 94b], [Dav 96]. Neben dieser 11-jährigen Variation sollte auch eine halbjährliche Modulation auftreten [Vol 86], [Oth 95]. Diese hängt damit zusammen, daß die Rotationsachse der Sonne etwa 7 Grad gegen die Senkrechte der Erdbahn geneigt ist, und wir dadurch zweimal pro Jahr die Äquatorialebene kreuzen. In der Äquatorebene ist das Magnetfeld im Sonneninnern nahezu Null, was zu einer wesentlich geringeren Präzession führt. In speziellen Szenarien [Bab 91a], [Ono 91] sollten die Gallium-Experimente während des *Sonnenfleckenmaximums* nur etwa 25 SNU beobachten. Da die veröffentlichten Werte aus einer Periode des

Sonnenfleckenmaximums stammen, steht dies in Widerspruch zur Beobachtung. Andererseits kann bei geeigneter Wahl der magnetischen Feldstärke als Funktion des Sonnenradius eine mögliche zeitliche Variation der Rate des ^{37}Cl-Detektors bei gleichzeitiger Zeitunabhängigkeit der Raten des Kamiokande- und des Gallium-Detektors verstanden werden [Akh 97]. Eine weitere Lösung des solaren Neutrino-Problems könnte im Neutrinozerfall bestehen. Ein von [Fri 88] vorgeschlagener Mechanismus würde z.B. einen Wert unterhalb von 45 SNU für die Gallium-Experimente erwarten lassen, was das Experiment ausschließt. Welcher von den besprochenen Erklärungsversuchen der richtige sein wird, können nur weitere Experimente entscheiden.

12.4 Zukünftige Experimente

Aufgrund seiner Bedeutung für die Astrophysik und Elementarteilchenphysik werden sehr große Bemühungen unternommen, das Sonnenneutrinospektrum weiter auszumessen. Experimentell kann dies geschehen durch Verwendung von Detektoren mit verschiedenen Schwellenenergien in radiochemischen Experimenten oder durch direkte Messung des Energiespektrums der solaren Neutrinos in Echt-Zeit-Experimenten. Einige der wichtigsten geplanten oder in Diskussion befindlichen Experimente sollen nun näher vorgestellt werden (siehe auch z.B. [Bah 89], [Hel 96], [Mac 96]).

12.4.1 Radiochemische Experimente

12.4.1.1 Das ^{98}Mo-Experiment

Zu den rein radiochemischen Experimenten gehörte der Versuch des Nachweises mit Molybdän [Wol 85], [Bah 89] gemäß

$$\nu_e + {}^{98}\mathrm{Mo} \rightarrow e^- + {}^{98}\mathrm{Tc} \qquad (12.68)$$

Da der Grundzustandsübergang mit einer Schwelle von 1.68 MeV verboten ist, sind nur Übergänge zu angeregten Zuständen möglich. Dieses Experiment ist daher nur auf ^{8}B- und *hep*-Neutrinos empfindlich. Die erwartete Ereignisrate ist $17.4^{+18.5}_{-11}$ SNU. Interessant an diesem Experiment ist, daß ^{98}Tc mit einer Halbwertszeit von $6 \cdot 10^6$ Jahren zerfällt. Damit wäre es möglich, Aussagen über den mittleren ^{8}B Neutrinofluß der letzten Jahrmillionen zu gewinnen. Zu diesem Zweck hat eine Gruppe aus Los Alamos aus 3000 t einer unterirdischen Erzlagerstätte etwa 13 t Molybdenit (MoS_2) extrahiert. Die Isotopenzusammensetzung des darin enthaltenen Technetiums würde durch hochauflösende Massenspektrometrie bestimmt. Leider war der experimentelle Untergrund zu hoch, um brauchbare Ergebnisse zu erhalten.

12.4.1.2 Das ^{127}I-Experiment

Ein anderes radiochemisches Experiment ist das Jod-Experiment [Hax 88], [Bel 95a], [Mac 96]. Gemäß

$$\nu_e + {}^{127}\mathrm{I} \rightarrow e^- + {}^{127}\mathrm{Xe}, \tag{12.69}$$

mit einer Schwellenenergie von 789 keV, ist dieses Experiment hauptsächlich auf ^{8}B und ^{7}Be sensitiv. Es wird gegenwärtig mit 100 t Jod in der Homestake-Mine (USA) in der Nähe des Davisschen Chlorexperimentes aufgebaut. Dies ist zweckmäßig, da die Extraktion und Weiterverarbeitung sehr ähnlich dem Chlor-Experiment ist. Selbst die Lebensdauer des entstehenden Xenons ist mit 36 Tagen sehr ähnlich der des Argons. Ein Problem dieses Experimentes ist der theoretisch nur schlecht bekannte Neutrino-Einfangswirkungsquerschnitt. Die ersten Module haben kürzlich mit der Messung begonnen.

12.4.1.3 Weitere radiochemische Experimente

Eine Fortführung des GALLEX-Experimentes in vergrößerter Form als GNO (Gallium-Neutrino-Observatory) ist im Gran-Sasso-Untergrundlabor geplant. Viele weitere Targetmaterialien wurden vorgeschlagen, z.B. Li, Br, Tl (niedrigste Energieschwelle mit 54 keV), sind aber von der Realisierung noch weiter entfernt und sollen hier nicht näher betrachtet werden (siehe hierzu z.B. [Bah 89]). Ein besonders auf ^{7}Be-Neutrinos empfindlicher radiochemischer Detektor, mit ^{131}Xe als Detektormaterial, wurde kürzlich vorgeschlagen [Geo 97], der als Ergänzung zu BOREXINO (s.u.) interessant sein könnte.

Eine Chance, gleich mehrere der obigen Isotope in Form eines LiI(Eu)-Detektors zu verwenden befindet sich in der Planungsphase [Cha 94]. Auch die in Kap. 9 besprochenen kryogenen Detektoren eignen sich prinzipiell zur solaren Neutrinosuche.

12.4.2 Echtzeit-Cerenkov-Experimente

Bei den Echtzeit-Cerenkov-Experimenten sind es hauptsächlich zwei Projekte, die besonderer Erwähnung bedürfen. Zum einen ist dies das Sudbury-Neutrino-Observatory (SNO) in Kanada, zum anderen das Superkamiokande-Projekt in Japan. Beide sollten in der Lage sein, die spektrale Form des solaren Neutrinospektrums oberhalb von etwa 5 bis 6 MeV direkt zu messen.

12.4.2.1 Das Sudbury-Neutrino-Observatorium SNO

Im Gegensatz zu den anderen Cerenkov-Detektoren benutzt dieses Experiment 1000 t schweres Wasser D_2O in einem transparenten Acryltank, der von 9600 Photomultipliern umgeben ist [Ewa 92], [Ewa 95], [Mac 96], [Moo 96] (Abb. 12.24). Die Hauptreaktion läuft über geladene schwache Ströme:

$$\nu_e + d \rightarrow e^- + p + p \tag{12.70}$$

mit einer Schwelle von 1.42 MeV. Die Anzahl der Ereignisse ist etwa eine Größenordnung höher als die der ebenfalls möglichen Neutrino-Elektron-Streuung (siehe Kap. 12.2.2). Damit sollte oberhalb von etwa 5 bis 6 MeV (hier ist der Untergrund niedrig genug) eine direkte Bestimmung der spektralen Form möglich sein. Das Besondere dieses Experiments ist jedoch die zusätzliche Bestimmung des *totalen* Neutrinoflusses, unabhängig von irgendwelchen Oszillationen, aufgrund der flavourunabhängigen Reaktion über neutrale schwache Ströme

$$\nu + d \rightarrow \nu + p + n \tag{12.71}$$

Zum Nachweis des entstandenen Neutrons dient zugesetztes NaCl, wobei die beim ^{35}Cl-(n,γ)-Prozeß entstehenden Gamma-Quanten nachgewiesen wer-

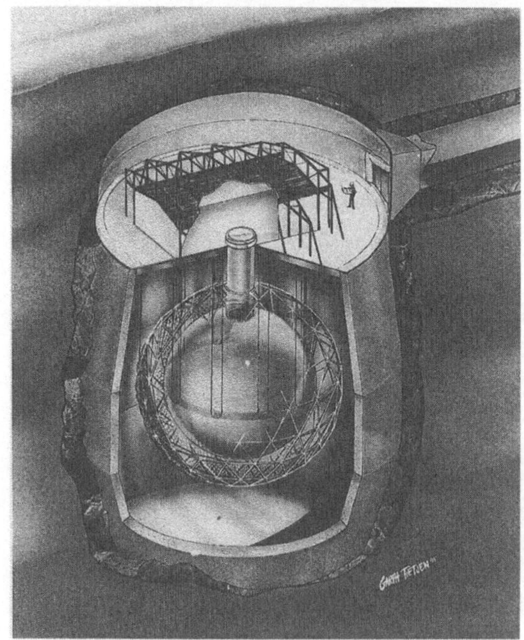

Abb. 12.24
Aufbau des Sudbury-Neutrino-Observatory (SNO) in einer Tiefe von 2070 m in der Creighton-Mine bei Sudbury (Ontario). Dieser Cerenkov-Detektor verwendet 1000 t schweres Wasser. Zur Abschirmung ist der Tank mit etwa 7300 t herkömmlichen Wassers umgeben. Der Detektor wird erlauben, die Oszillationshypothese direkt zu testen (von G. Ewan, mit freundl. Genehmigung der SNO-Kollaboration).

den. Das Problem hierbei ist, daß jedes Neutron mit einer Energie größer als 2.2 MeV diese Disintegration bewirken kann.

Durch Vergleich der Raten der beiden Prozesse (Gl. (12.70) und Gl. (12.71)) wird es direkt möglich sein, die Oszillationshypothese zu testen. Das SNO-Experiment bietet erstmalig die Gelegenheit, den Untergrund direkt zu bestimmen – durch Auswechseln des schweren durch gewöhnliches Wasser, womit die beiden Reaktionen (12.70) und (12.71) aufhören. Dieser Detektor soll im Jahre 1997 seine Arbeit aufnehmen.

12.4.2.2 Das Superkamiokande-Experiment

Das größte Projekt unter den Wasser-Detektoren ist der Superkamiokande-Detektor (Abb. 12.25), der am 1. April 1996 in Betrieb gegangen ist [Suz 94], [Suz 96]. Als Nachweisreaktion dient die elastische Neutrino-Elektron-Streuung (siehe Kap. 12.2.2). Der Detektor hat ein Volumen von 50 kt. Das zur solaren Neutrinosuche eingesetzte Volumen beträgt 22 kTonnen. Er besitzt 11000 Photomultiplier, die etwa 40 % der gesamten Oberfläche abdecken und damit doppelt soviel wie beim bisherigen Kamiokande-II- bzw. -III-Detektor. Seine Schwellenenergie liegt bei etwa 5 MeV. Als Signal werden etwa 20 bis 30 Ereignisse pro Tag erwartet.

12.4.3 Echtzeit-Szintillator-Experimente

Zu geringeren Schwellenenergien kommt man bei der Verwendung von Szintillatoren anstelle des Cerenkov-Effektes.

12.4.3.1 Das C_6F_6-Experiment

Im Baksan-Labor ist hierzu ein Experiment mit 1000 t C_6F_6 in Diskussion [Bah 89]. Die zugrundeliegende Reaktion ist

$$\nu_e + {}^{19}\mathrm{F} \rightarrow e^- + {}^{19}\mathrm{Ne} \tag{12.72}$$

^{19}Ne zerfällt mit einer Halbwertszeit von 19 s. Der Nachweis soll über die Signatur des Zerfalls geschehen, d.h., man weist das prompte Elektron nach und anschließend das beim Zerfall entstehende, verzögerte Positron. Der Detektor besitzt eine Schwelle von 3.24 MeV, würde also ebenfalls hauptsächlich für ^{8}B-Neutrinos wirksam sein.

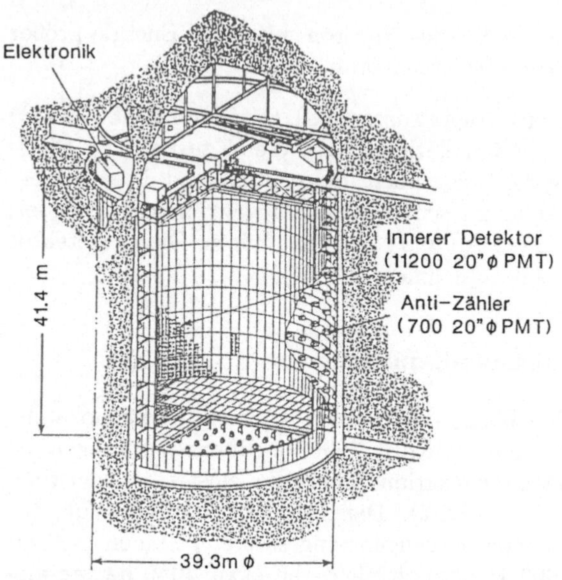

Abb. 12.25
a) Schema des im April 1996 in Betrieb gegangenen Superkamiokande-Detektors. Dieser stellt eine etwa 10-fach vergrößerte Version des bestehenden Kamiokande-II- bzw. -III-Experimentes dar (aus [Suz 94]). b) Ausgrabung für den Superkamiokande-Detektor (mit freundl. Genehmigung von Y. Totsuka).

12.4.3.2 Das BOREX(INO)-Experiment

Vergleicht man die von den SSMs vorhergesagten Ereignisraten mit jenen der Experimente, so kristallisiert sich heraus (siehe Kap. 12.3.1), daß es von außerordentlicher Wichtigkeit ist, die monoenergetischen (862 keV) ^{7}Be-Neutrinos zu messen. Das vielversprechendste Experiment hierzu ist BOREX bzw. in einer kleineren Vorversion BOREXINO [Rag 86], [Gia 94], [Mac 96], [Bel 96]. Mit diesem Experiment will man sowohl den ^{7}Be- als auch den ^{8}B-Fluß messen. Im BOREXINO-Experiment (Abb. 12.26a) will man 300 t eines borhaltigen Szintillators $(B(OCH)_3)_3$ verwenden, von denen 100 t als Vertrauensmasse (d.h. aus Untergrundgründen werden nur sie zur Datennahme benutzt) eingesetzt werden können. In seiner Endversion soll das Experiment etwa 2000 t enthalten. Als Nachweisreaktion dient wieder die Neutrino-Elektron-Streuung. Die monoenergetischen ^{7}Be-Neutrinos erzeugen ein Rückstoßspektrum, welches eine Maximalenergie von 665 keV besitzt („Comptonkante“) (Abb. 12.26). In einem Bereich von etwa 250 bis 800 keV sollte sich hiermit das Signal erkennen lassen, welches nach dem SSM von [Bah 88c] etwa 50 Ereignisse pro Tag beträgt. Mit solch einer Zählrate würde es möglich sein, sowohl nach dem Tag-Nacht-Effekt zu suchen als auch nach einer $1/R^2$-Abhängigkeit aufgrund der Exzentrizität der Erdbahn. Letztere würde sich in einer 3.5 %-igen Signalvariation äußern. Entscheidend für das Gelingen dieses Vorhabens wird der erreichbare radioaktive Untergrund sein. Extreme Reinheitsbedingungen an den Szintillator (weniger als 10^{-16}g(U, Th)/g) und an die verwendeten Materialien sind nötig. Der ^{8}B-Fluß wird ebenfalls über die Neutrino-Elektron-Streuung nachgewiesen, wie auch über die Reaktion

$$\nu_e + {}^{11}\mathrm{B} \rightarrow e^- + {}^{11}\mathrm{C} \qquad (12.73)$$

Die Schwelle soll etwa bei 4 MeV liegen. Bei BOREX würde es aufgrund der größeren Targetmenge auch möglich sein, die neutralen schwachen Ströme zu studieren, welche in die angeregten Zustände des ^{11}B führen. Man hätte dann ebenso wie bei Sudbury eine Vergleichsmöglichkeit zwischen geladenen und neutralen schwachen Strömen. Dieses Experiment wird im Gran-Sasso-Untergrundlabor (Italien) aufgebaut.

12.4.4 Das HELLAZ-Experiment

Die grundlegende Idee des HELLAZ-Experimentes (*Hel*ium at *L*iquid *Az*ote) ist es, das Energiespektrum der *pp*- und ^{7}Be-Neutrinos mit Hilfe der Neutrino-Elektron-Streuung zu messen [Bon 94], [Yps 94], [Yps 96]. Hierfür ist geplant, eine Zeitprojektionskammer (TPC) zu konstruieren, welche 12 t Helium unter hohem Druck enthält. Aus der Beobachtung der gestreuten

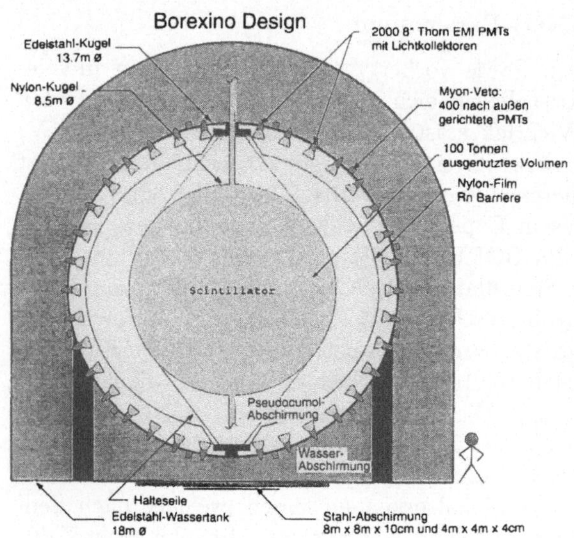

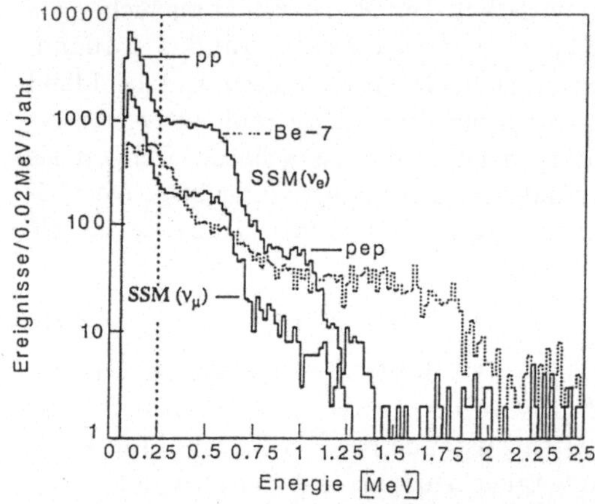

Abb. 12.26 a) Konzeptioneller Aufbau des BOREXINO-Detektors im Gran-Sasso-Labor (mit freundlicher Genehmigung von G. Bellini). Um einen Tank mit borhaltigem Szintillator sind Photomultiplier angebracht, um das Szintillationslicht nachzuweisen. Die gesamte Anordnung wird durch Wasser abgeschirmt. b) Monte-Carlo-Simulation für Untergrund (punktierte Linie) und Standard-Sonnenmodell-Signal gemäß [Bah 88c] (durchgezogene Linie) für den BOREXINO-Detektor mit einer Vertrauensmasse von 100 t. Deutlich zu sehen ist das Plateau aufgrund des ^{7}Be-Signals. Entscheidend für dessen Nachweis sind jedoch ungeheure Materialreinheiten. Zudem eingezeichnet ist noch das nach dem SSM erwartete Spektrum, für den Fall, daß die ν_e alle über den MSW-Effekt in ν_μ konvertiert wären (aus [Bor 91]).

Elektronen will man dann Rückschlüsse auf die Neutrinos ziehen. Dies wäre das erste Echtzeit-Experiment für *pp*-Neutrinos.

12.4.5 Das ICARUS-Experiment

Ebenso im Gran Sasso soll das einzige Ionisationsexperiment aufgebaut werden. Die ICARUS (Imaging Cosmic And Rare Underground Signals)-Kollaboration plant, hierzu 5000 t flüssiges Argon in Form einer Zeitprojektionskammer zu betreiben [Rub 96], [Mac 96] (siehe auch Kap. 2). Neben der Neutrino-Elektron-Streuung (siehe Kap. 12.2.2), die hauptsächlich auf Elektronneutrinos, aber auch auf ν_μ und ν_τ empfindlich ist, dient hier zum Nachweis für Elektronneutrinos auch die Reaktion

$$\nu_e + {}^{40}\mathrm{Ar} \rightarrow e^- + {}^{40}\mathrm{K}^* \tag{12.74}$$

Das angeregte Kalium zerfällt dann wieder unter Gamma-Emission mit einer Summenenergie von 4.3 MeV. Die Schwellenenergie für obigen Prozeß ist 5.9 MeV. Die Idee ist die Bestimmung der Summe der ν_μ- und ν_τ-Neutrinoflüsse durch Vergleich der elastischen Streuung und der Neutrinoabsorption gemäß Gl. (12.74).

Ein Problem dieses Detektors ist es, Elektronen über sehr lange Strecken driften zu lassen. Andererseits zeichnet sich dieser Detektor durch exzellente Energie-, Vertex- und Richtungsauflösung aus. Ein funktionierender 3 t-Testdetektor konnte am CERN aufgebaut werden [Ben 94a]. Er besitzt eine Ortsauflösung von weniger als 100 μm und eine Energieauflösung von 2 bis 3 % bei einigen MeV. Zum Vergleich besitzt Kamiokande-II bei 10 MeV eine Energieauflösung von etwa 20 %. Das erste 600 t-Modul soll im Jahre 1998

Tab. 12.5 Parameter der geplanten Echtzeit-Sonnenneutrino-Detektoren im Vergleich zu den laufenden Kamiokande-Experimenten

Experiment	Kamiokande	Super-K	SNO	BOREXINO	ICARUS
Abschirmtiefe (mwe)	2700	2700	6200	4000	4000
Target	e^-	e^-	$e^-, {}^2H$	e^-	$e^-, {}^{40}Ar$
Material	H_2O	H_2O	D_2O	$B(OCH_3)_3$	fl. Argon
aktive Masse (t)	680	22000	1000	100	4700
Nachweis	Cerenkov	Cerenkov	Cerenkov	Szintillation	Ionisation (TPC)
$\Delta E/E$ (%)	30	14	12	4	5
$\Delta\Theta$ (Grad)*	≈ 28	≈ 25	≈ 25		≈ 10
$E_{\nu min}$	7.2	5.2	6.4	0.41	10.9

* für 10 MeV Elektronen, für ICARUS bei 6 MeV

oder 1999 im Gran-Sasso-Labor aufgebaut werden. Im Endaufbau von 5000 t soll der Detektor hauptsächlich zur Suche nach dem Protonzerfall und für long-baseline-Neutrinoexperimente (siehe Kap. 2) eingesetzt werden. Eine besondere Möglichkeit zum Studium der spektralen Form der ^{8}B-Neutrinos erhofft man sich durch Einbringen von CD_4 in das flüssige Ar. Variation der CD_4-Konzentration würde erlauben, die Reaktionen über geladene schwache Ströme von der elastischen Streuung und von Untergrund zu unterscheiden. Die Ereignisrate bei einigen Prozent an CD_4 wäre 1 pro Tag für das 600 t-Modul.

Tab. 12.5 gibt eine Übersicht der geplanten Echtzeit-Experimente.

Nachdem wir uns nun ausführlich mit den solaren Neutrinos beschäftigt haben, wollen wir zu einer weiteren Neutrinoquelle kommen, die in den letzten Jahren für viel Aufregung und Anregung gesorgt hat.

13 Neutrinos von Supernovae

Eine weitere stellare Neutrinoquelle sind Supernovae. Supernovaexplosionen gehören zu den spektakulärsten Ereignissen der Astrophysik. Es handelt sich hierbei um Phänomene aus der Spätphase der Sternentwicklung (Abb. 13.1). Für weitergehende Übersichten hierzu siehe [Tri 82], [Sha 83], [Tri 83], [Woo 86a], [Arn 89], [Woo 90a], [Whe 90], [Woo 92], [Woo 94], [Mül 95b], [Hay 95], [Bur 95], [Mül 95c]. Zu ihrer Bedeutung bei der Synthese schwerer Elemente kommen wir in Kap. 14.

13.1 Supernovae

Einige wenige historische astronomische Ereignisse sind bekannt, an deren Himmelsposition man heute leuchtende Gasringe und manchmal auch Pulsa-

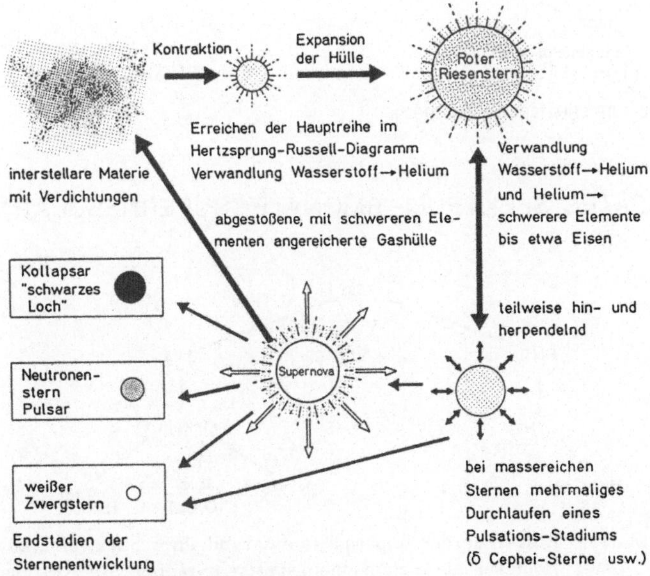

Abb. 13.1 Schematische Darstellung der Entwicklung der Sterne und ihrer Endzustände (nach [Her 80] und [Gro 89,90]).

Tab. 13.1 Mit bloßem Auge sichtbare galaktische Supernovae der letzten 1000 Jahre (aus [Ber 91a])

Name	Jahr	Entfernung [kpc]	Typ
Lupus	1006	1.4	Ia
Krebs	1054	2.0	II
3C 58	1181 ?	2.6	II ?
Tycho	1572	2.5	Ib ?
Kepler	1604	4.2	Ib/II ?
Cas A	1658 ± 3	2.8	Ib

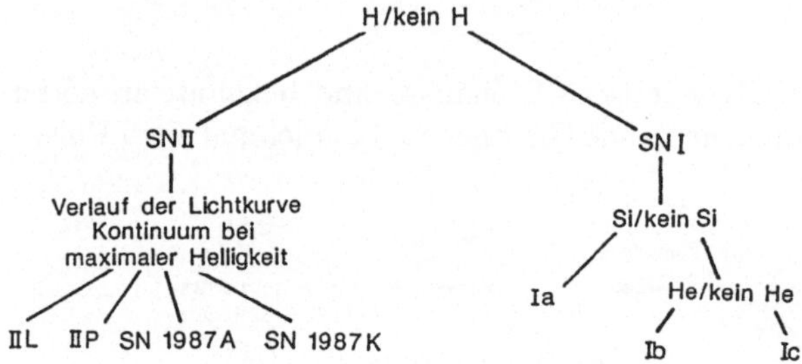

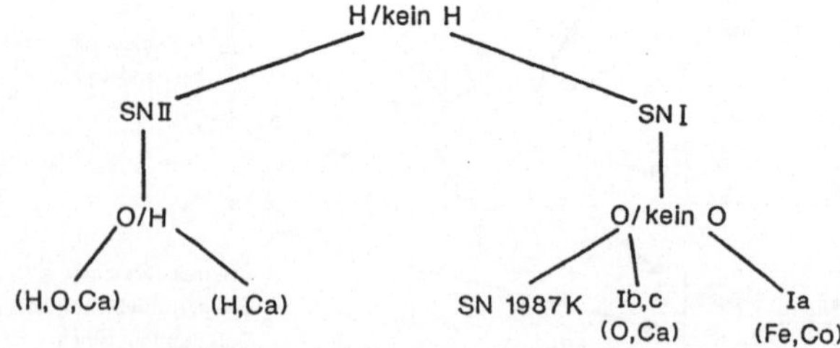

Abb. 13.2 Einteilung der Supernovae aufgrund ihrer Spektren während der maximalen Helligkeit als auch in einem späteren Stadium. Als Klassifizierungsmerkmal gilt das Auftauchen bestimmter Spektrallinien. Der alte klassische Typ I entspricht heute dem Typ Ia (aus [Whe 90]).

re findet (Tab. 13.1). Das Charakteristikum der beobachteten Leuchtkraft ist ein sehr schneller Anstieg zu einer Maximalhelligkeit, die dann langsam wieder abnimmt. Der Anstieg dauert typischerweise ein paar Stunden, während der Abfall sich über Wochen und Monate hinzieht. Aufgrund der spektralen Beobachtungen während des Maximums ergibt sich eine Klassifikation in zwei Gruppen, je nachdem ob Wasserstofflinien nachgewiesen werden können oder nicht. Supernovae praktisch ohne Wasserstofflinien bezeichnet man als vom Typ I, entsprechend mit H-Linien als vom Typ II [Whe 90]. Eine weitere Unterteilung beider Typen ist in Abb. 13.2 gegeben. Es zeigt sich zudem, daß der Typ II vorwiegend in Gebieten mit jungen Sternen auftritt und damit vor allem auch in den Spiralarmen, während er in elliptischen Galaxien nicht zu beobachten ist. Dies läßt den Schluß zu, daß es sich hierbei um die Endstadien massiver Sterne handelt. Massive Sterne haben eine kürzere Lebensdauer. Auch der Verlauf der Lichtkurve ist stark variabel, während der Typ I sehr gleichbleibende Verläufe zeigt (Abb. 13.3). Zwei prominente Supernovae mit abweichenden Lichtkurven sind die

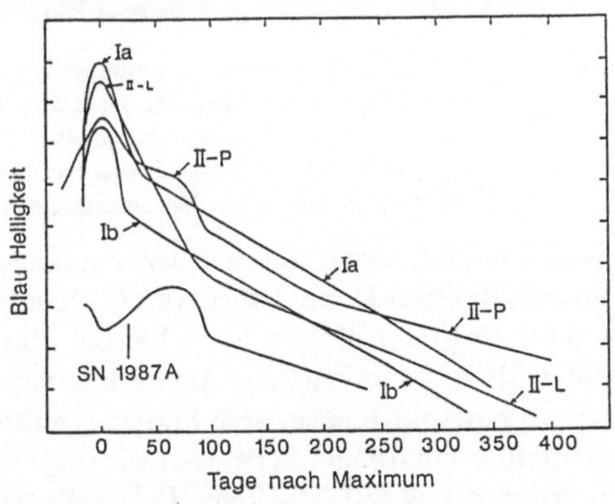

Abb. 13.3
Helligkeit im B-Band für verschiedene Supernovatypen. Deutlich zu sehen ist auch die Abweichung der Supernova 1987a von den Standardschemata. Man unterscheidet beim Typ II Supernovae, die einen nahezu linearen Abfall nach dem Maximum besitzen (II-L) von jenen, die über längere Zeit nahezu konstant bleiben und eine Art Plateau ausbilden (II-P). SN 1987a scheint vom reinen Verlauf her noch eine neue Form darzustellen (aus [Whe 90]).

in Kap. 13.4 noch ausführlich besprochene Supernova 1987a sowie die Supernova 1993 J (Die Numerierung von Supernovae geschieht durch Angabe der Jahreszahl ihrer Entdeckung und einem fortlaufenden Buchstaben des Alphabets, der die zeitliche Reihenfolge kennzeichnet). SN 1993 J wurde im März 1993 in der 11 Millionen Lichtjahre entfernten Spiralgalaxie M81 im Sternbild Ursa Major (Großer Bär) entdeckt (Abb. 13.4) (siehe z.B. [Fil 93]). Abgesehen von SN 1987a ist sie die hellste Supernova seit SN 1972 e und die hellste Supernova am Nordhimmel seit 40 Jahren. Ihre Lichtkurve ist mit den bekannten Formen nicht in Einklang zu bringen. Die ähnlichen Verläufe beim Typ I hingegen lassen auf einen gleichartigen Entstehungsmechanismus schließen (siehe Kap. 3.1.1.1 und Kap. 5.2.1.1). Man nimmt heute an, daß

Abb. 13.4 Mit einer integrierten scheinbaren Helligkeit von $6\overset{m}{.}8$ gehört M81 im Sternbild Ursa Major zu den hellsten Galaxien des Messier-Katalogs. Besonders interessant wurde die Galaxie, als im März 1993 die Supernova 1993 J (Pfeil) etwa 3 Bogenminuten südwestlich des Kerns der Galaxie entdeckt wurde. Sie ist die hellste Supernova am Nordhimmel seit 40 Jahren (aus [Fil 93]).

es sich bei letzterem um die thermonukleare Explosion eines weißen Zwerges innerhalb eines Doppelsternsystems handelt [Whe 73], [Woo 95a]. Als kompakter Begleiter akkretiert er hierbei Materie von einem Hauptreihenstern, bis er über seine kritische Masse kommt. In den meisten Computersimulationen entsteht hierbei kein Supernovaüberrest. Da auch keine signifikanten Neutrinos entstehen, verweisen wir diesbezüglich auf die Literatur und konzentrieren uns auf den Typ II. Für Details zu Supernovaexplosionen siehe z.B. [Sha 83], [Woo 86a], [Woo 92], [Woo 94], [Mül 95b], [Mül 95c], [Bur 95], [Hay 95], [Woo 95a].

13.1.1 Entwicklung massiver Sterne

Die längste Phase im Leben eines Sterns ist das Wasserstoffbrennen. Nachdem in seinem Inneren der Wasserstoff verbrannt ist, reicht die Energieerzeugung nicht mehr aus, um der Gravitation standzuhalten. Der Stern kompensiert dies nicht etwa durch eine geringere Leuchtkraft, sondern durch Kontraktion. Dabei geht nach dem Virialtheorem nur die Hälfte in eine interne Temperaturerhöhung, die andere Hälfte wird abgestrahlt. Die Sternentwicklung kann mit Hilfe der entsprechenden Zustandsgleichungen $p = p(\rho, T)$ diskutiert werden [Arn 77], [Arn 78], [Wea 80], [Woo 82], [Woo 86a,b], [Hil 88], [Gro 89,90]. Beispielsweise ist die Zustandsgleichung für ein nichtentartetes, ideales Gas $p \sim \rho \cdot T$. Eine Druckerhöhung ist hier immer auch entsprechend mit einer Temperaturerhöhung verbunden. Ist dann eine genügend hohe Temperatur erreicht, zündet die Verbrennung des Heliums (Helium flash). Dadurch blähen sich die äußeren Hüllen auf, und es entsteht ein Roter Riese. Der Stern wandert im Hertzsprung-Russel-Diagramm (siehe Kap. 2) nach rechts oben. Nach einer nun wesentlich kürzeren Zeit ist das Helium im Kern hauptsächlich zu Kohlenstoff, Sauerstoff und Stickstoff fusioniert, und der gleiche Zyklus, Kontraktion mit verbundener Temperaturerhöhung, führt nun zu einer sukzessiven Weiterverbrennung der Elemente. Die „niedrigeren“ Brennphasen wandern dabei nach außen. Ab dem Kohlenstoffbrennen werden die Energieverluste durch Neutrinos dominant, was zu einer weiteren Reduzierung der Brennzeitskalen führt. Die letzte mögliche Reaktion besteht in der Verbrennung von Silizium zu Nickel und Eisen. Das Siliziumbrennen entspricht weniger einer Verschmelzung als vielmehr der Photodesintegration von ^{28}Si bei gleichzeitigem Aufbau einer Art chemischen Gleichgewichts bezüglich der starken ($n, p, \alpha, \ldots$ induzierte Reaktionen) und elektromagnetischen Wechselwirkung. Das Gleichgewicht stellt sich ab etwa $T \approx 3.5 \cdot 10^9$ K ein, wobei die entstehende Elementverteilung hauptsächlich durch ^{56}Ni, später, bei höheren Temperaturen, von ^{54}Fe dominiert wird. Die Dauer dieses Brennprozesses liegt nur noch in der Größenordnung eines Tages (siehe Tab. 13.2). Hiermit haben die hydrostatischen Brennphasen des Sterns ihren Abschluß gefunden. Ein weiterer Energiegewinn durch Fusion der Elemente ist nicht mehr möglich, da im Bereich von Eisen mit etwa 8 MeV/Nukleon die maximale Bindungsenergie pro Nukleon erreicht ist. Wie viele der angegebenen Brennphasen ein Stern wirklich durchläuft, hängt von seiner Masse ab. Wir erwähnten bereits die Braunen Zwerge,

Tab. 13.2 Hydrodynamische Brennphasen während der Sternentwicklung (aus [Gro 89,90])

Brennstoff	T (10^9 K)	Hauptprodukte	Brenndauer für 25 $M_\odot$	Hauptkühlprozesse
^{1}H	0.02	^{4}He, ^{14}N	$7 \cdot 10^6$ a	Photonen, Neutrinos
^{4}He	0.2	^{12}C, ^{16}O, ^{22}Ne	$5 \cdot 10^5$ a	Photonen
^{12}C	0.8	^{20}Ne, ^{23}Na, ^{24}Mg	600 a	Neutrinos
^{20}Ne	1.5	^{16}O, ^{24}Mg, ^{28}Si	1 a	Neutrinos
^{16}O	2.0	^{28}Si, ^{32}S	180 d	Neutrinos
^{28}Si	3.5	^{54}Fe, ^{56}Ni, ^{52}Cr	1 d	Neutrinos

ENTWICKLUNG EINES STERNS VON 25 $M_\odot$

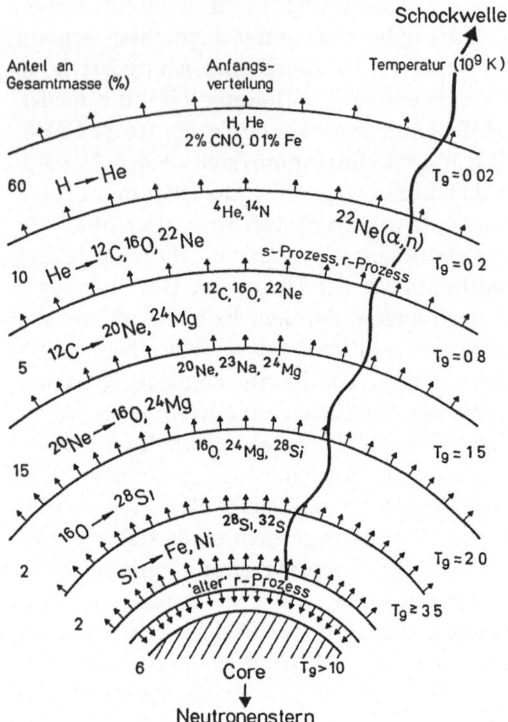

Abb. 13.5
Schematische Darstellung der Struktur, Zusammensetzung und Entwicklung eines schweren Sterns von etwa $25 M_\odot$. Im hydrostatischen Brennen der Schalen werden aus den jeweiligen Anfangsverteilungen (deren Hauptanteile angegeben sind) Elemente höherer Kernladungszahl bis zum Fe, Ni aufgebaut. Gravitationskollaps des Cores führt zur Bildung eines Neutronensterns und Ejektion von $\approx 95\,\%$ der Sternmasse (Supernova-Explosion). Die abgestoßenen äußeren Schalen werden von einer Detonationsschockfront durchlaufen, die explosives Schalenbrennen induziert (aus [Gro 89,90]).

Sterne mit weniger als $0.08 M_\odot$, die es nicht schaffen, die für die Wasserstoffverschmelzung notwendigen Temperaturen zu erreichen. Sterne mit mehr als etwa $8 M_\odot$ dagegen werden es schaffen, die Verbrennung bis zum Eisen durchzuführen. Solche Sterne besitzen dann einen dichten, kleinen Eisenkern und eine ausgedehnte Hülle hauptsächlich aus Wasserstoff. Die Brennphasen liegen schalenförmig übereinander und geben dem Sternaufbau ein Art Zwiebelstruktur (Abb. 13.5). Die hydrostatischen Brennphasen laufen i.a. unter *nicht*-entarteten Bedingungen (d.h. nicht-entartetes Elektronengas) ab. Überschreitet die Masse des Eisen-Cores eine bestimmte kritische Masse, die *Chandrasekhar-Masse*, so wird auch dieser gravitationsinstabil und kollabiert zu einem Neutronenstern. Dieser Kollaps ist die Voraussetzung für eine Supernovaexplosion. Die Chandrasekhar-Masse ist dabei gegeben durch ([Cha 39,67], siehe auch [Hil 88])

$$M_{\mathrm{Ch}} = 5.72 Y_e^2 M_\odot\,, \tag{13.1}$$

wobei Y_e die Anzahl der Elektronen pro Nukleon angibt. Der wesentliche Grund für den Kollaps liegt neben der Photodesintegration von Kernen der Eisengruppe im Elektronen-Einfang an freien Protonen und Kernen, der mit Anwachsen der Fermi-Energie des nunmehr entarteten Elektronengases möglich wird. Die Elektron-Einfangsraten bestimmen zunächst die Dynamik des Kollapses.

Wie kommt es zu dem entarteten Elektronengas? Abb. 13.6 zeigt ein Phasendiagramm, welches den Zustand der Materie charakterisiert. Für sehr große Dichten muß das Pauli-Prinzip berücksichtigt werden. Man betrachte hierzu den Phasenraum, in dessen einzelnen Zellen der Größe h^3 maximal 2 Elektronen Platz finden. Das gesamte Phasenraumvolumen ist dann bei einem Impuls p gegeben durch

$$V_{\mathrm{Ph}} = \frac{4}{3}\pi R^3 \frac{4}{3}\pi p^3 \tag{13.2}$$

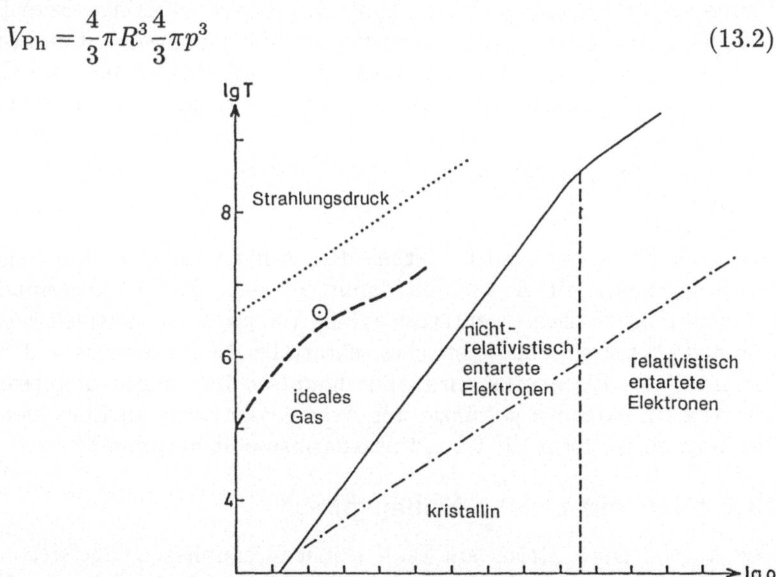

Abb. 13.6 Schematisches ρ-T-Phasendiagramm zur Charakterisierung der Materie im Sterninneren. Eingezeichnet sind die Bereiche, in denen die Zustandsgleichung dominiert wird entweder durch Strahlungsdruck (oberhalb der gepunkteten Linie), oder durch ein entartetes Elektronengas (unterhalb der durchgezogenen Linie). Letzteres kann relativistisch (rechts der senkrechten unterbrochenen Linie) oder nichtrelativistisch (links der senkrechten unterbrochenen Linie) sein. Die strichpunktierte Linie charakterisiert eine Temperatur, unterhalb der die Ionen einen kristallinen Zustand bevorzugen. Die fett gestrichelte Linie beschreibt das Standard-Sonnenmodell (aus [Kip 90]).

Für immer höhere Dichten bei gleichbleibendem Radius tritt nun eine zunehmende Entartung ein, der Druck wird jetzt nicht mehr durch die kinetische, sondern durch die Fermi-Energie bzw. den Fermi-Impuls p_F bestimmt. Es gilt hierbei $p_e \sim p_F^5$ (nichtrelativistisch) und $p_e \sim p_F^4$ (relativistisch). Außerdem hängt der Druck nicht mehr von der Temperatur, sondern nur noch von der Elektronendichte n_e ab, gemäß [Sha 83]

$$p = \frac{1}{m_e}\frac{1}{5}(3\pi^2)^{\frac{2}{3}} n_e^{\frac{5}{3}} \qquad \text{nicht-relativistisch} \tag{13.3}$$

$$p = \frac{1}{4}(3\pi^2)^{\frac{1}{3}} n_e^{\frac{4}{3}} \qquad \text{relativistisch} \tag{13.4}$$

Dies hat die fatale Konsequenz des Gravitationskollapses. Der vorherige Zyklus Temperaturerhöhung → Druckerhöhung → Zündung → Expansion → Temperaturerniedrigung ist nun außer Kraft gesetzt. Freigesetzte Energie führt damit nur noch zu einer Temperaturerhöhung und damit zu instabilen Prozessen. Betrachten wir zum besseren Verständnis einmal die Gesamtenergie eines Sterns im thermodynamischen Gleichgewicht. Sie ist gegeben durch [Sha 83]

$$E = \frac{3\gamma - 4}{5\gamma - 6} \cdot \frac{GM^2}{R} \tag{13.5}$$

$\gamma = \partial \ln p / \partial \ln \rho$ bezeichnet hierbei den Adiabatenindex. Für einen gebundenen Stern gilt $E \leq 0$ und damit $\gamma \geq 4/3$. Der Adiabatenindex für ein nichtrelativistisches, entartetes Elektronengas ist beispielsweise 5/3, während er für ein relativistisches, entartetes Elektronengas 4/3 ist. Die Stabilität des Eisenkerns wird aber hauptsächlich durch den Druck der entarteten Elektronen gewährleistet. Was passiert nun im Einzelnen, wenn der Kern eines Sterns die Chandrasekharmasse überschreitet?

13.1.2 Die eigentliche Kollapsphase

Der Aufbau eines Sterns am Ende seiner Brennphasen läßt sich nur mit Hilfe komplexer numerischer Computersimulationen durchführen [Bet 82], [Woo 86a], [Woo 92], [Hay 95], [Mül 95b], [Bur 95]. Die typischen Parameterwerte für einen $15 M_\odot$-Stern mit einer Kernmasse von $M_{\text{Ch}} \approx 1.5 M_\odot$ sind etwa eine Zentraltemperatur von $8 \cdot 10^9\,\text{K}$, eine zentrale Dichte von $3.7 \cdot 10^9 \text{g/cm}^3$ und ein Y_e von 0.42. Die Fermi-Energie der Elektronen liegt etwa in der Ordnung von 4 bis 8 MeV. Dies sind damit typische Startwerte beim Kollaps eines Sterns. Die Ursache für den Kollaps liegt in der Photodesintegration von Kernen der Eisengruppe, etwa über die Reaktion

$$^{56}\text{Fe} \rightarrow 13\,^4\text{He} + 4n - 124.4\,\text{MeV} \tag{13.6}$$

und dem Elektroneneinfang an freien Protonen und an schweren Kernen

$$e^- + p \rightarrow n + \nu_e, \qquad e^- + {}^{Z}A \rightarrow {}^{Z-1}A + \nu_e, \tag{13.7}$$

Der letztere Prozeß wird als Folge der nun hohen Fermi-Energie der Elektronen möglich. Durch den Prozeß (13.7) wird die Anzahl der Elektronen stark reduziert. Es bilden sich hierbei vor allem neutronenreiche, instabile Kerne. Nun waren es diese entarteten Elektronen, die der Gravitation das Gleichgewicht hielten, so daß der Kern schnell kollabiert. Das Absinken der Elektronenkonzentration kann auch durch einen Adiabatenindex unter 4/3 als Zeichen der Instabilität ausgedrückt werden. Durch entsprechende Kontraktion hält der Kern die Dichte der Elektronen und damit den Druck etwa konstant. Hierbei kollabiert in etwa die innere Hälfte homolog ($v \sim r$), während die äußere Hülle mit Überschallgeschwindigkeit einfällt. Homolog bedeutet hierbei, daß die Dichteverteilung während des Kollapses sich selbst ähnlich bleibt. Den Verlauf der Einfallgeschwindigkeiten innerhalb des Cores etwa 2 ms vor dem vollständigen Kollaps zeigt Abb. 13.7. Die Materie außerhalb des Schallpunktes, gegeben durch $v_{\text{einf}} = v_{\text{schall}}$, kollabiert mit einer für den freien Fall charakteristischen Geschwindigkeit. Die äußeren Schalen des Sterns bekommen von diesem Kollaps wegen der geringen Schallgeschwindigkeit nichts mit. Im Core werden immer neutronenreichere Kerne aufgebaut, welches sich in einer weiteren Abnahme von Y_e wiederspiegelt. Die emittierten Neutrinos können die Core-Zone zunächst ungehindert verlassen. Die Neutrino-Diffusionszeit wird schließlich größer als die Kollapszeit

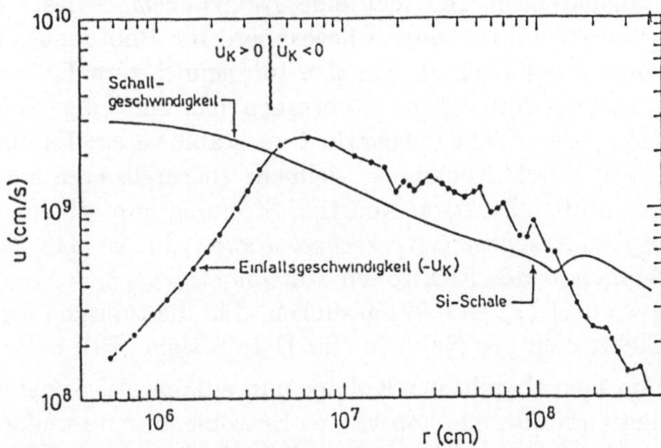

Abb. 13.7 Einfallsgeschwindigkeit der Materie im Core einer Supernova etwa 2 ms vor dem vollständigen Kollaps. Innerhalb des homologen inneren Kerns ($r < 40\,\text{km}$) ist die Geschwindigkeit kleiner als die lokale Schallgeschwindigkeit, während die Materie darüber mit Überschallgeschwindigkeit einfällt (aus [Arn 77]).

(*Neutrino-Trapping*). Der für die Neutrinoopazität dominante Prozeß wird hier die kohärente Neutrino-Kern-Streuung über neutrale schwache Ströme mit einem Wirkungsquerschnitt von (siehe z.B. [Fre 74], [Hil 88])

$$\sigma \simeq 10^{-44}\,\mathrm{cm}^2 N^2 \left(\frac{E_\nu}{\mathrm{MeV}}\right)^2 \tag{13.8}$$

Hierbei kennzeichnet N die Neutronenzahl im Kern. Neutrinos werden hauptsächlich im Dichtebereich zwischen 10^{11} bis $10^{12}\,\mathrm{gcm}^{-3}$ erzeugt, in der typische Kerne Massen zwischen 80 und 100 und etwa 50 Neutronen besitzen. Diese Schicht nennt man auch „Deleptonisierungs-Schale“. Die mittlere freie Weglänge λ_ν der Neutrinos ist gegeben durch [Hil 88]

$$\lambda_\nu \simeq \frac{1}{n_A\sigma} \simeq 10^7\,\mathrm{cm}\left(\frac{\rho}{10^{12}\,\mathrm{gcm}^{-3}}\right)^{-1}\frac{A}{N^2}\left(\frac{E_\nu}{10\,\mathrm{MeV}}\right)^{-2}, \tag{13.9}$$

wobei n_A die Dichte eines gemittelten schweren Kerns der Masse A bedeutet. Die typische Diffusionszeit der Neutrinos beträgt dann

$$\tau_d \simeq \frac{d^2}{\frac{1}{3}c\lambda_\nu}, \qquad d \simeq 10^7\,\mathrm{cm} \tag{13.10}$$

Die Materie wird für Neutrinos optisch dicht bei etwa $\rho \simeq 5\cdot10^{11}\,\mathrm{gcm}^{-3}$, da hier die Diffusionszeit schon etwa 2 s beträgt und damit erheblich größer ist als die Kollapszeit von wenigen Millisekunden. Deswegen sind die Neutrinos gefangen und bewegen sich mit der einfallenden Materie (Neutrino-Trapping). Der Übergangsbereich vom „neutrino-optisch“ dichten zum transparenten Teil legt eine *Neutrinosphäre* fest (eine Neutrino-„Photosphäre“ ähnlich einer Photosphäre für Photonen). Der Elektroneneinfang kommt bei Dichten von $\rho \simeq 10^{12}\,\mathrm{gcm}^{-3}$ zum Erliegen. Die Erhöhung des Neutrino-Einfangs an Neutronen hat zur Folge, als Gegenprozeß zu Gl. (13.7) den Elektronenverlust zu stabilisieren. Es entfällt die Kühlung des Cores durch Neutrinos, vielmehr thermalisieren sie und es stellt sich vor allem über Elektron-Neutrino-Streuung nun schnell auch ein *Gleichgewicht bzgl. der schwachen Wechselwirkung* ein, so daß kaum noch eine weitere Abnahme der Elektronen stattfindet. $Y_{\mathrm{lepton}} = Y_e + Y_\nu$ ist bis hierher auf etwa 0.41 ($Y_\nu \to 0.09$) gesunken, d.h. die typische Einfangrate liegt bei 0.07 Elektronen pro Nukleon (für Details siehe [Bru 85]).

Von hier ab geht der Kollaps nun adiabatisch vonstatten. Dies ist gleichbedeutend mit einer konstanten Entropie, da nun weder ein signifikanter Energietransport noch eine wesentliche Änderung der Zusammensetzung stattfindet. Es liegt ein Gas aus Elektronen, Neutronen, Neutrinos und Kernen vor, dessen Druck im wesentlichen durch die relativistisch entarteten Elektronen bestimmt ist. Im Gegensatz zu früheren Annahmen findet ein Übergang zu einem entarteten Neutronengas vor Erreichen von Kerndichten *nicht* statt. D.h., der ‚Neutronenstern' beginnt als ein heißes, leptonenreiches, quasistatisches Objekt, das sich durch Neutrinoemission in seinen Endzustand entwickelt, d.h., er beginnt als Quasi-*Neutrinostern* [Arn 77]. Der kollabierende Core erreicht schließlich Dichten, die normalerweise in Atomkernen auftreten ($\rho > 10^{14}\,\mathrm{gcm}^{-3}$). Für höhere Dichten wird die Kernkraft jedoch stark repulsiv, die Materie wird inkompressibel und schwingt zurück (gleichbedeutend mit einem $\gamma > 4/3$) (s. z.B. [Lan 75], [Bet 79], [Kah 86]). Sie stößt dabei mit der weiterhin einfallenden Materie zusammen, und es bildet sich eine Druckwelle. Diese besitzt eine Energie von circa 10^{51} erg und wandert nun durch den Eisenkern nach außen. Abb. 13.8 zeigt den prinzipiellen Aufbau des Eisenkerns. Wie bereits oben erwähnt, kann die Druckwelle jedoch den Schallpunkt nicht überqueren, solange sich Dichte und Geschwindigkeit kontinuierlich ändern. Da auch weiterhin von außen Materie mit kinetischer Energie einströmt, bildet sich am Schallpunkt eine Diskontinuität im Druck, welche sich in einer nach außen laufenden Schockwelle (Geschwindigkeit größer als Schallgeschwindigkeit) weiterentwickelt. Dies ist in Abb. 13.9 dargestellt.

Wieviel Energie nun diese Schockwelle bekommt, hängt unter anderem auch davon ab, wie die Zustandsgleichung sehr stark komprimierter Kernmaterie lautet [Kaj 88], [Bet 88]. Je nachdem, ob der Rückprall des Cores eher weich oder hart ist, ist auch die Energie verschieden. Ein eher weicher Rückprall versorgt den Schock mit weniger Anfangsenergie. Leider ist die Zustandsgleichung nicht gut bekannt, da man in die Bereiche von Überkerndichte hineinextrapolieren muß. Der herauslaufende Schock dissoziiert die weiterhin einfallenden Eisenkerne wieder in Protonen und Neutronen. Dies hat mehrere Konsequenzen. Er verliert dadurch Energie, und wenn die Masse des Eisenkerns groß genug ist, schafft der Schock es nicht durchzudringen, und es erfolgt keine Supernovaexplosion. Andererseits führt die Zerlegung in Nukleonen zu einem enormen Druckanstieg, welcher zu einer Umkehrung der Bewegungsrichtung der einfallenden Materie im Schockbereich führt. Dies macht aus dem Kollaps eine Explosion. Außerdem ist in dem dissoziierten Bereich die freie Weglänge für die Neutrinos wieder größer, so daß sie sich hinter der Schockwelle ansammeln. Gelangt der Schock nun in Dichtebereiche unter $10^{11}\,\mathrm{gcm}^{-3}$, so werden diese Neutrinos alle auf einen Schlag freigesetzt. Bricht der Schock durch den Eisenkern, so bedeuten die äußeren Schichten praktisch kein Hindernis mehr, und sie werden weggeblasen, was wir als optische Supernova am Himmel sehen können. So einen Mechanismus nennt man eine *prompte Explosion* [Coo 84], [Bar 85].

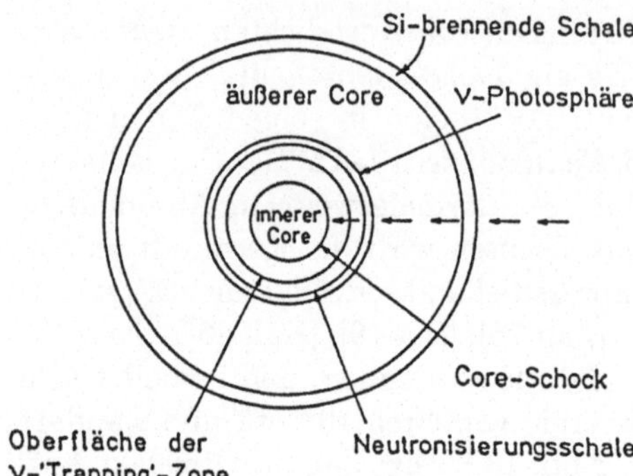

Abb. 13.8
Prinzipieller Aufbau des Eisen-Cores einer Supernova (nach [Arn 80]).

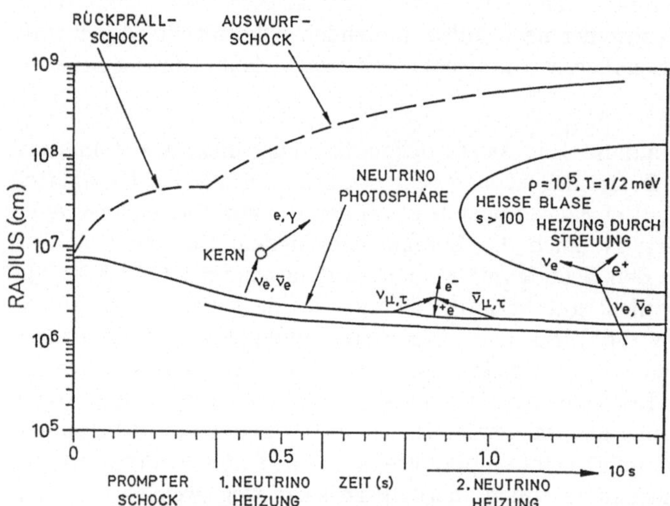

Abb. 13.9 Der Verlauf einer Supernova-Explosion des Typs II nach Wilson and Mayle. Da beim Kollaps die Kernmaterie überkomprimiert wird, kommt es zum Rückprall und zur Produktion einer Schockwelle. Diese wird beim Auslaufen jedoch aufgrund der thermischen Dekomposition der einfallenden Materie geschwächt. Danach kommt es zu einer starken Heizung der einfallenden Materie durch die große Anzahl vorhandener Neutrinos, es bildet sich ein explosiver Schock. Etwas später kommt es aufgrund von $\nu_\mu\bar{\nu}_\mu$- und $\nu_\tau\bar{\nu}_\tau$-Vernichtung außerhalb der Neutrinosphäre zu einer weiteren Hitzeentwicklung. Da in diesem Bereich die Materiedichte gering ist, kommt es zur Ausbildung einer heißen Blase. Diese komprimiert die ausgestoßene Materie und treibt sie weiter nach außen (aus [Col 90]).

In Computersimulationen zeigt sich, daß für massivere Kerne der Schock in der Tat nicht die nötige Energie besitzt, um bis zur Oberfläche durchzudringen. Er kann aber reaktiviert werden und zwar durch die zahlreich vorhandenen nachkommenden Neutrinos. Wenn sie nur 1 % ihrer Energie hinter dem Schock deponieren, kann dies ausreichen, um den Schock durchbrechen zu lassen. Solch einen Mechanismus nennt man eine *verzögerte Explosion* [Bet 85], [Wil 86]. Für Sterne mit 8 bis $12 M_\odot$ nahm man gewöhnlich den prompten Mechanismus an, für massivere betrachtete man den verzögerten Explosionsmechanismus als Erklärung.

Einen weiteren, nach neueren Erkenntnissen entscheidenden Antrieb erfährt der Schock durch die Bildung von neutrino-geheizten heißen Blasen [Bet 85], [Col 90], [Col 90a] (Abb. 13.9), die zudem noch eine erhebliche Durchmischung der ausgeworfenen Materie ermöglichen. Diese starke Durchmischung wurde in der Supernova 1987a beobachtet (siehe Kap. 13.4.1.2) und kann in 2-dimensionalen Computersimulationen bestätigt werden [Mül 95b], [Hay 95], [Mül 95c], [Bur 95], die zum ersten Male erlauben, solche Effekte zu beschreiben (Abb. 13.10). Das Problem der letzten 10 Jahre war, daß der Schock etwa 100 bis 150 km vom Sternzentrum entfernt zum Stehen kam und i.a. auch der Einbezug der Neutrinoabsorption und die damit verbundene Energiedeposition nur eine moderate Explosion ermöglichte. Erst die neuesten Supercomputer erlauben in jüngster Zeit, die Entwicklung eines sterbenden Sterns in *zwei* Dimensionen, sowohl in radialer als auch in lateraler Richtung zu verfolgen. Typische Explosionen zeigen asymmetrisch emittierte Materie, die dem verbleibenden Core eine Rückstoßgeschwindigkeit von Hunderten von Kilometern pro Sekunde verleihen (Raketeneffekt) [Bur 95], [Bur 95a], [Jan 95a].

Die in einer Supernova freigesetzte Energie ergibt sich aus dem Unterschied in der Bindungsenergie zwischen Stern und entstehendem Neutronenstern. Sie ist gegeben durch

$$\Delta E = \left(-\frac{GM^2}{R}\right)_{\text{Stern}} - \left(-\frac{GM^2}{R}\right)_{\text{Neutronenstern}}, \qquad (13.11)$$

welches sich aufgrund der Dominanz des zweiten Terms (Unterschied der Radien!) schreiben läßt als

$$\Delta E = 5.2 \cdot 10^{53}\,\text{erg} \left(\frac{10\,\text{km}}{R_{\text{Neutronenstern}}}\right) \left(\frac{M_{\text{Neutronenstern}}}{1.4 M_\odot}\right)^2 \qquad (13.12)$$

Dies ist das fundamentale Bild eines explodierenden, massereichen Sterns. Für eine ausführlichere Darstellung siehe [Arn 77], [Sha 83], [Woo 86a], [Woo 90a], [Col 90], [Mül 95b], [Hay 95], [Bur 95].

Auf Core einfallendes Material
Neutrino
1 Core kontrahiert
2 Core versteift sich
3 Rückprall-Schock beginnt
4 Schockwelle kommt zum stehen
5 Instabilitäten starten Schock erneut
6 Explosion setzt sich fort
(a)

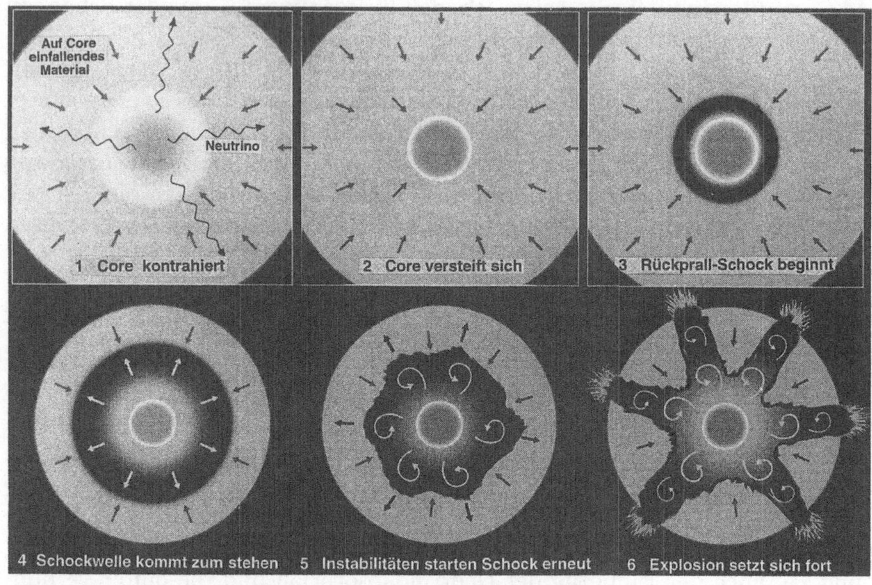

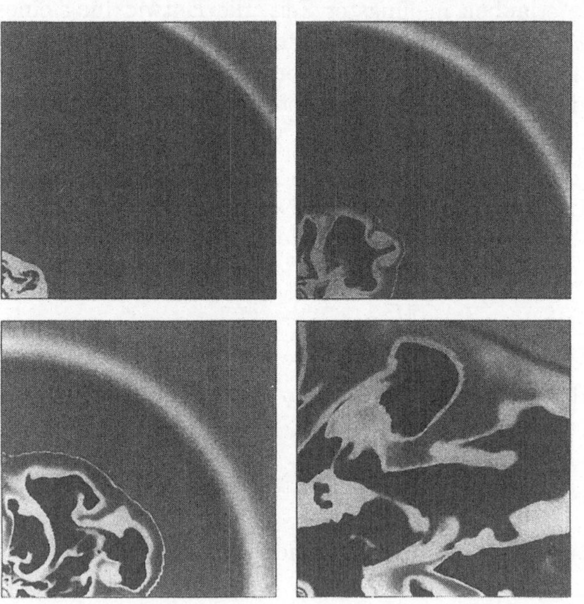

(b)

Der Neutronenstern kann u.U in einen *Seltsamen Stern* („strange star") übergehen [Bay 85], [Alc 86], [Oli 87], der aus „strange matter" (einer Ansammlung von u-, d- und s-Quarks sowie einer kleineren Anzahl von Elektronen, die die Ladungsstabilität garantieren) besteht. Es gibt Vermutungen [Wit 84], hiermit einen Grundzustand hadronischer Materie für Objekte mit Baryonenzahl zwischen etwa 100 und $2 \cdot 10^{57}$ bilden zu können („Strangelets"). Die obere Grenze entspricht hierbei $2M_\odot$ und ist bestimmt durch den Gravitationskollaps. Solche Objekte können auch als Kandidaten für die in Kap. 9 besprochene dunkle Materie gelten.

13.2 Neutrinoemission bei Supernova-Explosionen

Was kann man an Neutrinos von einer Supernova Typ II nun beobachten? Dazu ist es nötig, sich zu überlegen, ab welchem Radius innerhalb der Supernova die Neutrinos emittiert werden und welches die typische Temperatur in dieser Region ist. Die folgende Herleitung entstammt [Sch 90a].

Die höchste Temperatur herrscht an dem Punkt, von dem die Neutrinos gerade noch ungehindert entkommen können. Nehmen wir an, daß die mittlere freie Weglänge λ_ν etwa dem Core-Radius R entspricht

$$\lambda_\nu \simeq \frac{1}{n\langle\sigma\rangle} \simeq R \tag{13.13}$$

Hierbei ist die Teilchendichte $n = \rho/m_n$, und der effektive Wirkungsquerschnitt $\langle\sigma\rangle$ kann parametrisiert werden durch [Sch 87c]

$$\langle\sigma\rangle = \sigma_0 \frac{E_\nu^2}{2} \approx \frac{12\sigma_0}{2T_0^2}\left(\frac{T_\nu}{T_0}\right)^2 \tag{13.14}$$

Abb. 13.10 a) Schematische Darstellung einer Supernova-Explosion. Nach Verbrauch des nuklearen Brennstoffes beginnt der Kern unter Emission von Neutrinos zu kollabieren (1), bis seine Dichte die Kerndichte erreicht (2). Diese ist inkompressibel, welches zur Ausbildung eines nach außen laufenden Schocks führt (3), der in etwa 100 bis 150 km Entfernung vom Sternzentrum stehenbleibt (4). Konvektive Bewegung aufgrund der Neutrinoheizung (5) beleben den Schock und führen schließlich zur Explosion (6). b) 2-dimensionale Computersimulationen zeigen die konvektive Bewegung aufgrund der Rayleigh-Jeans-Instabilitäten recht deutlich. Jede Kante eines Bildes entspricht 1000 km, die zeitliche Reihenfolge zeigt den Schock 101, 116, 131 und 161 Millisekunden nach der Erzeugung (aus [Hay 95]).

Im zweiten Schritt wurde die Mittelung über ein thermisches Boltzmann-Spektrum ausgenutzt (siehe auch Kap. 12). T_0 ist eine charakteristische Temperatur von der Ordnung MeV und σ_0 ein typischer schwacher Wirkungsquerschnitt von etwa $10^{-42}\,\text{cm}^2$. Da der Kollaps adiabatisch verläuft, d.h.

$$\rho = \rho_0 \left(\frac{T}{T_0}\right)^3, \tag{13.15}$$

und die abgestrahlte Energie in guter Näherung einer Fermi-Dirac-Verteilung folgt, für die gilt $\langle E_\nu \rangle = 3.15 T_\nu$, so folgt durch Einsetzen

$$\frac{T_\nu}{T_0} = \left(\frac{2m_n}{12\sigma_0 T_0 \rho_0 R}\right)^{1/5} \tag{13.16}$$

Man sieht, daß die Temperatur der Neutrinos relativ unempfindlich auf die Anfangsparameter ist. Mit vernünftigen Annahmen ($\sigma_0 = 1.7 \cdot 10^{-44}\,\text{cm}^2$, $\rho_0 = 10^{10}\text{gcm}^{-3}$, $T_0 = 1\,\text{MeV}$ und $R = 5 \cdot 10^6\,\text{cm}$) ergibt sich

$$T_\nu \approx 3.2\,\text{MeV} \Rightarrow \langle E_\nu \rangle \approx 10\,\text{MeV} \tag{13.17}$$

Da ν_μ und ν_τ auch bei Werten in der Umgebung des hier angenommenen ρ_0 praktisch nur über neutrale Ströme wechselwirken, liegen ihre Neutrinosphären weiter innen, und die mittleren Energien sind damit höher (etwa 15 MeV). Das Spektrum der $\bar{\nu}_e$ entspricht zuerst dem der ν_e, da aber immer mehr Protonen verschwinden, reagieren auch sie mehr und mehr über neutrale Ströme, welches sich in einer Temperaturerhöhung äußert. Die spektrale Form aller emittierten Flavours kann recht gut durch eine Fermi-Dirac-Verteilung angenähert werden, auch wenn detaillierte Rechnungen ergeben, daß eine Überbesetzung der höherenergetischen Zustände vorliegt [May 87]. Es ist zudem zu beachten, daß der Wirkungsquerschnitt Gl. (13.14) quadratisch von der Energie abhängt, welches zu einer größeren Diffusion der niederenergetischen Neutrinos aus dem Core führt und damit das Spektrum verzerrt. Man kann ebenfalls zeigen [May 87], daß praktisch alle Neutrinoflavours die gleiche Energie wegtragen, so daß aufgrund der höheren Energie der Fluß der ν_μ und ν_τ entsprechend niedriger ist.

Im Prinzip setzt sich das nachweisbare Spektrum aus zwei Teilen zusammen. Hierbei vernachlässigen wir die wenigen Neutrinos, die vor dem „optischen" Dichtwerden, d.h. jene ν_e, die ganz zu Beginn des eigentlichen Kollapses noch entkommen können, entstehen, da ihre Zahl sehr gering ist und nur sehr schwer nachweisbar sein dürfte. Die eine Hauptkomponente besteht

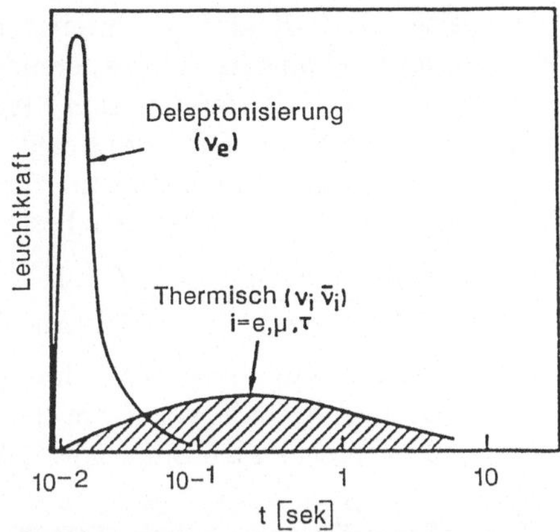

Abb. 13.11
Prinzipieller zeitlicher Verlauf des erwarteten Neutrinospektrums einer Supernova Typ II. Nach einem ersten wenige ms langen Puls aus ν_e, welcher aus der Deleptonisierung stammt, folgt die mehrere Sekunden anhaltende Emission von Neutrinos und Antineutrinos aller Flavours aufgrund der thermischen Abkühlung des Neutronensterns (aus [Per 88]).

aus all den ν_e, die aus der Deleptonisierung (hierunter versteht man die in Gl. (13.7) beschriebenen Prozesse) folgen. Sobald der Schock durch die Neutrinosphäre bricht, werden sie alle innerhalb eines Pulses von etwa 10 ms freigesetzt. Berechnungen ergeben, daß diese etwa 5 bis 10 % der gesamten beim Kollaps freiwerdenden Energie wegtragen.

Der weitaus größte Teil an Neutrinos kommt jedoch vom thermischen Abkühlen des entstehenden Protoneutronensterns durch Prozesse der Art

$$\gamma \rightarrow e^+e^- \rightarrow \nu_i\bar{\nu}_i\,, \qquad i = e, \mu, \tau \tag{13.18}$$

Hierbei entstehen nun über den Zeitraum von mehreren Sekunden Neutrinos und Antineutrinos aller Flavours. Detaillierte Simulationen hierzu finden sich beispielsweise in [Bur 85], [Bru 87], [May 87]. Abb. 13.11 zeigt schematisch die zeitliche Entwicklung der verschiedenen Neutrinoluminositäten. Neutrinos tragen mit etwa 99 % den dominanten Anteil der in der Supernovaexplosion freiwerdenden Energie davon.

13.3 Nachweismethoden für Supernovaneutrinos

Der Nachweis in den Wasser-Detektoren beruht im wesentlichen auf drei Rektionen:

$$\bar{\nu}_e + p \rightarrow n + e^+ \tag{13.19}$$
$$\nu_e + {}^{16}\mathrm{O} \rightarrow {}^{16}\mathrm{F} + e^- \tag{13.20}$$
$$\bar{\nu}_e + {}^{16}\mathrm{O} \rightarrow {}^{16}\mathrm{N} + e^+ \tag{13.21}$$
$$\nu_i(\bar{\nu}_i) + e^- \rightarrow \nu_i(\bar{\nu}_i) + e^- \qquad (i = e, \mu, \tau) \tag{13.22}$$

Die zweite dieser Reaktionen besitzt eine Schwelle von 13 MeV, und der Wirkungsquerschnitt im interessierenden Energiebereich ist um 2 Größenordnungen kleiner als von Reaktion 1 (siehe z.B. [Sch 90a]) und kann deshalb vernachlässigt werden. Die erste Reaktion besitzt eine Schwelle von 1.8 MeV. Unter realistischen Annahmen kann für das Verhältnis von Antineutrino- zu Neutrinoreaktionsraten folgendes berechnet werden [Hax 87], [Per 88]

$$\frac{N(\bar{\nu}p \rightarrow ne^+)}{N(\nu e \rightarrow \nu e)} = 9.26 \left(\frac{E}{10\,\mathrm{MeV}}\right) \qquad (13.23)$$

Dies bedeutet, daß etwa auf zehn Antineutrinos ein Neutrinonachweis kommt. Es sind deshalb vor allem die $\bar{\nu}_e$, welche bei der im nächsten Abschnitt zu besprechenden Supernova 1987a nachgewiesen werden konnten.

13.4 Die Supernova 1987a

Eines der bedeutendsten astronomischen Ereignisse dieses Jahrhunderts war wohl die Supernova 1987a [Arn 89], [Hen 92], [Che 92], [Kos 92], (Abb. 13.12). Diese hellste Supernova seit Keplers Supernova im Jahre 1604 brachte für die Astrophysiker eine Unmenge neuer Daten und Erkenntnisse, war es doch erstmalig möglich, sie in allen Wellenlängenbereichen zu beobachten. Zudem wird es erstmals möglich sein, eine Supernova von der Explosion bis in die Spätphasen der Wechselwirkung mit dem interstellaren Medium zu untersuchen. Die Beobachtungsergebnisse dienen für die Theorien der Sternentwicklung, der Nukleosynthese, der Wechselwirkung des ausgestoßenen Materials mit interstellarer Materie und einiges mehr als wichtige Eingangsgrößen. Doch nicht nur dies, auch kannte man erstmalig den Progenitorstern und konnte erstmalig Neutrinos dieses spektakulären Ereignisses beobachten. Diesen erstmaligen Nachweis von Neutrinos, die nicht von der Sonne kommen, bezeichnen viele als Geburtsstunde der Neutrinoastrophysik. Literatur hierzu findet sich z.B. in [Arn 89], [Bah 89], [Che 92], [Kos 92].

13.4.1 Eigenschaften der Supernova 1987a

13.4.1.1 Vorläuferstern und Verlauf

Die Supernova 1987a wurde am 23. Februar 1987 in der etwa 150000 Lichtjahre (entsprechend 50 kpc) entfernten Großen Magellanschen Wolke (LMC), einer Begleitgalaxie unserer Milchstraße, entdeckt [McN 87]. Sie besaß einige Besonderheiten, die eine Modifikation des einfachen Einteilungsschemas nötig machten. Der Nachweis, daß es sich um eine Supernova Typ II, also einen explodierenden Stern, handelt, konnte über die Beobachtung der Wasserstofflinien im Spektrum erbracht werden. Aber die Identifikation des

(a)

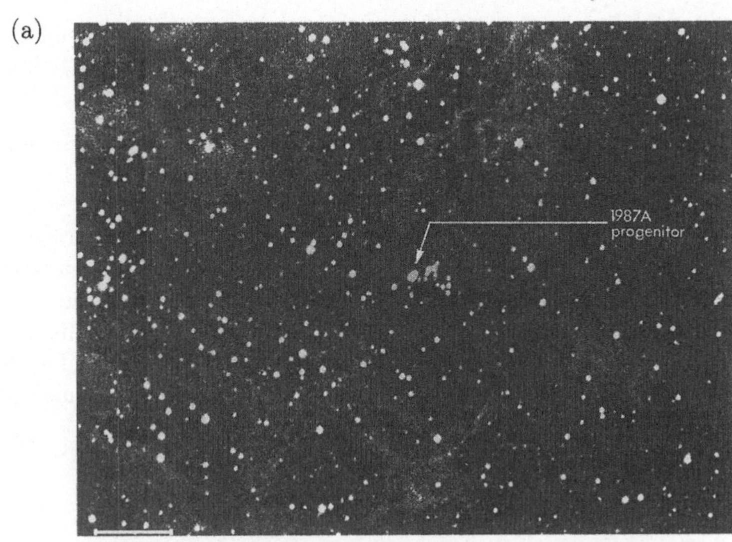

(b)

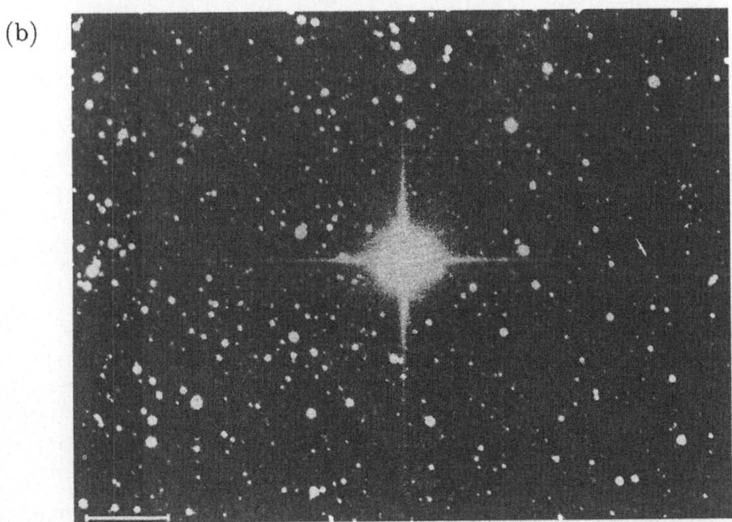

Abb. 13.12 Die Supernova 1987a. a) die Große Magellansche Wolke vor der Supernova am 9.12.1977. Eingetragen ist der Vorläuferstern Sanduleak $-69°$ 202. b) das gleiche Himmelsfeld wie a), jedoch am 26.2.1987 um 1^{h} 25^{min}, auf der die zu diesem Zeitpunkt $4\overset{m}{.}4$ helle Supernova 1987a zu sehen ist. Die Länge des waagerechten Balkens beträgt 1 Bogenminute (aus [Büh 87], mit freundlicher Genehmigung von ESO).

Progenitorsterns Sanduleak $-69°$ 202 bedeutete eine Überraschung, handelte es sich doch um einen blauen B3I-Überriesen mit einer Masse von etwa $20 M_\odot$. Bisher ging man davon aus, daß nur Rote Riesen explodieren können.

Daß dieser Stern wirklich explodiert ist, zeigt ein Vergleich der bolometrischen Helligkeit der Supernova im Feb. 1992 von $L = 1 \cdot 10^{37}\,\mathrm{erg\,s^{-1}}$. Dies ist um mehr als eine Größenordnung weniger als der Wert von $L \approx 4 \cdot 10^{38}\,\mathrm{erg\,s^{-1}}$, der vor 1987 beobachtet wurde, d.h. der ursprüngliche Stern ist verschwunden. Zur Erklärung der Explosion eines massiven blauen Überriesen dient wesentlich die geringere ‚Metall'-Häufigkeit in der Großen Magellanschen Wolke, welche nur ein Drittel der solaren Häufigkeit beträgt, sowie der größere Massenverlust, der zu einer Veränderung des Roten Riesen zu einem Blauen Riesen führte. Besonders die Sauerstoffhäufigkeit spielt

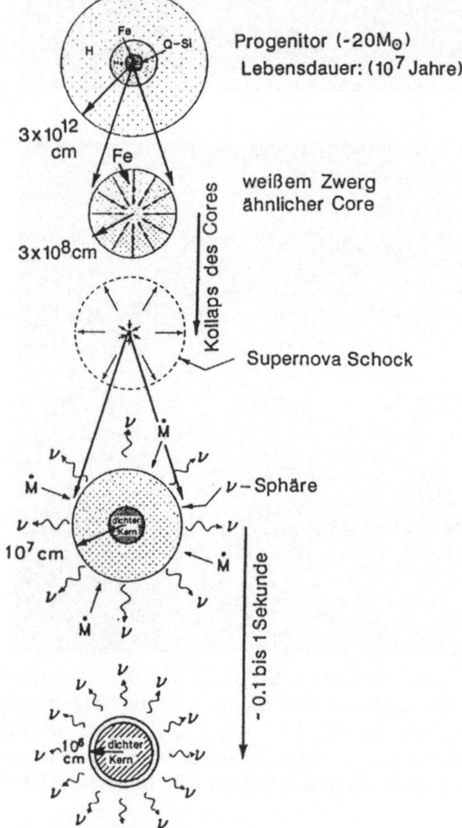

Abb. 13.13
Schematischer Verlauf der Prozesse im Kern der Supernova 1987a (aus [Bur 92a]).

eine wichtige Rolle. Zum einen ist der Sauerstoff maßgeblich für die Opazität eines Sterns, und zum anderen fehlt er im CNO-Prozeß als Katalysator, was eine niedrigere Energieerzeugungsrate durch diesen Zyklus zur Folge hat. In der Tat ist es mit Computersimulationen möglich zu zeigen, daß so auch blaue Sterne explodieren [Arn 91], [Lan 91]. Eine schematische Darstellung des Kollapses zeigt Abb. 13.13. So hat auch die Supernova 1987a eine Rote Riesenphase durchlaufen, sich aber etwa vor 20000 Jahren wieder in das blaue Riesenstadium zurückentwickelt. Der dabei aufgetretene starke Massenverlust konnte jüngst vom Hubble-Space-Teleskop als Ring um die Super-

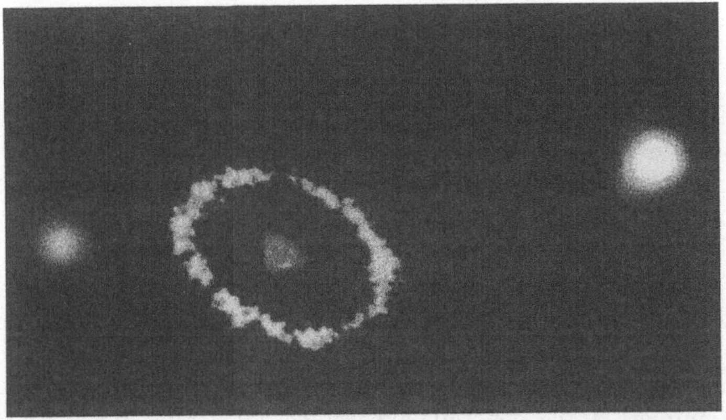

Abb. 13.14 Falschfarben-Photographie der Supernova 1987a mit dem Hubble-Space-Teleskop im Jahre 1992. Deutlich ist ein Ring um die Supernova zu erkennen. Er besitzt einen Durchmesser von etwa 1.4 Lichtjahren (aus [Cha 92]).

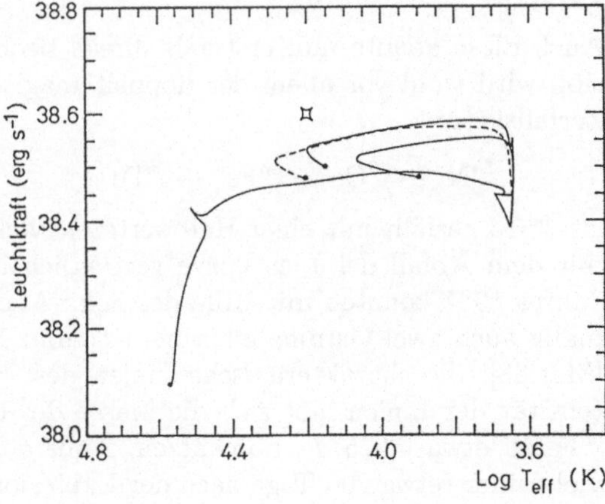

Abb. 13.15 Hertzsprung-Russel-Diagramm für drei $18M_{\odot}$-Sterne mit unterschiedlichem Masseverlust. Der beobachtete Progenitorstern SK −69° 202 der SN 1987a ist durch einen Stern symbolisiert. Sterne mit einer Effektivtemperatur von log T_{eff} größer als vier gelten als blau, solche mit Werten kleiner als vier als rot (siehe [Woo 88a]).

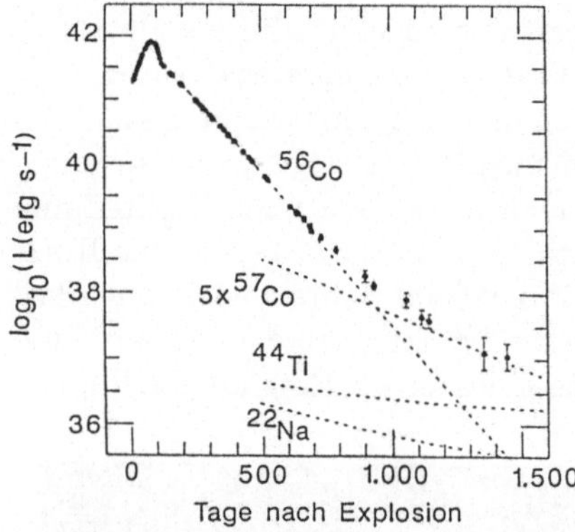

Abb. 13.16
Verlauf der Lichtkurve der Supernova 1987a. Nach einer langen Periode, die exakt der Halbwertszeit des Zerfalls von ^{56}Co folgte, sind nun schon deutliche Abweichungen davon zu erkennen. Andere Isotope bzw. der eventuell vorhandene Pulsar sind jetzt für den Verlauf der Lichtkurve von Bedeutung (aus [Che 92], [Sun 92b]).

nova nachgewiesen werden (Abb. 13.14). Drei mögliche Entwicklungswege zeigt Abb. 13.15. Die relativ geringe Leuchtkraft im Verhältnis zu anderen Supernovae des Typs II deutet auf einen kompakten Stern (nur etwa 50 Sonnendurchmesser) hin, da viel der anfänglichen Energie in kinetische Energie der äußeren Hülle anstatt in Leuchtkraft umgewandelt wurde.

Die gesamte Explosionsenergie betrug $(1.4 \pm 0.6) \cdot 10^{51}$ erg [Che 92]. Den Verlauf der bolometrischen Lichtkurve zeigt Abb. 13.16. Sie ist in einem ersten Teil bestimmt durch die Wechselwirkung des ausbrechenden Schocks mit der umgebenden Materie und wird etwa ab 4 Wochen nach der Explosion dominiert durch den radioaktiven Zerfall der bei der Explosion erzeugten Isotope. Interessant hierzu ist auch der von ROSAT gemessene Verlauf der Lichtkurve im Röntgenbereich [Has 96].

13.4.1.2 γ-Strahlung

Auch diese konnte nun erstmals direkt beobachtet werden. In der Explosion wird wohl vor allem der doppelt magische Kern ^{56}Ni erzeugt, dessen Zerfallskette

$$^{56}\mathrm{Ni} \xrightarrow{\beta^+} {}^{56}\mathrm{Co} \xrightarrow{\beta^+} {}^{56}\mathrm{Fe}^* \rightarrow {}^{56}\mathrm{Fe} \tag{13.24}$$

ist. ^{56}Co zerfällt mit einer Halbwertszeit von 77.1 Tagen, welches sehr gut mit dem Abfall der Lichtkurve verträglich ist [Che 92]. Ende August des Jahres 1987 konnten mit Hilfe des Solar-Maximum-Satelliten (SMM) erstmalig auch zwei Gammalinien bei 847 und 1238 keV nachgewiesen werden [Mat 88], die charakteristische Linien des ^{56}Co-Zerfalls sind. Aus der Intensität der Linien läßt sich die Masse des durch die Explosion erzeugten ^{56}Fe zu etwa $0.075 M_\odot$ abschätzen. Außerdem tauchten diese Linien auch viel früher (etwa 200 Tage nach der Explosion) als erwartet (etwa 600 Tage nach der Explosion) auf, was auf eine starke Durchmischung der Supernova nach oder während der Explosion hindeutet. Des weiteren zeigen die Linienprofile der γ-Linien an, daß es sich um eine asymmetrische Verteilung der Emissionsquelle handelt, was eine entsprechende Massenasymmetrie entweder in der anfänglichen Hülle oder in der Core-Explosion bedeutet. Im Linienprofil spiegelt sich die Geschwindigkeitsverteilung der Supernova wieder, da ihre Dopplerverbreiterung von der Geschwindigkeitsdispersion der Radionuklide in der expandierenden Hülle erzeugt wird. Die beobachteten Linienflüsse [Tue 90] lassen sich mit den Modellrechnungen (Modell: $16M_\odot$ Stern, $10M_\odot$ werden als Hülle eines Blauen Überriesen ausgestoßen, $6M_\odot$ He-Core bleibt zurück) [Pin 88] unter Annahme von Mischung größtenteils in gute Übereinstimmung bringen, auch wenn es jedoch signifikante Unterschiede gibt. Diese und die jüngste Beobachtung mit Hilfe von COMPTEL auf GRO (siehe Kap. 8) von ^{56}Co in einer Supernova Typ Ia (SN 1991 T) in einer Entfernung von 13 Mpc [Mor 94] zeigen das zukünftige Potential der γ-Astronomie für das Studium von Supernova-Modellen und zur Diagnose der Supernova-Struktur.

Was wird die Messung der Lichtkurve noch an Informationen bringen? Schon nach etwa 1000 Tagen ist zu erkennen, daß sie von dem reinen exponentiellen Zerfall des ^{56}Co abweicht [Sun 92b]. Andere radioaktive Isotope, wie vor allem ^{57}Co (Lebensdauer 392 Tage) oder auch ^{44}Ti (Lebensdauer etwa 80 Jahre) spielen nunmehr eine dominante Rolle. Die 122-keV-Linie des ^{57}Co, welches durch Neutroneneinfang an ^{56}Co entstanden war, ist durch OSSE auf GRO beobachtet worden [Kur 92]. Auch in der Lichtkurve deutet sich eine Abweichung von der Erwartung an, da man nach Nukleosyntheserechnungen ein Verhältnis von ^{57}Co/^{56}Co von dem etwa 1.5 bis 2.5-fachen des solaren ^{57}Fe/^{56}Fe-Verhältnisses erwartet, die Lichtkurve sich jedoch gut mit dem 5-fachen des Verhältnisses erklären läßt. Jedoch liegt innerhalb der experimentellen Fehler noch eine Übereinstimmung vor. Man erhofft sich außerdem aus dem Verlauf der Lichtkurve einen Hinweis auf die Existenz eines Pulsars, der aus dem Kern der Supernova übriggeblieben ist und nun durch Heizung des umgebenden Materials maßgeblich zur Leuchtkraft beitragen könnte, jedoch werden die radioaktiven Quellen wohl auf Jahre hinaus der dominante Anteil bleiben.

Auch eine direkte Suche nach einem Pulsar im Zentrum der SN 1987a mit dem Hubble-Space-Teleskop blieb bislang erfolglos [Per 95a]. Aus der Dauer des Neutrinopulses (siehe Kap. 13.4.2) weiß man bisher lediglich, daß er mindestens 12.5 s lebte [Bur 95]. Dies könnte auf den schnellen Kollaps eines zunächst vorhandenen Pulsars zu einem schwarzen Loch hindeuten. Andererseits könnte der Neutronenstern ohne die starken Magnetfelder gebildet worden sein, die nötig sind, um Pulsarstrahlung zu erzeugen, oder die scharf gebündelten Strahlen zeigen während der Rotation nicht in Richtung der Erde. Der Nachweis eines Pulsars in der SN 1987a wäre insofern interessant, als es bisher noch nie gelungen ist, Pulsar und Supernova des gleichen Ereignisses direkt zu beobachten.

13.4.1.3 Entfernung

Ein interessanter Aspekt ergibt sich für die Entfernungsbestimmung. Das Hubble-Teleskop entdeckte einen Ring um SN 1987a im UV-Bereich in einer verbotenen Linie des zweifach ionisierten Sauerstoffs mit einem Durchmesser von $(1.66 \pm 0.03)''$ [Pan 91b]. Durch die permanente Beobachtung von UV-Linien durch den International-Ultraviolet-Explorer (IUE), in der ebenfalls diese Linien auftauchten, konnte der Ring als Ursache für die UV-Linien ausgemacht werden. Der Durchmesser konnte auf $(1.27 \pm 0.07) \cdot 10^{18}$ cm festgelegt werden, woraus sich die Entfernung zur SN 1987a zu $d = (51.2 \pm 3.1)$ kpc bestimmen läßt [Pan 91b]. Umgerechnet auf den Schwerpunkt der LMC ergibt sich ein Wert von $d = (50.1 \pm 3.1)$ kpc [Pan 91b]. Dieser Wert stimmt nicht nur sehr gut mit denen anderer Methoden überein, sondern sein Fehler ist relativ gering, welches einen Einsatz dieser Methode für die Entfernungsmessung bei ähnlichen Ereignissen für die Zukunft attraktiv macht.

13.4.1.4 Resumee

Dies ist nur ein kleiner Teil der Beobachtungen und Details der SN1987a, viele weitere werden noch folgen, die vor allem in der zunehmenden Wechselwirkung der abgestoßenen Hüllen mit dem interstellaren Medium liegen. Mit Spannung erwartet man das Auftauchen des bei der Supernova entstandenen Neutronensterns (Pulsars) oder sogar des Schwarzen Lochs. Wenn auch die Supernova 87a eine Fülle neuer Erkenntnisse und Beobachtungen (z.B. Lichtechos, d.h. im optischen sichtbare Reflexionen der Explosion an Materie der Umgebung, ...) in allen Spektralbereichen gebracht hat, das Aufsehenerregendste war doch der erstmalige Nachweis von Neutrinos aus dem Sternkollaps, dem wir uns jetzt zuwenden wollen.

13.4.2 Neutrinos von der SN 1987a

Insgesamt vier Detektoren behaupten, Neutrinos der SN 1987a gesehen zu haben [Agl 87], [Ale 87], [Ale 88], [Bio 87], [Hir 87], [Bra 88a], [Hir 88]. Zwei davon sind Wasser-Cerenkovzähler (Kamiokande, Irvine-Michigan-Brookhaven (IMB)-Detektor) und zwei sind Flüssigszintillatoren (Baksan und Mont-Blanc). Erstere zeichnen sich durch eine wesentlich größere Menge an Targetmaterial aus. Alle sind empfindlich auf die Reaktion

$$\bar{\nu}_e + p \rightarrow n + e^+ \qquad (13.25)$$

Die beobachteten Ereignisse sind in Tab. 13.3 aufgetragen. Während im Rahmen einer gewissen Zeitunsicherheit drei der Experimente übereinstimmen, liegt der Nachweis des Mont-Blanc-Experimentes etwa 4.5 Stunden vor den drei anderen Detektoren. Da seine fünf Ereignisse alle nahe an der Triggerschwelle von 5 MeV liegen, und da die größeren Cerenkovdetektoren zur gleichen Zeit nichts gesehen haben, wird dies allgemein so ausgelegt, daß diese Ereignisse statistischen Schwankungen entsprechen und keinem Supernova-Signal. Die anderen drei Experimente liegen zeitlich ebenfalls vor dem optischen Signal, was ja auch zu erwarten ist. Die relativ kurze Zeitdauer von wenigen Stunden zwischen Neutrinonachweis und optischer Entdeckung deutet auf einen kompakten Stern hin, wie bereits angedeutet. Die zeitliche Struktur wie auch das Energiespektrum der Neutrinos zeigt Abb. 13.17. Unter der *Annahme*, daß in allen Detektoren das jeweils erste Neutrinosignal gleichzeitig gesehen wurde, wurden innerhalb von 12 Sekunden 24 Ereignisse beobachtet (Kamiokande + IMB + Baksan). Die Anzahl der Analysen übertrifft diese Zahl jedoch bei weitem! Betrachten wir einmal die Kamiokande-Daten. Hier sind 11 Ereignisse innerhalb von 12 s registriert worden [Hir 88]. Daraus, daß 8 Antineutrinoereignisse in etwa 2 Sekunden ankamen, läßt sich ein integraler Fluß an $\bar{\nu}_e$ von etwa $0.5 \cdot 10^{10} \bar{\nu}_e \, \mathrm{cm}^{-2}\mathrm{s}^{-1}$

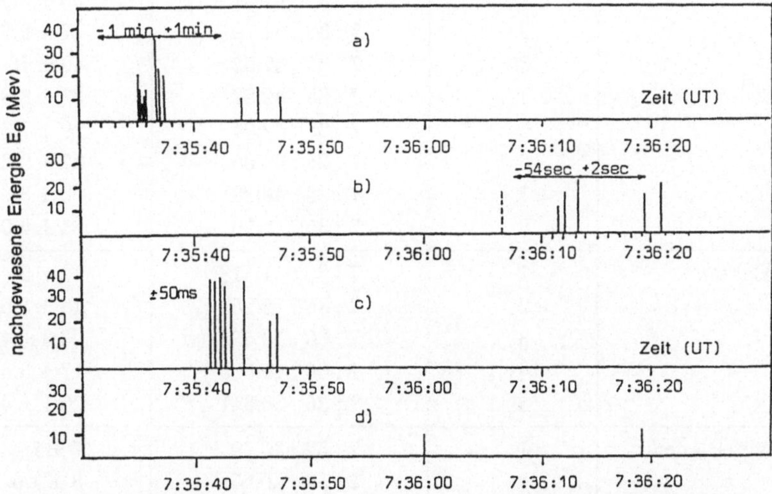

Abb. 13.17 Zeit- und Energiespektrum der vier im Text erwähnten Detektoren zum Nachweis von Neutrinos der SN 1987a. a) Kamiokande-Detektor, b) Baksan-Detektor, c) IMB-Detektor, d) Mont-Blanc-Detektor; er beobachtete in dieser Zeit keine Ereignisse (siehe Text) (aus [Ale 87a], [Ale 88], [Ale 88a]).

Tab. 13.3 Tabelle der von den vier Neutrinodetektoren Kamiokande II [Hir 87], IMB [Bio 87], Mont Blanc [Agl 87] und Baksan [Ale 87] registrierten Neutrinoereignisse. T bezeichnet den Zeitpunkt des Ereignisses, E gibt die im Detektor sichtbare Energie des Elektrons (Positrons) an. Die *absoluten* Unsicherheiten in den Zeitangaben betragen: für Kamioka ± 1 min, für IMB 50 ms, für Baksan -54 s, $+2$ s.

Detektor	Nr.	T [UT]	E [MeV]
Kamioka	1	7 : 35 : 35.000	20 ± 2.9
	2	7 : 35 : 35.107	13.5 ± 3.2
	3	7 : 35 : 35.303	7.5 ± 2.0
	4	7 : 35 : 35.324	9.2 ± 2.7
	5	7 : 35 : 35.507	12.8 ± 2.9
	(6)	7 : 35 : 35.686	6.3 ± 1.7
	7	7 : 35 : 36.541	35.4 ± 8.0
	8	7 : 35 : 36.728	21.0 ± 4.2
	9	7 : 35 : 36.915	19.8 ± 3.2
	10	7 : 35 : 44.219	8.6 ± 2.7
	11	7 : 35 : 45.433	13.0 ± 2.6
	12	7 : 35 : 47.439	8.9 ± 1.9
IMB	1	7 : 35 : 41.37	38 ± 9.5
	2	7 : 35 : 41.79	37 ± 9.3
	3	7 : 35 : 42.02	40 ± 10
	4	7 : 35 : 42.52	35 ± 8.8
	5	7 : 35 : 42.94	29 ± 7.3
	6	7 : 35 : 44.06	37 ± 9.3
	7	7 : 35 : 46.38	20 ± 5.0
	8	7 : 35 : 46.96	24 ± 6.0
Baksan	1	7 : 36 : 11.818	12 ± 2.4
	2	7 : 36 : 12.253	18 ± 3.6
	3	7 : 36 : 13.528	23.3 ± 4.7
	4	7 : 36 : 19.505	17 ± 3.4
	5	7 : 36 : 20.917	20.1 ± 4.0
Mt. Blanc	1	2 : 52 : 36.79	7 ± 1.4
	2	2 : 52 : 40.65	8 ± 1.6
	3	2 : 52 : 41.01	11 ± 2.2
	4	2 : 52 : 42.70	7 ± 1.4
	5	2 : 52 : 43.80	9 ± 1.8

berechnen. Unter der Annahme einer mittleren Energie von 15 MeV pro Neutrino ergibt sich so eine freigewordene Energie in Form von $\bar{\nu}_e$ von etwa $8 \cdot 10^{52}$ erg. Dies steht bereits in guter Übereinstimmung mit der Bindungsenergie eines Neutronensterns (etwa $5 \cdot 10^{53}$ erg), wenn man bedenkt, daß die $\bar{\nu}_e$ etwa ein Sechstel des totalen Neutrinoflusses ausmachen. Es wurde damit auch experimentell erstmals verifiziert, daß wirklich mehr als 90 % der gesamten freiwerdenden Energie von Neutrinos davongetragen werden, und die optische Erscheinung nur einen winzigen Bruchteil ausmacht. Die Ergebnisse von IMB und Baksan führen zu ähnlichen Resultaten, so daß man für die Gesamtenergie in Form aller Neutrinos abschätzt [Gol 88], [Ale 88]

$$E_{\nu_{\text{tot}}} \approx 3 \cdot 10^{53}\,\text{erg} \tag{13.26}$$

Es zeigt sich also, daß die beobachteten Neutrinodaten die gängigen Supernovamodelle in ihren allgemeinen Zügen weitgehend bestätigen.

Was kann man aus den gewonnenen Daten an Informationen *über* Neutrinos gewinnen? Auch hier spielt die Interpretation der einzelnen Ereignisse eine wichtige Rolle.

13.4.3 Neutrinoeigenschaften aus der Supernova 1987a

Ausgehend von der Tatsache, daß praktisch alle Neutrinos innerhalb von 12 s nachgewiesen wurden, lassen sich interessante teilchenphysikalische Schlüsse ziehen. Die erste Information, die man gewinnt, bezieht sich auf die Lebensdauer der Neutrinos. Da auf der Erde der erwartete Fluß von Antineutrinos gemessen wurde, konnte auf dem Weg keine signifikante Anzahl zerfallen sein, was zu einer Lebensdauer für $\bar{\nu}_e$ von

$$\left(\frac{E_\nu}{m_\nu}\right) \tau_{\bar{\nu}_e} \geq 5 \cdot 10^{12}\,\text{s} \tag{13.27}$$

führt [Moh 91]. Das interessante an diesem Ergebnis ist neben der Tatsache der Lebensdauerbestimmung von Neutrinos, daß unter der Voraussetzung $\tau_{\nu_e} = \tau_{\bar{\nu}_e}$ Neutrinozerfall als Lösung des solaren Neutrinoproblems ausscheidet. Hierzu wurde der Zerfall in ein Majoron χ (siehe Kap. 2) diskutiert [Bah 86], der jedoch ein

$$\left(\frac{E_\nu}{m_\nu}\right) \tau_{\nu_e} < 500\,\text{s} \tag{13.28}$$

zur Lösung des solaren Neutrinoproblems erfordert.

Speziell der radiative Zerfallskanal für ein schweres Neutrino ν_H

$$\nu_H \rightarrow \nu_L + \gamma \tag{13.29}$$

konnte unabhängig davon limitiert werden. Aus dem mit dem Solar-Maximum-Satelliten (SMM) gemessenen Gammaspektrum konnte man kein Signal erkennen [Chu 89]. Die Photonen aus dem Neutrino-Zerfall kämen mit einer gewissen Verzögerung, da entsprechende schwere Neutrinos nicht mit Lichtgeschwindigkeit fliegen. Die Verzögerung ist charakterisiert durch

$$\Delta t \simeq \frac{1}{2} D \frac{m_\nu^2}{E_\nu^2} \tag{13.30}$$

Für Neutrinos mit einer mittleren Energie von 12 MeV und einer Masse kleiner als 20 eV liegt die Verzögerung bei etwa 10 s, d.h. auch die Zerfalls-Photonen hätten eine solche Verzögerung. Aus dem SMM-Spektrum folgt eine Grenze für diesen Zerfall von Neutrinos im Massenbereich 20 bis 100 eV von [Kol 89], [Moh 91]:

$$\frac{\tau_\nu}{B_\gamma} \geq 3.4 \cdot 10^{16} N_{\mathrm{GRS}}^{-1/2}\,\mathrm{s}, \qquad \text{für} \quad \tau_\nu \gg D m_\nu / E_\nu \tag{13.31}$$

$$B_\gamma \lesssim 1.4 \cdot 10^{-11} N_{\mathrm{GRS}}^{+1/2} \left(\frac{m_\nu}{1\,\mathrm{eV}}\right), \qquad \text{für} \quad \tau_\nu \ll D m_\nu / E_\nu \tag{13.32}$$

Hierbei ist B_γ das Verzweigungsverhältnis eines schweren Neutrinos in den radiativen Zerfallskanal, $N_{\mathrm{GRS}}^{-1/2}$ der instrumentelle Untergrund des Gammaspektrometers, und D ist die Entfernung der Supernova. Es ist also kein Hinweis auf einen eventuellen Neutrinozerfall und damit eventuelle Neutrinomassen zu erkennen.

Eine direkte Aussage über die Masse gewinnt man aus der beobachteten Laufzeitdifferenz. Mit Hilfe der Beziehungen $E = mc^2$ und $p = mv$ läßt sich die Laufzeit eines Neutrinos mit einer Masse m und einer Energie E vom Ort der Entstehung zur Erde ausdrücken durch

$$t_{\mathrm{obs}} - t_{\mathrm{em}} = t_0 \left(1 + \frac{m^2}{2E^2}\right) \tag{13.33}$$

Hierbei ist t_{obs} der Zeitpunkt der Beobachtung, t_{em} der Zeitpunkt der Emission und $t_0 = 5.3 \cdot 10^{12}$ s die Laufzeit des Lichtes. Damit ergibt sich für die Differenz zweier Ereignisse

$$\Delta t_{\mathrm{obs}} - \Delta t_{\mathrm{em}} = \frac{t_0 m^2}{2} \left(\frac{1}{E_1^2} - \frac{1}{E_2^2}\right) \tag{13.34}$$

Je nachdem, welche Ereignisse man nun miteinander kombiniert, ergeben sich unter Annahme gleichzeitiger Emission (oder Emission innerhalb eines kurzen Intervalls von bis zu 4 Sekunden) Massengrenzen von maximal 30 eV oder modellabhängig auch etwas besser (Abb. 13.18) [Arn 87], [Kol 87]. Dies entsprach den zu der Zeit gültigen, in jahrelanger Arbeit erreichten Laborgrenzen!

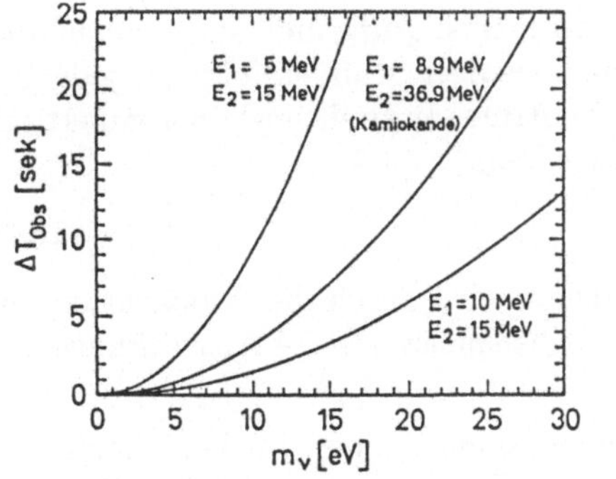

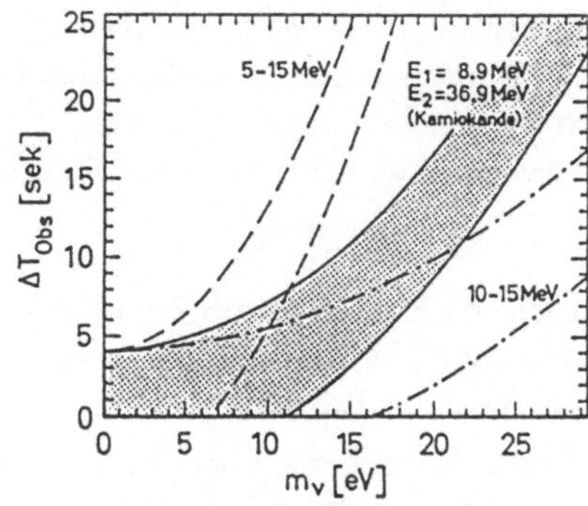

Abb. 13.18 Neutrinomassen aufgrund von Laufzeit- und Energieunterschieden: a) Neutrinomassen aus SN 1987a als Funktion des Zeitintervalls ΔT_{obs} zwischen der Beobachtung *gleichzeitig* emittierter Neutrinos unterschiedlicher Energien E_1, E_2 auf der Erde. Innerhalb eines Zeitintervalls von $\Delta T_{\text{obs}} = 12.349\,\text{s}$ ($1.915\,\text{s}$) wurden im Kamiokande-Experiment 11 (8) Neutrinos zwischen 8.9 und 36.9 MeV beobachtet. b) Neutrinomassen aus SN 1987a als Funktion von ΔT_{obs} bei Annahme von Emission der Neutrinos innerhalb eines Zeitintervalls $\Delta t = 4\,\text{s}$. Für jeden Wert von ΔT_{obs} hat man jetzt einen Bereich von möglichen m_ν zwischen zwei jeweils zusammengehörigen Kurven. Für $\Delta T_{\text{obs}} = 1.915\,\text{s}$ ergibt sich z.B. m_ν kleiner 13.5 eV (aus [Gro 89,90]).

Eine auch für das Sonnenneutrinoproblem interessante Grenze ist jene für das magnetische Moment des Neutrinos [Bar 88]. Aufgrund der starken Magnetfelder des entstehenden Neutronensterns und des langen Weges innerhalb des galaktischen Magnetfeldes bestünde bei Existenz eines magnetischen Momentes eine Chance, linkshändige in rechtshändige Neutrinos zu präzedieren. Diese wären dann steril und würden dem Nachweis entgehen, aber einen zusätzlichen Verlustmechanismus bedeuten. Auch hier liefert die Gleichheit zwischen beobachteter und erwarteter Anzahl eine obere Grenze von $\mu_\nu < 10^{-12}\mu_B$ [Lat 88], [Bar 88]. Dieser Wert ist auf jeden Fall zu klein, um das solare Neutrinoproblem zu lösen. Jedoch gehen in diese Schlußfolgerung viele Annahmen ein, wie etwa die isotroper und gleichstarker Emission verschiedener Flavours, sowie das Magnetfeld des möglicherweise entstandenen Pulsars, so daß diese Grenze mit gewisser Vorsicht zu betrachten ist.

Eine weitere Grenze folgt für eine elektrische Ladung des Neutrinos, für die sich weniger als

$$Q_\nu < 10^{-17}e \tag{13.35}$$

ergibt (siehe z.B. [Bah 89], [Moh 91]). Dies kommt daher, daß niederenergetische Neutrinos mit Ladung stärker vom galaktischen Magnetfeld beeinflußt würden und damit eine längere Wegstrecke zurücklegen müßten.

Ferner folgt ein Test des Äquivalenzprinzips. Aufgrund der Beobachtung von Photonen und Neutrinos innerhalb weniger Stunden folgt für jede neue Kraft, welche mit einer Stärke g an Neutrinos koppelt und über galaktische Ausmaße hinausreicht, eine Obergrenze von [Moh 91]

$$g < 5 \cdot 10^{-3} G \tag{13.36}$$

Auch die Emission unbekannter Teilchen wird durch die Beobachtung eingeschränkt [Raf 88]. So besprechen wir beispielsweise die Auswirkungen auf das Axion in Kap. 11.

Unsere Kenntnisse über Supernovaexplosionen haben in den letzten Jahren durch die Supernova 1987a vieles an Erneuerungen und Erweiterungen erfahren. Letztendlich wurde auch erstmals bestätigt, daß es sich bei Supernovae Typ II wirklich um Phänomene aus der Spätphase der Entwicklung massiver Sterne handelt, und die freigewordene Energie der Erwartung entspricht. Auch der erstmalige Nachweis von Neutrinos ist als ein besonders bemerkenswertes Ereignis zu bewerten. Wie weit die beobachteten Daten spezifisch für Supernova 1987a sind, und wie weit sie allgemeine Gültigkeit besitzen, können erst weitere Supernovae dieser Art zeigen. Supernova 1987a löste eine Menge experimenteller Aktivität auf dem Gebiet von Detektoren für Supernovaneutrinos aus, so daß wir nun die Aussichten zukünftiger Experimente betrachten wollen. Dazu gehört neben der Beschreibung einiger Experimente auch die Frage, wie wahrscheinlich eigentlich solche Ereignisse sind.

13.5 Supernovaehäufigkeit und zukünftige Experimente

Mittlerweile sind über 860 Supernovae beobachtet worden [Ber 94]. Obwohl diese Zahl eine große Statistik vortäuscht, sind doch noch viele Fragen offen. Weniger als 10 % davon sind in systematischen Suchen gefunden worden. Bezüglich der Häufigkeit definiert man eine mittlere Supernovarate [Ber 91a]

$$\omega(y^{-1}) = \frac{N_{\text{SN}}}{N_{\text{Gal}} \Delta t} \tag{13.37}$$

Hierbei ist N_{SN} die Anzahl von Supernovae, die in einer Stichprobe von N Galaxien N_{Gal} während einer Überwachungszeit Δt beobachtet wurden. Die Überwachungszeit ist eine Funktion des Galaxienabstandes, da für ferne Galaxien eine Supernova eine andere Zeitspanne über einer definierten Grenzhelligkeit zu finden ist als in nahen Galaxien. Nicht nur das, auch hängt die Rate sowohl vom Galaxientyp als auch von der Galaxienleuchtkraft ab. An mehreren Orten wird eine automatische Überwachung von definierten Galaxien durchgeführt. Dies hatte eine Erhöhung der jährlichen Entdeckungsrate von etwa 20 auf etwa 60 zur Folge.

Da wir hauptsächlich am Nachweis von Neutrinos interessiert sind, wollen wir uns auf eine Diskussion der Supernovarate in unserer Milchstraße beschränken [Ber 91a]. Die einfachste Abschätzung beruht auf der historischen Tatsache, daß im letzten Jahrtausend drei Supernovae (Krebs, 3C 58 und Tycho) zwischen 100° und 260° galaktischer Länge beobachtet wurden. Dies ergibt eine Rate von 0.30 ± 0.17 pro Jahrhundert in Richtung des Antizentrums (der Ort, der dem galaktischen Zentrum am Himmel gegenüberliegt). Benutzt man die existierenden Ergebnisse von systematischen Suchen nach Supernovae, so läßt sich eine Rate von Supernovae Typ II innerhalb von 4 kpc von etwa $2.3\ (H_0/75)^2$ pro Jahrtausend abschätzen [Ber 94]. Dies steht in Übereinstimmung mit der Beobachtung, daß in den letzten 2000 Jahren vier Supernovae (SN 185, SN 1054, SN 1181 und SN 1670) innerhalb von 4 kpc stattfanden. Neue Rechnungen zu Supernova-Raten unter Benutzung von Modell-Galaxien können dies reproduzieren [Tim 95].

Geht man von der aus der Radioastronomie bekannten Anzahl von 46 Supernovaüberresten in unserer Galaxie oberhalb einer gewissen Flußstärke aus und nimmt an, daß die Wahrscheinlichkeit für eine Explosion in der ganzen Galaxis gleich ist, so folgt eine Rate von 3.4 ± 2.0 pro Jahrhundert. Andere Abschätzungen unter Benutzung der beobachteten Pulsarhäufigkeiten ergeben ebenfalls Raten in der Größenordnung von 1 bis 3 Supernovae pro Jahrhundert [Ber 91a].

Theoretische Abschätzungen folgen aus Sternentwicklungsrechnungen. Mit Hilfe eines vorgegebenen Massenspektrums für Population-I-Sterne und ihrer berechneten Lebensdauer als auch der globalen galaktischen Verteilung innerhalb der Milchstraße kann man errechnen, daß die Sterberate für Sterne mit $M > 8M_\odot$ innerhalb 3 kpc um die Sonne etwa 0.3 pro Jahrtausend beiträgt [Ber 91a]. Dies scheint auf den ersten Blick im Widerspruch zu den beobachteten historischen Ereignissen zu stehen, in Anbetracht der kleinen Zahlen und der generellen Unsicherheiten dürften als Endresultat jedoch etwa 0.5 bis 3 Supernovae pro Jahrhundert in unserer Galaxis stattfinden.

Ein vielleicht interessanter Kandidat ist der Rote Riese Beteigeuze (α Ori) im Sternbild Orion (Abb. 13.19).

Wie sieht es nun mit Experimenten zum Nachweis von zukünftigen Supernovaneutrinos aus [Bur 92]? Viele wesentliche Informationen wird man aus den in Kap. 12 besprochenen solaren Neutrinodetektoren gewinnen. Es sind dies vor allem der SNO-Detektor aufgrund der Benutzung von schwerem Wasser,

Abb. 13.19
Ein guter Kandidat für eine zukünftige galaktische Supernova ist Beteigeuze (Pfeil) im Sternbild Orion. Als Roter Überriese mit einer Masse von mehr als 20 $M_\odot$ erfüllt er alle Bedingungen für eine Supernova. Aufgrund seiner geringen Entfernung von nur 310 Lichtjahren würde seine Helligkeit etwa jener des Vollmondes entsprechen (aus [Hay 95])!

sowie Superkamiokande, welcher mit seiner enormen Größe etwa 5000 Ereignisse für eine 10 kpc entfernte Supernova erwarten läßt. Ein anderer Detektor ist der Large Volume Detector (LVD) im Gran-Sasso-Untergrundlabor [Gal 94]. Dieser Detektor besteht in seiner Gesamtversion aus 190 großen Stahltanks, welche pro Tank 8 kleinere Tanks mit Szintillator enthalten. In seinem vollen Ausbau wird er 1800 t Szintillatormaterial enthalten, welche in 5 Türmen angeordnet sind. Die Nachweisreaktionen sind

$$\bar{\nu}_e + p \to n + e^+ \tag{13.38}$$

$$\nu_e + e^- \to \nu_e + e^- \tag{13.39}$$

$$\nu_e + {}^{12}\mathrm{C} \to {}^{12}\mathrm{C}^* + \nu_e \tag{13.40}$$

$$\nu_e + {}^{12}\mathrm{C} \to {}^{12}\mathrm{N} + e^- \tag{13.41}$$

$$\nu_e + {}^{12}\mathrm{C} \to {}^{12}\mathrm{B} + e^+ \tag{13.42}$$

Die bei weitem häufigste Reaktion wird hierbei der inverse β-Zerfall sein. Der erste Turm dieses Detektors befindet sich seit Sommer 1992 in Betrieb, ein zweiter seit 1994.

Tab. 13.4 gibt eine Aufstellung über geplante, im Aufbau befindliche oder bereits laufende Detektoren, die zum Nachweis von Supernovaneutrinos eingesetzt werden sollen. Die Zahl ist beeindruckend und wird bei der nächsten nahen Supernova eine Menge neuer Information mit sich bringen.

Tab. 13.4 Existierende und zukünftige Detektoren von Supernova-Neutrinos (aus [Cli 92])

Prozeß Detektoren	$\overline{\nu}_e p \to e^+ n$ $\overline{\nu}_e d \to ppe^-$	$\overline{\nu}_e e \to \overline{\nu}_e e$	$\overline{\nu}_x e \to \overline{\nu}_x e$ $x = \mu, \tau$	$\nu_e N \to N^* \nu_e$ $\hookrightarrow n$	$\nu_\mu N \to N^* \nu_x$ $\hookrightarrow n$	ν_e prompt
ICARUS (3kT)	–	~ 140	25	–	–	4*
SNO (1kT) (D_2O + H_2O)	~ 500 (H_2O-Schild + D_2O)	60	20	~ 200 –	~ 400 –	5* 5 – 20*
LVD/MACRO (3 kT) scint	~ 1000	–	–	–	–	
Kamiokande II/IMB	(~ 480)	(~ 60)	(~ 20)	–	–	–
Superkamiokande (30 kT) H_2O	~ 4000	~ 600	200	–	–	~ 5*
SNBO (100 kT)	100			~ 100	10 000	–
Bemerkungen	mißt t_ν, $E_\nu \sim E_e$ keine Richtung	t_ν E_ν aus E_e mißt Θ_ν	t_ν E_ν aus E_e mißt Θ_ν	nur t_ν kein E_ν kein Θ_ν	nur t_ν kein E_ν kein Θ_ν	$\Delta t \simeq 10$ ms

* Abhängig von Energiespektren der prompten ν_e und von der Detektorschwelle

Eine ganz andere Art des Nachweises von Supernovae beruht auf der Erschütterung des Raum-Zeit-Gefüges aufgrund dieser gewaltigen Explosion. Diese äußert sich in Form von Gravitationswellen. Ihr Nachweis steht bisher zwar noch aus, jedoch befinden sich mehrere Detektoren in Form von Laser-Interferometern (z.B. VIRGO [Abr 92], LISA [Bra 90], [Car 96a] und GEO 600 [Auf 97]) im Aufbau [Tho 95], die nach solchen minimalen Erschütterungen suchen, und Supernovae sind eine gute Quelle.

14 Die Entstehung schwerer Elemente

14.1 Allgemeines

Die Elementsynthese im Universum spielt sich vorwiegend in drei verschiedenen Bereichen ab (siehe z.B. [Bur 57], [Cla 68], [Rol 88], [Gro 89,90], [Cop 95]). Es ist dies zuerst die primordiale Nukleosynthese, die für die Entstehung der leichtesten Elemente verantwortlich ist (siehe Kap. 4). Der zweite wichtige Erzeuger von Elementen sind die Kernfusionsprozesse in Sternen. Hiermit können Elemente bis hinauf zur Eisengruppe erzeugt werden. Von allen Elementen besitzt Eisen jedoch die höchste Bindungsenergie pro Nukleon (etwa 8 MeV/A), so daß die schwereren Elemente nicht mehr durch Kernfusion aufgebaut werden können. Da diese schweren Elemente aufgrund der erhöhten Coulomb-Barrieren in solcher Häufigkeit auch nicht durch geladene Teilchenreaktionen entstanden sein können, müssen hier andere Mechanismen im Gange sein. Nach der Theorie von Burbidge, Burbidge, Fowler und Hoyle (B^2FH) [Bur 57] sind dies Neutroneneinfangreaktionen und β-Zerfall (siehe auch [Kla 85], [Gro 89,90]). Betrachtet man die experimentell gefundenen Elementhäufigkeiten im Sonnensystem, so zeigen sich mehrere Doppel-Maxima, wobei die einen bei den magischen Neutronenzahlen von 50, 82 und 126 liegen, und weitere etwa 10 bis 15 Masseneinheiten darunter (Abb. 14.1). Dies ist Ausdruck zweier verschiedener Reaktionsmechanismen (s.u.). Das Verständnis der Erzeugung der schweren Elemente ist der Schlüssel zur Bestimmung des Alters des Universums über die Kosmochronometer [Kla 83], [Kla 86b]. Das Alter des Universums wiederum ist eine der Randbedingungen in kosmologischen Modellen, und ist damit, wie in Kap. 5 gezeigt, wichtig, um Informationen über die kosmologische Konstante zu erhalten [Kla 86a].

14.1.1 Neutroneneinfang

Formal läßt sich die Reaktionsrate λ für Neutroneneinfang bei einer Neutronendichte n_n beschreiben durch

$$\lambda = n_n \langle \sigma(v) v \rangle, \tag{14.1}$$

wobei der thermisch gemittelte Wirkungsquerschnitt gegeben ist durch

$$\langle \sigma v \rangle (T) = \left(\frac{8}{m\pi}\right)^{1/2} (kT)^{-3/2} \int_0^\infty E\sigma(E) e^{-e/kT} dE \tag{14.2}$$

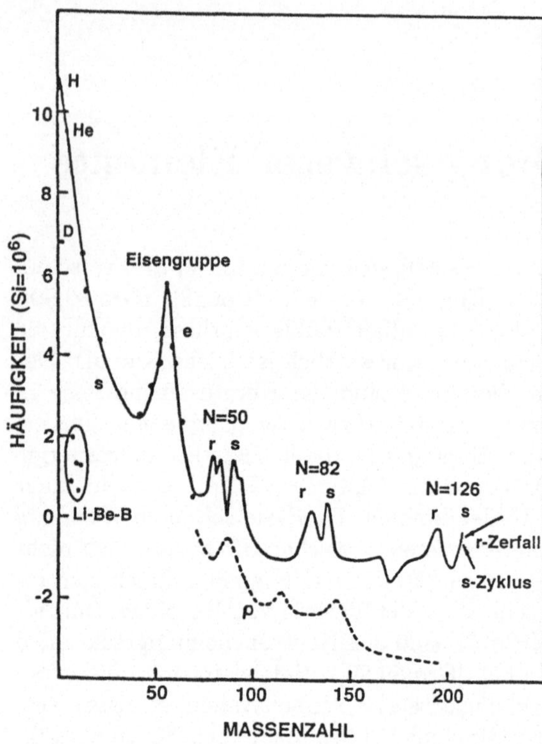

Abb. 14.1 Vereinfachte Darstellung der beobachteten solaren (kosmischen) Elementhäufigkeiten als Funktion der Massenzahl A (bezogen auf Si $= 10^6$). Die ausgeprägten Maxima nahe an den magischen Neutronenzahlen $N = 50$, 82, 126 lassen sich auf r- und s-Prozeß zurückführen (aus [Gro 89,90]).

Im Falle der Reaktionspartner Neutron-Kern führt dies aufgrund von unbekannten Wirkungsquerschnitten im Energiebereich von etwa $T \approx 10^9\,\mathrm{K}$ zu modellabhängigen Vorhersagen für diese Werte. Dies kann für hohe Temperaturen und Neutronendichten jedoch umgangen werden, indem man ein Gleichgewicht zwischen (n,γ)- und (γ,n)-Reaktionen annimmt. Es läßt sich somit eine Saha-Gleichung für die Häufigkeiten zweier Isotope herleiten

$$\frac{n(A+1,Z)}{n(A,Z)} = \frac{n_n}{2}\left(\frac{\hbar^2}{2\pi mkT}\right)^{3/2}\frac{G_{A+1}}{G_A}e^{-S_n/kT}, \tag{14.3}$$

mit den statistischen Gewichten G_{A+1}, G_A und der Neutronenseparationsenergie S_n. Die im Stern entstehenden Neutronen thermalisieren schnell und unterliegen dann einer Maxwell-Boltzmann-Verteilung. Nimmt man einmal eine wahrscheinlichste Energie $E_0 = kT$ an und außerdem, daß der Prozeß in der heliumbrennenden Schale eines Sterns stattfindet ($T = (0.1$ bis $0.6) \cdot 10^9\,\mathrm{K}$), so ergibt sich der interessante Energiebereich bei etwa 30 keV.

14.1.2 β-Zerfall

Trägt man alle Isotope (A, Z) in ein Diagramm ein, so erkennt man, daß es für alle Isobare (Kerne mit gleichem A) einen stabilsten Kern mit Z_0 Protonen gibt, der gegeben ist durch

$$Z_0 = \frac{A}{1.98 + 0.015A^{2/3}} \tag{14.4}$$

Hierdurch wird eine Stabilitätslinie in der Nuklidkarte definiert (Abb. 14.2). Je weiter man sich von dieser Linie entfernt, desto kürzer werden die Halb-

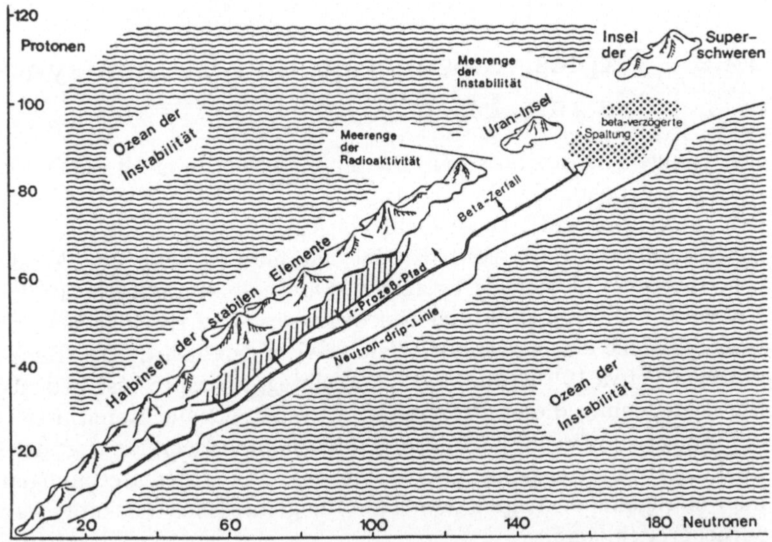

Abb. 14.2 Die Elementsynthese im r-Prozeß in schematischer Darstellung. Die Nuklide, die in Supernova-Explosionen kurzzeitig, für 0.4 s, aufgebaut werden, liegen auf dem r-Prozeß-Pfad, weitab von der Halbinsel der stabilen Elemente und nahe der Neutron-drip-Linie, an der die Neutronen-Abtrennungsenergie gleich Null wird, d.h. die Kerne mit Neutronen voll „gesättigt" sind. Beim β-Zerfall zurück zum Stabilitätstal wird auch die Uran-Insel noch erreicht, bei noch schwereren Kernen aber bricht der r-Prozeß-Pfad durch β-verzögerte Spaltung ab, was die Bildung superschwerer Kerne verhindert. Die Betazerfalls-Eigenschaften der Kerne zwischen r-Prozeß-Pfad und der β-Stabilitätslinie (etwa 6000 Nuklide, von denen die meisten in irdischen Labors nicht untersuchbar sind, bestimmen entscheidend die resultierende Endverteilung stabiler Nuklide (der schraffierte Bereich von Nukliden bestimmt die beim Abschalten von Kernreaktoren durch den Betazerfall der Spaltprodukte entstehende Restwärme (siehe [Kla 88])) (aus [Gro 89,90]).

wertszeiten gegen β-Zerfall. Der für die Elementsynthese wesentliche Bereich sehr neutronenreicher Kerne ist experimentell bislang größtenteils unbekannt, so daß man hier auf theoretische Extrapolationen angewiesen ist [Kla 86b], [Gro 89,90], [Kla 91d], [Sta 92a]. Vornehmlich beim Aufbau leichter Kerne kommen u.U. zusätzlich noch Temperaturabhängigkeiten der Halbwertszeit hinzu [Ful 82a], [Ful 82b], [Ful 82c], [Oda 94].

Bevor wir jetzt zur Elementsynthese oberhalb der Eisengruppe kommen, wollen wir kurz auf mögliche Szenarien, die hinreichende Quellen für Neutronen liefern, eingehen, sowie die Erzeugung leichter Kerne in explosiven Szenarien diskutieren. Beide konzentrieren sich im wesentlichen auf Supernovae.

14.2 Explosive Szenarien und Elementsynthese bis zum Eisen

Die ruhigen, hydrostatischen Brennphasen massiver Sterne und die sich daraus ergebende Zwiebelstruktur der Sterne ist bereits besprochen worden (siehe Kap. 13). Diese dient als Ausgangspunkt für explosive Szenarien (Supernova-Explosion). Hierbei hat man es dann mit Zeitskalen von typischerweise kleiner als 1 s zu tun. Oberhalb von etwa $5 \cdot 10^9$ K sind die Coulomb-Barrieren praktisch bedeutungslos, und es stellt sich schnell ein Gleichgewicht ein, wobei vor allem ^{56}Ni erzeugt wird. Bei Temperaturen größer als etwa 10^{10} K werden Photodisintegrationsprozesse bedeutungsvoll. Zur Berechnung dieser Prozesse sind wieder genaue Kenntnisse der Wirkungsquerschnitte nötig. Aufgrund der erhöhten Energien liegt der Gamow-Peak hier sehr viel höher als bei den hydrostatischen Rechnungen, so daß man meist ohne Extrapolationen auf die gemessenen Wirkungsquerschnitte zurückgreifen kann.

Viel schwieriger gestaltet sich die astrophysikalische Seite. Um realistische Rechnungen durchführen zu können, müßte prinzipiell ein vollständiges, dreidimensionales, hydrodynamisches Modell durchgerechnet werden, was bisher jedoch noch nicht möglich ist. Betrachtet man nun die beiden Arten von Supernovae, so zeigt sich, daß Typ I viel heller ist als Typ II, gleichbedeutend mit einer höheren Produktion von ^{56}Ni im ersten Fall. Eine Abschätzung aus den beobachteten Lichtkurven ergibt für die Produktion von ^{56}Ni etwa 0.2 bis $1 M_\odot$ bei Typ I, im Vergleich dazu erhält man bei Supernova 1987a etwa $0.07 M_\odot$. Ein Vergleich der Typ-I-Daten mit den beobachteten Werten im Sonnensystem zeigt eine relative Überhäufigkeit von Elementen der Eisengruppe im Sonnensystem. Zu einer Erklärung der beobachteten Häufigkeiten schwerer Elemente reichen deshalb Typ-I-Supernovae nicht aus. Es muß deswegen auch die Elementproduktion in Typ II berücksichtigt werden. In diesem Falle ist es die nach außen laufende Schockfront, welche für hohe Spitzen-Temperaturen in der Hülle sorgt. So liegt diese für die Si-Schale bei 500 keV, in der O- und Ne-Schale bei oberhalb 100 keV und in der H-Hülle nur noch bei etwa 10 keV. Damit wird ein explosives Brennen nur für die He-, Si-, Ne- und O-Schale erreicht, die äußere H-Hülle macht kaum explosive Nukleosynthese, ehe sie weggeschleudert wird. Dies bedeutet aber auch, daß im Inneren innerhalb von Sekundenbruchteilen Elemente von Si bis Fe entstehen, während die Häufigkeiten von leichten Elementen von O bis Mg eher nur moduliert werden [Wea 80], [Woo 82], [Woo 86a,b], [Thi 90]. Bei der Berechnung dieser Häufigkeiten geht der sogenannte Massenschnitt ganz bedeutend ein. Er kennzeichnet die Grenze zwischen ausgestoßener und im Neutronenstern verbleibender Materie. Seine Lage entscheidet z.B. über die Höhe des Neutronenexzesses der innersten ausgeworfenen Materie. Für Details zu letzterem siehe z.B. [Hil 78]. Neuere Modellrechnungen zur galaktischen, chemischen Evolution der Elemente zwischen Wasserstoff und Zink ergeben eine brauchbare Beschreibung der beobachteten solaren Häufgkeiten [Tim 95]. Hierzu wurden 60 Typ-II-Supernova-Modelle mit variierender Masse und Metallizität benutzt. Typ-Ia-Supernovae tragen ca. 1/3 zur solaren Fe-Häufigkeit bei.

14.3 Elementsynthese oberhalb von Eisen

Wie läuft nun der Prozeß der Elementsynthese oberhalb von Eisen ab? Der grundlegende Prozeß ist Neutroneneinfang an Kernen (A, Z)

$$(A, Z)(n, \gamma)(A + 1, Z) \tag{14.5}$$

Für den weiteren Verlauf ist es nun entscheidend, wieviele Neutronen zur Verfügung stehen, und wie groß die β-Halbwertszeit des entstandenen Kerns ist (siehe Abb. 14.3). Bei niedrigen Neutronenflüssen ist es wahrscheinlicher, daß, falls der entstandene Kern instabil ist, er durch β-Zerfall zerfällt, bevor ein weiteres Neutron eingefangen wird. Anders formuliert, die Lebensdauer $\tau_{n\gamma}$ für Neutroneneinfang ist viel größer als die Lebensdauer τ_β für β-Zerfall, weswegen man diesen Prozeß als s-Prozeß (slow) bezeichnet. Im Gegensatz dazu finden bei sehr hohen Neutronenflüssen erst mehrere Neutroneneinfänge statt, bevor die Kerne so instabil werden, daß die β-Halbwertszeiten vergleichbar sind. Dieser Prozeß heißt r-Prozeß (rapid) Daneben existiert noch ein dritter Prozeß, der für die Entstehung neutronenarmer Kerne verantwortlich ist, etwa durch (p, n) oder (γ, n)-Reaktionen (p-Prozeß) (siehe auch [Mey 94]).

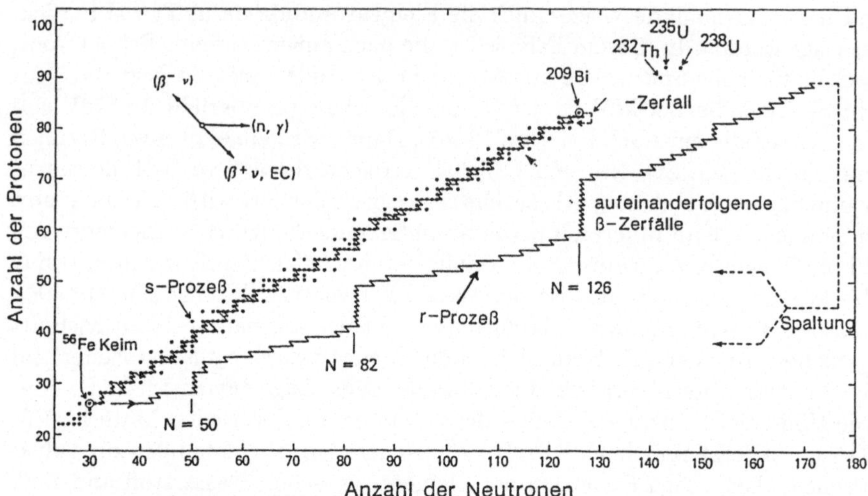

Abb. 14.3 Darstellung des s- und r-Prozeß-Pfades. Beide Prozesse sind entscheidend bestimmt durch (n, γ) Reaktionen und β-Zerfall. Beim r-Prozeß zerfallen die neutronenreichen Kerne nach Absinken der Neutronendichte durch β-Zerfall zurück zur Halbinsel der stabilen Elemente; auch die Uran-Insel wird dabei noch erreicht. Der s-Prozeß läuft entlang des Stabilitätstals (aus [Rol 88]).

14.3.1 Der s-Prozeß

Die β-Halbwertszeiten nahe dem Stabilitätstal liegen typischerweise in der Ordnung von Tagen oder Jahren, d.h. $\tau_{n\gamma}$ muß entsprechend größer sein. Eine Abschätzung typischer Neutronendichten gewinnt man folgendermaßen: Bei einem typischen Wirkungsquerschnitt bei 30 keV von 0.1 barn (entsprechend $10^{-25}\,\mathrm{cm}^2$) und einem $v = 3 \cdot 10^8\,\mathrm{cm\,s}^{-1}$ folgt mit $\tau_{n\gamma} N_n = 1/\langle\sigma v\rangle$ und einer Lebensdauer für den Neutroneneinfang von 10 Jahren eine Neutronendichte von $N_n \approx 10^8\,\mathrm{cm}^{-3}$ [Rol 88]. Da der β-Zerfall dominiert, entfernen sich die Kerne nie sehr weit von der β-Stabilitätslinie und folgen deren Verlauf. Der s-Prozeß stoppt bei ^{209}Bi, dem letzten stabilen Kern, aufgrund von nun sehr starkem α-Zerfall. Für die quantitative Beschreibung der erwarteten Häufigkeiten eines Isotops N_A gilt [Cla 68]

$$\frac{dN_A}{dt} = N_n(t) N_{A-1}(t) \langle\sigma v\rangle_{A-1} - N_n(t) N_A(t) \langle\sigma v\rangle_A - \lambda_\beta(t) N_A(t) \tag{14.6}$$

Hierbei beschreibt der erste Term die Erzeugung des Isotops durch Neutroneneinfang, die weiteren Terme beschreiben den Verlust entweder durch weiteren Neutroneneinfang oder durch β-Zerfall. Der Neutronenfluß ist dabei gegeben durch die Neutronendichte N_n. Es handelt sich hierbei um ein komplexes Netzwerk von Differentialgleichungen, welches nicht geschlossen lösbar ist. Man beachte auch, daß die vorhergesagten Größen zeitabhängig sind, aufgrund der Abhängigkeiten der einzelnen Prozesse von der Temperatur. Man macht deswegen meist die Annahme einer konstanten Temperatur während des s-Prozesses und wählt die Anfangsbedingungen $N_A(0) = N_{56}(0)$ für $A = 56$ und $N_A(0) = 0$ für $A > 56$, d.h. ^{56}Fe dient als Ausgangskern. Die Lösungen verhalten sich dann selbstregulierend in dem Sinne, daß sie auf ein lokales Gleichgewicht zusteuern

$$\sigma_A N_A = \sigma_{A-1} N_{A-1} = \text{konstant} \tag{14.7}$$

Entlang des ganzen Pfades von Fe bis Bi stellt sich jedoch kein Gleichgewicht ein. Während dies im Bereich der Plateaus noch recht gut erfüllt scheint, ist dies in der Nähe gefüllter Neutronenschalen nicht mehr der Fall. Sind die Lebensdauern für Neutroneneinfang und β-Zerfall annähernd identisch, so zweigt der s-Prozeß an der entsprechenden Stelle auf, d.h. die weitere Entwicklung an dieser Stelle kann über zwei alternative Reaktionen gehen.

Betrachtet man die beobachteten Elementhäufigkeiten, so fällt für die s-Prozeß-Elemente auf, daß ihre Häufigkeit mit dem Neutroneneinfangsquerschnitt antikorreliert ist [Rol 88]. Dies ist einleuchtend, da Isotope mit großem Einfangsquerschnitt sich schnell weiterentwickeln und demzufolge geringe Häufigkeiten besitzen. Untersucht man die kosmischen s-Häufigkeiten, so stellt man eine Übereinstimmung von etwa 3 % mit den in theoretischen Modellen erwarteten Werten fest [Käp 91]. Es ist hierbei aber auch zu berücksichtigen, daß manche Isotope durch den noch zu besprechenden r-Prozeß ebenfalls erzeugt werden können. Aus den beobachteten Häufigkeiten läßt sich die notwendige Neutronendichte recht genau zu $N_n = (3.4 \pm 1.1) \cdot 10^8\,\text{cm}^{-3}$ bestimmen. Auch unterscheidet man die Produktion der Isotope von etwa Zirkonium bis Wismut („Haupt-s-Prozeß") und von Eisen bis Yttrium („schwacher s-Prozeß"), welche verschiedene Neutronenflüsse gesehen haben müssen [Käp 91]. Der Haupt-Prozeß ist hierbei durch eine exponentielle Verteilung der Neutronenexponierung gekennzeichnet. Dies läßt uns sofort zum Ort des s-Prozesses kommen. Man nimmt hier allgemein ein Helium-Schalen-Brennen in intermediären (3 bis $6 M_\odot$) Roten Riesen an [Käp 89], [Käp 91]. Hierbei stellt man sich einen CNO-Kern vor, über dem eine konvektive Schale Wasserstoffbrennen betreibt. Das entstehende He sinkt nun auf den Kern und bei genügend hohem Druck zündet die dünne Heliumschale. Dies bewirkt eine Expansion des Sterns, wodurch das Wasserstoffbrennen zum Erliegen kommt. Nach Beendigung des He-Brennens kontrahiert der Stern wieder und es kommt zum erneuten Wasserstoffbrennen. Dieser Vorgang wiederholt sich nun, wobei die heliumbrennende Schale bei jedem Durchgang weiter außen liegt und einen geringfügigen Überlapp mit der vorherigen Schale besitzt. So können Bereiche mehrmaligem s-Prozeß ausgesetzt sein. Die Neutronen kommen aus den Reaktionen $^{22}\mathrm{Ne}(\alpha, n)^{25}\mathrm{Mg}$ [Ibe 75] und $^{13}\mathrm{C}(\alpha, n)^{16}\mathrm{O}$ [Ibe 82]. Außerdem findet bei jedem Durchgang eine konvektive Mischung von neuem Brennmaterial in die Heliumschale als auch ein Transport von s-Prozeß-Elementen an die Oberfläche statt. Dies bestätigt die Beobachtung von Technetium in einer Klasse von Roten Riesen, welches nur über eine Mischung aus tieferen Schichten erklärt werden kann. Eine andere Klasse von Produktionsorten sind massearme Sterne auf dem asymptotischen Riesenast, welche ebenfalls thermisch pulsierendes Heliumbrennen durchführen [Käp 89]. Hierbei geht man von zwei Neutronenpulsen von 20 bzw. 2.5 Jahren Dauer aus. Der erste Puls kommt aus der $^{13}\mathrm{C}(\alpha, n)^{16}\mathrm{O}$-Reaktion, der nach einer Unterbrechung von etwa 15 Jahren von dem kürzeren Neutronenpuls aus der Reaktion $^{22}\mathrm{Ne}(\alpha, n)^{25}\mathrm{Mg}$ gefolgt wird [Käp 89].

Im Rahmen des s-Prozesses treten Isotope der unterschiedlichsten Halbwertszeiten auf, die eine Untersuchung verschiedener Zeitskalen möglich machen. So wie sich bestimmte Verzweigungspunkte eignen, den Neutronenfluß zu bestimmen, beispielsweise bei $A = 147/148$ und $A = 185/186$, eignet sich Technetium dafür, den Transport zur Oberfläche festzulegen. Was das Alter unserer Galaxis betrifft, ist auch das Isotopenpaar $^{187}\mathrm{Re}/^{187}\mathrm{Os}$ von gewissem Interesse [Kir 78], [Yok 83], [Käp 91] (siehe aber auch [Thi 83], [Gro 89,90]).

14.3.2 Der p-Prozeß

Der astrophysikalisch plausibelste Ort für das Entstehen von schweren *neutronenarmen* Isotopen ($Z \geq 34$) scheint das Innere von weit entwickelten, massiven Sternen zu sein. Hier können durch (γ, n)-Photodisintegration von neutronenreicheren Kernen bei Temperaturen von $(2 \text{ bis } 3.2) \cdot 10^9$ K solche Isotope erzeugt werden. Als zwei solcher Orte bieten sich die O-Ne-Schicht während einer Supernova-Typ-II-Explosion, sowie das hydrostatische Sauerstoffbrennen in der Präsupernovaphase an [Pra 89]. Als Ausgangsverteilung der Kerne gilt im allgemeinen eine während des Heliumbrennens entstandene s-Prozeß-Verteilung. Detaillierte Rechnungen stimmen bis auf einen Faktor 3 mit etwa 60 % der im Sonnensystem beobachteten p-Häufigkeiten überein [Pra 89].

14.3.3 Der r-Prozeß

Damit mehrere Neutroneneinfänge wahrscheinlicher sind als ein β-Zerfall, müssen die Lebensdauern $\tau_{n,\gamma}$ in der Ordnung von 10^{-3} s liegen. Dies erfordert sehr hohe Neutronendichten von etwa $N_n \approx 10^{20}\,\mathrm{cm}^{-3}$. Solche Dichten sind nur in explosiven Szenarien zu erreichen, wie etwa Supernovaexplosionen. Damit ist der Ort des r-Prozesses wahrscheinlich auf solche Ereignisse beschränkt [Hil 78], [Kla 81], [Gro 89,90] [Cow 92]. Aufgrund des raschen Neutroneneinfangs wird der Kern sehr schnell um 10 bis 20 Einheiten von der β-Stabilitätslinie weggeführt, bis die β-Halbwertszeiten konkurrenzfähig werden (Abb. 14.3). Im „klassischen" r-Prozeß nahm man hierzu an, daß sich entlang der waagerechten Wege ein (n,γ)-(γ,n)-Gleichgewicht aufbaut, bis sich ein dominierender β-Zerfall einstellt („waiting point approximation"). Der Kern $(Z, A+i)$, wobei i die Anzahl der eingefangenen Neutronen angibt, ist nun an einem Haltepunkt, wo es erst durch β-Zerfall eine Weiterentwicklung gibt gemäß

$$(Z, A+i) \rightarrow (Z+1, A+i) + e^- + \bar{\nu}_e \tag{14.8}$$

Der hierdurch gebildete Kern fängt nun wieder j Neutronen ein, bis zu einem Kern $(Z+1, A+i+j)$, bei dem der nächste Wartepunkt erreicht ist. Die gebildeten neutronenreichen Kerne als Funktion von Z bilden den sogenannten r-Prozeß-Pfad (Abb. 14.2).

Die Häufigkeit eines Isotopes entlang des Weges wird beschrieben durch

$$\frac{dN_Z(t)}{dt} = \lambda_{Z-1}(t)N_{Z-1}(t) - \lambda_Z(t)N_Z(t) \tag{14.9}$$

Auch die Lösungen dieser Gleichung haben die Tendenz, einem Gleichgewicht zuzustreben. Die Häufigkeiten sind jedoch nun korreliert mit den β-Halbwertszeiten am Haltepunkt bei einer Ladung Z im Gegensatz zum s-Prozeß, wo die Häufigkeit mit dem Inversen des Einfangquerschnittes σ_A korreliert ist. Besonders dramatisch wird der Effekt für Kerne mit magischen Neutronenzahlen. Hier sind die Neutronenbindungsenergien besonders niedrig, d.h. die Neutroneneinfangs-Wirkungsquerschnitte gering, und die β-Halbwertszeiten relativ lang, es bildet sich ein Flaschenhals für den r-Prozeß aus. Findet dann ein Zerfall gemäß

$$(Z, N_m) \rightarrow (Z+1, N_{m-1}) \tag{14.10}$$

statt, ist der Kern immer noch relativ stabil, da er immer noch eine nahezu magische Neutronenzahl hat. Es kommt also zu einem langsamen Anwachsen von Z, bis der Kern nahe genug an die Stabilitätslinie gekommen ist, daß die Neutroneneinfangwahrscheinlichkeiten, relativ zu den β-Zerfallsraten, wieder höher werden und der Durchbruch gelingt.

Aufgrund des langen Warteprozesses werden entsprechend Isotope nahe den magischen Neutronenzahlen mit besonders großer relativer Häufigkeit gebildet. Da bei gleicher Neutronenzahl in diesem Fall aber die Ausgangskerne wesentlich weniger Protonen besitzen als im Fall des s-Prozesses (s-Prozeß geht „diagonal", r-Prozeß „waagerecht"), findet man experimentell diese Maxima in der Verteilung der stabilen Endkerne etwa 10 bis 15 Massen-Einheiten unterhalb der magischen Zahlen und damit unterhalb der Maxima aus dem s-Prozeß.

Der r-Pfad mit den entsprechenden Haltestellen ist abhängig von verschiedenen Parametern, beispielsweise Temperatur, Neutronendichte, Bindungsenergien und β-Halbwertszeiten. Höhere Neutronendichten sorgen für Haltestellen bei neutronenreicheren Kernen, während höhere Temperaturen den umgekehrten Effekt bewirken. Da die Neutron-Bindungsenergie exponentiell in die Bedingung für die Gleichheit der Raten für die Prozesse (n, γ) und (γ, n) eingeht (Gl. (14.3)), hat sie maßgeblich Einfluß auf die Haltestellen. Um sie zu bestimmen, benötigt man jedoch eine Massenformel für

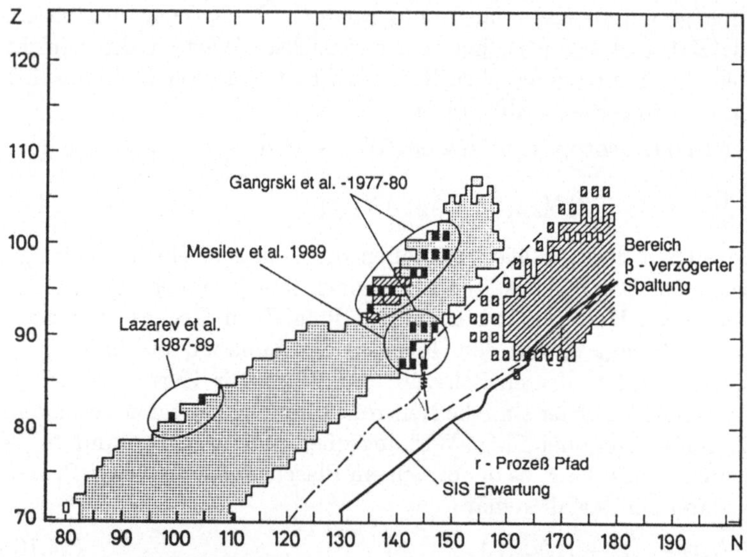

Abb. 14.4 Teil der Nuklidkarte. Der schraffierte Bereich zeigt die Bereiche, wo β-verzögerte Spaltung erwartet wird (auf der neutronenreichen Seite entsprechen die Inseln der Erwartung von [Wen 76], die gestrichelte Linie bezeichnet den Bereich nach [Thi 83]). Schwarze Quadrate kennzeichnen die bisher auf diesen Prozeß experimentell untersuchten Mutterkerne. Ebenfalls eingezeichnet ist der r-Prozeß-Pfad (aus [Sta 92a]).

Kerne weitab der Stabilität, die experimentell im Labor nicht zugänglich sind. Man ist deshalb auf theoretische Extrapolationen in diesen Bereich sehr empfindlich.

Setzt der Neutronenfluß dann aus, zerfallen die bis dahin gebildeten Kerne über β-Zerfall zurück in Richtung Stabilitätslinie. Diese β-Halbwertszeiten für Kerne fernab der Stabilität sind im Labor bisher meist nicht beobachtbar und müssen ebenfalls theoretisch berechnet werden.

Erst jüngst konnte hier ein großer Fortschritt durch mikroskopische Berechnung erreicht werden [Kla 84], [Sta 90b], [Sta 92a], [Hir 92b], [Hom 96]. Die β-Halbwertszeiten bestimmen den Massenbereich, bis zu dem sich der r-Prozeß fortsetzt, weiterhin die Häufigkeitsverteilung der gebildeten Isotope, insbesondere auch die Produktionsraten für die später zu besprechenden Kosmochronometer [Kla 89]. Bei welchen Massen der r-Pfad aufhört, hängt ebenfalls von kernphysikalischen Parametern ab, da hier Effekte wie β-verzögerte Spaltung und verzögerte Neutronenemission eine wesentliche Rolle spielen [Kla 83], [Kla 85], [Kla 86b], [Kla 89] [Kla 91a], [Kla 91d], [Hir 92b], [Sta 92a] (Abb. 14.2 und 14.4). Um diese Effekte korrekt zu berücksichtigen, benötigt man Informationen über die Spaltbarrieren, die ebenfalls nur theoretisch in diesen Bereich extrapoliert werden können [Kla 79], [Sta 92a]. Man erwartet das Ende des Pfades bei $A \simeq 270$. Auch kann auf dem Weg zurück zur Stabilitätslinie die Wahrscheinlichkeit für spontane Spaltung größer werden als für β-Zerfall. Die Spaltbarrieren bestimmen auch, ob es möglich sein wird, superschwere Kerne zu erzeugen [Sta 92a]. Diese werden im Bereich magischer Protonen- ($Z = 114$) und Neutronenzahlen ($N = 184$) erwartet. Gerade beim r-Prozeß zeigt sich, wie wichtig kernphysikalische Rechnungen in ihren Auswirkungen auf die Astrophysik sein können. Für eine Übersicht siehe auch [Gro 89,90].

Die klassische Idee des r-Prozesses geht von Eisenkernen als Keimen für den sukzessiven Aufbau der schwereren Elemente aus. Und zwar nahm man an, daß die äußersten Schichten des sich in Supernova-Explosionen bildenden Neutronensterns sich hierfür sehr gut eignen. Unberücksichtigt blieb hierbei jedoch die kohärente elastische Neutrino-Eisen-Streuung [Fre 74], [Fre 93], welche zu einer erhöhten Neutrinodichte führt und damit einer geringeren Neutronendichte, aufgrund einer erhöhten $\nu n \to ep$ Reaktionsrate. Außerdem geht in derartige Berechnungen der Massenschnitt (siehe Kap. 14.2) ganz bedeutend ein. Generell findet man in solchen Rechnungen eine massive Überproduktion an r-Elementen [Hil 78].

Besser zu funktionieren, wenn auch noch nicht alle Fragen geklärt sind, scheint das Modell des explosiven Heliumbrennens [Kla 81], [Kla 83],

[Mat 90b], [Kla 91a]. Der auslaufende Schock sorgt in der heliumbrennenden Schale für etwa 0.5 s für sehr hohe Neutronendichten, die den Ablauf des r-Prozesses erlauben. Hierbei kommen die Neutronen hauptsächlich aus der $^{22}\mathrm{Ne}(\alpha,n)^{25}\mathrm{Mg}$-Reaktion. Mit einer Anfangsverteilung der Elemente, die der solaren entspricht und durch CNO-Zyklus und s-Prozeß modifiziert ist, läßt sich so die beobachtete Häufigkeit gut reproduzieren (Abb. 14.5) [Kla 83], [Kla 86a], [Gro 89,90], [Kla 91d]. Die Haupteigenschaften, die es zu erklären gibt, sind die beiden Peaks bei $A = 130$ und $A = 195$ sowie ein Plateau bei $A = 80$. Um einen Vergleich der Rechnungen mit den *beobachteten* r-Prozeß-Isotopenhäufigkeiten zu bekommen, subtrahiert man von den beobachteten Häufigkeiten die der s-Prozeß Elemente. Das Restspektrum wird dann dem r-Prozeß zugeschrieben. Die Nukleosynthese gleicht danach mehr einer Umformung einer s-Verteilung in eine r-Verteilung als einem sukzessiven Aufbau aus Kernen der Eisengruppe.

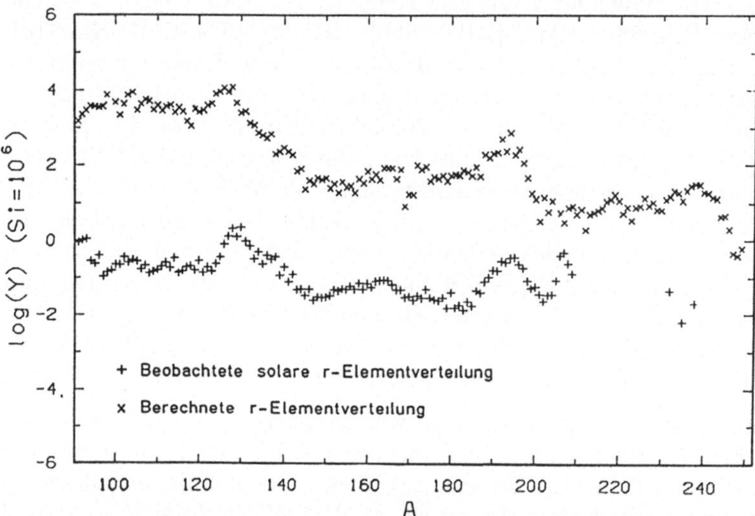

Abb. 14.5 Berechnete Elementhäufigkeiten der stabilen Elemente nach dem r-Prozeß im explosiven Helium-Brennen als Funktion der Massenzahl A. Ebenso dargestellt sind die beobachteten solaren Häufigkeiten (aus [Thi 83], [Kla 83],[Gro 89,90]).

Bezogen auf die Gesamtmasse des Sterns von ca. 25 $M_\odot$ entspricht die im explosiven He-Brennen erzielte Anreicherung von r-Material einem Faktor von 10 bis 20, und ist damit vergleichbar mit dem Anreicherungsfaktor, der aus dem explosiven Brennen der inneren Schalen (siehe Kap. 14.2) für leichtere Elemente folgt [Wea 80], [Woo 82].

Modelle mit primordialem r-Prozeß in einer inhomogenen primordialen Nukleosynthese (siehe Kap. 4) sind nicht in der Lage, die beobachtete Häufigkeitsverteilung der schweren Elemente zu erklären [Kaj 88], [App 85].

Neuere Modelle gehen zum Teil wieder zurück zu einer Bildung der r-Elemente im *Inneren* der Supernova [Mey 92], [Woo 94]. Produktion der r-Elemente und ihr Transport an die Oberfläche geschieht dann mit Hilfe der Neutrino-geheizten heißen Blasen („hot bubbles")[Mey 92], [Woo 94] (siehe Kap. 13.1.2). Abb. 14.6 zeigt auf *diese* Weise berechnete r-Prozeß-Häufigkeiten als Funktion der Massenzahl. Mögliche Neutrinooszillationen (MSW-Effekt) könnten nicht nur die Supernova-Dynamik, sondern in einem solchen Prozeß auch die Nukleosynthese beeinflussen [Ful 93], [Ful 95]. Umgekehrt versucht man, aus der Forderung nach der Möglichkeit eines solchen Prozesses Einschränkungen für die Mischungsparameter abzuleiten [Qia 93].

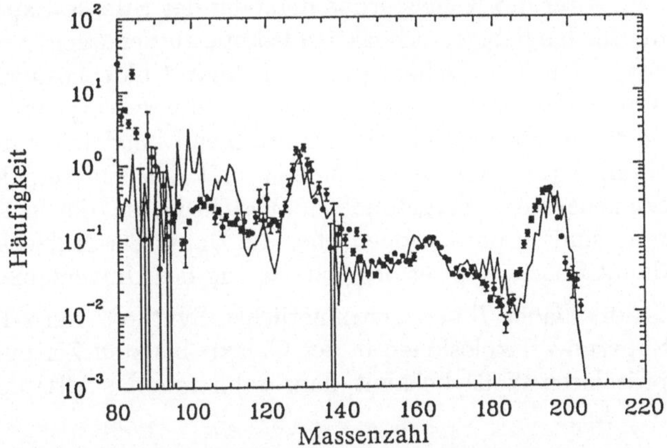

Abb. 14.6 Berechnete r-Prozeß-Häufigkeiten (durchgezogene Linie) als Funktion der Massenzahl in einem r-Prozeß in heißen Blasen („hot bubbles") außerhalb des Neutronensterns. Die Rechnung wird verglichen mit gemessenen solaren r-Prozeß-Häufigkeiten (Punkte) (aus [Käp 89]). Die Rechnung ist normiert auf die solare Häufigkeit von ^{129}Xe (aus [Woo 94]).

Ein Problem neuerer 2-dimensionaler Modellrechnungen ist, daß zuviel neutronenreiche Materie emittiert wird. Insbesondere ist die Synthese der Elemente um Fe herum unvereinbar mit der Beobachtung [Woo 94], [Bur 95], [Mül 95c]. Eine Lösung könnte vergrößerte Verzögerung der Explosion über die gegenwärtigen 50 bis 100 ms hinaus sein, was eine weitere Abnahme der Masse und Dichte des emittierten Materials durch Rückeinfall erlauben würde [Bur 95], [Bur 95a]. Modellrechnungen dieser Art unter Verwendung neuerer Kerndaten, z.B. zum β-Zerfall, stehen allerdings noch aus.

14.3.4 Kosmochronometer und das Alter des Universums

Einige der durch r- oder s-Prozeß erzeugten Isotope eignen sich besonders, um Aussagen über die chemische Entwicklungsgeschichte unserer Galaxie und das Alter des Universums zu gewinnen. Wir haben in Kap. 4 gesehen, daß während der primordialen Nukleosynthese nur leichte Kerne entstanden sind. Nach der Entstehung unserer Milchstraße konnten mit der Bildung einer ersten Generation von Sternen dann auch schwerere Elemente entstehen. Später kollabierte der präsolare Nebel und entkoppelte sich damit von der allgemeinen chemischen Entwicklung der Milchstraße. Alle schweren Elemente innerhalb unseres Planetensystems müssen bereits bei der Nukleosynthese vor der Entstehung des Sonnensystems entstanden sein. Basierend auf theoretischen Nukleosyntheserechnungen ist es möglich, ein Alter des Universums zu gewinnen, unabhängig von anderen Methoden, wie etwa dem Alter der Kugelsternhaufen oder der Hubble-Expansion. Die Methode, hierfür langlebige, radioaktive Isotope zu benutzen, analog der Verwendung von ^{14}C in der Archäologie, nennt man Nukleokosmochronologie [Sym 81], [Gro 89,90]. Diese Methode gewinnt durch Vergleich der Verhältnisse berechneter Produktionsraten hinreichend langlebiger im r-Prozeß erzeugter Nuklide (der Kosmochronometer) mit den zur Zeit der Kondensation des Sonnensystems vorgefundenen Verhältnissen (die in Meteoriten „eingefroren“ sind), Informationen über die Dauer der Nukleosynthese-Periode und damit über das Alter der Galaxis und des Universums.

Ist die Dauer T der kontinuierlichen Synthese von r-Kernen aufgrund von Supernova-Explosionen in der Galaxis bis zum Zeitpunkt der Isolation der präsolaren Wolke bekannt, dann kann man das Alter des Universums schreiben als

$$t_0 = (T + t_{SS} + \Delta + 10^9)\,\text{Jahre}, \tag{14.11}$$

wobei $t_{SS} = (4.55 \pm 0.07) \cdot 10^9$ Jahre das Alter des Sonnensystems [Kir 78], $\Delta \approx 10^8$ Jahre die Zeit zwischen der Isolation der präsolaren Wolke (oder der letzten Passage eines Spiralarms durch die präsolare Wolke) und ihrer Kondensation darstellt. Der zusätzliche Summand 10^9 berücksichtigt in grober Weise die Zeitspanne zwischen Urknall und Beginn der galaktischen r-Prozeß-Nukleosynthese. Um nun Aussagen über T zu bekommen, benötigt man Kerne mit $T_{1/2} \gg \Delta$. Hierfür erweisen sich die Isotope ^{232}Th ($T_{1/2} = 14.05 \cdot 10^9$ Jahre), ^{238}U ($T_{1/2} = 4.47 \cdot 10^9$ Jahre) als besonders geeignet. Ist man dagegen eher an Informationen über letzte Syntheseereignisse und an Δ interessiert, bieten sich kürzerlebige Isotope wie ^{244}Pu ($T_{1/2} = 8.26 \cdot 10^7$ Jahre) oder ^{129}I ($T_{1/2} = 1.57 \cdot 10^7$ Jahre) an. ^{235}U ($T_{1/2} = 7.04 \cdot 10^8$ Jahre) hat hierbei eine Zwischenstellung.

Die Größe, aus der T im Prinzip berechnet werden kann, ist gegeben durch [Thi 83]

$$R_{ij} = \frac{Y_i^p / Y_j^p}{Y_i(T+\Delta)/Y_j(T+\Delta)}, \tag{14.12}$$

wobei Y_i^p und Y_j^p die Produktionsraten zweier Chronometer im r-Prozeß und $Y_{i,j}(T+\Delta)$ ihre Häufigkeiten zum Zeitpunkt der Kondensation der präsolaren Wolke darstellen. Im allgemeinen muß man Annahmen über die Evolution der Galaxis machen, um zu konkreten Antworten bzgl. T zu kommen.

Wir wollen zunächst einmal als didaktisches Beispiel, das der Realität natürlich nicht entspricht, den Fall annehmen, daß nur ein einziges r-Prozeß-Ereignis zum Zeitpunkt t_n für die Entstehung der Chronometer verantwortlich ist. Zur Bestimmung des Zeitpunktes t_n betrachten wir das Verhältnis $^{232}\mathrm{Th}/^{238}\mathrm{U}$. Aus Untersuchungen von Meteoriten erhält man für das Verhältnis 2.5 ± 0.2 [Sym 81]. Diese Zahl stimmt gut mit der Erwartung überein, daß das Sonnensystem seit dem Kollaps der präsolaren Wolke ein abgeschlossenes System bildet, denn das *heute* beobachtete Verhältnis [Fow 78] von

$$\frac{^{232}\mathrm{Th}}{^{238}\mathrm{U}} = 4.0 \pm 0.2 \tag{14.13}$$

entspricht genau der Annahme des ungestörten Weiterzerfalls der in den Meteoriten enthaltenen Isotope. Wir verwenden im folgenden das erstmalig auf mikroskopischen Kernstrukturrechnungen basierende Produktionsverhältnis für $^{232}\mathrm{Th}/^{238}\mathrm{U}$ im r-Prozeß von 1.39 [Kla 83], [Thi 83], [Gro 89,90]. Aus diesem Startverhältnis geht das in Meteoriten beobachtete Verhältnis von 2.5 hervor nach einer Zeit freien Zerfalls t_n, die sich bestimmt aus

$$\frac{\lambda_{232}}{\lambda_{238}} = \left(\frac{^{232}\mathrm{Th}}{^{238}\mathrm{U}}\right)_s \frac{\exp(t_n/\tau_{232})}{\exp(t_n/\tau_{238})} \tag{14.14}$$

Es ergäbe sich dann eine Zeit von $t_n \approx 5.5 \cdot 10^9$ Jahren für den Zeitpunkt der Nukleosynthese vor dem Zeitpunkt der Kondensation des Sonnensystems. (In Gl. (14.14) bezeichnet $(^{232}\mathrm{Th}/^{238}\mathrm{U})_s$ das Isotopenverhältnis zum Zeitpunkg der Kondensation des Sonnensystems.) Interessanter als t_n ist die Zeit $2t_n$, denn diese sollte in mehr oder weniger modellunabhängiger Weise der Zeit $T + \Delta$ entsprechen [Sym 81]. Für hinreichend langlebige Chronometer sollte nämlich kontinuierliche Produktion als *ein* Ereignis gesehen werden, das in der Mitte des Produktionsintervalls stattfindet (für das $^{232}\mathrm{Th}/^{238}\mathrm{U}$-Paar ist das nicht ganz erfüllt und folglich sind die abgeleiteten Alter zu kurz). Es ergibt sich damit ein Alter der Galaxis von etwa $15.6 \cdot 10^9$ Jahren.

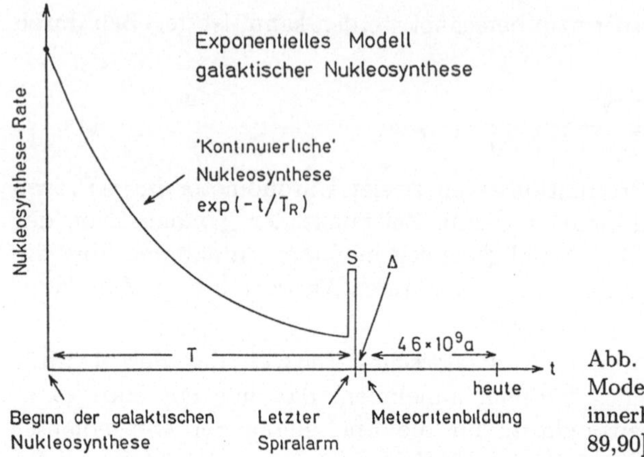

Abb. 14.7
Modell für die Nukleosynthese innerhalb der Galaxis (aus [Gro 89,90]). Für Details siehe Text.

Betrachten wir nun ein realistischeres Modell kontinuierlicher Produktion von r-Nukliden (etwa in vielen Supernova-Explosionen) wie es in Abb. 14.7 gezeigt ist (siehe [Fow 60], [Fow 72], [Fow 78], [Gro 89,90]). Es macht folgende Annahmen: Kontinuierliche, exponentiell abnehmende Nukleosynthese, charakterisiert durch einen Parameter T_R, bedingt durch die Abnahme der an den synthetisierenden Prozessen teilnehmenden Materie durch Kondensation von Materie in Weißen Zwergen, Neutronensternen, Schwarzen Löchern etc.; explizite Berücksichtigung eines letzten „Spikes" in der Nukleosynthese, der dem letzten „Durchgang" eines Spiralarms (Dichtewelle) durch die solare Wolke entspricht (eine Supernova, welche auch den Kollaps der präsolaren Wolke triggerte?), und der einen Bruchteil S zur totalen galaktischen Nukleosynthese beiträgt; es folgt dann eine Zeit Δ des freien Zerfalls bis zur Kondensation des Sonnensystems vor $4.55 \cdot 10^9$ Jahren. Die Häufigkeit Y_i einer Kernsorte i zur Zeit $(T + \Delta)$ der Kondensation des Sonnensystems ist in diesem Modell in einfacher Weise verknüpft mit ihrer Produktionsrate Y_i^P im r-Prozeß, ihrer Halbwertszeit τ_i und den Parametern T, S, T_R, Δ (siehe [Thi 83]).

Kennt man also vier Paare von Chronometern mit ihren *Produktionsverhältnissen* Y_i^P / Y_j^P und ihre Häufigkeitsverhältnisse $Y_i(T + \Delta)/Y_j(T + \Delta)$ zur Zeit $(T + \Delta)$, so lassen sich die vier Parameter T, S, T_R, Δ aus einem System vier einfacher Gleichungen

$$\frac{Y_i(T + \Delta)}{Y_j(T + \Delta)} = \frac{Y_i^P}{Y_j^P} \frac{f(T, S, T_R, \Delta, \tau_i)}{f(T, S, T_R, \Delta, \tau_j)} \tag{14.15}$$

bestimmen. Wenn auch ein „kontinuierliches" Modell wie das beschriebene für den Zeitbereich *vor* einigen 10^8 Jahren vor der Kondensation des Sonnensystems sinnvoll sein dürfte, wäre die Berücksichtigung *mehrerer* „Spikes“ sicherlich wünschenswert. Dies würde andererseits aber die gute Kenntnis der Verhältnisse von mehr chronometrischen Paaren erfordern. Unter Verwendung der Chronometerpaare ^{232}Th/^{238}U, ^{235}U/^{238}U, ^{244}Pu/^{238}U, ^{129}I/^{127}I erhält man für die Dauer der Nukleosynthese einen Wert von $14.6^{+2}_{-5} \cdot 10^9$ Jahren [Thi 83]. Diese Zahl hängt nicht nur empfindlich von theoretischen Extrapolationen der β-Zerfallsdaten für neutronenreiche Kerne wie β-Zerfall und Kernmassenformeln ab, sondern ebenso empfindlich von den experimentellen Häufigkeiten der Chronometer in Meteoriten. Für ausführliche Diskussionen verweisen wir auf [Thi 83], [Gro 89,90]. Nach Gl. (14.11) ergibt sich hieraus ein Alter des Universums von 20.2^{+2}_{-5} Milliarden Jahren. Berechnet man sich die Hubble-Zeit (siehe Kap. 3) aus einer Hubble-Konstanten von $50\,\mathrm{km\,s^{-1}\,Mpc^{-1}}$, so bekommt man $t_0 = H_0^{-1} = 19.5 \cdot 10^9$ Jahre. Die Kosmochronometer scheinen also einen niedrigen Wert der Hubble-Konstante zu bevorzugen. Neuere Untersuchungen von Kugelsternhaufen ergeben Werte des Alters zwischen 14 und 20 Milliarden Jahren (siehe Kap. 3) [Tam 86], [Buo 89], [San 90a], [Ber 95], [Ber 96].

Die weitere Bedeutung einer zuverlässigen Ermittlung des Alters des Universums für die Bestimmung der kosmologischen Konstanten wurde bereits in Kap. 5 besprochen.

Literaturverzeichnis

[Aba 91] A.I. Abazov et al., SAGE-Koll., Phys. Rev. Lett. **67** (1991) 3332
[Aba 95] S. Abachi et al., D0-Koll., Phys. Rev. Lett. **74** (1995) 2632
[Aba 95a] S. Abachi et al., D0-Koll., Phys. Rev. Lett. **75** (1995) 618
[Abb 88] L. Abbott, Sci. American **258,5** (1988) 82
[Abd 95] J.N. Abdurashitov et al., SAGE-Koll., Nucl. Phys. B (Proc. Suppl.) **38** (1995) 60
[Abd 96] J.N. Abdurashitov et al., SAGE-Koll., Nucl. Phys. B (Proc. Suppl.) **48** (1996) 299
[Abe 58] G. O. Abell, ApJ Suppl. **3** (1958) 211
[Abe 84] R. Abela et al., Phys. Lett. B **146** (1984) 431
[Abe 90] F. Abe et al., CDF-Koll., Phys. Rev. Lett. **65** (1990) 2243
[Abe 93] H. Abele et al., Phys. Lett. B **316** (1993) 26
[Abe 94] F. Abe et al., CDF-Koll., Phys. Rev. D **50** (1994) 2966
[Abe 95a] F. Abe et al., CDF-Koll., Phys. Rev. Lett. **74** (1995) 2626
[Abe 95b] F. Abe et al., CDF-Koll., Phys. Rev. Lett. **75** (1995) 11
[Abe 96] F. Abe et al., CDF-Koll., Phys. Rev. Lett. **76** (1996) 2006
[Abr 92] A. Abramovici et al., LIGO-Koll., Science **256** (1992) 325
[Ach 77] Y. Achiman, B. Stech, Phys. Lett. B **77** (1977) 389
[Ach 95] B. Achkar et al., Nucl. Phys. B **434** (1995) 503
[Ada 93] F.C. Adams et al., Phys. Rev. Lett. **70** (1993) 2511
[Ade 90] B. Adeva et al., L3-Koll., Phys. Lett. B **248** (1990) 227
[Adl 95] R. Adler et al., CPLEAR-Koll., Phys. Lett. B **363** (1995) 243
[Afo 85] A.I. Afonin et al., JETP Lett. **42** (1985) 285
[Agl 87] M. Aglietta et al., Frejus-Koll., Europhys. Lett. **3** (1987) 1315
[Agl 89] M. Aglietta et al., Frejus-Koll., Europhys. Lett. **8** (1989) 611
[Aha 91] F. Aharonian et al., HEGRA-Koll., Proc. 22nd Int. Cosmic Ray Conf., Dublin 4 (1991) 452
[Ahl 88] S.P. Ahlen et al., MACRO-Koll., Phys. Rev. Lett. **61** (1988) 145
[Ahl 93] S.P. Ahlen et al., MACRO-Koll., Nucl. Inst. Meth. **324** (1993) 337
[Ahl 94a] S.P. Ahlen et al., MACRO-Koll., Phys. Rev. Lett. **72** (1994) 608
[Ahl 94b] S.P. Ahlen et al., MACRO-Koll., Nucl. Inst. Meth. A **350** (1994) 351
[Ahm 94] T. Ahmed et al., H1-Koll., Z. Phys. C **64** (1994) 545
[Ahr 85] L. Ahrens et al., Phys. Rev. D **31** (1985) 2732
[Aid 95] S. Aid et al., H1-Koll., Phys. Lett. B **353** (1995) 578
[Aid 96] S. Aid et al., H1-Koll., Nucl. Phys. B **472** (1996) 3
[Aid 96a] S. Aid et al., H1-Koll., Phys. Lett. B **380** (1996) 461

[Aid 96b] S. Aid et al., H1-Koll., Z. Phys. C **71** (1996) 211

[Aid 96c] S. Aid et al., H1-Koll., Preprint DESY-96-163 , und Nucl. Phys. B **483** (1997) 44

[Ait 89] I.J.R. Aitchison, A.J.G. Hey, Gauge Theories in Particle Physics, Adam Hilger LTD, Bristol 1989

[Akh 88] E.Kh. Akhmedov, Phys. Lett. **B213** (1988) 64

[Akh 97] E.Kh. Akhmedov, Proc. Fourth Int. Solar Neutrino Conf., Heidelberg, April 8 – 11, 1997

[Akr 91] M.Z. Akrawy et al., OPAL-Koll., Z. Phys. C **49** (1991) 49

[Alb 82] A. Albrecht, P.J. Steinhardt, Phys. Rev. Lett. **48** (1982) 1220

[Alb 87] H. Albrecht et al., ARGUS-Koll., Phys. Lett. B **192** (1987) 245

[Alb 89] A. Albrecht, N. Turok, Phys. Rev. D **40** (1989) 973

[Alb 92] H. Albrecht et al., ARGUS-Koll., Phys. Lett. B **292** (1992) 221

[Alb 94] H. Albrecht et al., ARGUS-Koll., Phys. Lett. B **324** (1994) 249

[Alc 86] C. Alcock, E. Fashi, A. Olinto, Astrophys. J. **310** (1986) 261

[Alc 87] C. Alcock, G. Fuller, G. Mathews, ApJ **320** (1987) 439

[Alc 93] C. Alcock et al., MACHO-Koll., Nature **365** (1993) 621

[Alc 95] C. Alcock et al., MACHO-Koll., Phys. Rev. Lett. **74** (1995) 2867

[Alc 96] C. Alcock et al., MACHO-Koll., Preprint astro-ph 9606165 (1996)

[Ale 82] E.N. Alekseev et al., Lett. Nuovo Cimento **35** (1982) 413

[Ale 83] E.N. Alekseev et al., XVIII. Int. Cosmic Ray Conf., Bangalore, India, 1983, Vol. 5, p. 52

[Ale 87] E.N. Alekseev, L.N. Alexeyeva, I.V. Krivosheina, V.I. Volchenko, JETP Lett. Vol. **45** (1987) 589

[Ale 87a] E.N. Alekseev, L.N. Alexeyeva, I.V. Krivosheina, V.I. Volchenko, Proc. ESO Workshop SN1987A, ESO, Garching bei München, 6 – 8 July 1987, p. 237

[Ale 88] E.N. Alekseev, L.N. Alexeyeva, I.V. Krivosheina, V.I. Volchenko, Phys. Lett. B **205** (1988) 209

[Ale 88a] E.N. Alekseev, L.N. Alexeyeva, I.V. Krivosheina, V.I. Volchenko, in Neutrino Physics, ed. H.V. Klapdor, B. Povh, Springer, Heidelberg, 1988, p. 288

[Ale 92] A. Alessandrello et al., Phys. Lett. B **285** (1992) 176

[Ale 94] A. Alessandrello et al., Nucl. Phys. B (Proc. Suppl.) **35** (1994) 366

[Ale 95] ALEPH-Koll., CERN-PPE 95-03 (1995)

[Ali 92] J. Alitti et al., UA2-Koll., Phys. Lett. B **276** (1992) 354

[All 90] B. Allen, E.P.S. Shellard, Phys. Rev. Lett. **64** (1990) 119

[Alp 48] R.A. Alpher, R.C. Herman, Nature **162** (1948) 774

[Als 93] M. Alston-Garnjost et al., Phys. Rev. Lett. **71** (1993) 831

[Alt 94] T. Althaus, Sterne und Weltraum **3** (1994) 181

[Ama 91] U. Amaldi, W. deBoer, H. Fürstenau, Phys. Lett. B **260** (1991) 447, Proc. Joint Lepton-Photon Symp. and Europhys. Conf. on High Energy Physics, Geneva 1991, World Scientific, Singapore, Vol. 1, p. 690

[And 89] E. Anders, N. Grevesse, Geochim. Cosmochim. Acta **53** (1989) 197

[Ang 86] C. Angelini et al., Phys. Lett. B **179** (1986) 307

[Ann 95] Annals N.Y. Acad. of Sciences **759** (1995), 450ff.

[Ano 92] O.L. Anosov et al., Proc. NEUTRINO'92, Nucl. Phys. B (Proc. Suppl.) **31** (1993) 111

[Ans 92] P. Anselmann et al., GALLEX-Koll., Phys. Lett. B **285** (1992) 376

[Ans 92a] P. Anselmann et al., GALLEX-Koll., Phys. Lett. B **285** (1992) 390

[Ans 94] P. Anselmann et al., GALLEX-Koll., Phys. Lett. B **327** (1994) 377

[Ans 95a] P. Anselmann et al., GALLEX-Koll., Phys. Lett. B **342** (1995) 440

[Ans 95b] P. Anselmann et al., GALLEX-Koll., Nucl. Phys. B (Proc. Suppl.) **38** (1995) 68

[Ans 95c] P. Anselmann et al., GALLEX-Koll., Phys. Lett. B **357** (1995) 237

[Ans 95d] R. Ansari et al., Preprint astro-ph 9502102 (1995)

[Ans 96] R. Ansari et al., Preprint astro-ph 9607040 (1996)

[Ant 88] A. Antoniadis et al., Phys. Lett. B **194** (1988) 231

[Ant 89] A. Antoniadis et al., Phys. Lett. B **208** (1989) 209

[App 85] J.H. Applegate, C.J. Hogan, Phys. Rev. D **31** (1985) 3037

[App 87] T. Appelquist, A. Chodos, P.G.O. Freund, Modern Kaluza-Klein-Theories, Frontiers in Physics Bd. 65, Addison-Wessley 1987

[App 88] J.H. Applegate, Phys. Rep. **163** (1988) 141

[Arm 95] B. Armbruster et al., KARMEN-Koll., Nucl. Phys. B (Proc. Suppl.) **38** (1995) 235

[Arn 77] W.D. Arnett, ApJ **218** (1977) 815, ApJ Suppl. **35** (1977) 145

[Arn 78] W.D. Arnett, in Physics and Astrophysics of Neutron Stars and Black Holes, ed. R. Giacconi, R. Ruffins, p. 356, Amsterdam, North Holland, 1978

[Arn 80] W.D. Arnett, Ann. N.Y. Acad. Sci. **336** (1980) 366

[Arn 83] G. Arnison et al., Phys. Lett. B **122** (1983) 103

[Arn 87] W.D. Arnett, J. Rosner, Phys. Rev. Lett. **58** (1987) 1906

[Arn 89] W.D. Arnett et al., Ann. Rev. Astr. Astroph. **27** (1989) 629

[Arn 91] W.D. Arnett, ApJ **383** (1991) 295

[Arp 91] H.C. Arp, D.L. Block, Sky and Telescope **4** (1991) 373

[Arp 96] C. Arpesella, et al., LUNA-Kollaboration, Nucl. Phys. B (Proc. Suppl.) **48** (1996) 375

[Art 95] V. Artemiev et al., Phys. Lett. B **345** (1995) 564

[Asa 81] Y. Asano et al., Phys. Lett. B **107** (1981) 159

[Ash 89] J. Ashman et al., EMC-Koll., Nucl. Phys. B **328** (1989) 1

[Asr 81] A.E. Asratyan et al., Phys. Lett. B **105** (1981) 301

[Ass 94] K. Assamagan et al., Phys. Lett. B **335** (1994) 231

[Ass 96] K. Assamagan et al., Phys. Rev. D **53** (1996) 6065

[Ath 95] C. Athanassopoulos et al., LSND-Koll., Phys. Rev. Lett. **75** (1995) 2650

[Ath 96] C. Athanassopoulos et al., LSND-Koll., Phys. Rev. Lett. **77** (1996) 3082 und preprint nucl-ex 96 05001 (1996)

[Aub 93] E. Aubourg et al., EROS-Koll., Nature **365** (1993) 623

[Auf 97] P. Aufmuth et al., Phys. Bl. **53** (1997) 205

[Aug 95] The Pierre Auger Project, Design Report, Auger-Koll. 1995

[Avi 87] F.T. Avignone et al., Phys. Rev. D **35** (1987) 2752

[Avi 88] F.T. Avignone, in Neutrinos, ed. H.V. Klapdor, Springer Verlag 1988, p. 147

[Bab 91a] K.S. Babu, R.N. Mohapatra, I.Z. Rothstein, Phys. Rev. D **44** (1991) 2265

[Bac 94] C. Bacci et al., Nucl. Phys. B (Proc. Suppl.) **35** (1994) 165

[Bae 95] H. Baer et al., Preprint hep-ph 9503479 (1995)

[Bah 71] J.N. Bahcall, R.K. Ulrich, ApJ **170** (1971) 593

[Bah 83] N.A. Bahcall, R.N. Soneira, ApJ **270** (1983) 20

[Bah 86] J.N. Bahcall et al., Phys. Lett. B **181** (1986) 369

[Bah 88a] N.A. Bahcall, Ann. Rev. Astron. Astroph. **26** (1988) 631

[Bah 88b] S.R. Bahcall, S. Tremaine, ApJ. Lett. **326** (1988) L1

[Bah 88c] J.N. Bahcall, R.K. Ulrich, Rev. Mod. Phys. **60** (1988) 297

[Bah 89] J.N. Bahcall, Neutrino Astrophysics, Cambridge Univ. Press, Cambridge 1989

[Bah 92] J.N. Bahcall, M.H. Pinsonneault, Rev. Mod. Phys. **64** (1992) 885

[Bah 95] J.N. Bahcall, M.H. Pinsonneault, Rev. Mod. Phys. **67** (1995) 781

[Bah 96] S.R. Bahcall, Nucl. Phys. B (Proc. Suppl.) **48** (1996) 309

[Bak 84] N.J. Baker et al., Phys. Rev. D **28** (1984) 2705

[Bal 79] V. Baluni, Phys. Rev. D **19** (1979) 2227

[Bal 85] R.M. Baltrusaitis et al., Nucl. Instr. Meth. A **240** (1985) 410

[Bal 89] M. Baldo-Ceolin, Proc. Theoretical and phenomenological aspects of underground physics TAUP'89, eds. A. Bottino, P. Monacelli, Edition Frontières 1989, p. 25

[Bal 92] M. Baldo-Ceolin (ed.), Neutrino Telescopes, Venedig 1992

[Bal 93] A. Balysh et al., Heidelberg-Moskau Koll., Phys. Lett. B **298** (1993) 278

[Bal 94a] M. Baldo-Ceolin et al., Z. Phys. C **63** (1994) 409

[Bal 94b] M. Baldo-Ceolin, Nucl. Phys. B (Proc. Suppl.) **35** (1994) 450

[Bal 94c] A. Balysh et al., Heidelberg-Moskau Koll., Phys. Lett. B **322** (1994) 176

[Bal 94d] A.J. Baltz, J. Weneser, Phys. Rev. D **50** (1994) 5971

[Bal 95a] A. Balysh et al., Heidelberg-Moskau-Koll., Proc. 27th Int. Conf. High Energy Physics, Glasgow, IOP Publishing, Bristol, 1995, p. 939

[Bal 95b] A. Balysh et al., Heidelberg-Moskau-Koll., Phys. Lett. B **356** (1995) 450

[Bam 95] P. Bamert, C. Burgess, R.N. Mohapatra, Nucl. Phys. B **449** (1995) 25

[Ban 87] T.M. Bania, R.T. Rood, T.L. Wilson, ApJ **323** (1987) 30

[Ban 92] S.R. Bandler et al., Phys. Rev. Lett. **68** (1992) 2429

[Bar 52] P.H. Barret et al., Rev. Mod. Phys. **24** (1952) 133

[Bar 64] V.E. Barnes et al., Phys. Rev. Lett. **12** (1964) 204

[Bar 80] I.R. Barabanov, Sov. JETP **32** (1980) 359

[Bar 84] B.C. Barish, in Monopole'83, ed. J.L. Stone, Plenum Press, New York, 1984, p. 367

[Bar 85] E. Baron, J. Cooperstein, S. Kahana, Phys. Rev. Lett. **55** (1985) 126

[Bar 88] R. Barbieri, R.N. Mohapatra, Phys. Rev. Lett. **61** (1988) 27

[Bar 89] V. Barger, G.F. Guidice, T. Han, Phys. Rev. D **40** (1989) 2987

[Bar 91] G.D. Barr, Proc. 15th Symp. on Lepton-Photon Interaction at high energies, Geneva, eds. S. Hegarty, K. Potter, E. Quercigh, World Scientific 1991, p. 179

[Bar 92a] R. Barloutaud, in Proc. Theoretical and phenomenological aspects of underground physics TAUP'91, Toledo, Spain, North Holland 1992

[Bar 92c] S. Barwick et al., J. Phys. G **18** (1992) 225

[Bar 93a] S. Barwick et al., AMANDA-Koll., Proc. Int. Conf. High Energy Physics, Dallas, AIP Conf. Proc. No. 272, ed. J.R. Sanford, 1993, p. 1250

[Bar 93b] G.D. Baron, G.D. Barr et al., NA31-Koll., Phys. Lett. B **317** (1993) 233

[Bar 93c] J. Bartelt et al., CLEO-Koll., Phys. Rev. Lett. **71** (1993) 1680

[Bar 94] S.D. Barthelmy et al., ApJ **427** (1994) 519

[Bau 86] N. Baumann et al., Proc. 12th Int. Conf. on Neutrino Physics und Astrophysics, Sendai, June, 1986, eds. T. Kitagaki und H. Yuta (World Scientific, Singapore, 1986)

[Bau 97] L. Baudis, J. Hellmig, H.V. Klapdor-Kleingrothaus, F. Petry, Y. Ramachers, Nucl. Instr. Meth. A **385** (1997) 265

[Bay 85] G. Baym et al., Phys. Lett. B **160** (1985) 181

[Bec 83] P. Becher, M. Böhm, H. Joos, Eichtheorien, Teubner Studienbücher, Stuttgart 1983

[Bec 84] J.P. Beckenstein, M. Milgram, ApJ **286** (1984) 7

[Bec 92] R. Becker-Szendy et al., IMB-Koll., Phys. Rev. Lett. **69** (1992) 1010

[Bec 93a] M. Beck et al., Heidelberg-Moskau-Koll., Phys. Rev. Lett. **70** (1993) 2853

[Bec 93b] M. Beck et al., Heidelberg-Moskau-Koll., Proc. 16th Texas Symp. on Rel. Astrophysics, 3rd Particles, Strings and Cosmology Symp., Berkeley, Annals New York Academy of Science 688, 1993

[Bec 94a] M. Beck et al., Heidelberg-Moskau-Koll., Proc. Theoretical and Phenomenological Aspects of Underground Physics, TAUP'93, eds. A. Arpesella, E. Bellotti, A. Bottino, Nucl. Phys. B (Proc. Suppl.) **35** (1994) 150

[Bec 94b] M. Beck et al., Heidelberg-Moskau-Koll., Phys. Lett. B **336** (1994) 141

[Bec 95] M. Becker, Ann. N.Y. Acad. Sci. **759** (1995) 250

[Bed 94a,b] V. Bednyakov, H.V. Klapdor-Kleingrothaus, S. Kovalenko, Phys. Lett. B **329** (1994) 5, Phys. Rev. D **50** (1994) 7128

[Bed 97a] V. Bednyakov, H.V. Klapdor-Kleingrothaus, S. Kovalenko, Y Ramachers, Z. Phys. A **357** (1997)

[Bed 97b] V. Bednyakov, H.V. Klapdor-Kleingrothaus, S. Kovalenko, Phys. Rev. D **55** (1997) 503

[Beg 84] M.C. Begelman, R.D. Blanford, M.J. Rees, Rev. Mod. Phys. **56** (1984) 255

[Bel 91] E. Bellotti et al., Phys. Lett. B **266** (1991) 193

[Bel 92] P. Belli et al., DAMA-Koll., Phys. Lett. B **295** (1992) 330

[Bel 94] L.A. Belolaptikov et al., Nucl. Phys. B (Proc. Suppl.) **35** (1994) 290

[Bel 95] A.I. Belesev et al., Phys. Lett. B **350** (1995) 263

[Bel 95a] E. Bellotti, Nucl. Phys. B (Proc. Suppl.) **38** (1995) 90

[Bel 96] G. Bellini, Nucl. Phys. B (Proc. Suppl.) **48** (1996) 363

[Bel 96a] L.A. Belolaptikov et al., Baikal-Koll., Preprint astro-ph 9601160 (1996)

[Ben 93] D.P. Bennett et al., MACHO-Koll., Ann. N.Y. Acad. Sci. **688** (1993) 612

[Ben 94a] P. Benetti et al., ICARUS-Koll., Nucl. Phys. B (Proc. Suppl.) **35** (1994) 276

[Ben 94b] C.L. Bennett et al., ApJ **436** (1994) 423

[Ben 95] C.L. Bennett, Nucl. Phys. B (Proc. Suppl) **38** (1995) 415

[Ber 72] K.E. Bergkvist, Nucl. Phys. B **39** (1972) 317

[Ber 85] S. Bermon et al., Phys. Rev. Lett. **55** (1985) 1850

[Ber 89a] S. van den Bergh, Astron. Astrophys. Rev. **1** (1989) 111

[Ber 89b] J. Bernstein, L.S. Brown, G. Feinberg, Rev. Mod. Phys. **61** (1989) 25

[Ber 90a] D.A. van den Berg, in Astrophysical Ages and Dating Methods, ed. E. Vangioni-Flan et al., Edition Frontières 1990 S. 241

[Ber 90b] V.S. Berezinskii et al., Astrophysics of Cosmic Rays, North Holland 1990

[Ber 90c] C. Berger et al., Frejus-Koll., Phys. Lett. B **245** (1990) 305

[Ber 90d] S. Bermon et al., Phys. Rev. Lett. **64** (1990) 839

[Ber 90e] M. Berry, Kosmologie und Gravitation, Teubner Studienbücher, Stuttgart 1990

[Ber 90f] M. Bertani et al., Europhys. Lett. **12** (1990) 613

[Ber 91] C. Berger et al., Frejus-Koll., Z. Phys. C **50** (1991) 385

[Ber 91a] S. van den Bergh, G.A. Tammann, Ann. Rev. Astr. Astroph. **29** (1991) 363

[Ber 91b] G. Bertin et al., Proc. 2nd DAEC-Meeting, The distribution of matter in the Universe (1991)

[Ber 91c] F. Bertola et al., ApJ **373** (1991) 369

[Ber 91d] M. Bershady, M.T. Ressel, M.S. Turner, Phys. Rev. Lett. **66** (1991) 1398

[Ber 92] D.L. Bertsch et al., Nature **357** (1992) 306
[Ber 93a] G. Berthomieu et al., Astron. Astroph. **268** (1993) 775
[Ber 93b] T. Bernatowicz et al., Phys. Rev. C **47** (1993) 806
[Ber 93c] E. Bertschinger, Ann. N.Y. Academy of Sciences **668** (1993) 297
[Ber 94] S. van den Bergh, R.D. McClure, ApJ **425** (1994) 205
[Ber 94a] C. Berger, Teilchenphysik, Springer, Heidelberg 1994
[Ber 95] S. van den Bergh, J. Roy. Astron. Soc. Canada **89** (1995) 6
[Ber 96] D.A. van den Berg, P.B. Statson, M. Bolte, Ann. Rev. Astron. Astroph. **34** (1996) 461
[Bet 38] H.A. Bethe, C.L. Critchfield, Phys. Rev. **54** (1938) 248 u. 862
[Bet 39] H.A. Bethe, Phys. Rev. **55** (1939) 434
[Bet 79] H.A. Bethe, G.E. Brown, J. Applegate, J.M. Lattimer, Nucl. Phys. A **324** (1979) 487
[Bet 82] H.A. Bethe, in Essays in Nuclear Astrophysics, ed. by C.A. Barnes, D.D. Clayton and D.N. Schramm, Cambridge University Press, Cambridge 1982
[Bet 85] H.A. Bethe, J.F. Wilson, ApJ **295** (1985) 14
[Bet 86] H.A. Bethe, Phys. Rev. Lett. **56** (1986) 1305
[Bet 86a] H.A. Bethe, in Proc. Int. School of Physics „Enrico Fermi", Course XCI, 1984, eds. A. Molinari, R.A. Ricci (Amsterdam: North Holland, 1986), p. 181
[Bet 88] H.A. Bethe, Ann. Rev. Nucl. Part. Sci. **38** (1988) 1
[Bet 92] S. Bethke, J.E. Pilcher, Ann. Rev. Nucl. Part. Sci. **42** (1992) 251
[Bib 87] K. van Bibber et al., Phys. Rev. Lett. **59** (1987) 759
[Bib 90] K. van Bibber et al., Proceedings „Cosmic Axions", ed. C. Jones, A. Melissinos, Brookhaven 1989, World Scientific, Singapore 1990, p. 98
[Big 92] G.F. Bignami, P.A. Caraveo, Nature **357** (1992) 287
[Big 93] G.F. Bignami, P.A. Caraveo, S. Mereghetti, Nature **361** (1993) 704
[Bil 87] S. Bilenky, S.T. Petcov, Rev. Mod. Phys. **59** (1987) 671
[Bin 87] J. Binney, S. Tremaine, Galactic Dynamics, Princeton Univ. Press 1987
[Bio 87] R.M. Bionta et al., IMB-Koll., Phys. Rev. Lett. **58** (1987) 1494
[Bir 84] M. Birkinshaw, S.F. Gull, H. Hardebeck, Nature **309** (1984) 34
[Bir 91] M. Birkinshaw, J.P. Hughes, K.A. Arnaud, ApJ **379** (1991) 466
[Bir 93] D.J. Bird et al., Fly's Eye-Koll., Phys. Rev. Lett. **71** (1993) 3401
[Bir 95] D.J. Bird et al., Fly's Eye-Koll., ApJ **441** (1995) 144
[Bla 87] R.D. Blanford, D. Eichler, Phys. Rep. **154** (1987) 1
[Bla 91] R.D. Blanford, H. Netzer, L. Woltjer, Active Galactic Nuclei, Springer Verlag 1991
[Bla 92] R.D. Blanford, R. Narayan, Ann. Rev. Astr. Astrophys. **30** (1992) 311
[Blo 84] H.J. Blome, W. Priester, Naturwissenschaften **71** (1984) 456, 515, 528

[Blu 84] G.R. Blumenthal et al., Nature **311** (1984) 517

[Boe 85] A.M. Boesgaard, G. Steigman, Ann. Rev. Astr. Astroph. **23** (1985) 318

[Boe 88] G. Boerner, The Early Universe, Springer Verlag 1988

[Boe 92] F. Boehm, P. Vogel, Physics of massive neutrinos, Cambridge Univ. Press, Cambridge 1992

[Boe 92a] F. Boehm, in Trends in Astroparticle Physics, ed. D. Cline, R. Peccei, Santa Monica 1990, World Scientific, Singapore 1992, p. 533

[Bol 87] E. Boldt, Phys. Rep. **146** (1987) 215

[Bol 91] M.M. Boliev et al., Proc. 3rd Int. Workshop on Neutrino Telescopes, ed. M. Baldo-Ceolin (1991) S. 235

[Bol 96] M.M. Boliev et al., Nucl. Phys. B (Proc. Suppl.) **48** (1996) 83

[Böh 94] H. Böhringer, Physik in unserer Zeit **3** (1994) 114

[Böh 95] H. Böhringer, Ann. N.Y. Acad. Sci. **759** (1995) 67

[Bon 88] J.M. Bonnet-Bidaud, G. Chardin, Phys. Rep. **170** (1988) 325

[Bon 94] G. Bonvicini, Nucl. Phys. B (Proc. Suppl.) **35** (1994) 441

[Boo 92a] Proc. 4th Int. Conf. of Low Temperature Dark matter and neutrino detectors, ed. N.E. Booth, G.L. Salmon, Oxford 1991, Edition Frontières (1992)

[Boo 92b] N.E. Booth et al., Nucl. Inst. Meth. A **315** (1992) 201

[Bor 85] S. Boris et al., Phys. Lett. B **159** (1985) 217

[Bor 86] M.J.G. Borge, ISOLDE-Koll., Phys. Scripta **34** (1986) 591

[Bor 87] S. Boris et al., Phys. Rev. Lett. **58** (1987) 2019

[Bor 91] BOREXINO-Koll., Proposal for a solar neutrino detector at Gran Sasso, 1991

[Bor 92] L. Borodovsky et al., Phys. Rev. Lett. **68** (1992) 274

[Bor 96] M. Boratav, Preprint astro-ph 9605087 (1996)

[Bos 96] A. Bosetti, Nucl. Phys. B (Proc. Suppl.) **48** (1996) 446

[Bot 94a,b] A. Bottino et al., Astropart. Phys. **2** (1994) 67, 77

[Bot 95] A. Bottino et al., Astropart. Phys. **3** (1995) 65

[Bou 89] A. Bouquet, J. Kaplan, F. Martin, Astron. Astroph. **222** (1989) 103

[Bou 91] L. Bouchet, ApJ **383** (1991) L45

[Bra 59] H. Bradner, W.M. Isbell, Phys. Rev. **114** (1959) 603

[Bra 84] L. Bracci et al., Phys. Lett. B **143** (1984) 357, ibid **155** (1985) 468 (Erratum)

[Bra 88] W. Braunschweig et al., Z. Phys. C **38** (1988) 543

[Bra 88a] C.B. Bratton et al., IMB-Koll., Phys. Rev. D **37** (1988) 3361

[Bra 90] C. Bradaschia et al., LISA-Koll., Nucl. Inst. Meth. A **289** (1990) 518

[Bro 68] A.L. Broadfoot, K.R. Kendall, J. Geophys. Res. Sp. Phys. **73** (1968) 426

[Bro 90] R. Broadhurst et al., Nature **343** (1990) 726

[Bru 78] G. Bruzual A., H. Spinrad, ApJ **220** (1978) 1

[Bru 85] S.W. Bruenn, Astrophys. J. Suppl. **58** (1985) 771

[Bru 87] S.W. Bruenn, Phys. Rev. Lett. **59** (1987) 938
[Buc 90] K.N. Buckland et al., Phys. Rev. D **41** (1990) 2726
[Büh 87] T. Bührke, Sterne und Weltraum **4** (1987) 199
[Buo 89] R. Buonanno, C.E. Corsi, F. Fusi Pecci, Astron. Astrophys. **216** (1989) 80
[Bur 57] E.M. Burbidge et al., Rev. Mod. Phys. **29** (1957) 547
[Bur 83] T.H. Burnett et al., JACEE-Koll., Phys. Rev. Lett. **51** (1983) 1010
[Bur 85] A. Burrows, in Solar Neutrinos and Astronomy, AIP Conf. Proc. **126** (1985) 283, eds. M.L. Cherry, W.A. Fowler, K. Lande
[Bur 86] A. Burrows, J.M. Lattimer, Astrophys. J. **307** (1986) 178
[Bur 87] T.H. Burnett et al., JACEE-Koll., Phys. Rev. D **35** (1987) 824
[Bur 88] H. Burkhardt et al., NA31-Koll., Nucl. Inst. A **268** (1988) 116
[Bur 90] D. Burstein, Rep. Prog. Phys. **53** (1990) 241
[Bur 92] A. Burrows, D. Klein, R. Gandhi, Phys. Rev. D. **45** (1992) 3361
[Bur 92a] A. Burrows, Trends in astroparticle physcis, eds. D. Cline, R. Peccei, World Scientific, Singapore (1992) 463
[Bur 93] C.P. Burgess, J.M. Cline, Phys. Lett. B **298** (1993) 141
[Bur 94] C.P. Burgess, J.M. Cline, Phys. Rev. D **49** (1994) 59251
[Bur 95] A. Burrows, J. Hayes, Ann. N.Y. Acad. Sci. **759** (1995) 375
[Bur 95a] A. Burrows, J. Hayes, B.A. Fryxell, Astrophys. J. **450** (1995) 830
[Bus 95] S. Buskulic et al., ALEPH-Koll., Phys. Lett. B **349** (1995) 585
[Bus 95a] S. Buskulic et al., ALEPH-Koll., Phys. Lett. B **349** (1995) 238
[But 93] J. Butterworth, H. Dreiner, Nucl. Phys. B **397** (1993) 3
[Byr 90] J. Byrne et al., Phys. Rev. Lett. **65** (1990) 289
[Cab 82] B. Cabrera, Phys. Rev. Lett. **48** (1982) 1378
[Cal 82] C. Callan, Phys. Rev. D **25** (1982) 2141
[Cal 90a] D.O. Caldwell et al., Mod. Phys. Lett. **A5** (1990) 203
[Cal 90b] D.O. Caldwell et al., Phys. Rev. Lett. **65** (1990) 1305
[Cal 91] D.O. Caldwell, J. Phys. G **17** (1991) S325
[Cal 92] D.O. Caldwell, Proc. TAUP'91 (Toledo), Nucl. Phys. B (Proc. Suppl.) 28A (1992)
[Cal 94] D.O. Caldwell, Prog. Part. Nucl. Phys. **32** (1994) 109
[Cal 95] D.O. Caldwell, R.N. Mohapatra, Phys. Lett. B **354** (1995) 371
[Cal 96] D.O. Caldwell, Nucl. Phys. B (Proc. Suppl.) **48** (1996) 158
[Cam 91] B.A. Campbell et al., Phys. Lett. B **256** (1991) 457
[Cam 93] R. Cameron et al., Phys. Rev. D **47** (1993) 3707
[Can 85] P. Candelas et al., Nucl. Phys. B **258** (1985) 46
[Cap 85] A.D. Caplin et al., Nature **317** (1985) 234
[Car 74] R.A. Carrigan Jr., F.A. Nezrick, B.P. Strauss, Phys. Rev. D **10** (1974) 3867
[Car 89] E.D. Carlson, L.J. Hall, Phys. Rev. D **40** (1989) 3187
[Car 90] R. Cariosi et al., NA31-Koll., Phys. Lett. B **237** (1990) 303
[Car 92] S.M. Carroll, W.H. Press, E.L. Turner, Ann. Rev. Astr. Astrophys. **30** (1992) 499
[Car 93] C.D. Carone, Phys. Lett. B **308** (1993) 141

[Car 94] B. Carr, Ann. Rev. Astr. Astroph. **32** (1994) 531

[Car 95] C.E. Carlson, P. Roy, M. Sher, Phys. Lett. B **357** (1995) 99

[Car 96] P.A. Caraveo et al., ApJ **461** (1996) L91

[Car 96a] B. Caron et al., Nucl. Phys. B (Proc. Suppl.) **48** (1996) 107

[Cas 48] H.G.B. Casimir, Proc. Kon. Akad. Wet. **51** (1948) 793

[Cav 84] J.F. Cavaignac et al., Phys. Lett. B **148** (1984) 387

[Ces 80] C.J. Cesarsky, Ann. Rev. Astr. Astroph. **18** (1980) 289

[Cha 39,67] S. Chandrasekhar, An Introduction to the Study of Stellar Structure, Dover, New York 1967

[Cha 92] E.J. Chaisson, Sci. American **6** (1992) 18

[Cha 94] C.C. Chang et al., Nucl. Phys. B (Proc. Suppl.) **35** (1994) 464

[Che 80] J.H. Chen, G.J. Wasserburg, Lunar Planetary Sci. **11** (1980) 131

[Che 88] H. Cheng, Phys. Rep. **158** (1988) 1

[Che 92] R.A. Chevalier, Nature **355** (1992) 691

[Chi 80] Y. Chikashige, R.N. Mohapatra, R.D. Peccei, Phys. Rev. Lett. **45** (1980) 1926

[Chr 64] J.H. Christenson et al., Phys. Rev. Lett. **13** (1964) 138

[Chr 72] C.J. Christensen et al., Phys. Rev. D **5** (1972) 1628

[Chr 94] J. Christensen-Dalsgaard, Europhys. News **25** (1994) 71

[Chr 96] J. Christensen-Dalsgaard, Nucl. Phys. B (Proc. Suppl.) **48** (1996) 325

[Chu 89] E.L. Chupp, W.T. Vestrand, C. Reppin, Phys. Rev. Lett. **62** (1989) 505

[Cin 93] D. Cinabro et al., CLEO-Koll., Phys. Rev. Lett. **70** (1993) 3701

[Cla 61] D.D. Clayton et al., Ann. of Phys. **12** (1961) 331

[Cla 68] D.D. Clayton, Principles of Stellar Evolution, McGraw-Hill 1968

[Cle 95] B.T. Cleveland et al., Nucl. Phys. B (Proc. Suppl.) **38** (1995) 47

[Cli 92] D. Cline, Proc. Fourth Internat. Workshop on Neutrino Telescopes, Venezia, March 10–13, 1992 (ed. M. Baldo-Ceolin), S. 399

[Coh 93] A.G. Cohen, D.B. Kaplan, A.E. Nelson, Ann. Rev. Nucl. Part. Sci. **43** (1993) 27

[Col 73] S. Coleman, E. Weinberg, Phys. Rev. D **7** (1973) 1888

[Col 88] S. Coleman, Nucl. Phys. B **310** (1988) 643

[Col 89] P.D.B. Collins, A.D. Martin, E.J. Squires, Particle Physics and Cosmology, J. Wiley and sons 1989

[Col 90] S.A. Colgate, in Supernovae, Jerusalem Winter School Vol. 6, eds. J.C. Wheeler, T. Piran, S. Weinberg, World Scientific, Singapore 1990, p. 249

[Col 90a] S.A. Colgate, in Supernovae, ed. S.E. Woosley, Springer 1990, p. 352

[Col 95] S.A. Colgate, P.J.T. Leonard, Proc. 24th Int. Cosmic Ray Conf., August 28–Sept 8, 1995, Rome, Vol. 2, p. 152

[Com 83] E.D. Commins, P.H. Bucksham, Weak interaction of leptons and quarks, Cambridge Univ. Press, Cambridge 1983

[Coo 84] J. Cooperstein, H.A. Bethe, G.E. Brown, Nucl. Phys. A **429** (1984) 527

[Coo 93] S. Cooper et al., Proposal, MPI-PhE Preprint **93-29** (1993)
[Cop 95] C.J. Copi, D.N. Schramm, M.S. Turner, Science **267** (1995) 192
[Cow 72] R. Cowsik, J. McClelland, Phys. Rev. Lett. **29** (1972) 669
[Cow 73] R. Cowsik, L. Wilson, Proc. 13th Int. Cosmic Ray Conf. Vol.1, Denver 1973, p. 577
[Cow 91] J.J. Cowan, F.K. Thielemann, J.W. Truran, Phys. Rep. **208** (1991) 267
[Cow 92] J.J. Cowan, F.K. Thielemann, J.W. Truran, Ann. Rev. Astr. Astroph. **29** (1992) 447
[Cox 68] J.P. Cox, R.T. Guili, Stellar Structure and Evolution, Gordon and Breach, New York 1968
[Cra 86] P. Crane et al., ApJ **309** (1986) 822
[Cre 79] R. Crewther et al., Phys. Lett. B **88** (1979) 323
[Cre 83] M. Creutz, Quarks, Gluons and Lattices, Cambridge Univ. Press., Cambridge 1983
[Cro 86] M.W. Cromar et al., Phys. Rev. Lett. **56** (1986) 2561
[Cro 93] J.W. Cronin, K.G. Gibbs, T.C. Weekes, Ann. Rev. Nucl. Part. Sci **43** (1993) 883
[Cun 91] D.C. Cundy, Proc. Neutrino'90, Nucl. Phys. B (Proc. Suppl.) **19** (1991) 227
[DaC 92] L.N. DaCosta, The stellar population of galaxies, IAU Proc. 159 (1992) p.191
[DaC 94] L.N. DaCosta et al., ApJ **424** (1994) L1
[Dan 95] F.A. Danevich et al., Phys. Lett. B **344** (1995) 72
[Dar 96] A. Dar, G. Shaviv, Nucl. Phys. B (Proc. Suppl.) **48** (1996) 335 und Preprint astro-ph 9604009 (1996)
[Dav 64] R. Davis, Phys. Rev. Lett. **12** (1964) 303
[Dav 83] M. Davis, P.J.E. Peebles, ApJ **267** (1983) 465
[Dav 84] R. Davis, B.T. Cleveland, J.K. Rowley, Proc. Conf. on Interactions between Particle and Nuclear Physics, Steamboat Springs, 23 – 30. Mai 1984
[Dav 89] K. Davidson, T.D. Kinman, S.D. Friedman, Astr. Journal **97** (1989) 1591
[Dav 92a] M. Davis, F.J. Summers, D. Schlegel, Nature **359** (1992) 393
[Dav 92b] R.L. Davis et al., Phys. Rev. Lett. **69** (1992) 1856
[Dav 92c] P. Davis, Sky and Telescope **1** (1992) 20
[Dav 92d] P. Davis (ed), The New Physics, Cambridge University Press, Cambridge 1992
[Dav 94a] R. Davis, Prog. Part. Nucl. Phys. **32** (1994) 13
[Dav 94b] R. Davis, Proc. 6th Workshop on Neutrino Telescopes, Venedig, ed. M. Baldo-Ceolin. 1994
[Dav 96] R. Davis Jr., Nucl. Phys. B (Proc. Suppl.) **48** (1996) 284
[Daw 95] B.R. Dawson, Ann. N.Y. Acad. Sci. **759** (1995) 460
[Dea 86] D.S.P. Dearborn, D.N. Schramm, G. Steigman, ApJ **302** (1986) 35

[deB 94] W. de Boer, Prog. Nucl. Part. Phys. **33** (1994) 201

[Dec 92a] D. Decamp et al., ALEPH-Koll., Phys. Lett. B **284** (1992) 151

[Dec 92b] D. Decamp et al., ALEPH-Koll., Phys. Rep. **216** (1992) 253

[Dek 90] A. Dekel, E. Bertschinger, S.M. Faber, ApJ **364** (1990) 349

[Dek 92] A. Dekel, in Proc. of Rencontres de Blois, Particle Astrophysics, Editions Frontières 1992

[Dek 93] A. Dekel et al., Astr. J. **412** (1993) 1

[Dek 94] A. Dekel, Ann. Rev. Astr. Astroph. **32** (1994) 371

[deL 86] N. deLapparant, M. Geller, J. Huchra, ApJ **302** (1986) L1

[Den 90] D. Denegri, B. Sadoulet, M. Spiro, Rev. Mod. Phys. **62** (1990) 1

[Der 83] A.V. Derbin, L.A. Popeko, Sov. J. Nucl. Phys. **38** (1983) 665

[Der 93a] A.I. Derbin et al., JETP Lett. **57** (1993) 769

[Der 93b] M. Derrick et al., ZEUS-Koll., Phys. Lett. B **306** (1993) 173

[Der 95] M. Derrick et al., ZEUS-Koll., Z. f. Physik C **65** (1995) 379

[Der 95a] M. Derrick et al., ZEUS-Koll., Z. Physik C **65** (1995) 627

[Der 96] M. Derrick et al., ZEUS-Koll., preprint Desy-96-076

[deR 96] A. de Rujula, Nucl. Phys. B (Proc. Suppl.) **48** (1996) 514

[DeW 67] B.S. DeWitt, Phys. Rev. **160** (1967) 1113

[DiC 93] A. DiCredico et al., MACRO-Koll., Proc. 23rd Int. Conf. on Cosmic Rays, Calgary, 1993

[Die 93] R. Diehl et al., Astr. Astroph. Suppl. **97** (1993) 181

[Die 95] R. Diehl, Ann. N.Y. Acad. Sci. **759** (1995) 384

[Dim 86] S. Dimopolous, G. Starkman, B. Lynn, Phys. Lett. B **168** (1986) 145

[Din 81] M. Dine, W. Fischler, M. Srednicki, Phys. Lett. B **104** (1981) 199

[Din 85] M. Dine et al., Phys. Lett. B **156** (1985) 55

[Din 90] M. Dine, Ann. Rev. Nucl. Part. Sci. **40** (1990) 145

[Din 92] M. Dine, in Particles and Fields'91, World Scientific, Singapore 1992

[Dir 31] P.A.M. Dirac, Proc. Roy. Soc. A **133** (1931) 60

[Dir 37] P.A.M. Dirac, Nature **139** (1937) 323

[Doi 85] M. Doi, T. Kotani, E. Takasugi, Progr. Theor. Phys. Suppl. **83** (1985) 1

[Dol 81] A.D. Dolgov, Y.B. Zeldovich, Rev. Mod. Phys. **53** (1981) 1

[Dol 82] A.D. Dolgov, Proc. of the 1982 Nuffield Workshop „The Very Early Universe“, ed. G.W. Gibbons, S.W. Hawking, S.T.C. Siklos, Cambridge Univ. Press, Cambridge 1983, p. 449

[Dol 90] P. Doll et al., KfK-Report **4686** (1990)

[Dol 92] A.D. Dolgov, Phys. Rep. **222** (1992) 309

[Dom 87] T. Dombeck et al., Phys. Lett. B **194** (1987) 491

[Don 92] J.F. Donoghue, F. Golowich, B.R. Holstein, Dynamics of the standard model, Cambridge Univ. Press, Cambridge 1992

[Dra 87] N. Dragon, U. Ellwanger, M.G. Schmidt, Prog. Part. Nucl. Phys. **18** (1987) 1

[Dre 83] S.D. Drell et al., Phys. Rev. Lett. **50** (1983) 644

[Dre 87] A. Dressler et al., ApJ **313** (1987) L37
[Dre 91a] A. Dressler, S.M. Faber, ApJ **354** (1991) L45
[Dre 91b] A. Dressler, Nature **350** (1991) 391
[Dre 94] H. Dreiner, P. Morawitz, Nucl. Phys. B **428** (1994) 31
[Dub 91] D. Dubbers, Prog. Part. Nucl. Sci. **26** (1991) 173
[Dun 92] D. Duncan, D. Lambert, D. Lemke, ApJ **401** (1992) 584
[Dus 92] W.J. Duschl, S.J. Wagner, ed., Physics of active galactic nuclei, Springer Verlag 1992
[Eck 96] A. Eckhart, R. Genzel, Nature **383** (1996) 415
[Eck 97] A. Eckhart, R. Genzel, Mon. Not. R. Astron. Soc. **284** (1997) 576
[Efi 88] N.N. Efimov et al., Catalogue of the Highest Energy Cosmic Rays, ed. WDC-C2 for cosmic rays **3** (1988) 1
[Efs 82] G. Efstathiou, R.S. Ellis, D. Carter, Mont. Not. Royal Astr. Soc. **201** (1982) 975
[Efs 83] G. Efstathiou, J. Silk, Fund. Cosmic. Phys. **9** (1983) 1
[Egg 95] K. Eggert, Nucl. Phys. B (Proc. Suppl.) **38** (1995) 240
[Egl 86] S. Egli et al., Phys. Lett. B **175** (1986) 97
[Ein 17] A. Einstein, Sitzungsberichte der Preuß. Akad. d. Wiss. S. **142** (1917)
[Eji 92] H. Ejiri et al., Nucl. Phys. B (Proc. Suppl.) **28A** (1992) 219
[Ell 84] J. Ellis et al., Nucl. Phys. B **238** (1984) 453
[Ell 87] J. Ellis, R.A. Flores, S. Ritz, Phys. Lett. B **198** (1987) 393
[Ell 87a] S.R. Elliot, A.A. Hahn, M.K. Moe, Phys. Rev. Lett. **59** (1987) 1649
[Ell 90] J. Ellis et al., Phys. Lett. B **245** (1990) 251
[Ell 91a] J. Ellis, S. Kelly, Nanopoulos, D.V., Phys. Lett. B **260** (1991) 131
[Ell 91b] J. Ellis, Int. School of Astroparticle Physics, Houston, World Scientific, Singapore 1991
[Ell 92] J. Ellis, J.L. Lopez, D.V. Nanopoulos, CERN-TH **6569/92** (1992)
[Ell 93a] J. Ellis, Ann. N.Y. Acad. Sci. **688** (1993) 164
[Ell 93b] J. Ellis, R. Flores, Phys. Lett. B **300** (1993) 175
[Ell 93c] J. Ellis, M. Karliner, Phys. Lett. B **313** (1993) 131
[Ell 93d] R.S. Ellis in Sky Surveys: Protostars to protogalaxies, ASP Conf. Series Vol. 43, ed. B.T. Stoifer, Astro. Soc. of the Pacific, (1993) S. 165
[Err 83] S.A. Errede, in Monopoles 83, ed. J.L. Stone, Nato Series (1983)
[Ewa 92] G.T. Ewan, Nucl. Inst. Meth. A **314** (1992) 373
[Ewa 95] G.T. Ewan, Proc. Weak and Elektromagnetic Interactions in Nuclei (WEIN 95), Osaka, eds. H. Ejiri, T. Kishimoto, T. Sato, World Scientific, Singapore 1995, p. 647
[Fab 76] S.M. Faber, R.E. Jackson, ApJ **204** (1976) 668
[Fab 92] A.C. Fabian, X. Barcons, Ann. Rev. Astr. Astroph. **30** (1992) 429
[Fal 94] T. Falk, K. Olive, M. Srednicki, Phys. Lett. B **339** (1994) 248

[Fei 88] F. von Feilitzsch, in Neutrinos, ed. H.V. Klapdor, Springer Verlag 1988, p. 1

[Fer 34] Fermi, E., Z. Phys. **88** (1934) 161

[Fer 94] P. Ferger et al., Phys. Lett. B **323** (1994) 95

[Fey 65] R.P. Feynman, A.H. Hibbs, Quantum Mechanics and Path Integrals, McGraw-Hill, New York 1965

[Fic 75] C.E. Fichtel et al., ApJ **198** (1975) 163

[Fic 91] M. Fich, S. Tremaine, Ann. Rev. Astro. Astroph. **29** (1991) 409

[Fic 95] C.E. Fichtel, Ann. N.Y. Acad. Sci. **759** (1995) 221ff.

[Fid 61] M. Fidecaro, G. Finocchiaro, G. Giacomelli, Nuovo Cimento **22** (1961) 657

[Fil 93] A.V. Filippenko, Sky and Telescopy **12** (1993) 30

[Fio 95] G. Fiorentini, R.W. Kavanagh, C. Rolfs, Z. Phys. A **350** (1995) 289

[Fio 96] E. Fiorini, Proc. NEUTRINO'96, Helsinki, Juni 1996

[Fis 81] J.R. Fisher, R.B. Tully, ApJ Suppl. **47** (1981) 119

[Fis 92] K.B. Fisher et al., ApJ **402** (1992) 42

[Fis 95] K.B. Fisher et al., ApJ Suppl. **100** (1995) 69

[Fis 95a] G.J. Fishman, C.A. Meegan, Ann. Rev. Astron. Astroph. **33** (1995) 415 and (G.J. Fishman) Ann. N.Y. Acad. Sci. **759** (1995) 232

[Fix 96] D.J. Fixsen et al., preprint astro-ph 9605054 (1996)

[Fon 70] L. Fonda, G.C. Chirardi, Symmetry principles in quantum physics, Marcel Dekker, Inc., New York 1970

[Fon 95] V. Fonseca et al., HEGRA-Koll., XXIV Int. Cosmic Ray Conf., Rome (1995) 474

[For 85] W. Forman, C. Jones, W. Tucker, ApJ **293** (1985) 535

[For 95] R. Forty, Proc. 27th Int. Conf. on High Energy Physics, Glasgow, 1994, eds. P.J. Bussey, I.G. Knowles, IOP Publishing, Bristol 1995, p. 171

[Fow 60] W.A. Fowler, F. Hoyle, Ann. Phys. **10** (1960) 280

[Fow 72] W.A. Fowler, in „Cosmology, Fusion and other matters", ed. F. Reines, Colorado Assoc. Univ. Press, Boulder, 1972, S.67

[Fow 75] W.A. Fowler, G.R. Caughlan, B.A. Zimmerman, Ann. Rev. Astr. Astroph. **13** (1975) 69

[Fow 78] W.A. Fowler, Proc. Welch Foundation Conf. on Chemical Research, ed. W.D. Milligan, Houston Univ. Press. 1978, p. 61

[Fra 90] P.H. Frampton, Phys. Rev. Lett. **64** (1990) 619

[Fre 74] D.Z. Freedman, Phys. Rev. D **9** (1974) 1389

[Fre 77] D.Z. Freedman, D.N. Schramm, D.L. Tubbs, Ann. Rev. Nucl. Part. Sci. **27** (1977) 167

[Fre 83] K. Freese, M.S. Turner, D.N. Schramm, Phys. Rev. Lett. **51** (1983) 1625

[Fre 86] K. Freese, Phys. Lett. B **167** (1986) 295

[Fre 93] S.J. Freedman et al., Phys. Rev. D **47** (1993) 811

[Fri 75] H. Fritzsch, P. Minkowski, Ann. Phys. **93** (1975) 193

[Fri 86] M. Fritschi et al., Phys. Lett. **173** (1986) 485

[Fri 88] J.A. Frieman, H.E. Haber, K. Freese, Phys. Lett. B **200** (1988) 115

[Fri 91] M. Fritschi et al., Nucl. Phys. B (Proc. Suppl.) **19** (1991) 205

[Fuj 80] K. Fujikawa, R.E. Shrock, Phys. Rev. Lett. **45** (1980) 963

[Fuk 87] M. Fukugita, T. Yanagida, Phys. Rev. Lett. **58** (1987) 1807

[Fuk 90a] M. Fukugita, T. Yanagida, Phys. Rev. D **42** (1990) 1285

[Fuk 90b] M. Fukugita, T. Futamase, M. Kasai, Mont. Not. Royal Astro. Soc **246** (1990) 24

[Fuk 94] Y. Fukuda et al., Kamiokande-Koll., Phys. Lett. B **335** (1994) 237

[Ful 82a] G.M. Fuller, W.A. Fowler, M.J. Newman, ApJ **252** (1982) 715

[Ful 82b] G.M. Fuller, W.A. Fowler, M.J. Newman, ApJ Suppl. **48** (1982) 289

[Ful 82c] G.M. Fuller, ApJ **252** (1982) 741

[Ful 93] G.M. Fuller, Phys. Rep. **227** (1993) 149, G.M. Fuller et al., Astrophys. J. **389** (1992) 517

[Ful 95] G.M. Fuller, J.R. Primack, Y.Z. Qian, Phys. Rev. D **52** (1995) 656 und 1288

[Gai 90] T.K. Gaisser, Cosmic Rays and Particle Physics, Cambridge University Press, Cambridge 1990

[Gai 94] T.K. Gaisser, Nucl. Phys. B (Proc. Suppl.) **35** (1994) 209

[Gai 94a] T.K. Gaisser, Phil. Trans. Soc., London, A **346** (1994) 75

[Gai 95] T.K. Gaisser, F. Halzen, T. Stanev, Phys. Rep. **258** (1995) 173

[Gai 96] T.K. Gaisser, Proc. NEUTRINO'96, Helsinki, Juni 1996

[Gai 96a] T.K. Gaisser, Nucl. Phys. B (Proc. Suppl.) **48** (1996) 405

[Gaj 92] W. Gajewski et al., IMB-Kol, 2. Int. Workshop on Theoretical and Phenomenological Aspects of Underground Physics (TAUP'91), Toledo, Spain, Nucl. Phys. B (Proc. Suppl) **28** (1992)

[Gal 94] P. Galeotti et al., LVD-Koll., Nucl. Phys. B (Proc. Suppl.) **35** (1994) 267

[Gam 38] G. Gamow, Phys. Rev. **53** (1938) 595

[Gam 46] G. Gamow, Phys. Rev. **70** (1946) 572

[Gan 93] K. Ganga et al., ApJ **410** (1993) L57

[Gan 95] R. Gandhi et al., Preprint hep-ph 9512364 (1995)

[Gar 91] R.D. Gardner et al., Phys. Rev. D **44** (1991) 622

[Gat 95] E.I. Gates, G. Gynk, M.S. Turner, Phys. Rev. Lett. **74** (1995) 3724

[Gau 86] A. Gauthier, Proc. XXIII. Int. Conf. on High-Energy Physics, Berkeley (World Scientific, Singapore, 1986)

[Gav 90] V.N. Gavrin et al. (SAGE-Kollab.), IAU Proc. 121 Inside the Sun, ed. G. Berthomieu, M. Cribier, Versailles, France, Kluwer Academic Pub. 1990, p. 201

[Geh 90] N. Gehrels, Nucl. Inst. Meth. A **292** (1990) 505

[Geh 93] N. Gehrels, W. Chen, Nature **361** (1993) 706

[Gel 64] M. Gell-Mann, Phys. Lett. **8** (1964) 214

[Gel 78] M. Gell-Mann, P. Ramond, R. Slansky in Supergravity, eds. F. van Nieuwenhuizen and D. Freedman, North Holland 1978, p. 315

[Gel 81] G.B. Gelmini, M. Roncadelli, Phys. Lett. B **99** (1981) 411

[Gel 88] G. Gelmini, in NEUTRINOS, ed. H.V. Klapdor, (Springer, Heidelberg, Berlin) 1988, p. 309

[Gel 89] M. Geller, J.P. Huchra, Science **246** (1989) 897

[Gel 91] G. Gelmini, S. Nussinov, R.D. Peccei, UCLA-91-TEP-15 (1991)

[Gel 92] G. Gelmini, T. Yanagida, Phys. Lett. B **294** (1992) 53

[Gel 95] G. Gelmini, E. Roulet, Reports on Progress in Physics **58** (1995) 1207

[Gen 87] R. Genzel, C.H. Townes, Ann. Rev. Astron. Astroph. **25** (1987) 377

[Geo 74] H. Georgi, S.L. Glashow, Phys. Rev. Lett. **32** (1974) 438

[Geo 75] H. Georgi, in Particles and Fields, ed. C.E. Carloso, AIP, 1975

[Geo 97] A.S. Georgadze, H.V. Klapdor-Kleingrothaus, H. Paes, Yu.G. Zdesenko, Astroparticle Physics, in press, 1997

[Ger 90] G. Gerbier et al., Phys. Rev. D **42** (1990) 3211

[Ger 94] G. Gerbier et al., BRPS-Koll., Nucl. Phys. B (Proc. Suppl.) **35** (1994) 159

[Ger 96] G. Gervasio et al., in Double Beta Decay and Related Topics, eds. H.V. Klapdor-Kleingrothaus and S. Stoica, World Scientific, Singapore, 1996, p. 475

[Gia 71] R. Giacconi et al., Astroph. J. **230** (1971) 540

[Gia 94] M.G. Giammarchi et al., Nucl. Phys. B (Proc. Suppl.) **35** (1994) 433

[Gib 93] L.K. Gibbons et al., E731-Koll., Phys. Rev. Lett. **70** (1993) 1203

[Gil 91] G. Gilmore, B. Edvardson, P. Nissen, ApJ **378** (1991) 17

[Gin 64] V.I. Ginzburg, S.I. Syrovatskii, The origin of cosmic rays, Pergamon Press 1964

[Gin 80] V.L. Ginzburg, Y.M. Khazan, V.S. Ptuskin, Astr. Space Sci. **68** (1980) 295

[Gio 91] R. Giovanelli, M. Haynes, Ann. Rev. Astron. Astroph. **29** (1991) 499

[Gla 61] S.L. Glashow, Nucl. Phys. **22** (1961) 579

[Goe 94] H. Goenner, Einführung in die Kosmologie, Spektrum Akademischer Verlag, Heidelberg, Berlin, Oxford, 1994

[Gol 62] J. Goldstone, A. Salam, S. Weinberg, Phys. Rev. **127** (1962) 965

[Gol 85] H. Goldstein, Klassische Mechanik, Aula Verlag Wiesbaden 1985

[Gol 88] I. Goldman et al., Phys. Rev. Lett. **60** (1988) 1789

[Gol 92] A. Goldwurm et al., ApJ **389** (1992) L79

[Goo 85] M.W. Goodman, E. Witten, Phys. Rev. D **31** (1985) 3059

[Goo 95a] A. Goobar, S. Perlmutter, ApJ **450** (1995) 14

[Goo 95b] M.C. Goodman, Soudan2-Koll., Nucl. Phys. B (Proc. Suppl.) **38** (1995) 337

[Gou 92] A. Gould, ApJ **388** (1992) 338

[Gou 96] D.O. Gough et al., Science **272** (1996) 1281

[Gra 96] G. Gratta et al., Proc. NEUTRINO'96, Helsinki, Juni 1996

[Gre 86a] M. Green, J. Schwarz, Phys. Lett. B **151** (1986) 21

[Gre 86c] W. Greiner, B. Müller, Theoretische Physik Bd. 8, Eichtheorie der schwachen Wechselwirkung, Harri Deutsch Verlag 1986

[Gre 87] M. Green, J. Schwarz, E. Witten, Superstring Theory, Vol. I, II, Cambridge Univ. Press, Cambridge 1987

[Gre 89] W. Greiner, A. Schäfer, Theoretische Physik Bd. 10, Quantenchromodynamik, Harri Deutsch Verlag 1989

[Gre 91] P.C. Gregory, J.J. Condon, ApJ Suppl. **75** (1991) 1011

[Gre 94] U. Greife et al., Nucl. Inst. Meth. A **350** (1994) 326

[Gri 88] K. Griest, Phys. Rev. D **38** (1988) 2357 + erratum

[Gri 90] K. Griest, M. Kamionkowski, Phys. Rev. Lett. **64** (1990) 615

[Gro 73] D.J. Gross, F. Wilczek, Phys. Rev. Lett. **30** (1973) 1343

[Gro 84] K. Grotz, H.V. Klapdor, J. Metzinger, Proc. Int. Sympos. Capture Gamma Ray Spectroscopy, Knoxville USA, Sept. 1984, publ. in AIP Proc. No. 125 (1985) 793, New York

[Gro 86a] D. Groom, Phys. Rep. **140** (1986) 323

[Gro 86b] K. Grotz, H.V. Klapdor, Nucl. Phys. A **460** (1986) 395

[Gro 86c] K. Grotz, H.V. Klapdor, J. Metzinger, Phys. Rev. C **33** (1986) 1263 und Astron. Astrophys. **154** (1986) L1

[Gro 89,90] K. Grotz, H.V. Klapdor, Die schwache Wechselwirkung in Kern-, Teilchen- und Astrophysik, Teubner Verlag, Stuttgart 1989, The Weak interaction in Nuclear, particle and astrophysics, Adam Hilger, Bristol 1990

[Gro 93] D.J. Gross, Ann. N.Y. Acad. Sci. **688** (1993) 148

[Gru 93] M. Gruwe et al., Charm-II-Koll., Phys. Lett. B **309** (1993) 463

[Gun 78] J.E. Gunn, in Observational Cosmology, SAAS-FEE lecture series Vol.8, ed. A. Maeder, L. Martinet, G. Tammann, Geneva Observatory 1978

[Gun 90] G.F. Gunion, H.E. Haber, G. Kane, S. Dawson, The Higgs-Hunter Guide, Frontiers in physics Vol. 80, Addison-Wesley 1990

[Gun 94] J.E. Gunn, D.H. Weinberg, Preprint astro-ph 9412080 (1994), Proc. Wide-Field Spectr. in the Distant Universe, World Scientific, Singapore

[Gün 97] M. Günther et al., Heidelberg-Moskau-Kollab., Phys. Rev. D **55** (1997) 54

[Gup 91] S.K. Gupta, Astron. Astrophys. **245** (1991) 141

[Gur 76] F. Gursey, P. Ramond, P. Sikivie, Phys. Lett. B **60** (1976) 177

[Gut 81] A.H. Guth, Phys. Rev. D **23** (1981) 347

[Hab 85] H.E. Haber, G.L. Kane, Phys. Rep. **117** (1985) 75

[Hab 93] H.E. Haber, Proc. Workshop on Recent Advances in the Superworld, Houston 1993

[Hag 90] C. Hagmann et al., Phys. Rev. D **42** (1990) 1297

[Hag 95] C. Hagmann et al., Preprint astro-ph 9508013 (1995)

[Hag 96] C. Hagmann et al., Preprint astro-ph 9607022 (1996)

[Hal 84] F. Halzen, A.D. Martin, Quarks and Leptons, John Wiley and Sons, 1984

[Hal 92] J.P. Halpern, S.S. Holt, Nature **357** (1992) 306

[Hal 95] F. Halzen, Nucl. Phys. B (Proc. Suppl.) **38** (1995) 472

[Hal 96] F. Halzen, Proc. Int. Workshop on Dark Matter, DARK'96, Heidelberg, Sept. 16–20, 1996, World Scientific, Singapore, eds. H.V. Klapdor-Kleingrothaus und Y. Ramachers, 1997

[Ham 86] W. Hampel, Proc. Int. Symp. Weak and Electromagnetic Interactions in Nuclei, WEIN 86, ed. H.V. Klapdor, Springer Verlag, Heidelberg 1986, p. 718

[Ham 93] W. Hampel, J. Phys. G **19** (1993) S209

[Ham 94] W. Hampel, Phil. Trans. Roy. Soc. A **346** (1994) 3

[Ham 96] L.A. Hamel et al., Preprint hep-ex 9602004 (1996)

[Ham 96a] W. Hampel et al., Gallex Kollab., Phys. Lett. B **388** (1996) 384

[Har 70] E.R. Harrison, Phys. Rev. D **1** (1970) 2726

[Har 83] J. Hartle, S.W. Hawking, Phys. Rev. D **28** (1983) 2960

[Har 91] A.K. Harding, Phys. Rep. **206** (1991) 327

[Har 95] D.H. Hartmann, M.S. Briggs, G.N. Pendleton, Ann. N.Y. Acad. Sci. **759** (1995) 434

[Har 96] J.W. Harvey et al., Science **272** (1996) 1284

[Har 96a] J.W. Harris, B. Müller, Ann. Rev. Nucl. Part. Phys. **46** (1996) 71

[Has 73] F. Hasert et al., Phys. Lett. B **46** (1973) 121

[Has 91] G. Hasinger, M. Schmidt, J. Trümper, Astron. Astroph. **246** (1991) L2

[Has 95] G. Hasinger, Ann. N.Y. Acad. Sci. **759** (1995) 200

[Has 96] G. Hasinger, B. Aschenbach, J. Trümper, Preprint astro-ph 9606149 (1996)

[Hat 94a] N. Hata, S. Bludman, P. Langacker, Phys. Rev. D **49** (1994) 3622

[Hat 94b] N. Hata, P. Langacker, Phys. Rev. D **50** (1994) 632

[Hat 95] N. Hata, P. Langacker, Phys. Rev. D **52** (1995) 420

[Haw 74] S. Hawking, Nature **248** (1974) 30

[Hax 87] W.C. Haxton, Phys. Rev. D **36** (1987) 2283

[Hax 88] W.C. Haxton, Phys. Rev. Lett. **60** (1988) 768

[Hay 94] N. Hayashida et al., Akeno-Koll., Phys. Rev. Lett. **73** (1994) 3491

[Hay 95] J. Hayes, A. Burrows, Sky and Telescope **8** (1995) 30

[He 89] X.G. He, B.H.J. McKellar, S. Pakvasa, Int. J. Mod. Phys. A **4** (1989) 5011

[Hel 96] Proc. NEUTRINO'96, Helsinki, Juni 1996

[Hel 96a] A. Hellemans, Science **272** (1996) 1264

[Hen 91] N. Henbest, New Sci. **132** (1991) 42
[Hen 92] N. Henbest, New Sci. **133** (1992) 25
[Her 80] J. Herrmann, dtv-Atlas zur Astronomie, Deutscher Taschenbuch Verlag, München 1980
[Her 94] Proposal HERA-B, DESY/PRC 94-02 (1994)
[Het 87] D.W. Hetherington et al., Phys. Rev. C **36** (1987) 1504
[Heu 76] C.A. Heusch et al., Phys. Rev. Lett. **37** (1976) 405 und 409
[Hew 68] A. Hewish et al., Nature **217** (1968) 709
[Hig 64] P.W. Higgs, Phys. Lett. **12** (1964) 252
[Hil 78] W. Hillebrandt, Space Sci. Rev. **21** (1978) 639
[Hil 79] W. Hillebrandt, Proc. 4th EPS General Konf. (1979) S.255
[Hil 82] W. Hillebrandt, Phys. Bl. **38** (1982) 189
[Hil 84] A.M. Hillas, Ann. Rev. Astr. Astroph. **22** (1984) 425
[Hil 88] W. Hillebrandt, in Neutrinos, ed. H.V. Klapdor, Springer Verlag, Heidelberg 1988, p. 285
[Hil 90] F. Hill, IAU Proc. 121 Inside the Sun, ed. G. Berthomieu, M. Cribier, Versailles, France, Kluwer Academic Pub. 1990, p. 265
[Hil 95] J.E. Hill, Phys. Rev. Lett **75** (1995) 2654
[Him 89] A. Hime, J.J. Simpson, Phys. Rev. D **49** (1989) 1837
[Him 91] A. Hime et al., Phys. Lett. B **260** (1991) 381
[Him 93] A. Hime, Phys. Lett. B **299** (1993) 165
[Hin 94] M.B. Hindmarsh, T.W.B. Kibble, Preprint hep-ph 9411342 (1994)
[Hin 96] G. Hinshaw et al., Preprint astro-ph 9601061 (1996)
[Hin 96a] G. Hinshaw et al., Astrophys. J. **464** (1996) L25
[Hip 90] J.C. Hipdon, R.E. Lingenfelter, Ann. Rev. Astr. Astroph. **28** (1990) 401
[Hir 87] K.S. Hirata et al., Kamiokande-Koll., Phys. Rev. Lett. **58** (1987) 1490
[Hir 88] K.S. Hirata et al., Kamiokande-Koll., Phys. Rev. D **38** (1988) 448
[Hir 89] K.S. Hirata et al., Kamiokande-Koll., Phys. Lett. B **220** (1989) 308
[Hir 89a] K.S. Hirata et al., Kamiokande-Koll., Phys. Rev. Lett. **63** (1989) 16
[Hir 90] K.S. Hirata et al., Kamiokande-Koll., Phys. Rev. Lett. **65** (1990) 1297
[Hir 91] K.S. Hirata et al., Kamiokande-Koll., Phys. Rev. D **44** (1991) 2241
[Hir 92a] K.S. Hirata et al., Kamiokande-Koll., Phys. Lett. B **280** (1992) 146
[Hir 92b] M. Hirsch, A. Staudt, H.V. Klapdor-Kleingrothaus, At. Data Nucl. Data Tables **51** (1992) 243
[Hir 93] M. Hirsch, A. Staudt, K. Muto, H.V. Klapdor-Kleingrothaus, At. Data Nucl. Data Tables **53** (1993) 165
[Hir 95] M. Hirsch, H.V. Klapdor-Kleingrothaus, S. Kovalenko, Phys. Bl. **51** (1995) 418, Phys. Rev. Lett. **75** (1995) 17, Phys. Lett. B **352** (1995) 1
[Hir 95a] M. Hirsch, H.V. Klapdor-Kleingrothaus, S. Kovalenko, Jahresbericht MPI-H (1995)

[Hir 96a] M. Hirsch, H.V. Klapdor-Kleingrothaus, S. Kovalenko, H. Päs, Phys. Lett. B **372** (1996) 8

[Hir 96b] M. Hirsch, H.V. Klapdor-Kleingrothaus, S. Kovalenko, Phys. Rev. D **53** (1996) 1329

[Hir 96c] M. Hirsch, H.V. Klapdor-Kleingrothaus, S. Kovalenko, Phys. Lett. B **372** (1996) 181

[Hir 96d] M. Hirsch, H.V. Klapdor-Kleingrothaus, O. Panella, Phys. Lett. B **374** (1996) 7

[Hir 96e] M. Hirsch, H.V. Klapdor-Kleingrothaus, S. Kovalenko, Phys. Lett. B **378** (1996) 17

[Hir 96f] M. Hirsch, H.V. Klapdor-Kleingrothaus, S. Kovalenko, Phys. Rev. D **54** (1996) R4207

[Hoe 91] J. Hoell, W. Priester, Astron. Astroph. **251** (1991) L23

[Hol 92a] E. Holzschuh, Rep. Prog. Phys. **55** (1992) 851

[Hol 92b] E. Holzschuh et al., Phys. Lett. B **287** (1992) 381

[Hom 92] G.J. Homer et al., Z. Phys. C **55** (1992) 549

[Hom 96] H. Homma, E. Bender, M. Hirsch, K. Muto, H.V. Klapdor-Kleingrothaus, T. Oda, Phys. Rev. C **54** (1996) 2972

[Hon 94] J.T. Hong et al., MACRO-Koll., Nucl. Phys. B (Proc. Suppl.) **35** (1994) 261

[Hu 95] W. Hu, N. Sugiyama, J. Silk, Preprint astro-ph 9504057 (1995)

[Hua 92] K. Huang, Quarks, Leptons and Gauge Fields, World Scientific, Singapore 1992

[Hub 29] E. Hubble, Pro. Nat. Acad. **15** (1929) 168

[Hub 90] M. Huber et al., Phys. Rev. Lett. **64** (1990) 835

[Huc 90] J.P. Huchra et al., ApJ Suppl. **72** (1990) 433

[Hwa 90] R.C. Hwa (ed.), The Quark-Gluon-Plasma, Advanced Series in High Energy Physics Vol.6, World Scientific, Singapore 1990

[Ibe 75] I. Iben, ApJ **196** (1975) 525 und 549

[Ibe 82] I. Iben, A. Renzini, ApJ Lett. **263** (1982) L188

[ICR 95] Proc. XXIV Int. Cosmic Ray Conf., Rome (1995)

[Inc 84] J. Incandella et al., Phys. Rev. Lett. **53** (1984) 2067

[Ion 94] A. Ioannissyan, J.W.F. Valle, Phys. Lett. B **332** (1994) 93

[Itz 85] C. Itzykson, J.B. Zuber, Quantum Field Theory, McGraw-Hill Int. Edition 1985

[Iud 94] A. Iudin et al., Astr. Astroph. **284** (1994) L1

[Jac 75] J.D. Jackson, Classical Elektrodynamics, New York, Wiley 1975

[Jac 82] J.D. Jackson, Klassische Elektrodynamik, Walter de Gruyter 1982

[Jam 93] P.A. James, P.J. Puxley, Nature **363** (1993) 240

[Jan 95] H.T. Janka et al., preprint astro-ph 9507023 (1995), Phys. Rev. Lett. **76** (1996) 2621

[Jan 95a] H.T. Janka, E. Müller, Ann. N.Y. Acad. Sci. **759** (1995) 269

[Jan 95b] K. Jansen, E. Preprint DESY 95-169 (1995)

[Jar 89] C. Jarlskog (ed.), CP-Violation, Advanced Series in High Energy Physics Vol.3, World Scientific, Singapore 1989
[Jef 70] P.M. Jeffrey, E. Anders, Geochim. Cosmochim. Acta **34** (1970) 1175
[Jeo 95] H. Jeon, M.J. Longo, Phys. Ref. Lett. **75** (1995) 1443
[Jon 85] B.J.T. Jones, R.F. Wyse, Astron. Astroph. **149** (1985) 144
[Jon 89] L.W. Jones et al., Z. Phys. C **43** (1989) 349
[Jon 93] M. Jones et al., Nature **365** (1993) 320
[Jun 95] G. Jungmann, M. Kamionkowski, K. Griest, Preprint hep-ph 9506380 (1995), Phys. Rep. **267** (1996) 195
[Kaf 94] T. Kafka et al., Soudan2-Koll., Nucl. Phys. B (Proc. Suppl.) **35** (1994) 427
[Kah 86] S. Kahana, Proc. Int. Symp. Weak and Electromagn. Interaction in Nuclei (WEIN'86), ed. H.V. Klapdor, Springer Verlag, Heidelberg (1986), p. 939
[Kaj 88] T. Kajino, G.J. Mathews, G.M. Fuller, Proc. Int. Symp. on Heavy Ion Physics and Nuclear Astrophys. Problems, 21–23. Juli 1988, Tokyo, World Scientific, Singapore 1989, S. 51
[Kak 88] M. Kaku, Introduction to Superstrings, Springer Verlag, Heidelberg 1988
[Kak 93] M. Kakita et al., Kamiokande-Koll., Proc. XXIV. Int. Conf. High. Energy Physics, Dallas 1992, AIP Conf. Proc. No. 272, 1993, p. 1187
[Kal 21] T. Kaluza, Preus. Acad. Wiss. K1 (1921) 966
[Kam 97] K.H. Kampert et al., preprint astro-ph/9703182
[Kan 93] G.L. Kane et al., UM-TH-93-24 preprint (1993)
[Käp 89] F. Käppeler, H. Beer, K. Wisshak, Rep. Prog. Phys. **52** (1989) 945
[Käp 91] F. Käppeler, in Nuclei in the Cosmos, ed. G. Oberhummer, Springer, Heidelberg (1991) 179
[Kaw 87] H. Kawakami et al., Phys. Lett. B **187** (1987) 198
[Kaw 88a] H. Kawakami et al., J. Phys. Soc. Japan, **57** (1988) 2873
[Kaw 88b] L. Kawano, D.N. Schramm, G. Steigman, ApJ **327** (1988) 750
[Kaw 91] H. Kawakami et al., Phys. Lett. B **256** (1991) 105
[Kay 89] B. Kayser, F. Gibrat-Debu, F. Perrier, Physics of Massive Neutrinos, World Scientific, Singapore 1989
[Kel 93] K. Kellerman, Nature, **361** (1993) 134
[Ken 83] S.M. Kent, W.L.W. Sargent, Astr. J. **88** (1983) 692
[Kib 67] T.W.B. Kibble, Phys. Rev. **155** (1967) 1554
[Kib 76] T.W.B. Kibble, J. Phys. A **9** (1976) 1387
[Kif 94] T. Kifnne et al., CANGAROO-Koll., ApJ **438** (1994) L91
[Kim 79] J. Kim, Phys. Rev. Lett. **43** (1979) 103
[Kim 87] J. Kim, Phys. Rep. **150** (1987) 1
[Kin 89] K. Kinoshita et al., Phys. Lett. B **228** (1989) 543
[Kin 90] T. Kinoshita et al., in Quantum Electrodynamics, ed. T. Kinoshita, World Scientific, Singapore 1990

[Kin 92] K. Kinoshita et al., Phys. Rev. D **46** (1992) R881
[Kin 93] A.L. Kinney, Ann. N.Y. Acad. Sci. **688** (1993) 195
[Kip 90] R. Kippenhahn, A. Weigert, Stellar Structure and Evolution, Springer Verlag 1990
[Kir 68] T. Kirsten et al., Phys. Rev. Lett. **20** (1968) 1300
[Kir 78] T. Kirsten, in The Origin of the Solar System, ed. Dermott, S.F., John Wiley and Sons 1978
[Kir 81] R.P. Kirshner et al., ApJ **248** (1981) L57
[Kir 83] R.P. Kirshner et al., Astron. J. **88** (1983) 1285
[Kir 90] T. Kirsten et al., Gallex Kollab., IAU Proc. 121 Inside the Sun, ed. G. Berthomieu, M. Cribier, Versailles, France, Kluwer Academic Pub. 1990, p. 187
[Kir 93] T. Kirsten, Sterne und Weltraum **1** (1993) 16
[Kir 95] T. Kirsten, Ann. N.Y. Acad. Sci. **759** (1995) 21
[Kir 96] J. Kirk, MPG Spiegel **1** (1993) 16
[Kir 96a] T. Kirsten, Proc. NEUTRINO'96, Helsinki, Juni 1996
[Kla 79] H.V. Klapdor, C.O. Wene, Astr. J. **230** (1979) L113
[Kla 81] H.V. Klapdor et al., Z. Phys. A **299** (1981) 213
[Kla 82a] H.V. Klapdor, J. Metzinger, Phys. Lett. B **112** (1982) 22
[Kla 82b] H.V. Klapdor, Phys. Bl. **38** (1982) 182
[Kla 83] H.V. Klapdor, Prog. Part. Nucl. Phys. **10** (1983) 131
[Kla 84] H.V. Klapdor, J. Metzinger, T. Oda, At. Data Nucl. Data Tables **31** (1984) 81
[Kla 85] H.V. Klapdor, Fortschritte der Physik **33** (1985) 1
[Kla 86a] H.V. Klapdor, K. Grotz, ApJ **304** (1986) L39
[Kla 86b] H.V. Klapdor, Prog. Part. Nucl. Phys. **17** (1986) 419
[Kla 87] H.V. Klapdor, Proposal, MPI-Bericht MPI-H-1987-V17
[Kla 88] H.V. Klapdor, J. Metzinger, Proc. Int. Conf. on Nuclear Data for Science and Technology, ed. S. Igarasi, Japan Atomic Energy Research Institute, 1988, p. 827
[Kla 89] H.V. Klapdor, „Der Betazerfall der Atomkerne und das Alter des Universums", Rheinisch-Westf. Akademie der Wissenschaften, Vorträge N365, Westdeutscher Verlag (1989), S.73
[Kla 91a] H.V. Klapdor-Kleingrothaus, Proc. Capture Gamma-Ray Spectroscopy, Pacific Grove, CA, 1990, ed. R.W. Haff, AIP Conf. Proc. **238** (1991) 870
[Kla 91b] H.V. Klapdor-Kleingrothaus, J. Phys. G **17** (1991) S129 und 537
[Kla 91c] H.V. Klapdor-Kleingrothaus, AIP Conf. Proc. **232** (1991) 464
[Kla 91d] H.V. Klapdor-Kleingrothaus, in Nuclei in the Cosmos, ed. G. Oberhummer, Springer, Heidelberg, 1991, p. 199
[Kla 92] H.V. Klapdor-Kleingrothaus, K. Zuber, Phys. Bl. **48** (1992) 125
[Kla 94] H.V. Klapdor-Kleingrothaus, Prog. Part. Nucl. Phys. **32** (1994) 261
[Kla 94a] H.V. Klapdor-Kleingrothaus, MPG-Spiegel **6** (1994) 6

[Kla 95] H.V. Klapdor-Kleingrothaus, A. Staudt, Teilchenphysik ohne Beschleuniger, Teubner Studienbücher, Stuttgart 1995, und Non-Accelerator Particle Physics, IOP, Bristol, Philadelphia, 1995

[Kla 95a] H.V. Klapdor-Kleingrothaus, Proc. Weak and Elektromagnetic Interactions in Nuclei (WEIN 95), Osaka, eds. H. Ejiri, T. Kishimoto, T. Sato, World Scientific, Singapore 1995, p. 174

[Kla 96] H.V. Klapdor-Kleingrothaus, in Proc. ECT Workshop on double beta decay and related topics, Trento (Italien), eds H.V. Klapdor-Kleingrothaus und S. Stoica, World Scientific, Singapore, 1996, p. 3

[Kla 96a] H.V. Klapdor-Kleingrothaus, Proc. NEUTRINO'96, Helsinki, Juni 1996

[Kla 97] H.O. Klages et al., Kaskade-Koll., Nucl. Phys. B (Proc. Suppl.) **52 B** (1997) 92

[Kle 26] K. Klein, Zeit. Phys. **37** (1926) 895, Nature **118** (1926) 516

[Kli 84] D. Klinkhamer, N. Manton, Phys. Rev. D **30** (1984) 2212

[Kli 86] A.A. Klimenko et al., Proc. Int. Symp. on Weak and Electromagnetic Interactions in Nuclei, July 1 – 5, 1986, Heidelberg, ed. H.V. Klapdor, Springer, Heidelberg, 1986, 701

[Klu 96] W. Kluzniak, Nucl. Phys. B (Proc. Suppl.) **48** (1996) 400

[Kly 92] A. Klypin, A. Melott, ApJ **399** (1992) 725

[Kob 73] M. Kobayashi, T. Maskawa, Progr. Theor. Phys. **49** (1973) 652

[Kof 93] L.A. Kofman, N.Y. Gnedin, N.A. Bahcall, ApJ **413** (1993) 1

[Kog 96] A. Kogut et al., Astrophys. J. **464** (1996) L5

[Kol 84] E.W. Kolb, M.S. Turner, ApJ **286** (1984) 702

[Kol 87] E.W. Kolb, A.J. Stebbins, M.S. Turner, Phys. Rev. D **35** (1987) 3598

[Kol 89] E.W. Kolb, M.S. Turner, Phys. Rev. Lett. **62** (1989) 509

[Kol 90] E.W. Kolb, M.S. Turner, The Early Universe, Frontiers in Physics, Vol. 69, Addison Wesley 1990

[Kol 91] E.W. Kolb, M.S. Turner, Phys. Rev. Lett. **67** (1991) 5

[Kol 93] E.W. Kolb, M.S. Turner, The Early Universe, Addison Wesley, 1993

[Kol 95] T. Kolatt, A. Dekel, Preprint astro-ph 9512132 (1995)

[Kon 96] A. Konopelko et al., HEGRA-Koll., Astropart. Phys. **4** (1996) 199

[Koo 87] D.C. Koo, R.G. Kron, Observational Cosmology, Proc. IAU Symp. 124, ed. A. Hewitt, G. Burbidge, L.Z. Fang, D. Reidel, Dordrecht 1987, p. 383

[Kor 89] J. Kormendy, S. Djorgovski, Ann. Rev. Astr. Astroph. **27** (1989) 235

[Kos 86] Y.Y. Kosvintzev et al., JETP Lett. **44** (1986) 571

[Kos 89] R. Kossakowski et al., Nucl. Phys. A **503** (1989) 473

[Kos 92] M. Koshiba, Phys. Rep. **220** (1992) 229

[Kra 90a] L.M. Krauss, Phys. Rev. Lett. **64** (1990) 999

[Kra 90b] L.M. Krauss, P. Romanelli, ApJ **358** (1990) 47

[Kra 91] L.M. Krauss, Phys. Lett. B **263** (1991) 441
[Kra 96] R.C. Kraan-Korteweg et al., Nature **379** (1996) 519
[Kul 92] A.S. Kulessa, D. Lynden-Bell, Mon. Not. Royal Astr. Soc. **255** (1992) 105
[Kun 82] V. Kunde et al., ApJ **263** (1982) 443
[Kün 92] W. Kündig, E. Holzschuh, Prog. Part. Nucl. Sci. **32** (1992) 131
[Kur 91] H. Kurki-Suonio et al., ApJ **353** (1991) 406
[Kur 92] J.D. Kurfess et al., ApJ **399** (1992) L137
[Kuz 66] V.A. Kuzmin, Sov. Phys. JETP **22** (1966) 1050
[Kuz 85] V.A. Kuzmin, V.A. Rubakov, M.E. Shaposhnikov, Phys. Lett. B **155** (1985) 36
[Kwo 81] H. Kwon et al., Phys. Rev. D **24** (1981) 1097
[Lah 88] O. Lahav, M. Rowan-Robinson, D. Lynden-Bell, Month. Not. Royal Astr. Soc. **234** (1988) 677
[Lal 94] D. Lalanne et al., NEMO-Koll., Nucl. Phys. B (Proc. Suppl.) **35** (1994) 369
[Lan 52] L.M. Langer, R.J.D. Moffat, Phys. Rev. **88** (1952) 689
[Lan 75] L.D. Landau, E.M. Lifschitz, Lehrbuch der theoretischen Physik, Bd. 4a, 5, Akademie-Verlag, Berlin, 1975
[Lan 81] P. Langacker, Phys. Rep. **72** (1981) 185
[Lan 86] P. Langacker, Proc. Int. Symp. Weak and Electromagnetic Interactions in Nuclei, WEIN 86, ed. H.V. Klapdor, Springer Verlag, 1986, p. 879
[Lan 88] P. Langacker, in Neutrinos, ed. H.V. Klapdor, Springer Verlag, Heidelberg 1988, p. 71
[Lan 91] N. Langer, Astr. Astroph. **243** (1991) 155
[Lan 92] P. Langacker, Proc. Fourth Internat. Workshop on Neutrino Telescopes, Venezia, March 10–13, 1992 (ed. M. Baldo-Ceolin), p. 73
[Lan 93a] P. Langacker, Ann. N.Y. Acad. Sci. **688** (1993) 34
[Lan 93b] P. Langacker, N. Polonsky, Phys. Rev. D **47** (1993) 4028
[Lan 94] K. Langanke, in Proc. Solar Modeling Workshop, 1994
[Lan 95] P. Langacker, Preprint hep-ph 9511207 (1995), Proc. SUSY'95, Palaiseau, France, 199
[Las 88] J. Last et al., Phys. Rev. Lett. **60** (1988) 995
[Lat 88] J. Lattimer, J. Cooperstein, Phys. Rev. Lett. **61** (1988) 24
[Lau 94] T.R. Lauer, M. Postman, ApJ **425** (1994) 418
[Laz 92] D.M. Lazarus et al., Phys. Rev. Lett. **69** (1992) 2333
[Lee 72] B.W. Lee, J. Zinn-Justin, Phys. Rev. D **5** (1972) 3121
[Lee 77a] B.W. Lee, S. Weinberg, Phys. Rev. Lett. **39** (1977) 165
[Lee 77b] B.W. Lee, R.E. Shrock, Phys. Rev. D **16** (1977) 1444
[Lee 94] D.G. Lee, R.N. Mohapatra, Phys. Lett. B **329** (1994) 963
[Lee 95] D.G. Lee et al., Phys. Rev. D **51** (1995) 229
[Lee 95a] D.G. Lee et al., Phys. Rev. D **51** (1995) 1353
[Lid 95] J.E. Lidsey et al., Preprint astro-ph 9508078 (1995)
[Lim 88] C.S. Lim, W.J. Marciano, Phys. Rev. D **37** (1988) 1368

[Lin 63] J. Lindhard et al., K. Dan. Vidensk. Selsk., Mat-Phys. Med. **33** (1963) 10
[Lin 76] A.D. Linde, JETP Lett. **23** (1976) 64
[Lin 82] A.D. Linde, Phys. Lett. B **108** (1982) 389
[Lin 84] A.D. Linde, Rep. Prog. Phys. **47** (1984) 925
[Lin 87] J. Lin, Phys. Rev. D **35** (1987) 3447
[Lin 89] R.E. Lingenfelter, R. Ramaty, ApJ **43** (1989) 686
[Lin 90] A. Linde, Particle Physics and Inflationary Cosmology (Harvard Publ.) 1990
[Lin 92] J.L. Linsky et al., ApJ **402** (1992) 694
[Lin 93] R.E. Lingenfelter, K.W. Chan, R. Ramaty, Phys. Rep. **227** (1993) 133
[Lin 95] D.N.C. Lin, B.F. Jones, A.R. Klemola, ApJ **439** (1995) 652
[Lin 96] H. Lin et al., Preprint astro-ph 9606055 (1996)
[Lin 96a] A. Linde, Preprint astro-ph 9601004 (1996)
[Loh 81] E. Lohrmann, Hochenergiephysik, Teubner Studienbücher, Stuttgart 1981
[Loh 83] E. Lohrmann, Einführung in die Elementarteilchenphysik, Teubner Studienbücher, Stuttgart 1983
[Loh 86] E. Loh, E. Spillar, ApJ **307** (1986) L1
[Lon 89] M.S. Longair, in Evolution of Galaxies – Astronomical Observation, eds. I. Appenzeller, H.J. Habing, P. Lena, Lecture Notes in Physics 333, 1, Springer, Heidelberg 1989
[Lon 92,94] M.S. Longair, High Energy Astrophysics, Cambridge Univ. Press, 1992 + 1994
[Lop 94] J.L. Lopez, D.V. Nanopoulous, A. Zichichi, La Rivista del Nuovo Cimento **17** (1994) 2
[Lop 96] J.L. Lopez, Preprint hep-ph 9601208 (1996)
[Lor 95] E. Lorenz, Ann. N.Y. Acad. Sci. **759** (1995) 472
[Lor 96] E. Lorenz, Nuc. Phys. B (Proc. Suppl.) **48** (1996) 391
[LoS 87] J.M. LoSecco et al., IMB-Koll., Phys. Lett. B **188** (1987) 388
[Lou 95] W. Louis, Nucl. Phys. B (Proc. Suppl.) **38** (1995) 229
[Lov 96a] J. Loveday et al., Month. Not. Royal Astr. Soc. **278** (1996) 1025
[Lov 96b] J. Loveday, Preprint astro-ph 9605028 (1996)
[Low 91] D.M. Lowder et al., Nature **353** (1991) 331
[LTD 96] Proc. 6th Int. Workshop on Low Temperature Detectors, Beatenberg, Switzerland, ed. H.R. Ott, A. Zehnder, Nucl. Inst. Meth. A **370** (1996) 1
[Lub 80] V.A. Lubimov et al., Phys. Lett. B **94** (1980) 266
[Luc 86] W. Lucha, Comments Nucl. Part. Phys. **16** (1986) 155
[Lüd 54] G. Lüders, Dan. Mat. Fys. Medd. **28** (1954) 5
[Lüd 57] G. Lüders, Ann. Phys. NY **2** (1957) 1
[Lyn 90] A.G. Lyne, F. Graham-Smith, Pulsar Astronomy, Cambridge Univ. Press, Cambridge 1990
[Mac 96] A.B. McDonald, Nucl. Phys. B (Proc. Suppl) **48** (1996) 357

[Mag 93] C. Magneville et al, EROS-Koll., Ann. N.Y. Acad. Sci. **688** (1993) 619
[Mag 96] J. Magueijo et al., Preprint astro-ph 9605047 (1996)
[Mah 84] W.A. Mahoney et al., ApJ **286** (1984) 578
[Mal 93] R.A. Malaney, G.J. Mathews, Phys. Rep. **229** (1993) 145, 147
[Mam 89] W. Mampe et al., Phys. Rev. Lett. **63** (1989) 593
[Mam 93] W. Mampe et al., JETP Lett. **57** (1993) 82
[Man 93] R.N. Manchester, Ann. N.Y. Acad. Sci. **688** (1993) 331
[Mao 92] S. Mao, B. Paczynski, ApJ **389** (1992) L13
[Mar 92] R.E. Marshak, Conceptional Foundations of Modern Particle Physics, Cambridge University Press, Cambridge 1992
[Mat 88] S.M. Matz et al., Nature **331** (1988) 416
[Mat 90a] J.C. Mather et al., ApJ **354** (1990) L37
[Mat 90b] G.J. Mathews, J.J. Cowan, Nature **345** (1990) 491
[Mat 91] S. Matsuki, K. Yamamoto, Phys. Lett. B **263** (1991) 523
[Mat 94] J.C. Mather et al., ApJ **420** (1994) 439
[May 87] R. Mayle, J.R. Wilson, D.N. Schramm, ApJ **318** (1987) 288
[McN 87] R.M. McNaught, IAU Circ. No. **4316** (1987)
[Mel 90] B. Melchiorri, F. Melchiorri, Proc. of the International School of Physics „Enrico Fermi“. Course CV, North Holland 1990
[Mes 95] Y. Messous et al., Astropart. Phys. **3** (1995) 361
[Mey 86] D.M. Meyer et al., ApJ **308** (1986) L37
[Mey 86a] H. Meyer, Proc. Int. Symp. Weak and Electromagnetic Interactions in Nuclei, WEIN 86, ed. H.V. Klapdor Springer Verlag, Heidelberg 1986, p. 846
[Mey 92] B.S. Meyer et al., ApJ **399** (1992) 656
[Mey 94] B.S. Meyer, Ann. Rev. Astr. Astroph. **32** (1994) 371
[Mic 94] D.G. Michael, MACRO-Koll., Nucl. Phys. B (Proc. Suppl.) **35** (1994) 235
[Mik 86a] S.P. Mikheyev, A.Y. Smirnov, Nuovo Cimento **9C** (1986) 17
[Mik 86b] S.P. Mikheyev, A.Y. Smirnov, 12th Int. Conf. on neutrino physics and astrophysics, ed. T. Kitugaki, H. Yuta, World Scientific, Singapore, 1986
[Mil 83] M. Milgram, ApJ **270** (1983) 365
[Mil 96] A. Milsztajn, Proc. NEUTRINO'96, Helsinki, Juni 1996
[Mis 73] C. Misner, K. Thorne, J. Wheeler, Gravitation, Freeman 1973
[Moe 95] M.K. Moe, Nucl. Phys. B (Proc. Supl.) **38** (1995) 36
[Moh 86] R.N. Mohapatra, Phys. Rev. D **34** (1986) 3457
[Moh 86,92] R.N. Mohapatra, Unification and Supersymmetry, Springer Verlag, Heidelberg 1986 und 1992
[Moh 88] R.N. Mohapatra, in Neutrinos, ed. H.V. Klapdor, Springer Verlag, Heidelberg 1988, p. 117
[Moh 89] R.N. Mohapatra, Nucl. Instr. Meth. A **284** (1989) 1
[Moh 91] R.N. Mohapatra, P.B. Pal, Massive Neutrinos in Physics and Astrophysics, World Scientific, Singapore, 1991

[Moh 94] R.N. Mohapatra, Prog. Part. Nucl. Phys. **32** (1994) 187
[Moh 95] R.N. Mohapatra, A. Rasin, Preprint hep-ph 9511391 (1995), Phys. Rev. Lett. **76** (1996) 3490
[Moh 96] R.N. Mohapatra, in: Double Beta Decay and Related Topics, eds. H.V. Klapdor-Kleingrothaus, S. Stoica, World Scientific, Singapore (1996) p. 44
[Moh 96a] R.N. Mohapatra, Proc. Intern. Workshop on Future Prospects of Baryon Instability Search in p-Decay and n-$\bar{n}$ Oszillation Experiments, Oak Ridge, March 29–30, eds. S.J. Ball, Y.A. Kamyshkov, US Dep. of Energy, 1996, p. 73
[Moh 96b] R.N. Mohapatra, S. Nussinov, Preprint UMD-PP-97-38, Oct. 1996
[Moh 96c] R.N. Mohapatra, Proc. NEUTRINO'96, Helsinki, 1996
[Mol 95] P. Molaro, F. Primas, P. Bonifacio, Astr. Astrophys. **295** (1995) L47
[Mon 96] T. Montaruli, Nucl. Phys. B (Proc. Suppl.) **48** (1996) 87
[Moo 96] M.E. Moorhead, Nucl. Phys. B (Proc. Suppl.) **48** (1996) 378
[Mor 91a] M. Mori et al., Kamiokande Koll., Phys. Lett. B **270** (1991) 89
[Mor 91b] D.R.O. Morrison, in Joint Int. Lepton Photon Conf., Europhysics Conf. on High Energy Physics, Geneva 1991, World Scientific, Singapore 1992, p. 641
[Mor 93] M. Mori et al., Phys. Rev. D **48** (1993) 5505
[Mor 93a] T. Mori, Proc. XXVI Int. Conf. High Energy Physics, Dallas 1992, ed. J.R. Sanford, AIP Conf. Proc. No. 272, 1993, p. 1321
[Mor 94] D. Morris et al., 17th Texas Symp. on Rel. Astrophysics, München, 1994, eds. H. Böhringer, G.E. Morfill, J.E. Trümper, Ann. N.Y. Acad. of Sciences **759** (1995), p. 397
[Möß 93] R. Mößbauer, Nucl. Phys. B (Proc. Suppl.) **31** (1993) 385
[MPG 96] MPG-Spiegel 3 (1996) 8
[Mui 65] H. Muirhead, The Physics of Elementary Particles, Oxford 1965
[Mul 93] J.S. Mulchaey et al., ApJ **404** (1993) L9
[Mül 85] B. Müller, The Physics of the Quark-Gluon-Plasma, Lecture Notes in Phys., Bd. 225, Springer, Heidelberg 1985
[Mül 91] D. Müller, ApJ **374** (1991) 356
[Mül 95a] B. Müller, Rep. Prog. Phys. **58** (1995) 611
[Mül 95b] E. Müller, Sterne und Weltraum **34** (1995) 350
[Mül 95c] E. Müller, H.T. Janka, Ann. N.Y. Acad. Sci. **759** (1995) 368
[Mur 91] Y. Muraki, ApJ **373** (1991) 657
[Mur 94] H. Murayama, Preprint hep-ph 9410285 (1994), Proc. 22 INS Int. Symp. on Physics with High Energy Colliders, Tokyo, März 1994
[Mus 83] P. Musset, M. Price, E. Lohrmann, Phys. Lett. B **128** (1983) 333
[Mut 88] K. Muto, H.V. Klapdor, in Neutrinos, ed. H.V. Klapdor, Springer Verlag, Heidelberg 1988, p. 183
[Mut 91] K. Muto, E. Bender, H.V. Klapdor, Z. Phys. A **39** (1991) 435

[Nac 86] O. Nachtmann, Einführung in die Elementarteilchenphysik, Vieweg 1986
[Nak 90] M. Nakahata, Test of fundamental laws, Moriond Workshop 1990
[Nar 83] J.V. Narlikar, Introduction to Cosmology, Jones and Bartlett, Boston 1983
[Nar 91] J.V. Narlikar, T. Padmanabhan, Ann. Rev. Astr. Astroph. **29** (1991) 325
[Nar 92] R. Narayan, B. Paczynski, T. Piran, ApJ **395** (1992) L83
[Nes 92] V.V. Nesvizhevskii et al., JETP **55** (1992) 84
[Ng 92] Y.J. Ng, Int. Journ. Mod. Phys. D **1** (1992) 145
[Nil 95] H.P. Nilles, Preprint 9511313 (1995) Conf. Gauge Theories, Applied Supersymm. and Quantum Gravity, Leuven, Belgien, Juli 1995
[Nir 92] Y. Nir, H. Quinn, Ann. Rev. Nucl. Part. Sci. **42** (1992) 211
[Noe 18] E. Noether, Kgl. Ges. d. Wiss. Nachrichten. Math.-phys. Klasse, Göttingen (1918) S.235
[Nor 87] E. Norman et al., Phys. Rev. Lett. **58** (1987) 1403
[Nuc 94] A. Nucciotti et al., Nucl. Phys. B (Proc. Suppl.) **35** (1994) 172
[Nug 95] P. Nugent et al., Phys. Rev. Lett. **75** (1995) 394
[Nus 81] S. Nussinov, S.L. Glashow, H. Georgi, Nucl. Phys. B **193** (1981) 297
[Obe 92] L. Oberauer, F. von Feilitzsch, Rep. Prog. Phys. **55** (1992) 1093
[Oda 94] T. Oda et al., At. Data Nucl. Data Tables **56** (1994) 231
[Oga 96] I. Ogawa, S. Matsuki, K. Yamamoto, Phys. Rev. D **53** (1996) R1740
[Oku 78] L.B. Okun, Y.B. Zeldovich, Phys. Lett. B **78** (1978) 597
[Oku 82] L.B. Okun, Leptons and Quarks, North Holland 1982
[Oli 87] A.V. Olinto, Phys. Lett. **192** (1987) 71
[Oli 90a] K. Olive, Phys. Rep. **190** (1990) 307
[Oli 90b] K. Olive et al., Phys. Lett. B **236** (1990) 454
[Oli 95] K. Olive, Preprint hep-ph 9512166 (1995)
[Ono 91] Y. Ono, H.E. Suematsu, Phys. Lett. B **271** (1991) 265
[Oor 83] H.J. Oort, Ann. Rev. Astron. Astroph. **21** (1983) 373
[Ori 85] S. Orito, M. Yoshimura, Phys. Rev. Lett. **54** (1985) 2457
[Ori 91] S. Orito et al., Phys. Rev. Lett. **66** (1991) 1951
[Ost 73] J.P. Ostriker, P.J.E. Peebles, ApJ **186** (1973) 467
[Ost 74] J.P. Ostriker, P.J.E. Peebles, A. Yahil, ApJ **193** (1974) L1
[Oth 95] K. Otha, E. Takasugi, Proc. ECT Workshop on double beta decay and related topics, Trento (Italien) April 1995, eds. H.V. Klapdor-Kleingrothaus und S. Stoica, World Scientific, Singapore, 1996, p. 256
[Pac 86] B. Paczynski, ApJ **304** (1986) 1
[Pac 93] B. Paczynski, Ann. N.Y. Acad. Sci. **688** (1993) 321
[Pad 93] T. Padmanabhan, Structure formation in the universe, Cambridge Univ. Press, Cambridge 1993
[Pag 76] D.N. Page, S.W. Hawking, Astron. J. **206** (1976) 1

[Pai 96] R. Pain et al., Preprint astro-ph 9607034 (1996)

[Pal 93] O. Palamara et al., MACRO-Koll., Proc. 23rd Int. Conf. on Cosmic Rays 1993

[Pal 96] V. Palmieri, Proc. Int. Workshop in Dark Matter, DARK'96, Heidelberg, Sept. 16 – 20, 1996, World Scientific, Singapore, eds. H.V. Klapdor-Kleingrothaus und Y. Ramachers, 1997

[Pan 91a] J. Panman et al., CHORUS-Kollab., Proc. Joint Int. Lepton Photon Conf., Europhysics Conf. on High Energy Physics, Geneva 1991, World Scientific, Singapore 1992, p. 628

[Pan 91b] N. Panagia et al., ApJ **380** (1991) L23

[Pan 94] O. Panella, Y. Srivastava, Preprint LPC-94-39

[Pan 95a] M. Panter, Proc. XXIV Int. Cosmic Ray Conference, Vol. 1, Rome (1995) 958

[Pan 96] O. Panella, Proc. ECT Workshop on double beta decay and related topics, Trento (Italien), eds. H.V. Klapdor-Kleingrothaus und S. Stoica, World Scientific, Singapore, 1996, p. 145

[Par 67] B. Partridge, P.J.E. Peebles, J. Astr. **147** (1967) 868

[Par 70] E.N. Parker, ApJ **160** (1970) 383

[Par 88] B. Partridge, Rep. Prog. Phys. **51** (1988) 674

[Par 94] P.D. Parker , in Proc. Solar Modeling Workshop, 1994

[Par 95] R.B. Partridge, 3K: The cosmic microwave background radiation, Cambridge Univ. Press, Cambridge 1995

[Pas 94] E.A. Paschos, K. Zioutas, Phys. Lett. B **323** (1994) 367

[Pas 96] L. Passalacqua, (ALEPH-Collab.), preprint LNF-96/063 (1996)

[Pat 74] J.C. Pati, A. Salam, Phys. Rev. D **10** (1974) 275

[Päs 96] H. Päs et al., Heidelberg-Moskau-Koll., Proc. ECT Workshop on double beta decay and related topics, Trento (Italien), eds. H.V. Klapdor-Kleingrothaus und S. Stoica, World Scientific, Singapore, 1996, p. 130

[Pau 89] W. Paul et al., Z. f. Phys. C **45** (1989) 25

[PDG 94] Review of Particle Properties, Phys. Rev. D **50** (1994) 1413

[PDG 96] Review of Particle Properties, Phys. Rev. D **54** (1996) 1

[Pec 77] R. Peccei, H. Quinn, Phys. Rev. Lett. **38** (1977) 1440

[Pec 89] R. Peccei, in CP-Violation, Advanced Series in High Energy Physics Vol.3, ed. C. Jarlskog, World Scientific, Singapore 1989

[Pec 93] R. Peccei, Ann. N.Y. Acad. Sci. **688** (1993) 418

[Pec 96] R. Peccei, Preprint hep-ph 9606475 (1996)

[Pee 80] P.J.E. Peebles, The Large-scale Structure of the Universe, Princeton Univ. Press 1980

[Pee 84] P.J.E. Peebles, ApJ **284** (1984) 439

[Pee 88] P.J.E. Peebles, B. Ratra, ApJ **325** (1988) L17

[Pee 93] P.J.E. Peebles, Principles of Physical Cosmology, Princeton Series in Physics, Princeton Univ. Press, Princeton 1993

[Pen 65] A.A. Penzias, R.W. Wilson, ApJ **142** (1965) 419

[Pen 93] J.M. Pendlebury, Ann. Rev. Nucl. Part. Phys. **43** (1993) 687

[Per 84] D.H. Perkins, Ann. Rev. Nucl. Part. Phys. **34** (1984) 1

[Per 87] D.H. Perkins, Introduction to high energy physics, Addison Wesley 1987

[Per 88] D.H. Perkins, IX. Workshop on Grand Unification, Aix-les-Bains, World Scientific, Singapore 1988, p. 170

[Per 95] S. Perlmutter et al., ApJ **440** (1995) L40

[Per 95a] J.W. Percival et al., APJ **446** (1995) 832

[Per 96] S. Perlmutter et al., Preprint astro-ph 9602122 (1996)

[Pet 94] S.T. Petcov, A.Y. Smirnov, Phys. Lett. B **322** (1994) 109

[Pet 96] S.T. Petcov et al., in: Double Beta Decay and Related Topics, eds. H.V. Klapdor-Kleingrothaus, S. Stoica, World Scientific, Singapore (1996) p. 195

[Pet 96a] D. Petry et al., HEGRA Koll., Preprint astro-ph 9606159 (1996)

[Pic 95] A. Pich, Preprint hep-ph 9505231 (1995), Proc. European School of High Energy Physics, Sorrento, Italien, Sept. 1994

[Pie 94] M.J. Pierce et al., Nature **371** (1994) 385

[Pil 95] R.A. Pildis, J.N. Bregman, A.E. Evrard, Preprint astro-ph 9501004 (1995)

[Pin 88] P.A. Pinto, S.E. Woosley, Nature **333** (1988) 534

[Pin 93] J.L. Pinfold et al., Phys. Lett. B **316** (1993) 407

[Pir 94] T. Piran, in Gamma-Ray-Bursters, ed. G. Fishman, AIP Conf. Proc. **307** (1994)

[Pis 94] P. Piskilli, Nucl. Phys. B (Proc. Suppl.) **35** (1994) 191

[Plu 86] G. Plumien, B. Müller, W. Greiner, Phys. Rep. **134** (1986) 87

[Pod 95] P. Podsiadlowski, M. Rees, M. Ruderman, Ann. N.Y. Acad. Sci. **759** (1995) 283

[Pol 73] H.D. Politzer, Phys. Rev. Lett. **30** (1973) 1346

[Pol 74] A. Polyakov, JETP Lett. **20** (1974) 194

[Pon 93] T.J. Ponman, D. Bertram, Nature **363** (1993) 51

[Pra 89] N. Prantzos et al., in Supernovae, 10th Santa Cruz Summer Workshop on Astronomy and Astrophysics, ed. S.E. Woosley, Springer, Heidelberg, 1989, p. 630

[Pra 96] N. Prantzos, R. Diehl, Phys. Rep. **267** (1996) 1

[Pre 84] J. Preskill, Ann. Rev. Nucl. Part. Sci. **34** (1984) 461

[Pre 85] W.H. Press, D.N. Spergel, ApJ **296** (1985) 79

[Pre 89] W.H. Press, D.N. Spergel, Physics Today **3** (1989) 29

[Pre 92] W.H. Press, G.B. Rybicki, J.N. Hewitt, ApJ **382** (1992) 416

[Pre 93] K.P. Pretzl, Europhys. News **24** (1993) 167

[Pri 83] P.B. Price et al., Phys. Rev. Lett. **52** (1983) 1265

[Pri 86] P.B. Price, M.H. Salomon, Phys. Rev. Lett. **56** (1986) 1226

[Pri 87] P.B. Price, R. Guoxiao, K. Kinoshita, Phys. Rev. Lett. **59** (1987) 2523

[Pri 88] J. Primack, D. Seckel, B. Sadoulet, Ann. Rev. Nucl. Part. Sci. **38** (1988) 751

[Pun 92] M. Punch et al., Nature **358** (1992) 477

[Pur 63] E.M. Purcell et al., Phys. Rev. **129** (1963) 2326
[Pur 93] W.R. Purcell et al., ApJ **413** (1993) L85
[Qia 93] Y.Z. Qian, G-M. Fuller, R.W. Mayle, G.J. Mathews, J.R. Wilson, S.E. Woosley, Phys. Rev. Lett. **71** (1993) 1965
[Que 95] J.J. Quenty et al., Phys. Lett. B **351** (1995) 70
[Qui 83] C. Quigg, Gauge Theories of the strong, weak, and electromagnetic interactions, Frontiers in physics Vol. 56, Addison-Wesley 1983
[Qui 93] A. Quirrenbach, Sterne und Weltraum **32** (1993) 98
[Raf 88] G.G. Raffelt, D. Seckel, Phys. Rev. Lett. **60** (1988) 1793
[Raf 90] G.G. Raffelt, Phys. Rep. **198** (1990) 1
[Raf 95] G.G. Raffelt, J. Silk, preprint hep-ph 9502306 (1995), Phys. Lett. B **366** (1996) 429
[Raf 95a] G.G. Raffelt, Preprint hep-ph 9502358 (1995), and XXX. Moriond Workshop on Dark Matter in cosmology clocks, and tests of fundamental laws, Edition Frontières (1995), p. 159
[Rag 86] R.S. Raghavan, S. Pakvasa, B.A. Brown, Phys. Rev. Lett. **57** (1986) 801
[Ram 77] R. Ramaty, R.E. Lingenfelter, ApJ **213** (1977) L5
[Ram 90] N.F. Ramsey, Ann. Rev. Nucl. Part. Sci. **40** (1990) 1
[Ram 93] P.V. Ramana Murthy, A.W. Wolfendale, Gamma-ray astronomy, Cambridge Univ. Press, Cambridge 1993
[Ram 95] R. Ramaty, R.E. Lingenfelter, Preprint astro-ph 9503045 (1995)
[Rea 92] A.C.S. Readhead, C.R. Lawrence, Ann. Rev. Astr. Astroph. **30** (1992) 653
[Ree 94] H. Reeves, Rev. Mod. Phys. **66** (1994) 193
[Ref 64] S. Refsdal, Mont. Not. Royal Astr. Soc. **128** (1964) 307
[Ren 91] A. Renzini, in Observational Tests of Cosmological Inflation, ed. T. Shanks et al., Kluwer Dordrecht 1991, S.131
[Rep 95] Y. Rephaeli, Ann. Rev. Astr. Astroph. **33** (1995) 541
[Res 93] M.T. Ressell et al., Phys. Rev. D **48** (1993) 5519
[Res 94] L.K. Resvanis, NESTOR-Koll., Nucl. Phys. B (Proc. Suppl.) **35** (1994) 294
[Reu 91] D. Reusser et al., Phys. Lett. B **255** (1991) 143
[Ric 87] J. Rich, D. Lloyd Owen, M. Spiro, Phys. Rep. **151** (1987) 239
[Rie 95] A.G. Riess, W.H. Press, R.P. Kirshner, ApJ Lett. **438** (1995) 217
[Rob 91] R.G.H. Robertson et al., Phys. Rev. Lett. **67** (1991) 957
[Röd 72] B. Röde, H. Daniel, Lett. Nuovo Cim. **5** (1972) 139
[Rog 73] J. Rogerson, D. York, ApJ **186** (1973) L95
[Rol 88] C.E. Rolfs, W.S. Rodney, Cauldrons in the Cosmos, The University of Chicago Press, 1988
[Roo 88] H.J. Rood, Ann. Rev. Astron. Astroph. **26** (1988) 245
[Ros 93] L. Roszkowski, Proc. of the XXIII Workshop Properties of SUSY particles, Erice, 1993
[Rot 93] K.C. Roth, D.M. Meyer, I. Hawkins, ApJ **413** (1993) L67

[Row 85a] J.K. Rowley, B.T. Cleveland, R. Davis, AIP Proc. 126, Solar Neutrinos and Neutrino Astronomy Homestake, USA, eds. M.L. Cherry, W.A. Fowler, K. Lande, Amer. Inst. of Phys. 1985

[Row 85b] M. Rowan-Robinson, The Cosmological Distance Ladder, W.H. Freeman and Company 1985

[Roy 92] D.P. Roy, Phys. Lett. B **283** (1992) 270

[Rub 82] V.A. Rubakov, Nucl. Phys. B **203** (1982) 311

[Rub 96] C. Rubbia, Nucl. Phys. B (Proc. Suppl.) **48** (1996) 172

[Rub 96a] A. Rubbia, Proc. Neutrino Telescopes, 1996, Venezia

[Rya 90] S. Ryan et al., ApJ **348** (1990) L57

[Sac 67a] R.K. Sachs, A.M. Wolfe, ApJ **147** (1967) 73

[Sac 67b] A.D. Sacharov, JETP Lett. **6** (1967) 24

[Sac 94] P.D. Sackett et al., Nature **370** (1994) 441

[Sad 94] B. Sadoulet, Nucl. Phys. B (Proc. Suppl.) **35** (1994) 117

[Sag 93] R.P. Saglia et al., ApJ **403** (1993) 567

[Sah 95] V. Sahni, P. Coles, Phys. Rep. **262** (1995) 1

[Sal 68] A. Salam, Proc. 8th Nobel Symposium, Hrsg. N. Svartholm, Almquist und Wiskell, Stockholm (1968)

[Sam 83] M. Samorski, W. Stamm, ApJ Letters **268** (1983) L17

[Sam 94] D. Samm, DUMAND-Koll., in Trends in Astroparticle-Physics, ed. P.C. Bosetti, Teubner, Stuttgart 1994, p. 9

[San 78] A.A. Sandage, Astr. J. **83** (1978) 904

[San 88] R. Santamaria, J.W.F. Valle, Phys. Rev. Lett. **60** (1988) 397

[San 90] R.H. Sanders, Astro. Astrophys. Rev. **2** (1990) 1

[San 90a] A. Sandage, C. Cacciari, Astrophys. J. 350 (1990) 645

[San 92] A.A. Sandage et al., ApJ Letters **401** (1992) L7

[Sar 80] W.L.W. Sargent et al., ApJ Suppl. **42** (1980) 41

[Sar 94] M.L. Sarsa et al., Nucl. Phys. B (Proc. Suppl.) **35** (1994) 154

[Sat 85] H. Satz, Ann. Rev. Nucl. Part. Sci. **35** (1985) 245

[Sat 90] H. Satz, in R.C. Hwa (ed.), The Quark-Gluon-Plasma, Adv. Series in High Energy Physics, Vol. 6, World Scientific, Singapore 1990

[Sat 91] N. Sato et al., Kamiokande-Koll., Phys. Rev. D **44** (1991) 2220

[Sau 91] W. Saunders et al., Nature **349** (1991) 32

[Sch 83] F. Schweizer, B.C. Whitmore, V.C. Rubin, Astr. J. **88** (1983) 909

[Sch 85a] K. Schreckenbach et al., Phys. Lett. B **160** (1985) 325

[Sch 85b] B. Schrempp, F. Schrempp, Phys. Bl. **41** (1985) 335

[Sch 87a] R. Scherrer, J. Applegate, C. Hogan, Phys. Rev. D **35** (1987) 1151

[Sch 87b] B. Schwarzschild, Physics Today **40** (1987) 17

[Sch 87c] D.N. Schramm, Proc. 22. Rencontre de Moriond, ed. J. Thran Thanh Van, Edition Frontières 1987

[Sch 88] H. Schröder, XXIV. Int. Conf. High Energy Physics, München, eds. R. Kotthaus, J.H. Kühn, Springer Verlag, Heidelberg 1989, p. 370

[Sch 90a] D.N. Schramm, in Supernovae, ed. J.C. Wheeler, T. Piran, S. Weinberg, World Scientific, Singapore 1990

[Sch 90b] D.N. Schramm, Proc. La Thuile Workshop (1990)

[Sch 90c] D.N. Schramm, J.W. Truran, Phys. Rep. **189** (1990) 89

[Sch 91a] V. Schoenfelder, Phys. Bl. **47** (1991) 295

[Sch 91b] D.P. Schneider, M. Schmidt, J.E. Gunn, Astron. J. **102** (1991) 837

[Sch 91c] J. Schneps, in Neutrino Telescopes, ed. M.B. Ceolin, Venezia 1991, p. 263

[Sch 94] V. Schoenfelder, Sterne und Weltraum **1** (1994) 28

[Sch 95] V. Schoenfelder et al., Ann. N.Y. Acad. Sci. **759** (1995) 226 und Physik in unserer Zeit **6** (1995) 262

[Sch 95a] S. Schindler, Preprint astro-ph 9511086 (1995)

[Sco 95] D. Scott, J. Silk, M. White, Science **268** (1995) 829

[Sei 90] W. Seidel et al., Phys. Lett. B **236** (1990) 483

[Sei 96] W. Seidel et al., Proc. Int. Workshop on Dark Matter, DARK'96, Heidelberg, Sept. 16 – 20, 1996, World Scientific, Singapore, eds. H.V. Klapdor-Kleingrothaus und Y. Ramachers, 1997

[Sex 87] R.U. Sexl, H.K. Urbantke, Gravitation und Kosmologie, B.I. Wissenschaftsverlag, Mannheim, 1987, und Spektrum, Akadem. Verlag, Heidelberg, 1995

[Sha 67] C.D. Shane, C.A. Wirtanen, Publ. Lick Obs. **22** (1967) 1

[Sha 70] M.M. Shapiro, M. Silberberg, Ann. Rev. Nucl. Part. Sci. **20** (1970) 323

[Sha 83] S.L. Shapiro, S.A. Teukolsky, Black Holes, White Dwarfs, and Neutron Stars, John Wiley & Sons 1983

[Sha 92] N.T. Shaban, W.J. Stirling, Phys. Lett. B **291** (1992) 281

[Sha 95] S.F. Shandarin et al., Phys. Rev. Lett. **75** (1995) 7

[Sha 95a] G. Shaviv, Nucl. Phys. B (Proc. Supl.) **38** (1995) 81

[She 85] S. Shectman, ApJ Suppl. **57** (1985) 77

[She 96] S. Shectman et al., Preprint astro-ph 9604167 (1996)

[Shi 80] M.A.. Shifman et al., Nucl. Phys. B **166** (1980) 493

[Shu 92] T. Shutt et al., Phys. Rev. Lett. **69** (1992) 3425

[Sik 83] P. Sikivie, Phys. Rev. Lett. **51** (1983) 1415

[Sik 95] P. Sikivie, XXX. Renc. de Moriond, Edition Frontières, 1995 S. 149

[Sil 84] J. Silk, M. Srednicki, Phys. Rev. Lett. **53** (1984) 624

[Sil 85] J. Silk, K. Olive, M. Srednicki, Phys. Rev. Lett. **55** (1985) 257

[Sil 93] J. Silk, R.F.G. Wyse, Phys. Rep. **231** (1993) 293

[Sim 81] J.J. Simpson, Phys. Rev. D **24** (1981) 2971

[Sim 83] J.A. Simpson, , Ann. Rev. Astr. Astroph. **23** (1983) 323

[Sim 85] J.J. Simpson, Phys. Rev. Lett. **54** (1985) 1891

[Sin 93] C.P. Singh, Phys. Rep. **236** (1993) 147

[Sky 93] Sky and Telescope, **2** (1993) 23

[Sky 95] Sky and Telescope, **8** (1995) 12

[Sky 95a] Sky and Telescope, **9** (1995) 10

[Sky 95b] Sky and Telescope, **9** (1995) 21
[Smi 89] P.F. Smith, Ann. Rev. Nucl. Part. Sci. **39** (1989) 73
[Smi 90] P.F. Smith, J.D. Lewin, Phys. Rep. **187** (1990) 203
[Smi 93a] V.P. Smith, P.E. Nissen, D.L. Lambert, ApJ **408** (1993) 262
[Smi 93b] M.S. Smith, L.H. Kawano, R.A. Malaney, ApJ Suppl. **85** (1993) 219
[Smi 93c] D.M. Smith et al., ApJ **414** (1993) 165
[Smi 96] P.F. Smith et al., Phys. Lett. B **379** (1996) 299
[Smo 90] G.F. Smoot et al., ApJ **360** (1990) 685
[Smo 92] G.F. Smoot et al., ApJ **396** (1992) L1-L5
[Smo 95] G.F. Smoot, Preprint astro-ph 9505139 (1995)
[Sok 89] P. Sokolsky, Introduction to Ultrahigh Energy Cosmic Ray Physics, Frontiers in Physics Vol. 76, Addison-Wesley 1989
[Sok 92] P. Sokolsky, P. Sommers, B.R. Dawson, Phys. Rep. **217** (1992) 225
[Son 94a] A. Songaila et al., Nature **368** (1994) 599
[Son 94b] A. Songaila et al., Nature **371** (1994) 43
[Sou 92] I.A. D'Souza, C.S. Kalman, Preons, Models of Leptons, Quarks and Gauge Bosons as Composite Objects, World Scientific, Singapore, 1992
[Spe 85] D.N. Spergel, W.H. Press, ApJ **294** (1985) 663
[Spi 82] F. Spite, M. Spite, Nature **297** (1982) 483
[Spi 88] B.V. Spivak, JETP **47** (1988) 267
[Spi 93] Ch. Spiering, Phys. Bl. **49** (1993) 871
[Spi 96] Ch. Spiering, Nucl. Phys. B (Proc. Suppl.) **48** (1996) 463
[Sre 88] M. Srednicki, K. Watkins, K. Olive, Nucl. Phys. B **310** (1988) 693
[Sta 90a] A. Staudt, K. Muto, H.V. Klapdor-Kleingrothaus, Europhys. Lett. **13** (1990) 31
[Sta 90b] A. Staudt, E. Bender, K. Muto, H.V. Klapdor-Kleingrothaus, At. Data Nucl. Data Tables **44** (1990) 79
[Sta 92a] A. Staudt, H.V. Klapdor-Kleingrothaus, Nucl. Phys. A **549** (1992) 254
[Sta 92b] G.D. Starkman, Phys. Rev. D **45** (1992) 476
[Sta 96] T. Stanev, Nucl. Phys. B (Proc. Suppl.) **48** (1996) 165
[Ste 81] G. Steigman, D.N. Schramm, J.E. Gunn, Phys. Lett. B **66** (1981) 454
[Ste 84] G.C. Stewart et al., ApJ **278** (1984) 536
[Ste 87] S.A. Stephens, R.L. Golden, Space Science Rev. **46** (1987) 31
[Ste 88] M.A. Stefanov, JETP Letters **47** (1988) 1
[Ste 88a] A. Stebbins, ApJ **327** (1988) 584
[Ste 91] J. Steinberger, Phys. Rep. **203** (1991) 345
[Ste 92] G. Steigman, TAUP'91, Nucl. Phys. B (Proc. Suppl.) **28A** (1992) 28
[Ste 96] E. Stevenson, T. Goldmann, B.J.H. McKellar, Preprint hep-ph 9603392 (1996)

[Sti 89] M. Stix, The Sun, Springer Verlag, Heidelberg, 1989
[Sto 84] J.L. Stone (ed.), Monopole'83, NATO-ASI Series Vol. 111, Plenum Press 1984
[Sto 96] J.L. Stone, Nucl. Phys. B (Proc. Suppl.) **48** (1996) 453
[Str 64] R.F. Streater, A.S. Wightman, PCT, Spins and Statistics, and all that, Benjamin, New York, 1964
[Str 88] M.A. Strauss, J.P. Huchra, Astron. J. **95** (1988) 1602
[Str 89] R.E. Streitmatter et al., Adv. in Space Science **9** (1989) 65
[Str 93] M.A. Strauss et al., ApJ **397** (1993) 95
[Sug 95] N. Sugiyama, Astroph. J. Suppl. **100** (1995) 281
[Sun 80] R.A. Sunyaev, Y.B. Zeldovich, Ann. Rev. Astr. Astroph. **18** (1980) 537
[Sun 91] R.A. Sunyaev et al., ApJ **383** (1991) L49
[Sun 92] N.B. Suntzeff et al., ApJ Lett. **384** (1992) L3
[Suz 94] Y. Suzuki, Nucl. Phys. B (Proc. Suppl.) **35** (1994) 273
[Suz 95] Y. Suzuki, Nucl. Phys. B (Proc. Suppl.) **38** (1995) 54
[Suz 96] Y. Suzuki, Proc. NEUTRINO'96, Helsinki, Juni 1996
[Swo 82] S. Swordy et al., Nucl. Inst. Meth. **193** (1982) 591
[Sym 81] E.M.D. Symbalisty, D.N. Schramm, Rep. Prog. Phys. **44** (1981) 293
[Tak 96] E. Takasugi, Proc. ECT Workshop on double beta decay and related topics, Trento (Italien), eds. H.V. Klapdor-Kleingrothaus und S. Stoica, World Scientific, Singapore, 1996, p. 165
[Tam 86] G.A. Tammann et al., in Proc. WEIN'86 (Int. Symp. Weak and Electromagn. Interactions in Nuclei), ed. H.V. Klapdor, Springer Verlag, Heidelberg, Berlin, New York, 1986, p. 1016
[Tam 96] G.A. Tammann et al., Preprint astro-ph 9603076 (1996)
[Tat 95] X. Tata, Preprint hep-ph 9510287 (1995)
[Tau 93] G. Taubes, Science **259** (1993) 177
[Tau 94] G. Taubes, Science **263** (1994) 1682
[Tau 95] Proc. TAUP'95, Nucl. Phys. B (Proc. Suppl.) **48** (1996)
[Tau 96] G. Taubes, Science **272** (1996) 1431
[Tay 83] G.N. Taylor et al., Phys. Rev. D **28** (1983) 2705
[Tay 86] J.H. Taylor, D.R. Stinebring, Ann. Rev. Astr. Astroph. **24** (1986) 285
[Tay 92] A.N. Taylor, M. Rowan-Robinson, Nature **359** (1992) 396
[Teg 95] M. Tegmark, Preprint astro-ph 9511148 (1995)
[Teg 96] M. Tegmark, Astroph. J. **464** (1996) L38
[Thi 83] F.K. Thielemann, J. Metzinger, H.V. Klapdor, Z. Phys. A **309** (1983) 301, Astron. Astroph. **123** (1983) 162
[Thi 90] F.K. Thielemann et al., in Supernovae, ed. S.E. Woosley, Springer, 1990, p. 609
[t'Ho 71] G. t'Hooft, Nucl. Phys. B **33** (1971) 173
[t'Ho 72] G. t'Hooft, M. Veltman, Nucl. Phys. B **50** (1972) 318
[t'Ho 74] G. t'Hooft, Nucl. Phys. B **79** (1974) 276

[t'Ho 76] G. t'Hooft, Phys. Rev. D **14** (1976) 3432
[Tho 89] P. Thomas, Mont. Not. Royal Astr. Soc. **238** (1989) 1319
[Tho 95] K. Thorne, Ann. N.Y. Acad. Sciences **759** (1995) 127
[Thr 92] J.L. Thron et al., Soudan2-Koll., Phys. Rev. D **46** (1992) 4846
[Tim 95] F.X. Timmes, S.E. Woosley, T.A. Weaver, ApJ Suppl. Series **98** (1995) 617
[Ton 93] J.L. Tonry, Ann. N.Y. Acad. Sci. **688** (1993) 113
[Tot 92] Y. Totsuka et al., Kamiokande-Koll., 2. Int. Workshop on Theoretical and Phenomenological Aspects of Underground Physics (TAUP'91), Toledo, Spain, Nucl. Phys. B (Proc. Suppl.) **28A** (1992)
[Tot 96] Y. Totsuka, Nucl. Phys. B (Proc. Suppl.) **48** (1996) 547
[Tou 92] T. Toutain, C. Frölich, Astron. Astroph. **257** (1992) 287
[Tri 82] V. Trimble, Rev. Mod. Phys. **54** (1982) 1183
[Tri 83] V. Trimble, Rev. Mod. Phys. **55** (1983) 511
[Trü 90] J. Trümper, Phys. Bl. **46** (1990) 137
[Trü 93] J. Trümper, Ann. N.Y. Acad. Sci. **688** (1993) 260 und Science **260** (1993) 1769
[Tuc 85] W. Tucker, R. Giacconi, The X-ray universe, Harvard University Press 1985
[Tue 90] J. Tueller et al., ApJ **351** (1990) L41
[Tul 77] R.B. Tully, J.R. Fisher, Astr. Astrophys. **54** (1977) 661
[Tur 82] M.S. Turner, E.N. Parker, T.J. Bogdan, Phys. Rev. D **26** (1982) 1296
[Tur 86] N. Turok, R. Brandenberger, Phys. Rev. D **33** (1986) 2175
[Tur 87] M.S. Turner, Phys. Rev. Lett. **59** (1987) 2489
[Tur 88] S. Turck-Chieze et al., ApJ **335** (1988) 415
[Tur 90a] E.L. Turner, ApJ **365** (1990) L43
[Tur 90b] M.S. Turner, Phys. Rep. **197** (1990) 1
[Tur 92] E.L. Turner, S. Ikeuchi, ApJ **389** (1992) 478
[Tur 92a] M.S. Turner, Trends in Astroparticle Physics, eds. D. Cline, R. Peccei, World Scientific, Singapore 1992, p. 3
[Tur 93] T. Turver, New Scientist **137** (1993) 31
[Tur 93a] S. Turck-Chieze et al., Phys. Rep. **230** (1993) 57
[Tur 93b] S. Turck-Chieze, I. Lopes, ApJ **408** (1993) 347
[Tur 96] S. Turck-Chieze, Nucl. Phys. B (Proc. Suppl.) **48** (1996) 350
[Tur 96a] M.S. Turner, Preprint astro-ph 9602050 (1996)
[Uda 92] A. Udalski et al., OGLE-Koll., Acta Astronomica **42** (1992) 253
[Uda 94] A. Udalski et al., OGLE-Koll., Acta Astronomica **44** (1994) 165
[Uns 92] A. Unsöld, B Baschek, Der neue Kosmos, Springer Verlag, Heidelberg 1992
[Ush 81] N. Ushida et al., Phys. Rev. Lett. **47** (1981) 1694
[Uso 91] J.M. Uson, D.S. Bagri, T.J. Cornwell, Phys. Rev. Lett. **67** (1991) 3328
[Vac 85] T. Vachaspati, A. Vilenkin, Phys. Rev. D **31** (1985) 3052
[Vac 86] T. Vachaspati, Phys. Rev. Lett. **57** (1986) 1655

[Vac 91] G. Vacanti et al., ApJ **377** (1991) 467
[Val 90] E.A. Valentijn, Nature **346** (1990) 153
[Vau 48] G. deVaucouleur, Ann. d'Astrophys. **11** (1948) 247
[Vau 78] G. deVaucouleur, W.D. Pence, Astron. J. **83** (1978) 1163
[Ver 87] J.D. Vergados, Phys. Lett. B **184** (1987) 55
[Vid 94] G.S. Vidyakin et al., JETP Lett. **59** (1994) 364
[Vil 85] A. Vilenkin, Phys. Rep. **121** (1985) 263
[Vil 87] A. Vilenkin, Sci. American **12** (1987) 52
[Vil 88] A. Vilenkin, Phys. Rev. D **37** (1988) 888
[Vol 86] M. Voloshin, M. Vysotskii, L.B. Okun, Sov. J. Nucl. Phys. **44** (1986) 440 und Sov. Phys. JETP **64** (1986) 446
[Vui 93] J.C. Vuilleumier et al., Phys. Rev. D **48** (1993) 1009
[Wag 67] R. Wagoner, W.A. Fowler, F. Hoyle, ApJ **148** (1967) 3
[Wal 79] D. Walsh, R.F. Carswell, R.J. Weymann, Nature **270** (1979) 381
[Wal 91] T.P. Walker et al., ApJ **376** (1991) 51
[Wat 92] R.A. Watson et al., Nature **357** (1992) 660
[Wax 95] E. Waxman, Phys. Rev. Lett. **75** (1995) 386
[Wea 80] T.A. Weaver, S.E. Woosley, Ann. N.Y. Acad. Sci. **336** (1980) 335
[Web 74] W.R. Webber, J.A. Lezniak, Astr. Sp. Sci. **30** (1974) 361
[Wee 86] D.W. Weedman, Quasar Astronomy, Cambridge Univ. Press, Cambridge 1986
[Wee 88] T.C. Weekes, Phys. Rep. **160** (1988) 1
[Wei 37] C.F. von Weizsäcker, Physik. Z. **38** (1937) 176
[Wei 67] S. Weinberg, Phys. Rev. Lett. **19** (1967) 1264
[Wei 72] S. Weinberg, Gravitation and Cosmology, Wiley New York 1972
[Wei 74] S. Weinberg, Phys. Rev. D **9** (1974) 3357
[Wei 78] S. Weinberg, Phys. Rev. Lett. **40** (1978) 223
[Wei 79] S. Weinberg, Phys. Rev. Lett. **42** (1979) 850
[Wei 89] S. Weinberg, Rev. Mod. Phys. **61** (1989) 1
[Wei 93] C. Weinheimer et al., Phys. Lett. B **300** (1993) 210
[Wen 76] C.O. Wene, S.A.E. Johansson, Proc. 3rd Int. Conf. on nuclei far from stability, Cargese 1976, CERN-Report 76-13 (1976) 584
[Wes 74] J. Wess, B. Zumino, Nucl. Phys. B **70** (1974) 39
[Wes 86,90] P. West, Introduction to Supersymmetry, 2nd edition, World Scientific, Singapore 1990
[Wes 87] J. Wess, Phys. Bl. **1** (1987) 2
[Wet 94] C. Wetterich, Preprint hep-th 9408025 (1994)
[Whe 68] J.A. Wheeler, in Batelle Rencontres, ed. C.M. DeWitt, J.A. Wheeler, Benjamin, New York (1968) S.242
[Whe 73] J. Whelan, I. Iben, ApJ **186** (1973) 1007
[Whe 90] J.C. Wheeler, in Supernovae, Jerusalem Winter School Vol.6, World Scientific, Singapore 1990
[Whi 94] M. White, D. Scott, J. Silk, Ann. Rev. Astr. Astroph. **32** (1994) 319
[Wil 78] F. Wilczek, Phys. Rev. Lett. **40** (1978) 279

[Wil 86] J.R. Wilson et al., Ann. N.Y. Acad. Sci. **470** (1986) 267
[Wil 87] J.F. Wilkerson et al., Phys. Rev. Lett. **58** (1987) 2023
[Wil 90] J.A. Willick, ApJ **351** (1990) L5
[Wil 93] T. Wilson, Sterne und Weltraum **3** (1993) 164
[Wil 94] J.R. Wilson, H.J. Rood, Ann. Rev. Astr. Astroph. **32** (1994)
[Wil 94a] C.N.A. Willmer et al., ApJ **437** (1994) 560
[Win 87] D.E. Winget et al., ApJ **315** (1987) L77
[Win 91] B. Winstein, 15th Symp. on Lepton-Photon Interaction at high energies, Geneva, eds. S. Hegarty, K. Potter, E. Quercigh, World Scientific, Singapore 1992, p. 186
[Win 91a] K. Winter, ed., Neutrino Physics, Cambridge Univ. Press 1991
[Win 95] K. Winter, Nucl. Phys. B (Proc. Suppl.) **38** (1995) 211
[Wit 84] E. Witten, Phys. Rev. D **30** (1984) 272
[Wit 85] E. Witten, Phys. Lett. B **155** (1985) 151
[Wit 96] E. Witten, Physics Today, April 1996, 24
[Wol 78] L. Wolfenstein, Phys. Rev. D **17** (1978) 2369
[Wol 81] L. Wolfenstein, Phys. Lett. B **107** (1981) 77
[Wol 85] K. Wolfsberg, AIP Proc. 126 Solar Neutrinos and Neutrino Astronomy ,Homestake, USA, eds. M L. Cherry, W.A. Fowler, K. Lande, Amer. Inst. of Phys. 1985, p. 196
[Wol 86] L. Wolfenstein, Ann. Rev. Nucl. Part. Sci. **36** (1986) 137
[Wol 93] A.M. Wolfe, Ann. N.Y. Acad. Sci. **688** (1993) 281
[Won 94] C.Y. Wong, Introduction to high energy heavy-ion-collisions, World Scientific, Singapore 1994
[Woo 82] S.E. Woosley, T.A. Weaver, in Supernovae: A Survey of Current Research, Proc. NATO Advanced Study Institute, Cambridge, eds. M.J. Rees, R.J. Stoneham, D. Reidel, Dordrecht 1982, p. 79
[Woo 86a] S.E. Woosley, T.A. Weaver, Ann. Rev. Astr. Astroph. **24** (1986) 205
[Woo 86b] S.E. Woosley, in: Nucleosynthesis and Chemical Evolution, Saas Fe, Lecture Notes, eds. B Hauck, A. Maeder, G. Meynet, p.1, Geneva Obs., 1986, Ann. Rev. Astr. Astroph. **24** (1986) 205
[Woo 88] M. Woods et al., E731-Koll., Phys. Rev. Lett. **60** (1988) 1695
[Woo 88a] S.E. Woosley, M.M. Phillips, Science **240** (1988) 750
[Woo 90a] S.E. Woosley (ed.), Supernovae, Springer Verlag, Heidelberg (1990)
[Woo 90b] S.E. Woosley et al., ApJ **356** (1990) 272
[Woo 92] S.E. Woosley, R.D. Hoffman, ApJ **395** (1992) 202
[Woo 93] S.E. Woosley, ApJ **405** (1993) 273
[Woo 94] S.E. Woosley et al., ApJ **433** (1994) 229
[Woo 95] S.E. Woosley, Ann. N.Y. Acad. Sci. **759** (1995) 446
[Woo 95a] S.E. Woosley et al., Ann. N.Y. Acad. Sci. **759** (1995) 352
[Woo 95b] S.E. Woosley et al., Ann. N.Y. Acad. Sci. **759** (1995) 388
[Wri 92] E.L. Wright et al., ApJ **396** (1992) L13-18
[Wri 94a] E.L. Wright et al., ApJ **420** (1994) 450
[Wri 94b] E.L. Wright et al., ApJ **436** (1994) 443

[Wu 57] S. Wu et al., Phys. Rev. **105** (1957) 1413
[Wu 95] X.P. Wu, Preprint astro-ph 9512110 (1995)
[Wue 89] W. Wuensch et al., Phys. Rev. D **40** (1989) 3153
[Yah 77] A. Yahil, A. Tammann, A. Sandage, ApJ **217** (1977) 903
[Yam 83] S. Yamada, Proc. Lepton-Photon Conference 1983
[Yan 54] C.N. Yang, R. Mills, Phys. Rev. **96** (1954) 191
[Yan 78] T. Yanagida, Prog. Th. Physics. B **135** (1978) 66
[Yan 79] J. Yang et al., ApJ **227** (1979) 697
[Yan 84] J. Yang et al., ApJ **281** (1984) 493
[Yok 83] K. Yokoi, K. Takahashi, M. Arnould, Astron. Astroph. **117** (1983) 65
[You 91] K. You et al., Phys. Lett. B **265** (1991) 53
[Yps 94] T. Ypsilantis, Proc. Int. School on Cosmological dark matter, Valencia (Spain), ed. J.W.F. Valle, World Scientific, Singapore 1994
[Yps 96] T. Ypsilantis, Europhysics News, **27** (1996) 97
[Zac 86] G. Zacek et al., Phys. Rev. D **34** (1986) 2621
[Zac 94] V. Zacek, Il Nuovo Cimento **104 A** (1994) 291
[Zei 91] M. Zeilik, Astronomy, 6th ed., John Wiley and Sons, New York 1991
[Zel 67] Y. Zeldovich, JETP Lett. **6** (1967) 316
[Zel 70] Y. Zeldovich, Astron. Astroph. **5** (1970) 84
[Zel 72] Y. Zeldovich, Month. Not. Royal Astr. Soc. **160** (1972) 1
[Zhi 80] A.R. Zhitnitsky, Sov. J. Nucl. Phys. **31** (1980) 260
[Zub 93] K. Zuber, H.V. Klapdor-Kleingrothaus, Phys. Bl. **49** (1993) 125
[Zwe 64] G. Zweig, CERN-Berichte Th-401 und Th-412 (1964)
[Zwi 68] F. Zwicky et al., Catalog of Galaxies and Clusters of Galaxies, Vol. 1-6, Pasadena 1968

Sachverzeichnis

AGAPE 286
aktive galaktische Kerne (AGN) 250
^{26}Al in der Milchstraße 256
Allgemeine Relativitätstheorie 111
Alter des Universums 126, 438
AMANDA-Experiment 269
AMS 233
Annihilator, Großer 258
Antiteilchen 21
Appearance-Experiment 87
asymptotische Freiheit 40
Auger-Projekt 242
axioelektrischer Effekt 345
Axiohelioskop 345
Axion-Domänengrenzen 338
Axionen 134, 330, 331, 333
–, DFSZ- 332, 335
–, hadronische 332, 334
–, kosmische 339
–, KSZV- 332
axionische Strings 338
Axionsphäre 337

Baksan 414
Baryonasymmetrie im Universum 132
Baryonen 38
Baryonenzahl 13, 29
Baryon-Photon-Verhältnis 130, 149, 152, 154
B^0-$\bar{B}^0$-System 25
Beschleunigung kosmischer Strahlung 250
β-Zerfall 77, 103, 428
– des Neutrons 152
Big Bang 111
$B + L$ 135
$(B - L)$-Symmetrie 77
Bolometer 298
BOREX(INO)-Experiment 387
Bottom 13
bottom-up-Modell 201
Braune Zwerge 395
Bugey-III-Experiment 90

Cabibbo-Kobayashi-Maskawa-Matrix 26, 47
Cabibbo-Winkel θ_C 47
Callan-Rubakov-Effekt 326
Casimir-Effekt 161
CDF-Experiment 51
Centaurus-Haufen 182
Cepheiden 118, 119
Cerenkov-Technik 238, 266
C_6F_6-Experiment 385
Chandrasekhar-Masse 396
chaotische Inflation 141
Charm 13
Chicagoer „Ei" 235
Chlor-Experiment 357, 379
CHOOZ-Experiment 93
CHORUS 93
CNO-Zyklus 350, 352
COBE (Cosmic Background Explorer) 215, 216, 219, 221, 223, 290
Coleman-Weinberg-Potential 140
Coma-Haufen 182
Compositeness 106
COMPTEL 257
Comptonwellenlänge 107, 170
Confinement 38, 40, 132
COS-B 259
CP-Invarianz 23
CP-Problem, starkes 329, 330
CPT-Theorem 27
CP-Verletzung 23, 24, 47, 133, 329

de-Sitter-Universum 139
Dichtefluktuation 203

Dichtekontrast 194, 199
Dichteparameter 123
Dipolanisotropie in der 3K-Strahlung 219
Dirac-Gleichung 32
Dirac-Monopol 306
Diracsche Quantisierungsbedingung 309
Dirac-String 308
Disappearance-Experiment 88
D0-Experiment 51
Domänen 206
Doppelbetazerfall 77, 80, 290
–, neutrinoloser 30, 80, 106
–, 2ν- 80
$D_n - \sigma$-Relation 122
DUMAND-Experiment 269
dunkle Materie 181, 201, 273
– –, baryonische 281
– –, heiße 288
– –, kalte 288
– –, nichtbaryonische 279, 286

EAS-TOP 245
Echtzeit-Experiment 360
$E_8 \otimes E_8$-Gruppe 108
E_6-Gruppe 74
Eichino (Gaugino) 99
Eichprinzip 31
Eichtheorien 30
–, nicht-abelsche 34
Eichtransformationen 34
Eigenparität 19
Einstein-Friedmann-Lemaitre-Gleichungen 114
Einstein-Radius 284
Einstein-Ring 283, 284
Einsteinsche Feldgleichungen 113
elektromagnetische Wechselwirkung 15
Elektronzerfall 19
elektroschwache Wechselwirkung 43
Elliptische Galaxien 176, 275
Energiedichte des Vakuums 160, 165
Energie-Impuls-Tensor 113, 160
Entfernungsmodul 117
Ereignishorizont 137
EROS-Kollaboration 285
Evolution des Universums 126, 129
Extended Colour 71

Faber-Jackson-Methode 122
falsches Vakuum 139
Farbe 36
Farbkraft 13
Farbwechselwirkung 15
Feinstrukturkonstante 13
Fermi-Beschleunigung 1. und 2. Ordnung 250
Fermi-Konstante 13
Fermilab 49
Feynman-Diagramm 17
Flachheitsproblem 135
Flavours 12
Fluktuationsspektrum 222
Fluoreszenzstrahlung 241
Fly's Eye-Experiment 241
Fréjus 247
Fréjus-Detektor 65, 67, 304

Galaxien 176, 275
Galaxiendichte-Rotverschiebungs-Relation 167
Galaxien-Galaxien-Korrelationsfunktion 193
Galaxienhaufen 181
GALLEX 363, 366, 367, 379
Gamma-Ray-Burster 260
Gamow 348
Gamow-Peak 349
Gell-Mann-Matrizen 39
Geminga 259
Georgi-Glashow-Modell 60
Germanium-Detektoren 257
Gittertheorien 40
Gluino 99
Gluon 15, 36
Goldstone-Boson 46, 77, 330
GONG 374
Gösgen-Experiment 88
Grand Unified Theories = GUTs 55
Gran-Sasso-Untergrundlabor 65
Gravitation 15
Gravitationslinsen 122, 169
Gravitationslinseneffekt 192, 209, 281
Gravitationswellen 424

Gravitino 99
GRIS-Experiment 257
GRO 255, 257, 259, 260, 413
Große Magellansche Wolke 285, 408
Große Mauer (Great Wall) 183
Großer Attraktor (Great Attractor) 188
großflächige Detektoren 239
GUT-Phasenübergang 132, 133, 139
GUT-Symmetrie 311
GUT-Symmetriebrechung 129
GUT-Wechselwirkung 15

Hadronen 12
Harrison-Zeldovich-Spektrum 204, 222
Haufen-Haufen-Korrelationsfunktion 193
Hauptreihe 118
HEAO-3-Satellit 256
HEGRA-Detektor 264, 266
^{4}He-Häufigkeit 143
HEIDELBERG-MOSKAU-Experiment 83, 295
heiße Blasen (SN-Explosion) 403
Helioseismologie 369, 374
Helium flash 395
Helium-Schale, Brennen 431
Helizität 20
HELLAZ-Experiment 387
Helligkeit, absolute 117
–, bolometrische 117
–, scheinbare 117
HERA 27, 38, 106, 107
Hertzsprung-Russel-Diagramm 118, 125, 395
Hierarchie-Problem 97
Higgs-Boson 51
Higgs-Feld 46, 139, 171, 204, 310
Higgsino 99
Higgs-Mechanismus 45
HII-Regionen 144
HI-Regionen 145
Horizontproblem 137
Hubble-Beziehung 114
Hubble-Diagramm 166
Hubble-Konstante 114, 116, 119, 122, 284
Hubble-Sequenz 176
Hubble-Space-Teleskop 122, 145, 411, 414
Hubble-Zeit 125
Hypercolor 106

ICARUS-Experiment 70, 389
ILL Grenoble 88
IMB 336
IMB-Detektor 247, 304, 336
IMB-Experiment 67
Inflation 138
inflationäre Phase 138
Instanton 134
Interferometrie 191
IRAS 185, 290
IRAS-Dipol 186, 220
Irreguläre Galaxien 181
Irvine-Michigan-Brookhaven (IMB) 414
Isospin 13

JACEE-Experiment 234, 242
Jeans-Instabilität 198
Jeans-Masse 195, 197
Jeans-Wellenzahl 195
Jets 41

Kaluza-Klein-Theorien 31, 108
Kamioka-Erzmine 65
Kamiokande-Detektor 67, 247, 304, 336, 360, 379, 414
KARMEN 93
KASCADE 242
Katalyse von Nukleonzerfall 317
KGF (p-Zerfallsexp.) 65
3K-Hintergrundstrahlung 130, 210
King-Silbermine 65
K^0-$\bar{K}^0$-System 24
K-Mesonen 23
Kolar-Experiment 65
Kolar-Goldmine 65
Kollapsphase von Supernovae 398
Kompaktifizierung 109
Kopplungskonstante, effektive 56
–, starke 58
Kosmionen 304, 369, 371
kosmische Hintergrundstrahlung 210
– Strahlung 229

kosmische Strahlung, Quellen 248
– –, Spektrum 233
– –, Zusammensetzung 231
– Strings 203, 206
Kosmochronometer 438
kosmologische Konstante 113, 160, 279
kosmologisches Prinzip 112
Krasnojarsk 90
Krebspulsar 260
kritische Dichte 122
3K-Strahlung, Anisotropien in 217
Kugelsternhaufen 120, 125

Ladungskonjugation 21
Λ-Problem 169, 172
Large Volume Detector (LVD) 422
leaky box model 253
Lebensdauer des Neutrons 152
Leerräume (Voids) 182
Leistungsspektrum 203
Lemaitre-Universum 162
LEP 48, 155
LEPII 52
Leptonen 12
Leptonenzahl 13, 29
Leuchtkraft 117
Leuchtkraftentfernung-Rotverschiebungs-Relation 165
LHC-Beschleuniger 52
Linsengalaxien 180
LISA 424
Lokale Gruppe 182
Long-Baseline-Neutrinoexperimente 93, 248
LSND 93
LSP 100, 296
Luftschauer, ausgedehnte 236
Ly-α-Wald 192

MACHO-Kollaboration 285
MACHOs 281, 284
MACRO-Detektor 245, 322
magnetischer Monopol 137, 206, 306
Majorana-Neutrinos 296
Majoron 77, 84, 158, 417
Majoron-Neutrinokopplung 84
Massenkorrelationsfunktion 192
Materiedichte 124
Mesonen 38
Metacolor 106
metrischer Tensor 112
Mikrolensing 284
Mikrowellenhintergrund 210
Milchstraße, Zentrum der 258
MOND-Theorien 280
Monopolproblem 137, 313
Mont-Blanc-Tunnel 65, 414
MSW-Effekt 375, 379
–, Tag-Nacht-Abhängigkeit 379
M31 (Andromeda) 181

nested-leaky-box-Modell 254
NESTOR-Experiment 269
neutrale schwache Ströme 47
Neutralino 100, 296
Neutrino 21
–, Dirac- 22
–, effektive Masse 80
–, Majorana- 22, 81, 135
–, Masse 77, 85
Neutrinos, Anzahl der Flavours 154, 155
–, atmosphärische 246, 247
–, Dirac- 75
–, Lebensdauer 417
–, magnetisches Moment 380, 419
–, Majorana- 75
–, Masse- 75
–, Oszillationslänge 86
–, solare 355
–, sterile 380
– von Supernovae 391
–, Zerfall 96, 417
Neutrinohintergrund, kosmischer 227
Neutrinooszillationen 30, 86
–, atmosphärische 248
– in Materie 375
Neutrinosphäre 400
Neutrino-Trapping 400
Neutron, elektrisches Dipolmoment 28, 330
Neutronenstern 396
Nichtrenormierungstheorem 98
Nichtstandard-Sonnenmodelle 369

$n\bar{n}$-Oszillationen 29, 72
Noether-Theorem 33
NOMAD 93
NT-200-Experiment 269
Nukleochronometer 126, 439
Nukleokosmochronologie 438
Nukleosynthese, inhomogene 158
–, primordiale 130, 143, 425
– schwerer Elemente 425
NUSEX 65, 247

OGLE-Kollaboration 286
Opazität 353

Pancake-Modell 200, 201
Parität 19
Parker-Limit 316
Peccei-Quinn-Symmetrie 331, 337
Pekuliargeschwindigkeit 183, 187
Perseus-Haufen 182
Phasenübergang 134, 139, 312
–, elektroschwacher 133
Phononen, ballistische 300
Photino 99, 100
Planck-Länge 16, 108
Planck-Masse 107
Planck-Skala 107
Planck-Zeit 108, 132
Population-I-Sterne 147
Population-II-Sterne 126, 147
Population-III-Sterne 201, 214
POTENT-Methode 185, 278
p-Prozeß 432
pp-Zyklus 350
Präonen 13, 106
Primakoff-Effekt 333, 335
Protonzerfall 29, 63, 67
Pulsare 249

QDOT-Survey 185
Quantenchromodynamik QCD 36
Quantenfluktuationen 161
Quantengravitation 174
Quark-Gluon-Plasma 41, 58, 159
Quarkonium 40
Quarks 12, 36
Quasare 189

radiochemische Experimente 356
Raketeneffekt bei Supernovaexplosionen 403
Renormierbarkeit 30
Renormierungsgruppengleichung 58
Robertson-Walker-Metrik 113
Röntgen- und γ-Astronomie 255
Röntgenhalos 276
Röntgenhintergrund, kosmischer 224
ROSAT 224, 255, 259, 276, 277
Rotationskurven von Galaxien 180, 273
Roter Riese 335, 395, 432
Rotonen 302
Rotverschiebung 114, 115, 183
Rovno 88
R-Parität 72, 106
R_P-Parität, Verletzung 106
r-Prozeß 433
RR-Lyrae-Sterne 119

Sachs-Wolfe-Effekt 221
SAGE 363, 366, 367
Saha-Gleichung 426
Savannah River 88
Schattenmaterie 109
Schauer, elektromagnetische 238
–, hadronische 237
Scheibengalaxien 180
scheinbare Helligkeit 117
schwache Wechselwirkung 15, 19
Schwarzes Loch 191
Schwarzkörperform der 3K-Strahlung 215
Schwarzschildradius 107, 283
see-saw-Mechanismus 76
Seltsamer Stern 405
S-Faktor 349
s-Häufigkeiten, kosmische 431
17-keV-Neutrino 79
Silk-Dämpfung 198
Skalenfaktor 113, 124, 138
SLAC 27
SLC 48
s-Lepton 99
Sneutrinos 101
SN1993 J 393

SNO 421
SNU (solar neutrino unit) 356
Solare Neutrinoexperimente 356
Solar-Maximum-Satellit 412
Sonnenneutrinoproblem 358
Soudan 247
Soudan-Erzmine 65
Soudan-II-Detektor 65
$SO(10)$-Modell 71, 76
$SO(32)$-Gruppe 108
Sphaleron 134
Spiralgalaxien 180
spontane Symmetriebrechung 139
s-Prozeß 430
–, Haupt- 431
–, Ort 431
–, schwacher 431
Squark $\tilde{q}$ 99
SSG = superheated superconducting grains 301
Standardkerze 119
Standardmodell der Elementarteilchenphysik 35
– – Kosmologie 126, 132
–, minimales supersymmetrisches (MSSM) 101
Standard-Sonnenmodelle 348, 354
starke Kopplungskonstante 40
– Wechselwirkung 15, 36
Sternentwicklung, Grundgleichungen 353
Strahlungsdichte 124
Strahlungskorrekturen 51
Strangeness 13
Strings 108
–, kosmische 207
Strukturentstehung 201
$SU(2)$-Gruppe 34
$SU(2) \otimes U(1)$-Gruppe 44
$SU(3)$-Gruppe 38
$SU(3) \otimes SU(2) \otimes U(1)$-Gruppe 35, 55
$SU(5)$-Eichtransformation 61
$SU(5)$-Modell, minimales 60, 75
Sunyaev-Zeldovich-Effekt 122, 214
Supergravitations-Theorie (SUGRA) 99
Superhaufen 182, 209
Superkamiokande 65, 70, 385
Supernova 336
– 1987a 96, 408
– –, Entfernung 414
– –, γ-Strahlung 412
– –, Lichtkurve 412
– –, Neutrinos 414
– –, Ring 411
– –, Vorläufer 410
Supernovae 119, 249, 391
–, Häufigkeit 420
–, prompte Explosion 401
–, verzögerte Explosion 403
Supernovaneutrinos, Nachweismethoden 407
Superraum 99
Superstring-Theorie 107
Supersymmetrie 97, 103, 172
–, globale 98
SUSY-Modelle 296
Symmetrie, äußere 17
–, diskrete 18
–, globale 32
–, innere 18, 32
–, kontinuierliche 18
–, lokale 33
Symmetriebrechung, spontane 45
Symmetrie-Gruppe 31
Symmetrieoperationen 27
Symmetrietransformationen 17

Tag-Nacht-Effekt 380
Technicolor 97
Texturen 206
θ-Problem 133
Thiokol-Salzbergwerk 65
t'Hooft-Polyakov-Monopol 310
top-down-Theorien 200
topologische Defekte 206
top-Quark 13, 51
Track-Etch-Detektoren 323
Track-Etch-Methode 234, 328
Tritiumzerfall 78, 79
Tully-Fisher-Relation 120, 183

$U(1)$-Gruppe 310
$U(1)$-Symmetrie 338

UA2 49
überhitzte supraleitende Kugeln 301
Unitaritätsdreieck 26
Universum, großräumige Strukturen 176
–, statisches 162
–, Wellenfunktion 173
Urknall 111, 126, 210

Vakuumpolarisation 57
Velapulsar 260
Vereinheitlichende Theorien 55
Vereinigungsskala 59, 104
Very-Long-Baseline-Array (VLBA) 191
Verzögerungsparameter 116, 123, 165
VIRGO 424
Virgo-Haufen 182

Wasserstoffbrennen 394
$W^{\pm}$-Bosonen 15, 48
Weinbergwinkel 44, 62, 103
Whipple-Observatory 264
WIMPs 288, 289, 292, 371
Wino 99
world sheets 109
Wurmlöcher 173

X-Boson 15

Yang-Mills-Theorien 34
Y-Boson 15

$\boldsymbol{Z}^0$-Boson 15, 47, 48, 77, 155, 157
Z^0-Breite 157
Zeitumkehr 27
Z^0-Masse 157

Quellennachweis

Die Autoren danken für die erteilten Genehmigungen, früher veröffentlichte Abbildungen in diesem Buche zu verwenden. Sie haben versucht, die Copyright-Halter aller verwendeten Materialien zu ermitteln und drücken ihr Bedauern denen gegenüber aus, deren Genehmigung versehentlich möglicherweise nicht eingeholt wurde.

Die folgenden Abbildungen wurden den in der Literaturliste zitierten Quellen mit der Genehmigung der hier angegebenen Copyright-Halter entnommen.

Abb. 3.5a
aus Scientific American, mit Genehmigung von Scientific American, © 1992.

Abb. 13.15, 7.8
aus Science, mit Genehmigung von Science, © 1988, 1995 von American Association for the Advancement of Science.

Abb. 3.7, 3.9, 3.10, 4.3, 4.5, 6.12, 6.14, 7.1, 7.9, 9.5
aus Edward W. Kolb and Michael S. Turner, The Early Universe (pg. 65, 185, 200, 90, 99, 349, 227, 79, 143, 130), © 1990 by Addison-Wesley Publishing Company, Inc. Reprinted by permission of the Addison-Wesley Longman Inc.

Abb. 1.13a, 1.13b
aus Chris Quigg, Gauge Theory of the Strong, Weak and Electromagnetic Interactions (pg. 9, 19), © 1983 by Benjamin Cummings Publishing Company, Inc. Reprinted by permission of Addison-Wesley Publishing Company, Inc.

Abb. 13.1
aus Joachim Herrmann, dtv-Atlas zur Astronomie. Illustrationen von Harald und Ruth Bukor. © 1973 Deutscher Taschenbuch Verlag, München.

Abb. 6.2, 6.3, 8.2, 12.1, 12.2, 14.3
aus Claus E. Rolfs, Cauldrons in the Cosmos (pg. 159, 337, 472, 510, 31, 33), © 1988 by The University of Chicago Press Permissions Department.

Abb. 6.1a, 6.1b, 6.1c
aus A. Sandage, The Carnegie Atlas of Galaxies, 1994 Carnegie Institute Publication of Washington, Inc. Reprinted by permission of the publishers.